计算机科学丛书

原书第6版

Java语言导学

[美] 雷蒙德·盖拉多（Raymond Gallardo）
斯科特·霍梅尔（Scott Hommel）
索亚·坎南（Sowmya Kannan） 著
琼尼·戈登（Joni Gordon）
沙伦·比奥卡·扎卡沃（Sharon Biocca Zakhour）

董笑菊 薛建新 吴帆 译

The Java Tutorial
A Short Course on the Basics Sixth Edition

机械工业出版社
China Machine Press

图书在版编目（CIP）数据

Java 语言导学（原书第 6 版）/（美）雷蒙德·盖拉多（Raymond Gallardo）等著；董笑菊，薛建新，吴帆译．—北京：机械工业出版社，2017.7（2018.11 重印）
（计算机科学丛书）
书名原文：The Java Tutorial: A Short Course on the Basics, Sixth Edition
ISBN 978-7-111-57330-2

I. J… II. ①雷… ②董… ③薛… ④吴… III. JAVA 语言 – 程序设计 IV. TP312.8

中国版本图书馆 CIP 数据核字（2017）第 142775 号

本书版权登记号：图字：01-2015-1930

Authorized translation from the English language edition, entitled *The Java Tutorial: A Short Course on the Basics*, *Sixth Edition*, 978-0-13-403408-9 by Raymond Gallardo, Scott Hommel, Sowmya Kannan, Joni Gordon, Sharon Biocca Zakhour, published by Pearson Education, Inc., Copyright © 2015.

All rights reserved. No part of this book may be reproduced or transmitted in any form or by any means, electronic or mechanical, including photocopying, recording or by any information storage retrieval system, without permission from Pearson Education, Inc.

Chinese simplified language edition published by Pearson Education Asia Ltd., and China Machine Press Copyright © 2017.

本书中文简体字版由 Pearson Education（培生教育出版集团）授权机械工业出版社在中华人民共和国境内（不包括香港、澳门特别行政区及台湾地区）独家出版发行。未经出版者书面许可，不得以任何方式抄袭、复制或节录本书中的任何部分。

本书封底贴有 Pearson Education（培生教育出版集团）激光防伪标签，无标签者不得销售。

本书基于 Java SE 8 编写，清晰地介绍了面向对象编程的概念、语言基础等，涵盖了 Lambda 表达式、类型注解、默认方法、聚合操作、日期/时间 API 等 Java SE 8 的新特性，更新了限制恶意小程序的攻击和 RIA 等相关内容。每章后面的问题和练习可以帮助读者巩固所学知识，此外，附录中还给出 Java 编程语言认证考试的相关内容。

本书可作为高等院校计算机等相关专业的基础教材，也可作为编程初学者和中级程序员的参考资料。

出版发行：机械工业出版社（北京市西城区百万庄大街 22 号 邮政编码：100037）
责任编辑：唐晓琳　　　　　　　　　　　　责任校对：殷　虹
印　　刷：北京瑞德印刷有限公司　　　　　版　　次：2018 年 11 月第 1 版第 2 次印刷
开　　本：185mm×260mm　1/16　　　　　印　　张：35
书　　号：ISBN 978-7-111-57330-2　　　　定　　价：99.00 元

凡购本书，如有缺页、倒页、脱页，由本社发行部调换
客服热线：（010）88378991　88361066　　　投稿热线：（010）88379604
购书热线：（010）68326294　88379649　68995259　读者信箱：hzjsj@hzbook.com

版权所有·侵权必究
封底无防伪标均为盗版
本书法律顾问：北京大成律师事务所　韩光/邹晓东

| 出版者的话 |

The Java Tutorial: A Short Course on the Basics, Sixth Edition

文艺复兴以来,源远流长的科学精神和逐步形成的学术规范,使西方国家在自然科学的各个领域取得了垄断性的优势;也正是这样的优势,使美国在信息技术发展的六十多年间名家辈出、独领风骚。在商业化的进程中,美国的产业界与教育界越来越紧密地结合,计算机学科中的许多泰山北斗同时身处科研和教学的最前线,由此而产生的经典科学著作,不仅擘划了研究的范畴,还揭示了学术的源变,既遵循学术规范,又自有学者个性,其价值并不会因年月的流逝而减退。

近年,在全球信息化大潮的推动下,我国的计算机产业发展迅猛,对专业人才的需求日益迫切。这对计算机教育界和出版界都既是机遇,也是挑战;而专业教材的建设在教育战略上显得举足轻重。在我国信息技术发展时间较短的现状下,美国等发达国家在其计算机科学发展的几十年间积淀和发展的经典教材仍有许多值得借鉴之处。因此,引进一批国外优秀计算机教材将对我国计算机教育事业的发展起到积极的推动作用,也是与世界接轨、建设真正的世界一流大学的必由之路。

机械工业出版社华章公司较早意识到"出版要为教育服务"。自1998年开始,我们就将工作重点放在了遴选、移译国外优秀教材上。经过多年的不懈努力,我们与Pearson、McGraw-Hill、Elsevier、MIT、John Wiley & Sons、Cengage等世界著名出版公司建立了良好的合作关系,从他们现有的数百种教材中甄选出Andrew S. Tanenbaum、Bjarne Stroustrup、Brian W. Kernighan、Dennis Ritchie、Jim Gray、Afred V. Aho、John E. Hopcroft、Jeffrey D. Ullman、Abraham Silberschatz、William Stallings、Donald E. Knuth、John L. Hennessy、Larry L. Peterson等大师名家的一批经典作品,以"计算机科学丛书"为总称出版,供读者学习、研究及珍藏。大理石纹理的封面,也正体现了这套丛书的品位和格调。

"计算机科学丛书"的出版工作得到了国内外学者的鼎力相助,国内的专家不仅提供了中肯的选题指导,还不辞劳苦地担任了翻译和审校的工作;而原书的作者也相当关注其作品在中国的传播,有的还专门为其书的中译本作序。迄今,"计算机科学丛书"已经出版了近两百个品种,这些书籍在读者中树立了良好的口碑,并被许多高校采用为正式教材和参考书籍。其影印版"经典原版书库"作为姊妹篇也被越来越多实施双语教学的学校所采用。

权威的作者、经典的教材、一流的译者、严格的审校、精细的编辑,这些因素使我们的图书有了质量的保证。随着计算机科学与技术专业学科建设的不断完善和教材改革的逐渐深化,教育界对国外计算机教材的需求和应用都将步入一个新的阶段,我们的目标是尽善尽美,而反馈的意见正是我们达到这一终极目标的重要帮助。华章公司欢迎老师和读者对我们的工作提出建议或给予指正,我们的联系方法如下:

华章网站:www.hzbook.com
电子邮件:hzjsj@hzbook.com
联系电话:(010)88379604
联系地址:北京市西城区百万庄南街1号
邮政编码:100037

华章教育

华章科技图书出版中心

译者序

The Java Tutorial: A Short Course on the Basics, Sixth Edition

2015年3月，我们完成了《The Java Tutorial, Fifth Edition》的全部翻译和校正工作。非常幸运，原书第5版译文赶在Java 25周年庆的档期出版。更为欣慰的是，我们的翻译质量得到了市场和出版社的肯定——原书第5版译文出版5个月后，朱劼编辑再次联系我们参与原书第6版的修订和翻译工作。

原书第6版由Oracle公司的资深技术作家根据Java SE 8版本及其API编写而成，是Java SE 8发布后不久就完成的相关教程，也是初级和中级Java程序员学习Java SE 8和进行Java考试认证的权威资料。截至出版时，Java SE 8程序员II级考试OCP Java SE 8程序员认证的考试大纲尚未发布。

相对于原书第5版，第6版不仅在例子上有较大调整，而且新增许多Java SE 8的新特性，如在面向对象程序语言中引入函数式程序语言的组件，给出日期和时间的综合模型等。第6版根据Java SE 8对内容进行大量修订，并增加章节介绍这些新特性。新增的主要内容包括Lambda表达式、类型注解、可插拔类型系统、聚合操作、默认方法、日期和时间API等。另外，章节内容也进行了调整，各章都修订了不少内容，这里不一一列举，详情可查阅目录。

翻译第5版之前，我们曾经调查过对不同译著的评论，总结出译文被诟病的两个方面：多直译，少意译，译文表述不符合中文的表述习惯；专业术语前后不一致。和原书第5版的翻译原则一样，翻译第6版时，我们在尊重技术和原文的基础上，尽可能关注这两个方面。对于发现的原书第5版的错误，也在译稿中做了修正。

本书翻译是在原书第5版译文基础上完成的，参加本书翻译的老师有：上海交通大学计算机科学与工程系董笑菊博士（第8～13章）、上海第二工业大学计算机与信息工程学院薛建新博士（第1～7、21、22章以及附录）、上海交通大学计算机科学与工程系吴帆博士（第14～20章）。虽然我们已经对译稿进行仔细校对和整合，使得译文尽可能符合中文习惯和保持术语的一致性，但鉴于水平有限且工作量大，译文一定还存在许多不足之处。在此敬请各位同行专家学者和广大读者批评指正，欢迎大家将相关意见、建议以及发现的错误发送到邮箱basics@sjtu.edu.cn。感谢机械工业出版社，尤其是朱劼和唐晓琳编辑，没有她们的信任与支持，整个翻译工作是不可能完成的。

译者
2017.5

前 言

The Java Tutorial: A Short Course on the Basics, Sixth Edition

自 2010 年年初 Oracle 公司收购 Sun 公司以来，Java 语言迎来激动人心的时代。正如 Java Community Process 计划的活动所印证的，Java 语言将不断发展。本书基于 Java SE 8（Java Platform Standard Edition 8）并引用其 API。

相比本书第 5 版（针对的是 Java 版本 7），第 6 版有一些新特点：

- Lambda 表达式使得功能可作为方法参数使用，代码作为数据使用。Lambda 表达式描述单个方法接口（也称为功能接口）的实例会更简洁。4.4.8 节介绍该专题。
- 联合使用类型注解和可插拔类型系统可改善类型检测，重复注解使得同样的注解可应用于声明和类型使用。5.4 节和 5.5 节介绍相关专题。
- 默认方法是接口中实现的方法。使用默认方法，可将新功能添加到接口中，并确保与这些接口的老版本代码兼容。6.1.7 节介绍该专题。
- 聚合操作可在元素流上执行功能型操作，特别是集合上的批量操作，如串行或并行的 `map-reduce` 转换。12.3 节介绍该专题。
- 在限制恶意程序和 RIA 攻击方面有了一些改进。详情可参考第 16 章、19.5 节和 19.6 节、20.4 节等新增或修订章节。
- 日期 / 时间 API 可用于表示日期和时间并处理日期和时间值。这些 API 支持国际标准日历系统和其他常见的全球日历。新增的第 21 章介绍该专题。

如果读者准备参加 Java SE 8 认证考试，本书可提供一定的帮助。附录中列出三个级别的考试，详细介绍每个级别考试覆盖的内容，并指出书中涉及相关信息的章节及有价值的参考资料。注意，这只是参加认证考试要准备的众多内容之一。检查在线教程，下载最新的认证目标和参考教程的相关章节。

所有材料都经过 Oracle Java 工程组的成员审校，以确保书中信息都是正确和最新的。本书也被置于 Oracle 网站的在线教程内，其网址如下：

http://docs.oracle.com/javase/tutorial

本书内容被视为 Java 的核心教程，是初学者和中级程序员的必学知识。只要掌握这些内容，就可以研究网站上 Java 平台文档的其余部分。如果你有兴趣开发复杂的富互联网应用（RIA），可以查看 JDK 中的 Java 图形用户界面（GUI）工具包 JavaFX。相关专题参考第 22 章。

和以前的版本一样，本书的目的是编写一个易于阅读的实用程序员指南，以协助读者学习使用 Java 提供的丰富环境来构建应用程序、applet 和组件。让我们继续学习编程吧！

读者对象

本书同时面向新手和有经验的程序员。

- 新手通读本书（包括第 1 章中编译和运行第一个程序的每一步指令）收获会很大。
- 有经验的过程式语言（如 C 语言）程序员可以从面向对象的概念和 Java 程序语言的特性开始学习。
- 有经验的程序员可以直接学习高级主题，如泛型、并发和部署等。

本书内容适用于不同层次的程序员学习。

如何使用本书

本书可直接从头读到尾或忽略某些主题跳到另一个主题。这些信息的组织有一定的逻辑顺序，并尽可能避免引用前文。

本书例子都在 JDK 8 中编译。读者需要下载该版本或更新的版本以编译和运行实例。

本书对引用的一些材料提供了在线帮助（如可下载的实例、问题和习题的答案、JDK 8 手册和 API 规范）。

相关链接在文中以脚注形式给出，例如：

8/docs/api/java/lang/Class.html

和

tutorial/java/generics/examples/BoxDemo.java

Oracle 网站上 Java 文档主页的地址如下：

http://docs.oracle.com/javase/

访问脚注中给出的在线文件时，需要将脚注中的 URL 链接在 Java 文档主页之后，例如：

http://docs.oracle.com/javase/8/docs/api/java/lang/Class.html

和

http://docs.oracle.com/javase/tutorial/java/generics/examples/BoxDemo.java

Java 教程也提供了两种格式的电子书：

- 移动电子书文件，适用于 Kindle。
- ePub 电子书文件，适用于 iPad、Nook 和其他支持 ePub 格式的设备。

每本电子书包含唯一的路径，对应本书的相关章节。读者可通过 Java 教程主页上的链接"In Book Form"下载电子书：

http://docs.oracle.com/javase/tutorial/index.html

欢迎读者给我们反馈，请通过下述教程反馈页面联系我们：

http://docs.oracle.com/javase/feedback.html

致谢

如果没有 Oracle Java 工程组不知疲倦地检查本书的技术内容，本书将不能面世。本书第 6 版的推出，要特别感谢 Alan Bateman、Alex Buckley、Stephen Colebourne、Joe Darcy、Jeff Dinkins、Mike Duigou、Brian Goetz、Andy Herrick、Stuart Marks、Thomas Ng、Roger Riggs、Leif Samuelsson 和 Daniel Smith。

Jordan Douglas 和 Dawn Tyler 快速高效地制作了书中的专业插图。

Janet Blowney、Deborah Owens 和 Susan Shepard 仔细完整地对书稿进行了编辑加工。

感谢团队成员 Devika Gollapudi、Ram Goyal 和 Alexey Zhebel 的支持。

最后（但同样重要）要感谢 Sowmya Kannan、Sophia Mikulinsky、Alan Sommerer 和 Barbara Ramsey 等管理人员的支持。

目录

The Java Tutorial: A Short Course on the Basics, Sixth Edition

出版者的话
译者序
前言

第1章 快速入门 ··········· 1
1.1 关于 Java 技术 ········ 1
1.1.1 Java 程序语言 ········ 1
1.1.2 Java 平台 ········ 2
1.1.3 Java 技术的功能 ········ 3
1.1.4 Java 技术的优势 ········ 3
1.2 "Hello World!"实例程序 ········ 4
1.2.1 用 NetBeans IDE 开发"Hello World!" ········ 4
1.2.2 在 Microsoft Windows 中开发"Hello World!" ········ 10
1.2.3 在 Solaris 和 Linux 中开发"Hello World!" ········ 13
1.3 "Hello World!"实例程序剖析 ········ 15
1.3.1 源码注释 ········ 15
1.3.2 HelloWorldApp 类定义 ········ 15
1.3.3 main 方法 ········ 16
1.4 常见问题（及其解决方案） ········ 16
1.4.1 编译器问题 ········ 16
1.4.2 运行时问题 ········ 18
1.5 问题和练习：快速入门 ········ 19

第2章 面向对象的编程概念 ········ 21
2.1 对象 ········ 21
2.2 类 ········ 22
2.3 继承 ········ 23
2.4 接口 ········ 24
2.5 包 ········ 25
2.6 问题和练习：面向对象的编程概念 ········ 25

第3章 语言基础 ········ 27
3.1 变量 ········ 27
3.1.1 命名 ········ 28
3.1.2 基本数据类型 ········ 28
3.1.3 数组 ········ 32
3.1.4 小结 ········ 35
3.1.5 问题和练习：变量 ········ 36
3.2 运算符 ········ 36
3.2.1 赋值运算符、算术运算符和一元运算符 ········ 37
3.2.2 等式运算符、关系运算符和条件运算符 ········ 40
3.2.3 位运算符和移位运算符 ········ 42
3.2.4 小结 ········ 42
3.2.5 问题和练习：运算符 ········ 43
3.3 表达式、语句和块 ········ 44
3.3.1 表达式 ········ 44
3.3.2 语句 ········ 45
3.3.3 块 ········ 45
3.3.4 问题和练习：表达式、语句和块 ········ 46
3.4 控制流语句 ········ 46
3.4.1 if-then 语句和 if-then-else 语句 ········ 46
3.4.2 switch 语句 ········ 47
3.4.3 while 语句和 do-while 语句 ········ 51
3.4.4 for 语句 ········ 52
3.4.5 分支语句 ········ 53
3.4.6 小结 ········ 56
3.4.7 问题和练习：控制流语句 ········ 56

第4章 类和对象 ········ 58
4.1 类 ········ 58
4.1.1 声明类 ········ 59

4.1.2 声明成员变量 ·············· 60
　4.1.3　定义方法 ··············· 61
　4.1.4　构建构造器 ············· 62
　4.1.5　将消息传给方法或构造器 ···· 63
4.2　对象 ······················· 66
　4.2.1　创建对象 ··············· 67
　4.2.2　使用对象 ··············· 69
4.3　类的更多细节 ··············· 71
　4.3.1　从方法返回值 ············ 71
　4.3.2　使用 this 关键字 ·········· 73
　4.3.3　控制对类成员的访问 ······· 74
　4.3.4　类成员 ················· 75
　4.3.5　初始化字段 ············· 78
　4.3.6　小结 ··················· 79
　4.3.7　问题和练习：类 ·········· 79
　4.3.8　问题和练习：对象 ········ 80
4.4　嵌套类 ····················· 81
　4.4.1　为什么使用嵌套类 ········ 81
　4.4.2　静态嵌套类 ············· 82
　4.4.3　内部类 ················· 82
　4.4.4　覆盖 ··················· 82
　4.4.5　序列化 ················· 83
　4.4.6　内部类实例 ············· 83
　4.4.7　局部类和匿名类 ·········· 85
　4.4.8　Lambda 表达式 ·········· 92
　4.4.9　何时使用嵌套类、局部类、
　　　　匿名类和 Lambda 表达式 ···· 105
　4.4.10　问题和练习：嵌套类 ····· 105
4.5　枚举类型 ·················· 106
　4.5.1　问题和练习：枚举类型 ···· 108

第 5 章　注解 ·················· 109
5.1　注解基础知识 ··············· 109
　5.1.1　注解的格式 ············· 109
　5.1.2　注解的使用场景 ·········· 110
5.2　声明注解类型 ··············· 110
5.3　预定义注解类型 ············· 111
　5.3.1　Java 语言使用的注解类型 ·· 111
　5.3.2　应用于其他注解的注解 ····· 112
5.4　类型注解和可插拔类型系统 ··· 113

5.5　重复注解 ··················· 114
　5.5.1　声明重复注解类型 ········ 114
　5.5.2　声明容器注解类型 ········ 115
　5.5.3　检索注解 ··············· 115
　5.5.4　设计时的注意事项 ········ 115
5.6　问题和练习：注解 ··········· 115

第 6 章　接口与继承 ············ 117
6.1　接口 ······················· 117
　6.1.1　Java 语言的接口 ········· 117
　6.1.2　将接口用作 API ·········· 118
　6.1.3　定义接口 ··············· 118
　6.1.4　实现接口 ··············· 119
　6.1.5　将接口用作类型 ·········· 120
　6.1.6　进化接口 ··············· 121
　6.1.7　默认方法 ··············· 122
　6.1.8　小结 ··················· 129
　6.1.9　问题和练习：接口 ········ 129
6.2　继承 ······················· 130
　6.2.1　Java 平台中类的层次结构 ··· 130
　6.2.2　继承实例 ··············· 131
　6.2.3　子类能做什么 ············ 132
　6.2.4　超类的私有成员 ·········· 132
　6.2.5　转换对象 ··············· 132
　6.2.6　状态、实现和类型的多重
　　　　继承 ····················· 133
　6.2.7　覆盖和屏蔽方法 ·········· 133
　6.2.8　多态性 ················· 136
　6.2.9　屏蔽字段 ··············· 138
　6.2.10　使用 super 关键字 ······· 138
　6.2.11　将对象用作超类 ········· 140
　6.2.12　编写 final 类和方法 ····· 142
　6.2.13　抽象方法和类 ··········· 143
　6.2.14　小结 ·················· 145
　6.2.15　问题和练习：继承 ······· 145

第 7 章　泛型 ·················· 147
7.1　为什么用泛型 ··············· 147
7.2　泛型类型 ··················· 147
　7.2.1　一个简单的 Box 类 ······· 148

7.2.2　Box 类的泛型版本 ………… 148
7.2.3　类型参数命名约定 ………… 148
7.2.4　泛型类型的调用和实例化 … 149
7.2.5　钻石运算符 ………………… 149
7.2.6　多个类型参数 ……………… 149
7.2.7　参数化类型 ………………… 150
7.2.8　原生类型 …………………… 150
7.3　泛型方法 …………………………… 151
7.4　受限类型形式参数 ………………… 152
7.4.1　多重限制 …………………… 153
7.4.2　泛型方法和受限类型形式
参数 …………………………… 154
7.5　泛型、继承和子类型 ……………… 154
7.5.1　泛型类和子类型 …………… 155
7.6　类型推导 …………………………… 156
7.6.1　类型推导和泛型方法 ……… 156
7.6.2　类型推导和泛型类的
实例化 ………………………… 157
7.6.3　类型推导与泛型类和非泛型
类的泛型构造函数 …………… 157
7.6.4　目标类型 …………………… 158
7.7　通配符 ……………………………… 159
7.7.1　上界通配符 ………………… 159
7.7.2　无界通配符 ………………… 160
7.7.3　下界通配符 ………………… 160
7.7.4　通配符和子类型 …………… 161
7.7.5　通配符匹配和辅助方法 …… 162
7.7.6　通配符使用指南 …………… 164
7.8　类型擦除 …………………………… 165
7.8.1　泛型类型的擦除 …………… 165
7.8.2　泛型方法的擦除 …………… 166
7.8.3　类型擦除效果和桥方法 …… 167
7.8.4　不可具体化类型和可变参数
方法 …………………………… 168
7.9　泛型的局限性 ……………………… 170
7.9.1　不能用基本数据类型实例化
泛型类型 ……………………… 170
7.9.2　不能创建类型参数实例 …… 171
7.9.3　不能声明类型为"类型参数"
的静态字段 …………………… 171
7.9.4　对参数化类型不能用类型转
换或 instanceof 运算符 … 172
7.9.5　不能创建参数化类型数组 … 172
7.9.6　不能创建、捕获或抛出参数
化类型的对象 ………………… 172
7.9.7　每次重载时其形式参数类型
都被擦除为相同的原生类型
的方法不能重载 ……………… 173
7.10　问题和练习：泛型 ………………… 173

第 8 章　程序包 ………………………… 175
8.1　程序包的创建和使用 ……………… 175
8.1.1　程序包的创建 ……………… 176
8.1.2　程序包的命名 ……………… 177
8.1.3　程序包成员的使用 ………… 177
8.1.4　源文件和类文件的管理 …… 180
8.1.5　小结 ………………………… 182
8.2　问题和练习：创建和使用包 ……… 182

第 9 章　数字和字符串 ………………… 183
9.1　数字 ………………………………… 183
9.1.1　Number 类 ………………… 183
9.1.2　格式化数字打印输出 ……… 184
9.1.3　其他数学运算方法 ………… 188
9.1.4　自动装箱和拆箱 …………… 191
9.1.5　小结 ………………………… 193
9.1.6　问题和练习：数字 ………… 193
9.2　字符 ………………………………… 194
9.2.1　转义字符 …………………… 194
9.3　字符串 ……………………………… 195
9.3.1　创建字符串 ………………… 195
9.3.2　字符串长度 ………………… 196
9.3.3　字符串连接 ………………… 196
9.3.4　创建格式字符串 …………… 197
9.3.5　数字和字符串之间的转换 … 197
9.3.6　操作字符串中的字符 ……… 199
9.3.7　比较字符串和字符串的
子串 …………………………… 202
9.3.8　StringBuilder 类 ……… 203
9.3.9　小结 ………………………… 207

9.3.10　问题和练习：字符和字符串 ······· 207

第10章　异常 ······· 209
10.1　什么是异常 ······· 209
10.2　捕获或指明规定 ······· 210
 10.2.1　三类异常 ······· 210
 10.2.2　绕过捕获或指明 ······· 210
10.3　捕获和处理异常 ······· 211
 10.3.1　try 块 ······· 211
 10.3.2　catch 块 ······· 212
 10.3.3　finally 块 ······· 213
 10.3.4　try-with-resources 语句 ······· 214
 10.3.5　汇总 ······· 216
10.4　指明一个方法抛出的异常 ······· 218
10.5　如何抛出异常 ······· 219
 10.5.1　throw 语句 ······· 219
 10.5.2　Throwable 类及其子类 ······· 220
 10.5.3　Error 类 ······· 220
 10.5.4　Exception 类 ······· 220
 10.5.5　链式异常 ······· 220
 10.5.6　创建异常类 ······· 221
10.6　未检查异常：争议 ······· 222
10.7　异常的优点 ······· 223
 10.7.1　优点1：把错误处理代码和"正规"代码分离开 ······· 223
 10.7.2　优点2：根据调用栈上传错误 ······· 224
 10.7.3　优点3：对错误类型进行分组并加以区分 ······· 226
10.8　小结 ······· 226
10.9　问题和练习：异常 ······· 227

第11章　基本 I/O 和 NIO.2 ······· 229
11.1　I/O 流 ······· 229
 11.1.1　字节流 ······· 230
 11.1.2　字符流 ······· 231
 11.1.3　缓冲流 ······· 233
 11.1.4　扫描和格式化 ······· 234
 11.1.5　命令行 I/O ······· 238
 11.1.6　数据流 ······· 240
 11.1.7　对象流 ······· 241
11.2　文件 I/O（以 NIO.2 为特征）······· 243
 11.2.1　什么是路径（以及其他文件系统情况）······· 243
 11.2.2　Path 类 ······· 245
 11.2.3　文件操作 ······· 250
 11.2.4　检查文件或目录 ······· 253
 11.2.5　删除文件或目录 ······· 254
 11.2.6　复制文件或目录 ······· 254
 11.2.7　移动文件或目录 ······· 255
 11.2.8　管理元数据（文件和文件存储属性）······· 255
 11.2.9　读取、写入和创建文件 ······· 261
 11.2.10　随机访问文件 ······· 266
 11.2.11　创建和读取目录 ······· 267
 11.2.12　符号链接或其他方式的链接 ······· 270
 11.2.13　遍历文件树 ······· 272
 11.2.14　查找文件 ······· 275
 11.2.15　监视目录的变化 ······· 278
 11.2.16　其他有用的方法 ······· 283
 11.2.17　遗留文件的 I/O 代码 ······· 284
11.3　小结 ······· 286
11.4　问题和练习：基本 I/O ······· 286

第12章　集合 ······· 287
12.1　集合简介 ······· 287
 12.1.1　集合框架是什么 ······· 287
 12.1.2　Java 集合框架的好处 ······· 288
12.2　接口 ······· 288
 12.2.1　Collection 接口 ······· 290
 12.2.2　遍历集合 ······· 291
 12.2.3　Collection 接口的批量操作 ······· 292
 12.2.4　Collection 接口的数组操作 ······· 293
 12.2.5　Set 接口 ······· 293

12.2.6	List 接口	296
12.2.7	Queue 接口	302
12.2.8	Deque 接口	303
12.2.9	Map 接口	304
12.2.10	对象排序	310
12.2.11	SortedSet 接口	315
12.2.12	SortedMap 接口	317
12.2.13	小结	318
12.2.14	问题和练习：接口	318

12.3 聚合操作 319
- 12.3.1 管道和流 320
- 12.3.2 聚合操作和迭代器之间的差异 321
- 12.3.3 归约 321
- 12.3.4 并行 325
- 12.3.5 副作用 328
- 12.3.6 问题和练习：聚合操作 330

12.4 实现 331
- 12.4.1 Set 实现 333
- 12.4.2 List 实现 334
- 12.4.3 Map 实现 335
- 12.4.4 Queue 实现 336
- 12.4.5 Deque 实现 337
- 12.4.6 封装实现 338
- 12.4.7 简单实现 340
- 12.4.8 小结 341
- 12.4.9 问题和练习：实现 341

12.5 算法 342
- 12.5.1 排序 342
- 12.5.2 混排 344
- 12.5.3 常规数据操作 344
- 12.5.4 查询 344
- 12.5.5 组合 345
- 12.5.6 查找极值 345

12.6 自定义集合实现 345
- 12.6.1 编写实现的原因 345
- 12.6.2 如何编写自定义实现 346

12.7 互操作性 347
- 12.7.1 兼容性 347
- 12.7.2 API 设计 349

第 13 章 并发 351

13.1 进程和线程 351
- 13.1.1 进程 351
- 13.1.2 线程 351

13.2 线程对象 352
- 13.2.1 定义和启动一个线程 352
- 13.2.2 使用 sleep 方法暂停执行 353
- 13.2.3 中断 353
- 13.2.4 联合 354
- 13.2.5 SimpleThreads 实例 355

13.3 同步 356
- 13.3.1 线程冲突 356
- 13.3.2 内存一致性错误 357
- 13.3.3 同步方法 358
- 13.3.4 内部锁和同步 359
- 13.3.5 原子访问 360

13.4 活性 361
- 13.4.1 死锁 361
- 13.4.2 饥饿和活锁 362

13.5 保护块 362

13.6 不可变对象 365
- 13.6.1 同步类实例 365
- 13.6.2 定义不可变对象的策略 367

13.7 高级并发对象 368
- 13.7.1 锁对象 368
- 13.7.2 执行器 370
- 13.7.3 并发集合 374
- 13.7.4 原子变量 375
- 13.7.5 并发随机数 376

13.8 问题和练习：并发 376

第 14 章 正则表达式 378

14.1 简介 378
- 14.1.1 正则表达式 378
- 14.1.2 正则表达式的表示方法 378

14.2 测试工具 379

14.3 字符串文字 380
- 14.3.1 元字符 380

14.4 字符类 381

14.4.1 简单类 381
14.5 预定义字符类 384
14.6 量词 386
 14.6.1 零长度匹配 387
 14.6.2 捕捉组和带量词的字符类 389
 14.6.3 贪婪型、勉强型和占有型量词之间的区别 390
14.7 捕捉组 390
 14.7.1 编号 390
 14.7.2 反向引用 391
14.8 边界匹配器 391
14.9 Pattern 类方法 393
 14.9.1 使用标记创建模式 393
 14.9.2 嵌套标记表达式 394
 14.9.3 使用 matches(String, CharSequence) 方法 395
 14.9.4 使用 split(String) 方法 395
 14.9.5 其他实用方法 396
 14.9.6 java.lang.String 中 Pattern 方法的等价方法 396
14.10 Matcher 类方法 397
 14.10.1 索引方法 397
 14.10.2 学习方法 397
 14.10.3 替换方法 397
 14.10.4 使用 start 方法和 end 方法 398
 14.10.5 使用 matches 方法和 lookingAt 方法 399
 14.10.6 使用 replaceFirst(String) 方法和 replaceAll(String) 方法 399
 14.10.7 使用 appendReplacement(StringBuffer, String) 方法和 appendTail(StringBuffer) 方法 400
 14.10.8 java.lang.String 中 Matcher 方法的等价方法 401
14.11 PatternSyntaxException 类方法 401
14.12 Unicode 支持 403
 14.12.1 匹配特定代码点 403
 14.12.2 Unicode 字符属性 403
14.13 问题和练习：正则表达式 404

第 15 章 平台环境 405

15.1 配置工具 405
 15.1.1 属性 405
 15.1.2 命令行参数 408
 15.1.3 环境变量 409
 15.1.4 其他配置工具 410
15.2 系统工具 410
 15.2.1 命令行 I/O 对象 410
 15.2.2 系统属性 410
 15.2.3 安全管理器 413
 15.2.4 系统的其他方法 414
15.3 PATH 和 CLASSPATH 环境变量 414
 15.3.1 更新 PATH 环境变量（Microsoft Windows）............ 414
 15.3.2 更新 PATH 环境变量（Solaris、Linux 和 OS X）............ 416
 15.3.3 检查 CLASSPATH 环境变量（所有平台）............ 416
15.4 问题和练习：平台环境 417

第 16 章 JAR 文件 418

16.1 JAR 文件使用入门 418
 16.1.1 创建 JAR 文件 419
 16.1.2 查看 JAR 文件内容 421
 16.1.3 抽取 JAR 文件内容 422
 16.1.4 更新 JAR 文件 423
 16.1.5 运行打包为 JAR 的软件 424
16.2 清单文件使用入门 426
 16.2.1 理解默认的清单文件 426
 16.2.2 修改清单文件 426

16.2.3 设置应用程序的入口点 ……… 427
16.2.4 将类文件加入 JAR 文件的类路径 ……… 428
16.2.5 设置包版本信息 ……… 429
16.2.6 用 JAR 文件封装包 ……… 430
16.2.7 使用清单属性增强安全性 ……… 430
16.3 JAR 文件的签名和验证 ……… 431
16.3.1 理解签名和验证 ……… 431
16.3.2 对 JAR 文件签名 ……… 433
16.3.3 验证签名的 JAR 文件 ……… 435
16.4 使用 JAR 相关 API ……… 435
16.4.1 实例：JarRunner 应用 ……… 436
16.4.2 JarClassLoader 类 ……… 436
16.4.3 JarRunner 类 ……… 438
16.5 问题和练习：JAR 文件 ……… 439

第 17 章 Java Web Start ……… 440

17.1 开发 Java Web Start 应用 ……… 440
17.1.1 创建顶层 JPanel 类 ……… 441
17.1.2 创建应用 ……… 441
17.1.3 从最后部署机制中分离出核心方法的好处 ……… 442
17.1.4 获取资源 ……… 442
17.2 部署 Java Web Start 应用 ……… 442
17.2.1 设置 Web 服务器 ……… 445
17.3 显示自定义的加载进度指示器 ……… 445
17.3.1 开发自定义的加载进度指示器 ……… 445
17.3.2 为 Java Web Start 应用指定自定义的加载进度指示器 ……… 447
17.4 运行 Java Web Start 应用 ……… 447
17.4.1 通过浏览器运行 Java Web Start 应用 ……… 448
17.4.2 通过 Java Cache Viewer 运行 Java Web Start 应用 ……… 448
17.4.3 从桌面运行 Java Web Start 应用 ……… 448

17.5 Java Web Start 与安全 ……… 448
17.5.1 动态下载 HTTPS 认证 ……… 449
17.6 Java Web Start 常见问题 ……… 449
17.7 问题和练习：Java Web Start ……… 450

第 18 章 applet ……… 451

18.1 开始使用 applet ……… 451
18.1.1 定义 Applet 类的子类 ……… 452
18.1.2 里程碑方法 ……… 452
18.1.3 applet 的生命周期 ……… 452
18.1.4 applet 的执行环境 ……… 454
18.1.5 开发 applet ……… 454
18.1.6 部署 applet ……… 457
18.2 applet 的更多功能 ……… 459
18.2.1 查找和加载数据文件 ……… 459
18.2.2 定义和使用 applet 参数 ……… 460
18.2.3 显示简短的状态字符串 ……… 462
18.2.4 在浏览器中显示文档 ……… 462
18.2.5 从 applet 调用 JavaScript 代码 ……… 464
18.2.6 从 JavaScript 代码中调用 applet 方法 ……… 465
18.2.7 通过事件句柄处理初始化状态 ……… 468
18.2.8 操纵 applet 网页的 DOM ……… 469
18.2.9 显示自定义的加载进度指示器 ……… 471
18.2.10 将诊断写入标准输出和错误流 ……… 474
18.2.11 开发可拖动的 applet ……… 475
18.2.12 和其他 applet 交互 ……… 477
18.2.13 与服务器端应用交互 ……… 478
18.2.14 applet 能做什么和不能做什么 ……… 480
18.3 applet 常见问题及解决方案 ……… 481
18.4 问题和练习：applet ……… 482

第 19 章 Java 富互联网应用系统 ……… 483

19.1 设置可信参数和安全属性 ……… 483

19.1.1 系统属性 484
19.2 JNLP API 485
　19.2.1 通过 JNLP API 访问客户端 486
19.3 cookie 489
　19.3.1 cookie 的类型 489
　19.3.2 RIA 中的 cookie 支持 489
　19.3.3 获取 cookie 489
19.4 自定义加载体验 491
19.5 RIA 的安全 491
19.6 安全 RIA 手册 492
　19.6.1 遵循安全编程指导 492
　19.6.2 使用最新版 JRE 测试 492
　19.6.3 加入清单属性 492
　19.6.4 使用已签署的 JNLP 文件 492
　19.6.5 签署 JAR 文件并加盖时间戳 493
　19.6.6 使用 HTTPS 协议 493
　19.6.7 避免本地 RIA 493
19.7 问题和练习：Java 富互联网应用系统 493

第 20 章 深入理解部署 495
20.1 RIA 的用户接纳 495
20.2 部署工具 496
　20.2.1 部署工具脚本所在位置 496
　20.2.2 部署 applet 496
　20.2.3 部署 Java Web Start 应用 499
　20.2.4 检查客户端的 JRE 软件版本 501
20.3 Java 网络加载协议 501
　20.3.1 JNLP 文件结构 501
20.4 部署的最佳实践 505
　20.4.1 减少下载时间 505
　20.4.2 避免不必要的更新检查 506
　20.4.3 确保 JRE 软件存在 508
20.5 问题和练习：深入理解部署 509

第 21 章 日期 / 时间 API 510
21.1 日期 / 时间 API 概述 510
21.2 日期 / 时间 API 设计原则 510
　21.2.1 明确性 510
　21.2.2 流式 510
　21.2.3 不可变性 511
　21.2.4 可扩展性 511
21.3 日期 / 时间程序包 511
21.4 方法命名约定 511
21.5 标准日历 512
21.6 日期 / 时间类概述 512
21.7 DayOfWeek 和 Month 枚举器 513
　21.7.1 DayOfWeek 枚举器 513
　21.7.2 Month 枚举器 513
21.8 日期类 515
　21.8.1 LocalDate 515
　21.8.2 YearMonth 515
　21.8.3 MonthDay 516
　21.8.4 Year 516
21.9 日期和时间类 516
　21.9.1 LocalTime 516
　21.9.2 LocalDateTime 517
21.10 时区和时区偏移类 517
　21.10.1 ZoneId 和 ZoneOffset 517
　21.10.2 日期 / 时间类 518
21.11 Instant 类 520
21.12 解析和格式化 521
　21.12.1 解析 522
　21.12.2 格式化 522
21.13 时间程序包 523
　21.13.1 Temporal 和 TemporalAccessor 523
　21.13.2 ChronoField 和 IsoFields 524
　21.13.3 ChronoUnit 524
　21.13.4 时间调节器 524
　21.13.5 时间查询 526
21.14 周期和持续时间 527
　21.14.1 Duration 528
　21.14.2 ChronoUnit 528
　21.14.3 Period 528

21.15 时钟 ·············· 529
21.16 非 ISO 日期的转换 ·············· 530
 21.16.1 转换成非 ISO 日期 ·············· 530
 21.16.2 转换成 ISO 日期 ·············· 531
21.17 遗留的日期/时间代码 ·············· 532
 21.17.1 与遗留代码的互操作 ·············· 532
 21.17.2 将 java.util 日期和时间功能映射给 java.time ····· 533
21.17.3 日期和时间的格式化 ·············· 534
21.18 小结 ·············· 534
21.19 问题和练习：日期/时间 API ·············· 535

第 22 章 JavaFX 简介 ·············· 536

附录 Java 程序语言认证考试复习大纲 ·············· 537

第 1 章 快速入门

The Java Tutorial: A Short Course on the Basics, Sixth Edition

本章介绍 Java 程序语言的入门知识。1.1 节概述 Java 技术，通过说明 Java 技术的功能及其如何简化编程讨论 Java 程序语言及其平台。1.2 节引入"Hello World！"实例程序，主要描述创建该程序需要下载、安装和输入的内容，并说明在 NetBeans IDE、Microsoft Windows、Solaris、Linux 和 OS X 等平台上创建该程序的完整过程。1.3 节详细讨论"Hello World！"实例程序的代码，包括源码注释、`HelloWorldApp` 类定义块和 `main` 方法。1.4 节介绍一些常见问题及其解决方案，编译或运行程序出现问题时可查阅本节内容。最后列出一些问题和练习供读者自行测试。

1.1 关于 Java 技术

大家都在谈 Java 技术，但 Java 技术到底是什么？本节解释 Java 技术如何成为程序语言和平台，并概述 Java 技术的功能特性。

1.1.1 Java 程序语言

Java 程序语言是一种高级的编程语言，它具备如下性质：

- 简单
- 面向对象
- 分布式
- 多线程
- 动态
- 架构中立
- 可移植
- 高性能
- 强壮
- 安全

上述术语的定义可参考 James Gosling 和 Henry McGilton 的白皮书《The Java Language Environment》[⊖]。

图 1-1 描述了 Java 应用程序开发的完整过程。首先将所有源代码都写在扩展名为 `.java` 的纯文本文件中，接着通过编译器（`javac`）将那些源文件编译成 `.class` 文件。`.class` 文件里的代码不是本地代码，而是字节码（bytecode）——Java 虚拟机（Java Virtual Machine，JVM）[⊖]能识别的机器语言。最后通过启动器（`java`）在 JVM 实例中运行应用程序。

⊖ http://www.oracle.com/technetwork/java/langenv-140151.html
⊖ 术语 Java Virtual Machine 和 Java VM 都表示 Java 平台的虚拟机器，即 Java 虚拟机。

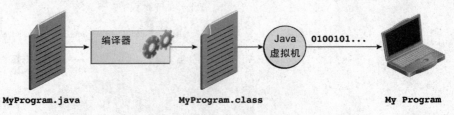

图 1-1 软件开发过程概貌

因为 Java 虚拟机可以在不同的操作系统上运行,所以同一个 .class 文件可以在 Microsoft Windows、Solaris、Linux、OS X 等多个操作系统上运行,如图 1-2 所示。有些虚拟机(如 Java HotSpot 虚拟机)在运行时会执行一些其他的步骤,如查找性能瓶颈、将使用频率高的代码重新编译成本地代码等,以提高程序性能[⊖]。

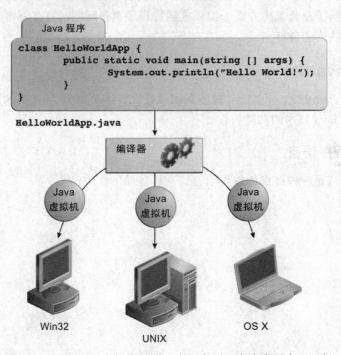

图 1-2 通过 Java 虚拟机,同一个程序可以在多个平台上运行

1.1.2 Java 平台

平台(platform)是程序运行的硬件或软件环境。前面已经提到一些常用的平台,如 Microsoft Windows、Linux、Solaris 和 OS X 等。大多数平台都可看作操作系统和底层硬件的组合。Java 平台和其他大多数平台不同,区别在于它是运行于其他硬件平台之上的纯软件平台,如图 1-3 所示。

图 1-3 应用程序接口和 Java 虚拟机隔离程序与底层硬件平台

Java 平台包含以下两个组件:
- Java 虚拟机

⊖ http://www.oracle.com/technetwork/java/javase/tech/index-jsp-136373.html

- Java 应用程序接口（API）

Java 虚拟机是 Java 平台的基础，它可以移植到其他不同的硬件平台上。

API 是那些现有软件组件构成的集合，它们提供许多有用功能。这些 API 被分成相关类和接口的库，通常称这些库为包（package）。下一节将重点介绍 API 的特性。

作为平台独立的环境，Java 平台会比本地代码慢一点。然而，编译器和虚拟机技术的优点在于，在不影响可移植性的前提下，使其性能接近本地代码。

1.1.3 Java 技术的功能

Java 程序语言是一个强大的软件平台。Java 平台的每个完整实现都包含以下功能组件：

- 开发工具。开发工具提供编译、运行、监控、调试和文档化应用程序所需的一切。对于初学编程的人而言，最主要的工具是编译器（javac）、启动器（java）和文档化工具（javadoc）。
- 应用程序接口（API）。API 提供 Java 程序语言的核心功能。它提供大量有用的类，从基本对象到网络与安全，再到 XML 生成与数据库访问等，供开发程序使用。核心 API 详情可参考《Java Platform Standard Edition (Java SE) 8 Documentation》[⊖]。
- 部署技术。Java SE 开发包（JDK）软件提供标准的 Java 程序部署机制，如 Java Web Start 软件和 Java 插件，用于将应用程序部署到终端用户。
- 用户界面工具包。JavaFX、Swing 和 Java 2D 工具包可创建复杂的图形用户界面（GUI）。
- 集成库。通过 Java 交互式数据语言（IDL）API、Java 数据库连接（JDBC）API、Java 命名和目录接口（JNDI）API、Java 远程方法调用（RMI）和基于互联网交互式对象请求代理协议的 Java 远程方法调用（Java RMI-IIOP）技术等，集成库可以访问数据库和处理远程对象。

1.1.4 Java 技术的优势

学习 Java 程序语言并不一定会带来荣誉、财富，也不一定会帮你找到工作。但它可能使你的程序写得更好，而且比使用其他语言开发程序容易。总的来说，Java 技术具有以下优势：

- 入门快。尽管 Java 是强大的面向对象语言，但它容易学习，特别对熟悉 C 或 C++ 的程序员更是如此。
- 代码量少。比较程序度量标准（类数量、方法数量等）可知，用 Java 编写的程序仅有用 C++ 编写的程序的 1/4 倍。
- 代码质量高。Java 鼓励良好的编码规范，而且自动垃圾回收技术有助于避免内存泄漏。其面向对象性质、JavaBeans 组件体系结构以及分布广且易于扩展的 API 有助于重用已有的通过测试的代码，并减少引入的 bug。
- 开发效率高。Java 比 C++ 简单，使用 Java 开发程序时，开发速度可提高一倍，需要编写的代码也更少。
- 避免平台相关性。只要不用其他语言编写类库，就可以保持程序的可移植性。
- 编写一次，到处运行。因为用 Java 编写的应用程序都被编译成机器独立的字节码文件，这些字节码文件在任意 Java 平台上的运行情况都一样。

⊖ 8/docs/index.html

- 发布软件更容易。使用 Java Web Start，只需单击鼠标就可以发布应用程序。发布软件时自动版本检测能够确保所用软件的版本是最新的。如果版本有更新，Java Web Start 软件会自动更新该软件。

1.2 "Hello World!" 实例程序

本节详细介绍编译和运行"Hello World!"实例程序的指令。1.2.1 节介绍利用集成开发环境 NetBeans IDE 开发该程序的过程。NetBeans IDE 在 Java 平台上运行，也就是说可在任何配置了 JDK 的操作系统上运行 NetBeans IDE，包括 Microsoft Windows、Solaris、Linux 和 OS X。建议尽可能使用 NetBeans IDE 取代命令行。1.2.2 节和 1.2.3 节依次介绍不使用集成开发环境时在 Microsoft Windows、Solaris、Linux 等平台上开发该实例程序的详细过程。(关于支持的操作系统版本信息，参见 Oracle JDK 8 和 JRE 8 认证的系统配置[一]。) 运行时遇到问题，可参考 1.4 节，这部分给出了新手可能会遇到的大多数问题的解决方案。

1.2.1 用 NetBeans IDE 开发 "Hello World!"

现在写第一个程序！这些指令适用于 NetBeans IDE 用户。

1. 软件列表

编写该实例程序需要准备下述两个软件：

1) Java SE 开发工具包。参考 Java SE 下载页[二]。
2) NetBeans IDE。NetBeans IDE 下载页给出所有平台的 NetBeans IDE 列表[三]。

2. 创建第一个应用程序

第一个应用程序 `HelloWorldApp` 显示问候语 "Hello World!"。按如下过程创建该程序：

1) 创建 IDE 项目。创建 IDE 项目时会创建一个环境，用于构建（build）和运行应用程序。使用 IDE 项目不会遇到像命令行开发那样的配置问题。在 IDE 中，只需选择一个菜单项，就可以建立和运行应用程序。

2) 在生成的源文件中添加代码。源文件包含 Java 语言写的代码。创建 IDE 项目时，会自动生成一个源文件框架（skeleton），只需修改该文件添加 "Hello World!" 消息即可。

3) 将源文件编译成 `.class` 文件。IDE 会调用 Java 编译器（`javac`）将源文件翻译成 Java 虚拟机能理解的指令。这些指令通常称为字节码。

4) 运行程序。IDE 调用 Java 应用程序启动器（`java`）在 Java 虚拟机中运行应用程序。

3. 创建 IDE 项目

按下述步骤创建 IDE 项目。

1) 启动 NetBeans IDE。

- 在 Microsoft Windows 系统中，单击 Start 菜单中的 NetBeans IDE 选项。
- 在 Solaris 和 Linux 系统中，进入 IDE 的 `bin` 目录，输入 `./netbeans` 执行 IDE 启动脚本。
- 在 OS X 系统中，单击 NetBeans IDE 图标。

[一] http://www.oracle.com/technetwork/java/javase/certconfig-2095354.html
[二] http://www.oracle.com/technetwork/java/javase/downloads/index.html
[三] http://netbeans.org/downloads/index.html

2）在 NetBeans IDE 中选择 File | New Project（如图 1-4 所示）。

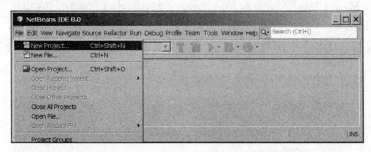

图 1-4　NetBeans IDE 的 New Project 菜单项

3）在 New Project 向导中，扩展 Categories 中的 Java，选择 Projects 中的 Java Application，然后单击 Next（如图 1-5 所示）。

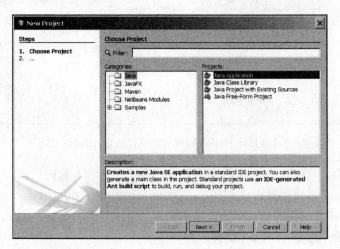

图 1-5　NetBeans IDE 的 New Project 向导中的 Choose Project 页

4）在 Name and Location 向导页中，做如下操作（如图 1-6 所示）：

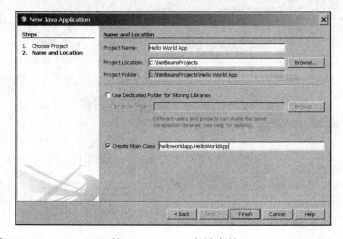

图 1-6　NetBeans IDE 的 New Project 向导中的 Name and Location 页

- 在 Project Name 字段输入 Hello World App。
- 在 Create Main Class 字段输入 helloworldapp.HelloWorldApp。

5）单击 Finish。

项目创建完毕，IDE 会打开该项目，如图 1-7 所示。创建的项目包含以下组件：

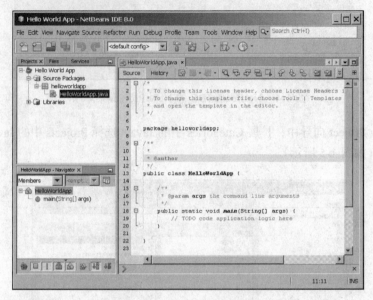

图 1-7　打开 HelloWorldApp 项目的 NetBeans IDE

- Projects 窗口，包含项目组件（如源文件和所需的库等）的树形图。
- Source Editor 窗口，其中已打开了文件 HelloWorldApp.java。
- Navigator 窗口，快速查阅所选类中的元素。

4. 在平台列表中添加 JDK 8（如有必要）

可能需要在 IDE 的可用平台列表中添加 JDK 8。这可通过选择 Tools 菜单中的 Java Platforms 实现，如图 1-8 所示。

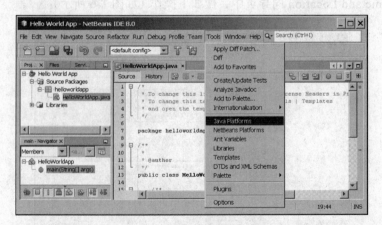

图 1-8　选择 Tools 菜单中的 Java Platforms

如果已安装的平台列表中没有 JDK 8（可能显示为 1.8 或 1.8.0），单击 Add Platform，转到 JDK 8 的安装目录，并单击 Finish。会看到新平台添加完毕，如图 1-9 所示。

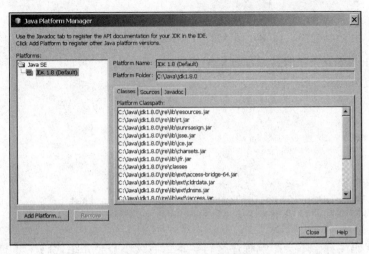

图 1-9　Java 平台管理器

如果要将 JDK 8 设为所有项目的默认平台，只需在命令行使用 --jdkhome 参数运行 IDE，或将 JDK 的安装路径设为文件"安装目录/etc/netbeans.conf"中的 netbeans_j2sdkhome 属性的值。

如果只需将 JDK 8 设为当前项目的默认平台，在 Projects 面板中选择 Hello World App，单击 File 菜单中的 Project Properties（Hello World App），单击 Libraries，然后选择 Java Platform 下拉菜单中的 JDK 1.8，结果与图 1-10 类似。至此 IDE 已成功配置 JDK 8。

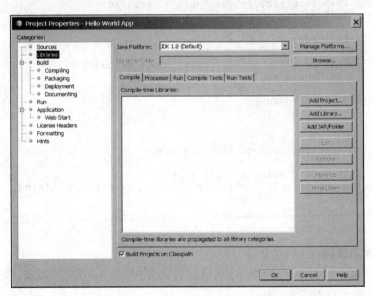

图 1-10　Hello World App 项目属性中的 Libraries

5. 在源文件中添加代码

创建项目时，已经选中 New Project 向导中 Create Main Class 前面的选择框。因此，IDE 会创建一个框架类。将其中代码

```
// TODO code application logic here
```

替换成

```
System.out.println("Hello World!"); // Display the string.
```

就可以将"Hello World！"消息添加到框架代码中。

另外，可以将代码

```
/**
 *
 * @author
 */
```

替换成

```
/**
 * The HelloWorldApp class implements an application that
 * simply prints "Hello World!" to standard output.
 */
```

这四行是代码注释，不会影响程序运行。本章后续小节会介绍代码注释的使用和格式。

> **注意** 如上所述输入所有的代码、命令和文件名。编译器（javac）和启动器（java）都是**区分大小写**的，所以输入的英文字母大小写必须一致。比如，HelloWorldApp 与 helloworldapp 是不同的。

选择 File 菜单，单击 Save 菜单项保存文件，文件内容如下：

```
/*
 * To change this template, choose Tools | Templates
 * and open the template in the editor.
 */
package helloworldapp;
/**
 * The HelloWorldApp class implements an application that
 * simply prints "Hello World!" to standard output.
 */
public class HelloWorldApp {

    /**
     * @param args the command line arguments
     */
    public static void main(String[] args) {
        System.out.println("Hello World!"); // Display the string.
    }

}
```

6. 将源文件编译成 .class 文件

在 IDE 主菜单中，选择 Run | Build Project (Hello World App) 菜单项编译源文件。Output 窗口及其结果如图 1-11 所示。

如果构建输出中包含语句 BUILD SUCCESSFUL，那么恭喜你，编译成功！

如果构建输出中包含语句 BUILD FAILED，那么代码可能存在语法错误。Output 窗口报告的错误都是超链接文件，双击超链接就可定位代码中的错误位置。修正错误后再次选择 Run | Build Project 重新构建即可。

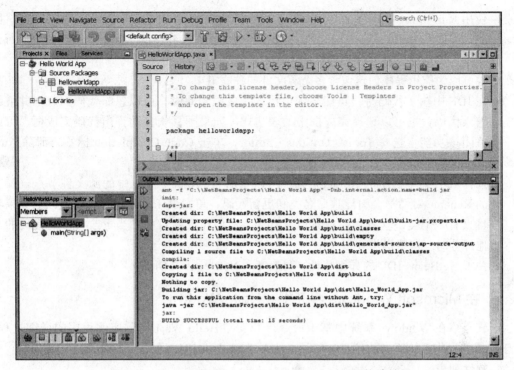

图 1-11 Output 窗口——HelloWorldApp 项目的构建结果

构建项目时会生成字节码文件 `HelloWorldApp.class`。打开 Files 窗口，展开节点 `Hello World App/build/classes/helloworldapp`，显示生成的新文件，如图 1-12 所示。至此，项目构建完毕，接下来就可以运行程序了。

7. 运行程序

在 IDE 菜单栏中，选择 Run | Run Main Project 菜单项。如果运行成功，会显示如图 1-13 所示结果。

8. NetBeans IDE 的使用技巧

本章剩余部分会解释该应用程序中的代码。后续小节会深入介绍核心的语言特性，并提供更多例子。尽管本书后面不会介绍使用 NetBeans IDE 的指令，但使用 IDE 编写和运行实例代码比较容易。这里介绍 IDE 的一些使用技巧：

- 在 IDE 中创建项目后，就可使用 New File 向导往项目中添加文件。选择 File | New File 并在向导中选择一个模板，如 Empty Java File 模板。
- IDE 的 Compile File（F9）和 Run File（Shift+F6）可以分别编译和运行单个文件（相对于整个项目而言）。

图 1-12 Files 窗口——生成的 `.class` 文件

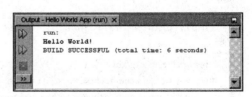

图 1-13 在 Output 窗口中显示"Hello World！"（以及构建脚本中的其他输出）

使用 Run Main Project 命令时，IDE 只会运行 IDE 关联为主项目的主类的文件。因此，即使在 HelloWorldApp 项目中创建其他的类并使用 Run Main Project 命令运行该文件，IDE 也只会运行 `HelloWorldApp` 文件。
- 也可以为应用程序创建包含多个源文件的独立 IDE 项目。
- 在 IDE 中输入代码时，可能会弹出代码完成框。此时，可以忽略代码完成框并继续输入代码，也可以选择完成框中的表达式。如果不喜欢自动弹出代码完成框，可以关闭该功能。选择 Tools | Options | Editor，单击 Code Completion 标签，清除 Auto Popup Completion Window 选择框。
- 选择 IDE 菜单栏中的 Refactor 菜单可以重命名 Projects 窗口中的源文件节点。弹出的 Rename 对话框会引导重命名类和更新代码，单击 Refactor 保存这些更改。如果项目只有一个类，这些操作就看似没有必要；但在大项目中，当更改会影响代码的其他部分时，这些操作会很有用。
- 关于 NetBeans IDE 的详细特性，可参考《NetBeans 文档页》[一]。

1.2.2 在 Microsoft Windows 中开发"Hello World！"

本节介绍在 Windows 系统中基于命令行开发"Hello World！"实例程序的详细过程。（关于支持的操作系统版本的信息，参见 Oracle JDK 8 和 JRE 8 认证的系统配置[二]。）

1. 软件列表

编写该程序需要准备下列两个软件：

1）JDK 8。下载 Windows 版本的 JDK 8[三]。（注意是下载 JDK，而不是下载 Java 运行时环境 JRE）。详情参考安装指南[四]。

2）文本编辑器。在这个例子中使用 Windows 自带的 Notepad 编辑器。如果使用其他文本编辑器，只需修改相关指令即可。

2. 创建第一个应用程序

按如下过程创建应用程序 `HelloWorldApp`：

1）创建源文件。源文件包括用 Java 写的代码。源文件可以用任意文本编辑器创建和编写。

2）将源文件编译成 `.class` 文件。Java 编译器（`javac`）将源文件翻译成 Java 虚拟机能理解的指令。如前所述，`.class` 文件中的指令通常称为字节码。

3）运行程序。Java 应用程序启动器（`java`）使用 Java 虚拟机运行应用程序。

3. 创建源文件

创建源文件有两种方法：①保存文件 `HelloWorldApp.java`[五]；②采用下述方法。

首先打开文本编辑器。在 Start 菜单选择 Programs | Accessories | Notepad 启动 Notepad 编辑器。在新文档中输入以下代码：

```
/**
 * The HelloWorldApp class implements an application that
 * simply prints "Hello World!" to standard output.
```

[一] https://netbeans.org/kb/
[二] http://www.oracle.com/technetwork/java/javase/certconfig-2095354.html
[三] http://www.oracle.com/technetwork/java/javase/downloads/index.html
[四] 8/docs/technotes/guides/install/install_overview.html
[五] tutorial/getStarted/application/examples/HelloWorldApp.java

```
*/
class HelloWorldApp {
    public static void main(String[] args) {
        System.out.println("Hello World!"); // Display the string.
    }
}
```

注意 如上所述输入所有的代码、命令和文件名。编译器（javac）和启动器（java）都是区分大小写的，所以输入的字母大小写必须一致。

将上述代码存入文件 HelloWorldApp.java。在 Notepad 中，选择 File | Save As 菜单项，然后在弹出的 Save As 对话框中执行如下操作：

1）使用 Save In 组合框指定保存文件的文件夹（或目录）。在这个例子中，目录是 C:\myapplication。

2）在 File name 文本字段中输入 "HelloWorldApp.java"，包括双引号。

3）在 Save as type 组合框中，选择 Text Documents (*.txt)。

4）在 Encoding 组合框中，编码类型选为 ANSI。

完成后，对话框如图 1-14 所示。单击 Save，退出 Notepad。

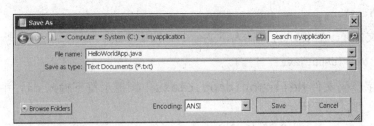

图 1-14 Save As 对话框

4. 将源文件编译成 .class 文件

在 Start 菜单中选择 Run，然后输入 cmd，启动 shell 窗口或命令行窗口，如图 1-15 所示。

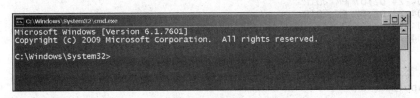

图 1-15 shell 窗口

命令提示符会显示当前目录。打开命令行窗口时，当前目录通常是主目录，如图 1-15 所示。

要编译源文件，需将当前目录定位到文件所在的目录。比如，如果源文件目录是 C:\myapplication，在提示符下输入下述指令并按回车键：

cd C:\myapplication

当前目录就变成 C:\myapplication>。

> **注意** 要切换到不同驱动器上的目录，需要输入其他命令，也就是说要输入驱动器的名称。比如，要切换到 D:\myapplication，就必须输入 D:，如下所示：
>
> C:\>**D:**
>
> D:\>**cd myapplication**
>
> D:\myapplication>

在提示符下输入 dir 并按回车键，可以显示源文件，如下所示：

```
C:\>cd myapplication

C:\myapplication>dir
 Volume in drive C is System
 Volume Serial Number is F2E8-C8CC

 Directory of C:\myapplication

2014-04-24 01:34 PM <DIR> .
2014-04-24 01:34 PM <DIR> ..
2014-04-24 01:34 PM 267 HelloWorldApp.java
               1 File(s) 267 bytes
               2 Dir(s) 93,297,991,680 bytes free

C:\myapplication>
```

现在可以编译文件了。在提示符下输入下述命令并按回车键：

javac HelloWorldApp.java

编译器会生成字节码文件 HelloWorldApp.class。在提示符下输入 dir 并按回车键就会显示生成的新文件，如下所示：

```
C:\myapplication>javac HelloWorldApp.java

C:\myapplication>dir
 Volume in drive C is System
 Volume Serial Number is F2E8-C8CC

 Directory of C:\myapplication

2014-04-24 02:07 PM <DIR> .
2014-04-24 02:07 PM <DIR> ..
2014-04-24 02:07 PM 432 HelloWorldApp.class
2014-04-24 01:34 PM 267 HelloWorldApp.java
               2 File(s) 699 bytes
               2 Dir(s) 93,298,032,640 bytes free

C:\myapplication>
```

生成 .class 文件后，就可以运行程序了。

5. 运行程序

在同一个目录下，在提示符下输入下述命令并按回车键：

java -cp . HelloWorldApp

屏幕上会显示：

```
C:\myapplication>java -cp . HelloWorldApp
Hello World!

C:\myapplication>
```

恭喜，程序运行成功。上述过程中如果遇到问题，可参考 1.4 节。

1.2.3 在 Solaris 和 Linux 中开发"Hello World！"

本节详细介绍在 Solaris 和 Linux 系统中用命令行开发"Hello World！"实例程序的完整过程。

1. 软件列表

编写第一个程序需要准备下述两个工具：

1）JDK 8。下载 Solaris 或 Linux 版本的 JDK 8 [⊖]。（注意是下载 JDK，而不是下载 Java 运行时环境 JRE）。详情参考《安装指南》[⊖]。

2）文本编辑器。在这个例子中，采用 Pico 编辑器（大多数基于 UNIX 的平台都能用它）。如果使用不同的文本编辑器（如 `vi` 或 `emacs`），这些指令很容易改写过来。

2. 创建第一个应用程序

按如下过程创建应用程序 `HelloWorldApp`：

1）创建源文件。源文件包括用 Java 语言写的代码。源文件可以用任意文本编辑器创建和编辑。

2）将源文件编译成 `.class` 文件。Java 编译器（`javac`）将源文件翻译成 Java 虚拟机能理解的指令。如前所述，`.class` 文件中的指令通常称为字节码。

3）运行程序。Java 应用程序启动器（`java`）使用 Java 虚拟机运行应用程序。

3. 创建源文件

创建源文件有两种方法：①无需输入代码，保存文件 `HelloWorldApp.java`[⊜]；②采用下述过程创建。

先打开 shell 窗口或 Terminal 窗口，如图 1-16 所示。刚打开时，当前目录通常是主目录。任何时候，只要在提示符下输入 `cd`，然后按 Enter 键，就可以将当前目录切换成主目录。

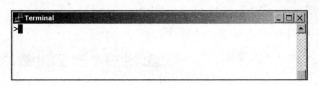

图 1-16 Terminal 窗口

创建的源文件保存在独立的目录中。命令 `mkdir` 可用于创建目录。比如，使用下述命令可以在 `/tmp` 目录中创建 `examples/java` 目录：

```
cd /tmp
mkdir examples
cd examples
mkdir java
```

使用下述代码可将当前目录切换到该新目录：

```
cd /tmp/examples/java
```

现在创建源文件。

⊖ http://www.oracle.com/technetwork/java/javase/downloads/index.html
⊖ 8/docs/technotes/guides/install/install_overview.html
⊜ tutorial/getStarted/application/examples/HelloWorldApp.java

在提示符下输入 pico 并按 Enter 键，就可以启动 Pico 编辑器。如果系统返回消息 "pico:command not found"，就说明 pico 很有可能无法用。此时需要咨询系统管理员或者使用其他编辑器。

启动 Pico 时，会出现新的空缓冲区（buffer）。这就是输入代码的区域。将下述代码输入该缓冲区：

```
/**
 * The HelloWorldApp class implements an application that
 * simply prints "Hello World!" to standard output.
 */
class HelloWorldApp {
    public static void main(String[] args) {
        System.out.println("Hello World!"); // Display the string.
    }
}
```

> **注意** 对如上输入的所有代码、命令和文件名，编译器（javac）和启动器（java）都是**区分大小写的**，所以输入的字母大小写必须一致。

将上述代码存入文件 HelloWorldApp.java。在 Pico 编辑器中，按下 Ctrl+O，编辑器的底部就会显示提示符 File Name to Write:，输入 HelloWorldApp.java 文件的保存目录及文件名。例如，如果要将 HelloWorldApp.java 保存在目录 /tmp/examples/java 中，只需输入 /tmp/examples/java/HelloWorldApp.java 并按 Enter 键即可。最后按 Ctrl+X 退出 Pico。

4. 将源文件编译成 .class 文件

打开另一个 shell 窗口。编译源文件时，要将当前目录定位为源文件所在的目录。比如，如果源文件所在目录是 /tmp/examples/java，只需在提示符下输入下述命令并按 Enter 键即可：

```
cd /tmp/examples/java
```

在提示符下输入 pwd，就可显示当前目录。在这个例子中，当前目录已经变成 /tmp/examples/java。输入 ls 即可显示创建的文件，如图 1-17 所示。

现在来编译源文件。在提示符下输入下述命令并按 Enter 键：

```
javac HelloWorldApp.java
```

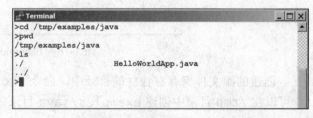

图 1-17 ls 命令的执行结果——显示 .java 源文件

编译器会生成字节码文件 HelloWorldApp.class。在提示符下输入 ls 就可显示创建的新文件，如图 1-18 所示。生成 .class 文件后，就可以运行程序了。

5. 运行程序

在相同目录下，在提示符下输入下述命令：

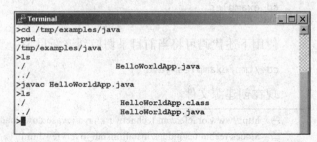

图 1-18 ls 命令的执行结果——显示 .class 文件

```
java HelloWorldApp
```
如果结果如图1-19所示，就说明程序可以运行了。在上述过程中如果遇到问题，可参考1.4节。

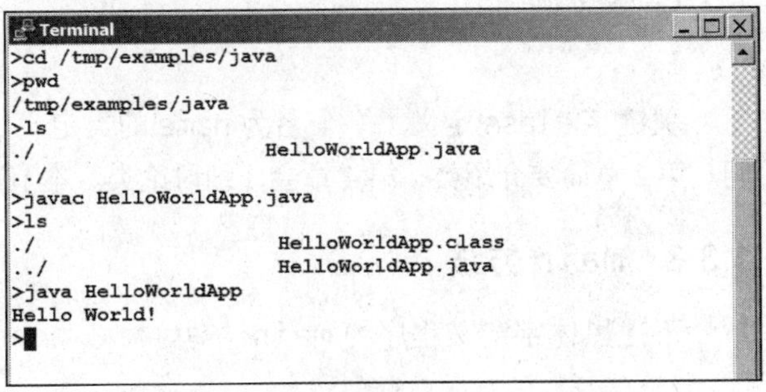

1.3 "Hello World！"实例程序剖析

前面已经介绍了"Hello World！"程序及其编译和运行过程，本节介绍其工作原理。再次给出"Hello World！"程序的代码如下：

图1-19 在窗口上输出"Hello World!"

```
class HelloWorldApp {
    public static void main(String[] args) {
        System.out.println("Hello World!"); // Display the string.
    }
}
```

"Hello World！"程序包含三个基本组件：源码注释、HelloWorldApp类定义和main方法。下述说明有助于初步理解这些代码，深入理解还需等到读完本书之后。

1.3.1 源码注释

下面的黑体字指出了"Hello World!"程序的注释部分：

```
/**
 * The HelloWorldApp class implements an application that
 * simply prints "Hello World!" to standard output.
 */
class HelloWorldApp {
    public static void main(String[] args) {
        System.out.println("Hello World!"); // Display the string.
    }
}
```

注释会被编译器忽略，但有助于程序员理解程序。Java程序语言支持三类注释格式。

1）`/* text */`——编译器会忽略 `/*` 和 `*/` 之间的所有文本。

2）`/**documentation*/`——称为文档注释。如同编译器忽略 `/* */` 注释一样，它也会忽略这类注释。自动创建文档时 `javadoc` 工具要用到文档注释。关于 `javadoc` 的更多信息可参考《Javadoc Tool Documentation》⊖。

3）`//text`——编译器会忽略从 `//` 到行末的所有文本。

1.3.2 HelloWorldApp 类定义

下述黑体字为"Hello World！"程序的类定义部分：

```
/**
 * The HelloWorldApp class implements an application that
 * simply displays "Hello World!" to the standard output.
 */
class HelloWorldApp {
    public static void main(String[] args) {
        System.out.println("Hello World!"); // Display the string.
    }
}
```

⊖ 8/docs/technotes/guides/javadoc/index.html

如前所示，类定义的基本形式如下：

```
class name {
    ...
}
```

关键字 class 定义了一个名为 name 的类定义，每个类的代码都写在黑体的左右花括号之间。第 2 章简要介绍类，第 4 章会详细讨论类。本节只需知道每个应用程序都由类定义开始即可。

1.3.3　main 方法

下述黑体字定义程序的 main 方法：

```
/**
 * The HelloWorldApp class implements an application that
 * simply displays "Hello World!" to the standard output.
 */
class HelloWorldApp {
    public static void main(String[] args) {
        System.out.println("Hello World!"); //Display the string.
    }
}
```

Java 程序语言中，每个应用程序都必须包含一个 main 方法，其形式如下：

```
public static void main(String[] args)
```

修饰符 public 和 static 的次序无关紧要，可以是 public static 或 static public。通常约定使用 public static，如上述例子所示。参数可以任意命名，但大多数程序员会选择 args 或 argv。

main 方法与 C 和 C++ 中的 main 函数类似，它是应用程序的入口，随后才能调用程序所需的其他方法。main 方法只接受一类参数：String 类型的数组。

```
public static void main(String[] args)
```

运行时系统就是通过该数组将消息传送给应用程序的，例子如下：

```
java MyApp arg1 arg2
```

数组中的每个字符串都称作命令行参数。通过命令行参数，用户可以不重新编译应用程序就能改变其操作。例如，用户可以使用下述命令行参数指定排序程序按照降序排序数据：

```
-descending
```

"Hello World!" 应用程序忽略了命令行参数，但要注意这些参数是存在的。最后看下述命令：

```
System.out.println("Hello World!");
```

该命令使用核心库的 System 类在标准输出中显示 "Hello World!" 消息。后续章节将会讨论该类库（通常称为应用程序接口或 API）的部分内容。

1.4　常见问题（及其解决方案）

1.4.1　编译器问题

1. Microsoft Windows 系统的常见错误消息

```
'javac' is not recognized as an internal or external command,
operable program or batch file
```

该错误消息说明 Windows 系统没有找到编译器（javac）。有一个办法可以解决该问题。假设 JDK 安装在目录 C:\jdk1.8.0 下。在提示符下输入下述命令并按回车键：

C:\jdk1.8.0\bin\javac HelloWorldApp.java

这样设置后，每次编译或运行程序时，都要执行命令 C:\jdk1.8.0\bin\javac 或 C:\jdk1.8.0\bin\java。更新 PATH 变量可避免这种重复输入，详情参考《JDK 8 安装指南》[○]。

Class names, 'HelloWorldApp', are only accepted if annotation processing is explicitly requested

该错误消息说明编译时忘记输入 .java 后缀。切记，编译命令是 javac HelloWorldApp.java 而不是 javac HelloWorldApp。

2. Solaris 和 Linux 系统上的常见错误消息

javac: Command not found

该错误消息说明操作系统没有找到编译器（javac）。有一个办法可以解决该问题。假设 JDK 安装在目录 /usr/local/jdk1.8.0 下。在提示符下输入下述命令并按回车键：

/usr/local/jdk1.8.0/javac HelloWorldApp.java

> **注意** 这样设置后，每次编译或运行程序时，都要执行命令 /usr/local/jdk1.8.0/javac 或 /usr/local/jdk1.8.0/java。为了避免这种重复输入，可以将该路径信息设为变量 PATH 的值。设置方法主要取决于当前运行的 shell 窗口。

Class names, 'HelloWorldApp', are only accepted if annotation processing is explicitly requested

该错误消息说明编译时忘记添加 .java 后缀。切记，编译命令是 javac HelloWorldApp.java，而不是 javac HelloWorldApp。

3. 语法错误（所有平台）

输入错误时编译器会提示语法错误。错误消息会显示错误类型、检测到错误的代码行号、代码和错误发生的位置。下述错误就是由于忽略了语句末分号而引起的：

```
testing.java:14: ';' expected.
System.out.println("Input has " + count + " chars.")
                                                    ^
1 error
```

如果错误关联到多行代码，编译器有时不能理解该错误，并会输出混乱的错误信息或多个错误信息。例如，下述代码在加粗行后面忽略了分号：

```
while (System.in.read() != -1)
    count++
System.out.println("Input has " + count + " chars.");
```

编译该代码时，编译器会提示两个错误信息：

testing.java:13: Invalid type expression.

[○] 8/docs/webnotes/install/windows/jdk-installation-windows.html#path

```
            count++
                ^
testing.java:14: Invalid declaration.
    System.out.println("Input has " + count + " chars.");
        ^
2 errors
```

这是因为编译器在处理 count++ 时，编译器状态指示 count++ 只是表达式的中间部分。没有分号，编译器无法知道语句是否完整。编译时显示任何编译器错误消息，就说明程序没有成功编译，编译器未创建 .class 文件。仔细检查程序，修正检测到的错误，再重新编译。

4. 语义错误

除了验证程序的语法正确性外，编译器还会检测其他基本的错误。例如，遇到未初始化的变量时，编译器会提示：

```
testing.java:13: Variable count may not have been initialized.
        count++;
        ^
testing.java:14: Variable count may not have been initialized.
    System.out.println("Input has " + count + " chars.");
                                        ^
2 errors
```

这就说明程序没有编译成功，编译器未创建 .class 文件。修正错误，再重新编译。

1.4.2 运行时问题

1. Microsoft Windows 系统上的错误消息

`Exception in thread "main" java.lang.NoClassDefFoundError: HelloWorldApp`

该错误消息说明启动器（java）没找到字节码文件 HelloWorldApp.class。启动器会在当前目录中搜索 .class 文件。因此，如果 .class 文件在 C:\java 目录中，当前目录就要切换成该目录。在提示符下输入下述命令并按回车键：

`cd c:\java`

当前目录就会切换成 C:\java>。在提示符下输入 dir 并按回车键，就可显示 .java 和 .class 文件。重新执行 java HelloWorldApp 命令。如果仍有问题，可能需要重新设置 CLASSPATH 变量。使用下述命令可确认是否必须重设 CLASSPATH：

`set CLASSPATH=`

继续运行 java HelloWorldApp 命令。如果程序成功执行，就需要重设 CLASSPATH 变量的值，其设置方法可参考《JDK 8 安装指南》[⊖]，与 PATH 变量的设置方法类似。

`Could not find or load main class HelloWorldApp.class`

初学编程的人最常犯的错误是试图在编译器创建的 .class 文件上运行启动器（java）。例如，使用 java HelloWorldApp.class 命令而不是 java HelloWorldApp 命令运行程序，就会提示该错误消息。切记，java 命令的参数是要使用的类名，而不是文件名。

`Exception in thread "main" java.lang.NoSuchMethodError: main`

⊖ 8/docs/technotes/guides/install/windows_jdk_install.html#BABGDJFH

Java虚拟机要求执行的类必须有一个main方法作为应用程序的执行入口。关于main方法，前面部分已做详细介绍。

2. Solaris 和 Linux 系统上的错误消息

`Exception in thread "main" java.lang.NoClassDefFoundError: HelloWorldApp`

该错误消息说明启动器java没找到字节码文件HelloWorldApp.class。java会在当前目录中搜索字节码文件。因此，如果字节码文件保存在/home/jdoe/java目录中，当前目录就要切换成该目录。在提示符下输入下述命令并按回车键，就可切换当前目录：

`cd /home/jdoe/java`

输入pwd按回车键会显示/home/jdoe/java。在提示符下输入ls并按回车键，会显示.java和.class文件。重新执行java HelloWorldApp。

如果仍有问题，可能需要重新设置CLASSPATH环境变量。使用下述命令可确认是否必须重设CLASSPATH：

`unset CLASSPATH`

再运行java HelloWorldApp命令。如果程序成功执行，就需要重设CLASSPATH变量的值，其设置方法与PATH变量一样。

`Exception in thread "main" java.lang.NoClassDefFoundError: HelloWorldApp/class`

初学编程的人最常犯的错误是试图在编译器创建的.class文件上运行启动器（java）。例如，使用java HelloWorldApp.class命令而不是java HelloWorldApp命令运行程序，就会提示该错误消息。切记，java命令的参数是要使用的类名，而不是文件名。

`Exception in thread "main" java.lang.NoSuchMethodError: main`

Java虚拟机要求执行的类必须有一个main方法作为应用程序的执行入口。关于main方法，前面部分已做详细介绍。

3. applet 或 Java Web Start 被阻塞

通过浏览器运行程序时，如果提示程序被阻塞，可从以下三个方面着手解决。

- 检查程序运行环境的JAR文件清单的属性是否设置正确。`Permissions`是必需的属性。在NetBeans项目中，扩展项目文件夹，双击`manifest.mf`即可从NetBeans IDE 的 Files 标签中打开清单文件。
- 检查程序是否具备可靠的证书签名，该证书位于签名者的证书颁发机构密钥库。
- 运行本地applet时，可以设置Web服务器进行测试。也可以将程序添加到异常站点列表中，该列表位于Java控制面板的Security标签内。

1.5 问题和练习：快速入门

问题

1. 编译Java程序时，编译器会将源文件翻译成Java虚拟机能识别的平台无关的代码。这种平台无关的代码叫什么？
2. 下述哪项不是有效的代码注释？

a. `/** comment */`

   b. `/* comment */`

   c. `/* comment`

   d. `// comment`

3. 若运行时出现下述错误，首先要检查什么？

   ```
   Exception in thread "main" java.lang.NoClassDefFoundError:
   HelloWorldApp.java.
   ```

4. 如何正确定义 `main` 方法？

5. 声明 `main` 方法时，要先用哪个修饰符，`public` 还是 `static`？

6. `main` 方法中要定义什么参数？

练习

1. 修改程序 `HelloWorldApp.java`，让其显示"Hola Mundo！"，而不是"Hello World！"。

2. 下面的程序对 `HelloWorldApp` 做了点改动：

   ```java
   // HelloWorldApp2.java
   // INTENTIONALLY UNCOMPILABLE!
   /**
    * The HelloWorldApp class implements an application that
    * simply prints "Hello World!" to standard output.
    */
   class HelloWorldApp2 {
     public static void main(String[] args) {
        System.out.println("Hello World!") // Display the string.
     }
   }
   ```

   该程序有一个错误。找到并修正该错误，使程序能够成功编译和运行。

答案

   相关答案参考

   http://docs.oracle.com/javase/tutorial/ getStarted/QandE/answers.html。

第 2 章

面向对象的编程概念

如果没有用过面向对象的程序语言，编写 Java 程序之前一定要先学一些面向对象编程的基本概念。本章介绍对象、类、继承、接口和包等基本概念。每节都通过生活中的例子来解释这些基本概念，同时介绍 Java 程序语言的语法。

2.1 节关注对象的概念。对象是具有相关状态和行为的软件。软件对象经常用于建模生活中的对象。本节介绍对象的状态和行为的表示方式以及数据封装的概念，并说明这种设计思想的优点。

2.2 节讨论类的概念。类是创建对象的蓝图或原型。本节定义一个类来建模生活中对象的状态和行为。本节通过说明简单的类也能建模状态和行为，着重介绍相关的基础知识。

2.3 节介绍继承的概念。继承提供功能强大且自然的软件组织和架构机制。本节解释类如何从超类继承状态和行为，以及如何使用 Java 程序语言的语法由一个类生成另一个类。

2.4 节讨论接口的概念。接口是类和外界的契约。实现接口时，类就具备了接口的行为。本节定义一个简单接口，并说明任何类实现该接口时，都要改写接口提供的方法体。

2.5 节描述包的概念。包是组织类和接口的逻辑命名空间。用包来组织代码，易于管理大型软件项目。本节解释其实用性并介绍 Java 平台的应用程序接口。

本章最后给出一些问题和练习，以测试读者对对象、类、继承、接口和包等基本概念的理解程度。

2.1 对象

对象是理解面向对象技术的关键概念。生活中有很多对象的例子，如狗、桌子、电视机、自行车等。

生活中的对象都有两个共同的属性：状态和行为。狗有名字、颜色、品种等状态，以及犬吠、抓东西、摇尾巴等行为。自行车有当前档位、当前脚踏频率、当前速度等状态和换档、变换踏板频率、刹车等行为。根据面向对象编程的思路来确定生活中对象的状态和行为是很好的方法。

前面已经介绍了生活中的几个对象。对每个对象，都有两个问题："它处于什么状态"和"它会发生什么行为"。仔细观察并写下这些状态和行为，会发现生活中的对象差别很大。例如，台灯只有两个状态（开、关）和两种行为（打开、关闭），而收音机有其他状态（开、关、当前音量、当前电台）和行为（打开、关闭、提高音量、降低音量、搜索、扫描、调频）。而且，有些对象还包含其他对象。这些观察结果都可以翻译成面向对象程序。

就概念而言，软件对象与生活中的对象类似，也包含状态和行为两大属性。如图 2-1 所示，软件对象用字段（field，有些程序语言称为变量，variable）存储状态，用方法（method，有些程序语言称为函数，function）定义行为。方法对对象的内部状态进行操作，是对象之间通信的基本机制。这种隐藏对象内部状态，要求所有通信都通过对象的方法实现的行为，是面向对象编程的基本原则，通常称为数据封装。

图 2-2 以自行车为例来说明。外界如何使用对象，取决于其状态（当前档位、当前脚踏频率、当前速度）和改变状态的方法。如果自行车只有 6 个档位，就不能将其换成低于 1 或大于 6 的档位。

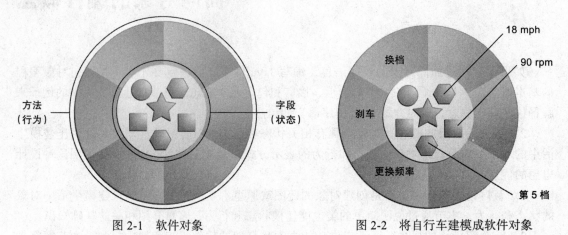

图 2-1　软件对象　　　　　　　图 2-2　将自行车建模成软件对象

将代码构建成独立的软件对象，具有以下优点：

1）模块化。每个对象的源代码，其编写和维护都独立于其他对象。对象一旦创建，就很容易在系统内传送。

2）信息隐藏。用户只能与对象的方法交互，对象的内部实现细节对外界是隐藏的。

3）代码重用。如果对象已经创建（可能是其他开发人员编写），就可以直接使用该对象。这样一来，写程序时就可以直接调用那些由专家实现、测试和调试通过的复杂、特定功能的对象。

4）可插拔和易于调试。当个别对象出问题时，可以将其从程序中移除，并插入另一个对象来替换它。这与现实生活中的维修机制类似。比如说，机器的螺栓坏了，只需更换该螺栓，而不需要更换整台机器。

2.2　类

生活中有很多个体对象，它们都属于同一种类型。例如，生活中可能有上千辆自行车，但是它们的制作工艺和模型都一样。它们都基于同样的设计图纸制作而成，因此包含相同的组件。在面向对象术语中，称这些自行车是对象类——自行车类的实例。类是创建个体对象的蓝图。

比如，下述 Bicycle 类给出了实现自行车的一种方法：

```
class Bicycle {

    int cadence = 0;
    int speed = 0;
    int gear = 1;

    void changeCadence(int newValue) {
        cadence = newValue;
    }

    void changeGear(int newValue) {
        gear = newValue;
    }
```

```
    void speedUp(int increment) {
        speed = speed + increment;
    }

    void applyBrakes(int decrement) {
        speed = speed - decrement;
    }

    void printStates() {
        System.out.println("cadence:" +
            cadence + " speed:" +
            speed + " gear:" + gear);
    }
}
```

上述 Java 语言的语法可能有点陌生，但该类的设计完全基于对前面自行车对象的讨论。**cadence**、**speed** 和 **gear** 等字段表示对象的状态，**changeCadence**、**changeGear** 和 **speedUp** 等方法定义对象与外界的交互方式。

注意，上述 `Bicycle` 类的定义中没有 `main` 方法。因为类并不是一个完整的应用程序，仅仅是程序可能用到的自行车蓝图。程序中创建和使用 `Bicycle` 新对象的任务由其他类来完成。

下面是 `BicycleDemo` 类，它创建了两个独立的 `Bicycle` 对象并调用它们的方法：

```
class BicycleDemo {
    public static void main(String[] args) {

        // Create two different
        // Bicycle objects
        Bicycle bike1 = new Bicycle();
        Bicycle bike2 = new Bicycle();

        // Invoke methods on
        // those objects
        bike1.changeCadence(50);
        bike1.speedUp(10);
        bike1.changeGear(2);
        bike1.printStates();

        bike2.changeCadence(50);
        bike2.speedUp(10);
        bike2.changeGear(2);
        bike2.changeCadence(40);
        bike2.speedUp(10);
        bike2.changeGear(3);
        bike2.printStates();
    }
}
```

执行完毕后，会输出两辆自行车最终的踏板频率、速度和档位：

```
cadence:50 speed:10 gear:2
cadence:40 speed:20 gear:3
```

2.3 继承

通常，不同的对象也会有一些相同的地方。比如，山地车、公路车和协力车都具备自行车的属性：当前速度、当前踏板频率、当前档位等。但它们也有各自的特性：协力车有两个座垫和两个车把，公路车有赛车车把，有些山地车有其他链条以降低变速比。

在面向对象编程中，类可以继承其他类的常用状态和行为。在上述例子中，`Bicycle`

是MountainBike、RoadBike和TandemBike的超类（superclass）。在Java程序语言中，每个类只能有一个直接超类，每个超类都潜在地有无限多个子类（subclass），如图2-3所示。

子类的创建语法很简单，类声明时按顺序添加关键字extends和要继承的类名：

```
class MountainBike extends Bicycle {

    // new fields and methods defining
    // a mountain bike would go here

}
```

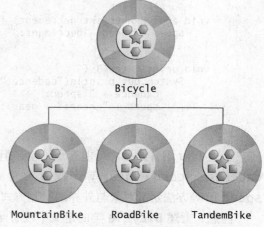

图2-3　Bicycle类的层次结构

这样定义后，MountainBike就会拥有与Bicycle相同的字段和方法，编码时只需关注那些不同的属性。这种定义方式可以增强子类代码的可读性。但是，文档化每个超类定义的状态和行为时要特别小心，因为子类的源文件不会包含超类的代码。

2.4　接口

如前所述，对象通过方法与外界交互，也就是说，方法是对象与外界的接口。例如，电视机控制面板上的按钮就是观众与电视机盒内电路的接口。观众可以通过电源键来开关电视机。

绝大多数情况下，接口被定义为一组方法体为空的相关方法的集合。如果将自行车的行为定义成接口，其形式如下：

```
interface Bicycle {

    //  wheel revolutions per minute
    void changeCadence(int newValue);

    void changeGear(int newValue);

    void speedUp(int increment);

    void applyBrakes(int decrement);
}
```

实现该接口时，要更换类名（例如，可以改成某个品牌的自行车，如ACMEBicycle），并在类声明中使用关键字implements：

```
class ACMEBicycle implements Bicycle {

    int cadence = 0;
    int speed = 0;
    int gear = 1;

   // The compiler will now require that methods
   // changeCadence, changeGear, speedUp, and applyBrakes
   // all be implemented. Compilation will fail if those
   // methods are missing from this class.

    void changeCadence(int newValue) {
         cadence = newValue;
    }

    void changeGear(int newValue) {
```

```
        gear = newValue;
    }
    void speedUp(int increment) {
        speed = speed + increment;
    }
    void applyBrakes(int decrement) {
        speed = speed - decrement;
    }
    void printStates() {
        System.out.println("cadence:" +
            cadence + " speed:" +
            speed + " gear:" + gear);
    }
}
```

通过实现接口，类可以更形式化地定义行为。接口构成了类与外界的契约，而且该契约在构建程序时由编译器强制执行。如果类声明实现一个接口，那么接口中定义的所有方法都必须出现在该类中，否则编译不通过。

> **注意** 要成功编译 ACMEBicycle 类，需要在实现的接口方法前添加关键字 public。其原因参考第 4 章和第 6 章。

2.5 包

包是相关类和接口的命名空间。概念上，包和文件夹类似，可以将 HTML 文件、图像文件、脚本和程序分别存在一个文件内。因为 Java 程序会由很多个体类组成，所以按照包的逻辑形式组织相关类和接口意义重大。

Java 平台提供了庞大的类库（包的集合）用于开发应用程序。该类库通常称为应用程序接口（Application Programming Interface，API）。类库中的包主要包含编程中的常见任务。例如，对象 String 包含字符串的状态和行为，对象 File 可创建、删除、检查、比较和修改文件系统中的文件，对象 Socket 支持网络套接字的创建和使用，不同的图形用户界面（GUI）对象控制按钮、复选框以及其他与 GUI 相关的状态和行为。毫不夸张地说，API 中有成千上万个类可供选择。因此，程序员可以只关注特定的应用而不是程序运行的基础架构。

《Java 平台应用程序接口规范（Java Platform API Specification）》[⊖] 给出了 Java SE 平台提供的所有包、接口、类、字段和方法的完整列表。登录并收藏该网页！作为 Java 程序员，它将成为你最重要的参考文档。

2.6 问题和练习：面向对象的编程概念

问题

1. 生活中的对象都具备_____和_____属性。
2. 软件对象的状态保存在_____中。
3. 软件对象的行为通过_____展现。
4. 将内部数据隐藏，且只能通过公共方法访问数据的技术叫_____。

⊖ 8/docs/api/index.html

5. 软件对象的蓝图叫_____。
6. 常用行为可以定义成_____，并用关键字_____继承到_____中。
7. 方法体为空的方法集合称为_____。
8. 按功能组织类和接口的命名空间叫_____。
9. 术语 API 表示_____。

练习
1. 创建新的类来描述本章开始时介绍的生活中的对象。如果忘记必要的语法可参考 Bicycle 类。
2. 为每个新类创建一个接口，以定义其行为，然后实现该接口。删除一两个方法后尝试编译一下，会报什么错？

答案

相关答案参考
http://docs.oracle.com/javase/tutorial/java/concepts/QandE/answers.html。

第 3 章

语言基础

前面已经介绍了对象的状态存储在字段中。然而，Java 程序语言经常会使用变量（variable）。3.1 节讨论字段与变量的关系，介绍变量的命名规则和约定、基本的数据类型（主类型（primitive type）、字符串和数组）、默认值（default value）和字（literal）。

3.2 节介绍 Java 程序语言的运算符。介绍常用和不常用的运算符。所有讨论都包含代码实例，而且这些代码实例都可以编译和运行。

运算符用于构建表达式，以进行计算。表达式是语句的核心组件。语句往往被划分成块。3.3 节通过前面介绍的代码实例讨论表达式、语句和块。

3.4 节介绍 Java 程序语言的控制流语句，内容涵盖按条件执行特定代码块的决策语句、循环语句和分支语句。

其中，每一节都给出了相应的问题和练习以测试读者对相关内容的理解程度。

3.1 变量

根据第 2 章可知，对象的状态存储在字段中：

```
int cadence = 0;
int speed = 0;
int gear = 1;
```

2.1 节已经介绍了字段的概念，但读者仍可能会问：命名字段有什么规则和约定？除了整型，是否还有其他数据类型？字段在声明时是否必须初始化？如果字段没有显式初始化，该字段是否会被赋予一个默认值？本章将会详细解答这些问题。但在此之前，先要明确一些技术差别。Java 程序语言同时使用字段和变量。对于新的开发人员而言，这是造成概念混淆的主要原因，因为两者经常看似指代同一个事物。Java 程序语言定义了如下变量：

- 实例变量（非静态字段）。就技术而言，对象将个体状态存入非静态字段，也就是不用关键字 static 声明的字段。非静态字段也称为实例变量，因为对每个类实例（即对象）而言，它们的值都是唯一的。比如，一辆自行车的 currentSpeed 字段与另一辆自行车的 currentSpeed 字段无关。
- 类变量（静态字段）。类变量是用 static 修饰符声明的任意字段，这就告诉编译器该变量只存在一个副本，而不管它被实例化多少次。特定类型的自行车的档数字段定义时要用 static 来声明，因为该档数会应用于所有的实例。代码 static int numGears=6; 创建该静态字段。此外，也可以添加关键字 final 表示该档数永远都不会变。
- 局部变量。与对象将状态存入字段类似，方法也将临时状态存入局部变量。声明局部变量的语法与声明字段类似（例如 int count=0;）。局部变量在声明时没有特殊的关键字，完全取决于变量的声明位置，也就是说方法体内有效。因此，局部变量只对声明它的方法可见，类的其他部分不能访问该局部变量。

- **参数**。在 `Bicycle` 类和 "Hello World!" 实例程序的 `main` 方法中我们已经见到过参数的例子。`main` 方法的声明形式是 `public static void main(String[] args)`。其中，变量 `args` 是 `main` 方法的参数。最重要的一点是，参数总被归为变量，而不是字段。这同样适用于后续章节将要学习的其他支持参数的构造，如构造器和异常处理器。

即便如此，本章后续内容讨论字段和变量时仍采用下述标准进行区分。如果讨论的是一般的字段（不包括局部变量和参数），就采用术语字段。如果讨论适用于上述四种变量，就采用术语变量。如果上下文要求进行区分，就根据情况采用特定的术语（静态字段、局部变量等）。有时也会使用术语成员（member）。类型的字段、方法和嵌入类型等都是它的成员。

3.1.1 命名

程序语言都有自己的命名规则和约定，Java 也不例外，其变量的命名有以下规则和约定：

- 变量名区分大小写。变量名可以是任意合法的标识符，如以字母、美元符号（$）或下划线（_）开头的无限长的 Unicode 字母和数字序列。但是，按约定通常采用字母开头，而不是美元符号或下划线。另外，按约定美元符号从来没有使用过。尽管有些自动生成的变量名会包含美元符号，但命名变量时应该尽量避免。这些同样适用于下划线。虽然以下划线开头命名变量是合法的，但并不鼓励采用该方法。变量命名时不支持空格。
- 确定首个字符之后，后续字符可以是字母、数字、美元符号或下划线。当然也有一些约定或常识。命名变量时最好使用完整的单词，而不是神秘的缩写。这样命名可以提高代码的可读性。大多数情况下，这样做会提高代码的自文档化（self-documenting）程度。比如，字段名 `cadence`、`speed`、`gear` 比缩写 `c`、`s`、`g` 更直观。切记，变量名不能是关键字或保留字。
- 如果变量名只包含一个单词，就用小写字母表示。如果包含两个或两个以上单词，后续单词的首字母要大写，如 `gearRatio` 和 `currentGear`。如果变量保存的是常量值，如 `static final int NUM_GEARS=6`，那么变量名的每个字母都要大写，而且后续单词用下划线分隔。按约定，其他情况都不用下划线。

3.1.2 基本数据类型

Java 是静态类型的程序语言，也就是说，所有变量在使用前必须先声明。声明的内容包括类型和名称，如：

`int gear = 1;`

该声明告诉程序存在一个字段 `gear`，其数据为数字类型，初始值为 1。变量的数据类型决定它可以包含的值以及该变量上可以执行的运算。除了整型（`int`）以外，Java 程序语言还支持其他 7 种基本数据类型。基本数据类型由语言预定义并用保留关键字命名。基本数据类型的值之间不共享状态。Java 程序语言支持以下 8 种基本数据类型。

1）**byte** 数据类型表示 8 位带符号二进制补码整数。其最小值为 -128，最大值为 127。当大型数组的内存存储出问题时，`byte` 数据类型可用于存储内存。`byte` 类型变量的范围有限，可以作为一种文档规范。因此，它也用于代替 int 类型以简化代码。

2）short 数据类型表示 16 位带符号二进制补码整数。其最小值为 –32 768，最大值为 32 767。与 byte 类型一样，short 类型也可以用作大型数组内存存储的应急方案。

3）int 数据类型表示 32 位带符号二进制补码整数。其最小值为 -2^{31}，最大值为 $2^{31}-1$。在 Java SE 8 及更高版本中，可以使用 int 数据类型表示无符号 32 位整数，其最小值为 0，最大值为 $2^{32}-1$。Interger 类也支持无符号 32 位整数。Interger 类中增加了类似于 compareUnsigned 和 divideUnsigned 的静态方法以支持无符号整数的算术运算[一]。

4）long 数据类型表示 64 位带符号二进制补码整数。其最小值为 -2^{63}，最大值为 $2^{63}-1$。在 Java SE 8 及更高版本中，可以使用 long 数据类型表示无符号 64 位长整型整数，其最小值为 0，最大值为 $2^{64}-1$。使用的值超出 int 数据类型支持的范围时可使用该数据类型。Long 类也包含类似于 compareUnsigned 和 devideUnsigned 的方法以支持无符号长整型数的算术运算[二]。

5）float 数据类型表示单精度 32 位 IEEE 754 浮点数。其值的分布范围超出本书的讨论范畴，可参考 Java 语言规范（Java Language Specification）中的"浮点类型、格式和值"部分[三]。与 byte 和 short 类型一样，如果要在浮点型大型数组中存储内存，可以采用该类型（而不用下面的 double 类型）。该类型不能用于表示精确的值，如货币。要表示精确的值，可以使用 java.math.BigDecimal 类[四]。第 9 章将会介绍 BigDecimal 和其他有用的类。

6）double 数据类型表示双精度 64 位 IEEE 754 浮点数。其值的分布范围超出本书的讨论范畴，可参考 Java 语言规范中的"浮点类型、格式和值"部分[五]。通常，该数据类型是小数的默认类型。如前所述，也不能用于表示货币等精确值。

7）boolean 数据类型只有两个可能值：true 和 false。它主要用于标记 true 或 false 条件。该数据类型表示 1 位信息，但其"大小"并未精确定义。

8）char 数据类型表示 16 位 Unicode 字符。其最小值为 '\u0000'（或 0），最大值为 '\uffff'（或 65 535）。

除了这 8 种基本数据类型外，Java 程序语言还提供 java.lang.String 类支持字符串[六]。将字符串加上双引号会自动创建一个新的 String 对象，如 String s="this is a string";。String 对象是不可变的。也就是说，String 对象一旦创建，其值就不能改变。就技术而言，String 类不是基本数据类型。但考虑到 Java 对其提供特殊支持，你可能会认为它也是一种基本数据类型。String 类的详情参见第 9 章。

1. 默认值

字段声明时，不一定总要赋初值。编译器会为那些已经声明但未初始化的字段赋予一个默认值。默认值通常为 0 或 null，这取决于数据类型。但是依赖默认值的做法是一种不好的编程习惯。表 3-1 总结了上述数据类型的默认值。

[一] 8/docs/api/java/lang/Integer.html
[二] 8/docs/api/java/lang/Long.html
[三] specs/jls/se7/html/jls-4.html#jls-4.2.3
[四] 8/docs/api/java/math/BigDecimal.html
[五] specs/jls/se7/html/jls-4.html#jls-4.2.3
[六] 8/docs/api/java/lang/String.html

表 3-1 数据类型的默认值

数据类型	（字段）默认值
byte	0
short	0
int	0
long	0L
float	0.0f
double	0.0d
boolean	false
char	'\u0000'
String（或任意对象）	null

局部变量的处理方式略有不同，编译器不会为未初始化的局部变量赋初值。如果局部变量在声明时不能初始化，那么使用该局部变量之前必须为其赋值。访问未初始化的局部变量会导致编译时错误。

2. 字

大家可能已经注意到，初始化基本类型的变量时不能使用关键字 new。基本类型是内嵌在 Java 语言中的特殊数据类型，它们不需要用类来创建。字（或文字，literal）是用源代码表示的固定值。字不需要计算，直接由代码表示。下面给出为主类型变量指派字的例子：

```
boolean result = true;
char capitalC = 'C';
byte b = 100;
short s = 10000;
int i = 100000;
```

（1）整型字

整型字如果以 L 或 l 结尾，就是 long 类型的；否则就是 int 类型的。建议使用大写字母 L，因为小写字母 l 与数字 1 很难区分。

byte、short、int 和 long 类型的整数值可以由 int 类型的字创建。超出 int 值范围的 long 类型的值，可以由 long 类型的字创建。整型字可以由下述记数系统表示：

- 十进制。基数为 10，数字由 0 到 9 的整数组成。这也是我们日常用的记数系统。
- 十六进制。基数为 16，数字由 0 到 9 的整数和 A 到 F 的大写字母组成。
- 二进制。基数为 2，组成数字只有 0 和 1。

通常的编程中，十进制系统可能是人们唯一用过的记数系统。如果要用其他数制系统，要注意其语法的正确性，前缀 0x 表示十六进制数，前缀 0b 表示二进制数，例子如下。

```
// The number 26, in decimal
int decVal = 26;
// The number 26, in hexadecimal
int hexVal = 0x1a;
// The number 26, in binary
int binVal = 0b11010;
```

（2）浮点字

浮点字是以字母 F 或 f 结尾的 float 类型的字，或是以字母 D 或 d 结尾的 double 类型的字。浮点字的表示方法有三种：用 E 或 e 表示科学记数标记，用 F 或 f 表示 32 位 float 类型的字，用 D 或 d 表示 64 位 double 类型的字（默认类型，通常省略）。

```
double d1 = 123.4;
// same value as d1, but in scientific notation
double d2 = 1.234e2;
float f1 = 123.4f;
```

（3）字符字和字符串字

char 和 String 类型的字可以包含任意 Unicode（UTF-16）字符。如果编辑器和文件系统支持，可以直接在编码中使用这些字符。如果不支持，可以使用转义字符，如用 '\u0108' 表示 Ĉ，用 "S\u00ED Se\u00F1or" 表示西班牙文 Sí Señor。用单引号表示字符字，用双引号表示字符串字。转义序列也可以用在程序中的其他地方（如字段名），而不仅仅是字符字或字符串字。

Java 程序语言也支持一些特殊的 char 和 String 类型的转义序列：\b（退格）、\t（跳格）、\n（换行）、\f（换页）、\r（回车）、\"（双引号）、\'（单引号）和 \\（反斜杠）。

null 是一个特殊的字，它可以用作任意引用类型的值。null 可以赋值给任意主类型外的其他变量。除了用于测试存在性外，null 值很少有其他用处。因此，它通常用于标记某个对象是否可用。

最后还有一种特殊的类字（class literal），其表示形式为"类名.class"（如 String.class）。这类字指表示类型本身的对象。

3. 在数字文字中使用下划线

数字文字中的数字之间可以使用任意多个下划线（_）。这样就可以对数字文字进行分组，从而提高代码的可读性。

例如，如果代码中包含很多数字组成的数，就可以用下划线将这些数字分成 3 个一组，其用法与逗号和空格一样。

下面的例子给出了在数字文字中使用下划线的其他方式：

```
long creditCardNumber = 1234_5678_9012_3456L;
long socialSecurityNumber = 999_99_9999L;
float pi = 3.14_15F;
long hexBytes = 0xFF_EC_DE_5E;
long hexWords = 0xCAFE_BABE;
long maxLong = 0x7fff_ffff_ffff_ffffL;
byte nybbles = 0b0010_0101;
long bytes = 0b11010010_01101001_10010100_10010010;
```

下划线只能放在数字之间，不能放在下述位置：

- 数的开头或末尾
- 浮点字中与小数点相邻的位置
- 后缀 F 或 L 前面
- 要求是数字字符串的位置

下面例子说明数字文字中合法和不合法的下划线放置位置（如黑体所示）。

```
// Invalid: cannot put underscores
// adjacent to a decimal point
float pi1 = 3_.1415F;
// Invalid: cannot put underscores
// adjacent to a decimal point
float pi2 = 3._1415F;
// Invalid: cannot put underscores
// prior to an L suffix
long socialSecurityNumber1 = 999_99_9999_L;

// OK (decimal literal)
```

```
int x1 = 5_2;
// Invalid: cannot put underscores
// At the end of a literal
int x2 = 52_;
// OK (decimal literal)
int x3 = 5_____2;

// Invalid: cannot put underscores
// in the 0x radix prefix
int x4 = 0_x52;
// Invalid: cannot put underscores
// at the beginning of a number
int x5 = 0x_52;
// OK (hexadecimal literal)
int x6 = 0x5_2;
// Invalid: cannot put underscores
// at the end of a number
int x7 = 0x52_;
```

3.1.3 数组

数组是固定数目的单一数据类型值的容器对象。创建数组时要指定其长度。创建后，其长度就固定了。"Hello World!"实例程序的 `main` 方法中已经给出了一个数组实例。本小节详细介绍数组。

数组中的每个项都称作元素（element），每个元素都用数字索引（index）访问。如图 3-1 所示，索引从 0 开始。因此第 9 个元素要通过索引 8 来访问。

下面的 `ArrayDemo` 程序创建了一个整型数组，存入值并将这些值显示到标准输出：

图 3-1 含 10 个元素的数组

```
class ArrayDemo {
    public static void main(String[] args) {
        // declares an array of integers
        int[] anArray;

        // allocates memory for 10 integers
        anArray = new int[10];

        // initialize first element
        anArray[0] = 100;
        // initialize second element
        anArray[1] = 200;
        // and so forth
        anArray[2] = 300;
        anArray[3] = 400;
        anArray[4] = 500;
        anArray[5] = 600;
        anArray[6] = 700;
        anArray[7] = 800;
        anArray[8] = 900;
        anArray[9] = 1000;

        System.out.println("Element at index 0: "
                           + anArray[0]);
        System.out.println("Element at index 1: "
                           + anArray[1]);
        System.out.println("Element at index 2: "
                           + anArray[2]);
        System.out.println("Element at index 3: "
```

```
                    + anArray[3]);
    System.out.println("Element at index 4: "
                    + anArray[4]);
    System.out.println("Element at index 5: "
                    + anArray[5]);
    System.out.println("Element at index 6: "
                    + anArray[6]);
    System.out.println("Element at index 7: "
                    + anArray[7]);
    System.out.println("Element at index 8: "
                    + anArray[8]);
    System.out.println("Element at index 9: "
                    + anArray[9]);
    }
}
```

其输出结果如下：

```
Element at index 0: 100
Element at index 1: 200
Element at index 2: 300
Element at index 3: 400
Element at index 4: 500
Element at index 5: 600
Element at index 6: 700
Element at index 7: 800
Element at index 8: 900
Element at index 9: 1000
```

上述例子清晰地介绍了数组的语法。但真正编写程序时，可能会用循环构造（looping construct）来迭代数组中的元素，而不是上例中为每个元素都写一行代码。循环构造（for、while、do-while）的内容将在 3.4 节中介绍。

1. 声明变量引用数组

上述程序用下面两行代码声明数组 anArray：

```
// declares an array of integers
int[] anArray;
```

与其他类型的变量声明一样，数组声明也包含两个组件：数组类型和数组名。数组的类型写作 type[]，其中 type 是包含的元素的数据类型，方括号表示该变量保存数组。这种写法中没有包含数组大小（这是方括号内为空的原因）。数组名可以是任意名称，只要它满足 3.1.1 节讨论的命名规则和约定。与其他类型的变量一样，该声明不会创建数组，而只是告诉编译器该变量可用于保存特定类型的数组。类似地，可以声明其他数据类型的数组：

```
byte[] anArrayOfBytes;
short[] anArrayOfShorts;
long[] anArrayOfLongs;
float[] anArrayOfFloats;
double[] anArrayOfDoubles;
boolean[] anArrayOfBooleans;
char[] anArrayOfChars;
String[] anArrayOfStrings;
```

也可以将方括号写在数组名后面：

```
// this form is discouraged
float anArrayOfFloats[];
```

但是，通常不建议采用这种声明方式。方括号表示数组的类型，应该和类型标记符写在一起。

2. 创建、初始化和访问数组

创建数组的一个方法是使用 new 运算符。下述语句来自 ArrayDemo 程序，它分配了一

个带有 10 个整型元素内存空间的数组,并将该数组赋值给 anArray 变量:

```
// create an array of integers
anArray = new int[10];
```

如果没有这条语句,编译器会报错,并且编译失败:

```
ArrayDemo.java:4: Variable anArray may not have been initialized.
```

下面几行代码为数组元素赋值:

```
anArray[0] = 100; // initialize first element
anArray[1] = 200; // initialize second element
anArray[2] = 300; // and so forth
```

数组元素通过数字索引访问:

```
System.out.println("Element 1 at index 0: " + anArray[0]);
System.out.println("Element 2 at index 1: " + anArray[1]);
System.out.println("Element 3 at index 2: " + anArray[2]);
```

也可以选用下述快捷方式来定义和初始化数组:

```
int[] anArray = {
    100, 200, 300,
    400, 500, 600,
    700, 800, 900, 1000
};
```

采用这种方式时,数组大小由花括号之间用逗号分隔的值的个数决定。

也可以用两个或多个方括号声明多维数组(multidimensional array),如 String[][] names。其元素必须用相应的索引值来访问。

Java 程序语言中,多维数组是组件也是数组的数组。这一点与 C 或 Fortran 语言中的数组不同。因此,每行的长度可以不同,如 multiDimArrayDemo 程序所示。

```
class MultiDimArrayDemo {
    public static void main(String[] args) {
        String[][] names = {
            {"Mr. ", "Mrs. ", "Ms. "},
            {"Smith", "Jones"}
        };
        // Mr. Smith
        System.out.println(names[0][0] + names[1][0]);
        // Ms. Jones
        System.out.println(names[0][2] + names[1][1]);
    }
}
```

其输出如下:

```
Mr. Smith
Ms. Jones
```

最后,可以使用内置的 length 属性来获取数组的大小。下述代码会将数组大小显示在标准输出上:

```
System.out.println(anArray.length);
```

3. 复制数组

System 类有 arraycopy 方法,可用于数组之间数据的高效复制:

```
public static void arraycopy(Object src, int srcPos,
                             Object dest, int destPos, int length)
```

两个 `Object` 参数分别指定源数组和目标数组，三个 `int` 参数分别指定源数组的起始位置、目标数组的起始位置以及待复制的元素个数。

下述 ArrayCopyDemo 程序声明 `char` 类型的数组，其元素构成单词 decaffeinated，并使用 `System(arraycopy)` 方法将该数组组件的子序列复制到第 2 个数组中：

```java
class ArrayCopyDemo {
    public static void main(String[] args) {
        char[] copyFrom = { 'd', 'e', 'c', 'a', 'f', 'f', 'e',
                            'i', 'n', 'a', 't', 'e', 'd' };
        char[] copyTo = new char[7];

        System.arraycopy(copyFrom, 2, copyTo, 0, 7);
        System.out.println(new String(copyTo));
    }
}
```

输出结果如下：

```
caffein
```

4. 数组操作

数组是编程中重要且有用的概念。Java SE 提供了一系列与数组相关的常用操作方法。例如，ArrayCopyDemo 例子使用 `System` 类的 `arraycopy()` 方法，而不是手动将源数组中的元素依次存入目标数组。该过程在后台完成，开发人员只需使用一行代码调用该方法即可。

为方便起见，Java SE 在 `java.util.Arrays` 类⊖中提供了几个数组操作方法（如复制、排序和查找等常见任务）。例如，可以使用 `java.util.Arrays` 类的 `copyOfRange()` 方法将前述 ArrayCopyDemo 方法修改为如下的 ArrayCopyOfDemo 方法。两者的区别在于，使用 `copyOfRange()` 方法时，调用方法之前不需要创建目标数组，该方法会返回目标数组。

```java
class ArrayCopyOfDemo {
    public static void main(String[] args) {

        char[] copyFrom = {'d', 'e', 'c', 'a', 'f', 'f', 'e',
            'i', 'n', 'a', 't', 'e', 'd'};

        char[] copyTo = java.util.Arrays.copyOfRange(copyFrom, 2, 9);

        System.out.println(new String(copyTo));
    }
}
```

显然，该例子包含的代码更少，但程序的输出仍然一样，也是 caffein。

`java.util.Arrays` 类也提供了其他一些有用的操作方法，例如：

- `binarySearch()`——在数组中搜索特定值，并返回其位置索引。
- `equals()`——对两个数组进行比较，并确定两者是否相等。
- `fill()`——在数组的每个索引位置上填上指定值。
- 升序排序方法——Java SE 8 引入两种方法，一种是顺序方法 `sort()`，另一种是并发方法 `parallelSort()`。多处理器系统中大数组的并发排序比顺序排序要快。

3.1.4 小结

Java 程序语言同时采用术语字段和变量。实例变量（非静态字段）对每个类的实例都是唯

⊖ 8/docs/api/java/util/Arrays.html

一的。类变量（静态字段）是用 `static` 修饰符声明的字段。不管类有多少个实例，都只有一个类变量。局部变量表示方法内的临时状态。参数是为方法提供附加信息的变量。局部变量和参数通常归类为变量，而非字段。命名字段或变量时，应该（或必须）遵守一些命名规则和约定。

八种基本数据类型为 `byte`、`short`、`int`、`long`、`float`、`double`、`boolean` 和 `char`。`java.lang.String` 表示字符串⊖。编译器会为这些类型的字段指派一个默认值，但不会为局部变量指派默认值。字（文字）是固定值的源代码表示。数组是固定数目的单一数据类型值的容器对象。创建数组时要指定其长度。创建后，数组长度就固定了。

3.1.5 问题和练习：变量

问题

1. 实例化变量又叫作_____。
2. 类变量又叫作_____。
3. 局部变量存储临时状态，它在_____内声明。
4. 方法体内声明的变量叫_____。
5. Java 程序语言支持哪八种基本数据类型？
6. 字符串由类_____表示。
7. _____是固定数目的单一数据类型值的容器对象。

练习

1. 创建一个小程序，在其中定义一些字段。试着创建一些非法的字段名，看看编译器会报哪种类型的错误。参考命名规则和约定。
2. 在上题创建的程序中，试着不初始化一些字段并输出它们的值。试着不初始化局部变量看看编译器会报什么错。熟悉常见的编译器错误有助于识别程序 bug。

答案

相关答案参考

http://docs.oracle.com/javase/tutorial/java/nutsandbolts/QandE/answers_variables.html。

3.2 运算符

学习了如何声明和初始化变量之后，下面看看如何利用这些变量来做点事情。学习 Java 程序语言的运算符是个很好的切入点。运算符是一类特殊的符号，它们执行 1 个、2 个或 3 个运算对象上的特定操作，然后返回结果。

研究 Java 程序语言的运算符时，先了解这些运算符的优先级可能会有帮助。表 3-2 根据优先级顺序列出了所有的运算符。越靠近表的顶端，运算符的优先级越高。优先级较高的运算符先计算，相对较低的后计算。同一行的运算符优先级相等。当表达式中出现优先级相等的运算符时，计算规则如下：赋值运算符从右到左计算，除此之外，其他所有的二元运算符从左到右计算。

编程过程中，有些运算符的出现频率会比其他的要高。例如，赋值运算符（=）比不带符号的右移位运算符（>>>）常用得多。因此，后续讨论先关注那些经常使用的运算符，然后介绍那些不常用的运算符。讨论过程中，我们会给出相应的代码实例，这些代码都可以编

⊖ 8/docs/api/java/lang/String.html

译和运行。研究这些代码的运行结果有助于巩固所学知识。

表 3-2 运算符优先级

运算符	优先级
后缀	表达式 ++　表达式 --
一元运算符	++ 表达式　-- 表达式　+ 表达式　- 表达式　~　!
乘法	*　/　%
加法	+　-
移位	<<　>>　>>>
关系	<　>　<=　>=　instanceof
等式	==　!=
按位与	&
按位异或	^
按位或	|
逻辑与	&&
逻辑或	||
三元运算符	?　:
赋值	=　+=　-=　*=　/=　%=　&=　^=　|=　<<=　>>=　>>>=

3.2.1 赋值运算符、算术运算符和一元运算符

1. 简单赋值运算符

简单赋值运算符（=）是最常用的运算符之一。Bicycle 类中已经用过该运算符，它将右边的值指派给左边的运算对象：

```
int cadence = 0;
int speed = 0;
int gear = 1;
```

该运算符也可用于指派对象引用。对象引用将在第 4 章中详细介绍。

2. 算术运算符

Java 程序语言提供执行加法、减法、乘法和除法运算的运算符。这是个很好的机会将它们与基本数学中的概念相对应。唯一的新符号可能是 %，它将一个运算对象除以另外一个运算对象并返回余数，如表 3-3 所示。

表 3-3 算术运算符

运算符	描述
+	加法运算符（也用于字符串相连）
-	减法运算符
*	乘法运算符
/	除法运算符
%	取模运算符

用下述 ArithmeticDemo 程序来测试这些算术运算符：

```
class ArithmeticDemo {
    public static void main (String[] args) {
```

```java
        int result = 1 + 2;
        // result is now 3
        System.out.println("1 + 2 = " + result);
        int original_result = result;

        result = result - 1;
        // result is now 2
        System.out.println(original_result + " - 1 = " + result);
        original_result = result;

        result = result * 2;
        // result is now 4
        System.out.println(original_result + " * 2 = " + result);
        original_result = result;

        result = result / 2;
        // result is now 2
        System.out.println(original_result + " / 2 = " + result);
        original_result = result;

        result = result + 8;
        // result is now 10
        System.out.println(original_result + " + 8 = " + result);
        original_result = result;

        result = result % 7;
        // result is now 3
        System.out.println(original_result + " % 7 = " + result);
    }
}
```

其输出为：

```
1 + 2 = 3
3 - 1 = 2
2 * 2 = 4
4 / 2 = 2
2 + 8 = 10
10 % 7 = 3
```

算术运算符和简单赋值运算符组合在一起，可以创建复合赋值运算符。例如，x+=1;和 x=x+1;，它们的功能都是将 x 的值加 1。

加法（+）运算符也用于连接两个字符串，如 ConcatDemo 程序所示。

```java
class ConcatDemo {
    public static void main(String[] args){
        String firstString = "This is";
        String secondString = " a concatenated string.";
        String thirdString = firstString + secondString;
        System.out.println(thirdString);
    }
}
```

程序最后在标准输出上显示变量 thirdString 的值 "This is a concatenated string."。

3. 一元运算符

一元运算符只要求一个运算对象，它们可以执行多种操作，如加 1、减 1、否定表达式、反转布尔值等操作，如表 3-4 所示。

表 3-4 一元运算符

运算符	描述
+	一元加法运算符，表示正值（没有该运算符都表示正数）
-	一元减法运算符，表示否定表达式

运算符	描述
++	递增运算符,将值加 1
--	递减运算符,将值减 1
!	逻辑非运算符,反转布尔值

下述 UnaryDemo 程序测试一元运算符。

```
class UnaryDemo {

    public static void main(String[] args) {

        int result = +1;
        // result is now 1
        System.out.println(result);

        result--;
        // result is now 0
        System.out.println(result);

        result++;
        // result is now 1
        System.out.println(result);

        result = -result;
        // result is now -1
        System.out.println(result);

        boolean success = false;
        // false
        System.out.println(success);
        // true
        System.out.println(!success);
    }
}
```

递增/递减运算符都可以用作运算对象的前缀和后缀。result++; 和 ++result; 都将 result 的值加 1。唯一的区别是前缀版本(++result)的计算结果为增加后的值,而后缀版本(result++)的计算结果为原始值。如果只是执行简单的递增或递减操作,选用哪种版本都没问题。但在大型的表达式中,递增/递减运算符的版本选择可能会造成很大的差异。

下述 PrePostDemo 程序举例说明前缀/后缀版本的一元运算符的使用方法:

```
class PrePostDemo {
    public static void main(String[] args){
        int i = 3;
        i++;
        // prints 4
        System.out.println(i);
        ++i;
        // prints 5
        System.out.println(i);
        // prints 6
        System.out.println(++i);
        // prints 6
        System.out.println(i++);
        // prints 7
        System.out.println(i);
    }
}
```

3.2.2 等式运算符、关系运算符和条件运算符

1. 等式运算符和关系运算符

等式运算符和关系运算符用于判断一个运算对象大于、小于、等于或不等于另一个运算对象。大家对于其中的大部分运算符可能都很熟悉。切记，测试两个基本的值是否相等时，要用 == 而不是 =。

==	等于
!=	不等于
>	大于
>=	大于等于
<	小于
<=	小于等于

用下面的 ComparisonDemo 程序来测试比较运算符：

```
class ComparisonDemo {

    public static void main(String[] args){
        int value1 = 1;
        int value2 = 2;
        if(value1 == value2)
            System.out.println("value1 == value2");
        if(value1 != value2)
            System.out.println("value1 != value2");
        if(value1 > value2)
            System.out.println("value1 > value2");
        if(value1 < value2)
            System.out.println("value1 < value2");
        if(value1 <= value2)
            System.out.println("value1 <= value2");
    }
}
```

程序输出如下：

```
value1 != value2
value1 < value2
value1 <= value2
```

2. 条件运算符

运算符 **&&** 和 **||** 在布尔表达式上执行条件与和条件或运算。这些运算符支持"短路"行为，也就是说，第二个运算对象只在需要时才计算。

&&	条件与
||	条件或

用 ConditionalDemo1 程序来测试这些运算符：

```
class ConditionalDemo1 {

    public static void main(String[] args){
        int value1 = 1;
        int value2 = 2;
        if((value1 == 1) && (value2 == 2))
            System.out.println("value1 is 1 AND value2 is 2");
        if((value1 == 1) || (value2 == 1))
            System.out.println("value1 is 1 OR value2 is 1");
    }
}
```

另一种条件运算符是 ?:, 通常认为是 if-then-else 语句（见 3.4 节）的简化版本。这个运算符也因有三个操作对象而被称为三元运算符。在下面这个例子中，该运算符的含义如下：如果 someCondition 为真，将 value1 的值赋给 result；否则，将 value2 的值赋给 result。

ConditionalDemo2 测试 ?: 运算符：

```
class ConditionalDemo2 {

    public static void main(String[] args){
        int value1 = 1;
        int value2 = 2;
        int result;
        boolean someCondition = true;
        result = someCondition ? value1 : value2;

        System.out.println(result);
    }
}
```

因为 someCondition 为真，所以程序在屏幕上输出 1。如果 ?: 运算符能提高代码的可读性，就用它来代替 if-then-else 语句（例如，当表达式紧凑且没有其他操作（如赋值）时）。

3. 类型比较运算符 instanceof

instanceof 运算符将对象与指定的类型进行比较，可用于测试对象是否为类的实例、子类的实例或者实现特定接口的类的实例。

下面的 InstanceofDemo 程序定义了一个父类（Parent）、一个接口（MyInterface）以及一个子类（Child），该子类继承 Parent 并实现接口 MyInterface。

```
class InstanceofDemo {
    public static void main(String[] args) {

        Parent obj1 = new Parent();
        Parent obj2 = new Child();

        System.out.println("obj1 instanceof Parent: "
            + (obj1 instanceof Parent));
        System.out.println("obj1 instanceof Child: "
            + (obj1 instanceof Child));
        System.out.println("obj1 instanceof MyInterface: "
            + (obj1 instanceof MyInterface));
        System.out.println("obj2 instanceof Parent: "
            + (obj2 instanceof Parent));
        System.out.println("obj2 instanceof Child: "
            + (obj2 instanceof Child));
        System.out.println("obj2 instanceof MyInterface: "
            + (obj2 instanceof MyInterface));
    }
}

class Parent {}
class Child extends Parent implements MyInterface {}
interface MyInterface {}
```

输出结果如下：

```
obj1 instanceof Parent: true
obj1 instanceof Child: false
obj1 instanceof MyInterface: false
obj2 instanceof Parent: true
obj2 instanceof Child: true
obj2 instanceof MyInterface: true
```

使用 instanceof 运算符时，切记 null 不是任何类的实例。

3.2.3 位运算符和移位运算符

Java 程序语言支持在整数类型上执行位操作和移位操作,并提供相应的运算符。本小节介绍的运算符不是很常用,因此只做简短介绍,目的是告知大家还有这种运算符。

一元按位求补运算符(~)取反任意整数类型的位模式,将 0 转换成 1,将 1 转换成 0。例如,1 个字节包含 8 个位,将该运算符运用于位模式为 00000000 的值,其位模式就转换为 11111111。

带符号的左移运算符(<<)将位模式向左移,带符号的右移运算符(>>)将位模式向右移。运算符左边的运算对象是位模式,右边的运算对象是移动的位数。无符号的右移运算符(>>>)会在最左边移入 0,而执行 >> 之后,最左边位置的值取决于其是否有符号。

按位与运算符(&)执行比特位上的与操作。按位异或运算符(^)执行比特位上的异或操作。按位或运算符(|)执行比特位上的或操作。

程序 BitDemo 使用按位与运算符将数字 2 打印到标准输出上。

```
class BitDemo {
    public static void main(String[] args) {
        int bitmask = 0x000F;
        int val = 0x2222;
        // prints "2"
        System.out.println(val & bitmask);
    }
}
```

3.2.4 小结

Java 程序语言支持的运算符总结如下。

1. 简单赋值运算符

=   简单赋值运算符

2. 算术运算符

+   加法运算符(也用于字符串连接)
−   减法运算符
*   乘法运算符
/   除法运算符
%   取模运算符

3. 一元运算符

+   一元加运算符;表示正值,没有该运算符时也表示正值
−   一元减运算符;否定表达式
++   递增运算符;将值加 1
−−   递减运算符;将值减 1
!   逻辑非运算符;反转布尔值

4. 等式和关系运算符

==   等于
!=   不等于
>   大于
>=   大于等于

语言基础

```
<     小于
<=    小于等于
```

5. 条件运算符

```
&&    条件与（逻辑与）
||    条件或（逻辑或）
?:    三元运算符（if-then-else 语句的简化版本）
```

6. 类型比较运算符

```
instanceof   将对象和指定的类型进行比较
```

7. 位与移位运算符

```
~     一元按位求补
<<    带符号左移
>>    带符号右移
>>>   无符号右移
&     按位与
^     按位异或
|     按位或
```

3.2.5 问题和练习：运算符

问题

1. 代码片段"arrayOfInts[j]>arrayOfInts[j+1]"包含什么运算符？
2. 考虑下述代码片段：
   ```
   int i = 10;
   int n = i++%5;
   ```
   a. 代码执行前后 i 和 n 的值各是什么？
   b. 如果使用前缀版本（++i）代替后缀版本（i++），那么执行代码后，i 和 n 的值是什么？
3. 反转布尔值用什么运算符？
4. 用什么运算符来比较两个值，= 还是 == ？
5. 解释代码"result=someCondition？value1：value2；"的含义。

练习

1. 使用复合赋值运算符重写下述程序：
   ```
   class ArithmeticDemo {

       public static void main (String[] args){

           int result = 1 + 2; // result is now 3
           System.out.println(result);

           result = result - 1; // result is now 2
           System.out.println(result);

           result = result * 2; // result is now 4
           System.out.println(result);

           result = result / 2; // result is now 2
           System.out.println(result);

           result = result + 8; // result is now 10
   ```

```
            result = result % 7; // result is now 3
            System.out.println(result);
    }
}
```

2. 解释下述程序为什么会打印 6 两次:

```
class PrePostDemo {
    public static void main(String[] args){
        int i = 3;
        i++;
        System.out.println(i); // "4"
        ++i;
        System.out.println(i);    // "5"
        System.out.println(++i);  // "6"
        System.out.println(i++);  // "6"
        System.out.println(i);    // "7"
    }
}
```

答案

相关答案参考

http://docs.oracle.com/javase/tutorial/java/nutsandbolts/QandE/answers_operators.html。

3.3 表达式、语句和块

掌握变量和运算符后，我们学习表达式、语句和块（代码块）等要素。运算符用于构建表达式，进行运算。表达式是语句的核心组件，语句归在一起形成块。

3.3.1 表达式

表达式是由变量、运算符和方法调用（根据语法构建）等组成的构造，且表达式的计算结果为单个值。下面例子中黑体部分为表达式：

```
int cadence = 0;
anArray[0] = 100;
System.out.println("Element 1 at index 0: " + anArray[0]);

int result = 1 + 2; // result is now 3
if (value1 == value2)
    System.out.println("value1 == value2");
```

表达式的返回值类型取决于表达式中的元素。表达式 `cadence=0` 返回值的类型为 `int`。因为赋值运算符返回值的数据类型与左边运算对象的数据类型一样，在这个例子中，`cadence` 的数据类型为 `int`。如其他表达式所示，表达式也能返回其他类型的值，如 `boolean`、`String`。

Java 程序语言支持用表达式构建复合表达式，前提是表达式一部分所需的数据类型与另一部分的数据类型相匹配。复合表达式例子如下：

```
1 * 2 * 3
```

这个例子中，表达式的计算顺序不重要，因为乘法运算的结果与计算顺序无关。也就是说，不管被乘数的顺序如何，输出结果都一样。但这对所有的表达式并不成立。例如，下述表达式会根据执行加法和除法运算的不同顺序，给出不同结果：

x + y / 100 // 二义性

为避免这种二义性，可以使用配对圆括号 () 指定表达式的计算顺序。例如，为了保证上述表达式不存在二义性，可以改写成：

(x + y) / 100 // 无二义性，推荐使用

如果不显式指定操作的执行次序，那么执行次序就由表达式内运算符的优先级确定。优先级较高的运算符先计算。例如，除法的优先级比加法要高，因此下述两个表达式是等价的：

x + y / 100

x + (y / 100) // 无二义性，推荐使用

构建复合表达式时，用圆括号显式指出先要计算的运算符，这有助于阅读和维护代码。

3.3.2 语句

语句大致相当于自然语言中的句子。语句构成了完整的执行单元。下面几种表达式加上分号（;）就组成了语句：

- 赋值表达式
- 递增或递减表达式
- 方法调用
- 对象创建表达式

这些语句都叫表达式语句。如下所示为表达式语句的实例：

```
// assignment statement
aValue = 8933.234;
// increment statement
aValue++;
// method invocation statement
System.out.println("Hello World!");
// object creation statement
Bicycle myBike = new Bicycle();
```

除了表达式语句外，还有两种语句：声明语句和控制流语句。声明语句用于声明变量，前面已经给出了一些声明语句的例子：

```
// declaration statement
double aValue = 8933.234;
```

控制流语句用于控制语句执行的次序，将在 3.4 节介绍。

3.3.3 块

块（代码块）是一对花括号之间的一组语句（由 0 条或多条语句构成），它可以用在任何单条语句允许执行的位置。下述例子 **BlockDemo** 演示了块的使用方法：

```
class BlockDemo {
    public static void main(String[] args) {
        boolean condition = true;
        if (condition) { // begin block 1
            System.out.println("Condition is true.");
        } // end block one
        else { // begin block 2
            System.out.println("Condition is false.");
        } // end block 2
    }
}
```

3.3.4 问题和练习：表达式、语句和块

问题

1. 运算符用于构建_____进行运算。
2. 表达式是_____的核心组件。
3. 语句归在一起形成_____。
4. 代码 1 * 2 * 3 是_____表达式的例子。
5. 语句大致相当于自然语言中的句子，只是语句要用_____结尾，而不是句号。
6. 块（代码块）是一对_____之间的一组语句（由 0 条或多条语句构成），它可以用在任何单条语句允许执行的位置。

练习

区分下述表达式语句是什么语句：

- aValue = 8933.234;
- aValue++;
- System.out.println("Hello World!");
- Bicycle myBike = new Bicycle();

答案

相关答案参考
http://docs.oracle.com/javase/tutorial/java/nutsandbolts/QandE/answers_expressions.html。

3.4 控制流语句

源文件中的语句通常按照出现的先后次序自顶向下执行。控制流语句打破了这种常规，它通过决策、循环和分支等，使程序可以有条件地执行特定的代码块。本节介绍 Java 程序语言支持的决策语句（`if-then`、`if-then-else`、`switch`）、循环语句（`for`、`while`、`do-while`）和分支语句（`break`、`continue`、`return`）。

3.4.1 if-then 语句和 if-then-else 语句

1. if-then 语句

`if-then` 语句是最基本的控制流语句。该语句使得当某个条件为真时，程序只执行特定的代码段。再以自行车为例来说明。自行车只有在运动时，`Bicycle` 类才可以使用刹车减速。如下为 `applyBrakes` 方法的一种实现：

```
void applyBrakes() {
    // the "if" clause: bicycle must be moving
    if (isMoving){
        // the "then" clause: decrease current speed
        currentSpeed--;
    }
}
```

当条件为假时（也就是说自行车不再运动），就直接跳出 `if-then` 语句。

另外，如果 `then` 子句只包含一条语句，那么一对花括号可以省略：

```
void applyBrakes() {
    // same as above, but without braces
    if (isMoving)
        currentSpeed--;
}
```

何时省略花括号取决于编程人员个人的喜好。但是，省略花括号会降低代码的健壮性。省略花括号后经常会犯一个错误，那就是在 then 子句中添加第二条语句时忘记添加必需的花括号。编译器不会捕获该类错误，但程序的运行结果是错的。

2. if-then-else 语句

if-then-else 语句在条件为假时提供第二条执行路径。在 applyBrakes 方法中使用 if-then-else 语句执行某个动作，表示在自行车不处于运动状态时使用刹车产生的动作。在这个例子中，该动作就是输出错误消息语句：

```java
void applyBrakes() {
    if (isMoving) {
        currentSpeed--;
    } else {
        System.err.println("The bicycle has already stopped!");
    }
}
```

下面程序中，IfElseDemo 根据 testscore 的值对成绩定级：90 分及以上为 A，80 分及以上为 B，以此类推。

```java
class IfElseDemo {
    public static void main(String[] args) {

        int testscore = 76;
        char grade;

        if (testscore >= 90) {
            grade = 'A';
        } else if (testscore >= 80) {
            grade = 'B';
        } else if (testscore >= 70) {
            grade = 'C';
        } else if (testscore >= 60) {
            grade = 'D';
        } else {
            grade = 'F';
        }
        System.out.println("Grade = " + grade);
    }
}
```

程序输出如下：

```
Grade = C
```

注意，testscore 的值可能同时满足复合语句 "76 >= 70" 和 "76 >= 60" 中的多个表达式。但是，条件一旦满足，就执行相应的语句（grade='C';）而且不会计算后续条件。

3.4.2 switch 语句

与 if-then 和 if-then-else 语句不同，switch 语句可以包含多条可能的执行路径。switch 语句通常与 byte、short、char、int 等基本数据类型一起使用，也会与枚举类型（见第 4 章）、String 类和由某些基本数据类型组成的特殊类（Character、Byte、Short 和 Integer 等，见第 9 章）一起使用。

下述 SwitchDemo 程序声明 int 类型的变量 month，其值表示月份。它根据 month 的值使用 switch 语句显示月份的名称。

```java
public class SwitchDemo {
    public static void main(String[] args) {
```

```java
            int month = 8;
            String monthString;
            switch (month) {
                case 1: monthString = "January";
                        break;
                case 2: monthString = "February";
                        break;
                case 3: monthString = "March";
                        break;
                case 4: monthString = "April";
                        break;
                case 5: monthString = "May";
                        break;
                case 6: monthString = "June";
                        break;
                case 7: monthString = "July";
                        break;
                case 8: monthString = "August";
                        break;
                case 9: monthString = "September";
                        break;
                case 10: monthString = "October";
                        break;
                case 11: monthString = "November";
                        break;
                case 12: monthString = "December";
                        break;
                default: monthString = "Invalid month";
                        break;
            }
            System.out.println(monthString);
        }
    }
```

其输出结果为 August。

switch 语句的主体叫 switch 块。switch 块中的语句可以用一个或多个 case 标签或 default 标签来标记。switch 语句计算其表达式，并执行匹配的 case 标签后的所有语句。

该程序的功能也可以用 if-then-else 语句实现：

```java
    int month = 8;
    if (month == 1) {
        System.out.println("January");
    } else if (month == 2) {
        System.out.println("February");
    }
    // ... and so on
```

选择 if-then-else 语句还是 switch 语句，取决于程序的可读性和语句的条件表达式。if-then-else 语句可以根据值或条件的范围进行条件判断，而 switch 语句只能根据单个值（如整数、枚举值、String 对象等）进行条件判断。

需要注意的是 break 语句，它让程序跳出 switch 语句，继续执行 switch 块后的第一条语句。break 语句是必需的，如果没有 break 语句，switch 块中的语句就会失效：它会顺序执行匹配 case 标签之后的所有语句，不管是否是表达式的子 case 标签，直到遇到 break 语句。程序 SwitchDemoFallThrough 就是这样一个例子，它输出匹配月份及之后的月份：

```java
    public class SwitchDemoFallThrough {
        public static void main(String[] args) {
            java.util.ArrayList<String> futureMonths =
                new java.util.ArrayList<String>();
```

```java
            int month = 8;
            switch (month) {
                case 1: futureMonths.add("January");
                case 2: futureMonths.add("February");
                case 3: futureMonths.add("March");
                case 4: futureMonths.add("April");
                case 5: futureMonths.add("May");
                case 6: futureMonths.add("June");
                case 7: futureMonths.add("July");
                case 8: futureMonths.add("August");
                case 9: futureMonths.add("September");
                case 10: futureMonths.add("October");
                case 11: futureMonths.add("November");
                case 12: futureMonths.add("December");
                        break;
                default: break;
            }
            if (futureMonths.isEmpty()) {
                System.out.println("Invalid month number");
            } else {
                for (String monthName : futureMonths) {
                    System.out.println(monthName);
                }
            }
        }
    }
```

程序输出如下：

```
August
September
October
November
December
```

就技术而言，最后的 break 不是必需的，因为控制流会跳出 switch 语句。但建议使用 break，因为这样有助于更改代码，而且不容易犯错误。default 部分处理所有不能用 case 部分显式处理的值。

下述 SwitchDemo2 程序说明语句如何包含多个 case 标签，其功能为计算特定月份的天数：

```java
class SwitchDemo2 {
    public static void main(String[] args) {

        int month = 2;
        int year = 2000;
        int numDays = 0;

        switch (month) {
            case 1: case 3: case 5:
            case 7: case 8: case 10:
            case 12:
                numDays = 31;
                break;
            case 4: case 6:
            case 9: case 11:
                numDays = 30;
                break;
            case 2:
                if (((year % 4 == 0) &&
                     !(year % 100 == 0))
                    || (year % 400 == 0))
                    numDays = 29;
                else
```

```
                numDays = 28;
            break;
        default:
            System.out.println("Invalid month.");
            break;
    }
    System.out.println("Number of Days = "
                        + numDays);
    }
}
```

输出结果如下:

Number of Days = 29

在 switch 语句中使用 String 对象

在 switch 语句的表达式中可以使用 String 对象。下面的程序 StringSwitchDemo 会根据月份的 String 值来显示月份的数值:

```
public class StringSwitchDemo {

    public static int getMonthNumber(String month) {

        int monthNumber = 0;

        if (month == null) {
            return monthNumber;
        }

        switch (month.toLowerCase()) {
            case "january":
                monthNumber = 1;
                break;
            case "february":
                monthNumber = 2;
                break;
            case "march":
                monthNumber = 3;
                break;
            case "april":
                monthNumber = 4;
                break;
            case "may":
                monthNumber = 5;
                break;
            case "june":
                monthNumber = 6;
                break;
            case "july":
                monthNumber = 7;
                break;
            case "august":
                monthNumber = 8;
                break;
            case "september":
                monthNumber = 9;
                break;
            case "october":
                monthNumber = 10;
                break;
            case "november":
                monthNumber = 11;
                break;
            case "december":
                monthNumber = 12;
                break;
```

```
            default:
                monthNumber = 0;
                break;
        }

        return monthNumber;
    }
    public static void main(String[] args) {

        String month = "August";

        int returnedMonthNumber =
            StringSwitchDemo.getMonthNumber(month);

        if (returnedMonthNumber == 0) {
            System.out.println("Invalid month");
        } else {
            System.out.println(returnedMonthNumber);
        }
    }
}
```

程序输出 8。

switch 表达式中的 String 对象与 case 标签关联的表达式比较，就像使用 String.equals[⊖]方法一样。要让 StringSwitchDemo 程序接收任意大小写的月份，只需将输入的月份名称转换成小写（使用 toLowerCase 方法[⊖]），并将 case 标签关联的所有字符串都改成小写即可。

> **注意** 这个例子测试 switch 语句中的表达式是否为 null。要确保任意 switch 语句中的表达式都不为 null，以免抛出空指针异常（NullPointerException）。

3.4.3 while 语句和 do-while 语句

当条件为真时，while 语句不断执行语句块。其语法如下：

```
while (expression) {
    statement(s)
}
```

while 语句先计算 expression 的值，并返回一个 boolean 值。如果其值为真，while 语句执行 while 块中的 statement(s)。接着不断执行 while 代码块，并计算 expression 的值，直到 expression 的值为假。使用下述 WhileDemo 程序可以依次打印 1 到 10 的值：

```
class WhileDemo {
    public static void main(String[] args){
        int count = 1;
        while (count < 11) {
            System.out.println("Count is: " + count);
            count++;
        }
    }
}
```

⊖ 8/docs/api/java/lang/String.html#equals-java.lang.Object-

⊖ 8/docs/api/java/lang/String.html#toLowerCase--

无限循环可以由下面的 while 语句实现：

```
while (true){
    // your code goes here
}
```

Java 程序语言也支持 do-while 语句，其格式如下：

```
do {
    statement(s)
} while (expression);
```

do-while 语句和 while 语句的区别在于 do-while 在循环的末端计算表达式的值，而不是在顶部。因此，do 代码块内的语句至少要执行一次，如 DoWhileDemo 程序所示。

```
class DoWhileDemo {
    public static void main(String[] args){
        int count = 1;
        do {
            System.out.println("Count is: " + count);
            count++;
        } while (count < 11);
    }
}
```

3.4.4　for 语句

for 语句提供在一定值范围内迭代的紧凑方式。程序员通常称为 for 循环，因为在满足特定的条件之前，它会一直循环执行。for 语句的一般形式如下：

```
for (initialization; termination; increment) {
    statement(s)
}
```

使用这种形式的 for 语句时，要牢记以下几点：

- initialization 表达式初始化循环，它只在循环开始时执行一次。
- 当 termination 表达式的值为 false 时，循环终止。
- 循环过程中，每次迭代都会调用 increment 表达式，该表达式可以对一个值进行递增或递减操作。

下述 ForDemo 程序使用 for 语句的一般形式将数字 1 到 10 显示到标准输出上：

```
class ForDemo {
    public static void main(String[] args){
        for(int i=1; i<11; i++){
            System.out.println("Count is: " + i);
        }
    }
}
```

输出结果为：

```
Count is: 1
Count is: 2
Count is: 3
Count is: 4
Count is: 5
Count is: 6
Count is: 7
Count is: 8
Count is: 9
Count is: 10
```

注意如何在 initialization 表达式中声明变量。变量的作用域为从变量声明到 for 语句控制的代码块末端，因此它也可以用于 termination 和 increment 表达式。如果控制 for 语句的变量不是循环体外必需的，那么最好在 initialization 表达式中声明该变量。变量名 i、j 和 k 通常用于控制 for 循环，在 initialization 表达式内声明这些变量，不仅限制了它们的生命周期，而且会减少错误。

for 循环的三个表达式都是可选的。无限循环可以如下创建：

```
// infinite loop
for ( ; ; ) {

    // your code goes here
}
```

for 语句还有另一种形式，用于迭代集合和数组中的元素。这种形式有时称为加强型 for 语句，主要用于使循环更加紧凑，易于阅读。下面举个例子来说明这一点，数组包含了从 1 到 10 的 10 个数字：

```
int[] numbers = {1,2,3,4,5,6,7,8,9,10};
```

程序 EnhancedForDemo 使用加强型 for 语句来循环该数组：

```
class EnhancedForDemo {
    public static void main(String[] args){
        int[] numbers =
            {1,2,3,4,5,6,7,8,9,10};
        for (int item : numbers) {
            System.out.println("Count is: " + item);
        }
    }
}
```

在这个例子中，变量 item 保存数组 numbers 的当前值。输出结果和 ForDemo 的输出结果一样：

```
Count is: 1
Count is: 2
Count is: 3
Count is: 4
Count is: 5
Count is: 6
Count is: 7
Count is: 8
Count is: 9
Count is: 10
```

建议使用加强型 for 语句，而不是一般形式的 for 语句。

3.4.5 分支语句

1. break 语句

break 语句有两种形式：标签式和非标签式。非标签式 break 语句在 switch 语句的讨论中已经介绍过。如下面的 BreakDemo 程序所示，非标签式 break 也可以终止 for、while 或 do-while 循环：

```
class BreakDemo {
    public static void main(String[] args) {

        int[] arrayOfInts =
            { 32, 87, 3, 589,
```

```
            12, 1076, 2000,
            8, 622, 127 };
        int searchfor = 12;

        int i;
        boolean foundIt = false;

        for (i = 0; i < arrayOfInts.length; i++) {
            if (arrayOfInts[i] == searchfor) {
                foundIt = true;
                break;
            }
        }

        if (foundIt) {
            System.out.println("Found " + searchfor + " at index " + i);
        } else {
            System.out.println(searchfor + " not in the array");
        }
    }
}
```

该程序在数组中搜索数字 12。找到 12 时，**break** 语句（如上述代码中黑体所示）会终止 **for** 循环。控制流会跳转到 **for** 循环后面的语句。程序输出结果如下：

```
Found 12 at index 4
```

非标签式 **break** 语句会终止最内层的 **switch**、**for**、**while** 或 **do-while** 语句，而标签式 **break** 语句会终止外层语句。下面的 BreakWithLabelDemo 程序与前述程序类似，只是使用嵌套循环在二维数组中搜索值。找到该值时，标签式 **break** 语句（标签式 **search**）会终止外层循环。

```
class BreakWithLabelDemo {
    public static void main(String[] args) {

        int[][] arrayOfInts = {
            { 32, 87, 3, 589 },
            { 12, 1076, 2000, 8 },
            { 622, 127, 77, 955 }
        };
        int searchfor = 12;

        int i;
        int j = 0;
        boolean foundIt = false;

    search:
        for (i = 0; i < arrayOfInts.length; i++) {
            for (j = 0; j < arrayOfInts[i].length;
                j++) {
                if (arrayOfInts[i][j] == searchfor) {
                    foundIt = true;
                    break search;
                }
            }
        }

        if (foundIt) {
            System.out.println("Found " + searchfor + " at " + i + ", " + j);
        } else {
            System.out.println(searchfor + " not in the array");
        }
    }
}
```

程序输出:

```
Found 12 at 1, 0
```

break 语句会终止标签语句,但不会改变到标签语句的控制流。控制流会立即跳转到标签语句(已终止)后的语句。

2. continue 语句

continue 语句会跳出 for、while 或 do-while 循环的当前迭代。非标签形式会跳转到最外层循环体的末端,并计算控制该循环的 boolean 表达式。下面的 ContinueDemo 程序逐个统计字符串中字母 p 的出现次数。如果当前字符不是 p,continue 语句会跳出循环并继续测试下一个字符。如果字符是 p,将字母个数加 1:

```java
class ContinueDemo {
    public static void main(String[] args) {
        String searchMe = "peter piper picked a " + "peck of pickled peppers";
        int max = searchMe.length();
        int numPs = 0;

        for (int i = 0; i < max; i++) {
            // interested only in p's
            if (searchMe.charAt(i) != 'p')
                continue;

            // process p's
            numPs++;
        }
        System.out.println("Found " + numPs + " p's in the string.");
    }
}
```

程序输出:

```
Found 9 p's in the string.
```

删除 continue 语句并重新编译,可以清楚地看到 continue 语句的作用。运行程序时,计数错误,也就是说会搜索到 35 个 p,而不是 9 个。

标签式 continue 语句跳出给定标签标记的外层循环的当前迭代。下述 ContinueWithLabelDemo 程序使用嵌套循环在另一个字符串内搜索子串。需要用到两个嵌套循环:一个用于迭代待搜索的子串,另一个用于迭代要搜索的字符串。ContinueWithLabelDemo 使用标签式 continue 语句跳出外层循环的迭代:

```java
class ContinueWithLabelDemo {
    public static void main(String[] args) {
        String searchMe = "Look for a substring in me";
        String substring = "sub";
        boolean foundIt = false;

        int max = searchMe.length() -
                  substring.length();

    test:
        for (int i = 0; i <= max; i++) {
            int n = substring.length();
            int j = i;
            int k = 0;
            while (n-- != 0) {
                if (searchMe.charAt(j++) != substring.charAt(k++)) {
```

```
                continue test;
            }
        }
            foundIt = true;
            break test;
        }
        System.out.println(foundIt ? "Found it" : "Didn't find it");
    }
}
```

程序输出：

```
Found it
```

3. return 语句

最后一种分支语句是 return 语句。return 语句退出当前方法，且控制流返回到调用方法的位置。return 语句有两种形式：一种返回值，另一种不返回值。要返回值，只需在 return 后输入返回的值或待计算的表达式：

```
return ++count;
```

返回值的数据类型必须与方法声明的返回值的类型匹配。当方法声明为 void 类型时，要采用不返回值的 return 语句：

```
return;
```

第 4 章将介绍编写方法时所需要的知识。

3.4.6 小结

if-then 语句是最基本的控制流语句。该语句使得当某个条件为真时，程序只执行特定的代码段。if-then-else 语句在条件为假时提供第二条执行路径。与 if-then 和 if-then-else 语句不同，switch 语句可以包含多条可能的执行路径。while 和 do-while 语句当条件为真时可以不断执行语句块。do-while 语句和 while 语句的区别在于 do-while 在循环的末端计算表达式的值，而不是在顶部。因此，do 代码块内的语句至少执行一次。for 语句提供在一定值范围内迭代的紧凑方式。它有两种形式，其中一种用于迭代集合和数组中的元素。

3.4.7 问题和练习：控制流语句

问题

1. Java 程序语言支持的最基本的控制流语句是_____。
2. _____语句支持任意数量可能的执行路径。
3. _____语句与 while 语句类似，但在循环的_____计算表达式的值。
4. 如何使用 for 语句编写无限循环？
5. 如何使用 while 语句编写无限循环？

练习

根据下述代码段，完成后面的练习：

```
if (aNumber >= 0)
    if (aNumber == 0)
        System.out.println("first string");
else System.out.println("second string");
System.out.println("third string");
```

a. 想象一下，如果 aNumber 是 3，上述代码段会输出什么结果？
b. 编写一个测试程序，它包含前面代码段，而且 aNumber 的值为 3。程序的输出结果是什么？输出结果是否就是预期的结果？解释原因。换句话说，什么是该代码段的控制流？
c. 只使用空格和换行符重新排版代码段，以便理解其控制流结构。
d. 使用大括号进一步简化代码。

答案

相关答案参考

http://docs.oracle.com/javase/tutorial/java/nutsandbolts/QandE/answers_flow.html。

第 4 章
The Java Tutorial: A Short Course on the Basics, Sixth Edition

类和对象

掌握 Java 程序语言的基础知识之后，现在来学习如何编写类。本章介绍如何定义类（包括声明成员变量、方法和构造器）、使用类创建对象以及如何使用对象，然后介绍嵌套类、枚举类型。

4.1 节介绍类的结构以及如何声明成员变量、方法和构造函数。4.2 节介绍创建和使用对象。学习如何通过实例化类来创建对象，以及对象创建后，如何使用点操作符访问对象的实例变量和方法。4.3 节深入介绍类的对象引用和点操作符：返回方法值、`this` 关键字、类和实例成员以及访问控制。4.4 节介绍静态嵌套类、内部类、匿名内部类、局部类和 Lambda 表达式。同时也讨论何时使用哪种类或 Lambda 表达式。4.5 节介绍特殊的类——枚举器，用于定义和使用常数集合。后面三节包含相应的问题和练习以测试读者对相关内容的理解程度。

4.1 类

第 2 章已经介绍了 `Bicycle` 类，以及其子类 `MountainBike`、`RoadBike` 和 `TandermBike`。这里给出一种实现 `Bicycle` 类的实例以概述类的声明。本章后续小节会逐步解释类的声明。这里不需要关注细节：

```java
public class Bicycle {

    // the Bicycle class has
    // three fields
    public int cadence;
    public int gear;
    public int speed;
    // the Bicycle class has
    // one constructor
    public Bicycle(int startCadence, int startSpeed, int startGear) {
        gear = startGear;
        cadence = startCadence;
        speed = startSpeed;
    }

    // the Bicycle class has
    // four methods
    public void setCadence(int newValue) {
        cadence = newValue;
    }

    public void setGear(int newValue) {
        gear = newValue;
    }

    public void applyBrake(int decrement) {
        speed -= decrement;
    }

    public void speedUp(int increment) {
        speed += increment;
    }
}
```

Mountainbike 类是 Bicycle 类的子类，其声明如下：

```
public class MountainBike extends Bicycle {

    // the MountainBike subclass has
    // one field
    public int seatHeight;

    // the MountainBike subclass has
    // one constructor

    public MountainBike(int startHeight, int startCadence,
                       int startSpeed, int startGear) {
        super(startCadence, startSpeed, startGear);
        seatHeight = startHeight;
    }

    // the MountainBike subclass has
    // one method
    public void setHeight(int newValue) {
        seatHeight = newValue;
    }

}
```

MountainBike 类继承 Bicycle 类的所有字段和方法，并添加字段 seatHeight 及其设置方法 setHeight(int newValue)。（山地车的座垫可以根据地面需求上下移动。）

4.1.1 声明类

类的定义形式如下：

```
class MyClass {
    // field, constructor, and
    // method declarations
}
```

这是一个类声明。类体（花括号之间的区域）包含对象自创建起生命周期的所有代码：初始化新对象的构造器、类及其对象状态的字段声明、实现类及其对象行为的方法。

前述类声明是最小的一个。它只包含类声明必需的组件。在类声明中，可以添加更多关于类的信息，如超类的名字、是否实现接口等，例子如下：

```
class MyClass extends MySuperClass implements YourInterface {
    // field, constructor, and
    // method declarations
}
```

这就是说 MyClass 是 MySuperClass 类的子类，而且它实现 YourInterface 接口。

也可以在声明开始前添加 public 或 private 修饰符。显然，类声明的开始行也可以很复杂。本章后面会介绍 public 和 private 修饰符，它们用于说明其他类可否访问 MyClass。第 6 章解释如何以及为何在类声明中使用 extends 和 implements 关键字。这里不需要担心这些额外的复杂性。

通常，类声明中按顺序包含以下组件：

1）修饰符——public、private 以及后面会介绍的其他一些修饰符。

2）类名——按约定首字母大写。

3）如果有超类，要在超类名称前添加 extends 关键字（注意，一个类只能继承一个超类）。

4)如果实现一系列接口(用逗号分隔),要在接口前添加 implements 关键字。一个类可以实现多个接口)。

5)类体——花括号({})之间的部分。

4.1.2 声明成员变量

变量有以下几种类型:
- 类中的成员变量,通常称为字段。
- 方法或代码块中的变量,通常称为局部变量。
- 方法声明中的变量,通常称为参数。

Bicycle 类使用下述代码定义其字段:

```
public int cadence;
public int gear;
public int speed;
```

字段声明按序由以下三个组件构成:

1)零个或多个修饰符,如 public 或 private。
2)字段类型。
3)字段名。

Bicycle 的字段分别被命名为 cadence、gear 和 speed,而且其类型都为整型(int)。public 关键字标记这些字段都是公有成员,任何对象只要能够访问该类,就都能访问它们。

1. 访问修饰符

第一个(最左边的)修饰符用于控制哪些类可以访问成员字段。这里只介绍 public 和 private,后面会介绍其他访问修饰符:

- public 修饰符,表示所有类都可以访问该字段。
- private 修饰符,表示只有类内部可以访问该字段。

基于封装的精髓,通常将这些字段声明为 private。这就意味着只有 Bicycle 类可以直接访问这些字段。但仍然需要访问它们的值,这可以通过间接实现——添加公有方法来获取字段值:

```
public class Bicycle {

    private int cadence;
    private int gear;
    private int speed;

    public Bicycle(int startCadence, int startSpeed, int startGear) {
        gear = startGear;
        cadence = startCadence;
        speed = startSpeed;
    }

    public int getCadence() {
        return cadence;
    }

    public void setCadence(int newValue) {
        cadence = newValue;
    }

    public int getGear() {
        return gear;
    }
```

```
    public void setGear(int newValue) {
        gear = newValue;
    }
    public int getSpeed() {
        return speed;
    }
    public void applyBrake(int decrement) {
        speed -= decrement;
    }
    public void speedUp(int increment) {
        speed += increment;
    }
}
```

2. 类型

所有变量都必须有类型。变量的类型可以是 `int`、`float` 和 `boolean` 等主类型，也可以是字符串、数组和对象等引用类型。

3. 变量名

所有变量，不管是字段、局部变量或参数都遵循第 3 章介绍的命名规则和约定。方法名和类名也遵循相同的命名规则和约定，以及下述约定：

- 类名的第一个字母应大写。
- 方法名的第一个（或唯一的）单词为动词。

4.1.3 定义方法

方法声明的典型形式如下：

```
public double calculateAnswer(double wingSpan, int numberOfEngines,
                              double length, double grossTons) {
    //do the calculation here
}
```

方法声明中必需的元素包括方法的返回类型和名称、一对圆括号和花括号之间的方法体。更普遍一点，方法声明依次包含六个组件：

1）修饰符。前面已经给出一些 `public` 和 `private` 的例子，其他例子将在后面介绍。

2）返回类型。方法返回值的数据类型（如果方法不返回值，其类型为 `void`）。

3）方法名。字段名的命名规则同样适用于方法名，只是约定有些许差别。

4）圆括号内的参数列表。圆括号内的输入参数用逗号分隔，而且要放在数据类型之后。如果没有参数，也必须使用空圆括号。

5）异常列表。本文后面将会介绍。

6）花括号内的方法体。方法的代码，包括局部变量的声明，都放在这里。

本章后面会讨论修饰符、返回类型和参数。异常将在第 10 章介绍。

> **定义** 方法声明中的方法名和参数类型构成**方法签名**。

这里给出一个前面已经声明的方法的签名：

`calculateAnswer(double, int, double, double)`

1. 命名方法

尽管方法名可以是任意合法的标识符，但也要遵循一定的约定。根据约定，方法名应该是一个动词，且其字母均为小写；或者由多个单词构成，其第一个单词必为全部小写的动词，后面所跟单词为形容词、名词以及方法的描述语言等，而且除了第一个单词，后面的单词首字母应该大写。下面为方法名的具体实例：

```
run
runFast
getBackground
getFinalData
compareTo
setX
isEmpty
```

类的每个方法都有唯一的名称。但是，由于重载方法，方法名可以与其他方法名相同。

2. 重载方法

Java 程序语言支持重载方法，Java 可以用不同的方法签名来区分方法。也就是说，如果类内的方法的参数列表不同，则可以使用同一个方法名。（注意重载方法中还有一些条件，将在第 6 章介绍。）

假设有一个类，它用美术字体绘制出不同数据（字符串、整数等）的类型，而且绘制每一种数据类型都有一个方法。每个方法都使用新的方法名（如 drawString、drawInteger、drawFloat）会很麻烦。Java 程序语言支持所有的绘制方法都用同一个名称，只是每个方法的参数列表不同。因此，数据绘制类可以声明四个方法名为 draw 的方法，而且每个方法都有不同的参数列表：

```
public class DataArtist {
    ...
    public void draw(String s) {
        ...
    }
    public void draw(int i) {
        ...
    }
    public void draw(double f) {
        ...
    }
    public void draw(int i, double f) {
        ...
    }
}
```

重载方法通过传递给方法的参数数目和类型来区分。上述代码中，draw(String s) 和 draw(int i) 是不同且唯一的方法，因为它们要求的参数类型不同。但是不能声明多个方法，因为它们的名称、参数数目和类型都一样，编译器无法区分它们。区分方法时，编译器不会考虑返回类型，因此不能声明两个方法，它们具有相同的方法签名，即使它们具有不同的返回类型。

> **注意** 重载方法要慎用，因为它会降低代码的可读性。

4.1.4 构建构造器

每个类都包含构造器，调用这些构造器可以从类创建对象。构造器声明与方法声明有点像，只是构造器名称与类名一样，且没有返回类型。例如，`Bicycle`有一个构造器如下：

```
public Bicycle(int startCadence, int startSpeed, int startGear) {
    gear = startGear;
    cadence = startCadence;
    speed = startSpeed;
}
```

要创建新的`Bicycle`对象`myBike`，要用`new`运算符调用构造器：

```
Bicycle myBike = new Bicycle(30, 0, 8);
```

`new Bicycle(30,0,8)`为对象创建内存空间并初始化对象的字段。

虽然`Bicycle`只有一个构造器，但它也可以是其他构造器，包括无参数的构造器：

```
public Bicycle() {
    gear = 1;
    cadence = 10;
    speed = 0;
}
```

"`Bicycle yourBike=new Bicycle();`"语句调用无参数的构造器创建一个新的`Bicycle`对象`yourBike`。

上述两个构造器都可以在`Bicycle`中声明，因为它们的参数列表不同。与方法一样，Java平台也根据列表中的参数数目及其类型来区分构造器。同一个类不能同时包含参数数目和类型都相同的两个构造器，因为Java平台不能区分它们。否则，会产生编译时错误。

类不一定要提供构造器，但如果提供构造器，就要特别小心。编译器会为没有构造器的任意类自动创建一个无参数的默认构造器。该默认构造器会调用超类的无参数构造器。在这种情形下，如果超类没有无参数构造器，编译器就会报错，所以必须先验证超类是否包含无参数构造器。如果一个类没有显式的超类，那么它有一个隐式的`Object`超类（包含无参数构造器）。

可以使用超类本身的构造器。本章开始给出的`MountainBike`类就是这样定义的。第6章会详细讨论这一点。另外，也可以在构造器声明中使用访问修饰符控制哪些类可以访问该构造器。

> **注意** 如果其他类不能调用`MyClass`构造器，那它就不能直接创建`MyClass`对象。

4.1.5 将消息传给方法或构造器

方法或构造器的声明中包含其参数数目和类型。如下所示方法根据贷款数、利率、贷款期限（周期数）以及贷款的未来值来计算家庭贷款的月付：

```
public double computePayment(
    double loanAmt,
    double rate,
    double futureValue,
    int numPeriods) {
    double interest = rate / 100.0;
    double partial1 = Math.pow((1 + interest), -numPeriods);
    double denominator = (1 - partial1) / interest;
    double answer = (-loanAmt / denominator)
                    - ((futureValue * partial1) / denominator);
    return answer;
}
```

该方法有四个形参：贷款数、利率、未来值和周期数。前三个参数都是双精度浮点数，第四个是整数。这些形参都可用于方法体，可以携带传递的实参的值。

> **注意** 形参是指方法声明中的变量列表。**实参**是方法调用时实际传递的值。调用方法时，所使用的实参与声明中形参的类型和次序必须相匹配。

1. 形参类型

方法或构造器的形参可以是任意数据类型，包括 `double`、`float` 和 `integer` 等基本数据类型（如 `computePayment` 方法所示），以及对象和数组等引用数据类型。

这里给出一个方法，它接收数组作为实参。该方法创建新的 `Polygon` 对象并从 `Point` 对象数组初始化该对象（假设 `Point` 是表示 x、y 坐标的类，`Point` 类的源码见后续"初始化对象"部分）：

```java
public Polygon polygonFrom(Point[] corners) {
    // method body goes here
}
```

> **注意** 可使用 Lambda 表达式或方法引用将一个方法传递给另一个方法。

2. 任意数目的实参

可变参数（varargs）构造可用于向方法传递任意数目的值。不清楚传递给方法的某种类型实参的数量时，可以使用可变参数。这是手动建立数组的快捷方式。（注意，前面的方法也可以使用可变参数，而不是数组。）

要使用可变参数，要在最后一个参数的类型后添加省略号（`...`），然后添加空格和参数名。调用方法时，可以携带任意数量的该参数，包括零个：

```java
public Polygon polygonFrom(Point... corners) {
    int numberOfSides = corners.length;
    double squareOfSide1, lengthOfSide1;
    squareOfSide1 = (corners[1].x - corners[0].x)
                  * (corners[1].x - corners[0].x)
                  + (corners[1].y - corners[0].y)
                  * (corners[1].y - corners[0].y);
    lengthOfSide1 = Math.sqrt(squareOfSide1);

    // more method body code follows that creates and returns a
    // polygon connecting the Points
}
```

在该方法中，`corners` 的处理方式与数组类似。调用该方法时，可以携带数组，也可以携带实参序列。不管哪种处理方式，方法体内的代码都将这些参数作为数组处理。

通常，可变参数和打印方法一起使用，如下是 `printf` 方法的实例，它可以打印任意数目的对象：

```java
public PrintStream printf(String format, Object... args)
```

其调用形式如下：

```java
System.out.printf("%s: %d, %s%n", name, idnum, address);
```

也可以如下调用：

```
System.out.printf("%s: %d, %s, %s, %s%n", name, idnum, address, phone, email);
```
或者携带不同数目的参数。

3. 形参名

声明方法或构造器的形参时，要给这些形参指定名称。该名称用来在方法体内引用传入的实参。

在作用域内，形参名必须唯一。它不能与同一方法或构造器内的其他形参名相同，也不能与方法或构造器内的局部变量名相同。

形参可以与类的一个字段同名。在这种情况下，形参会覆盖字段。覆盖字段会降低代码的可读性。通常约定覆盖只用于构造器和设置特定字段的方法内，如下面的 `Circle` 类及其 `setOrigin` 方法：

```java
public class Circle {
    private int x, y, radius;
    public void setOrigin(int x, int y) {
        ...
    }
}
```

`Circle` 类有三个字段：x、y 和 radius。`setOrigin` 方法有两个参数 x 和 y，分别与相应的字段名相同。每个方法参数都会覆盖名称相同的字段。所以，在方法体内使用 x 和 y 时，指的是形参，而不是字段。要访问该字段名，必须使用合适的名称。关于这一点将在 4.3.2 节介绍。

4. 传递基本数据类型实参

基本数据类型（如 `int`、`double`）的实参通过传值方式传入方法。这就意味着，对参数值的任意改变都只能发生在方法的作用域内。方法返回时，形参失效，对形参的改变也将丢失。这里给出一个例子：

```java
public class PassPrimitiveByValue {

    public static void main(String[] args) {

        int x = 3;

        // invoke passMethod() with
        // x as argument
        passMethod(x);

        // print x to see if its
        // value has changed
        System.out.println("After invoking passMethod, x = " + x);

    }
    // change parameter in passMethod()
    public static void passMethod(int p) {
        p = 10;
    }
}
```

程序的运行结果如下：

```
After invoking passMethod, x = 3
```

5. 传递引用数据类型实参

引用数据类型（对象等）也可以通过传值方式传入方法。这就是说，当方法返回时，输入的引用仍会引用相同的对象。但是，如果正确访问对象的字段，其值可以在方法内改变。

例如，任意类只要包含下述方法都可以移除 Circle 对象：

```java
public void moveCircle(Circle circle, int deltaX, int deltaY) {
    // code to move origin of circle to x+deltaX, y+deltaY
    circle.setX(circle.getX() + deltaX);
    circle.setY(circle.getY() + deltaY);

    // code to assign a new reference to circle
    circle = new Circle(0, 0);
}
```

携同下述实参调用该方法：

```java
moveCircle(myCircle, 23, 56)
```

在方法内，circle 是指 myCircle。方法会将 circle 引用的对象（myCircle）的 x 和 y 坐标分别改成 23 和 56。方法返回时，x 和 y 的值不变，仍分别为 23 和 56。然后创建新的 Circle 对象（其参数为 x = y = 0），并将其引用赋值给 circle。虽然重赋值不能持久，但因为引用是以传值方式传入，所以不能更改。方法内，circle 所指的对象已经改变，但方法返回时，myCircle 仍然引用调用方法前使用的同一个 Circle 对象。

4.2 对象

一个典型的 Java 程序会创建许多对象，这些对象通过调用方法进行交互。通过对象间的交互，程序可以执行不同的任务，如实现图形用户界面、运行动画或通过网络发送和接收信息。对象的任务完成后，其占用资源可以回收利用。

这里给出一个小程序 CreatObjectDemo，它创建三个对象：一个 Point 对象和两个 Rectangle 对象（Point 类和 Rectangle 类的源码见"初始化对象"部分）。需要三个源文件来运行该程序：

```java
public class CreateObjectDemo {

    public static void main(String[] args) {

        // Declare and create a point object and two rectangle objects.
        Point originOne = new Point(23, 94);
        Rectangle rectOne = new Rectangle(originOne, 100, 200);
        Rectangle rectTwo = new Rectangle(50, 100);

        // display rectOne's width, height, and area
        System.out.println("Width of rectOne: " + rectOne.width);
        System.out.println("Height of rectOne: " + rectOne.height);
        System.out.println("Area of rectOne: " + rectOne.getArea());

        // set rectTwo's position
        rectTwo.origin = originOne;

        // display rectTwo's position
        System.out.println("X Position of rectTwo: " + rectTwo.origin.x);
        System.out.println("Y Position of rectTwo: " + rectTwo.origin.y);

        // move rectTwo and display its new position
        rectTwo.move(40, 72);
        System.out.println("X Position of rectTwo: " + rectTwo.origin.x);
        System.out.println("Y Position of rectTwo: " + rectTwo.origin.y);
    }
}
```

该程序创建、处理和显示不同对象的信息。其运行结果输出如下：

```
Width of rectOne: 100
Height of rectOne: 200
Area of rectOne: 20000
X Position of rectTwo: 23
Y Position of rectTwo: 94
X Position of rectTwo: 40
Y Position of rectTwo: 72
```

后续三小节使用该例子来介绍程序内对象的生命周期,说明如何在程序中编写代码以创建和使用对象,以及对象生命结束后的系统清理工作。

4.2.1 创建对象

如前所述,类为对象提供了一个实现框架,可以从类创建对象。下列语句取自 CreateObjectDemo 程序,它们都创建一个对象并将其赋值给变量:

```
Point originOne = new Point(23, 94);
Rectangle rectOne = new Rectangle(originOne, 100, 200);
Rectangle rectTwo = new Rectangle(50, 100);
```

第一行创建 Point 类的对象,第二行和第三行各自创建 Rectangle 类的对象。

这些语句都由以下三部分组成:

1) 声明。黑体的代码都是变量声明,它们将变量名关联到对象类型上。
2) 实例化。new 关键字是一个 Java 运算符,用于创建对象。
3) 初始化。new 运算符后跟一个构造器调用(用于初始化新对象)。

1. 声明引用对象的变量

前面已经知道变量声明的形式为:

type name;

该语句形式告诉编译器可以使用 name 引用 type 类型的数据。如果声明的是主类型变量,该声明会为该变量保留适量的内存空间。引用变量也可以单独声明,其形式为:

`Point originOne;`

如果这样声明 originOne,其值还没确定,直到创建了一个对象并赋值给 originOne。简单声明引用变量没有创建对象。若要创建对象,则需使用 new 运算符(下一小节介绍)。而且,使用之前必须将对象赋值给 originOne。否则,编译器会报错。变量在这个状态时不引用对象,如图 4-1 所示(变量名 originOne 和空引用)。

图 4-1 声明 originOne 为 Point 类型时,该变量无初值

2. 实例化类

new 运算符实例化类时,会为新对象分配内存并返回该内存的引用。new 运算符也会调用对象的构造器。

> **注意** 术语**实例化类**也就是指**创建对象**。创建对象时,会创建类的**实例**,因此也称**实例化类**。

new 运算符需要一个后置的实参以调用构造器。构造器的名称是待初始化的类名。new

运算符返回所创建对象的引用，并将该引用赋值给相应类型的变量：

```
Point originOne = new Point(23, 94);
```

new 运算符返回的引用不一定要赋值给变量，也可以直接用于表达式，如下所示：

```
int height = new Rectangle().height;
```

该语句将在后面介绍。

3. 初始化对象

Point 类的代码：

```
public class Point {
    public int x = 0;
    public int y = 0;
    //constructor
    public Point(int a, int b) {
        x = a;
        y = b;
    }
}
```

这个类包含一个构造器，其声明中名称与类名相同，且没有返回类型。该构造器包含两个整型实参，如代码（int a, int b）所示。下述语句为这些实参赋值 23 和 94。

```
Point originOne = new Point(23, 94);
```

该语句的执行结果如图 4-2 所示。

这里给出 Rectangle 类的代码，它包含四个构造器。

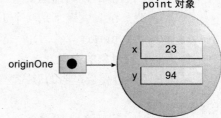

图 4-2　初始化后的 originOne 变量

```
public class Rectangle {
    public int width = 0;
    public int height = 0;
    public Point origin;

    // four constructors
    public Rectangle() {
        origin = new Point(0, 0);
    }
    public Rectangle(Point p) {
        origin = p;
    }
    public Rectangle(int w, int h) {
        origin = new Point(0, 0);
        width = w;
        height = h;
    }
    public Rectangle(Point p, int w, int h) {
        origin = p;
        width = w;
        height = h;
    }

    // a method for moving the rectangle
    public void move(int x, int y) {
        origin.x = x;
        origin.y = y;
    }

    // a method for computing the area of the rectangle
    public int getArea() {
```

```
        return width * height;
    }
}
```

每个构造器都可使用基本数据类型和引用数据类型初始化矩形的原点、宽度和高度。如果类有多个构造器，那它们必须有不同的方法签名。Java 编译器根据实参的数目和类型来区分构造器。Java 编译器遇到下面的代码时，自会调用 Rectangle 类中包含 Point 实参和两个整型实参的构造器：

```
Rectangle rectOne = new Rectangle(originOne, 100, 200);
```

该代码会调用 Rectangle 的一个构造器，将 origin 初始化成 originOne，并将 width 和 height 的值分别设置成 100 和 200。现在有两个引用指向同一个 Point 对象。如图 4-3 所示，一个对象可以有多个引用指向它。

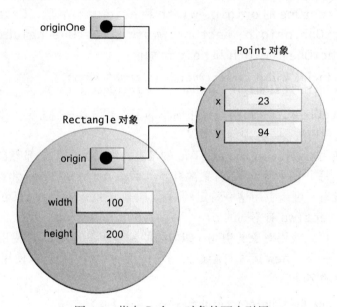

图 4-3　指向 Point 对象的两个引用

下述代码调用 Rectangle 的一个构造器，该构造器有两个整型实参，用于提供 width 和 height 的初始值。该构造器会创建一个新的 Point 对象，且将该对象的 x 和 y 的值都初始化为 0：

```
Rectangle rectTwo = new Rectangle(50, 100);
```

下面语句中的 Rectangle 构造器没有任意参数，因此称为无参构造器：

```
Rectangle rect = new Rectangle();
```

所有的类都至少有一个构造器。如果类没有显式声明构造器，Java 编译器会自动提供一个无参构造器，称为默认构造器。默认构造器会调用父类的无参构造器，如果没有父类，会调用 Object 构造器。如果父类没有构造器，即使 Object 有构造器，编译器也会报错。

4.2.2　使用对象

创建对象后，就可以使用该对象，包括使用其字段值、更改其字段值、调用其方法执行操作等。

1. 引用对象的字段

对象的字段通过字段名来访问，且字段名必须是唯一的。类内部只需使用简单的字段名即可。例如，在 Rectangle 类中添加下面的语句以打印 width 和 height 的值：

```
System.out.println("Width and height are: " + width + ", " + height);
```

在这个例子中，width 和 height 都是简单的字段名。

对象类外的代码要访问字段，必须使用对象引用或"表达式 + 点操作符 + 简单的字段名"的形式，如：

```
objectReference.fieldName
```

例如，CreateObjectDemo 类的代码在 Rectangle 类的代码之外，所以要引用 Rectangle 对象 rectOne 的 origin、width 和 height 等字段，CreateObjectDemo 必须分别使用 rectOne.origin、rectOne.width 和 rectOne.height。下面的语句使用这些名称显示 rectOne 的 width 和 height 的值：

```
System.out.println("Width of rectOne: " + rectOne.width);
System.out.println("Height of rectOne: " + rectOne.height);
```

试图在 CreateObjectDemo 类内使用简单的字段名没有任何意义。因为这些字段只存在于对象内部，这种用法会导致编译器错误。

程序稍后会使用类似代码显示 rectTwo 的信息。同类型的对象都有自己的相同实例字段的副本。因此，每个 Rectangle 对象都有 origin、width 和 height 字段。使用对象引用访问实例字段时，可以引用这一特定的对象字段。CreateObjectDemo 程序中的两大对象 rectOne 和 rectTwo 有不同的 origin、width 和 height 字段。

要访问字段，可以使用对象的引用（如前面的例子所示），也可以使用返回对象类型的任意表达式。回忆一下，new 运算符会返回对象的引用。所以，可以使用 new 运算符返回的值来访问新对象的字段：

```
int height = new Rectangle().height;
```

该语句创建新的 Rectangle 对象并立即获取它的 height 字段的值。本质上，该语句会计算 Rectangle 的 height 字段的默认值。注意，执行完该语句，程序就不再拥有刚创建的 Rectangle 对象的引用，因为程序没有保存该引用。对象不被引用时，Java 虚拟机会释放其占用资源并回收利用。

2. 调用对象的方法

通过对象引用可以调用对象的方法，只需在对象引用后添加方法的简单名称、点操作符和圆括号，也可以在圆括号内添加传给方法的实参列表。如果方法不需要任何实参，就使用空圆括号：

```
objectReference.methodName(argumentList);
```

或

```
objectReference.methodName();
```

Rectangle 类有两个方法：计算矩形面积的 getArea() 以及更改矩形原点的 move()。CreateObjectDemo 中调用这两个方法的代码如下：

```
System.out.println("Area of rectOne: " + rectOne.getArea());
...
rectTwo.move(40, 72);
```

第一条语句调用 rectOne 对象的 getArea() 方法并显示结果。第二条语句调用 rectTwo 对象的 move() 方法将新的值赋给对象的 origin.x 和 origin.y。

与实例字段一样，objectReference 必须是对象的引用，可以使用变量名，也可以使用返回对象引用的任意表达式。new 运算符返回对象引用，所以可以从 new 运算符返回的值调用新的对象方法：

```
new Rectangle(100, 50).getArea()
```

表达式 new Rectangle(100,50) 返回指向 Rectangle 对象的对象引用。如上述代码所示，可以使用点运算符调用新的 Rectangle 的 getArea() 方法，以计算新的 Rectangle 的面积。

有些方法，如 getArea()，会返回值。对于那些返回值的方法，可以在表达式中使用方法调用，并将返回值赋给变量，用于决策或控制循环。下面的代码将 getArea() 方法返回的值赋给变量 areaOfRectangle：

```
int areaOfRectangle = new Rectangle(100, 50).getArea();
```

记住，调用对象的方法跟向对象传递信息是一样的。在上述代码中，调用 getArea() 的对象是构造器返回的 rectangle。

3. 垃圾收集器

有些面向对象语言要求跟踪创建的对象，不需要这些对象时，要显式销毁。显式管理内存空间很繁琐且容易出错。Java 平台支持创建任意多对象（当然，这取决于系统的处理能力），而且不需要摧毁它们。当 Java 运行时环境（JRE）确定不再使用某些对象时，就会删除它们。这个过程叫垃圾收集。

当对象没有引用时，就可进行垃圾收集。当变量超出作用域时，通常要删除变量中保存的引用。也可以通过将该变量的值设成 null，显式删除其保存的对象引用。程序中同一个对象可能有多个引用，垃圾收集该对象前，必须先删除这些引用。

Java 运行时环境有一个垃圾收集器，它会周期性地释放那些没有引用的对象所占用的内存空间。垃圾收集器会在合适的时间自动完成该任务。

4.3 类的更多细节

本节深入介绍类的对象引用和点操作符。

4.3.1 从方法返回值

当方法内的语句执行完时，会到达一个 return 语句，或抛出异常（后面讨论）；不管哪种情况发生在前，都会返回到调用该方法的代码。方法声明中可以声明方法的返回类型。在方法体内使用 return 语句返回值。

任何声明为 void 类型的方法都不会返回值。这种方法不必包含 return 语句，但也可以有 return 语句。在这种情形，return 语句用于分支控制流块并退出方法。其用法如下：

```
return;
```

如果要从声明为 void 类型的方法返回值，编译器就会报错。如果方法不声明为 void 类型，就必须包含如下 return 语句：

return returnValue;

返回值的数据类型必须与方法声明的返回类型相匹配。例如，返回类型声明为 boolean 的方法，不能返回整型值。

前面讨论的 Rectangle 类，其 getArea() 方法返回整数：

```
// a method for computing the area of the rectangle
public int getArea() {
    return width * height;
}
```

该方法返回表达式 width*height 的计算结果。

getArea() 方法返回基本数据类型的数据。方法也可以返回引用类型。例如，可以按如下方式处理 Bicycle 对象：

```
public Bicycle seeWhosFastest(Bicycle myBike, Bicycle yourBike,
                              Environment env) {
    Bicycle fastest;
    // code to calculate which bike is
    // faster, given each bike's gear
    // and cadence and given the
    // environment (terrain and wind)
    return fastest;
}
```

返回类或接口

本节可以先跳过，待学习完第 6 章再返回。

当方法使用类名（如 whosFastest）作为返回类型时，返回的对象类型必须是该类本身或其子类。如图 4-4 所示类的层次结构，其中 ImaginaryNumber 是 Java.lang.Number 的子类，后者又是 Object 的子类。

假设有如下方法，其声明为返回 Number 类：

```
public Number returnANumber() {
    ...
}
```

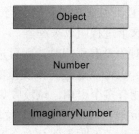

图 4-4 ImaginaryNumber 类的层次结构

该 returnANumber 方法可以返回 ImaginaryNumber 类，但不能返回 Object 类。ImaginaryNumber 类也是 Number 类，因为它是 Number 的一个子类。但 Object 就不一定是 Number，它可能为 String 或其他类型。

也可以重写该方法，让它返回原方法的子类：

```
public ImaginaryNumber returnANumber() {
    ...
}
```

该技术称为协变返回类型，也就是说，返回类型可以是任何子类。

> **注意** 返回类型也可以是接口名。这种情形下，返回的对象必须实现相应的接口。

4.3.2 使用 this 关键字

this 关键字是当前对象（方法或构造器被调用的对象）的引用。在实例方法或构造器内部，可以使用 this 访问当前对象的所有成员。

1. 使用 this 与字段

使用 this 关键字的主要原因是方法或构造器的形参会覆盖相应的字段。如下为 Point 类的代码：

```
public class Point {
    public int x = 0;
    public int y = 0;

    //constructor
    public Point(int a, int b) {
        x = a;
        y = b;
    }
}
```

使用 this 关键字可将该代码改写成：

```
public class Point {
    public int x = 0;
    public int y = 0;

    //constructor
    public Point(int x, int y) {
        this.x = x;
        this.y = y;
    }
}
```

构造器的每个参数都会覆盖对象的相应字段；构造器中 x 是构造器第一个参数的局部复制。要引用 Point 类的字段 x，构造器必须使用 this.x。

2. 联合使用 this 与构造器

从构造器内部使用 this 关键字可以调用同一个类的其他构造器。通常称这种做法为显式构造器调用。这里给出另一个 Rectangle 类，其不同于 4.2 节给出的实现：

```
public class Rectangle {
    private int x, y;
    private int width, height;

    public Rectangle() {
        this(0, 0, 1, 1);
    }
    public Rectangle(int width, int height) {
        this(0, 0, width, height);
    }
    public Rectangle(int x, int y, int width, int height) {
        this.x = x;
        this.y = y;
        this.width = width;
        this.height = height;
    }
    ...
}
```

该类同时包含一组构造器。每个构造器初始化 rectangle 对象的一些或所有成员变量。这些构造器为那些没有被实参初始化的成员变量提供默认值。比如，无参构造器可以创建一个以（0,0）为原点、高度和宽度均为1的矩形。双参构造器调用四参构造器时，会传入宽度和高度值，但通常原点坐标默认为（0,0）。前面已经说明，编译器根据实参的数目和类型决定调用哪个构造器。如果存在这些调用，对其他构造器的调用必须是构造器的第一行代码。

4.3.3 控制对类成员的访问

访问级别修饰符决定其他类是否可以访问特定字段、调用特定方法。访问控制有两个级别。
- 顶级：public 或包级私有（无显式修饰符）
- 成员级：public、private、protected 或包级私有（无显式修饰符）

用 public 修饰符声明类时，该类对于其他任意类都可见。如果类没有修饰符（默认为包级私有），则只有同一个包内的类可见。（包是相关类的集合，将在第8章介绍。）

成员级可以使用 public 修饰符或无修饰符（包级私有），两种修饰符的意义相同，因为它们都处于顶级类中。成员级还有另外两个访问修饰符：private 和 protected。private 修饰符指定成员只能在类内部访问。protected 修饰符指定成员可以在包内部访问（与包级私有一样），也可以由该类在其他包内的子类访问。表 4-1 列出每个修饰符支持的成员访问级别。

表 4-1 访问级别

修饰符	类	包	子 类	所有环境
Public	Y	Y	Y	Y
Protected	Y	Y	Y	N
无修饰符	Y	Y	N	N
Private	Y	N	N	N

第一列数据表示类本身是否可以访问同一访问级别定义的成员。类可以访问自己的成员。第二列表示同一个包中的类（父类除外）可否访问类的成员。第三列表示在类的包外面声明的子类是否可以访问类的成员。第四列表示是否所有的类都可以访问成员。

访问级别的两种控制方式。第一，使用其他来源（如 Java 平台）的类时，访问级别决定那些类的哪些成员可以使用；第二，编写类时要确定类中每个成员变量和方法的访问级别。

先举例说明访问级别如何影响可见性。图 4-5 列举了四个类及其关系。表 4-2 给出 Alpha 类的成员应用不同的访问修饰符时，这些成员在哪些地方可见。

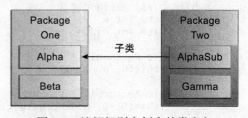

图 4-5 访问级别实例中的类和包

表 4-2 可见性

修饰符	Alpha	Beta	AlphaSub	Gamma
Public	Y	Y	Y	Y
Protected	Y	Y	Y	N
无修饰符	Y	Y	N	N
Private	Y	N	N	N

> **注意** 访问级别有助于保证所定义的类为其他程序员使用,不会由于误用而发生错误:
> - 对各自的成员使用最为严格的访问级别。除非有足够的理由,否则都用 `private`。
> - 除了常量,尽量避免 `public` 字段。(为了帮助准确表达知识点,本书许多例子采用 `public` 字段,但不推荐在产品代码中使用 `public` 字段。)使用 `public` 字段容易导致实现特殊化,并限制代码的灵活性。

4.3.4 类成员

本节讨论使用 `static` 关键字创建那些属于类而不是类实例的字段和方法。

1. 类变量

当多个对象都创建自同一个类时,它们都有自己不同的实例变量副本。在 `Bicycle` 类中,实例变量有 `cadence`、`gear` 和 `speed`。每个 `Bicycle` 对象的这些变量都有各自的值,而且存储在不同的内存空间。

有时需要有些变量对所有对象都公开。这可以由 `static` 修饰符实现。声明中有 `static` 修饰符的字段称为静态字段或类变量。它们与类关联,而不与对象关联。类的每个实例都共享一个类变量,该类变量存储在内存的固定位置。任何对象都能改变类变量的值。另一方面,即使不创建对象实例,也能处理这些类变量。

例如,假设要创建多个 `Bicycle` 对象,并为它们从 1 开始编号。对象的 ID 号都是唯一的,因此就是一个实例变量。同时,需要一个字段来记录已创建的 `Bicycle` 对象数目,从而知道为下一个对象赋值哪个 ID。因此,需要一个类变量 `numberOfBicycles`,如下所示:

```java
public class Bicycle {

    private int cadence;
    private int gear;
    private int speed;

    // add an instance variable for the object ID
    private int id;

    // add a class variable for the
    // number of Bicycle objects instantiated
    private static int numberOfBicycles = 0;
        ...
}
```

类变量由类名直接引用,如下所示:

`Bicycle.numberOfBicycles`

这就清楚地表明它们是类变量。

> **注意** 静态字段也可以用对象引用来引用,如 `myBike.numberOfBicycles`,但并不推荐这种引用方式,因为这不能清楚表明它们是类变量。

`Bicycle` 构造器可用于设置 ID 实例变量并递增 `numberOfBicycles` 类变量:

```java
public class Bicycle {
```

```
    private int cadence;
    private int gear;
    private int speed;
    private int id;
    private static int numberOfBicycles = 0;

    public Bicycle(int startCadence, int startSpeed, int startGear){
        gear = startGear;
        cadence = startCadence;
        speed = startSpeed;

        // increment number of Bicycles
        // and assign ID number
        id = ++numberOfBicycles;
    }

    // new method to return the ID instance variable
    public int getID() {
        return id;
    }
    ...
}
```

2. 类方法

Java 程序语言也支持静态方法，跟支持静态变量一样。静态方法用 static 修饰符声明，可以用类名直接调用，无需创建类实例：

ClassName.methodName(args)

> **注意** 静态方法也可用对象引用来引用，如 instanceName.methodName(args)。但不推荐这种引用方式，因为这就不能清楚表明它们是类方法。

静态方法通常用于访问静态字段。比如，可以使用 Bicycle 类的静态方法来访问 numberOfBicycles 静态字段：

```
public static int getNumberOfBicycles() {
    return numberOfBicycles;
}
```

Java 并不支持任意组合实例变量、类变量、实例方法和类方法：
- 实例方法可直接访问实例变量和实例方法。
- 实例方法可直接访问类变量和类方法。
- 类方法可直接访问类变量和类方法。
- 类方法不能直接访问实例变量或实例方法，必须使用对象引用访问。类方法不能使用 this 关键字，因为没有实例供 this 指向。

3. 常量

联合使用 static 和 final 修饰符可定义常量。final 修饰符表示字段的值不能更改。比如，下面的变量声明定义常量 PI，其值为圆周率 pi 的近似值：

static final double PI = 3.141592653589793;

这样定义的常量不能重新赋值，如果程序试图这样做，编译器会报错。按约定，常量名都用大写字母，如果常量名由多个单词组成，单词之间用下划线分隔。

> **注意** 如果主类型或字符串被定义成常量,而且编译时已知其值,编译器会用该值替换代码中所有对应的常量名。这种常量称为**编译时常量**。如果外部的常量值发生改变(例如,如果规定 pi 的值是 3.975),就必须重新编译使用该常量的所有类,以获取当前值。

4. Bicycle 类

至此 Bicycle 类被修改成:

```java
public class Bicycle {

    private int cadence;
    private int gear;
    private int speed;

    private int id;

    private static int numberOfBicycles = 0;

    public Bicycle(int startCadence,
                   int startSpeed,
                   int startGear){
        gear = startGear;
        cadence = startCadence;
        speed = startSpeed;

        id = ++numberOfBicycles;
    }

    public int getID() {
        return id;
    }

    public static int getNumberOfBicycles() {
        return numberOfBicycles;
    }

    public int getCadence() {
        return cadence;
    }

    public void setCadence(int newValue) {
        cadence = newValue;
    }

    public int getGear(){
        return gear;
    }

    public void setGear(int newValue) {
        gear = newValue;
    }

    public int getSpeed() {
        return speed;
    }

    public void applyBrake(int decrement) {
        speed -= decrement;
    }

    public void speedUp(int increment) {
```

```
        speed += increment;
    }
}
```

4.3.5 初始化字段

如前所述,可以在声明中初始化字段的值:

```
public class BedAndBreakfast {

    // initialize to 10
    public static int capacity = 10;

    // initialize to false
    private boolean full = false;
}
```

初始化值可用且初始化代码在同一行时,这种初始化方式工作得很好。但是,这种初始化方式在简洁性方面有缺点。当初始化需要逻辑(如错误处理、for 循环填充复杂数组等),简单的赋值就不能满足需求。这种情况下,可以在使用错误处理或其他逻辑的构造器内初始化实例变量。为了具备与类变量相同的功能,Java 程序语言引入静态初始化块。

> **注意** 通常在类定义的开始声明字段,但这不是必需的。唯一必需的是,字段使用之前必须先声明和初始化。

1. 静态初始化块

静态初始化块(static initialization block)是以 static 关键字开头、写在花括号中的普通代码块,其形式如下:

```
static {
    // whatever code is needed for initialization goes here
}
```

类可以包含任意多静态初始化块,且这些初始化块可放置在类体的任何位置。运行时系统确保按照静态初始化块在源代码中的出现次序进行调用。

静态块也可以通过另一种方式——私有静态方法来定义:

```
class Whatever {
    public static varType myVar = initializeClassVariable();

    private static varType initializeClassVariable() {
        // initialization code goes here
    }
}
```

私有静态方法的优点在于:需要重新初始化类变量时可以重用。

2. 初始化实例成员

实例变量通常在构造器中初始化,方法有两种:使用初始化块和使用 final 方法。

初始化块与静态初始化块类似,只是没有 static 关键字:

```
{
    // whatever code is needed for initialization goes here
}
```

Java 编译器将初始化块复制到每个构造器。因此,使用该方法可在多个构造器间共享代码块。

子类不能覆盖 `final` 方法。关于 `final` 方法将在第 6 章介绍，此处先给出例子说明使用 `final` 方法初始化实例变量：

```
class Whatever {
    private varType myVar = initializeInstanceVariable();

    protected final varType initializeInstanceVariable() {
        // initialization code goes here
    }
}
```

如果子类要重用初始化方法，`final` 方法就特别有用。该方法之所以声明为 `final`，是因为初始化实例时调用非 `final` 的方法会出问题。

4.3.6 小结

类声明为类命名并将类体置于花括号内。类名写在修饰符之后。类体包括类的字段、方法和构造器。类使用字段存储状态信息，使用方法实现行为。初始化新的类实例的构造器使用类名，而且看似无返回类型的方法。

类和成员的访问控制方法一样：在声明中使用访问修饰符，如 `public`。

在成员声明中使用 `static` 关键字指定类变量和类方法。没有声明为 `static` 的成员是隐式的实例成员。类的所有实例共享类变量，并通过类名访问，这与访问实例引用一样。类实例的每个实例变量都有自己的副本，这些副本必须用实例引用访问。

使用 `new` 运算符和构造器可创建类的对象。`new` 运算符返回所创建对象的引用，可将该引用赋值给变量或直接使用。

使用合适的名称，可在类外访问在类中声明的实例变量和方法。合适的实例变量名形如：

objectReference.variableName

合适的方法名可以为：

objectReference.methodName(argumentList)

也可以为：

objectReference.methodName()

垃圾收集器自动清空无用对象。对象是无用的，如果程序没有引用该对象。将保存引用的变量值设为 `null`，就可显式删除引用。

4.3.7 问题和练习：类

问题

根据下述 `IdentifyMyParts` 类回答问题：

```
public class IdentifyMyParts {
    public static int x = 7;
    public int y = 3;
}
```

a. 哪些变量是类变量？

b. 哪些变量是实例变量？

c. 下述代码的输出结果是什么？

```
IdentifyMyParts a = new IdentifyMyParts();
IdentifyMyParts b = new IdentifyMyParts();
a.y = 5;
b.y = 6;
a.x = 1;
b.x = 2;
System.out.println("a.y = " + a.y);
System.out.println("b.y = " + b.y);
System.out.println("a.x = " + a.x);
System.out.println("b.x = " + b.x);
System.out.println("IdentifyMyParts.x = " + IdentifyMyParts.x);
```

练习

1. 编写一个（牌）类，其实例表示一副扑克中的一张牌。切记牌有两种不同的属性：排位和花色。（写下该类备用，因为 4.5 节会要求重写该类。）

> **注意** 使用 assert 语句可检测赋值。assert 语句的语法如下：
>
> assert (*boolean expression to test*);
>
> 如果 boolean 表达式的值为假，则会报错。例如：
>
> assert (6 * 7) == (40 + 2);
>
> 该语句应该返回 true，因此不报错。如果要使用 assert 语句，运行程序时就必须使用 ea 标记：
>
> java -ea YourProgram.class

2. 编写一个（扑克）类，其实例表示一副扑克（也写下该类备用）。
3. 编写一个小程序测试扑克类和牌类。该程序与创建一副扑克和显示牌一样简单。

答案

相关答案参考

http://docs.oracle.com/javase/tutorial/java/javaOO/QandE/creating-answers.html。

4.3.8 问题和练习：对象

问题

1. 下述程序有什么错误？

```
public class SomethingIsWrong {
    public static void main(String[] args) {
        Rectangle myRect;
        myRect.width = 40;
        myRect.height = 50;
        System.out.println("myRect's area is " + myRect.area());
    }
}
```

2. 下列代码创建了一个数组和一个字符串对象。执行完这段代码会有多少这些对象的引用？是否任何一个对象都可进行垃圾收集？

```
...
String[] students = new String[10];
String studentName = "Peter Parker";

students[0] = studentName;
studentName = null;
...
```

3. 程序如何销毁它创建的对象？
练习
1. 修正问题 1 中 `SomethingIsWrong` 程序的错误。
2. 编写代码创建下述 `NumberHolder` 类的实例，初始化实例的两个成员变量并显示其值：
```
public class NumberHolder {
    public int anInt;
    public float aFloat;
}
```
答案

相关答案参考

http://docs.oracle.com/javase/tutorial/java/javaOO/QandE/objects-answers.html。

4.4 嵌套类

Java 程序语言支持嵌套类，也就是说，在类内定义另一个类，形式如下：
```
class OuterClass {
    ...
    class NestedClass {
        ...
    }
}
```

> **定义** 嵌套类有两种类型：静态和非静态。用 `static` 修饰符声明的嵌套类称为**静态嵌套类**；非静态嵌套类称为**内部类**。
> ```
> class OuterClass {
>     ...
>     static class StaticNestedClass {
>         ...
>     }
>     class InnerClass {
>         ...
>     }
> }
> ```

嵌套类是其所附属类或外部类的成员。非静态嵌套类（内部类）可以访问外部类的其他成员，即使它们被声明为 `private`。而静态嵌套类则不能访问外部类的其他成员。作为类的成员，嵌套类可以声明为 `private`、`public`、`protected`、包私有等。回忆一下 4.3.3 节详细介绍的内容，顶层的类只能声明为 `public` 或包私有。

4.4.1 为什么使用嵌套类

使用嵌套类的原因如下：

- 对单一用途的类进行逻辑分类。如果类只对其他一个类有用，就可以将前者逻辑嵌入到后者，将它们放在一起。嵌套这样的"帮助类"有助于保持包的线性结构。
- 提高封装度。假设两个顶层类 A 和 B，而 B 要访问 A 的私有成员。将 B 嵌入到 A 中，A 的成员可用 `private` 声明，而且 B 能访问这些成员。另外，B 对外界是隐藏的。
- 提高代码的可读性和可维护性。将小型的类嵌套在顶层类中的做法可以就近放置待用的代码。

4.4.2 静态嵌套类

与类方法和类变量一样,静态嵌套类与外部类也相关联。与静态类方法一样,静态嵌套类不能直接引用外部类定义的实例变量和方法,而只能使用对象引用间接访问。

> **注意** 静态嵌套类访问其外部类(和其他类)的实例成员的方式,与其访问其他顶层类的实例成员的方式一样。实际上,就行为而言,静态嵌套类仍是顶层类,它是为了打包方便才嵌套在另一个顶层类中。

静态嵌套类要用外部类名访问:

OuterClass.StaticNestedClass

比如,要创建静态嵌套类的对象,要使用下述语法:

```
OuterClass.StaticNestedClass nestedObject =
    new OuterClass.StaticNestedClass();
```

4.4.3 内部类

与实例方法和实例变量一样,内部类也与外部类的实例相关联,它可以直接访问对象的方法和字段。因为内部类与实例相关联,所以内部类本身不能定义任何静态成员。

内部类的实例存在于外部类的实例里。以下述类为例来说明:

```
class OuterClass {
    ...
    class InnerClass {
        ...
    }
}
```

InnerClass 的实例只能存在于 OuterClass 的实例内部,而且可以直接访问 OuterClass 的实例的方法和字段。

要实例化内部类,必须首先实例化外部类。然后在外部对象中用下述语法创建内部对象:

OuterClass.InnerClass innerObject = outerObject.new InnerClass();

另外,有两种特殊的内部类:局部类和匿名类。

4.4.4 覆盖

如果特定范围(如内部类或方法定义)内的类型声明(如成员变量或参数名)与其所附属范围内的另一个声明具有相同的名称,那么该声明就会覆盖所附属范围内的那个声明。只使用单独的名称不能引用被覆盖的声明。以下 ShadowTest 例子可以证明这一点:

```java
public class ShadowTest {

    public int x = 0;

    class FirstLevel {
        public int x = 1;

        void methodInFirstLevel(int x) {
            System.out.println("x = " + x);
            System.out.println("this.x = " + this.x);
```

```
            System.out.println("ShadowTest.this.x = " + ShadowTest.this.x);
        }
    }
    public static void main(String... args) {
        ShadowTest st = new ShadowTest();
        ShadowTest.FirstLevel fl = st.new FirstLevel();
        fl.methodInFirstLevel(23);
    }
}
```

其输出如下：

```
x = 23
this.x = 1
ShadowTest.this.x = 0
```

这个例子定义了三个名为 x 的变量：ShadowTest 的成员变量、内部类 FirstLevel 的成员变量和 methodInFirstLevel 方法的参数。methodInFirstLevel 方法的参数 x 覆盖了内部类 FirstLevel 的变量 x。因此，使用 methodInFirstLevel 方法的参数 x 时，会引用方法参数。而引用内部类 FirstLevel 的变量 x 时，需要使用 this 关键字指明其所附属范围：

```
System.out.println("this.x = " + this.x);
```

引用更大范围内的成员变量需要用到成员变量所属的类名。例如，下述语句从 methodInFirstLevel 方法访问 ShadowTest 类的成员变量。

```
System.out.println("ShadowTest.this.x = " + ShadowTest.this.x);
```

4.4.5 序列化

强烈反对对内部类（包括局部匿名类）进行序列化处理[一]。Java 编译器编译某些构造（如内部类）时，会创建合成构造。这些构造由类、方法、字段和其他在源代码中没有对应成分的构造组成。合成构造使得 Java 语言无需更改 Java 虚拟机即可实现新的语言特性。然而，合成构造不同，java 编译器上的实现也不同，这就意味着，.class 文件在不同编译器上的实现也会不同。因此，序列化内部类时可能会面临兼容性问题，而且还要用不同的 JRE 实现对其进行反序列化操作[二]。

4.4.6 内部类实例

这里以数组为例来说明如何使用内部类。下述例子 DataStructure.java 创建一个整型数组，并给数组元素赋值，然后按升序输出数组索引为偶数的元素值。该例子包含以下三部分：

- 外部类 DataStructure。它包含两个方法：创建 DataStructure 实例的构造器，该构造器会用连续的整数（0、1、2、3 等）填充数组；打印索引值为偶数的数组元素的方法。
- 内部类 InnerEvenIterator。它实现了 DataStructureIterator 接口，该接口继承自 Iterator[三]<Integer> 接口。迭代程序用于单步遍历数据结构，通常有

[一] tutorial/jndi/objects/serial.html

[二] 内部类编译时生成合成构造的详情可参见 "Implicit and Synthetic Parameters" :tutorial/reflect/member/methodparameterreflection.html#implicit_and_synthetic

[三] 8/docs/api/java/util/Iterator.html

测试最后一个元素、取当前元素、移至下一个元素等方法。

- 实例化 DataStructure 对象（ds）的 main 方法。调用方法 printEven 输出数组 arrayOfInts 中索引值为偶数的数组元素。

```java
public class DataStructure {

    // Create an array
    private final static int SIZE = 15;
    private int[] arrayOfInts = new int[SIZE];

    public DataStructure() {
        // fill the array with ascending integer values
        for (int i = 0; i < SIZE; i++) {
            arrayOfInts[i] = i;
        }
    }

    public void printEven() {
        // Print out values of even indices of the array
        DataStructureIterator iterator = this.new EvenIterator();
        while (iterator.hasNext()) {
            System.out.print(iterator.next() + " ");
        }
        System.out.println();
    }

    interface DataStructureIterator extends java.util.Iterator<Integer> { }

    // Inner class implements the DataStructureIterator interface,
    // which extends the Iterator<Integer> interface

    private class EvenIterator implements DataStructureIterator {

        // Start stepping through the array from the beginning
        private int nextIndex = 0;

        public boolean hasNext() {

            // Check if the current element is the last in the array
            return (nextIndex <= SIZE - 1);
        }

        public Integer next() {

            // Record a value of an even index of the array
            Integer retValue = Integer.valueOf(arrayOfInts[nextIndex]);

            // Get the next even element
            nextIndex += 2;
            return retValue;
        }
    }

    public static void main(String s[]) {

        // Fill the array with integer values and print out only
        // values of even indices
        DataStructure ds = new DataStructure();
        ds.printEven();
    }
}
```

输出结果如下：

```
0 2 4 6 8 10 12 14
```

注意，EvenIterator 类直接引用 DataStructure 对象的实例变量 arrayOfInts。

内部类可用于实现帮助类，如本例所示。如果要处理用户界面事件，就必须知道如何使用内部类，因为事件处理机制会大量使用它们。

4.4.7 局部类和匿名类

内部类还有两种类型：一种叫局部类，它在方法体内声明；另一种叫匿名内部类，它也在方法体内声明，但不对类命名。

1. 修饰符

声明内部类时，可使用与外部类的其他成员相同的修饰符。比如可以像限制对其他类成员的访问一样，使用 `private`、`public` 和 `protected` 等修饰符限制对内部类的访问权限。

2. 局部类

局部类定义在块（block）内。块是有零条或多条语句组成，而且必须存在于匹配的括号之间。通常局部类在方法体内定义。

（1）声明局部类

局部类可在任意块中定义（详情参见第3章）。可以在方法体内的 `for` 循环中定义，也可以在 `if` 子句中定义。

下述例子 LocalClassExample 用于验证两个号码的合法性。它在方法 validatePhoneNumber 内定义了局部类 PhoneNumber：

```java
public class LocalClassExample {

    static String regularExpression = "[^0-9]";

    public static void validatePhoneNumber(
        String phoneNumber1, String phoneNumber2) {

        final int numberLength = 10;

        // Valid in JDK 8 and later:

        // int numberLength = 10;

        class PhoneNumber {

            String formattedPhoneNumber = null;

            PhoneNumber(String phoneNumber){
                // numberLength = 7;
                String currentNumber = phoneNumber.replaceAll(
                    regularExpression, "");
                if (currentNumber.length() == numberLength)
                    formattedPhoneNumber = currentNumber;
                else
                    formattedPhoneNumber = null;
            }

            public String getNumber() {
                return formattedPhoneNumber;
            }

            // Valid in JDK 8 and later:
//          public void printOriginalNumbers() {
//              System.out.println("Original numbers are " + phoneNumber1 +
//                  " and " + phoneNumber2);
//          }
        }
```

```
        PhoneNumber myNumber1 = new PhoneNumber(phoneNumber1);
        PhoneNumber myNumber2 = new PhoneNumber(phoneNumber2);

        // Valid in JDK 8 and later:
//          myNumber1.printOriginalNumbers();

        if (myNumber1.getNumber() == null)
            System.out.println("First number is invalid");
        else
            System.out.println("First number is " + myNumber1.getNumber());
        if (myNumber2.getNumber() == null)
            System.out.println("Second number is invalid");
        else
            System.out.println("Second number is " + myNumber2.getNumber());
    }

    public static void main(String... args) {
        validatePhoneNumber("123-456-7890", "456-7890");
    }
}
```

该例子首先移除电话号码中除 0 ~ 9 以外的所有字符，然后检测号码长度是否为 10 位（北美的电话号码长度为 10）。其输出如下：

```
First number is 1234567890
Second number is invalid
```

（2）访问所属类的成员

局部类可以访问其所属类的成员。在上述例子中，构造器 PhoneNumber 访问了成员 LocalClassExample.regularExpression。

除此之外，局部类也可以访问局部变量，但只能访问声明为 final 的局部变量。局部类访问所属块的局部变量或参数时，它会捕获局部变量或参数。例如，构造器 PhoneNumber 可以访问局部变量 numberLength，因为 numberLength 是声明为 final 的局部变量；numberLength 就是被捕获的变量。

但是，从 Java SE 8 开始，局部类对可以访问的局部变量和参数的所属块进行限制，也就是说，所属块必须声明为 final 或者 effectively final。effectively final 是指变量或参数一旦被初始化，其值将不发生变化。例如，假设变量 numberLength 没有被声明为 final，就可以在构造器 PhoneNumber 中添加黑体的赋值语句：

```
PhoneNumber(String phoneNumber) {
    numberLength = 7;
    String currentNumber = phoneNumber.replaceAll(
        regularExpression, "");
    if (currentNumber.length() == numberLength)
        formattedPhoneNumber = currentNumber;
    else
        formattedPhoneNumber = null;
}
```

由于添加了这条赋值语句，变量 numberLength 不再是 effectively final。因此，在内部类尝试访问变量 numberLength 的位置，Java 编译器会生成错误信息，内容类似于 "local variables referenced from an inner class must be final or effectively final"：

```
if (currentNumber.length() == numberLength)
```

从 Java SE 8 开始，如果局部类是在方法内声明的，它就可以访问方法的参数。例如，可以在局部类 PhoneNumber 中定义下述方法：

```
public void printOriginalNumbers() {
    System.out.println("Original numbers are " + phoneNumber1 +
        " and " + phoneNumber2);
}
```

方法 printOriginalNumbers 就可以访问方法 validatePhoneNumber 的参数 phoneNumber1 和 phoneNumber2。

覆盖和局部类

局部类中声明的类型（如变量的类型）会覆盖局部类所属范围内相同名称的类型声明。详情请见 4.4.4 节。

（3）局部类与内部类相似

局部类和内部类相似，因为它们都不能定义或声明任意静态成员。静态方法中的局部类（如静态方法 validatePhoneNumber 中定义的类 PhoneNumber）只能引用所属类的静态成员。例如，如果没有将成员变量 regularExpression 定义成 static，那么 Java 编译器就会报错，内容类似于 "nonstatic variable regularExpression cannot be referenced from a static context"。

局部类都是非静态的，因为它们要访问所属块的实例成员。因此不能包含静态声明。

块中不能声明接口，因为接口是内在静态的。例如，下述代码不能通过编译，因为 greetInEnglish 的方法体内定义了接口 HelloThere：

```
public void greetInEnglish() {
    interface HelloThere {
        public void greet();
    }
    class EnglishHelloThere implements HelloThere {
        public void greet() {
            System.out.println("Hello " + name);
        }
    }
    HelloThere myGreeting = new EnglishHelloThere();
    myGreeting.greet();
}
```

局部类中不能声明静态的初始化内容或成员接口。下述代码不能编译因为方法 EnglishGoodbye.sayGoodbye 声明为 static。到该方法定义时，编译器会报错，内容类似于 "modifier 'static' is only allowed in constant variable declaration"：

```
public void sayGoodbyeInEnglish() {
    class EnglishGoodbye {
        public static void sayGoodbye() {
            System.out.println("Bye bye");
        }
    }
    EnglishGoodbye.sayGoodbye();
}
```

局部类中的常量变量（constant variable）可以声明为静态类型。常量变量是指那些原始类型或 String 类型的、声明为 final 的、而且被编译时常量表达式所初始化的变量。编译时常量表达式通常是指字符串或编译时可计算的算术表达式。关于编译时常量表达式，详情可参阅 4.3 节。下述代码可编译通过，因为静态成员 EnglishGoodbye.farewell 是常量变量：

```
public void sayGoodbyeInEnglish() {
    class EnglishGoodbye {
        public static final String farewell = "Bye bye";
```

```
        public void sayGoodbye() {
            System.out.println(farewell);
        }
    }
    EnglishGoodbye myEnglishGoodbye = new EnglishGoodbye();
    myEnglishGoodbye.sayGoodbye();
}
```

3. 匿名类

匿名类会使代码更简洁。使用匿名类可同时声明和实例化类。匿名类没有类名，其他与局部类类似。如果局部类只使用一次，则推荐使用匿名类。

（1）声明匿名类

局部类是类声明，而匿名类是表达式。也就是说，匿名类是定义在表达式中的。下述 **HelloWorldAnonymousClasses** 例子在局部变量 **frenchGreeting** 和 **spanishGreeting** 的初始化语句中使用了匿名类，但初始化变量 **englishGreeting** 时使用了局部类：

```
public class HelloWorldAnonymousClasses {

    interface HelloWorld {
        public void greet();
        public void greetSomeone(String someone);
    }

    public void sayHello() {

        class EnglishGreeting implements HelloWorld {
            String name = "world";
            public void greet() {
                greetSomeone("world");
            }
            public void greetSomeone(String someone) {
                name = someone;
                System.out.println("Hello " + name);
            }
        }

        HelloWorld englishGreeting = new EnglishGreeting();

        HelloWorld frenchGreeting = new HelloWorld() {
            String name = "tout le monde";
            public void greet() {
                greetSomeone("tout le monde");
            }
            public void greetSomeone(String someone) {
                name = someone;
                System.out.println("Salut " + name);
            }
        };

        HelloWorld spanishGreeting = new HelloWorld() {
            String name = "mundo";
            public void greet() {
                greetSomeone("mundo");
            }
            public void greetSomeone(String someone) {
                name = someone;
                System.out.println("Hola, " + name);
            }
        };
        englishGreeting.greet();
        frenchGreeting.greetSomeone("Fred");
        spanishGreeting.greet();
    }
```

```
    public static void main(String... args) {
        HelloWorldAnonymousClasses myApp =
            new HelloWorldAnonymousClasses();
        myApp.sayHello();
    }
}
```

（2）匿名类的语法

如前所述，匿名类是表达式。匿名类表达式语法类似于调用，只是代码块中需要定义类。考虑对象 `frenchGreeting` 的实例化：

```
HelloWorld frenchGreeting = new HelloWorld() {
    String name = "tout le monde";
    public void greet() {
        greetSomeone("tout le monde");
    }
    public void greetSomeone(String someone) {
        name = someone;
        System.out.println("Salut " + name);
    }
};
```

匿名类表达式包含如下内容：

- `new` 运算符。
- 实现的接口名或继承的类名（本例中，匿名类实现接口 `HelloWorld`）。
- 将参数包含入构造器的括号，和通常的类实例创建表达式类似。
- 类声明体（需要指出的是，类声明体中允许方法声明，不允许语句声明）。

> **注意** 如本例所示，如果实现接口时没有构造器，可以使用一对空的括号。

因为匿名类定义是一个表达式，所以它必须是语句的组成部分。本例中，匿名类表达式是对象 `frenchGreeting` 的实例化语句的组成部分。（这就解释了右括号之后的分号。）

（3）访问所属范围的局部变量、声明和访问匿名类的成员

和局部类一样，匿名类也能捕获变量；同样可以访问所属范围内的局部变量：

- 匿名类可以访问其所属类的成员。
- 匿名类不能访问所属范围内未声明为 `final` 或者不是 `effectively final` 的局部变量。
- 和嵌套类一样，匿名类中的类型（如变量类型）声明会屏蔽所属范围内具有相同名称的其他声明。详情查看 4.4.4 节。

如同对局部类的成员的访问限制类型，匿名类也有同样的限制：

- 不能在匿名类中声明静态的初始化内容或成员接口。
- 匿名类中可以有静态成员，但必须是常量变量。

匿名类中可以声明如下内容：

- 字段
- 补充方法（也可以不实现父类型的任意方法）
- 实例初始化内容
- 局部类

但是，不能在匿名类中声明构造器。

（4）匿名类实例

匿名类通常用于 GUI 应用程序。如 JavaFX 实例程序 `HelloWorld.java`^㊀（该例子 JavaFX 类型^㊁的 `HelloWorld` 实例，取自在线教程的"Getting Started with JavaFX^㊂"）。它创建了包含按钮 Say "Hello World" 的框架。匿名类表达式如下黑体部分所示：

```java
import javafx.event.ActionEvent;
import javafx.event.EventHandler;
import javafx.scene.Scene;
import javafx.scene.control.Button;
import javafx.scene.layout.StackPane;
import javafx.stage.Stage;

public class HelloWorld extends Application {
    public static void main(String[] args) {
        launch(args);
    }

    @Override
    public void start(Stage primaryStage) {
        primaryStage.setTitle("Hello World!");
        Button btn = new Button();
        btn.setText("Say 'Hello World'");
        btn.setOnAction(new EventHandler<ActionEvent>() {

            @Override
            public void handle(ActionEvent event) {
                System.out.println("Hello World!");
            }
        });

        StackPane root = new StackPane();
        root.getChildren().add(btn);
        primaryStage.setScene(new Scene(root, 300, 250));
        primaryStage.show();
    }
}
```

在这个例子中，选择按钮 Say "Hello World" 时，方法调用 `btn.setOnAction` 决定发生的行为。该方法需要一个 `EventHandler<ActionEvent>` 类型的对象。接口 `EventHandler<ActionEvent>` 只包含一个方法——`handle`。该例子使用了一个匿名类表达式，而不是用一个新的类实现该方法。注意，这个表达式是传送给方法 `btn.setOnAction` 的参数。

因为接口 `EventHandler<ActionEvent>` 只包含一个方法，所以可以使用 Lambda 表达式代替匿名类表达式。关于 Lambda 表达式，详情参考 4.4.8 节。

实现包含 2 个或多个方法的接口时，使用匿名类是比较理想的办法。下面的 JavaFX 实例取自在线教程的"Customization of UI Controls^㊃"。

黑体字部分的代码创建文本字段，该字段只接收数字。它用匿名类重新定义类 `TextField` 的默认实现，覆盖了从类 `TextInputControl` 继承的方法 `replaceText` 和 `replaceSelection`：

```java
import javafx.application.Application;
import javafx.event.ActionEvent;
import javafx.event.EventHandler;
import javafx.geometry.Insets;
import javafx.scene.Group;
```

㊀ 8/javafx/get-started-tutorial/hello_world.htm
㊁ 8/javafx/get-started-tutorial/hello_world.htm
㊂ 8/javafx/get-started-tutorial/javafx_get_started.htm
㊃ 8/javafx/user-interface-tutorial/custom.htm

```java
import javafx.scene.Scene;
import javafx.scene.control.*;
import javafx.scene.layout.GridPane;
import javafx.scene.layout.HBox;
import javafx.stage.Stage;

public class CustomTextFieldSample extends Application {

    final static Label label = new Label();

    @Override
    public void start(Stage stage) {
        Group root = new Group();
        Scene scene = new Scene(root, 300, 150);
        stage.setScene(scene);
        stage.setTitle("Text Field Sample");

        GridPane grid = new GridPane();
        grid.setPadding(new Insets(10, 10, 10, 10));
        grid.setVgap(5);
        grid.setHgap(5);

        scene.setRoot(grid);
        final Label dollar = new Label("$");
        GridPane.setConstraints(dollar, 0, 0);
        grid.getChildren().add(dollar);

        final TextField sum = new TextField() {
            @Override
            public void replaceText(int start, int end, String text) {
                if (!text.matches("[a-z, A-Z]")) {
                    super.replaceText(start, end, text);
                }
                label.setText("Enter a numeric value");
            }
            @Override
            public void replaceSelection(String text) {
                if (!text.matches("[a-z, A-Z]")) {
                    super.replaceSelection(text);
                }
            }
        };

        sum.setPromptText("Enter the total");
        sum.setPrefColumnCount(10);
        GridPane.setConstraints(sum, 1, 0);
        grid.getChildren().add(sum);

        Button submit = new Button("Submit");
        GridPane.setConstraints(submit, 2, 0);
        grid.getChildren().add(submit);

        submit.setOnAction(new EventHandler<ActionEvent>() {
            @Override
            public void handle(ActionEvent e) {
                label.setText(null);
            }
        });

        GridPane.setConstraints(label, 0, 1);
        GridPane.setColumnSpan(label, 3);
        grid.getChildren().add(label);

        scene.setRoot(grid);
        stage.show();
    }

    public static void main(String[] args) {
```

```
        launch(args);
    }
}
```

4.4.8 Lambda 表达式

使用匿名类时有一个问题：如果匿名类的实现很简单，比如只包含一个方法的接口，匿名类的语法看起来会比较笨拙且不简洁。这种情况下，通常将一个功能作为参数传递给另一个方法，比如点击按钮时产生的功能。Lambda 表达式可以实现这一目标，它可以将功能作为方法参数进行处理，也可以将代码作为数据进行处理。

上一节已经介绍如何实现没有类名的匿名类。对于实现只包含一个方法的类而言，通常匿名类会比非匿名类更简洁，尽管匿名类看似有点繁琐。使用 Lambda 表达式，可使得单一方法的类的实例化更加简洁。

1. Lambda 表达式的理想用况

假设要创建一个社交网络应用程序。该程序要求有一个特性，就是管理员对社交网络上符合某种标准的成员执行任意操作，如发送消息。表 4-3 详细地描述了这种用况。

表 4-3 用况：使管理员可以在所选成员上执行操作的特性

字　　段	描　　述
名称	在所选成员上执行操作
主要角色	管理员
前置条件	管理员登录到系统
后置条件	只有在符合指定标准的成员上进行操作
主要的成功场景	1. 管理员指定待操作成员的标准 2. 管理员指定在所选成员上执行的操作 3. 管理员选择按钮 Submit 4. 系统查找符合指定标准的所有成员 5. 系统对所有匹配的成员执行指定操作
扩展	管理员在指定执行的操作或选择按钮 Submit 之前，可以预览那些满足指定标准的成员
发生频率	每天会发生多次

假定社交网络应用程序的成员如下类 Person[⊖] 所述：

```
public class Person {

    public enum Sex {
        MALE, FEMALE
    }

    String name;
    LocalDate birthday;
    Sex gender;
    String emailAddress;

    public int getAge() {
        // ...
    }
    public void printPerson() {
        // ...
    }
}
```

⊖ tutorial/java/javaOO/examples/Person.java

也可以假定社交网络应用程序的成员都保存在 List<Person> 实例中。

本节首先使用简单的方法来实现该用况，接着用局部类和匿名类来改进该方法，然后使用 Lambda 表达式给出一个高效简洁的方法。本节所描述的代码见实例 RosterTest[一]。

方法 1：创建匹配某一特性的成员的搜索方法

简单而言，只需创建几个方法，每个方法搜索匹配一个特性的成员，比如性别或年龄。下述方法打印比指定年龄大的成员：

```
public static void printPersonsOlderThan(List<Person> roster, int age) {
    for (Person p : roster) {
        if (p.getAge() >= age) {
            p.printPerson();
        }
    }
}
```

> **注意** 列表[二]（List）是一个有序的集合[三]（Collection）。集合是一个对象，它将多个元素组合在一个单元里，可用于对数据进行储存、检索、操作和通信。第 12 章将会详细介绍集合。

这种方法会使应用程序缺乏可扩展性。如果要升级（如新的数据类型），应用程序就不能工作了。假定应用程序升级后，改变了类 Person 的结构，使它包含了不同的成员变量；在类中，可能通过不同的数据类型记录年龄，并通过不同的算法计算年龄。这就要求重写应用程序接口（API）以应对这些变化。此外，这种方法没不必进行约束，请举例说明如果要打印比指定年龄小的成员，需要怎么做？

方法 2：创建比较通用的搜索方法

下述方法比 printPersonsOlderThan 通用。它打印指定年龄范围内的成员：

```
public static void printPersonsWithinAgeRange(
    List<Person> roster, int low, int high) {
    for (Person p : roster) {
        if (low <= p.getAge() && p.getAge() < high) {
            p.printPerson();
        }
    }
}
);
```

如果要打印指定性别的成员、或特定的性别和年龄范围组合的成员，要怎么做？如果要更改类 Person 和添加关系状态、地理位置等其他属性，要怎么做？尽管这种方法已经比 printPersonsOlderThan 通用，但如果要为每个可能的搜索查询创建一个独立的方法，也存在可扩展性问题。可以通过将搜索标准相关的代码分装入不同的类中完成这一功能。

方法 3：在局部类中指定搜索标准

下述方法打印出与指定的搜索条件相匹配的成员：

```
public static void printPersons(
    List<Person> roster, CheckPerson tester) {
    for (Person p : roster) {
        if (tester.test(p)) {
```

[一] tutorial/java/javaOO/examples/RosterTest.java

[二] 8/docs/api/java/util/List.html

[三] 8/docs/api/java/util/Collection.html

```
            p.printPerson();
        }
    }
}
);
```

该方法调用方法 `tester.test`，检查 `List` 类型参数 `roster` 中的每个 `Person` 实例，以确定每个实例是否满足 `CheckPerson` 类型参数 `tester` 中指定的搜索标准。如果方法 `tester.test` 返回真值，就调用 `Person` 实例的方法 `printPersons`。

实现接口 `CheckPerson` 可指定搜索标准：

```
interface CheckPerson {
    boolean test(Person p);
}
```

下述类通过指定方法 `test` 的实现从而实现接口 `CheckPerson`。它筛选出美国符合义务兵役的成员。如果其参数 `Person` 的值为 `male`，而且年龄介于 18 到 25 岁之间，该方法就返回真值。

```
class CheckPersonEligibleForSelectiveService implements CheckPerson {
    public boolean test(Person p) {
        return p.gender == Person.Sex.MALE &&
            p.getAge() >= 18 &&
            p.getAge() <= 25;
    }
}
```

要使用这个类，则要创建它的一个新实例，并调用方法 `printPersons`：

```
printPersons(
    roster, new CheckPersonEligibleForSelectiveService());
```

尽管这种方法可扩展性较强（比如，改变 `Person` 的结构时不需要重写方法），但仍然需要编写其他代码：一个新接口和为程序中每个待执行的搜索准备的局部类。因为 `CheckPersonEligibleForSelectiveService` 实现了接口，所以可以使用匿名类（而不是局部类），从而不必为每个搜索都声明一个类。

方法 4：在匿名类中指定搜索标准

以下对方法 `printPersons` 的调用中，有一个参数是匿名类。它筛选出美国符合义务兵役的成员——男性且年龄介于 18 ~ 25 岁之间：

```
printPersons(
    roster,
    new CheckPerson() {
        public boolean test(Person p) {
            return p.getGender() == Person.Sex.MALE
                && p.getAge() >= 18
                && p.getAge() <= 25;
        }
    }
);
```

这种方法不需要为执行的每个搜索都创建一个新的类，因此减少了必需的代码量。然而，考虑到接口 `CheckPerson` 只包含一个方法，匿名类的语法比较笨拙。在这种情况下，可以使用 Lambda 表达式代替匿名类，这在下一节中介绍。

方法 5：用 Lambda 表达式指定搜索标准代码

接口 `CheckPerson` 是一个功能接口。功能接口是指只包含一个抽象方法的任意接口。（功能接口可以包含一个或多个默认方法或静态方法。）因为功能接口只包含一个抽象方法，所以实现时可以省略该方法名。这里不使用匿名类表达式实现该功能,而是使用 Lambda 表达式来实现该功能,如下方法调用中黑体部分所示:

```
printPersons(
    roster,
    (Person p) -> p.getGender() == Person.Sex.MALE
        && p.getAge() >= 18
        && p.getAge() <= 25
);
```

Lambda 表达式的定义方式参见"Lambda 表达式的语法"部分。使用标准的功能接口取代接口 CheckPerson 可以大幅减少所需代码量。

方法 6:用户标准功能接口与 Lambda 表达式

再来考虑一下接口 CheckPerson:

```
interface CheckPerson {
    boolean test(Person p);
}
```

这个接口非常简单。它是一个功能接口因为它只包含一个抽象方法。该抽象方法只携带一个参数,并且返回一个布尔值。这个方法太简单,所以不值得在应用程序中定义。因此,JDK 在 java.util.function[⊖]中定义了几个标准的功能接口。

例如,可以使用接口 Predicate<T> 代替 CheckPerson。它包含方法 boolean test(T t):

```
interface Predicate<T> {
    boolean test(T t);
}
```

接口 Predicate<T> 是一个泛型实例(详见第 7 章)。泛型类型(如泛型接口)在尖括号(<>)内指定一个或多个参数。本例的接口只包含一个参数 T。声明或实例化具有实际类型参数的泛型类型时,会有一个参数化的类型。如下所示为参数化的类型 Predicate<person>:

```
interface Predicate<Person> {
    boolean test(Person t);
}
```

这个参数化的类型包含一个方法,该方法的返回类型和参数与 CheckPerson.boolean test(Person p) 相同。所以,可以使用 Predicate<T> 代替 CheckPerson,如下面的方法:

```
public static void printPersonsWithPredicate(
    List<Person> roster, Predicate<Person> tester) {
    for (Person p : roster) {
        if (tester.test(p)) {
            p.printPerson();
        }
    }
}
);
```

因此,下面的方法调用和在方法 3 中调用 printPersons 一样,可以筛选出符合义务兵役的成员:

```
printPersonsWithPredicate(
    roster,
    p -> p.getGender() == Person.Sex.MALE
        && p.getAge() >= 18
        && p.getAge() <= 25
);
```

这不是使用 Lambda 表达式的唯一方法。下文会介绍使用 Lambda 表达式的其他方法。

⊖ 8/docs/api/java/util/function/package-summary.html

方法 7：在应用程序中使用 Lambda 表达式

再来看看方法 `printPersonsWithPredicate`，哪些地方还可以使用 Lambda 表达式：

```
public static void printPersonsWithPredicate(
    List<Person> roster, Predicate<Person> tester) {
    for (Person p : roster) {
        if (tester.test(p)) {
            p.printPerson();
        }
    }
}
);
```

该方法检查 `List` 类型参数 `roster` 中的每个 `Person` 实例，以确定每个实例是否满足 `Predicate` 类型的参数 `tester` 中指定的标准。如果 `Person` 实例满足 `tester` 指定的标准，就调用 `Person` 实例的方法 `printPerson`。

除了调用方法 `printPerson` 外，也可以在满足 `tester` 指定标准的 `Person` 实例上指定执行不同的操作。可以使用 Lambda 表达式来指定此操作。假定需要的 Lambda 表达式与 `printPerson` 类似：只携带一个参数（`Person` 类型的对象），并返回 `void`。切记，使用 Lambda 表达式时必需实现一个功能接口。在这个例子中，功能接口只包含一个抽象方法，该方法只需携带一个 `Person` 类型的参数，并且其返回值为 `void`。接口 `Consumer<T>` 包含方法 `void accept(T t)`，该方法有这些特性。下述方法用 `Consumer<Person>` 实例调用方法 `accept` 来取代调用 `p.printPerson()`：

```
public static void processPersons(
    List<Person> roster,
    Predicate<Person> tester,
    Consumer<Person> block) {
        for (Person p : roster) {
            if (tester.test(p)) {
                block.accept(p);
            }
        }
}
);
```

因此，下面的方法调用和在方法 3 中调用 `printPersons` 一样，可以筛选出符合义务兵役的成员。Lambda 表达式如黑体所示：

```
processPersons(
    roster,
    p -> p.getGender() == Person.Sex.MALE
        && p.getAge() >= 18
        && p.getAge() <= 25,
    p -> p.printPerson()
);
```

如果要对成员的简介做更多操作，而不仅仅是打印出来，该怎么办？假设需要验证成员的简介信息或检索它们的联系信息时，就需要一个功能接口，它包含一个能够返回值的抽象方法。接口 `Function<T,R>` 包含方法 `R apply(T t)`。下述方法检索参数 `mapper` 指定的数据并对这些数据执行参数 `block` 指定的操作：

```
public static void processPersonsWithFunction(
    List<Person> roster,
    Predicate<Person> tester,
    Function<Person, String> mapper,
    Consumer<String> block) {
        for (Person p : roster) {
            if (tester.test(p)) {
                String data = mapper.apply(p);
```

类和对象

```
            block.accept(data);
        }
    }
}
);
```

下述方法检索 roster 中符合义务兵役的所有成员的 email 地址，并打印：

```
processPersonsWithFunction(
    roster,
    p -> p.getGender() == Person.Sex.MALE
        && p.getAge() >= 18
        && p.getAge() <= 25,
    p -> p.getEmailAddress(),
    email -> System.out.println(email)
);
```

方法 8：广泛应用泛型

再来看看方法 processPersonsWithFunction。以下是它的一个泛型版本，它接收任意数据类型元素组成的集合作为参数：

```
public static <X, Y> void processElements(
    Iterable<X> source,
    Predicate<X> tester,
    Function <X, Y> mapper,
    Consumer<Y> block) {
    for (X p : source) {
        if (tester.test(p)) {
            Y data = mapper.apply(p);
            block.accept(data);
        }
    }
}
);
```

要打印符合义务兵役的成员的 email 地址，只需调用下述方法 processElements：

```
processElements(
    roster,
    p -> p.getGender() == Person.Sex.MALE
        && p.getAge() >= 18
        && p.getAge() <= 25,
    p -> p.getEmailAddress(),
    email -> System.out.println(email)
);
```

调用此方法执行以下操作：

1）从集合源获取对象源。这个例子中，从集合 roster 获取 Person 对象源。注意，集合 roster 是 List 类型的集合，它本身也是 Iterable 类型的对象。

2）筛选出与 Predicate 类型的 tester 匹配的对象。这里的 Predicate 对象是一个 Lambda 表达式，用以指定符合义务兵役的成员。

3）将筛选出来的每个对象都映射成 Function 类型对象 mapper 指定的值。这里的 Function 类型的对象是一个 Lambda 表达式，它返回成员的 email 地址。

4）执行 Consumer 类型对象 block 指定的每个映射对象上的操作。这里的 Consumer 类型的对象是一个 Lambda 表达式，它打印有 Function 对象返回的 email 地址字符串。

可以用一个聚合操作替代多个动作。

方法 9：使用接受 Lambda 表达式作为参数的聚合操作

下面的例子使用聚合操作打印集合 roster 中符合义务兵役的成员的 email 地址：

```
roster
    .stream()
    .filter(
        p -> p.getGender() == Person.Sex.MALE
            && p.getAge() >= 18
            && p.getAge() <= 25)
    .map(p -> p.getEmailAddress())
    .forEach(email -> System.out.println(email));
```

表 4-4 列出了方法 processElements 执行的每个操作对应的聚合操作。filter、map 和 forEach 等都是聚合操作。聚合操作处理流元素，而不直接处理集合元素（这就是本例调用的第一个方法是 stream 的原因）。流是元素序列。与集合不同，它不是存储元素的数据结构。流通过管道传送来自集合等源的值。管道是流操作序列，如本例中的 filter-map-forEach。另外，聚合操作也接收 Lambda 表达式作为参数，这就使得可以自定义聚合操作的行为。12.3 节会详细讨论聚合操作的细节。

表 4-4　方法 processElement 的动作及对应的聚合操作

方法 processElement 的动作	聚合操作
获取对象源	Stream<E> **stream**()
筛选与 Predicate 对象匹配的对象	Stream<T> **filter**(Predicate<? super T> predicate)
将对象映射为 Function 类型对象指定的值	<R>Stream<R> **map**(Function<? super T,? extends R> mapper)
执行 Consumer 类型对象指定的操作	void **forEach**(Consumer<? super T> action)

2. GUI 应用程序中的 Lambda 表达式

要处理 GUI 应用程序的事件，如键盘动作、鼠标动作和滚动动作等，通常要创建事件句柄，这些句柄通常都实现了一个特定的接口。事件句柄接口一般是功能接口，只能包含一个方法。

在 JavaFX 实例 HelloWorld.java[⊖]（在上一节中讨论）中，可以用语句中的 Lambda 表达式替换黑体的匿名类：

```
btn.setOnAction(new EventHandler<ActionEvent>() {

    @Override
    public void handle(ActionEvent event) {
        System.out.println("Hello World!");
    }
}
);
```

方法调用 btn.setOnAction 指定选择对象 btn 表示的按钮后的行为。该方法需要一个 EventHandler<ActionEvent> 类型的对象。接口 EventHandler<ActionEvent> 只包含一个方法：void handle(T event)。该接口是个功能接口，所以可以使用下述黑体的 Lambda 表达式替换：

```
btn.setOnAction(
    event -> System.out.println("Hello World!")
);
```

3. Lambda 表达式的语法

Lambda 表达式有以下几部分构成：

⊖ 8/javafx/get-started-tutorial/hello_world.htm

- 括号内用逗号分隔的形式化参数列表。方法 `CheckPerson.test` 包含参数 p，p 代表类 `Person` 的一个实例。

> **注意** Lambda 表达式中，可以省略参数的数据类型。另外，如果只有一个参数，则括号也可以省略。例如下述 Lambda 表达式也是有效的：
> ```
> p -> p.getGender() == Person.Sex.MALE
>     && p.getAge() >= 18
>     && p.getAge() <= 25
> ```

- 箭头 ->
- 由单个表达式或语句块组成的主体。这个例子使用了下述表达式：
    ```
    p.getGender() == Person.Sex.MALE
        && p.getAge() >= 18
        && p.getAge() <= 25
    ```
    如果指定单一的表达式，Java 运行时就会计算表达式然后返回其值。另外，也可以使用 `return` 语句：
    ```
    p -> {
        return p.getGender() == Person.Sex.MALE
            && p.getAge() >= 18
            && p.getAge() <= 25;
    }
    ```
    `return` 语句不是表达式。在 Lambda 表达式中，语句必须写在花括号对（`{}`）内。但是，`void` 类型的方法调用不一定要放置在括号内。例如，下面的例子就是一个有效的 Lambda 表达式：
    ```
    email -> System.out.println(email)
    ```

注意，Lambda 表达式看起来像方法声明，可以将 Lambda 表达式理解成匿名方法——没有名称的方法。下述 Lambda 表达式 `Calculator` 是一个携带多个形式化参数的例子：

```
public class Calculator {

    interface IntegerMath {
        int operation(int a, int b);
    }

    public int operateBinary(int a, int b, IntegerMath op) {
        return op.operation(a, b);
    }

    public static void main(String... args) {

        Calculator myApp = new Calculator();
        IntegerMath addition = (a, b) -> a + b;
        IntegerMath subtraction = (a, b) -> a - b;
        System.out.println("40 + 2 = " +
            myApp.operateBinary(40, 2, addition));
        System.out.println("20 - 10 = " +
            myApp.operateBinary(20, 10, subtraction));
    }
}
```

方法 `operatorBinary` 对两个整型算子执行数学运算。运算本身是由 `IntegerMath` 的实例指定的。这个例子用 Lambda 表达式定义了两个运算——加法和减法。它打印如下结果：

```
40 + 2 = 42
20 - 10 = 10
```

4. 访问所属范围内的局部变量

和局部类和匿名类一样，Lambda 表达式也能捕获变量；也能访问所属范围内的局部变量。然后，与它们不同的是，Lambda 表达式不存在屏蔽问题（详情参见 4.4.4 节）。Lambda 表达式根据词法确定作用范围。这就意味着它们不会继承超类的任意名称，也不会引入新的作用范围。Lambda 表达式中的声明只在所属范围内解释。下述例子 **LambdaScopeTest** 证实了这一点：

```java
import java.util.function.Consumer;

public class LambdaScopeTest {

    public int x = 0;

    class FirstLevel {

        public int x = 1;

        void methodInFirstLevel(int x) {
            // The following statement causes the compiler to generate
            // the error "local variables referenced from a lambda expression
            // must be final or effectively final" in statement A:
            //
            // x = 99;

            Consumer<Integer> myConsumer = (y) ->
            {
                System.out.println("x = " + x); // Statement A
                System.out.println("y = " + y);
                System.out.println("this.x = " + this.x);
                System.out.println("LambdaScopeTest.this.x = " +
                    LambdaScopeTest.this.x);
            };

            myConsumer.accept(x);

        }
    }
    public static void main(String... args) {
        LambdaScopeTest st = new LambdaScopeTest();
        LambdaScopeTest.FirstLevel fl = st.new FirstLevel();
        fl.methodInFirstLevel(23);
    }
}
```

此例子输出结果如下：

```
x = 23
y = 23
this.x = 1
LambdaScopeTest.this.x = 0
```

在 Lambda 表达式 **myConsumer** 的声明中，如果用参数 x 替换 y，编译器会报错：

```java
Consumer<Integer> myConsumer = (x) -> {
    // ...
}
```

编译器会生成错误信息 "variable x is already defined in method methodInFirstLevel(int)"，因为 Lambda 表达式不会引入新的作用范围。因此，可以直接访问作用范围内的字段、方法和局部变量。例如，Lambda 表达式可以直接访问方法 **methodInFirstLevel** 的参数 x。

若要访问所属类的变量,则需要使用关键字 `this`。在这个例子中,`this.x` 引用的是成员变量 `FirstLevel.x`。

但和局部匿名类类似的是,Lambda 表达式只能访问所属块内声明为 `final` 或 `effectively final` 的局部变量和参数。例如,假如在调用 `methodInFirstLevel` 定义语句之后立即添加下述赋值语句:

```
void methodInFirstLevel(int x) {
    x = 99;
    // ...
}
```

添加该语句后,变量 `FirstLevel.x` 就不再是 `efectively final`。因此,在 Lambda 表达式达式 `myConsumer` 试图访问变量 `FirstLevel.x` 的地方,Java 编译器会生成错误消息,类似于 "local variables referenced from a Lambda expression must be final or effectively final":

```
System.out.println("x = " + x);
```

5. 目标类型

如何确定 Lambda 表达式的类型?回顾一下选择年龄介于 18 ~ 25 岁之间的男性成员的 Lambda 表达式:

```
p -> p.getGender() == Person.Sex.MALE
    && p.getAge() >= 18
    && p.getAge() <= 25
```

这个 Lambda 表达式用于以下两个方法:

- 方法 3 中的 `public static void printPersons(List<Person> roster, CheckPerson tester)`
- 方法 6 中的 `public void printPersonsWithPredicate(List<Person> roster, Predicate<Person> tester)`

Java 运行时调用方法 `printPersons` 时,期望的数据类型为 `CheckPerson` 类型,所以 Lambda 表达式就是 `CheckPerson` 类型的。但 Java 运行时调用方法 `printPersonsWithPredicate` 时,期望的数据类型为 `Predicate<Person>` 类型的,所以 Lambda 表达式就是 `Predicate<Person>` 类型的。这些方法期望的数据类型称为目标类型。Java 编译器使用 Lambda 表达式所处上下文或场景的目标类型来确定 Lambda 表达式的类型。因此,只能在 Java 编译器可以确定目标类型的场景使用 Lambda 表达式,这些场景包括:

- 变量声明
- 赋值
- `return` 语句
- 数组初始化
- 方法或构造器的参数
- Lambda 表达式主体
- 条件表达式,如 ?:
- 类型转换表达式

目标类型和方法参数

Java 编译器使用重载解析和类型参数引用两大语言特性来确定方法参数的目标类型。考虑下述两大功能接口（java.lang.Runnable[⊖]和 java.util.concurrent.Callable<V>[⊖]）：

```
public interface Runnable {
    void run();
}
public interface Callable<V> {
    V call();
}
```

方法 Runnable 不返回值，但方法 Callable<V> 返回值。

假定已经如下重载方法调用（关于重载方法的详情参考"方法定义"）：

```
void invoke(Runnable r) {
    r.run();
}
<T> T invoke(Callable<T> c) {
    return c.call();
}
```

下述语句会调用哪个方法？

```
String s = invoke(() -> "done");
```

它调用方法 invoke(Callable<T>)，因为这个方法返回值，而方法 invoke(Runnable) 不返回值。在这个例子中，Lambda 表达式 ()->"done" 是 Callable<T> 类型的。

6. 序列化

如果 Lambda 表达式的目标类型和捕获的参数是串行的，则可以序列化该 Lambda 表达式。但是，与内部类一样，强烈反对序列化处理 Lambda 表达式。

7. 方法引用

Lambda 表达式可用于创建匿名方法。但有时 Lambda 表达式除了调用现有方法外，不做任何事情。在这种情况下，直接引用现有方法的方法名更简洁。方法引用可以实现这一目的，它们是已有方法名的方法的紧致易读的 Lambda 表达式。

重新考虑一下前面讨论的类 Person：

```
public class Person {
    public enum Sex {
        MALE, FEMALE
    }
    String name;
    LocalDate birthday;
    Sex gender;
    String emailAddress;

    public int getAge() {
        // ...
    }

    public Calendar getBirthday() {
        return birthday;
    }

    public static int compareByAge(Person a, Person b) {
```

[⊖] 8/docs/api/java/lang/Runnable.html

[⊖] 8/docs/api/java/util/concurrent/Callable.html

```
            return a.birthday.compareTo(b.birthday);
    }}
```

假定社交网络应用程序的成员都按年纪大小顺序排列在数组中，则可以使用下述代码（本节使用的代码见实例 **MethodReferencesTest**[⊖]）：

```
Person[] rosterAsArray = roster.toArray(new Person[roster.size()]);
class PersonAgeComparator implements Comparator<Person> {
    public int compare(Person a, Person b) {
        return a.getBirthday().compareTo(b.getBirthday());
    }
}
Arrays.sort(rosterAsArray, new PersonAgeComparator());
```

调用 `sort` 的方法签名如下：

```
static <T> void sort(T[] a, Comparator<? super T> c)
```

注意，接口 `Comparator` 是一个功能接口。因此，只需要使用 Lambda 表达式，而不需要定义、创建实现接口 `Comparator` 的类的新实例：

```
Arrays.sort(rosterAsArray,
    (Person a, Person b) -> {
        return a.getBirthday().compareTo(b.getBirthday());
    }
);
```

但是比较两个 `Person` 实例的出生日期的方法已经存在，记为 `Person.CompareByAge`。只需要在 Lambda 表达式主体内调用该方法：

```
Arrays.sort(rosterAsArray,
    (a, b) -> Person.compareByAge(a, b)
);
```

因为这个 Lambda 表达式调用现有方法，所以可以直接使用方法引用代替 Lambda 表达式：

```
Arrays.sort(rosterAsArray, Person::compareByAge);
```

方法引用 `Person::compareByAge` 和 Lambda 表达式 `(a,b)->Person.compareByAge(a,b)` 语义上是一样的。两者都有下述特性：

- 形式化参数列表 `(Person,Person)` 拷贝自 `Comparator<Person>.compare`。
- 主体调用方法 `Person.compareByAge`。

8. 方法引用的种类

方法引用有 4 种。表 4-5 列出这四种方法引用并给出相应的例子。

表 4-5　方法引用的种类与实例

种类	实例
静态方法引用	`ContainingClass::staticMethodName`
特定对象的实例化方法引用	`containingObject::instanceMethodName`
特定类型任意对象的实例化方法引用	`ContainingType::methodName`
构造器引用	`ClassName::new`

[⊖] tutorial/java/javaOO/examples/MethodReferencesTest.java

（1）静态方法引用

方法引用 Person::compareByAge 是一个静态方法引用。

（2）特定对象的实例化方法引用

下面所示为特定对象的实例化方法引用的例子：

```java
class ComparisonProvider {
    public int compareByName(Person a, Person b) {
        return a.getName().compareTo(b.getName());
    }

    public int compareByAge(Person a, Person b) {
        return a.getBirthday().compareTo(b.getBirthday());
    }
}
ComparisonProvider myComparisonProvider = new ComparisonProvider();
Arrays.sort(rosterAsArray, myComparisonProvider::compareByName);
```

方法引用 myComparisonProvider::compareByName 调用方法 compareByName，该方法是对象 myComparisonProvider 的组成部分。在这种情况下，JRE 会推断出方法的类型参数为 (Person,Person)。

（3）特定类型任意对象的实例化方法引用

下面所示为特定类型任意对象的实例化方法引用的例子：

```java
String[] stringArray = { "Barbara", "James", "Mary", "John",
    "Patricia", "Robert", "Michael", "Linda" };
Arrays.sort(stringArray, String::compareToIgnoreCase);
```

与方法引用 String::compareToIgnoreCase 等价的 Lambda 表达式有参数列表 (String a,String b)，其中 a 和 b 是任意名称，旨在更好地描述该例子。该方法引用会调用方法 a.compareToIgnoreCase(b)。

（4）构造器引用

与静态方法一样，也可以使用 new 引用构造器。下述方法把元素从一个集合复制到另一个集合：

```java
public static <T, SOURCE extends Collection<T>, DEST extends Collection<T>>
    DEST transferElements(
        SOURCE sourceCollection,
        Supplier<DEST> collectionFactory) {

        DEST result = collectionFactory.get();
        for (T t : sourceCollection) {
            result.add(t);
        }
        return result;
}
```

功能接口 Supplier 包含一个返回对象的无参方法 get。因此，可以使用 Lambda 表达式调用方法 transferElements，如下所示：

```java
Set<Person> rosterSetLambda =
    transferElements(roster, () -> { return new HashSet<>(); });
```

也可以使用构造器引用代替 Lambda 表达式，如下所示：

```java
Set<Person> rosterSet = transferElements(roster, HashSet::new);
```

Java 编译器推断出要创建的是包含 Person 类型的元素的集合 HashSet。也可以用下述语句指定：

```
Set<Person> rosterSet = transferElements(roster, HashSet<Person>::new);
```

4.4.9 何时使用嵌套类、局部类、匿名类和 Lambda 表达式

嵌套类可以将只能在一个地方使用的类组成一组,提高封装度,创建可读性更高和可维护的代码。局部类、匿名类和 Lambda 表达式也有这些优点,但它们都有各自更加适用的情况:

- 局部类。创建一个类的多个实例、访问其构造器或引入新的类型时使用局部类(后面需要调用其他方法)。
- 匿名类。声明字段或其他方法时使用匿名类。
- Lambda 表达式。下述情况使用 Lambda 表达式:
  □ 封装要传送给其他代码的单元行为。例如,进程完成时或进程遇到错误时,如果要操作集合中的每个元素,则可以使用 Lambda 表达式。
  □ 需要功能接口的简单实例或前面未介绍的其他情况(比如,不需要构造器、命名类型、字段或其他方法)。
- 嵌套类。如果需求与局部类相似,想使类型更可靠,不需要访问局部变量方法参数,则使用嵌套类。如果要访问所属实例的非公有字段和方法,则可以使用非静态嵌套类(或内部类);反之,使用静态嵌套类。

4.4.10 问题和练习:嵌套类

问题

1. 程序 `Problem.java` 不能编译。该程序要怎么修改才能正常编译?为什么?

```java
public class Problem {
    String s;
    static class Inner {
        void testMethod() {
            s = "Set from Inner";
        }
    }
}
```

2. 利用 `javax.swing` 包中 Box[⊖] 类的 API 文档回答下列问题:
   a. Box 定义了什么静态嵌套类?
   b. Box 定义了什么内部类?
   c. Box 的内部类的超类是什么?
   d. Box 的哪些嵌套类可供任意类使用?
   e. 如何创建 Box 的 Filler 类的实例?

练习

1. 获取文件 `Class1.java`[⊖],编译和运行 `Class1`,其输出结果是什么?
2. 下述练习修改 4.4.6 节讨论的类 `DataStructure.java`:
   a. 定义方法 `print(DataStructureIterator iterator)`。用类 `EvenIterator` 的一个实例调用该方法,使其执行与方法 `printEven` 相同的功能。

⊖ 8/docs/api/javax/swing/Box.html
⊖ tutorial/java/javaOO/QandE/Class1.java

b. 调用方法 `print(DataStructureIterator iterator)` 打印索引值为奇数的元素。使用匿名类代替接口 `DataStructureIterator` 的实例作为方法的参数。

c. 定义与 `print(DataStructureIterator iterator)` 的功能一样的方法 `print(java.util.Function<Integer,Boolean> iterator)`。用 Lambda 表达式调用该方法打印索引值为偶数的元素。再用 Lambda 表达式调用该方法打印索引值为奇数的元素。

d. 定义两个方法使得下述两条语句分别打印索引值为偶数和奇数的元素：

```
DataStructure ds = new DataStructure()
// ...
ds.print(DataStructure::isEvenIndex);
ds.print(DataStructure::isOddIndex);
```

答案

相关答案参考

http://docs.oracle.com/javase/tutorial/java/javaOO/QandE/nested-answers.html。

4.5 枚举类型

枚举类型是允许变量为一组预定义常量的特殊的数据类型。变量必须等价于预定义的一个值。常见的例子有指南针方向（值分别为 NORTH、SOUTH、EAST 和 WEST）、星期几等。因为它们都是常量，所以枚举类型的字段名都用大写字母表示。Java 程序语言使用 **enum** 关键字定义枚举类型。例如，星期几的枚举类型可定义如下：

```
public enum Day {
    SUNDAY, MONDAY, TUESDAY, WEDNESDAY,
    THURSDAY, FRIDAY, SATURDAY
}
```

需要表示一组固定的常量时，都可以使用枚举类型。比如太阳系的行星、编译时就知道所有可能值的数据集，如菜单选项、命令行标记等。

下列代码说明如何使用前面定义的枚举类型 Day：

```
public class EnumTest {
    Day day;

    public EnumTest(Day day) {
        this.day = day;
    }

    public void tellItLikeItIs() {
        switch (day) {
            case MONDAY:
                System.out.println("Mondays are bad.");
                break;

            case FRIDAY:
                System.out.println("Fridays are better.");
                break;

            case SATURDAY: case SUNDAY:
                System.out.println("Weekends are best.");
                break;

            default:
                System.out.println("Midweek days are so-so.");
                break;
        }
    }
```

```java
        public static void main(String[] args) {
            EnumTest firstDay = new EnumTest(Day.MONDAY);
            firstDay.tellItLikeItIs();
            EnumTest thirdDay = new EnumTest(Day.WEDNESDAY);
            thirdDay.tellItLikeItIs();
            EnumTest fifthDay = new EnumTest(Day.FRIDAY);
            fifthDay.tellItLikeItIs();
            EnumTest sixthDay = new EnumTest(Day.SATURDAY);
            sixthDay.tellItLikeItIs();
            EnumTest seventhDay = new EnumTest(Day.SUNDAY);
            seventhDay.tellItLikeItIs();
        }
    }
```

其输出结果为:

```
Mondays are bad.
Midweek days are so-so.
Fridays are better.
Weekends are best.
Weekends are best.
```

Java 程序语言的枚举类型要比其他语言的对应概念更为强大。enum 声明定义了一个类（称为枚举类型）。枚举类型的类体可以包含方法和其他字段。创建枚举类型时,编译器会自动添加一些特殊的方法。例如,有一个静态值方法,它返回一个数组,该数组由枚举的所有值按声明的顺序组成。该方法通常与 for-each 构造一起使用以迭代枚举类型的所有值。如下所示为 Planet 类中的代码片段,它迭代太阳系的所有行星:

```java
for (Planet p : Planet.values()) {
    System.out.printf("Your weight on %s is %f%n",
                      p, p.surfaceWeight(mass));
}
```

> **注意** 所有枚举类型都隐式继承 java.lang.Enum。因为一个类只能继承一个父类（见 4.1.1 节）,Java 不支持状态的多重继承（见 6.2.6 节）,所以枚举类型不能继承其他任何类。

在下面的例子中,Planet 是枚举类型,它表示太阳系的行星。定义时分别给出了它们恒定的质量和半径。声明每个枚举常量时,都要同时声明其质量和半径。创建这些常量时会将这些值传给构造器。Java 要求在声明字段或方法之前,首先定义这些常量。有字段和方法时,枚举常量列表也要以分号结束。

> **注意** 枚举类型的构造器必须是包级私有或私有的,它会自动创建枚举类型体的开端定义的常量,而且不能调用枚举类型的构造器本身。

除了性质和构造器外,Planet 还有获取行星上每个对象的地表重力和重量的方法。下面的实例程序能获取你在地球上（任意位置）的重量,并计算和打印你在所有行星上（任意位置）的重量:

```java
public enum Planet {
    MERCURY (3.303e+23, 2.4397e6),
    VENUS   (4.869e+24, 6.0518e6),
    EARTH   (5.976e+24, 6.37814e6),
    MARS    (6.421e+23, 3.3972e6),
```

```
        JUPITER (1.9e+27, 7.1492e7),
        SATURN  (5.688e+26, 6.0268e7),
        URANUS  (8.686e+25, 2.5559e7),
        NEPTUNE (1.024e+26, 2.4746e7);

    private final double mass;   // in kilograms
    private final double radius; // in meters
    Planet(double mass, double radius) {
        this.mass = mass;
        this.radius = radius;
    }
    private double mass()   { return mass; }
    private double radius() { return radius; }

    // universal gravitational constant (m3 kg-1 s-2)
    public static final double G = 6.67300E-11;

    double surfaceGravity() {
        return G * mass / (radius * radius);
    }
    double surfaceWeight(double otherMass) {
        return otherMass * surfaceGravity();
    }
    public static void main(String[] args) {
        if (args.length != 1) {
            System.err.println("Usage: java Planet <earth_weight>");
            System.exit(-1);
        }
        double earthWeight = Double.parseDouble(args[0]);
        double mass = earthWeight/EARTH.surfaceGravity();
        for (Planet p : Planet.values())
            System.out.printf("Your weight on %s is %f%n",
                              p, p.surfaceWeight(mass));
    }
}
```

在命令行下以参数 175 运行 Planet.class,程序输出如下:

```
$ java Planet 175
Your weight on MERCURY is 66.107583
Your weight on VENUS is 158.374842
Your weight on EARTH is 175.000000
Your weight on MARS is 66.279007
Your weight on JUPITER is 442.847567
Your weight on SATURN is 186.552719
Your weight on URANUS is 158.397260
Your weight on NEPTUNE is 199.207413
```

4.5.1 问题和练习:枚举类型

问题

枚举类型 {True,false} 是否是 java.lang.String 的子类?

练习

1. 重写 4.3.7 节练习中的类 Card,用枚举类型表示牌的排位和花色。
2. 重写类 Deck。

答案

相关答案参考

http://docs.oracle.com/javase/tutorial/java/javaOO/QandE/enum-answers.html。

第 5 章

注　解

注解（annotation），是一种元数据形式，它提供程序数据，但不是程序本身的组成部分。注解不会直接影响它们所注解的代码的行为。注解有很多用处，包括：

- 为编译器提供信息。编译器可以使用注解检测错误或抑制警告。
- 编译时和部署时处理。软件工具可根据注解生成代码、XML 文件等。
- 运行时处理。有些注解可在运行时检查。

本章介绍注解的使用场景、注解的用法、Java SE API 中可用的预定义注解类型、结合类型注解和可插拔类型系统编写带强类型检测的代码、以及注解的重用。

5.1 注解基础知识

5.1.1 注解的格式

如下所示为最简单的注解格式：

```
@Entity
```

@ 字符之后为注解内容。下面的注解中，注解的名称是 Override：

```
@Override
void mySuperMethod() { ... }
```

注解可以包含带值的元素（可以命名、也可以不命名）：

```
@Author(
    name = "Benjamin Franklin",
    date = "3/27/2014"
)
class MyClass() { ... }
```

或者

```
@SuppressWarnings(value = "unchecked")
void myMethod() { ... }
```

如果只有一个元素，而且元素名为 value，则可省略该元素名，如下：

```
@SuppressWarnings("unchecked")
void myMethod() { ... }
```

如果注解没有元素，则可省略括号，如前述例子 @Override 所示。同一个声明前也使用多个注解：

```
@Author(name = "Jane Doe")
@EBook
class MyClass { ... }
```

如果注解类型一样，则称之为重复注解：

```
@Author(name = "Jane Doe")
@Author(name = "John Smith")
class MyClass { ... }
```

Java SE 8 支持重复注解，该专题将在 5.5 节中介绍。

注解类型可以是 Java SE API 的 `java.lang` 和 `java.lang.annotation` 包中定义的类型，前述例子中 Override 和 SuppressWarnings 都是预定义的 Java 注解。也可以自定义注解类型，如前所述 Author 和 Ebook 注解。

5.1.2 注解的使用场景

注解可用于类、字段、方法以及其他程序组成部分的声明。在声明中使用注解时，通常每个注解都会独立成行。

Java SE 8 也支持将注解用于类型的使用。下面给出一些例子：

- 类实例创建表达式：

```
new @Interned MyObject();
```

- 类型捕获：

```
myString = (@NonNull String) str;
```

- implements 子句：

```
class UnmodifiableList<T> implements
    @Readonly List<@Readonly T> { ... }
```

- 抛出异常声明：

```
void monitorTemperature() throws
    @Critical TemperatureException { ... }
```

这种注解形式称为类型注解。关于类型注解的内容，将在 5.4 节详细介绍。

5.2 声明注解类型

许多注解可替代代码的注释。假设软件开发小组在编写类体时，习惯以重要信息的注释开始：

```
public class Generation3List extends Generation2List {

    // Author: John Doe
    // Date: 3/17/2002
    // Current revision: 6
    // Last modified: 4/12/2004
    // By: Jane Doe
    // Reviewers: Alice, Bill, Cindy

    // class code goes here

}
```

要使用注解添加相同的元数据，必须先定义注解类型：

```
@interface ClassPreamble {
    String author();
    String date();
    int currentRevision() default 1;
    String lastModified() default "N/A";
    String lastModifiedBy() default "N/A";
    // Note use of array
    String[] reviewers();
}
```

注解类型的定义有点像接口的定义。在注解类型中，关键字 `interface` 写在 @ 字符之后（在注解类型中 @="AT"）。注解类型其实是接口的一种形式，这将在后续章节介绍。这里不需要深究接口的细节。

上述注解定义中包含注解类型元素声明，有点像方法。这些可用于定义可选的默认值。

定义注解类型后，就可以使用该类型进行注解，填入相应的值，如下所示：

```
@ClassPreamble (
    author = "John Doe",
    date = "3/17/2002",
    currentRevision = 6,
    lastModified = "4/12/2004",
    lastModifiedBy = "Jane Doe",
    // Note array notation
    reviewers = {"Alice", "Bob", "Cindy"}
)
public class Generation3List extends Generation2List {

    // class code goes here

}
```

> **注意** 要在 Javadoc 生成的文档中显示 @ClassPreamble 的信息，必须将 @ClassPreamble 定义本身用 @Documented 注解：
>
> ```
> // import this to use @Documented
> import java.lang.annotation.*;
>
> @Documented
> @interface ClassPreamble {
>
>     // Annotation element definitions
>
> }
> ```

5.3 预定义注解类型

Java SE API 中预定义了一组注解类型，有些供 Java 编译器使用，有些用于其他注解。

5.3.1 Java 语言使用的注解类型

`java.lang` 中预定义的注解类型包含 `@Deprecated`、`@Override`、`@SuppressWarnings`、`@SafeVarargs` 和 `@FunctionalInterface`。

1. @Deprecated

`@Deprecated` 注解表示被标记的元素已被弃用[⊖]。程序使用带 `@Deprecated` 注解的方法、类或字段时，编译器会发出警告。元素被弃用时，应该使用 Javadoc 的 `@deprecated` 标记，如下例所示。Javadoc 注释和注解类型都使用 @ 符号，虽然两者概念上相关，但不一样。还要注意，Javadoc 标记以小写的 d 开头，注释以大写的 D 开头：

```
// Javadoc comment follows
/**
 * @deprecated
```

⊖ 8/docs/api/java/lang/Deprecated.html

```
 * explanation of why it was deprecated
 */
@Deprecated
static void deprecatedMethod() { }
}
```

2. @Override

@Override 注解通知编译器该元素覆盖了超类中声明的元素[一]。覆盖方法将在第 6 章介绍：

```
// mark method as a superclass method
// that has been overridden
@Override
int overriddenMethod() { }
```

覆盖方法时，不一定要使用该注解，但它有助于降低错误率。如果标记为 @Override 的方法不能正确覆盖其超类中的对应方法，编译器就会报错。

3. @SuppressWarning

@SuppressWarnings 注解通知编译器忽略指定类型的警告[二]。下面的例子使用了已弃用的方法，一般而言，编译器发出警告。但这里的 @SuppressWarnings 注解省略了该警告。

```
// use a deprecated method and tell
// compiler not to generate a warning
@SuppressWarnings("deprecation")
 void useDeprecatedMethod() {
     // deprecation warning
     // - suppressed
     objectOne.deprecatedMethod();
 }
```

每个编译器警告都属于一个警告类。Java 语言规范列出两种警告类：deprecation 和 unchecked。和泛型之前的遗留代码对接时会报 unchecked 警告。要忽略多类警告需使用下述语法：

`@SuppressWarnings({"unchecked", "deprecation"})`

4. @SafeVarargs

应用于方法或构造器时，@SafeVarargs 注解声明代码不能执行可变参数上潜在不安全的操作[三]。使用该注解类型时，会忽略与可变参数相关的 unchecked 警告。

5. @FunctionalInterface

Java SE 8 引入 @FunctionalInterface 注解。该注解表示类型声明是 Java 语言规范定义的功能接口[四]。

5.3.2 应用于其他注解的注解

应用于其他注解的注解通常称为元注解。java.lang.annotation 中定义了几个元注解类型。

1. @Retation

@Retation 注解指定被标记注解的存储方式[五]：

[一] 8/docs/api/java/lang/Override.html
[二] 8/docs/api/java/lang/SuppressWarnings.html
[三] 8/docs/api/java/lang/SafeVarargs.html
[四] 8/docs/api/java/lang/FunctionalInterface.html
[五] 8/docs/api/java/lang/annotation/Retention.html

- RetentionPolicy.SOURCE——被标记的注解只保留到源码级，会被编译器忽略。
- RetentionPolicy.CLASS——被标记的注解在编译时会被编译器识别，但会被 Java 虚拟机忽略。
- RetentionPolicy.RUNTIME——被标记的注解会被 Java 虚拟机识别，因此可用于运行时环境。

2. @Documented

@Documented 注解表示只要它指定的注解的元素都应该用 Javadoc 工具文档化㊀。（默认情况下，Javadoc 不包含注解。）有关 Javadoc 工具详情可参考 Javadoc 工具网页㊁。

3. @Target

@Target 注解限制了其注解的注解可用于哪些 Java 元素㊂。目标注解指定以下元素类型作为其值：

- ElementType.ANNOTATION_TYPE 用于注解类型。
- ElementType.CONSTRUCTOR 用于构造器。
- ElementType.FIELD 用于字段或属性。
- ElementType.LOCAL_VARIABLE 用于局部变量。
- ElementType.METHOD 用于方法级注解。
- ElementType.PACKAGE 用于包声明。
- ElementType.PARAMETER 用于方法的参数。
- ElementType.TYPE 用于类中任意元素。

4. @Inherited

@Inherited 注解表示注解类型可从超类继承㊃。（默认情况下，这是不对的）。用户查寻该注解类型而且类中没有该类型的注解时，就会在超类中查询该注解类型。该注解只用于类声明。

5. @Repeatable

Java SE 8 引入 @Repeatable 注解。由 @Repeatable 注解的注解可多次用于同一个声明或类型使用㊄。详情参见 5.5 节。

5.4 类型注解和可插拔类型系统

Java SE 8 之前的版本中，注解只能用于声明。Java SE 8 中，注解也可以用于任意类型使用。这就意味着注解可用于使用类型的任意场合。使用类型的例子包括类实例创建表达式（new）、捕获、implements 子句和 throws 子句。这种形式的注解称为类型注解，5.1 节已经给出几个例子。

类型注解用于改善 Java 程序的分析方式以保证更强的类型检测。Java SE 8 没有提供类型检测框架，但允许开发人员编写（或下载）类型检测框架实现为可插拔模块，与 Java 编译器一起使用。

㊀ 8/docs/api/java/lang/annotation/Documented.html
㊁ 8/docs/technotes/guides/javadoc/index.html
㊂ 8/docs/api/java/lang/annotation/Target.html
㊃ 8/docs/api/java/lang/annotation/Inherited.html
㊄ 8/docs/api/java/lang/annotation/Repeatable.html

例如，要保证程序的特定变量不被赋值为 null，而且不产生空指针异常。可以自定义一个插入模块实现该目的。然后修改代码注解该变量，表示该变量不能被赋值为 null。变量声明格式如下：

@NonNull String str;

编译包含 NonNull 模块的代码时，如果编译器探测到潜在问题，就会输出警告，以便修正代码避免错误发生。纠正代码删除所有警告后，运行程序时就不会发生该错误。

也可以使用多个类型检测模块，每个模块检测不同的错误。按照这种方式在 Java 类型系统顶层构建可插拔模块，以便在需要的时间和地点添加特定的检测。

善用类型注释和可插拔类型检测器，可以编写更强壮的代码，以减少错误的发生。许多情况并不需要编写自己的类型检测模块，可使用第三方开发的模块。例如，可以利用华盛顿大学创建的检测器框架[⊖]。该框架包含 NonNull 模块、正则表达式模块以及互斥锁模块。

5.5 重复注解

有些场合需要在声明或类型使用中应用同样的声明。Java SE 8 引入重复注释来实现这一功能。

例如，可以编写代码使用定时器服务，在指定时间或按某个计划表运行方法，类似于 Solaris 和 Linux 上的 cron 服务。现在可以设置定时器，指定本月最后一天和周五下午 11 点运行 doPeriodicCleanup 方法。要使定时器运行，就要创建 @Schedule 注解并两次应用于 doPeriodicCleanup 方法。第一次使用指定本月最后一天，第二次使用指定周五下午 11 点，如下代码所示：

```
@Schedule(dayOfMonth="last")
@Schedule(dayOfWeek="Fri", hour="23")
public void doPeriodicCleanup() { ... }
```

前述例子将注解应用于方法。可以在任意使用标准注解的地方重复注解。例如一个处理未经认证的访问异常的类，可对其进行注解两个 @Alert 注解。一个为管理员，另一个为超级管理员：

```
@Alert(role="Manager")
@Alert(role="Administrator")
public class UnauthorizedAccessException extends SecurityException { ... }
```

出于兼容性考虑，重复注解保存在 Java 编译器自动创建的容器注解里。要让编译器处理这两个注解，代码中必须加入两个声明。

5.5.1 声明重复注解类型

注解类型必须用 @Repeatable 元注解标记。下述例子定义了一个自定义的 @Schedule 重复注解类型：

```
import java.lang.annotation.Repeatable;

@Repeatable(Schedules.class)
public @interface Schedule {
  String dayOfMonth() default "first";
  String dayOfWeek() default "Mon";
  int hour() default 12;
}
```

⊖ http://types.cs.washington.edu/checker-framework

大括号内为 @Repeatable 元注解的值，是 Java 编译器创建用于保存重复注解的容器注解类型。在这个例子中，容器注解类型是 Schedules，所以重复的 @Schedule 注解都保存在 @Schedules 注解内。如果没有先声明注解为重复类型就在声明中使用相同的注解，编译时会报错。

5.5.2 声明容器注解类型

容器注解类型必须数组类型的 value 元素。数组类型的组件类型必须是重复注解类型。容器注解类型 Schedules 的声明如下：

```
public @interface Schedules {
    Schedule[] value();
}
```

5.5.3 检索注解

Reflection API [1]中有几个方法可用于检索注解。返回单个注解的方法（如 AnnotatedElement.getAnnotationByType(Class<T>)）不能变。因为如果请求类型的注解只有一个，就只会返回单一的注解[2]。如果请求类型的注解有多个，则首次访问容器注解时会获取单一的注解。按照这种方式，遗留代码仍可使用。Java SE 8 引入的其他方法可以扫描容器注解返回多个注解，如 AnnotatedElement.getAnnotations(Class<T>)[3]。关于这些方法，详情可参考 AnnotatedElement 类规范[4]。

5.5.4 设计时的注意事项

设计注解类型时，要考虑这种类型的注解的基数。注解可能使用零次、一次，或将其注解类型标记为 @Repeatable 便可使用多次。也可能使用 @Target 元注解限制注解类型的使用场合。例如，可以创建一个重复注解类型，它只能用于方法和字段。仔细设计注解类型很重要，这使得使用注解的程序员感觉注解尽可能灵活强大。

5.6 问题和练习：注解

问题

1. 找出下述接口的错误：

```
public interface House {
    @Deprecated
    void open();
    void openFrontDoor();
    void openBackDoor();
}
```

2. 下面的 MyHouse 实现上题 House 接口：

```
public class MyHouse implements House {
    public void open() {}
    public void openFrontDoor() {}
```

---

[1] tutorial/reflect

[2] 8/docs/api/java/lang/reflect/AnnotatedElement.html#getAnnotationByType-java.lang.Class-

[3] 8/docs/api/java/lang/reflect/AnnotatedElement.html#getAnnotations-java.lang.Class-

[4] 8/docs/api/java/lang/reflect/AnnotatedElement.html

```
    public void openBackDoor() {}
}
```
编译该程序时，编译器会警告接口中的 open 已被弃用。如何消除这种警告？

3. 编译下述代码时是否会报错，为什么？

```
public @interface Meal { ... }

@Meal("breakfast", mainDish="cereal")
@Meal("lunch", mainDish="pizza")
@Meal("dinner", mainDish="salad")
public void evaluateDiet() { ... }
```

练习

高级请求包含 id、synopsis、engineer 和 date 等元素。为高级请求定义一个注解类型，其中 engineer 的默认值为 unassigned，date 的默认值为 unknown。

答案

相关答案参考

http://docs.oracle.com/javase/tutorial/java/annotations/QandE/answers.html。

第 6 章

接口与继承

前面章节已经给出接口的实现实例。6.1 节详细介绍接口,包括接口的用途、为什么使用接口以及如何编写接口等。6.2 节介绍从一个类衍生出另一个类的方式,也就是说,子类如何继承超类的字段和方法。所有类都由 `Object` 类衍生而得。然后介绍如何修改继承的方法。6.2 节还介绍类似接口的抽象类。每节都给出相应的问题和练习帮助读者加深理解。

6.1 接口

在软件工程中,很多场景都需要不同的开发团体遵循一定的协议(说明软件的交互方式),这一点非常重要。每个团体编写代码时,不需要知道其他团体的代码。通常,接口便是这样一种协议。

例如,假设在未来社会中,计算机控制的机器人汽车不需要人工操作就可载送旅客。汽车制造商编写控制汽车操作(停车、启动、加速、左转等)的软件。其他工业集团(如电子制导工具制造商)开发系统,以接收 GPS 数据和交通情况的无线传输,并使用接收到的数据控制汽车驾驶。

汽车制造商必须发布行业标准的接口,详细说明调用哪些方法可以控制汽车驾驶。电子制导工具制造商编写软件调用接口提供的方法控制汽车。任何工业集团都不需要知道其他集团的软件的实现细节。实际上,各集团拥有自己软件的所有权,并且只需遵循发布的接口标准,任何时候都可修改软件。

6.1.1 Java 语言的接口

Java 程序语言中,接口与类类似,是一个引用类型,它只包含常量、方法签名、默认方法、静态方法和嵌套类型。其中,只有默认方法和静态方法有方法体。接口不能实例化,只能由类来实现,或被其他接口继承。关于继承,将在 6.2 节讨论。

接口的定义方式类似于创建类:

```java
public interface OperateCar {

    // constant declarations, if any

    // method signatures

    // An enum with values RIGHT, LEFT
    int turn(Direction direction,
             double radius,
             double startSpeed,
             double endSpeed);
    int changeLanes(Direction direction,
                    double startSpeed,
                    double endSpeed);
    int signalTurn(Direction direction,
                   boolean signalOn);
    int getRadarFront(double distanceToCar,
```

```
                    double speedOfCar);
    int getRadarRear(double distanceToCar,
                     double speedOfCar);
        ......
    // more method signatures
}
```

注意，上述方法签名没有花括号，并直接以分号结束。

要使用接口，就要编写类来实现该接口。实例化类实现接口时，要给接口中声明的方法提供方法体，如下例所示：

```
public class OperateBMW760i implements OperateCar {

    // the OperateCar method signatures, with implementation --
    // for example:
    int signalTurn(Direction direction, boolean signalOn) {
        // code to turn BMW's LEFT turn indicator lights on
        // code to turn BMW's LEFT turn indicator lights off
        // code to turn BMW's RIGHT turn indicator lights on
        // code to turn BMW's RIGHT turn indicator lights off
    }

    // other members, as needed -- for example, helper classes not
    // visible to clients of the interface
}
```

上述机器人汽车实例中，汽车制造商要实现该接口。雪佛兰的实现本质上不同于丰田的实现，当然，两家制造商都要遵循相同的接口。电子制导工具制造商是这些接口的客户。他们会开发使用 GPS 数据（汽车位置、数字街道地图和交通数据）的系统控制汽车行驶。因此，制导系统才能调用这些接口方法：`turn`、`changeLanes`、`brake` 和 `accelerate` 等。

6.1.2 将接口用作 API

上述机器人汽车实例说明接口可以用作行业标准 API。API 在商业软件产品中也很常见。通常一个公司销售的软件往往包含复杂的方法，供其他公司用于他们的软件产品。例如，将包含数字图像处理方法的包出售给制作终端图形程序的公司。图像处理公司编写自己的类实现对用户公开的接口。图形公司会使用接口中定义的方法签名和返回类型调用图像处理方法。虽然图像处理公司的 API 对客户公开，但其实现仍是隐藏的。事实上，公司以后可以修改具体的实现，只要继续实现用户依赖的接口即可。

6.1.3 定义接口

接口声明包括修饰符、`interface` 关键字、接口名、以逗号分隔的父接口（如果有的话），以及接口体，如下所示：

```
public interface GroupedInterface extends Interface1, Interface2, Interface3 {

    // constant declarations

    // base of natural logarithms
    double E = 2.718282;

    // method signatures
    void doSomething (int i, double x);
    int doSomethingElse(String s);
}
```

public 访问修饰符表示任意包内的任意类都可使用该接口。如果接口不声明为 public，就只有与接口同一个包内的类可以访问该接口。

接口可以继承其他接口，就像类可以继承其他类一样。但是，类只能继承一个类，而接口却可以继承任意多个接口。接口声明包含了它所继承的接口列表（用逗号分隔）。

接口体

接口体包含抽象方法、默认方法和静态方法。接口内的抽象方法以分号结束，没有括号（因为抽象方法不包含实现）。默认方法用默认的修饰符定义，静态方法用关键字 static 修饰。在接口中，抽象方法、默认方法和静态方法隐式用 public 修饰，因此也可以省略 public 修饰符。

除了方法声明外，接口内还可以包含常量声明。接口内定义的所有常量值都隐式声明为 public、static 和 final。当然，也可以省略这些修饰符。

6.1.4 实现接口

要声明类实现一个接口，就要在类声明中加入 implements 子句。类可以实现多个接口，所以 implements 后可跟类所实现的接口列表，且接口之间用逗号分隔。按约定，如果有 extends 子句，要先写 extends 子句，再写 implements 子句。

1. Relatable 接口

Relatable 接口定义如何比较对象的大小，其代码如下：

```
public interface Relatable {

    // this (object calling isLargerThan)
    // and other must be instances of
    // the same class returns 1, 0, -1
    // if this is greater than,
    // equal to, or less than other
    public int isLargerThan(Relatable other);
}
```

如果要比较同类对象的大小，不管它们是什么，实例化它们的类都应该实现 Relatable 接口。

任意类都可以实现 Relatable 接口，只要它们能够比较由它们实例化得到的对象的相对"大小"。比如说，对字符串可以比较字符数，对书可以比较页数，对学生可以比较体重，对平面几何对象可以比较面积（见后续 RectanglePlus 类）、对三维几何对象可以比较体积等。所有这些类都可以实现 isLargerThan() 方法。

只要类实现了 Relatable 接口，就可以比较由该类实例化得到的对象。

2. 实现 Relatable 接口

这里将 4.2.1 节给出的 Rectangle 类通过实现 Relatable 接口重写成 RectanglePlus 类：

```
public class RectanglePlus
    implements Relatable {
    public int width = 0;
    public int height = 0;
    public Point origin;

    // four constructors
    public RectanglePlus() {
        origin = new Point(0, 0);
    }
    public RectanglePlus(Point p) {
```

```
        origin = p;
    }
    public RectanglePlus(int w, int h) {
        origin = new Point(0, 0);
        width = w;
        height = h;
    }
    public RectanglePlus(Point p, int w, int h) {
        origin = p;
        width = w;
        height = h;
    }

    // a method for moving the rectangle
    public void move(int x, int y) {
        origin.x = x;
        origin.y = y;
    }

    // a method for computing
    // the area of the rectangle
    public int getArea() {
        return width * height;
    }

    // a method required to implement
    // the Relatable interface
    public int isLargerThan(Relatable other) {
        RectanglePlus otherRect
            = (RectanglePlus)other;
        if (this.getArea() < otherRect.getArea())
            return -1;
        else if (this.getArea() > otherRect.getArea())
            return 1;
        else
            return 0;
    }
}
```

因为 RectanglePlus 类实现 Relatable 接口，所以可以比较任意两个 RectanglePlus 对象的大小。

> **注意** 如 Relatable 接口所定义的，isLargerThan 方法携带一个 Relatable 类型的对象。黑体行代码将 other 强制转换成 RectanglePlus 实例。类型转换（详情参考 6.2.5 节）告知编译器该对象的实际类型。直接调用 other 实例的 getArea 方法 (other.getArea()) 会编译失败，因为编译器不知道 other 是 RectanglePlus 的实例。

6.1.5 将接口用作类型

定义新接口时，会定义一个新的引用数据类型。能够使用任意其他数据类型名的任何位置，都可以使用接口名。如果定义了一个接口类型的引用变量，那么赋值给该变量的任意对象都必须是实现该接口的类的实例。

例如，假设有个方法可以获取一对对象中较大的对象，其中，任意对象都是实现 Relatable 接口的类的实例：

```
public Object findLargest(Object object1, Object object2) {
```

```
    Relatable obj1 = (Relatable)object1;
    Relatable obj2 = (Relatable)object2;
    if ((obj1).isLargerThan(obj2) > 0)
        return object1;
    else
        return object2;
}
```

将 object1 强制转换成可以调用 isLargerThan 方法的 Relatable 类型（详情参考 6.2.5 节）。

如果很多不同的类都实现了 Relatable 接口，那么由这些类实例化得到的对象都可用 findLargest() 方法进行比较，前提是所比较的对象是同一个类的实例。类似地，也可以用以下方法进行比较：

```
public Object findSmallest(Object object1, Object object2) {
    Relatable obj1 = (Relatable)object1;
    Relatable obj2 = (Relatable)object2;
    if ((obj1).isLargerThan(obj2) < 0)
        return object1;
    else
        return object2;
}
public boolean isEqual(Object object1, Object object2) {
    Relatable obj1 = (Relatable)object1;
    Relatable obj2 = (Relatable)object2;
    if ( (obj1).isLargerThan(obj2) == 0)
        return true;
    else
        return false;
}
```

不管"relatable"对象的类继承关系如何，这些方法都适用于这些对象。实现 Relatable 接口时，它们既是类本身（或超类）类型，又是 Relatable 类型。这就使它们具备多重继承的优点，因此它们同时拥有超类和接口的行为。

6.1.6 进化接口

考虑下面的接口 DoIt：

```
public interface DoIt {
    void doSomething(int i, double x);
    int doSomethingElse(String s);
}
```

假设要在该接口中添加第三个方法，接口 DoIt 的代码改为：

```
public interface DoIt {

    void doSomething(int i, double x);
    int doSomethingElse(String s);
    boolean didItWork(int i, double x, String s);

}
```

这样更改后，所有实现旧 DoIt 接口的类都会无法执行，因为这些类没有实现 DoIt 接口。若真如此，依赖原接口的程序员该大声抗议了。

尝试从一开始就设计接口的所有用途。有几种方法可以在接口中添加额外方法。可以通过继承 DoIt 类创建 DoItPlus 接口，代码如下：

```
public interface DoItPlus extends DoIt {
```

```
    boolean didItWork(int i, double x, String s);
}
```

现在程序员可以选择继续使用旧的接口,也可以使用新的接口。

另外,也可以将新方法定义成默认方法。下述例子定义了默认方法 **didItWork**:

```
public interface DoIt {

    void doSomething(int i, double x);
    int doSomethingElse(String s);
    default boolean didItWork(int i, double x, String s) {
        // Method body
    }

}
```

注意,必须考虑默认方法的实现。当然也可以定义现有接口的新的静态方法。对于用新的默认或静态方法加强的接口,如果用户已经拥有实现这些接口的类,就不必修改或重编译这些类去适应这些额外的方法。

6.1.7 默认方法

本节首先介绍一个与计算机控制汽车的生产商相关的例子。该产商已经发布了工业级接口,调用接口中的方法可以对汽车进行操作。如果汽车生产商要在汽车上添加新的功能,如飞行,要怎么做?这些生产商就要制定新的方法,使得其他公司(如电子指导装置生产商)的软件适用于会飞的汽车。这些汽车产商在哪里声明这些与飞行相关的新方法?如果将它们添加到原有的接口中,已经实现这些接口的程序员就要重写它们的实现。如果作为静态方法添加,程序员会认为它们是工具方法,而不是必需的核心方法。

这种情况可以使用默认方法在类库的接口中添加新的功能,这也可以保证与那些根据老版本的接口相关的代码保持兼容性。

考虑下述接口 **TimeClient**[⊖]:

```
import java.time.*;

public interface TimeClient {
    void setTime(int hour, int minute, int second);
    void setDate(int day, int month, int year);
    void setDateAndTime(int day, int month, int year,
                        int hour, int minute, int second);
    LocalDateTime getLocalDateTime();
}
```

下述类 **SimpleTimeClient** 实现接口 **TimeClient**:

```
package defaultmethods;

import java.time.*;
import java.lang.*;
import java.util.*;

public class SimpleTimeClient implements TimeClient {

    private LocalDateTime dateAndTime;

    public SimpleTimeClient() {
```

⊖ tutorial/java/IandI/QandE/interfaces-answers.html

```
        dateAndTime = LocalDateTime.now();
    }

    public void setTime(int hour, int minute, int second) {
        LocalDate currentDate = LocalDate.from(dateAndTime);
        LocalTime timeToSet = LocalTime.of(hour, minute, second);
        dateAndTime = LocalDateTime.of(currentDate, timeToSet);
    }

    public void setDate(int day, int month, int year) {
        LocalDate dateToSet = LocalDate.of(day, month, year);
        LocalTime currentTime = LocalTime.from(dateAndTime);
        dateAndTime = LocalDateTime.of(dateToSet, currentTime);
    }

    public void setDateAndTime(int day, int month, int year,
                               int hour, int minute, int second) {
        LocalDate dateToSet = LocalDate.of(day, month, year);
        LocalTime timeToSet = LocalTime.of(hour, minute, second);
        dateAndTime = LocalDateTime.of(dateToSet, timeToSet);
    }

    public LocalDateTime getLocalDateTime() {
        return dateAndTime;
    }

    public String toString() {
        return dateAndTime.toString();
    }

    public static void main(String... args) {
        TimeClient myTimeClient = new SimpleTimeClient();
        System.out.println(myTimeClient.toString());
    }
}
```

假定要在接口 **TimeClient** 中添加新功能,如通过 **ZonedDateTime**[一]对象指定时区(除了可以保存时区信息以外,**ZoneDateTime** 对象和 **LocalDateTime**[二]对象的功能是一样的):

```
public interface TimeClient {
    void setTime(int hour, int minute, int second);
    void setDate(int day, int month, int year);
    void setDateAndTime(int day, int month, int year,
        int hour, int minute, int second);
    LocalDateTime getLocalDateTime();
    ZonedDateTime getZonedDateTime(String zoneString);
}
```

也采用与接口 **TimeClient** 类似的修改方式修改类 **SimpleTimeClient**,使其实现方法 **getZonedDateTime**。但不是把 **getZonedDateTime** 定义成抽象方法(如前述例子),而是要定义默认实现。(抽象方法是声明时不能实现的方法。)

```
package defaultmethods;

import java.time.*;

public interface TimeClient {
    void setTime(int hour, int minute, int second);
    void setDate(int day, int month, int year);
    void setDateAndTime(int day, int month, int year,
                        int hour, int minute, int second);
```

⊖ 8/docs/api/java/time/ZonedDateTime.html

⊖ 8/docs/api/java/time/LocalDateTime.html

```java
    LocalDateTime getLocalDateTime();
    static ZoneId getZoneId (String zoneString) {
        try {
            return ZoneId.of(zoneString);
        } catch (DateTimeException e) {
            System.err.println("Invalid time zone: " + zoneString +
                "; using default time zone instead.");
            return ZoneId.systemDefault();
        }
    }
    default ZonedDateTime getZonedDateTime(String zoneString) {
        return ZonedDateTime.of(getLocalDateTime(), getZoneId(zoneString));
    }
}
```

在接口中，在方法签名起始位置使用关键字 `default` 指定的方法定义是默认方法。接口中的所有方法声明都是由 `public` 隐式修饰，包括默认方法，所以可以省略 `public` 修饰符。

使用该接口后，就不必修改类 `SimpleTimeClient` 和已经定义了方法 `getZoneDateTime` 的类（以及实现接口 `TimeClient` 的任意类）。下述例子 `SimpleTimeClient` 调用了 `SimpleTimeClient` 的一个实例的方法 `getZoneDateTime`：

```java
package defaultmethods;

import java.time.*;
import java.lang.*;
import java.util.*;

public class TestSimpleTimeClient {
    public static void main(String... args) {
        TimeClient myTimeClient = new SimpleTimeClient();
        System.out.println("Current time: " + myTimeClient.toString());
        System.out.println("Time in California: " +
            myTimeClient.getZonedDateTime("Blah blah").toString());
    }
}
```

1. 继承含默认方法的接口

继承含默认方法的接口时，有三种方式供选择：
- 不要提及默认方法，这样会继承接口的默认方法。
- 重新声明默认方法，将其类型声明为 `abstract`。
- 重新定义默认方法，覆盖原有方法。

如果按如下方式继承接口 `TimeClient`：

```java
public interface AnotherTimeClient extends TimeClient { }
```

那么实现接口 `AnotherTimeClient` 的类就都包含默认方法 `TimeClient.getZonedDateTime` 指定的实现。

如果按如下方式继承接口 `TimeClient`：

```java
public interface AbstractZoneTimeClient extends TimeClient {
    public ZonedDateTime getZonedDateTime(String zoneString);
}
```

那么实现接口 `AbstractZoneTimeClient` 的类就必须实现方法 `getZoneDateTime`，与接口中的其他非默认方法（与非静态方法）一样，该方法也是抽象方法。

如果按如下方式继承接口 `TimeClient`：

```java
public interface HandleInvalidTimeZoneClient extends TimeClient {
    default public ZonedDateTime getZonedDateTime(String zoneString) {
        try {
            return ZonedDateTime.of(getLocalDateTime(),ZoneId.of(zoneString));
        } catch (DateTimeException e) {
            System.err.println("Invalid zone ID: " + zoneString +
                "; using the default time zone instead.");
            return ZonedDateTime.of(getLocalDateTime(),ZoneId.systemDefault());
        }
    }
}
```

那么实现接口 HandInvalidTimeZoneClient 的类就可以使用这个接口指定的 getZoneDataTime 实现，而不是接口 TimeClient 指定的实现。

2. 静态方法

在接口中，除了可以定义默认方法外，也可以静态方法。（静态方法是在类中定义的方法，与类相关，与任意对象无关。类的所有实例都共享类的静态方法。）这样易于组织库中的帮助方法；指定给接口的静态方法可以保存在该接口中，而不必保存在独立的类中。下述例子定义一个静态方法，用以检索时区标识的对象 ZoneId。如果没有检索到与给定标识相关的对象 ZoneId，就使用系统默认的时区[⊖]。（因此方法 getZonedDateTime 可以简化）：

```java
public interface TimeClient {
    // ...
    static public ZoneId getZoneId (String zoneString) {
        try {
            return ZoneId.of(zoneString);
        } catch (DateTimeException e) {
            System.err.println("Invalid time zone: " + zoneString +
                "; using default time zone instead.");
            return ZoneId.systemDefault();
        }
    }
    
    default public ZonedDateTime getZonedDateTime(String zoneString) {
        return ZonedDateTime.of(getLocalDateTime(), getZoneId(zoneString));
    }
}
```

与类的静态方法一样，在接口中，在方法签名起始位置使用关键字 static 指定的方法定义是静态方法。接口中的所有方法声明都由 public 隐式修饰，包括静态方法，所以可以省略 public 修饰符。

3. 将默认方法集成入现有库

默认方法可在接口中添加新功能，并保证与那些根据老版本的接口相关的代码保持兼容性。尤其是，默认方法可用于添加那些接收 Lambda 表达式作为参数传给现有接口的方法。本节说明如何使用默认方法和静态方法增强接口 Comparator[⊖]。

回顾一下 4.3.7 节中的类 Card 和 Deck。这里重写这两个类，并将它们定义成接口。接口 Card 包含两个枚举类型（Suit 与 Rank）和两个抽象方法（getSuit 与 getRank）：

```java
package defaultmethods;

public interface Card extends Comparable<Card> {

    public enum Suit {
        DIAMONDS (1, "Diamonds"),
```

⊖ 8/docs/api/java/time/ZoneId.html
⊖ 8/docs/api/java/util/Comparator.html

```
        CLUBS    (2, "Clubs"  ),
        HEARTS   (3, "Hearts" ),
        SPADES   (4, "Spades" );

        private final int value;
        private final String text;
        Suit(int value, String text) {
            this.value = value;
            this.text = text;
        }
        public int value() {return value;}
        public String text() {return text;}
    }

    public enum Rank {
        DEUCE  (2 , "Two"  ),
        THREE  (3 , "Three"),
        FOUR   (4 , "Four" ),
        FIVE   (5 , "Five" ),
        SIX    (6 , "Six"  ),
        SEVEN  (7 , "Seven"),
        EIGHT  (8 , "Eight"),
        NINE   (9 , "Nine" ),
        TEN    (10, "Ten"  ),
        JACK   (11, "Jack" ),
        QUEEN  (12, "Queen"),
        KING   (13, "King" ),
        ACE    (14, "Ace"  );
        private final int value;
        private final String text;
        Rank(int value, String text) {
            this.value = value;
            this.text = text;
        }
        public int value() {return value;}
        public String text() {return text;}
    }

    public Card.Suit getSuit();
    public Card.Rank getRank();
}
```

接口 Deck 包含处理牌的多种方法:

```
package defaultmethods;

import java.util.*;
import java.util.stream.*;
import java.lang.*;

public interface Deck {

    List<Card> getCards();
    Deck deckFactory();
    int size();
    void addCard(Card card);
    void addCards(List<Card> cards);
    void addDeck(Deck deck);
    void shuffle();
    void sort();
    void sort(Comparator<Card> c);
    String deckToString();

    Map<Integer, Deck> deal(int players, int numberOfCards)
        throws IllegalArgumentException;

}
```

类 PlayingCard 实现接口 Card，类 StandardDeck 实现接口 Deck。类 Standard Deck 实现抽象方法 Deck.sort，如下所示：

```
public class StandardDeck implements Deck {

    private List<Card> entireDeck;
    // ...
    // ...

    public void sort() {
        Collections.sort(entireDeck);
    }
    // ...
}
```

方法 Collection.sort 对实现了接口 comparable[一]的列表实例进行排序。成员 entireDeck 是列表的一个实例，它的元素是 Card 类型的，并且继承了 Comparable。类 PlayingCard 实现方法 Comparable.compareTo[二]，如下所示：

```
public int hashCode() {
    return ((suit.value()-1)*13)+rank.value();
}

public int compareTo(Card o) {
    return this.hashCode() - o.hashCode();
}
```

方法 compareTo 触发方法 StandardDeck.sort() 将整副牌先按花色排序，再按大小排序。

如果要先按大小排序，再按花色排序，要怎么做？那就要实现接口 Comparator[三]以指定新的排序标准，并使用方法 sort(List<T> list,Comparator<? super T> c)[四]（该版本 sort 方法携带 Comparator 类型的参数）。在类 StardardDeck 中定义如下方法：

```
public void sort(Comparator<Card> c) {
    Collections.sort(entireDeck, c);
}
```

使用该方法可以指定方法 Collections.sort 如何排序类 Card 的实例。要做到这一点，就要实现接口 Comparator 以指定牌的排序方式，如类 SortByRankThenSuit 所示：

```
package defaultmethods;

import java.util.*;
import java.util.stream.*;
import java.lang.*;

public class SortByRankThenSuit implements Comparator<Card> {
    public int compare(Card firstCard, Card secondCard) {
        int compVal =
            firstCard.getRank().value() - secondCard.getRank().value();
        if (compVal != 0)
            return compVal;
        else
            return firstCard.getSuit().value() - secondCard.getSuit().value();
    }
}
```

[一] 8/docs/api/java/lang/Comparable.html
[二] 8/docs/api/java/lang/Comparable.html#compareTo-T-
[三] 8/docs/api/java/util/Comparator.html
[四] 8/docs/api/java/util/Collections.html#sort-java.util.List-java.util.Comparator-

下述调用会先按大小、再按花色对牌进行排序：

```
StandardDeck myDeck = new StandardDeck();
myDeck.shuffle();
myDeck.sort(new SortByRankThenSuit());
```

但这个方法太冗长，可能"指定要排序什么，而不是如何排序"会更好。假定自己是接口 `Comparator` 的开发者。那么在接口 `Comparator` 中添加哪些默认方法或静态方法，有助于其他开发人员方便地指定排序标准？

首先假定只按大小排序，不按花色排序，则可以调用方法 `StandardDeck.sort`，如下所示：

```
StandardDeck myDeck = new StandardDeck();
myDeck.shuffle();
myDeck.sort(
    (firstCard, secondCard) ->
        firstCard.getRank().value() - secondCard.getRank().value()
);
```

因为接口 `Comparable` 是功能接口，所以可以将 Lambda 表达式作为方法 `sort` 的参数使用。在这个例子中，Lambda 表达式用于比较两个整型值的大小。

如果开发人员只需调用方法 `Card.getRank` 就可以创建 `Comparator` 实例，就会相对简单些。特别是，如果开发人员能够创建比较任意对象的 `Comparator` 实例，这些实例可以返回来自 `getValue` 或 `hashCode` 等方法的数值，就更方便了。下面所示接口 `Comparator` 包含静态方法 `comparing`：[1]

```
myDeck.sort(Comparator.comparing((card) -> card.getRank()));
```

本例也可以使用方法引用，如下所示：

```
myDeck.sort(Comparator.comparing(Card::getRank));
```

该调用更好地说明对什么排序，而不是怎么排序。

用其他版本的静态方法 `comparing`（如 `comparingDouble`[2]和 `comparingLong`[3]）增强了的接口 `Comparator` 可用于创建比较其他数据类型的 `Comparator` 实例。

假定开发人员要创建能按多个标准对对象进行比较的 `Comparator` 实例。例如，如何先按大小、再按花色对牌进行排序？如前所述，可以使用 Lambda 表达式指定这些标准，如下所示：

```
StandardDeck myDeck = new StandardDeck();
myDeck.shuffle();
myDeck.sort(
    (firstCard, secondCard) -> {
        int compare =
            firstCard.getRank().value() - secondCard.getRank().value();
        if (compare != 0)
            return compare;
        else
            return firstCard.getSuit().value() - secondCard.getSuit().value();
    }
);
```

---

[1] 8/docs/api/java/util/Comparator.html#comparing-java.util.function.Function-java.util.Comparator-

[2] 8/docs/api/java/util/Comparator.html#comparingDouble-java.util.function.ToDoubleFunction-java.util.Comparator-

[3] 8/docs/api/java/util/Comparator.html#comparingLong-java.util.function.ToLongFunction-

开发人员从 Comparator 实例系列中构造 Comparator 实例会比较简单。如下所示接口 Comparator，它具有默认方法 thenComparing 的能力[一]：

```
myDeck.sort(
    Comparator
        .comparing(Card::getRank)
        .thenComparing(Comparator.comparing(Card::getSuit)));
```

用其他版本的默认方法 thenComparing（如 thenComparingDouble[二]和 thenComparingLong[三]）增强了的接口 Comparator 可用于构建比较其他数据类型的 Comparator 实例。

假定开发人员要创建 Comparator 实例，以逆序排序对象集合。例如，如何按大小逆序排序整副牌，也就是从 A 到 2 排序，而不是从 2 到 A 排序？如前所述可以使用 Lambda 表达式。但如果能够调用方法对已有的 Comparator 取反会更简单。如下所示接口 Comparator 已用默认方法 reversed 加强了功能[四]：

```
myDeck.sort(
    Comparator.comparing(Card::getRank)
        .reversed()
        .thenComparing(Comparator.comparing(Card::getSuit)));
```

这个例子讨论如何用默认方法、静态方法、Lambda 表达式和方法引用等增强接口 Comparator 的功能，以便创建表达能力更强的库方法供程序员调用。使用这些构造可增强类库的接口。

6.1.8 小结

接口声明包含方法签名、默认方法、静态方法和常量定义。默认方法和静态方法有实现，其他方法不能有实现。实现接口的类必须实现接口内声明的所有方法。接口名可用于任意可以使用类型的地方。

6.1.9 问题和练习：接口

问题

1. 实现 java.lang.CharSequence 接口的类要实现什么方法？
2. 下面的接口声明错在哪里？

```
public interface SomethingIsWrong {
    void aMethod(int aValue){
        System.out.println("Hi Mom");
    }
}
```

3. 修正上题中的错误。
4. 下述接口是否可用？

```
public interface Marker {
}
```

练习

1. 编写一个类，它实现 java.lang 包中的 CharSequence 接口，并返回字符串。在本书

[一] 8/docs/api/java/util/Comparator.html#thenComparing-java.util.Comparator-
[二] 8/docs/api/java/util/Comparator.html#thenComparingDouble-java.util.function.ToDoubleFunction-
[三] 8/docs/api/java/util/Comparator.html#thenComparingLong-java.util.function.ToLongFunction-
[四] 8/docs/api/java/util/Comparator.html#reversed--

中选择一个句子作为数据使用。编写 main 方法调用四种方法进行测试。
2. 假设有一个时间服务器，它会周期性地通知它的客户端当前日期和时期。编写一个接口，用作服务器和客户端之间的通信协议。

答案

相关答案参考

http://docs.oracle.com/javase/tutorial/java/IandI/QandE/interfaces-answers.html。

6.2 继承

前面章节已经多次提到继承的概念。在 Java 语言中，类可以由其他类派生而得，因此要继承它们的字段和方法。

> **定义** 由其他类派生出的类叫**子类**（也叫**派生类**、**扩展类**或**孩子类**）。派生出子类的类叫**超类**（也叫**基类**或**父类**）。除了 Object 没有超类外，每个类有且仅有一个直接超类（单继承）。没有显式超类时，每个类都是 Object 的隐式子类。类可以派生子类，子类又可以派生子类等。最顶层的类是 Object。这种派生子类是继承链上所有类的**后继**，沿着继承链往上可追溯到 Object。

继承的概念既简单又强大：创建新类时，如果已经有一个类包含了部分所需代码，就可以从该类中派生新类。这种方式可以重用已有类的字段和方法，而不需要自己重新编写、调试。

子类继承超类的所有成员，如字段、方法、嵌套类等。构造器不是成员，所以子类不能继承超类的构造器，但是可以调用超类的构造器。

6.2.1 Java 平台中类的层次结构

Object[一]类在 Java.lang 包内定义，它定义和实现所有类的通用行为。在 Java 平台中，许多类直接由 Object 派生而得，其他类又由这些类派生而得，等等，从而构成类的层次结构（如图 6-1 所示）。在层次结构的顶层，Object 是所有类中最一般的类。越靠近底端，类的行为越特殊。

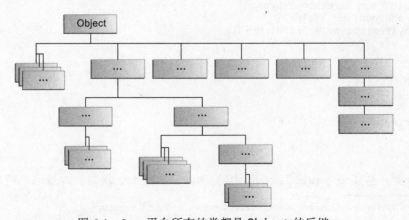

图 6-1 Java 平台所有的类都是 Object 的后继

[一] 8/docs/api/java/lang/Object.html

6.2.2 继承实例

下面的代码是第 4 章介绍的 Bicycle 类的一种实现：

```
public class Bicycle {

    // the Bicycle class has three fields
    public int cadence;
    public int gear;
    public int speed;

    // the Bicycle class has one constructor
    public Bicycle(int startCadence, int startSpeed, int startGear) {
        gear = startGear;
        cadence = startCadence;
        speed = startSpeed;
    }

    // the Bicycle class has four methods
    public void setCadence(int newValue) {
        cadence = newValue;
    }

    public void setGear(int newValue) {
        gear = newValue;
    }

    public void applyBrake(int decrement) {
        speed -= decrement;
    }

    public void speedUp(int increment) {
        speed += increment;
    }

}
```

MountainBike 类是 Bicycle 类的子类，其声明如下：

```
public class MountainBike extends Bicycle {

    // the MountainBike subclass adds one field
    public int seatHeight;

    // the MountainBike subclass has one constructor
    public MountainBike(int startHeight,
                        int startCadence,
                        int startSpeed,
                        int startGear) {
        super(startCadence, startSpeed, startGear);
        seatHeight = startHeight;
    }

    // the MountainBike subclass adds one method
    public void setHeight(int newValue) {
        seatHeight = newValue;
    }
}
```

MountainBike 类继承 Bicycle 类的所有字段和方法，并添加 seatHeight 字段和相应的设置方法。除构造器外，不需要重写 MountainBike 类，但却好像已经重写了另一个 MountainBike 类，包括 4 个字段和 5 个方法。如果 Bicycle 类的方法很复杂，而且花费了大量时间来调试，那么这种做法就特别有价值。

6.2.3 子类能做什么

不管子类在哪个包，它都会继承超类的所有 public 和 protected 成员。如果子类和超类在同一个包，它也会继承超类的包级私有成员。子类可以使用、替换或隐藏继承的成员，也可以添加新的成员：

- 直接使用继承的字段，如同其他字段一样。
- 声明与超类相同的字段名。这样会屏蔽超类的相应字段（不推荐）。
- 声明不属于超类的新字段。
- 直接使用继承的方法，如同其他方法一样。
- 声明与超类中方法签名相同的新的实例方法。这样会覆盖超类的相应方法。
- 声明与超类中方法签名相同的新的静态方法。这样会屏蔽超类的相应方法。
- 声明不属于超类的新方法。
- 编写子类构造器，隐式或使用 super 关键字调用超类的构造器。

接下来会详细讨论这些专题。

6.2.4 超类的私有成员

子类不会继承父类的私有成员。但是，如果超类声明了 public 或 protected 方法访问这些私有字段，子类也可以使用这些方法访问这些字段。

嵌套类可以访问其封闭类的所有私有成员，包括字段和方法。子类继承下来的 public 或 protected 嵌套类不能直接访问超类的所有私有成员。

6.2.5 转换对象

对象的数据类型是实例化得到该对象的类。例如：

```
public MountainBike myBike = new MountainBike();
```

由此可知 myBike 是 MountainBike 类型。

MoutainBike 由 Bicyle 和 Object 衍生而来。因此，MoutainBike 既是 Bicycle 类型又是 Object 类型，可当作 Bicycle 对象或 Object 对象来调用。

反之不然。Bicycle 对象可能是 MoutainBike 对象，但并不一定。类似地，Object 对象可以是 Bicycle 对象，也可以是 MountainBike 对象，但并不一定。

转换就是在继承和实现支持的对象类型范围内，用一种类型替换成另一种类型。如：

```
Object obj = new MountainBike();
```

在这个例子中，obj 对象既是 Object 类型又是 MountainBike 类型（直到 obj 被赋值成非 MountainBike 类型的对象）。这种转换方式称为隐式转换。另一方面，如果有如下语句：

```
MountainBike myBike = obj;
```

编译器也会报错，因为编译器并不知道 obj 是 MountainBike 对象。这就需要告知编译器 obj 是一个 MountainBike 对象，这一点可以使用显式转换实现：

```
MountainBike myBike = (MountainBike)obj;
```

显式转换插入运行时检查，说明这里 obj 被赋值成 MountainBike 类型。因此，编译器可以安全假设 obj 是 MoutainBike 对象。如果运行时 obj 不是 MountainBike 对象，会抛出异常。

> **注意** `instanceof` 运算符可用于测试对象的类型。这可以避免由于类型转换不当引起的运行时错误：
>
> ```
> if (obj instanceof MountainBike) {
>     MountainBike myBike = (MountainBike)obj;
> }
> ```
>
> 这里的 `instanceof` 运算符验证 `obj` 是 MountainBike 对象，因此可确保转换不会带来运行时异常。

6.2.6 状态、实现和类型的多重继承

　　类和接口之间最重要的一个区别是：类有字段，而接口没有字段。另外，实例化类可以创建对象，但不能实例化接口创建对象。如第 2 章所述，对象将其状态存储在字段中，而这些字段在类中定义。Java 程序语言不支持继承多个类的主要原因是避免状态的多重继承问题。状态的多重继承是继承多个类的字段的能力。例如，要定义一个继承多个类的新类。实例化类创建对象时，对象会继承所有类的超类的字段。如果不同超类的方法或构造器要实例化同样的字段，怎么办？哪个方法或构造器会优先处理？因为接口不包含字段，所以不必担心由于状态的多重继承引发的问题。

　　实现的多重继承是继承多个类的方法定义的能力。这类多重继承会引发命名冲突和二义性等问题。支持这类多重继承的程序语言编译器发现那些包含相同方法的超类时，有时无法确定访问或调用哪个成员或方法。另外，程序员在超类中添加新的方法时，可能会不知不觉中引入命名冲突。默认方法会引入一种形式的实现的多重继承。类可以实现多个接口，这些接口可以包含命名相同的默认方法。Java 编译器提供了一些规则供确定特定类使用哪个默认方法。

　　Java 程序语言支持类型的多重继承，这是类实现多个接口的能力。一个对象可以有多种类型：它本身类的类型和它所实现的所有接口的类型。这就是说，如果变量声明为接口类型，那么其值就可以引用实现该接口的任意类实例化得到的任意对象。这一点已在 6.1.5 节介绍。

　　如同实现的多重继承一样，类也能继承其继承的接口中定义的方法的不同实现。这种情况下，编译器或用户必须决定使用哪个实现。

6.2.7 覆盖和屏蔽方法

1. 实例方法

　　如果子类的实例方法的方法签名（方法名+参数数量和类型）和返回类型都与超类的实例方法相同，就会覆盖超类的方法。使用覆盖方法，子类可以继承那些行为很接近的超类，然后按需修改这些行为。覆盖方法与被覆盖的方法具有相同的方法名、参数数量、参数类型和返回类型。覆盖方法也可以返回被覆盖方法所返回类型的子类型。这种技术叫作协变返回类型（covariant return type）。

　　覆盖方法时，可能要使用 `@Override` 注解，指示编译器这里覆盖了超类的方法。如果由于某些原因，编译器在超类中没有探测到相应的方法，就会报错。关于 `@Override` 的更

多信息，请参考第 5 章。

2. 静态方法

如果子类定义一个静态方法，其方法签名和超类的静态方法相同，那么子类的方法就会屏蔽超类的方法。屏蔽静态方法和覆盖实例方法两者有很大区别：

- 覆盖实例方法时调用的是子类中的方法。
- 屏蔽静态方法时调用哪个方法取决于该方法调用自哪个类：超类或子类。

先来看一个例子。这里有两个类，第一个类是 Animal，它包含一个实例方法和一个类方法：

```
public class Animal {
    public static void testClassMethod() {
        System.out.println("The static method in Animal");
    }
    public void testInstanceMethod() {
        System.out.println("The instance method in Animal");
    }
}
```

第二个类是 Cat，它是 Animal 的子类：

```
public class Cat extends Animal {
    public static void testClassMethod() {
        System.out.println("The static method in Cat");
    }
    public void testInstanceMethod() {
        System.out.println("The instance method in Cat");
    }

    public static void main(String[] args) {
        Cat myCat = new Cat();
        Animal myAnimal = myCat;
        Animal.testClassMethod();
        myAnimal.testInstanceMethod();
    }
}
```

Cat 类覆盖 Animal 类的实例方法，屏蔽 Animal 类的类方法。main 方法创建一个 Cat 实例，并调用类上的 testClassMethod() 方法和实例上的 testInstanceMethod() 方法。

程序输出如下：

```
The static method in Animal
The instance method in Cat
```

如前所述，覆盖时调用的是子类的方法，屏蔽时调用的是超类的方法。

3. 接口方法

接口中的默认方法和抽象方法也可以像实例方法一样被继承。类或接口的超类型提供了方法签名相同的多个默认方法时，Java 编译器会根据继承规则来解决命名冲突。这些规则主要由以下两条原则派生而得：

（1）实例方法优先于接口默认方法。如下所示类和接口：

```
public class Horse {
    public String identifyMyself() {
        return "I am a horse.";
    }
}
public interface Flyer {
    default public String identifyMyself() {
```

```
        return "I am able to fly.";
    }
}
public interface Mythical {
    default public String identifyMyself() {
        return "I am a mythical creature.";
    }
}
public class Pegasus extends Horse implements Flyer, Mythical {
    public static void main(String... args) {
        Pegasus myApp = new Pegasus();
        System.out.println(myApp.identifyMyself());
    }
}
```

方法 Pegasus.identifyMyself 返回字符串"I am a horse"。

（2）忽略已经被覆盖的方法。超类型有共同的祖先时会出现这种情况。如下所示接口和类：

```
public interface Animal {
    default public String identifyMyself() {
        return "I am an animal.";
    }
}
public interface EggLayer extends Animal {
    default public String identifyMyself() {
        return "I am able to lay eggs.";
    }
}
public interface FireBreather extends Animal { }
public class Dragon implements EggLayer, FireBreather {
    public static void main (String... args) {
        Dragon myApp = new Dragon();
        System.out.println(myApp.identifyMyself());
    }
}
```

方法 Dragon.identifyMyself 返回字符串"I am able to lay eggs"。

如果两个或多个默认方法冲突、或默认方法与抽象方法冲突，那么Java编译器会报错。必须显式覆盖超类型方法。

考虑前面讨论的计算机控制的会飞的汽车例子。接口 OperateCar 和接口 FlyCar 都提供了方法 startEngine 的默认实现：

```
public interface OperateCar {
    // ...
    default public int startEngine(EncryptedKey key) {
        // Implementation
    }
}

public interface FlyCar {
    // ...
    default public int startEngine(EncryptedKey key) {
        // Implementation
    }
}
```

如果一个类同时实现 OperatorCar 和 FlyCar，就必须覆盖方法 startEngine。可以使用关键字 super 调用任意一个默认实现：

```
public class FlyingCar implements OperateCar, FlyCar {
```

```
    // ...
    public int startEngine(EncryptedKey key) {
        FlyCar.super.startEngine(key);
        OperateCar.super.startEngine(key);
    }
}
```

关键字 super 前面的命名（本例中是 FlyCar 或 OperateCar）必须引用定义或继承了被调用方法的直接超接口。这种方法调用不限于区分含相同签名默认方法的多个已实现接口。关键字 super 可用于在类和接口中调用默认方法。

从类继承的实例方法可以覆盖抽象接口方法。如下所示接口和类：

```
public interface Mammal {
    String identifyMyself();
}

public class Horse {
    public String identifyMyself() {
        return "I am a horse.";
    }
}

public class Mustang extends Horse implements Mammal {
    public static void main(String... args) {
        Mustang myApp = new Mustang();
        System.out.println(myApp.identifyMyself());
    }
}
```

方法 Mustang.identifyMyself 返回字符串 "I am a horse"。类 Mustang 继承了类 Horse 的方法 identifyMyself，它覆盖了接口 Mammal 中命名相同的抽象方法。

> **注意** 接口中的静态方法不能被继承。

4. 修饰符

覆盖方法的访问修饰符权限可以高于（但不能低于）被覆盖方法。比如，超类中 protected 实例方法在子类中可声明为 public，但不能声明为 private。如果将超类的实例方法转变成子类的类方法，就会发生编译时错误；反之亦然。

5. 小结

表 6-1 总结了子类与超类的方法签名相同时的情形。

表 6-1　定义与超类的方法签名相同的方法

类　　型	超类的实例方法	超类的静态方法
子类的实例方法	覆盖	生成编译时错误
子类的静态方法	生成编译时错误	屏蔽

> **注意** 子类可以重载从超类继承的方法。重载方法既不屏蔽也不覆盖超类的方法，是子类独有的新方法。

6.2.8 多态性

在字典中，多态性是一种生物学原则，是指生物体或物种有许多不同的形式或阶段。该原则也适用于面向对象编程和语言（如 Java 语言）。子类不仅可以拥有某些与父类相同的功能，也可以定义自己独有的行为。

这里稍微修改 Bicycle 类来举例说明多态性。在该类中添加下面的 printDescription 方法显示实例存储的当前值：

```java
public void printDescription(){
    System.out.println("\nBike is " + "in gear " + this.gear
        + " with a cadence of " + this.cadence +
        " and travelling at a speed of " + this.speed + ". ");
}
```

为了说明 Java 语言的多态性，将根据 Bicycle 派生出 MountainBike 和 RoadBike 类。为 MountainBike 添加 suspension 字段，其值为字符串类型，表示自行车是有前减震器（Front），还是前后都有减震器（Dual）。新的类如下所示：

```java
public class MountainBike extends Bicycle {
    private String suspension;

    public MountainBike(
            int startCadence,
            int startSpeed,
            int startGear,
            String suspensionType){
        super(startCadence,
            startSpeed,
            startGear);
        this.setSuspension(suspensionType);
    }

    public String getSuspension(){
      return this.suspension;
    }

    public void setSuspension(String suspensionType) {
        this.suspension = suspensionType;
    }

    public void printDescription() {
        super.printDescription();
        System.out.println("The " + "MountainBike has a" +
            getSuspension() + " suspension.");
    }
}
```

注意这里覆盖了原来的 printDescription 方法。输出中除了前面提供的信息外，还添加了 suspension 的数据。

接下来创建 RoadBike 类。因为公路车和赛车有细胎，所以添加 tireWidth 记录它们的轮胎宽度。RoadBike 类的代码如下：

```java
public class RoadBike extends Bicycle{
    // In millimeters (mm)
    private int tireWidth;

    public RoadBike(int startCadence,
                int startSpeed,
                int startGear,
                int newTireWidth){
        super(startCadence,
            startSpeed,
            startGear);
        this.setTireWidth(newTireWidth);
    }
```

```
    public int getTireWidth(){
      return this.tireWidth;
    }
    public void setTireWidth(int newTireWidth){
        this.tireWidth = newTireWidth;
    }
    public void printDescription(){
        super.printDescription();
        System.out.println("The RoadBike" + " has " + getTireWidth() +
          " MM tires.");
    }
}
```

注意这里也覆盖了原来的 `printDescription` 方法，并增加了轮胎宽度的显示信息。

至此已经有三个类：`Bicycle`、`MountainBike` 和 `RoadBike`。两个子类覆盖超类的 `printDescription` 方法，并打印各自独特的信息。

这里给出一个测试程序，它创建了三个 `Bicycle` 变量，接着把前面三个自行车类分别赋值给这三个变量，最后输出这些变量的值：

```
public class TestBikes {
  public static void main(String[] args){
    Bicycle bike01, bike02, bike03;

    bike01 = new Bicycle(20, 10, 1);
    bike02 = new MountainBike(20, 10, 5, "Dual");
    bike03 = new RoadBike(40, 20, 8, 23);

    bike01.printDescription();
    bike02.printDescription();
    bike03.printDescription();
  }
}
```

测试程序的输出为：

```
Bike is in gear 1 with a cadence of 20 and travelling at a speed of 10.

Bike is in gear 5 with a cadence of 20 and travelling at a speed of 10.
The MountainBike has a Dual suspension.

Bike is in gear 8 with a cadence of 40 and travelling at a speed of 20.
The RoadBike has 23 MM tires.
```

Java 虚拟机会为每个变量所引用的对象调用适当的方法，但它不会调用由变量的类型定义的方法。这种调用技术称为虚拟方法调用，显示了 Java 语言中多态性的重要性。

6.2.9 屏蔽字段

在类中，字段名与超类的字段名相同，就会屏蔽超类的字段，即使它们的类型不同。在子类中，不能使用简单名引用超类的字段，必须用 `super` 关键字（见 6.2.10 节）访问。一般不建议屏蔽字段，因为这会降低代码的可读性。

6.2.10 使用 super 关键字

1. 访问超类的成员

如果一个方法覆盖了父类的方法，就要用 `super` 关键字来调用被覆盖的方法。`super` 关键字也可用于引用被屏蔽的字段（尽管不建议屏蔽字段）。考虑下述 `Superclass` 类：

```java
public class Superclass {
    public void printMethod() {
        System.out.println("Printed in Superclass.");
    }
}
```

下面是其子类 Subclass，它覆盖了父类的 printMethod() 方法：

```java
public class Subclass extends Superclass {

    // overrides printMethod in Superclass
    public void printMethod() {
        super.printMethod();
        System.out.println("Printed in Subclass");
    }
    public static void main(String[] args) {
        Subclass s = new Subclass();
        s.printMethod();
    }
}
```

在 Subclass 中，简单名 printMethod() 引用的是 Subclass 中声明的方法，它覆盖了 Superclass 的 printMethod()。因此，Subclass 要引用从 Superclass 继承得到的 printMethod()，必须使用 super 关键字，如上述代码所示。编译、执行 Subclass 结果为：

```
Printed in Superclass.
Printed in Subclass
```

2. 子类构造器

下面的代码说明如何使用 super 关键字调用超类的构造器。回忆一下前面的自行车的例子，MountainBike 类是 Bicycle 类的一个子类。这里给出一个 MountainBike（子类）构造器，它调用超类的构造器，然后添加自己的初始化代码：

```java
public MountainBike(int startHeight,
                    int startCadence,
                    int startSpeed,
                    int startGear) {
    super(startCadence, startSpeed, startGear);
    seatHeight = startHeight;
}
```

超类构造器的调用语句在子类构造器中必须写在第一行。调用超类构造器的语法如下：

```
super();
```

还有一种带参数调用方式：

```
super(parameter list);
```

super() 调用的是无参构造器。super(parameter list) 调用的是参数列表匹配的构造器。

> **注意** 如果构造器没有显式调用超类的构造器，Java 编译器会自动插入调用超类的无参构造器。如果超类没有无参构造器，编译时会报错误。Object 包含这样的构造器，所以如果 Object 是其超类，则编译通过。

如果子类构造器调用了其超类构造器，不管是显式调用还是隐式调用，那么必然存在一条完整的构造器调用链，可以直接追溯到 Object 的构造器。这就叫构造器链。有一条很长的类继承路径时，这一点要引起注意。

6.2.11 将对象用作超类

在 java.lang 包中，Object[一]类位于类层次结构的顶层。每个类都直接或间接派生自 Object 类。我们所使用或编写的所有类都继承了 Object 的实例方法。当然我们不一定要使用这些方法，但是如果使用这些方法，就要用相应的代码覆盖它们。下面列出从 Object 继承而来的方法，本节后面会详细介绍这些方法：

- protected Object clone()throws CloneNotSupportedException——创建和返回该对象的副本
- public Boolean equals（Object obj）——测试其他对象是否等于该对象
- protected void finalize()throws Throwable——当垃圾收集器确定对象没有被引用时，它会调用该方法
- public final Class getClass()——返回对象的运行时类
- public int hashCode()——返回对象的哈希码
- public String toString()——返回对象的字符串表示

Object 的 notify、notifyAll 和 wait 方法主要用于同步各个运行线程的活动，关于这些方法将在第 13 章详细介绍，这类方法有五种：

- public final void notify()
- public final void notifyAll()
- public final void wait()
- public final void wait（long timeout）
- public final void wait（long timeout, int nanos）

> **注意** 许多这些方法都有微妙的地方，特别是 clone 方法。

1. clone() 方法

如果类或它的一个超类实现了 Cloneable 接口，就可以使用 clone() 方法创建现有对象的副本。使用下述代码创建副本：

aCloneableObject.clone();

该方法的 Object 的实现会检查调用 clone() 方法的对象是否已经实现 Cloneable 接口。如果没有实现，方法会抛出 CloneNotSupportedException 异常。异常处理将在第 10 章介绍。这里只需记住，重写 clone() 方法覆盖 Object 的 clone() 方法时，clone() 方法必须按如下两种方式之一声明：

protected Object clone() throws CloneNotSupportedException

或

public Object clone() throws CloneNotSupportedException

如果调用 clone() 方法的对象已经实现 Cloneable 接口，clone() 的 Object 的实现

[一] 8/docs/api/java/lang/Object.html

会创建相同类的对象作为原始对象,并初始化新对象的成员变量,使其值等于原始对象的响应成员变量的值。最简单地克隆类的方法是在类声明中添加 `implements Cloneable`。这样声明后,对象就能调用 `clone()` 方法。

对有些类而言,`Object` 的 `clone()` 方法的默认行为已经工作得很好。但是,如果对象包含对外部对象(如 `ObjExternal`)的引用,就要覆盖 `clone()` 方法以获得正确的行为。否则,对象对 `ObjExternal` 所作的改动,也都会出现在它的克隆中。这就是说原始对象和它的克隆不是独立的。要解耦它们,必须覆盖 `clone()` 方法,因此它可以克隆对象和 `ObjExternal`。覆盖 `clone()` 方法之后,原始对象引用 `ObjExternal`,克隆引用 `ObjExternal` 的克隆。至此,对象及其克隆才真正独立。

2. equals() 方法

`equals()` 方法比较两个对象是否相等,如果相等则返回 `true`。`Object` 类所提供的 `equals()` 方法使用恒等运算符(`==`)判断两个对象是否相等。该方法适用于基本数据类型,但不适用于对象。`Object` 类提供的 `equals()` 方法会测试对象引用是否相等,也就是说,比较的对象是否是同一个对象。

要根据等价性(包含相同的信息)来测试两个对象是否相等,必须覆盖 `equals()` 方法。下例的 `Book` 类覆盖了 `equals()` 方法:

```
public class Book {
    ...
    public boolean equals(Object obj) {
        if (obj instanceof Book)
            return ISBN.equals((Book)obj.getISBN());
        else
            return false;
    }
}
```

用该代码测试 `Book` 类的两个实例是否相等:

```
// Swing Tutorial, 5th edition
Book firstBook  = new Book("0132761696");
Book secondBook = new Book("0132761696");
if (firstBook.equals(secondBook)) {
    System.out.println("objects are equal");
} else {
    System.out.println("objects are not equal");
}
```

这个程序显示"objects are equal",尽管 `firstBook` 和 `secondBook` 引用的是不同的对象。因为它们具有相同的 ISBN 号,所以认为它们相等。如果恒等运算符不适用于开发的类,通常都应该覆盖 `equals()` 方法。

> **注意** 覆盖 `equals()` 方法时,必须同时覆盖 `hashCode()` 方法。

3. finalize() 方法

`Object` 类提供回调方法 `finalize()`,当对象成为垃圾时,可能会调用该方法。`Object` 类实现的 `finalize()` 不做任何操作,可以覆盖该方法做一些清理工作,如释放资源。

系统会自动调用 `finalize()` 方法,但不确定什么时候、是否调用。因此,不要依赖该方法来做清理工作。例如，执行完 I/O 操作之后代码没有关闭文件描述符，而是用 `finalize()` 方法来关闭这些文件，则可能要关闭所有的文件描述符。

4. getClass() 方法

`getClass` 方法不能被覆盖。`getClass()` 方法返回 `Class` 对象，该 `Class` 对象包含了一系列方法，可用于获取类的相关信息，如类名（`getSimpleName()`）、继承的超类（`getSuperclass()`）和实现的接口（`getInterfaces()`）。例如，下述方法获取并显示对象的类名：

```
void printClassName(Object obj) {
    System.out.println("The object's" + " class is " +
        obj.getClass().getSimpleName());
}
```

`java.lang` 包中的 `Class`[⊖] 类拥有大量（超过 50 个）的类方法，用作不同的用途，比如查看类是否是注解（`isAnnotation()`）、接口（`isInterface()`）或枚举类型（`isEnum()`），获取对象的字段（`getFields()`）或方法（`getMethods()`）等。

5. hashCode() 方法

`hashCode()` 返回对象的哈希码——对象十六进制的内存地址。

根据定义，如果两个对象相等，那它们的哈希码也必须相等。覆盖 `equals()` 方法，就相当于改变了对象的比较方式，`Object` 实现的 `hashCode()` 就会失效。因此，如果覆盖 `equals()` 方法，也必须覆盖 `hashCode` 方法。

6. toString() 方法

编码时经常要考虑覆盖 `toString()` 方法。`Object` 的 `toString()` 方法返回对象的字符串表示，这对调试非常有用。对象的字符串表示完全依赖于对象，这就是为什么要覆盖 `toString()` 方法的原因。

联合使用 `toString()` 和 `System.out.println()` 来显示对象的文本表示，如 `Book` 的实例 `firstBook`：

```
System.out.println(firstBook.toString());
```

正确地重写过的 `toString()` 方法会输出以下信息：

```
ISBN: 0132761696; The Swing Tutorial; A Guide to Constructing GUIs, 5th Edition
```

6.2.12 编写 final 类和方法

类的一些或所有方法都可以声明为 `final`。在方法声明中使用 `final` 关键字表示该方法不能被子类覆盖。`Object` 类中有些方法就声明为 `final`。

如果有些方法的实现不能改变，而且对对象的状态一致性至关重要，就可以将其声明为 `final`。比如可以声明 `ChessAlgorithm` 类的 `getFirstPlayer` 方法为 `final`：

```
class ChessAlgorithm {
    enum ChessPlayer { WHITE, BLACK }
    ...
    final ChessPlayer getFirstPlayer() {
        return ChessPlayer.WHITE;
    }
    ...
}
```

⊖ 8/docs/api/java/lang/Class.html

构造器调用的方法都应该声明为 final。如果构造器调用了非 final 的方法，子类可以重新定义该方法使得结果超乎想象。

注意，也可以把类声明为 final。final 类不能被继承。创建不变的类（如 String 类）时，这一点非常有用。

6.2.13 抽象方法和类

抽象类是声明为 abstract 的类，它可能包含抽象方法。抽象类不能被实例化，但可以被继承。

抽象方法是声明时没有实现的方法（也就是说，没有花括号，直接以分号结束）。下面是抽象方法的一个例子：

abstract void moveTo(double deltaX, double deltaY);

如果类中包含抽象方法，则类本身必须声明为 abstract：

```
public abstract class GraphicObject {
    // declare fields
    // declare nonabstract methods
    abstract void draw();
}
```

当抽象类被继承时，子类往往要实现父类的所有抽象方法。不过不实现所有抽象方法，子类也必须声明为 abstract。

> **注意** 接口的所有方法都是**隐式抽象的**，所有接口方法没有使用 abstract 修饰符（可以使用，但没必要）。

1. 抽象类和接口的比较

抽象类与接口类似，不能实例化。其所含方法可以实现，也可以不实现。但在抽象类中，可以声明非静态和非 final 的字段，也可以定义 public、protected 和 private 类型的具体方法。在接口中，所有字段都可以声明为 static、final 或自动声明为 public，所有声明和定义的方法（和默认方法一样）都是 public 类型的。另外，一次只能继承一个类（不管该类是否为抽象类），但可以一次实现多个接口。

抽象类和接口，到底采用哪个更好些？满足下述情况时采用抽象类：

- 要在紧密相关的类之间共享代码。
- 继承抽象类的类有多个相同的方法、字段、或需要 public 以外的访问修饰符（如 protected 和 privated）。
- 要声明非静态或非 final 的字段，以便访问或修改所属对象的状态。

满足下述情况时采用接口：

- 不相关的类要实现接口。例如，许多不相关的类都实现接口 Comparable[一] 和 Cloneable[二]。
- 要指定特定数据类型的行为，但不关心谁实现该行为。

[一] 8/docs/api/java/lang/Comparable.html

[二] 8/docs/api/java/lang/Cloneable.html

- 利用类型的多重继承。

AbstractMap 是 JDK 的一个抽象类例子，它是集合框架的组成部分①。它的子类（如 HashMap、TreeMap 和 ConcurrentHashMap）共享 AbstractMap 定义的许多方法（如 get、put、isEmpty、containsKey 和 containsValue）。

HashMap 是 JDK 中实现多个接口的一个例子，它实现接口 Serializable、Cloneable 和 Map<K,V>②。查看接口列表可知，HashMap（不管是谁实现该类）实例可被克隆、可以序列化的（也就是说可以转换成字节流③），而且具备映射能力。另外，接口 Map<K,V> 已经有许多默认方法，如 merge 和 forEach。因此，实现该接口的类都无需定义这些默认方法。

注意，许多软件库都同时使用抽象类和接口。类 HashMap 实现多个接口，也继承抽象类 AbstractMap。

2. 抽象类实例

面向对象的画图程序可能要实现画圆、矩形、线条、Bezier 曲线和许多其他图形对象。通常，这些对象都有一些状态（如位置、方向、线条颜色、填充色）和行为（如移动、旋转、调整大小、绘画）。有些状态和行为对所有的图形状态都一样，如位置、填充色、移动等；有些则不一样，如调整大小、绘画等。所有的 GraphicObject 对象都必须知道如何绘画或调整大小，区别在于如何实现这些行为。我们可以利用这种相似性，来声明所有的图形对象都继承自相同的抽象父对象，如图 6-2 所示。

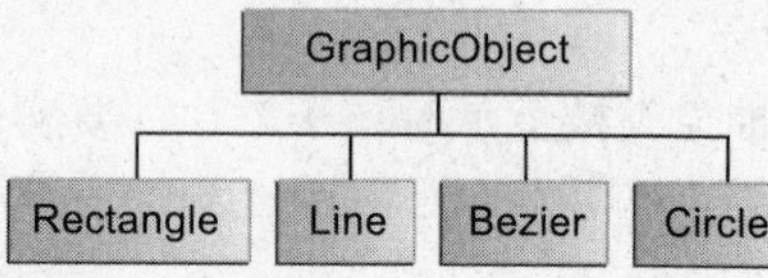

首先声明抽象类 GraphicObject，以提供所有子类都能共享的成员变量和方法，如

图 6-2 Rectangle、Line、Bezier 和 Circle 等类都继承自 GraphicObject

当前位置和 moveTo 方法。GraphicObject 也会为方法声明抽象方法，如 draw 或 resize。这些抽象方法由子类以不同的方式实现。GraphicObject 类的形式如下：

```
abstract class GraphicObject {
    int x, y;
    ...
    void moveTo(int newX, int newY) {
        ...
    }
    abstract void draw();
    abstract void resize();
}
```

GraphicObject 的每个非抽象子类（如 Circle 和 Rectangle）都必须实现 draw 和 resize 方法：

```
class Circle extends GraphicObject {
    void draw() {
        ...
    }
    void resize() {
        ...
    }
}
class Rectangle extends GraphicObject {
```

---

① 8/docs/api/java/util/AbstractMap.html
② 8/docs/api/java/util/HashMap.html
③ tutorial/jndi/objects/serial.html

```
    void draw() {
        ...
    }
    void resize() {
        ...
    }
}
```

3. 抽象类实现接口时

前面已经介绍过，实现接口是必须实现接口中的所有方法。但是，将类声明为 `abstract`，就可以定义一个类，该类不需要实现所有的接口方法。如：

```
abstract class X implements Y {
  // implements all but one method of Y
}
class XX extends X {
  // implements the remaining method in Y
}
```

在这个例子中，X 类必须声明为 `abstract`，因为它没有完整实现接口 Y，而 XX 类则完整实现接口 Y。

4. 类成员

抽象类可以包含静态字段和静态方法。可以像使用其他类的静态成员一样，用类引用来访问这些静态成员，如 `AbstractClass.staticMethod()`。

6.2.14 小结

除了 `Object` 类外，每个类都有且仅有一个直接超类。不管是直接继承还是间接继承，子类具有它的所有超类的字段和方法。子类可以覆盖继承的方法、屏蔽继承的字段或方法。（注意，前面已指出屏蔽字段通常是不好的编程实践。）表 6-1 总结了子类与超类的方法签名相同时的情形。

`Object` 类位于类层次结构的最顶端。所有的类都是它的后继，都继承了它的方法，包括 `toString()`、`equals()`、`clone()` 和 `getClass()` 等。

在类声明中使用 `final` 关键字可以保证该类不被继承。类似地，用 `final` 声明方法也可以保证该方法不被子类覆盖。

抽象类只能派生，不能实例化。抽象类可以包含抽象方法，即只声明但没有实现的方法。然后由子类实现这些抽象方法。

6.2.15 问题和练习：继承

问题

1. 根据下面两个类回答问题：

```
public class ClassA {
    public void methodOne(int i) {
    }
    public void methodTwo(int i) {
    }
    public static void methodThree(int i) {
    }
    public static void methodFour(int i) {
    }
}
```

```
public class ClassB extends ClassA {
    public static void methodOne(int i) {
    }
    public void methodTwo(int i) {
    }
    public void methodThree(int i) {
    }
    public static void methodFour(int i) {
    }
}
```

   a. 哪个方法覆盖了超类的方法？
   b. 哪个方法屏蔽了超类的方法？
   c. 其他方法如何？
2. 在 4.3.7 节中所写的 Card、Deck 和 DisplayDeck 类要覆盖 Object 的哪些方法？

练习

实现问题 2 给出的方法。

答案

相关答案参考

http://docs.oracle.com/javase/tutorial/java/IandI/QandE/inherit-answers.html。

第 7 章

The Java Tutorial: A Short Course on the Basics, Sixth Edition

泛　型

在任何实际使用的软件项目中，bug 是司空见惯的。仔细认真地设计、编程和测试能有助于减少 bug，但是无论如何，bug 还是会在代码中某个地方蔓延开来。代码中引入新特征或代码规模和复杂度增大时，这一现象愈发明显。

幸运的是，一些 bug 和其他的相比更容易检测到，如"编译时 bug"能较早发现，编程者可以用编译器的错误信息来分辨出现了什么问题，并即时修正。然而，"运行时 bug"则带来很大的麻烦，这些 bug 通常都不是显而易见的，而一旦在程序的某一点发现了这样的 bug，也已经与造成该问题的真正原因相去甚远了。

泛型能够使更多的 bug 在编译时被检测到，从而增加代码的稳定性。本章介绍泛型相关专题，如使用泛型的理由、类型、方法、参数、继承和子类型、类型推导、通配符、类型擦除、局限性等，最后给出相关问题和练习供读者检测使用。

7.1　为什么用泛型

简而言之，在定义类、接口和方法时，泛型能将类型（类和接口）作为参数使用。类似于我们更熟悉的在方法声明中使用的一般形式化参数，类型形式参数提供了对不同输入重复使用同一段代码的一个途径。区别在于，一般形式化参数的输入是值，而类型形式参数的输入是类型。

使用泛型的代码与非泛型代码相比有很多优点：

- 编译时更强的类型检查。Java 编译器对泛型代码使用强类型检查，如果代码违反了类型安全则显示错误。修正编译时错误与修正难以检测到的运行时错误相比，要简单得多。
- 消除强制类型转换。下面的非泛型代码片段（snippet）需要类型转换（casting）：

```
List list = new ArrayList();
list.add("hello");
String s = (String) list.get(0);
```

如果用泛型重写上段代码，就不需要强制类型转换了：

```
List<String> list = new ArrayList<String>();
list.add("hello");
String s = list.get(0);    // no cast
```

- 程序员可以实现泛型算法。程序员可以使用泛型实现泛型算法，这些算法作用在不同类型的集合上、可以定制、类型安全且易读。

7.2　泛型类型

泛型类型是泛型类或者接口，能够参数化类型。以 Box 类为例，通过修改该类来解释这个概念。

7.2.1 一个简单的 Box 类

首先来看看一个非泛型 Box 类，该类可以操作任意类型的对象，只提供两种方法：设置（set），在 Box 中加入一个对象；获取（get），提取（retrieve）对象。

```
public class Box {
    private Object object;

    public void set(Object object) { this.object = object; }
    public Object get() { return object; }
}
```

由于上述方法可以接收或者返回一个对象（Object），所以只要所用的不是基本类型的数据，用户就可以随意传递。编译时，我们无法验证该类是如何使用的。而当代码执行到某处时，可能把一个整型数（Integer）放到了 Box 中，并期望从 Box 中获取整型数，然而代码执行到另一处时可能错误地传递了字符串（String），从而导致运行时错误。

7.2.2 Box 类的泛型版本

一个泛型类的定义格式如下：

```
class name<T1, T2, ..., Tn> { /* ... */ }
```

类名后面用"< >"标示出来的是类型形式参数部分，指明类型形式参数（也称为类型变量）是 T1, T2, …, Tn。

为了用泛型更新 Box 类，可以创建一个泛型类型声明，即把代码"public class Box"改写为"public class Box <T>"。这里引入了类型变量 T，可以在该类的任何地方使用 T。

进而，Box 类的代码改写成如下形式：

```
/**
 * Generic version of the Box class.
 * @param <T> the type of the value being boxed
 */
public class Box<T> {
    // T stands for "Type"
    private T t;

    public void set(T t) { this.t = t; }
    public T get() { return t; }
}
```

如代码所示，对象 Object 处处为 T 所代替。一个类型变量可以是用户指定的任何非基本数据类型，如"类"类型、"接口"类型、"数组"类型，甚至可以是其他类型变量。该技巧同样可以用来创建泛型接口。

7.2.3 类型参数命名约定

约定：类型形式参数的名字用单个、大写字母表示，这正好与熟知的变量命名约定相反。有了这样的约定，我们就很容易区分类型变量和一般的类或接口名。

如下列出的是最常用的类型形式参数名：

- E ——元素（Element，广泛应用于 Java collections 集合框架）
- K ——键值（Key）

- N ——数字（Number）
- T ——类型（Type）
- V ——值（Value）
- S，U，V 等——第二、第三、第四类型

这些名字将在 Java SE 应用程序编程接口（API）和本章余下部分使用。

7.2.4 泛型类型的调用和实例化

要在代码中引用泛型 Box 类，必须执行泛型类型调用（generic type invocation），即用某个具体的值（如整数）代替 T：

```
Box<Integer> integerBox;
```

泛型类型调用类似于一般方法调用，只是在传递参数方面不同于一般方法，泛型调用中是把类型实际参数（这里是整数型 Integer）传递给 Box 类自身。

> **定义** 许多开发者会混用**类型形式参数**（type parameter）和**类型实际参数**（type argument），但这两个术语是不同的。编码时，我们会使用类型实际参数（type argument）来创建一个参数化了的类型（parameterized type）。所以，Foo<T> 中的 T 是一个类型形式参数，而 Foo<String> f 中的 String 则是类型实际参数。本章区分使用这两个术语。

正如其他变量声明一样，这段代码其实不会创建一个新的 Box 对象，而只是简单地声明 intergerBox 保有指向"Box<Integer>（整数型的 Box）"的引用。

泛型类型的调用即通常所说的参数化类型。实例化时，也是使用关键字 new，只是在类名和圆括号之间要放上 <Integer>：

```
Box<Integer> integerBox = new Box<Integer>();
```

7.2.5 钻石运算符

调用泛型类的构造函数时，只要编译器能通过上下文确定或推断出类型实际参数，就可以用类型实际参数的空集（<>）代替类型实际参数，其中：尖括号（<>）被非正式地称为"钻石运算符"（the diamond）。例如，我们可以用如下语句创建一个 Box<Integer> 实例：

```
Box<Integer> integerBox = new Box<>();
```

有关钻石符号和类型推导的更多内容，请参见 7.6 节。

7.2.6 多个类型参数

如前所述，泛型类可以有多个形式参数。如下泛型类 OrderedPair 实现了泛型接口 Pair：

```
public interface Pair<K, V> {
    public K getKey();
    public V getValue();
}
public class OrderedPair<K, V> implements Pair<K, V> {
```

```
    private K key;
    private V value;

    public OrderedPair(K key, V value) {
        this.key = key;
        this.value = value;
    }

    public K getKey() { return key; }
    public V getValue() { return value; }
}
```

以下语句创建了两个 OrderedPair 类实例：

```
Pair<String, Integer> p1 = new OrderedPair<String, Integer>("Even", 8);
Pair<String, String> p2 = new OrderedPair<String, String>("hello", "world");
```

代码中，new OrderedPair<String,Integer> 把 K 和 V 分别实例化为 String 和 Integer。因此，OrderedPair 构造函数的形式参数类型分别是 String 和 Integer。由于自动装箱（autoboxing），可以给这个类传递一个 String 数据和一个 Integer 数据。

前面提到过，一个 Java 编译器可以从声明 OrderedPair<String,Integer> 中推断出 K 和 V 的类型，所以这些语句可以用钻石符号缩减为：

```
OrderedPair<String, Integer> p1 = new OrderedPair<>("Even", 8);
OrderedPair<String, String> p2 = new OrderedPair<>("hello", "world");
```

创建泛型接口和创建泛型类方法相同。

7.2.7 参数化类型

也可以用参数化类型（如 List<String>）代替类型形式参数（如 K 或 V），以下是使用 OrderedPair<V,K> 的一个例子：

```
OrderedPair<String, Box<Integer>> p = new OrderedPair<>("primes", new Box<Integer>(...));
```

7.2.8 原生类型

原生类型是不带有任何类型参数的泛型类或接口的名字。例如，前面介绍的泛型类 Box：

```
public class Box<T> {
    public void set(T t) { /* ... */ }
    // ...
}
```

要创建 Box<T> 的参数化类型，需要给类型形式参数 T 赋一个类型实际参数：

```
Box<Integer> intBox = new Box<>();
```

若忽略类型实际参数，可以创建 Box<T> 的原生类型：

```
Box rawBox = new Box();
```

因此，Box 就是泛型类型 Box<T> 的原生类型。但是，一个非泛型类或者接口类型不是原生类型。

JDK 5.0 之前，许多 API 类（如集合类）不是泛型的，所以在遗留代码中有原生类型。在使用原生类型时，我们看到的基本上是泛型之前的执行方式，即一个 Box 型数据传出对象。为了向后兼容，允许把一个参数化类型赋值给对应的原生类型：

```
Box<String> stringBox = new Box<>();
Box rawBox = stringBox;                    // OK
```

但是，如果把一个原生类型赋值给参数化类型，则显示警告：

```
Box rawBox = new Box();                    // rawBox is a raw type of Box<T>
Box<Integer> intBox = rawBox;              // warning: unchecked conversion
```

如果用原生类型去调用相应泛型类型的泛型方法，也会显示警告：

```
Box<String> stringBox = new Box<>();
Box rawBox = stringBox;
rawBox.set(8);   // warning: unchecked invocation to set(T)
```

这个警告表示：原生类型绕过了泛型类型检测，把捕获不安全代码推迟到了运行时。所以，应该避免使用原生类型。

有关 Java 编译器如何使用原生类型的更多内容，可参见 7.8 节。

未检测错误信息

如前所述，当我们把遗留代码和泛型代码混用时，会遇到类似如下的警告信息：

```
Note: Example.java uses unchecked or unsafe operations.
Note: Recompile with -Xlint:unchecked for details.
```

当我们使用较旧版本的 API 来处理原生类型时，以上情况就会发生，如下所示：

```
public class WarningDemo {
    public static void main(String[] args) {
        Box<Integer> bi;
        bi = createBox();
    }

    static Box createBox(){
        return new Box();
    }
}
```

"未检测"的意思是，编译器没有足够多的类型信息来完成所有必要的、确保类型安全的类型检测。尽管编译器已经给出提示，默认情况下不显示未检测警告细节。要查看所有的未检测警告，需要用"-Xlint: unchecked"重新编译。

用"-Xlint:unchecked"重新编译前面的例子，会显示更多信息，如下所示：

```
WarningDemo.java:4: warning: [unchecked] unchecked conversion
found   : Box
required: Box<java.lang.Integer>
        bi = createBox();
             ^
1 warning
```

使用"-Xlint:unchecked"标志可以显示未检测警告细节。@SuppressWarning ("unchecked") annotation 类则可以隐藏未检测警告，有关 @SuppressWarning 的语法参见第 5 章。

7.3 泛型方法

泛型方法是一类引入自己类型形式参数的方法。这类似于声明一个泛型类型，只是类型形式参数的辖域限制在声明该参数的方法中。与泛型类构造函数一样，允许静态和非静态的泛型方法。

泛型方法的语法中，类型形式参数出现在尖括号内，位于该方法返回类型前。对于静态泛型方法，类型形式参数部分一定位于该方法返回类型前面。

Util 类有一个泛型方法 compare，用于比较两个序对（Pair）对象。

```java
public class Util {
    // Generic static method
    public static <K, V> boolean compare(Pair<K, V> p1, Pair<K, V> p2) {
        return p1.getKey().equals(p2.getKey()) &&
               p1.getValue().equals(p2.getValue());
    }
}

public class Pair<K, V> {

    private K key;
    private V value;

    // Generic constructor
    public Pair(K key, V value) {
        this.key = key;
        this.value = value;
    }

    // Generic methods
    public void setKey(K key) { this.key = key; }
    public void setValue(V value) { this.value = value; }
    public K getKey()     { return key; }
    public V getValue()   { return value; }
}
```

调用该方法的完成语法如下：

```java
Pair<Integer, String> p1 = new Pair<>(1, "apple");
Pair<Integer, String> p2 = new Pair<>(2, "pear");
boolean same = Util.<Integer, String>compare(p1, p2);
```

如黑体字所示，类型是显式地给出的。通常，这部分可以省略，编译器推导出所需的类型：

```java
Pair<Integer, String> p1 = new Pair<>(1, "apple");
Pair<Integer, String> p2 = new Pair<>(2, "pear");
boolean same = Util.compare(p1, p2);
```

有了类型推导，调用泛型方法就和调用一般方法一样了，不必详细列举尖括号中的类型。7.6 节会详细介绍类型推导。

7.4 受限类型形式参数

在参数化类型中，我们有时需要约束可以作为"类型实际参数"使用的类型。例如，对数字进行操作的方法，可能只希望接收数字类型（Number）或其子类的实例。这就是受限类型形式参数所要发挥的作用。

声明一个受限类型形式参数，要列出类型形式参数名，然后是关键字 extends，接下来则是该参数的上界（upper bound），在本例中是 Number。值得注意的是，在本节中，extends 的用法一如平常，表示扩展（如在类中表示扩展），或者实现（如在接口中表示实现）：

```java
public class Box<T> {

    private T t;

    public void set(T t) {
        this.t = t;
    }
```

```
    public T get() {
        return t;
    }

    public <U extends Number> void inspect(U u){
        System.out.println("T: " + t.getClass().getName());
        System.out.println("U: " + u.getClass().getName());
    }

    public static void main(String[] args) {
        Box<Integer> integerBox = new Box<Integer>();
        integerBox.set(new Integer(10));
        integerBox.inspect("some text"); // error: this is still String!
    }
}
```

如果我们修改泛型方法以包括这个受限类型形式参数,那么编译就会失败,因为 `inspect` 的调用仍然包含一个字符串类型数据:

```
Box.java:21: <U>inspect(U) in Box<java.lang.Integer> cannot
  be applied to (java.lang.String)
                        integerBox.inspect("10");
                                   ^
1 error
```

受限类型形式参数,除了限制一个泛型类型实例化时的类型,同时允许调用定义在限制范围内的方法:

```
public class NaturalNumber<T extends Integer> {

    private T n;

    public NaturalNumber(T n) { this.n = n; }

    public boolean isEven() {
        return n.intValue() % 2 == 0;
    }

    // ...
}
```

`isEven` 方法通过 `n` 调用了定义在 `Integer` 类中的 `intValue` 方法。

7.4.1 多重限制

前述举例说明了带有单个限制的类型形式参数的使用,但是,一个类型形式参数可以有多重限制。

```
<T extends B1 & B2 & B3>
```

有多重限制的类型变量,是所有列在限制中的类型的子类型。如果类是限制之一,则必须首先指定,例如:

```
Class A { /* ... */ }
interface B { /* ... */ }
interface C { /* ... */ }

class D <T extends A & B & C> { /* ... */ }
```

如果在一开始没有指定限制 A,那么就会有如下的编译错误:

```
class D <T extends B & A & C> { /* ... */ }  // compile-time error
```

7.4.2 泛型方法和受限类型形式参数

受限类型形式参数是实现泛型算法的关键。在下面的方法中，指定某个特定元素 `elem`，对数组 `T[]` 中比 `elem` 大的元素进行计数：

```java
public static <T> int countGreaterThan(T[] anArray, T elem) {
    int count = 0;
    for (T e : anArray)
        if (e > elem)  // compiler error
            ++count;
    return count;
}
```

这个方法的实现很容易，但是却无法编译，因为大于号（`>`）只能用于基本数据类型，如 `short`（短整数型）、`int`（整数型）、`double`（双浮点型）、`long`（长整数型）、`float`（单浮点型）、`byte`（字节型）和 `char`（字符型），而不能用于比较对象。我们可以用受限于 `Comparable<T>` 接口的类型形式参数，来修正这个问题：

```java
public interface Comparable<T> {
    public int compareTo(T o);
}
```

得到如下代码：

```java
public static <T extends Comparable<T>> int countGreaterThan(T[] anArray, T elem) {
    int count = 0;
    for (T e : anArray)
        if (e.compareTo(elem) > 0)
            ++count;
    return count;
}
```

7.5 泛型、继承和子类型

类型兼容时，可以把一个类型的对象赋值给另外一个类型的对象。例如，如果一个对象类型（`Object`）是整数型的子类型，那么可以把一个整数型数据赋值给这个对象：

```java
Object someObject = new Object();
Integer someInteger = new Integer(10);
someObject = someInteger;    // OK
```

用面向对象的术语来说，这就是所谓的"关系"。由于一个整数型数据是一种对象，所以允许这样的赋值。但是，整数型也是一种数字，所以如下的代码也是正确的：

```java
public void someMethod(Number n) { /* ... */ }

someMethod(new Integer(10));    // OK
someMethod(new Double(10.1));   // OK
```

对于泛型也可以使用这种方法。我们可以这样来完成对泛型类型的调用：把 `Number` 作为类型实际参数传递，如果这个实际参数和 `Number` 兼容，那么接下来就允许 `add` 的调用：

```java
Box<Number> box = new Box<Number>();
box.add(new Integer(10));       // OK
box.add(new Double(10.1));      // OK
```

现在考虑如下方法：

```java
public void boxTest(Box<Number> n) { /* ... */ }
```

这个方法可以接受什么类型的实际参数呢？观察其签名可知，该方法接受类型为 Box<Number> 的单个实际参数。这意味着什么呢？是不是如你所希望的，允许传递 Box<Integer> 或 Box<Double> 类型的参数呢？答案是否定的。如图 7-1 所示，Box<Integer> 和 Box<Double> 不是 Box<Number> 的子类型。这是对使用泛型编程的常见误解，但也是需要学习的重要概念。

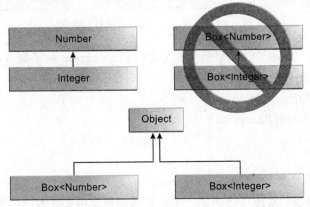

图 7-1　尽管 Integer 是 Number 的子类型，但 Box<Integer> 不是 Box<Number> 的子类型

> **注意**　给定两个具体类型 A 和 B（例如 Number 和 Integer），无论 A 和 B 是否有关系，MyClass<A> 和 MyClass<B> 没有关系。Object 是 MyClass<A> 和 Myclass<B> 的同一祖先。当两个泛型类的形式参数相关时，该如何创建它们之间的类子类型关系，可以参见 7.7.4 节。

7.5.1　泛型类和子类型

通过扩展或实现泛型类或接口，我们可以得到其子类型。扩展（extends）和实现（implements）语句可以确定两个类（或接口）的类型形式参数之间的关系。

以图 7-2 所示类 Collections 为例，我们有 ArrayList<E> implements List<E> 和 List<E> extends Collection<E>。所以，ArrayList<String> 是 List<String> 的子类型，而 List<String> 是 Collection<String> 的子类型。只要不改变类型实际参数，类型间的子类型关系就可以保持下去。

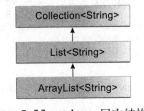

图 7-2　Collections 层次结构范例

设想现在我们要定义自己的 list 接口 Payload List（如图 7-3 所示），该接口将泛型类型 P 的可选值与每一个元素关联起来，其声明类似于如下方式：

```
interface PayloadList<E,P> extends List<E> {
  void setPayload(int index, P val);
  ...
}
```

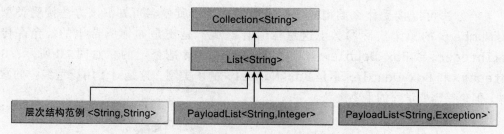

图 7-3　PayloadList 层次结构范例

如下参数化 PayloadList，得到的都是 List<String> 的子类型：
- PayloadList<String,String>
- PayloadList<String,Integer>
- PayloadList<String,Exception>

7.6　类型推导

Java 编译器具有类型推导（type inference）能力，对比每个方法的调用和相应的声明，能够确定类型实际参数，实施可行调用。推断算法能判定出实际参数的类型；而且，如果有返回结果的话，也能判断出其类型。最后，推断算法将找出对所有实际参数都适用的最明确的类型。

下面的例子具体阐明了上述最后一点，推断算法判定出传递给 pick 方法的第二个实际参数的类型是 Serializable：

```java
static <T> T pick(T a1, T a2) { return a2; }
Serializable s = pick("d", new ArrayList<String>());
```

7.6.1　类型推导和泛型方法

前面有关泛型方法的讨论中提及了类型推导。有了类型推导，我们可以像调用一般方法一样，去调用泛型方法，而无需用尖括号 <> 来指定类型。下例 BoxDemo 中使用了 Box 类：

```java
public class BoxDemo {

  public static <U> void addBox(U u,
      java.util.List<Box<U>> boxes) {
    Box<U> box = new Box<>();
    box.set(u);
    boxes.add(box);
  }

  public static <U> void outputBoxes(java.util.List<Box<U>> boxes) {
    int counter = 0;
    for (Box<U> box: boxes) {
      U boxContents = box.get();
      System.out.println("Box #" + counter + " contains [" +
          boxContents.toString() + "]");
      counter++;
    }
  }

  public static void main(String[] args) {
    java.util.ArrayList<Box<Integer>> listOfIntegerBoxes =
      new java.util.ArrayList<>();
    BoxDemo.<Integer>addBox(Integer.valueOf(10), listOfIntegerBoxes);
```

```
        BoxDemo.addBox(Integer.valueOf(20), listOfIntegerBoxes);
        BoxDemo.addBox(Integer.valueOf(30), listOfIntegerBoxes);
        BoxDemo.outputBoxes(listOfIntegerBoxes);
    }
}
```

该例输出如下：

```
Box #0 contains [10]
Box #1 contains [20]
Box #2 contains [30]
```

泛型方法 addBox 定义了一个类型形式参数 U。通常，Java 编译器能推断出泛型方法调用的类型形式参数，所以在大多数情况下，我们无需指定。例如，调用泛型方法 addBox 时，可以指定带类型见证的类型形式参数，如下所示：

```
BoxDemo.<Integer>addBox(Integer.valueOf(10), listOfIntegerBoxes);
```

或者，如果忽略类型形式参数，Java 编译器能根据方法的实际参数自动推断出类型形式参数是 Integer：

```
BoxDemo.addBox(Integer.valueOf(20), listOfIntegerBoxes);
```

7.6.2 类型推导和泛型类的实例化

只要编译器能从上下文推断出类型实际参数，那么就可以用类型形式参数的空集（<>）替换调用泛型类构造函数时所需的类型实际参数。如前所述，尖括号对非正式地称为钻石运算符。例如下面的变量声明：

```
Map<String, List<String>> myMap = new HashMap<String, List<String>>();
```

我们可以用类型形式参数的空集（<>）替换构造函数的参数化类型：

```
Map<String, List<String>> myMap = new HashMap<>();
```

若要在泛型类实例化过程中利用类型推导，必须使用钻石运算符。下例中，由于 HashMap() 构造函数引用了原生类型 HashMap，而不是类型 Map<String,List<String>>，编译器产生了未检测转换警告（unchecked conversion warning）：

```
Map<String, List<String>> myMap = new HashMap(); // unchecked conversion warning
```

7.6.3 类型推导与泛型类和非泛型类的泛型构造函数

在泛型类和非泛型类中构造函数都可以是泛型的，即声明构造函数自己的形式类型参数，例如：

```
class MyClass<X> {
  <T> MyClass(T t) {
    // ...
  }
}
```

下面是 MyClass 类的实例化：

```
new MyClass<Integer>("")
```

这条语句创建了参数化类型 MyClass<Integer> 的一个实例，显式地指明，泛型类 MyClass<X> 的形式类型参数 X 是 Integer 类型。值得注意的是，这个泛型类的构造函数包含了形式类型参数 T。由于该构造函数的实际参数是 String 对象,所以编译器可以推断出该泛型类的构造函数中形式类型参数 T 的类型是 String。

编译器能推断出泛型构造函数的实际类型参数,类似于泛型方法。但是,如果用 diamond(<>),编译器就能推断出被实例化的泛型类的实际类型参数。如下例:

```
MyClass<Integer> myObject = new MyClass<>("");
```

对于该例,编译器推断出:泛型类 MyClass<X> 的形式类型参数 X 是 Integer 类型的,而该泛型类构造函数的形式类型参数 T 则是 String 类型的。

> **注意** 推导算法只是利用调用参数、目标类型,也可能用明确的返回值类型来推断类型,而不会使用程序后面的结果。

7.6.4 目标类型

Java 编译器利用目标类型推断泛型方法调用的类型参数。表达式的目标类型是 Java 编译器根据表达式所处位置得到的数据类型。如方法 Collections.emptyList,其声明如下:

```
static <T> List<T> emptyList();
```

考虑下面的赋值语句:

```
List<String> listOne = Collections.emptyList();
```

这条语句期待的是 List<String> 类型的实例,该数据类型就是目标类型。因为方法 emptyList 返回 List<T> 类型的值,所以编译器推断类型实际参数 T 的值是 String。这一点在 Java SE 7 和 8 中有效。另外,也可以使用类型见证指定 T 的值,如下所示:

```
List<String> listOne = Collections.<String>emptyList();
```

虽然在这种上下文中没有必要,但在有些上下文中是必需的。考虑下述方法:

```
void processStringList(List<String> stringList) {
    // process stringList
}
```

假定要调用带空列表的方法 processStringList。Java SE 7 不能编译下述语句:

```
processStringList(Collections.emptyList());
```

Java SE 7 编译器会生成错误信息,如下所示:

```
List<Object> cannot be converted to List<String>
```

编译器要求类型实际参数 T 的值必须确定,这样它能以值 Object 启动。因此,Collections.emptyList 会返回 List<Object> 类型的值,这与方法 processStringList 不兼容。所以,在 Java SE 7 中,必须指定类型实际参数的值,如下所示:

```
processStringList(Collections.<String>emptyList());
```

在 Java SE 8 中,则无需指定类型实际参数的值。Java SE 8 扩展了目标类型的相关构成概念,包括方法参数,如方法 processStringList 的参数。在这个例子中,processString

List需要一个List<String>类型的值。方法Collections.emptyList返回List<T>类型的值，所以，编译器利用List<String>的目标类型推断类型实际参数T的值是String类型的。因此，下述语句可在Java SE 8中编译通过：

```
processStringList(Collections.emptyList());
```

目标类型相关信息参见第4章。

7.7 通配符

在泛型代码中，问号（?）表示未知类型，被称为通配符（wildcard）。通配符可以在各种情况下使用：可以作为形式参数、字段、局部变量的类型，也可以作为返回值类型（尽管编程时返回值类型最好尽量明确）。但是，通配符不能用于泛型方法调用、泛型类实例创建或者超类的类型实际参数。

下面将详细介绍通配符，包括上界通配符、下界通配符和通配符匹配。

7.7.1 上界通配符

上界通配符（upper-bounded wildcard）可以放宽对变量的限制。例如，要写一个处理List<Integer>、List<Double>和List<Number>的方法，就可以使用上界通配符。

声明上界通配符时，先是通配符符号（?），然后是关键字extends，接下来是其上界。需要注意的是，extends在一般意义上在类中表示扩展，或者在接口中表示实现。

如果一个方法是处理Number及其子类（如Integer、Double和Float）的列表，可以指定List<?extends Number>。由于List<Number>只和Number类列表匹配，而List<?extends Number>可以匹配Number类或其子类的列表，所以前者比后者更严格。

以下面的process方法为例：

```
public static void process(List<? extends Foo> list) { /* ... */ }
```

上界通配符<? Extends Foo>中，Foo是任意类型，该通配符可以匹配Foo及其任何子类。Process方法可以访问Foo列表元素：

```
public static void process(List<? extends Foo> list) {
    for (Foo elem : list) {
        // ...
    }
}
```

在foreach语句中，变量elem遍历列表中的每个元素。现在，类Foo中定义的方法都可用于elem了。

SumOfList方法将返回列表中数的和：

```
public static double sumOfList(List<? extends Number> list) {
    double s = 0.0;
    for (Number n : list)
        s += n.doubleValue();
    return s;
}
```

下面代码使用了Integer列表，打印出sums=6.0：

```
List<Integer> li = Arrays.asList(1, 2, 3);
System.out.println("sum = " + sumOfList(li));
```

Double 列表也可以使用同样的 sumOfList 方法，如以下代码，打印出 sums=7.0：

```
List<Double> ld = Arrays.asList(1.2, 2.3, 3.5);
System.out.println("sum = " + sumOfList(ld));
```

7.7.2 无界通配符

无界通配符类型用通配符符号（?）给出，例如 List<?>，即所谓的"未知类型列表"。无界通配符适用于以下两种情况：

- 当一个方法可以用 Object 类提供的功能来实现时，无界通配符是适用的。
- 若代码使用了泛型类中的方法，而这些方法又是不依赖于类型形式参数（如 List.size 或者 List.clear）的，那么无界通配符也是有用的。事实上，由于 Class<T> 中的大部分方法都不依赖于 T，所以经常使用 Class<?>。

考虑如下方法，printList：

```
public static void printList(List<Object> list) {
    for (Object elem : list)
        System.out.println(elem + " ");
    System.out.println();
}
```

printList 的目标是打印任意类型的列表，但是此目标并没有达到。它只能打印 Object 实例的列表，而不能打印 List<Interger>、List<String>、List<Double> 等，这是因为这些类型不是 List<Object> 的子类型。用 List<?> 可以写出一个泛型 printList 方法：

```
public static void printList(List<?> list) {
    for (Object elem: list)
        System.out.print(elem + " ");
    System.out.println();
}
```

对任意的具体类型 A，List 是 List<?> 的子类型，因此，可以用 printList 来打印任意类型的列表：

```
List<Integer> li = Arrays.asList(1, 2, 3);
List<String> ls = Arrays.asList("one", "two", "three");
printList(li);
printList(ls);
```

注意，List<Object> 和 List<?> 是不一样的。我们可以向 List<Object> 中插入一个 Object 或者 Object 的任意子类型，但是只能向 List<?> 中插入空（null）。6.7.6 节将详细介绍：在给定情况下，如何确定应该使用哪类通配符。

> **注意** 本章的例子通篇使用 Arrays.asList[⊖] 方法。这个静态（factory）方法对指定的数组进行转换，并返回一个固定长度的列表。

7.7.3 下界通配符

7.7.1 节介绍了上界通配符把未知类型限制为某个指定类型或者该类型的子类型，并用关键字 extends 表示。类似地，下界通配符将未知类型限制为某个指定类型或者该类型的

⊖ 8/docs/api/java/util/Arrays.html#asList-T...-

超类型。下界通配符用"通配符符号(?)+关键字 super+下界"表示：<? super A>。

> **注意** 可以为通配符指定上界或下界，但不能两者都指定。

假如我们要写一个方法，把整数对象放入列表中。为了达到最大的灵活性，我们希望该方法对任何一个能存放 Integer 值的列表，如 List<Integer>、List<Number> 和 List<Object>，都是有效的。

要写出这个对 Integer 及其超类（如：Integer、Number 和 Object）的列表都有效的方法，我们可以指定 List<? super Integer>。由于 List<Integer> 只匹配那些类型是 Integer 的列表，而 List<? super Integer> 可以匹配 Integer 超类的任何一种类型，所以前者比后者限制要多。

下面的代码把 1 到 10 加到列表的末尾：

```
public static void addNumbers(List<? super Integer> list) {
    for (int i = 1; i <= 10; i++) {
        list.add(i);
    }
}
```

7.7.6 节将讲解上界通配符和下界通配符的适用情况。

7.7.4 通配符和子类型

如前在 7.5 节中所述，泛型类或者接口不会仅仅因为它们的类型有关系而相互关联。但是，我们可以用通配符来创建泛型类或接口之间的关系。

考虑下面两个常规（非泛型）类：

```
class A { /* ... */ }
class B extends A { /* ... */ }
```

对于这两个类，如下的代码是合理的：

```
B b = new B();
A a = b;
```

这个例子说明常规类的继承遵循子类型规则：如果 B 扩展（extends）了 A，那么 B 类是 A 类的子类型。这条规则不适用于泛型类型：

```
List<B> lb = new ArrayList<>();
List<A> la = lb;    // compile-time error
```

已知 Integer 是 Number 的子类，那么 List<Integer> 和 List<Number> 是什么关系呢？尽管 Integer 是 Number 的子类，List<Integer> 却不是 List<Number> 的子类。事实上，这两个类型没有关系。List<Number> 和 List<Integer> 的共同父亲是 List<?>（如图 7-4 所示）。

为了创建这两个类的关系，使得代码可以通过 List<Integer> 的元素去访问 Number 的方法，我们可以使用上界通配符：

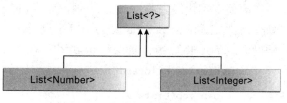

图 7-4　公共父类是 List<?>

```
List<? extends Integer> intList = new ArrayList<>();
List<? extends Number> numList = intList; // OK. List<? extends Integer> is
                                          // a subtype of List<? extends Number>
```

因为 Integer 是 Number 的子类，并且 numList 是 Number 对象的列表，所以 intList（Integer 对象列表）和 numList 是相关联的。图 7-5 给出了通过上界和下界通配符声明的几个 List 类之间的关系。

7.7.6 节将详细介绍上界和下界通配符的使用情况。

7.7.5 通配符匹配和辅助方法

在一些情况下，编译器会对通配符的类型进行推断。例如，一个列表被定义为 List<?>，但是计算表达式时，编译器要从代码中推断出具体类型。这就是所谓的"通配符匹配"。

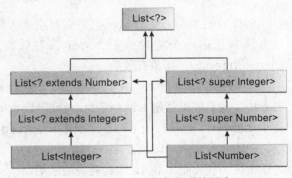

图 7-5 泛型列表类声明的层次

在大多数情况下，我们无需担心通配符的匹配，但是当看到一个包含有"capture of"字样的错误信息时就要注意了。例子 WildcardError 在编译时产生了匹配错误：

```java
import java.util.List;

public class WildcardError {
    void foo(List<?> i) {
        i.set(0, i.get(0));
    }
}
```

本例中，编译器把输入参数 i 看作类型 Object 进行处理。当 foo 方法调用 List.set(int,E) 时，编译器不能确定被插入列表中的对象的类型，从而产生一个错误。当此类错误出现时，表示编译器认为我们把错误的类型分配给了变量。正是因为这个原因，在 Java 语言中加入了泛型，以确保编译时类型安全。

当用 Oracle 的 JDK javac 实现编译例子 WildcardError 时，则产生如下的错误：

```
WildcardError.java:6: error: method set in interface List<E> cannot be applied to given types;
    i.set(0, i.get(0));
     ^
  required: int,CAP#1
  found: int,Object
  reason: actual argument Object cannot be converted to CAP#1 by method invocation conversion
  where E is a type-variable:
    E extends Object declared in interface List
  where CAP#1 is a fresh type-variable:
    CAP#1 extends Object from capture of ?
1 error
```

要使本例代码完成一个安全的操作，我们该如何解决编译器错误呢？可以写一个私有辅助方法（private helper method）来匹配通配符，以修正该错误。对于现在的情况，创建私有辅助方法 fooHelper，如 WildcardFixed 所示：

```java
public class WildcardFixed {
    void foo(List<?> i) {
        fooHelper(i);
    }
```

```
    // Helper method created so that the wildcard can be captured
    // through type inference.
    private <T> void fooHelper(List<T> l) {
        l.set(0, l.get(0));
    }
}
```

有了辅助方法，编译器根据推断确定 T 是 CAP#1，调用时和变量匹配。现在，这个例子可以编译成功。

按照惯例，辅助方法通常命名为 originalMethodNameHelper。现在考虑一个更复杂的例子 WildcardErrorBad：

```
import java.util.List;

public class WildcardErrorBad {
    void swapFirst(List<? extends Number> l1, List<? extends Number> l2) {
        Number temp = l1.get(0);
        l1.set(0, l2.get(0)); // expected a CAP#1 extends Number,
                              // got a CAP#2 extends Number;
                              // same bound, but different types
        l2.set(0, temp);      // expected a CAP#1 extends Number,
                              // got a Number
    }
}
```

该例中的代码试图完成一个不安全的操作。例如，考虑对 swapFirst 方法进行如下调用：

```
List<Integer> li = Arrays.asList(1, 2, 3);
List<Double> ld = Arrays.asList(10.10, 20.20, 30.30);
swapFirst(li, ld);
```

当 List<Integer> 和 List<Double> 都满足 List<? extends Number> 的条件时，若从 Integer 值列表中取出一项，并试图将其放到 Double 值列表中，显然是错误的。

用 Oracle 的 JDK javac 编译器编译该段代码，将产生如下错误：

```
WildcardErrorBad.java:7: error: method set in interface List<E> cannot be applied to given types;
      l1.set(0, l2.get(0)); // expected a CAP#1 extends Number,
        ^
  required: int,CAP#1
  found: int,Number
  reason: actual argument Number cannot be converted to CAP#1 by method invocation conversion
  where E is a type-variable:
    E extends Object declared in interface List
  where CAP#1 is a fresh type-variable:
    CAP#1 extends Number from capture of ? extends Number
WildcardErrorBad.java:10: error: method set in interface List<E> cannot be applied to given types;
      l2.set(0, temp);      // expected a CAP#1 extends Number,
        ^
  required: int,CAP#1
  found: int,Number
  reason: actual argument Number cannot be converted to CAP#1 by method invocation conversion
  where E is a type-variable:
    E extends Object declared in interface List
  where CAP#1 is a fresh type-variable:
    CAP#1 extends Number from capture of ? extends Number
WildcardErrorBad.java:15: error: method set in interface List<E> cannot be applied to given types;
      i.set(0, i.get(0));
       ^
  required: int,CAP#1
  found: int,Object
  reason: actual argument Object cannot be converted to CAP#1 by method invocation conversion
```

```
where E is a type-variable:
    E extends Object declared in interface List
where CAP#1 is a fresh type-variable:
    CAP#1 extends Object from capture of ?
3 errors
```

由于这段代码从根本上是错的,所以没有辅助方法能解决该问题。

7.7.6 通配符使用指南

在学习用泛型编程时,更令人困惑的一个问题是,什么时候用上界通配符,什么时候用下界通配符?本节给出了设计代码时要遵循的准则。

为了便于讨论,可以认为变量具有如下两个功能之一:

- in 变量给代码提供数据。例如,copy 方法有两个参数:copy(src,dest)。参数 src 提供要复制的数据,所以它是 in 参数。
- out 变量存放用于别处的数据。在例子 copy 中,copy(src,dest),参数 dest 接收数据,所以它是 out 参数。

当然,如后面介绍的,有些变量既可以是 in 的,也可以是 out 的。

我们可以用 in 和 out 原则来决定是否使用通配符,以及哪类通配符是合适的。以下是我们应该遵循的准则:

- in 变量用上界通配符定义,使用关键字 extends。
- out 变量用下界通配符定义,使用关键字 super。
- 如果 in 变量可以为 Object 类的方法访问的话,用无界通配符。
- 如果代码要访问既是 in 又是 out 的变量,不用通配符。

这些准则不适用于方法的返回类型。应该避免把通配符作为返回类型使用,因为这会迫使程序员用代码去处理通配符。

List<? extends ...> 定义的列表,可以非正式地认为是只读的,但不绝对保证。假设有如下两个类:

```
class NaturalNumber {

    private int i;

    public NaturalNumber(int i) { this.i = i; }
    // ...
}

class EvenNumber extends NaturalNumber {

    public EvenNumber(int i) { super(i); }
    // ...
}
```

考虑下面的代码:

```
List<EvenNumber> le = new ArrayList<>();
List<? extends NaturalNumber> ln = le;
ln.add(new NaturalNumber(35));  // compile-time error
```

因为 List<EvenNumber> 是 List<? extends NaturalNumber> 的子类,可以把 le 分配给 ln。但是不能用 ln 来把一个自然数加入一个偶数列表。下面列出的操作是合理的:

- 加入 null。
- 调用 clear。

- 可以用迭代器，并调用 remove。
- 可以匹配通配符，并把从列表中读出的元素写出来。

从最严格意义上说，List<? extends NaturalNumber> 定义的列表不是只读的，但是可以认为它是只读的，因为我们不能往列表中存储新元素或者改变现有的元素。

7.8 类型擦除

Java 语言中引入泛型是为了编译时提供更严格的类型检查，并支持泛型编程。为了实现泛型，Java 编译器用类型擦除来实现如下功能：

- 对于泛型类型中的所有类型参数，用"界"替换它们，或者在无界时用 Object 替换。因此，所生成的代码中只包含普通的类、接口和方法。
- 若有必要保持类型安全，则插入类型转换。
- 生成桥方法，以在扩展的泛型类型中保持多态性。

类型擦除确保了不会为参数化类型创建新的类，因此，泛型没有引致运行时开销。

7.8.1 泛型类型的擦除

在类型擦除过程中，Java 编译器擦除所有类型形式参数，并且对于每个类型形式参数，如果它是有界的，则用第一个边界（first bound）替换它，而如果它是无界的，则用 Object 替换。

考虑如下泛型类，它表示单链表中的节点：

```java
public class Node<T> {

    private T data;
    private Node<T> next;

    public Node(T data, Node<T> next) {
        this.data = data;
        this.next = next;
    }

    public T getData() { return data; }
    // ...
}
```

因为类型形式参数 T 是无界的，Java 编译器用 Object 替换它：

```java
public class Node {

    private Object data;
    private Node next;

    public Node(Object data, Node next) {
        this.data = data;
        this.next = next;
    }

    public Object getData() { return data; }
    // ...
}
```

下例中，泛型类 Node 使用了有界类型形式参数：

```java
public class Node<T extends Comparable<T>> {

    private T data;
```

```java
    private Node<T> next;
    public Node(T data, Node<T> next) {
        this.data = data;
        this.next = next;
    }
    public T getData() { return data; }
    // ...
}
```

有界类型形式参数 T 的第一个边界类是 Comparable，Java 编译器用 Comparable 替换 T：

```java
public class Node {
    private Comparable data;
    private Node next;
    public Node(Comparable data, Node next) {
        this.data = data;
        this.next = next;
    }
    public Comparable getData() { return data; }
    // ...
}
```

7.8.2 泛型方法的擦除

Java 编译器也擦除泛型方法实际参数中的类型参数（type parameter）。考虑如下泛型方法：

```java
// Counts the number of occurrences of elem in anArray.
public static <T> int count(T[] anArray, T elem) {
    int cnt = 0;
    for (T e : anArray)
        if (e.equals(elem))
            ++cnt;
    return cnt;
}
```

由于 T 是无界的，所以 Java 编译器用 Object 替换 T：

```java
public static int count(Object[] anArray, Object elem) {
    int cnt = 0;
    for (Object e : anArray)
        if (e.equals(elem))
            ++cnt;
    return cnt;
}
```

假设我们定义了下面的类：

```java
class Shape { /* ... */ }
class Circle extends Shape { /* ... */ }
class Rectangle extends Shape { /* ... */ }
```

可以写一个泛型方法来画不同的形状：

```java
public static <T extends Shape> void draw(T shape) { /* ... */ }
```

Java 编译器用 Shape 替代 T：

```java
public static void draw(Shape shape) { /* ... */ }
```

7.8.3 类型擦除效果和桥方法

类型擦除有时会造成一种无法预期的情况，下面的例子说明这种情况是如何发生的。"桥方法"部分的例子介绍编译器如何创建合成方法（称为桥方法）作为类型擦除进程的组成部分。

考虑如下两个类：

```
public class Node<T> {

    private T data;

    public Node(T data) { this.data = data; }

    public void setData(T data) {
        System.out.println("Node.setData");
        this.data = data;
    }
}

public class MyNode extends Node<Integer> {
    public MyNode(Integer data) { super(data); }

    public void setData(Integer data) {
        System.out.println("MyNode.setData");
        super.setData(data);
    }
}
```

现在，再看看如下代码：

```
MyNode mn = new MyNode(5);

Node n = mn;                // A raw type - compiler throws an unchecked warning
n.setData("Hello");         // Causes a ClassCastException to be thrown.
Integer x = mn.data;
```

类型擦除后，这段代码变成了这样：

```
MyNode mn = new MyNode(5);
Node n = (MyNode)mn;                    // A raw type - compiler throws an unchecked warning
n.setData("Hello");
Integer x = (String)mn.data; // Causes a ClassCastException to be thrown.
```

当代码执行时，会发生如下事情：

- 语句 "n.setData("Hello")"；引发执行 MyNode 类对象的 SetData(Object) 方法。（MyNode 类是从 Node 的 setData(object) 继承来的。）
- 在 setData(Object) 执行体中，n 引用的对象的数据域被赋值给一个 String。
- 同一个对象的数据域，通过 mn 引用，是可以被访问的，并期望它是一个整数（因为 mn 是一个 MyNode 类，而 MyNode 是一个 Node<Integer> 类）。
- 根据 Java 编译器分配时插入的类型转换，把一个 String 赋值给一个 Integer 会引起 ClassCastException 异常。

桥方法

作为类型擦除过程的一部分，对于扩展了参数化类的一个类，或实现了参数化接口的一个接口，编译器编译时，需要创建一个合成方法（synthetic method），即所谓的"桥方法"。正常情况下，我们不用担心桥方法，但是如果桥方法在堆栈迹中出现，我们可能会困惑。

类型擦除后，Node 和 MyNode 类如下：

```java
public class Node {

    private Object data;

    public Node(Object data) { this.data = data; }

    public void setData(Object data) {
        System.out.println("Node.setData");
        this.data = data;
    }
}

public class MyNode extends Node {

    public MyNode(Integer data) { super(data); }

    public void setData(Integer data) {
        System.out.println(Integer data);
        super.setData(data);
    }
}
```

类型擦除后，方法声明（method signature）不匹配了。Node 方法变成了 setData(Object)，而 MyNode 方法则变成了 setData(Integer)。所以，MyNode setData 方法没有重载 Node setData 方法。

要解决该问题，并且在类型擦除后保持泛型类型的多态性，Java 编译器生成了一个桥方法，以确保子类型化像预想中一样起作用。对于 MyNode 类，编译器会为 setData 生成如下桥方法：

```java
class MyNode extends Node {

    // Bridge method generated by the compiler
    //
    public void setData(Object data) {
        setData((Integer) data);
    }

    public void setData(Integer data) {
        System.out.println("MyNode.setData");
        super.setData(data);
    }

    // ...
}
```

正如我们看到的，桥方法委托给原始 setData 方法。类型擦除后，桥方法和 Node 类的 setData 方法具有相同的方法声明。

7.8.4 不可具体化类型和可变参数方法

如果一个类型的信息在运行时是完全可用的，那么就是可具体化类型。这类类型包括：基本数据类型、非泛型类型、原生类型和无界通配符的调用。

不可具体化类型是信息在编译时由类型擦除器（调用未定义为无界通配符的泛型类型）移除的类型。"类型擦除"部分会讨论编译器移除类型形式参数和类型实际参数相关的过程。运行时，不可具体化类型的信息不会全部可用。例如，List<String> 和 List<Number> 就是不可具体化类型。运行时，Java 虚拟机（Java VM）无法区分它们。如本章后面 7.9 节所述，在某些情况下，不能使用不可具体化类型（例如，运算符表达式中，或者作为数组中的元素）。

类型擦除对可变参数有不可具体化类型的可变参数方法有作用。(可变参数或变量参数构造使方法可以接受任意个类型特定的参数。详情参见 4.1.5 节)。

1. 堆污染

当一个参数化类型变量指向一个非参数化类型对象时，堆污染（heap pollution）就随之发生了。如果程序执行了一些操作，导致出现"运行时未检测警告"，就意味着发生了堆污染。无论是在编译时（在编译时类型检测规则限制范围内），还是在运行时，如果无法验证一个涉及参数化类型的操作（如类型转换或方法调用）的正确性，那么就会产生"未检测警告"。例如，在混用原生类型和参数化类型时，或者执行了未检测类型转换，堆污染就发生了。

正常情况下，当所有代码同时被编译时，编译器会发出未检测警告，以提醒注意潜在的堆污染。如果把代码分成若干部分，分别编译，就很难检测到堆污染的潜在风险。如果能确保代码无警告信息通过编译，那么就不会发生堆污染。

2. 带不可具体化形式参数的 Varargs 方法潜在的缺点

泛型方法中若包含 vararg 输入形式化参数，会造成堆污染。考虑下面的 ArrayBuilder 类：

```java
public class ArrayBuilder {

  public static <T> void addToList (List<T> listArg, T... elements)
  {
    for (T x : elements) {
      listArg.add(x);
    }
  }

  public static void faultyMethod(List<String>... l) {
    Object[] objectArray = l;     // Valid
    objectArray[0] = Arrays.asList(42);
    String s = l[0].get(0);       // ClassCastException thrown here
  }

}
```

下例 HeapPollutionExample 使用了 Arraybuilder 类：

```java
public class HeapPollutionExample {

  public static void main(String[] args) {

    List<String> stringListA = new ArrayList<String>();
    List<String> stringListB = new ArrayList<String>();

    ArrayBuilder.addToList(stringListA, "Seven", "Eight", "Nine");
    ArrayBuilder.addToList(stringListA, "Ten", "Eleven", "Twelve");
    List<List<String>> listOfStringLists =
      new ArrayList<List<String>>();
    ArrayBuilder.addToList(listOfStringLists,
      stringListA, stringListB);

    ArrayBuilder.faultyMethod(Arrays.asList("Hello!"), Arrays.asList("World!"));
  }
}
```

编译时，`ArrayBuilder.addToList` 方法的定义会引起如下警告：

warning: [varargs] Possible heap pollution from parameterized vararg type T

编译器遇到一个 varargs 方法时，会把其形式参数翻译成数组。但是，Java 程序语言不允许创建参数化类型的数组。在 `ArrayBuilder.addToList` 方法中，编译器把 varargs

形式参数 T...elements 翻译成了形式参数 T[ ] element，一个数组。然而，由于类型擦除，编译器把 varargs 形式参数转换为 Object[ ] elements。结果，就有可能发生堆污染了。

下面的语句把 varargs 形式参数 l 赋值给 Object 数组 ObjectArgs：

Object[] objectArray = l;

这条语句潜在地引入了堆污染。一个和 varargs 形式参数 l 的参数化类型相匹配的值，可以被赋值给变量 objectArray，因此能被赋给 l。但是，对于该语句，编译器没有产生未检测警告。这是因为，编译器把 varargs 形式参数 List<String>...l 翻译为形式参数 List[] l 时，已经产生了一个警告。所以，这条语句是正确的，变量 l 的类型是 List[]，Object[] 的子类型。

这样，当把任意类型的 List 对象分配给数组 objectArray 的任一数组分量（array component）时，编译器不会发出警告或错误，例如：

objectArray[0] = Arrays.asList(42);

数组 objectArray 的第一个数组分量赋值为 List 对象，该对象含有一个 Integer 类对象。

假设用如下语句调用 ArrayBuilder.faulty 方法：

ArrayBuilder.faultyMethod(Arrays.asList("Hello!"), Arrays.asList("World!"));

运行时，Java 虚拟机将会在如下语句处抛出 ClassCastException 异常：

```
// ClassCastException thrown here
String s = l[0].get(0);
```

变量 l 中第一个数组分量存储的对象是 List<Integer> 类型，而这条语句期望的是类型为 List<String> 的对象。

3. 防止"带不可具体化形式参数 Varargs 方法"产生的警告

如果声明的 varargs 方法有参数化类型的形式参数，并已确保该方法的执行体不会因为 varargs 形式参数处理不当，而抛出 ClassCastException 或者其他类似的异常，那么可以用如下的方法来防止因为各种 varargs 方法而产生的编译器警告，即把下面的注解加入到静态、非构造器方法的声明中：

@SafeVarargs

注释 @SafeVarargs 是方法协议的记录部分，这个注解断言，该方法的实现会正确地处理 varargs 形式参数。

在方法声明中加入下面的注解也可能禁止这类警告，尽管这样做不太理想：

@SuppressWarnings({"unchecked", "varargs"})

但是，这个解决办法不能禁止在方法调用点产生的警告。@SuppressWarnings 的语法参见第 5 章。

7.9 泛型的局限性

为了有效地使用 Java 泛型，请考虑如下局限性。

7.9.1 不能用基本数据类型实例化泛型类型

考虑下面的参数化类型：

```java
class Pair<K, V> {
    private K key;
    private V value;

    public Pair(K key, V value) {
        this.key = key;
        this.value = value;
    }
    // ...
}
```

创建 Pair 对象时，不能用基本数据类型代替类型形式参数 K 或 V：

`Pair<int, char> p = new Pair<>(8, 'a');   // compile-time error`

只能用非基本数据类型代替类型形式参数 K 或 V：

`Pair<Integer, Character> p = new Pair<>(8, 'a');`

注意，Java 编译器会自动地把 8 装箱为 Integer.valueOf(8)，把 'a' 装箱为 Character('a')：

`Pair<Integer, Character> p = new Pair<>(Integer.valueOf(8), new Character('a'));`

关于自动装箱和拆箱（antoboxing）的更多内容，请参见第 9 章。

7.9.2 不能创建类型参数实例

不能创建类型参数的实例。例如，下面的代码造成了编译时错误：

```java
public static <E> void append(List<E> list) {
    E elem = new E();   // compile-time error
    list.add(elem);
}
```

一个变通方案是，通过反射创建类型参数的对象：

```java
public static <E> void append(List<E> list, Class<E> cls) throws Exception {
    E elem = cls.newInstance();     // OK
    list.add(elem);
}
```

可以调用如下 append 方法：

```java
List<String> ls = new ArrayList<>();
append(ls, String.class);
```

7.9.3 不能声明类型为"类型参数"的静态字段

类的静态字段是"类级"的变量，为该类所有的非静态对象所共享。因此，不允许声明类型为类型参数的静态字段。考虑下面这个类：

```java
public class MobileDevice<T> {
    private static T os;

    // ...
}
```

如果允许声明类型为类型参数的静态字段，那么下面的代码就是混乱的：

```java
MobileDevice<Smartphone> phone = new MobileDevice<>();
MobileDevice<Pager> pager = new MobileDevice<>();
MobileDevice<TabletPC> pc = new MobileDevice<>();
```

因为静态字段 os 为 phone、pager、pc 共享，那么 os 的实际类型是什么？不能同时是 Smartphone、Pager 和 TabletPC。所以不能创建类型为类型参数的静态字段。

7.9.4 对参数化类型不能用类型转换或 instanceof 运算符

由于 Java 编译器擦除了泛型代码中所有类型参数，所以运行时无法验证正在使用泛型类型的是哪个参数化类型：

```
public static <E> void rtti(List<E> list) {
    if (list instanceof ArrayList<Integer>) {  // compile-time error
        // ...
    }
}
```

传递给 rtti 方法的参数化类型集如下：

```
S = { ArrayList<Integer>, ArrayList<String> LinkedList<Character>, ... }
```

运行时，不会记录类型参数，所以无法区分 ArrayList<Integer> 和 ArrayList<String>。最多可以用无界通配符来验证列表是不是 ArrayList 的：

```
public static void rtti(List<?> list) {
    if (list instanceof ArrayList<?>) {  // OK; instanceof requires a reifiable type
        // ...
    }
}
```

通常，除非参数化类型是无界通配符参数化的，否则不能转换类型。例如：

```
List<Integer> li = new ArrayList<>();
List<Number> ln = (List<Number>) li;  // compile-time error
```

但是，在一些情况下，编译器知道类型参数总是正确的，并允许类型转换。例如：

```
List<String> l1 = ...;
ArrayList<String> l2 = (ArrayList<String>)l1;  // OK
```

7.9.5 不能创建参数化类型数组

不能创建参数化类型的数组。例如，下面的代码是不能编译的：

```
List<Integer>[] arrayOfLists = new List<Integer>[2];  // compile-time error
```

下面的代码说明了当不同的类型插入到数组中时所发生的情况：

```
Object[] strings = new String[2];
strings[0] = "hi";    // OK
strings[1] = 100;     // An ArrayStoreException is thrown.
```

如果对泛型列表做同样的操作，就会产生一个问题：

```
Object[] stringLists = new List<String>[]; // compiler error, but pretend it's allowed
stringLists[0] = new ArrayList<String>();   // OK
stringLists[1] = new ArrayList<Integer>();  // An ArrayStoreException should be thrown,
                                            // but the runtime can't detect it.
```

如果允许参数化列表数组，前面的代码就不会抛出所期望的 ArrayStoreException 异常。

7.9.6 不能创建、捕获或抛出参数化类型的对象

泛型类型不能直接或间接地扩展 Throwable 类。例如，下面的类是不能编译的：

```
// Extends Throwable indirectly
class MathException<T> extends Exception { /* ... */ }   // compile-time error
// Extends Throwable directly
class QueueFullException<T> extends Throwable { /* ... */ // compile-time error
```

泛　　型

一个方法无法捕获类型参数的实例：
```
public static <T extends Exception, J> void execute(List<J> jobs) {
    try {
        for (J job : jobs)
            // ...
    } catch (T e) {   // compile-time error
        // ...
    }
}
```

但是可以在 throws 子句中用类型参数：
```
class Parser<T extends Exception> {
    public void parse(File file) throws T {     // OK
        // ...
    }
}
```

7.9.7　每次重载时其形式参数类型都被擦除为相同的原生类型的方法不能重载

一个类不能有两个被重载的方法，它们在类型擦除后会有相同的声明：
```
public class Example {
    public void print(Set<String> strSet) { }
    public void print(Set<Integer> intSet) { }
}
```
重载将全部共享相同的类文件表示并生成编译时错误。

7.10　问题和练习：泛型

问题

1. 编写一个泛型方法，计算具有特殊性质（如奇数、素数、回文）的集合中元素的数目。
2. 下面的代码能编译吗？若不能，为什么？
   ```
   public final class Algorithm {
       public static T max(T x, T y) {
           return x > y ? x : y;
       }
   }
   ```
3. 编写一个泛型方法，交换数组中两个不同元素的位置。
4. 如果编译器在编译时擦除了所有类型参数，为什么还用泛型呢？
5. 类型擦除后，下面的类被转换为什么？
   ```
   public class Pair<K, V> {

       public Pair(K key, V value) {
           this.key = key;
           this.value = value;
       }

       public K getKey(); { return key; }
       public V getValue(); { return value; }

       public void setKey(K key)       { this.key = key; }
       public void setValue(V value) { this.value = value; }

       private K key;
       private V value;
   }
   ```

6. 类型擦除后，下面的方法被转换为什么？

```
public static <T extends Comparable<T>>
    int findFirstGreaterThan(T[] at, T elem) {
    // ...
}
```

7. 下面的方法能编译吗？若不能，为什么？

```
public static void print(List<? extends Number> list) {
    for (Number n : list)
        System.out.print(n + " ");
    System.out.println();
}
```

8. 编写一个泛型方法，找出列表给定范围内 [begin,end] 最大的元素。

9. 下面的类能编译吗？若不能，为什么？

```
public class Singleton<T> {

    public static T getInstance() {
        if (instance == null)
            instance = new Singleton<T>();

        return instance;
    }

    private static T instance = null;
}
```

10. 回顾下面的类：

```
class Shape { /* ... */ }
class Circle extends Shape { /* ... */ }
class Rectangle extends Shape { /* ... */ }

class Node<T> { /* ... */ }
```

下面的代码能编译吗？若不能，为什么？

```
Node<Circle> nc = new Node<>();
Node<Shape> ns = nc;
```

11. 考虑这个类：

```
class Node<T> implements Comparable<T> {
    public int compareTo(T obj) { /* ... */ }
    // ...
}
```

下面的代码能编译吗？若不能，为什么？

```
Node<String> node = new Node<>();
Comparable<String> comp = node;
```

12. 如何调用下述方法在列表中查找与给定整数列表都互质的第一个整数？

```
public static <T>
    int findFirst(List<T> list, int begin, int end,
UnaryPredicate<T> p)
```

注：两个整数的最大公约数为1时，两者互质。

答案

相关答案参考

http://docs.oracle.com/javase/tutorial/java/generics/QandE/generics-answers.html。

第 8 章

The Java Tutorial: A Short Course on the Basics, Sixth Edition

程 序 包

本章介绍如何把类和接口捆绑打包，如何使用程序包（package）里的类，如何整理文件系统以便编译器找到源文件。

8.1 程序包的创建和使用

为了更容易地查找和使用类型，避免命名冲突，并控制访问，程序员把相关类型群组捆绑打包。

> **定义** 一个**程序包**是相关类型分组，提供访问保护和命名空间管理。这里的**类型**指的是类、接口、枚举和注解类型。枚举和注解类型分别是特殊的类和接口。所以，在本章中，**类型**通常指的是**类和接口**。

类型是 Java 平台的一部分，是各种程序包的成员，程序包根据功能捆绑类：基本类在 `java.lang` 里，读写（输入输出）类在 `java.io` 里，等等。我们也可以把自己的类型放入程序包中。

假如我们写了一组类，表示图形对象，如圆、矩形、线和点。`Draggable` 是接口，如果类能被鼠标拖曳，就实现该接口。

```
//in the Draggable.java file
public interface Draggable {
    ...
}

//in the Graphic.java file
public abstract class Graphic {
    ...
}

//in the Circle.java file
public class Circle extends Graphic
    implements Draggable {
    ...
}

//in the Rectangle.java file
public class Rectangle extends Graphic
    implements Draggable {
    ...
}

//in the Point.java file
public class Point extends Graphic
    implements Draggable {
    ...
}

//in the Line.java file
public class Line extends Graphic
    implements Draggable {
    ...
}
```

由于几个原因，我们应该把这些类和接口捆绑打包，包括：
- 可以很容易地确定这些类型是相关的。
- 知道哪里能找到提供图形相关函数的类。
- 因为程序包创建了新的命名空间，所以自定义的类型名不会和其他程序包里的类型名冲突。
- 允许程序包内的类型可以不受限制地互相访问，但是限制程序包外类型的访问。

8.1.1 程序包的创建

要创建程序包，先给程序包命名（下节介绍命名约定）。如果程序需要包含程序包中的类型（类、接口、枚举和注释类型），就在每个含有这些类型的源文件的最前面，放入带有这个程序包名称的 package 语句。

程序包语句（如 package graphics;）必须是源文件的第一行。每个源文件只能有一条程序包语句，并适用于文件中的所有类型。

> **注意** 单个源文件中可以包含多个类型，但只有一个 public 类型，而且其类名必须与源文件相同。例如，可以在文件 Circle.java 中定义 public 类型的 Circle 类，可以在文件 Draggable.java 中定义 public 类型的 Draggable 接口，可以在文件 Day.java 中定义 public 类型的枚举类 Day 等。源文件中也可以包含非 public 类型（强烈建议不要这样做，除非这些非 public 类型的作用范围很小而且与 public 类型紧密关联）。无论如何，从程序包外只能访问 public 类型。归根结底，非 public 类型是**包私有类型**。

如果把前一节列出来的图形接口和类，放在名为 graphics 的程序包里，那么需要六个源文件：

```
//in the Draggable.java file
package graphics;
public interface Draggable {
    ...
}

//in the Graphic.java file
package graphics;
public abstract class Graphic {
    ...
}

//in the Circle.java file
package graphics;
public class Circle extends Graphic
    implements Draggable {
    ...
}

//in the Rectangle.java file
package graphics;
public class Rectangle extends Graphic
    implements Draggable {
    ...
}

//in the Point.java file
```

```
package graphics;
public class Point extends Graphic
    implements Draggable {
        . . .
}

//in the Line.java file
package graphics;
public class Line extends Graphic
    implements Draggable {
        . . .
}
```

如果不用 package 语句,那么自定义的类型最终会在一个无名的程序包里。一般来说,无名的程序包只适用于不重要或者临时应用,或者在刚开始的开发过程中。否则,类和接口都要属于一个有名字的程序包。

8.1.2 程序包的命名

世界各地的程序员在用 Java 程序语言写类和接口,很可能许多程序员对不同的类型使用了相同名称。事实上,前例就是这样:它定义了 Rectangle 类,而在 java.awt 包中已经有 Rectangle 类了。如果两个类在不同的程序包里,那么编译器允许它们有相同的名称。对于每个 Rectangle 类来说,完全限定名应该内含程序包的名称。也就是说,在 graphics 包里,Rectangle 类的完全限定名是 graphics.Rectangle;在 java.awt 包,Rectangle 类的完全限定名是 java.awt.Rectangle。

如果两个独立的程序员给程序包起了相同的名字,上述方法就失效了。怎样预防这类问题? 使用命名约定。

命名约定

为避免与类或接口的名称冲突,程序包的名称全部用小写字母。公司用反向 Internet 域名作为程序包名的起始部分(例如,一个在 example.com 的程序员创建的 mypackage 包应该命名为 com.example.mypackage)。若名称冲突发生在单个公司内部,则按照公司内部的约定来处理,可能在公司名字的后面放上区域或项目名(例如 com.example.region.mypackage)。Java 语言自己的程序包是以 java. 或 javax. 开头命名的。

在一些情况下,Internet 域名可能不是合法的程序包名,如域名包含有连字符(-)或者其他特殊字符,程序包名以数字或其他不能用于 Java 名起始位置的非法字符开头,或者程序包名中包含了反向 Java 关键字(如 int)。对于这种情况,建议添加下划线(如表 8-1 所示)。

表 8-1 合法的程序包名

域 名	程序包名前缀
hyphenated-name.example.org	org.example.hyphenated_name
example.int	int_.example
123name.example.com	com.example._123name

8.1.3 程序包成员的使用

构成程序包的类即所谓的程序包成员。要从程序包外使用 public 程序包成员,必须做如下操作之一:

- 用完全限定名指代该成员。

- 导入该程序包成员。
- 导入该成员所属的整个程序包。

如本节接下来所介绍的,每种操作有不同的适用情况。

1. 用完全限定名指代程序包成员

迄今为止,本书中大部分例子都是用简单名称来指代类型的,例如 Rectangle 和 StackOfInts。如果我们所写的代码与用到的程序包成员在同一个包里,或者该程序包成员已经导入,那么可以使用程序包成员的简单名称。

但是,若要使用其他程序包的成员,而该程序包又没有导入,则必须使用该成员的含程序包名称的完全限定名。前面例子中,graphics 包里的 Rectangle 类的完全限定名是:

```
graphics.Rectangle
```

我们要用这个完全限定名去创建 graphics.Rectangle 实例:

```
graphics.Rectangle myRect = new graphics.Rectangle();
```

限定名适于不常使用的情况。但是,要重复使用一个名称时,反复输入该名称,事情就变得冗长乏味,而代码也难读了。作为一个选择方案,我们可以导入该成员或者它所在的程序包,然后用其简单名称。

2. 导入包成员

要把一个指定的程序包成员导入当前文件,在文件的开始放上 import 语句,该语句应该位于所有类型定义之前,如果有 package 语句,则在其之后。下例说明了对于前一节创建的 graphics 包,如何导入其中的 Rectangle 类:

```
import graphics.Rectangle;
```

现在可以用简单名称指代 Rectangle 类:

```
Rectangle myRectangle = new Rectangle();
```

这个方法适用于只使用 graphics 包中一些成员的情况。但是,如果要使用程序包里很多类型的话,则应该导入整个程序包。

3. 导入整个程序包

若要导入某个程序包里所有的类型,需用带有"*"通配符的 import 语句:

```
import graphics.*;
```

现在可以用简单名称来指代 graphics 包里的任意类和接口了:

```
Circle myCircle = new Circle();
Rectangle myRectangle = new Rectangle();
```

正如我们看到的,import 语句中的"*"只能用来指定程序包里的所有类,而不能用以匹配程序包里部分类。例如,下面语句不能匹配 graphics 包里所有以"A"开头的类:

```
// does not work
import graphics.A*;
```

相反地,这会产生编译时错误。用 import 语句,通常我们只能导入单个程序包成员或者整个程序包。

为了方便,Java 编译器为每个源文件自动导入两个完整的程序包:① java.lang 包;② 当前(文件)的程序包。

> **注意** import 语句有另外一种不常用的形式,允许导入封闭类里的 public 嵌入类。例如,如果 graphics.Rectangle 类包含了有效的嵌入类,如 Rectangle.DoubleWide 和 Rectangle.Square,我们可以用如下两条语句导入 Rectangle 及其嵌入类:
>
> ```
> import graphics.Rectangle;
> import graphics.Rectangle.*;
> ```
>
> 注意,第二条 import 语句不会导入 Rectangle。
>
> 静态 import 语句是 import 语句另外一种不常用的形式,有关内容将在本章后面介绍。

4. 包的表面层次结构

首先,程序包看起来是有层次的,其实没有。例如,Java 应用程序接口(API)包括 java.awt 包、java.awt.color 包、java.awt.font 包,以及很多以 java.awt 开头的其他程序包。但是,java.awt.color 包、java.awt.font 包,以及其他 java.awt.xxxx 包并不包含于 java.awt 包中。前缀 java.awt(Java 抽象窗口工具包,the Java Abstract Window Toolkit)用以显式地表示许多相关程序包之间的关系,但并不表示它们之间的包含关系。

导入 java.awt.*,导入的是 java.awt 包里的所有类型,但不会导入 java.awt.color 包、java.awt.font 包,或者任何其他 java.awt.xxxx 包。如果有计划要使用 java.awt.color 和 java.awt 中的类和其他类型,必须导入这两个程序包的所有文件:

```
import java.awt.*;
import java.awt.color.*;
```

5.7.3.5 命名歧义性

如果一个程序包里的成员和另一个程序包里的成员同名,而且这两个程序包都导入了,则必须用完全限定名指代每个成员。例如,graphics 包定义了 Rectangle 类,Java.awt 包中也有一个 Rectangle 类。如果 graphics 和 java.awt 都导入了,那么以下语句有歧义性:

```
Rectangle rect;
```

这种情况下,必须使用成员的完全限定名,精确地指出使用的是哪个 Rectangle 类,例如:

```
graphics.Rectangle rect;
```

6. 静态 import 语句

在一些情况下,我们需要频繁访问几个类的静态 final 字段(常量)和静态方法。把这些类的名称反复加为前缀,会导致代码混乱。静态 import 语句解决了导入常量和静态方法问题,这样就不用加这些类的名称为前缀了。

java.lang.Math 类定义了常量 PI 和许多静态方法,包括计算正弦、余弦、正切、平方根、最大值、最小值、指数等。例如:

```
public static final double PI
    = 3.141592653589793;
public static double cos(double a)
{
    ...
}
```

通常，使用其他类的对象，要把其类名作为前缀，如：

```
double r = Math.cos(Math.PI * theta);
```

我们可以用静态 import 语句导入 java.lang.Math 类中的静态成员，这样就不用把其类名 Math 作为前缀了。Math 中的静态成员可以单个导入：

```
import static java.lang.Math.PI;
```

也可以成组导入：

```
import static java.lang.Math.*;
```

这些静态成员一旦导入，可以无条件地使用。例如，前面代码片段的修改版如下：

```
double r = cos(PI * theta);
```

我们可以把常用的常量和静态方法写到自己的类中，然后用静态 import 语句引入。例如：

```
import static mypackage.MyConstants.*;
```

> **注意** 慎用静态 import。过度使用静态 import 会导致代码难读且不易维护，因为代码读者不知道哪个类定义了特殊的静态对象。只有正确使用静态 import，才能移除代码中重复的类名，提高代码易读性。

8.1.4 源文件和类文件的管理

Java 平台的很多实现，依靠分层文件系统来管理源文件和类文件，尽管 Java 语言规范对此没有要求。策略如下。

把类、接口、枚举或注解类型的源代码放到文本文件中，该文件的名称是该类型的简单名，扩展名是 .java。例如：

```
//in the Rectangle.java file
package graphics;
public class Rectangle {
    ...
}
```

然后，把源文件放入一个目录中，该目录的名称要表现出该类型所属的程序包名。

```
.....\graphics\Rectangle.java
```

包成员限定名和文件的路径名是对应的，这里假定使用的是 Microsoft Windows 文件名分隔符反斜杠（对于 Solaris、Linux 和 OS X，则用斜杠）。

- 文件名——graphics.tangle
- 文件的路径名——graphics\Rectangle.java

回顾一下，按照惯例，公司用反向 Internet 域名作为程序包名的起始部分。这样，如果一个公司的 Internet 域名是 example.com，那么其所有程序包的名称都以 com.example 为起始部分。程序包名称的每部分对应一个子目录。所以，如果公司有一个名为 com.example.graphics 的程序包，该包里包含了 Rectangle.java 源文件，那么就有如下一系列子目录：

```
....\com\example\graphics\Rectangle.java
```

编译源文件时,编译器会对源文件中定义的每个类型创建一个不同的输出文件。这个输出文件的基本名是类型名,扩展名是 .class。下面是源文件实例:

```
//in the Rectangle.java file
package com.example.graphics;
public class Rectangle {
        ...
}
class Helper {
        ...
}
```

这个源文件编译后的文件位于如下地址:

<path to the parent directory of the output files>\com\example\graphics\Rectangle.class
<path to the parent directory of the output files>\com\example\graphics\Helper.class

和 .java 源文件一样,编译的 .class 文件也在含有一系列程序包名的目录中。但是,.class 文件的路径和 .java 源文件的路径可以不一致,可以分别设置源文件和类文件的目录:

<path_one>\sources\com\example\graphics\Rectangle.java

<path_two>\classes\com\example\graphics\Rectangle.class

这样做,可以在给其他程序员类目录时不泄露源文件。我们也需要用这种方式管理源文件和类文件,这样编译器和 Java 虚拟机(Java VM)就能找到程序所用的所有类型。

类目录的全路径称为类路径 *<path_two>*\classes。这可以用 CLASSPATH 系统变量设置。编译器和 Java VM 都是把程序包名加入类路径,而构造出 .class 文件的路径。例如,如果类路径是

<path_two>\classes

并且程序包名称是

com.example.graphics

那么,编译器和 Java VM 在如下地址找 .class 文件:

<path_two>\classes\com\example\graphics

类路径可能包含几个路径,路径用分号(Windows 中)或冒号(Solaris、Linux 或 OSX 中)分开。默认情况下,编译器和 Java VM 搜索当前目录和包含 Java 平台类的 JAR 文件,这样这些目录就自动在类路径中了。

设置 CLASSPATH 系统变量

在 Windows、Solaris、Linux 和 OS X 系统中显示当前 CLASSPATH 变量,分别要使用以下命令:

- Windows——C:\> set CLASSPATH
- Solaris、Linux 和 OS X——% echo $ CLASSPATH

删除 CLASSPATH 变量的当前内容要用以下命令:

- Windows——C:\> set CLASSPATH=
- Solaris、Linux 和 OS X——% unset CLASSPATH;export CLASSPATH

设置 CLASSPATH 变量要用以下命令(举例):

- Windows——C:\> set CLASSPATH=C:\users\george\java\classes
- Solaris、Linux 和 OS X——% CLASSPATH=/home/george/java/classes;

export CLASSPATH

8.1.5 小结

要创建类型的程序包，在包含该类型（类、接口、枚举或注解类型）的源文件中，应把 `package` 语句作为第一条语句。要用不同程序包里的公共（`public`）类型，有三个选择：①用该类型的完全限定名；②导入该类型；③导入该类型所属的整个程序包。程序包源文件和类文件的路径名要体现出程序包名。我们需要设置 CLASSPATH，以便编译器和 Java VM 找到所用类型的 `.class` 文件。

8.2 问题和练习：创建和使用包

问题

假设已经写了一些类，这时才决定把它们拆分为三个程序包，如表 8-2 所示。而且，假定这些类目前在一个默认程序包里（即没有 `package` 语句）。

表 8-2 目标程序包

程序包名	类　名
mygame.server	Server
mygame.shared	Utilities
mygame.client	Client

1. 要把每个类放到合适的程序包里，需要在每个源文件中添加哪行代码？
2. 为了遵守目录结构，需要在开发目录（development directory）下创建一些子目录，并把源文件放到恰当的子目录下。必须创建什么子目录？每个源文件应该放到哪个子目录中？
3. 要使源文件得以正确编译，需要对源文件做其他修改吗？若要，如何修改？

练习

下载下述源文件：
- `Client.java`⊖
- `Server.java`⊖
- `Utilities.java`⊜

a. 用下载的源文件实现问题 1 到 3 中提出的修改。
b. 编译修订的源文件。提示：如果在命令行调用编译器（而不是用生成器），要在刚创建的 `mygame` 目录所在的目录中调用编译器。

答案

相关答案参考

http://docs.oracle.com/javase/tutorial/java/package/QandE/packages-answers.html。

⊖ tutorial/java/package/QandE/question/Client.java
⊖ tutorial/java/package/QandE/question/Server.java
⊜ tutorial/java/package/QandE/question/Utilities.java

第 9 章
数字和字符串

本章讨论 Number 类（在 `java.lang` 程序包中）及其子类。9.1 节特别介绍什么情况使用这些类的实例化，而不是基本数据类型。此外，本节还介绍格式化数字输出和执行复杂数学函数运算的类。最后讨论自动装箱（autoboxing）和拆箱（unboxing），以及能简化代码的编译器特征。9.2 节介绍字符，9.3 节讨论字符串。字符串广泛应用于 Java 编程中，是字符的序列。在 Java 程序语言中，字符串是对象。9.3 节介绍了用 `String` 类创建和操作字符串，并对比了 `String` 类和 `StringBuilder` 类。贯穿全章的问题和练习可以帮助读者测试知识掌握情况。

9.1 数字

本节首先讨论 `java.lang` 程序包里的 Number [一] 类及其子类，以及在什么情况下应该用这些类的实例化而非基本数据类型。本节还介绍了 `PrintStream` [二] 类和 `DecimalFormat` [三] 类，这两个类提供的方法可以写格式化数字输出。最后，讨论了 `java.lang` 程序包中的 `Math` [四] 类，该类包含的数学函数可以补充语言内置操作，如三角函数、指数函数等。

9.1.1 Number 类

在操作数字时，大多数情况下代码中使用的是基本类型。例如：

```
int i = 500;
float gpa = 3.65f;
byte mask = 0xff;
```

但是，我们有时需要使用对象，而非基本类型，Java 平台给每个基本数据类型提供了封装（wrapper）类。这些类把基本类型封装到对象中。通常，如果在应该使用对象的地方使用了基本类型，那么编译器会进行封装，即把基本类型装箱到它的封装类中。类似地，如果在应该使用基本数据类型时使用了数字对象，那么编译器会对该对象拆箱。更多信息，请参见后面的 9.1.4 节。所有数字封装类都是抽象类 Number 的子类（如图 9-1 所示）。

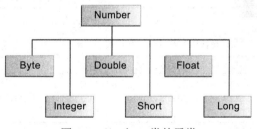

图 9-1　Number 类的子类

> **注意**　这里没有讨论 Number 的其他四个子类。`BigDecimal` 和 `BigInteger` 用于高精度计算；`AtomicInteger` 和 `AtomicLong` 用于多线程应用。

[一]　8/docs/api/java/lang/Number.html
[二]　8/docs/api/java/io/PrintStream.html
[三]　8/docs/api/java/text/DecimalFormat.html
[四]　8/docs/api/java/lang/Math.html

我们有如下三个原因需要用 Number 对象，而非基本数据类型：

1）一个方法的实际参数应该是对象（在操作数字集合时经常使用）。

2）使用类中定义的常量，如 MIN_VALUE 和 MAX_VALUE，它们给出了数据类型的上下界。

3）用类中的方法实现下述转换：值和其他基本类型之间的转换、值和字符串之间的转换、数制系统（十进制、八进制、十六进制、二进制）之间的转换。

表 9-1 列出了由 Number 类的所有子类实现的实例方法。每个 Number 类还包含了其他方法，以实现数字和字符串之间的转换，以及数制系统之间的转换。表 9-2 列出了 Interger 类的这些方法，Number 类的其他子类的方法类似。

表 9-1 Number 类的所有子类实现的方法

方　　法	说　　明
byte byteValue( )	这些方法把 Number 对象的值转换成基本数据类型，并将结果返回
short shortValue( )	
int intValue( )	
long longValue( )	
float floatValue( )	
double doubleValue( )	
int compareTo(Byte anotherByte)	这些方法用于比较 Number 对象和实际参数
int compareTo(Double anotherDouble)	
int compareTo(Float anotherFloat)	
int compareTo(Integer anotherInteger)	
int compareTo(Long anotherLong)	
int compareTo(Short anotherShort)	
boolean equals(Object obj)	这个方法用以判断 Number 对象和实际参数是否相等。如果实际参数不空，并且是相同类型的对象，具有相同的数值，该方法返回真。对于 Double 和 Float 对象，有一些额外要求，相关说明见 Java 应用程序接口（API）文档

表 9-2 Integer 类的转换方法

方　　法	说　　明
static Integer decode(String s)	把一个字符串解码为一个整数，并接收十进制、八进制和十六进制数字的字符串表示作为输入
Static int parseInt(String s)	返回一个整数（仅限十进制）
Static int parseInt(String s, int radix)	给定十进制、二进制、八进制或十六进制数字的字符串表示（radix 分别等于 10、2、8、16）作为输入，返回一个整数
String toString( )	返回一个 String 对象，表示这个 Integer 数的值
static String toString(int i)	返回一个 String 对象，表示指定的整数
static Integer valueOf(int i)	返回一个 Integer 对象，存有指定基本数据的值
static Integer valueOf(String s)	返回一个 Integer 对象，存有指定字符串表示的值
static Integer valueOf(String s, int radix)	返回一个 Integer 对象，存有指定字符串表示的整数值，该值是由 radix 值解析而来的（例如，如果 s 等于 333，radix 等于 8，该方法返回一个等于八进制数 333 的十进制整数）

9.1.2　格式化数字打印输出

前面已经使用 print 和 println 方法把字符串打印到标准输出（System.out）。因为所有的数字都可以转换为字符串（正如我们在本章后面所看到的），所以可以用这些方法打印出字符串和数字的任意混合体。同时，Java 编程语言有其他方法，供我们进行更多的控制来打印含有数字的输出。

1. printf 和 format 方法

在 java.io 程序包里有一个 PrintStream 类，该类有两个格式化方法，可用以取代 print 和 println 方法。这两个方法就是 format 和 printf，它们是等价的。我们熟悉和使用的 System.out 正是一个 PrintStream 对象，因此可以在 System.out 上调用 PrintStream 方法。所以，在代码以前使用 print 或者 println 的任何地方，都可以用 format 或者 printf。例如：

```
System.out.format(...);
```

两个 java.io.PrintStream[一]方法的语法是一样的：

```
public PrintStream format(String format, Object... args)
```

其中，format 是字符串，指定了所用的格式；args 是用这种格式打印的变量列表。下面是一个简单的例子：

```
System.out.format("The value of " + "the float variable is " +
    "%f, while the value of the " + "integer variable is %d, " +
    "and the string is %s", floatVar, intVar, stringVar);
```

第一个参数 format 是格式字符串（format string），指定了第二个参数 args 中的对象是怎样的格式。格式字符串里有纯文本（plain text），也有格式说明符（format specifier），它们是特殊的字符，用来格式化参数 object...args（符号 Object...args 被称为可变参数，即参数的数量是可变的，详情参见 4.1.5 节）。

格式说明符以百分号（%）开头，以转换器（converter）结尾。转换器是一个字符，用来指明被格式化的参数的类型。在百分号和转换器之间，是可选的标识和说明符。在 java.util.Formatter[二]中介绍了许多转换器、标识和说明符。

下面是一个基本例子：

```
int i = 461012;
System.out.format("The value of i is: %d%n", i);
```

%d 指明了这个变量是十进制整数，%n 是换行符，独立于平台（或与平台无关）。该代码输出如下：

```
The value of i is: 461012
```

方法 printf 和 format 被重载了，每种方法都有如下语法的版本：

```
public PrintStream format(Locale l, String format, Object... args)
```

例如，我们要在语法系统下打印数字，即用逗号代替十进制点，则应该使用如下方式：

```
System.out.format(Locale.FRANCE,
    "The value of the float " + "variable is %f, while the " +
    "value of the integer variable " + "is %d, and the string is %s%n",
    floatVar, intVar, stringVar);
```

[一] 8/docs/api/java/io/PrintStream.html

[二] 8/docs/api/java/util/Formatter.html

2. 实例

实例程序 TestFormat.java 给出一些用 format 方法可以实现的格式。表 9-3 和表 9-4 分别列出该 TestFormat.java 中的转换器和标识。相应的输出在内嵌注释的双引号中。

```java
import java.util.Calendar;
import java.util.Locale;

public class TestFormat {

    public static void main(String[] args) {
        long n = 461012;
        System.out.format("%d%n", n);        //  -->  "461012"
        System.out.format("%08d%n", n);      //  -->  "00461012"
        System.out.format("%+8d%n", n);      //  -->  " +461012"
        System.out.format("%,8d%n", n);      //  -->  " 461,012"
        System.out.format("%+,8d%n%n", n);   //  -->  "+461,012"

        double pi = Math.PI;

        System.out.format("%f%n", pi);       //  -->  "3.141593"
        System.out.format("%.3f%n", pi);     //  -->  "3.142"
        System.out.format("%10.3f%n", pi);   //  -->  "     3.142"
        System.out.format("%-10.3f%n", pi);  //  -->  "3.142"
        System.out.format(Locale.FRANCE,
                "%-10.4f%n%n", pi);  //  -->  "3,1416"

        Calendar c = Calendar.getInstance();
        System.out.format("%tB %te, %tY%n", c, c, c); //  -->  "May 29, 2006"

        System.out.format("%tl:%tM %tp%n", c, c, c);  //  -->  "2:34 am"

        System.out.format("%tD%n", c);       //  -->  "05/29/06"
    }
}
```

表 9-3 TestFormat.java 中的转换器

转换器	说 明
D	十进制整数
F	浮点数
N	换行符，适用于运行应用程序的平台，要用 %n，而非 \n
tB	日期和时间转换——特定区域的月份全称
td,te	日期和时间转换——月份的两位数字日期，td 会按需加前置 0（而 te 不会）
ty,tY	日期和时间转换——ty= 两位数字年份，tY= 四位数字年份
Tl	日期和时间转换——12 小时制时间
tM	日期和时间转换——两位数字分钟，必要时加前置 0
Tp	日期和时间转换——特定区域，am（上午）/pm（下午）(小写字母)
Tm	日期和时间转换——两位数字月份，必要时加前置 0
tD	日期和时间转换——日期，格式同 %tm%td%ty

表 9-4 TestFormat.java 中的标识

08	宽度为 8 个字符，必要时加前置 0
+	包含符号，无论正负
,	包含特定区域的分组字符
-	左对齐
.3	十进制小数点后有三位
10.3	宽度为 10 个字符，右对齐，且十进制小数点后有三位

> **注意** 本章讨论只涉及 format 和 printf 方法的基础部分，更多细节参考第 11 章。此外，9.3 节将介绍用 String.format 创建字符串。

3. DecimalFormat 类

我们可以用 java.text.DecimalFormat[①] 类控制前置 0（leading zero）和尾随 0（trailing zero）、前缀和后缀、分组（数千个）分隔符以及十进制分隔符（decimal separator）的显示。DecimalFormat 大大提高了数字格式化的灵活性，但是增加了代码的复杂性。

随后的例子通过向 DecimalFormat 构造函数传递模式串（pattern string），创建了一个 DecimalFormat 对象 myFormatter。紧接着，myFormatter 调用了方法 format()，这是 DecimalFormat 从 NumberFormat 继承来的方法。该方法接收一个 double（双精度浮点型）值作为参数，并以字符串的形式返回格式化数字。下面这个实例程序说明了 DecimalFormat 的使用方法：

```
import java.text.*;

public class DecimalFormatDemo {
   static public void customFormat(String pattern, double value ) {
      DecimalFormat myFormatter = new DecimalFormat(pattern);
      String output = myFormatter.format(value);
      System.out.println(value + "  " + pattern + "  " + output);
   }
   static public void main(String[] args) {

      customFormat("###,###.###", 123456.789);
      customFormat("###.##", 123456.789);
      customFormat("000000.000", 123.78);
      customFormat("$###,###.###", 12345.67);
   }
}
```

输出如下：

```
123456.789  ###,###.###  123,456.789
123456.789  ###.##  123456.79
123.78  000000.000  000123.780
12345.67  $###,###.###  $12,345.67
```

表 9-5 解释了每行输出。

表 9-5 DecimalFormat.java 输出

值	模式（pattern）	输 出	解 释
123456.789	###,###.###	123,456.789	"#" 表示一位数字（digit），"," 是分组分隔符的占位符，"." 是十进制分隔符（小数点）的占位符
123456.789	###.##	123456.79	该值小数点后有三位数字，而模式中只有两位，format 方法用四舍五入法来处理此类情况
123.78	000000.000	000123.780	该模式使用了字符 0 而非 "#"，表示要用前置 0 和尾随 0 补位
12345.67	$###,###.###	$12,345.67	该模式的首字符是 "$"，在格式化输出中，该符号紧挨着最左边的数字，位于其前面

[①] 8/docs/api/java/text/DecimalFormat.html

9.1.3 其他数学运算方法

Java 编程语言支持基本算术运算，算术运算符有 +、-、*、/ 和 %。Java.lang 程序包中的 Math[⊖] 类提供了方法和常数，以支持更高级的数学运算。

Math 类中的方法都是静态的，所以可以从该类中直接调用，如下：

```
Math.cos(angle);
```

> **注意** 利用静态导入（import）语言的特征，就无需在每个 math 函数前写上 Math。
> ```
> import static java.lang.Math.*;
> ```
> 这样，就可以用 Math 类中方法的简单名字来调用它们了：
> ```
> cos(angle);
> ```

1. 常数及其基本方法

Math 类包含两个常数：
- Math.E，自然对数的底
- Maht.PI，圆周率

Math 类还包含 40 多个静态方法，表 9-6 列出了若干基本方法。

表 9-6 基本的数学运算方法

方　　法	说　　明
double abs(double d) float abs(float f) int abs(int i) long abs(long lng)	返回参数的绝对值
int ceil(double d)	返回大于等于双精度浮点型参数的最小整数
int floor(double d)	返回小于等于双精度浮点型参数的最大整数
int rint(double d)	返回与双精度浮点型参数值最接近的整数
long round(double d) int round(float f)	根据方法中给出的返回类型，返回与参数值最接近的长整型（long）或整型（int）数
double min(double arg1, double arg2) float min(float arg1, float arg2) int min(int arg1, int arg2) long min(long arg1, long arg2)	返回两个参数中较小的一个
double max(double arg1, double arg2) float max(float arg1, float arg2) int max(int arg1, int arg2) long max(long arg1, long arg2)	返回两个参数中较大的一个

下面这个程序 BasicMathDemo 说明了如何使用其中一些方法。

```java
public class BasicMathDemo {
    public static void main(String[] args) {
        double a = -191.635;
        double b = 43.74;
```

⊖ 8/docs/api/java/lang/Math.html

```
            int c = 16, d = 45;
    System.out.printf("The absolute value " + "of %.3f is %.3f%n",
                      a, Math.abs(a));
    System.out.printf("The ceiling of " + "%.2f is %.0f%n",
                      b, Math.ceil(b));
    System.out.printf("The floor of " + "%.2f is %.0f%n",
                      b, Math.floor(b));
    System.out.printf("The rint of %.2f " + "is %.0f%n",
                      b, Math.rint(b));
    System.out.printf("The max of %d and " + "%d is %d%n",
                      c, d, Math.max(c, d));
    System.out.printf("The min of of %d " + "and %d is %d%n",
                      c, d, Math.min(c, d));
    }
}
```

该程序的输出是：

```
The absolute value of -191.635 is 191.635
The ceiling of 43.74 is 44
The floor of 43.74 is 43
The rint of 43.74 is 44
The max of 16 and 45 is 45
The min of 16 and 45 is 16
```

2. 指数和对数方法

表 9-7 列出了 Math 类中的指数和对数方法。程序 ExponentialDemo 显示了 "e" 的值，然后调用表 9-7 中的每个方法对任选的数字进行计算。

```
public class ExponentialDemo {
    public static void main(String[] args) {
        double x = 11.635;
        double y = 2.76;

        System.out.printf("The value of " + "e is %.4f%n",
                          Math.E);

        System.out.printf("exp(%.3f) " + "is %.3f%n",
                          x, Math.exp(x));

        System.out.printf("log(%.3f) is " + "%.3f%n",
                          x, Math.log(x));

        System.out.printf("pow(%.3f, %.3f) " + "is %.3f%n",
                          x, y, Math.pow(x, y));

        System.out.printf("sqrt(%.3f) is " + "%.3f%n",
                          x, Math.sqrt(x));
    }
}
```

程序 ExponentialDemo 的运行结果如下：

```
The value of e is 2.7183
exp(11.635) is 112983.831
log(11.635) is 2.454
pow(11.635, 2.760) is 874.008
sqrt(11.635) is 3.411
```

表 9-7 指数和对数方法

方 法	说 明
double exp(double d)	返回底数为 e、指数为给定参数 d 的 "e 的 d 次幂"
double log(double d)	返回参数的自然对数
double pow(double base,double exponent)	返回底数为第一个参数 base、指数为第二个参数 exponent 的 "base 的 exponent 次幂"
double sqrt(double d)	返回参数的平方根

3. 三角函数方法

Math 类也提供了一些三角函数，如表 9-8 所示。传给各方法的值，是角度的弧度表示。可以用 toRadians 方法把角度转换为弧度。

表 9-8 三角函数方法

方 法	说 明
double sin(double d)	返回给定的双精度浮点型值的正弦
double cos(double d)	返回给定的双精度浮点型值的余弦
double tan(double d)	返回给定的双精度浮点型值的正切
Double asin(double d)	返回给定的双精度浮点型值的反正弦
double acos(double d)	返回给定的双精度浮点型值的反余弦
double atan(double d)	返回给定的双精度浮点型值的反正切
double atan2(double y,double x)	把直角坐标 (x, y) 转换为极坐标 (r, theta)，并返回 theta
double toDegree(double d) double toRadians(double d)	把参数转换为度数或弧度

程序 TrigonometricDemo 用表 9-8 中列出的所有方法计算了 45° 角的各种三角函数值：

```java
public class TrigonometricDemo {
    public static void main(String[] args) {
        double degrees = 45.0;
        double radians = Math.toRadians(degrees);

        System.out.format("The value of pi " + "is %.4f%n",
                          Math.PI);

        System.out.format("The sine of %.1f " + "degrees is %.4f%n",
                          degrees, Math.sin(radians));

        System.out.format("The cosine of %.1f " + "degrees is %.4f%n",
                          degrees, Math.cos(radians));

        System.out.format("The tangent of %.1f " + "degrees is %.4f%n",
                          degrees, Math.tan(radians));

        System.out.format("The arcsine of %.4f " + "is %.4f degrees %n",
                          Math.sin(radians),
                          Math.toDegrees(Math.asin(Math.sin(radians))));

        System.out.format("The arccosine of %.4f " + "is %.4f degrees %n",
                          Math.cos(radians),
                          Math.toDegrees(Math.acos(Math.cos(radians))));

        System.out.format("The arctangent of %.4f " + "is %.4f degrees %n",
                          Math.tan(radians),
                          Math.toDegrees(Math.atan(Math.tan(radians))));
    }
}
```

程序输出如下：

```
The value of pi is 3.1416
The sine of 45.0 degrees is 0.7071
The cosine of 45.0 degrees is 0.7071
The tangent of 45.0 degrees is 1.0000
The arcsine of 0.7071 is 45.0000 degrees
The arccosine of 0.7071 is 45.0000 degrees
The arctangent of 1.0000 is 45.0000 degrees
```

4. 随机数

`random()` 方法返回一个 0.0 到 1.0 范围内的伪随机数。这个范围包含 0.0，但不包含 1.0。亦即，`0.0<=Math.random()<1.0`。要想获得一个不同范围内的数，我们可以对 `random` 方法的返回值进行算术运算。例如，要产生 0 到 9 范围内的整数，代码如下所示：

```java
int number = (int)(Math.random() * 10);
```

用该值乘以 10，可能值的范围就变成了 `0.0<=number<10.0`。

如果需要产生单个随机数，那么用 `Math.random` 就足够了。而如果需要产生一系列随机数，则应该创建 `java.util.Random` 的实例，并在该对象上调用方法来产生数字。

9.1.4 自动装箱和拆箱

自动装箱是 Java 编译器在基本数据（primitive）类型和其相应对象封装（wrapper）类之间所做的自动转换（如把 `int` 类型转换为 `Integer` 类，`double` 类型转换为 `Double` 类）。反方向的转换则称为（自动）拆箱。

下面是自动装箱的最简单例子：

```java
Character ch = 'a';
```

本章后续例子将会用到泛型。若不熟悉泛型的语法，请参见第 7 章。

考虑如下代码：

```java
List<Integer> li = new ArrayList<>();
for (int i = 1; i < 50; i += 2)
    li.add(i);
```

尽管我们把 `int` 值作为基本类型而非 `Integer` 对象添加到列表 `li`，代码还是编译通过了。既然 `li` 是 `Integer` 对象列表，而非 `int` 值列表，Java 编译器为什么没有给出编译时错误呢？这是因为，编译器根据 `i` 创建了一个 `Integer` 对象，并把该对象添加到 `li` 中。这样，编译器把前面的代码转换成了如下的运行时代码：

```java
List<Integer> li = new ArrayList<>();
for (int i = 1; i < 50; i += 2)
    li.add(Integer.valueOf(i));
```

把基本类型值（例如 `int`）转换为相应的封装类（`Integer`）对象，称为自动装箱。在如下情况下，Java 编译器使用自动装箱：①基本类型值作为参数传递给一个方法，而该方法接收其相应封装类对象；②基本类型值被赋值给其相应封装类变量。考虑下面的方法：

```java
public static int sumEven(List<Integer> li) {
    int sum = 0;
    for (Integer i: li)
        if (i % 2 == 0)
            sum += i;
    return sum;
}
```

既然求余（%）和一元加（+=）操作不能应用于 Interger 对象，Java 编译器为什么编译通过该方法而没有给出任何错误呢？这是因为，编译器调用 intValue 方法，在运行时把 Interger 转换成了 int。

```java
public static int sumEven(List<Integer> li) {
    int sum = 0;
    for (Integer i : li)
        if (i.intValue() % 2 == 0)
            sum += i.intValue();
    return sum;
}
```

把封装类（Integer）对象转换为相应的基本类型（int）值，称为自动拆箱。在如下情况下，Java 编译器使用自动拆箱：①封装类对象作为参数传递给一个方法，而该方法接收其相应的基本类型值；②封装类对象被赋值给其相应的基本类型变量。

下例给出了自动拆箱的使用：

```java
import java.util.ArrayList;
import java.util.List;

public class Unboxing {

    public static void main(String[] args) {
        Integer i = new Integer(-8);

        // 1. Unboxing through method invocation
        int absVal = absoluteValue(i);
        System.out.println("absolute value of " + i + " = " + absVal);

        List<Double> ld = new ArrayList<>();
        ld.add(3.1416);        // Π is autoboxed through method invocation.

        // 2. Unboxing through assignment
        double pi = ld.get(0);
        System.out.println("pi = " + pi);
    }

    public static int absoluteValue(int i) {
        return (i < 0) ? -i : i;
    }
}
```

程序输出如下：

```
absolute value of -8 = 8
pi = 3.1416
```

自动装箱和拆箱允许开发者写出更干净、更易读的代码。表 9-9 列出了基本数据类型和其相应的封装类，Java 编译器借以实现自动装箱和拆箱。

表 9-9 基本数据类型和等价的封装类

基本数据类型	封装类
boolean	Boolean
byte	Byte
char	Character
float	Float
int	Integer
long	Long
short	Short
double	Double

9.1.5 小结

我们可以用一个封装类（`Byte`、`Double`、`Float`、`Integer`、`Long` 或者 `Short`）把许多基本数据类型封装在一个对象中。必要时，Java 编译器能将基本数据类型自动装箱，也能再将其拆箱。

`Number` 类包含了常数和有用的类方法。常数 `MIN_VALUE` 和 `MAX_VALUE` 分别存放着某类型对象所能含有的最小值和最大值。`byteValue`、`shortValue` 和其他类似的方法能把某种数据类型转换为另外一种。`valueOf` 方法能把字符串转换为数，而 `toString` 方法则能把数转换为字符串。

格式化输出包含数字的字符串时，可以使用类 `PrintStream` 的方法 `printf()` 和 `format()`，也可以使用类 `NumberFormat` 用模式自定义数字格式。

`Math` 类有各种各样的类方法，实现数学函数运算，包括指数、对数和三角函数方法。`Math` 类也包含基本算术函数，如绝对值和取整，以及产生随机数的方法 `random()`。

9.1.6 问题和练习：数字

问题

1. 在 API 文档中找出如下问题的答案：
   a. 如果把一个 `int` 值转换为其对应的十六进制数的字符串表示，应该用哪个 `Integer` 方法？例如，用什么方法可以把整数 65 转换为字符串 41？
   b. 如果把一个五进制数的字符串表示转换为等值的 `int` 值，应该用哪个 `Integer` 方法？例如，如何把字符串 230 转换为整数值 65？给出实现该任务的代码。
   c. 用哪个 `double` 方法可以检测一个浮点数是否具有特殊值 NaN（Not a Number，未定义或不可表示的值）？
2. 下面这个表达式的值是多少，为什么？

   `Integer.valueOf(1).equals(Long.valueOf(1))`

练习

1. 改变程序 `MaxVariablesDemo` 以给出最小值，而不是最大值。可以删除所有与变量 `aChar` 和 `aBoolean` 相关的代码。请问程序最后的输出是什么？
2. 编写程序，从命令行读入若干整数参数，然后求这些数的和。例如，若输入

   `java Adder 1 3 2 10`

   则程序应该显示 16，然后退出。如果用户输入一个参数，程序也能显示错误信息。可以以程序 `ValueOfDemo` 为基础。
3. 编写一个与上述程序类似的程序，区别是：
   - 读入浮点参数，而不是整数参数。
   - 显示这些参数的和，精确到小数点后两位。

   例如，若输入：

   `java FPAdder 1 1e2 3.0 4.754`

   程序显示 108.75。在一些地区，小数点的显示是逗号","而非句点"."。

答案

　　相关答案参考

http://docs.oracle.com/javase/tutorial/java/data/QandE/numbers-answers.html。

9.2 字符

大多数情况下，如果使用单个字符值，我们用基本类型 char。例如：

```
char ch = 'a';
// Unicode for uppercase Greek omega character
char uniChar = '\u03A9';
// an array of chars
char[] charArray = { 'a', 'b', 'c', 'd', 'e' };
```

有时需要把一个 char 型数据当作一个对象来用（例如，某个方法参数是一个对象）。为此，Java 程序语言提供了封装类，把 char 型数据封装在 Character 对象中。Character 类型对象含有一个域（field），其类型是 char。Character[⊖] 类也提供了一系列有用的类方法（如静态方法）来操作字符。

可以用 Character 构造函数创建一个 Character 对象：

```
Character ch = new Character('a');
```

在某些情况下，Java 编译器也能帮助创建 Character 对象。例如，要把一个基本类型 char 数据传递给一个方法，而该方法只能接受对象，那么编译器会自动把 char 数据转换为 Character 对象。如前所述，这个特性称为自动装箱，反之为拆箱。关于装箱和拆箱，请参考 9.1.4 节。

> **注意** Character 类是不可改变的，因此一旦创建了 Character 对象，就不能改变它。

表 9-10 列出了 Character 类中一些最有用的方法，但不详尽。该类所有方法的完整列表，请参考 java.lang.Character API 规范[⊖]。

表 9-10 Character 类中最有用的方法

方　　法	说　　明
boolean isLetter(char ch) boolean isDigit(char ch)	分别用以判断给定的 char 值是否是字母或者数字
boolean isWhitespace(char ch)	判断给定的 char 值是否是空格
boolean isUpperCase(char ch) boolean isLowerCase(char ch)	分别用以判断给定的 char 值是否是大写字母或者小写字母
char toUpperCase(char ch) char toLowerCase(char ch)	分别返回给定 char 值的大写字母或小写字母
toString(char ch)	返回表示给定字符值（即单字符串）的 String 对象

9.2.1 转义字符

如果一个字符前面有反斜杠 "\"，那它是转义字符，对编译器来说有着特殊的意义。

⊖ 8/docs/api/java/lang/Character.html

⊖ 8/docs/api/java/lang/Character.html

表 9-11 给出了 Java 转义字符。

表 9-11 转义字符

转义字符	描述
\t	在文本该位置处插入制表符
\b	在文本该位置处插入退格符
\n	在文本该位置处插入新行
\r	在文本该位置处插入回车符
\f	在文本该位置处插入换页符
\'	在文本该位置处插入单引号字符
\"	在文本该位置处插入双引号字符
\\	在文本该位置处插入反斜杠字符

当输出语句中出现转义字符时，编译器会相应地加以解释。例如，若想在引号中放置引号，必须对内引号用转义字符 \''。要打印出下面这句话：

She said "Hello!" to me.

则要使用语句

```
System.out.println("She said \"Hello!\" to me.");
```

9.3 字符串

字符串是字符的序列，在 Java 编程中广泛使用。在 Java 程序语言中，字符串是对象。Java 平台提供了 String[○] 类来创建和操作字符串。

9.3.1 创建字符串

创建字符串最直接的方式是：

```
String greeting = "Hello world!";
```

这种情况下，"Hello world!" 是字符串常量（string literal），是代码中双引号引起来的一系列字符。编译器一旦在代码中遇到字符串常量，就用该常量值（当前是 Hello world!）创建一个 String 对象。

像其他对象一样，可以用关键字 new 和构造函数创建 String 对象。String 类有 13 个构造函数，允许用不同源（source）数据给出字符串的初值，例如字符数组：

```
char[] helloArray = { 'h', 'e', 'l', 'l', 'o', '.' };
String helloString = new String(helloArray);
System.out.println(helloString);
```

这个代码片段的最后一行显示 hello。

> **注意** String 类是不可改变的，所以，一旦创建了 String 对象，就不能改变。随后会看到，String 类有很多方法似乎是用来改变字符串的。由于字符串是不能改变的，所以这些方法实际上是创建并返回了一个新的字符串，该字符串含有操作的结果。

○ 8/docs/api/java/lang/String.html

9.3.2 字符串长度

用以获取对象信息的方法称为访问方法（accessor method）。对字符串可以使用的一个访问方法是 `length()`，它返回字符串对象中字符的个数。执行下面这两行代码，得到的结果是 `len` 等于 17：

```
String palindrome = "Dot saw I was Tod";
int len = palindrome.length();
```

如果忽略大小写和标点符号，一个单词或句子顺着或逆着拼读都是一样的，则称为回文。下面这个程序可以反转回文字符串，代码短但低效。该程序调用了 `String` 方法 `charAt`（整型索引），返回字符串中指定索引上的字符。（字符串的第一个字符的索引为 0。）

```
public class StringDemo {
    public static void main(String[] args) {
        String palindrome = "Dot saw I was Tod";
        int len = palindrome.length();
        char[] tempCharArray = new char[len];
        char[] charArray = new char[len];

        // put original string in an
        // array of chars
        for (int i = 0; i < len; i++) {
            tempCharArray[i] =
                palindrome.charAt(i);
        }

        // reverse array of chars
        for (int j = 0; j < len; j++) {
            charArray[j] =
                tempCharArray[len - 1 - j];
        }

        String reversePalindrome =
            new String(charArray);
        System.out.println(reversePalindrome);
    }
}
```

该程序的执行结果是：

```
doT saw I was toD
```

要实现字符串的反转，程序先把该字符串转换为字符数组（第一个 `for` 循环），然后把这个数组反转到另外一个数组（第二个 `for` 循环），接下来再转换回字符串。`String`[⊖]类里有一个方法 `getChars()`，可以把字符串或者字符串的一部分转换为字符数组，所以我们可以用如下语句替代程序中第一个 `for` 循环：

```
palindrome.getChars(0, len, tempCharArray, 0);
```

9.3.3 字符串连接

`String` 类有一个方法可以连接两个字符串：

```
string1.concat(string2);
```

这样 `string2` 被添加到 `string1` 的末尾，返回一个新的字符串。也可以用 `concat()` 方法连接字符串常量：

⊖ 8/docs/api/java/lang/String.html

```
"My name is ".concat("Rumplestiltskin");
```

字符串用运算符"+"连接更常用:

```
"Hello," + " world" + "!"
```

其结果是:

```
"Hello, world!"
```

运算符"+"广泛用于 print 语句。考虑下例:

```
String string1 = "saw I was ";
System.out.println("Dot " + string1 + "Tod");
```

输出

```
Dot saw I was Tod
```

这样的连接可以是任意对象的混合。对于非 String 对象,可以调用该对象的 toString() 方法将其转换为 String 对象。

> **注意** Java 程序语言不允许字符串常量在源文件中跨行,所以在多行字符串的每行末尾必须使用连接运算符"+"。例如:
>
> ```
> String quote =
>     "Now is the time for all good " +
>     "men to come to the aid of their country.";
> ```
>
> 在 print 语句中,用连接运算符"+"把字符串拆成多行是非常常见的。

9.3.4 创建格式字符串

我们已经知道,用 printf() 和 format() 方法可以打印格式化数字输出。String 类有一个等价的类方法 format(),该方法返回 String 对象,而非 PrintStream 对象。

用 String 的静态 format() 方法,我们可以创建能多次使用的格式化字符串,这与一次性输出语句完全不同。考虑例子:

```
System.out.printf("The value of the float " +
                  "variable is %f, while " +
                  "the value of the " +
                  "integer variable is %d, " +
                  "and the string is %s",
                  floatVar, intVar, stringVar);
```

我们可以用下面程序来替换它:

```
String fs;
fs = String.format("The value of the float " +
                   "variable is %f, while " +
                   "the value of the " +
                   "integer variable is %d, " +
                   " and the string is %s",
                   floatVar, intVar, stringVar);
System.out.println(fs);
```

9.3.5 数字和字符串之间的转换

1. 把字符串转换为数字

程序常常以字符串对象中的数字数据结束,例如,用户输入的值。把基本数字类型封装起来的 Number 子类（Byte[一]、Integer[二]、Double[三]、Float[四]、Long[五]和 Short[六]）都提供了类方法 valueOf，用来把字符串转换为相应类型对象。下例 ValueOfDemo 从命令行接收两个字符串，把它们转换为数字，并对值进行算术运算：

```
public class ValueOfDemo {
    public static void main(String[] args) {
        // this program requires two
        // arguments on the command line
        if (args.length == 2) {
            // convert strings to numbers
            float a = (Float.valueOf(args[0])).floatValue();
            float b = (Float.valueOf(args[1])).floatValue();

            // do some arithmetic
            System.out.println("a + b = " +
                               (a + b));
            System.out.println("a - b = " +
                               (a - b));
            System.out.println("a * b = " +
                               (a * b));
            System.out.println("a / b = " +
                               (a / b));
            System.out.println("a % b = " +
                               (a % b));
        } else {
            System.out.println("This program " +
                "requires two command-line arguments.");
        }
    }
}
```

在命令行中输入参数 4.5 和 87.2，程序输出如下：

```
a + b = 91.7
a - b = -82.7
a * b = 392.4
a / b = 0.0516055
a % b = 4.5
```

> **注意** 封装了基本数字类型的 Number 子类，每个都提供了 parseXXXX() 方法（例如 parseFloat()），可以用来把字符串转换为基本类型数据。由于 parseFloat() 方法返回的是基本类型数据，而不是对象，所以它比 valueOf() 方法更直接。例如，在程序 ValueOfDemo 中，可以用下面的语句：
>
> ```
> float a = Float.parseFloat(args[0]);
> float b = Float.parseFloat(args[1]);
> ```

2. 把数字转换为字符串

有时，我们需要对数字的字符串形式进行操作，这样就要把数字转换为字符串。把数字转换为字符串，有几种简单的方式：

[一] 8/docs/api/java/lang/Byte.html
[二] 8/docs/api/java/lang/Integer.html
[三] 8/docs/api/java/lang/Double.html
[四] 8/docs/api/java/lang/Float.html
[五] 8/docs/api/java/lang/Long.html
[六] 8/docs/api/java/lang/Short.html

```
int i;
// Concatenate "i" with an empty string; conversion is handled for you.
String s1 = "" + i;
```

或

```
// The valueOf class method.
String s2 = String.valueOf(i);
```

每个 Number 子类都有类方法 toString()，用来把它的基本类型数据转换为字符串。例如：

```
int i;
double d;
String s3 = Integer.toString(i);
String s4 = Double.toString(d);
```

下例 ToStringDemo 用 toString 方法把数字转换成字符串，然后用一些字符串方法分别计算了小数点前后数字的个数：

```
public class ToStringDemo {

    public static void main(String[] args) {
        double d = 858.48;
        String s = Double.toString(d);

        int dot = s.indexOf('.');

        System.out.println(dot + " digits " +
            "before decimal point.");
        System.out.println( (s.length() - dot - 1) +
            " digits after decimal point.");
    }
}
```

程序输出如下：

```
3 digits before decimal point.
2 digits after decimal point.
```

9.3.6 操作字符串中的字符

String 类有很多方法，可用来检查字符串的内容，在字符串里找到字符或子串，改变字符串的大小写，以及完成其他任务。

1. 通过索引获取字符和子串

调用 charAt() 访问方法，我们可以获取字符串中某特定索引位置的字符。第一个字符的索引是 0，而最后一个字符的索引则是 length()-1。例如，下面的代码获取了字符串第 9 个索引位置的字符：

```
String anotherPalindrome = "Niagara. O roar again!";
char aChar = anotherPalindrome.charAt(9);
```

由于索引是从 0 开始的，所以第 9 个索引位置的字符是字母 O，如图 9-2 所示。

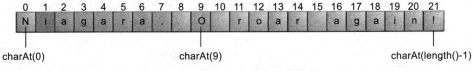

图 9-2　第 9 个索引位置的字符

如果想从字符串中获取多个连续的字符，可以用 substring 方法。substring 方法有两个版本，如表 9-12 所示。

表 9-12 String 类中的子串方法

方　　法	说　　明
String substring(int beginIndex, int endIndex)	该方法把原字符串的子串作为一个新字符串返回。第一个整数参数指定了第一个字符的索引位置，第二个整数参数是最后一个字符的索引减 1
String substring(int beginIndex)	该方法把原字符串的子串作为一个新字符串返回。整数参数指定了第一个字符的索引位置。这里，返回的子串一直延伸到原字符串的末端

再看前面 Niagara（回文）的例子，下面的代码找出了从第 11 个索引到第 15 个索引之前（不包含第 15 个索引）的子串，也就是 "roar"（如图 9-3 所示）。

```
String anotherPalindrome = "Niagara. O roar again!";
String roar = anotherPalindrome.substring(11, 15);
```

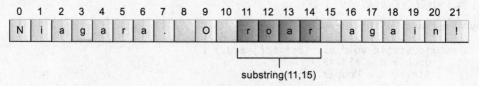

图 9-3　从第 11 个索引到第 15 个索引的子串

2. 操作字符串的其他方法

表 9-13 列出了其他几个操作字符串的 String 类方法。

表 9-13 String 类中操作字符串的其他方法

方　　法	描　　述
String[] split(String regex) String[] split(String regex, int limit)	这些方法搜索字符串参数（含有正则表达式）指定的匹配项，再相应地把字符串拆分到字符串数组中。可选整数参数指定了返回数组的最大长度
CharSequence subSequence(int beginIndex, int endIndex)	该方法返回从索引 beginIndex 开始到 endIndex-1 为止的新字符序列
String trim()	该方法删除字符串首尾的空格，再返回字符串的拷贝
String toLowerCase() String toUpperCase()	这些方法把字符串转换为小写或大写，再返回字符串的拷贝。如果不需要转换，则返回原字符串

3. 搜索字符串中的字符和子串

一些其他 String 方法可以用来在字符串中搜索字符或子串。String 类提供了访问方法，能返回一个特定字符或子串在字符串中的位置：indexOf() 和 lastIndexOf()。indexOf() 方法从字符串的起始位置开始向前搜索，而 lastIndexOf() 方法从字符串的末位开始向后搜索。如果找不到字符或子串，indexOf() 和 lastIndexOf() 返回 -1。

String 类也提供了搜索方法 contains。如果字符串含有特定字符序列，该方法返回 true（真）。当只需要知道字符串中含有一个字符序列，而不需要知道其确切位置时，可以使用 contains 方法。表 9-14 描述了各种字符串搜索方法。

表 9-14 String 类中的搜索方法

方　　法	说　　明
int indexOf(int ch) int lastIndexOf(int ch)	返回指定字符第一次（最后一次）出现的索引位置

方法	说明
int indexOf(int ch,int fromIndex) int lastIndexOf(int ch,int fromIndex)	从指定的索引位置向前（向后）搜索，返回指定字符第一次（最后一次）出现的索引位置
int indexOf(String str) int lastIndexOf(String str)	返回指定子串第一次（最后一次）出现的索引位置
int indexOf(String str,int fromIndex) int lastIndexOf(String str,int fromIndex)	从指定的索引位置向前（向后）搜索，返回指定子串第一次（最后一次）出现的索引位置
boolean contains(CharSequence s)	如果字符串含有指定字符序列，返回true

> **注意** CharSequence是String类实现的接口。所以，可以用字符串作为contains()方法的实际参数。

4. 替换字符串中的字符和子串

String类有少数方法可以用来在字符串中插入字符或子串。通常不需要这样的方法：可以通过把从字符串中移出来的子串和要插入的子串连接起来，创建一个新字符串。但是，String类确实有四个方法来替换搜索到的字符和子串，如表9-15所示。

表9-15 String类中替换字符串的方法

方法	说明
String replace(char oldChar, char newChar)	用newChar替换oldChar在字符串中的所有出现，返回新字符串
String replace(CharSequence target, CharSequence replacement)	用指定的文本替换序列替换与文本目标序列匹配的每个子串
String replaceall(String regex, String replacement)	用给定的替换序列替换与给定正则表达式匹配的每个子串
String replaceFirst(String regex, String replacement)	用给定的替换序列替换与给定正则表达式匹配的第一个子串

5. 实例

下述类Filename解释如何用lastIndexOf()和substring()来分离出文件名的不同部分：

```java
public class Filename {
    private String fullPath;
    private char pathSeparator,
                 extensionSeparator;

    public Filename(String str, char sep, char ext) {
        fullPath = str;
        pathSeparator = sep;
        extensionSeparator = ext;
    }

    public String extension() {
        int dot = fullPath.lastIndexOf(extensionSeparator);
        return fullPath.substring(dot + 1);
    }

    // gets filename without extension
```

```
    public String filename() {
        int dot = fullPath.lastIndexOf(extensionSeparator);
        int sep = fullPath.lastIndexOf(pathSeparator);
        return fullPath.substring(sep + 1, dot);
    }
    public String path() {
        int sep = fullPath.lastIndexOf(pathSeparator);
        return fullPath.substring(0, sep);
    }
}
```

> **注意** Filename 类中的方法没有做任何错误检查，并假设其实际参数含有完整的目录路径和带有扩展名的文件名。如果这些方法是产品代码，则要验证它们的实际参数构造的正确性。

程序 FilenameDemo 构造了一个 Filename 对象，并调用了其所有方法：

```
public class FilenameDemo {
    public static void main(String[] args) {
        final String FPATH = "/home/user/index.html";
        Filename myHomePage = new Filename(FPATH, '/', '.');
        System.out.println("Extension = " + myHomePage.extension());
        System.out.println("Filename = " + myHomePage.filename());
        System.out.println("Path = " + myHomePage.path());
    }
}
```

程序输出如下：

```
Extension = html
Filename = index
Path = /home/user
```

如图 9-4 所示，extension 方法用 lastIndexOf 定位到句点（.）在文件名中的最后一次出现。然后，substring 用 lastIndexOf 的返回值提取出文件扩展名，也就是从句点（.）开始到字符串末位为止的子串。这段代码假定文件名中有句点（.）。如果文件名中没有句点，lastIndexOf 返回 -1，而 substring 方法抛出异常 StringIndexOutOfBoundsException。

图 9-4　分离文件名不同部分

注意，extension 方法把 dot+1 作为 substring 的实际参数。如果句点字符（.）是字符串的最后一个字符，那么 dot+1 等于字符串的长度，比字符串最大索引大 1（因为索引是从 0 开始的）。对 substring 方法来说，这是合法的参数，因为该方法接收等于但不大于字符串长度的索引值，并把其解释为表示字符串的结束。

9.3.7　比较字符串和字符串的子串

String 类有很多方法用以比较字符串和字符串的子串，如表 9-16 所示。

表 9-16　字符串比较方法

方　　法	说　　明
boolean endsWith(String suffix) boolean startsWith(String prefix)	如果字符串是以方法参数指定的子串结尾或开头的，这些方法返回 true

方 法	说 明
boolean startsWith(String prefix, int offset)	该方法考虑从索引位置 offset 开始的字符串，如果该字符串是以参数指定的子串开头的，则返回 true
int compareTo(String anotherString)	该方法按照字典序比较两个字符串。返回一个整数值，以指出该字符串是大于 (>0)、等于 (=0) 还是小于 (<0) 参数。
int compareToIgnoreCase (String str)	该方法按照字典序比较两个字符串，但忽略大小写。返回一个整数值，以指出该字符串是大于 (>0)、等于 (=0) 还是小于 (<0) 参数。
boolean equals(Object anObject)	当且仅当实际参数是 String 对象，并和该对象表示同一个字符序列时，该方法返回 true
boolean equalsIgnoreCase(String anotherString)	当且仅当实际参数是 String 对象，而且忽略大小写、和该对象表示同一个字符序列时，该方法返回 true
boolean regionMatches(int toffset, String other, int ooffset, int len)	该方法测试该字符串指定区段是否与 String 参数指定区段相匹配。区段的长度是 len，该字符串的起始位置是索引 toffset，而参数字符串的起始位置是索引 ooffset
boolean regionMatches(boolean ignoreCase, int toffset, String other, int ooffset, int len)	该方法测试该字符串指定区段是否与 String 参数指定区段相匹配。区段的长度是 len，该字符串的起始位置是索引 toffset，而参数字符串的起始位置是索引 ooffset。布尔参数指示是否忽略大小写，若为 true，则在比较时忽略大小写
boolean matches(String regex)	该方法测试该字符串是否与指定正则表达式相匹配。有关正则表达式，请参见第 14 章

如下程序 RegionMatchesDemo 用 regionMathches 方法在一个字符串里搜索另一个字符串：

```
public class RegionMatchesDemo {
    public static void main(String[] args) {
        String searchMe = "Green Eggs and Ham";
        String findMe = "Eggs";
        int searchMeLength = searchMe.length();
        int findMeLength = findMe.length();
        boolean foundIt = false;
        for (int i = 0;
             i <= (searchMeLength - findMeLength);
             i++) {
            if (searchMe.regionMatches(i, findMe, 0, findMeLength)) {
                foundIt = true;
                System.out.println(searchMe.substring(i, i + findMeLength));
                break;
            }
        }
        if (!foundIt)
            System.out.println("No match found.");
    }
}
```

程序输出 Eggs。

该程序在 searchMe 字符串中一次一个字符地查看。对每个字符，程序调用 regionMatches 方法来判定从当前字符开始的子串是否与程序要搜索的字符串匹配。

9.3.8 StringBuilder 类

StringBuilder⊖对象除了可以修改外，与 String⊖对象类似。从内部来看，String

⊖ 8/docs/api/java/lang/StringBuilder.html
⊖ 8/docs/api/java/lang/String.html

Builder 对象就像含有字符序列的变长数组一样。在任何时候，序列的长度和内容都可以通过调用方法来改变。

除非字符串生成器（string builder）能在更好性能或更简单代码方面有优势，否则我们通常使用字符串（示例程序参阅本节"类 StringBuilder 的应用实例"部分）。例如，若需把大量字符串连接起来，附加 StringBuilder 对象更有效。

1. 长度和容量

像 String 类一样，StringBuilder 类有 length() 方法，能返回该生成器中字符序列的长度。与 String 类不同，每个字符串生成器还有容量——分配的字符空间大小。capacity() 方法可以返回容量。容量通常大于或等于长度（一般大于），并在必要时自动扩展，以容纳添加到字符串生成器中的字符。例如，下面的代码创建了长度为 9、容量为 16 的字符串生成器（如图 9-5 所示）。

```
// creates empty builder, capacity 16
StringBuilder sb = new StringBuilder();
// adds 9 character string at beginning
sb.append("Greetings");
```

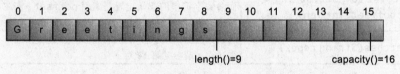

图 9-5 创建 StringBuilder

表 9-17 为 StringBuilder 的构造函数。

表 9-17 StringBuilder 构造函数

构造函数	说明
StringBuilder()	创建一个空字符串生成器，容量为 16（16 个空元素）
StringBuilder(CharSequence cs)	构造一个字符串生成器，内含与指定 CharSequence 相同的字符，而且尾随着 CharSequence 额外附加 16 个空元素
StringBuilder(int initCapacity)	创建一个空字符串生成器，初始容量指定
StringBuilder(String s)	创建一个字符串生成器，其值初始化为指定字符串，而且尾随着字符串额外附加 16 个空元素

StringBuilder 类有一些与长度和容量相关的方法，而 String 类则没有（如表 9-18 所示）。许多操作（如 append()、insert() 或 setLength()）会增加字符串生成器中字符序列的长度，这样结果长度 length() 就会大于当前容量 capacity()。当发生这种情况时，容量会自动增加。

表 9-18 长度和容量方法

方法	说明
void setLength(int newLength)	该方法设置字符序列的长度。如果 newLength 比 length() 小，字符序列最后面的字符就被截断。如果 newLength 比 length() 大，则在字符序列的末端增加空字符
Void ensureCapacity(int minCapacity)	该方法确保容量至少等于指定的最小值

2. StringBuilder 的操作

append() 和 insert() 方法是 StringBuilder 的主要操作，而 String 则没有

这两个方法。为了使这两个方法能接收任何类型的数据，它们被重载了。每个方法把参数转换为字符串，然后把这个字符串的字符追加或插入字符串生成器的字符序列中。追加（append）方法总是把这些字符添加到现有字符序列的末尾，而插入（insert）方法则把这些字符添加到指定位置。表 9-19 给出了 StringBuilder 类的许多方法。

表 9-19 StringBuilder 的方法

方 法	说 明
StringBuilder append(boolean b) StringBuilder append(char c) StringBuilder append(char[] str) StringBuilder append(char[] str, int offset,int len) StringBuilder append(double d) StringBuilder append(float f) StringBuilder append(int i) StringBuilder append(long lng) StringBuilder append(object obj) StringBuilder append(String s)	这些方法把参数追加到字符串生成器。在追加操作发生之前，数据要转换成字符串
StringBuilder delete(int start,int end) StringBuilder deleteCharAt(int index)	第一个方法在 StringBuilder 的 char 序列中，删除从 start 开始到 end-1（包含在内）为止的子序列。第二个方法删除位于 index 位置的字符
StringBuilder insert(int offset,boolean b) StringBuilder insert(int offset,char c) StringBuilder insert(int offset,char[] str) StringBuilder insert(int index,char[] str, int offset,int len) StringBuilder insert(int offset,double d) StringBuilder insert(int offset,float f) StringBuilder insert(int offset,int i) StringBuilder insert(int offset,long lng) StringBuilder insert(int offset,Object obj) StringBuilder insert(int offset,String s)	这些方法把第二个参数插入字符串生成器中。第一个整数参数指明了索引，数据将插在这个索引的前面。在插入操作发生之前，数据要转换成字符串
StringBuilder replace(int start,int end, String s) void setCharAt(int index,char c)	这些方法在字符串生成器中替换指定的字符
StringBuilder reverse()	该方法把字符串生成器中的字符序列反转
String toString()	该方法返回一个字符串，其包含生成器中的字符序列

> **注意** 我们可以把 String 的任何方法用到 StringBuilder 对象上，不过首先要用 StringBuilder 类的 toString() 方法把字符串生成器转换为字符串。然后，用 StringBuilder(String str) 构造函数再把字符串转换回字符串生成器。

3. 类 StringBuilder 的应用实例

9.3.2 节给出的 StringDemo 程序如果用 StringBuilder 而不是 String，会更有

效。StringDemo 能反转回文。该程序如下所示：

```java
public class StringDemo {
    public static void main(String[] args) {
        String palindrome = "Dot saw I was Tod";
        int len = palindrome.length();
        char[] tempCharArray = new char[len];
        char[] charArray = new char[len];

        // put original string in an
        // array of chars
        for (int i = 0; i < len; i++) {
            tempCharArray[i] =
                palindrome.charAt(i);
        }

        // reverse array of chars
        for (int j = 0; j < len; j++) {
            charArray[j] =
                tempCharArray[len - 1 - j];
        }

        String reversePalindrome =
            new String(charArray);
        System.out.println(reversePalindrome);
    }
}
```

程序的执行结果是：

doT saw I was toD

要实现字符串的反转，程序先把字符串转换成了字符数组（第一个 for 循环），然后把这个数组反转存入另一个数组（第二个 for 循环），再转换回字符串。

如果我们把回文字符串转换成字符串生成器，就可以用 StringBuilder 类中的 reverse() 方法，这使得代码更简单、易读：

```java
public class StringBuilderDemo {
    public static void main(String[] args) {
        String palindrome = "Dot saw I was Tod";

        StringBuilder sb = new StringBuilder(palindrome);

        sb.reverse();  // reverse it

        System.out.println(sb);
    }
}
```

该程序输出同样的结果：

doT saw I was toD

注意，println() 能打印字符串生成器，这是因为 sb.toString() 被隐式调用，正如它与任何其他对象在 println() 调用中一样。

System.out.println(sb);

> **注意** 另有 StringBuffer 类，它与 StringBuilder 类完全一致，但是因为其方法是同步的，所以该类是线程安全的。有关线程请参见第 13 章。

9.3.9 小结

大多数情况下，如果使用单个字符值，我们用基本类型 char。但是，有时需要把一个 char 型数据当作一个对象来用（例如，某个方法参数是一个对象）。为此，Java 程序语言提供了封装类，把 char 型数据封装在 Character 对象中。Character 类对象含有一个域（field），其类型是 char。Character 类也提供了一系列有用的类（即静态）方法来操作字符。

字符串是字符的序列，在 Java 编程中广泛使用。在 Java 程序语言中，字符串是对象。String[1] 类有 60 多个方法和 13 个构造函数。一般用下面语句的某个变体来创建字符串，而不是使用 String 构造函数：

```
String s = "Hello world!";
```

String 类有很多方法可以查找和检索子串，然后用连接操作符"+"就可以很容易地把这些子串重组为新字符串。String 类也包含了许多实用方法，包括 split()、toLowerCase()、toUpperCase() 和 valueOf()。要把用户输入的字符串转换为数字，valueOf() 方法是必不可少的。Number 子类也有方法用以实现字符串和数字之间的相互转换。

除了 String 类，还有 StringBuilder[2] 类。使用 StringBuilder 对象有时比用字符串更有效。StringBuilder 类提供了一些有用的字符串方法，包括 reverse()。但是，通常 String 类中的方法更多样。

用 StringBuilder 构造函数可以把字符串转换为字符串生成器。用 toString() 方法则可以把字符串生成器转换为字符串。

9.3.10 问题和练习：字符和字符串

问题

1. 下面字符串生成器的初始容量是多少？

   ```
   StringBuilder sb = new StringBuilder("Able was I ere I saw Elba.");
   ```

2. 考虑下面字符串：

   ```
   String hannah = "Did Hannah see bees? Hannah did.";
   ```

   a. 表达式 hannah.length() 的值是多少？
   b. 调用方法 hannah.charAt(12)，返回值是多少？
   c. 在 hannah 指向的字符串中有一个字母 b，写一个表达式指向这个字母 b。

3. 下面的表达式返回的字符串有多长？这个字符串是什么？

   ```
   "Was it a car or a cat I saw?".substring(9, 12)
   ```

4. 下面的程序 ComputeResult 中，在每行带编号的代码执行后，result 的值是多少？

   ```
   public class ComputeResult {
       public static void main(String[] args) {
           String original = "software";
   ```

---

[1] 8/docs/api/java/lang/String.html

[2] 8/docs/api/java/lang/StringBuilder.html

```
            StringBuilder result = new StringBuilder("hi");
            int index = original.indexOf('a');

/*1*/       result.setCharAt(0, original.charAt(0));
/*2*/       result.setCharAt(1, original.charAt(original.length()-1));
/*3*/       result.insert(1, original.charAt(4));
/*4*/       result.append(original.substring(1,4));
/*5*/       result.insert(3, (original.substring(index, index+2) + " "));

            System.out.println(result);
        }
    }
```

习题

1. 请给出两种连接下面两个字符串的方法，连接结果是字符串 "Hi, mom."：

   ```
   String hi = "Hi, ";
   String mom = "mom.";
   ```

2. 请编写程序，根据全名给出人名首字母缩写，并显示出来。
3. 调换某个单词或短语中的字母，可以得到重组字（anagram）。例如，parliament 是 partial men 的重组字，software 是 swear oft 的重组字。请编写一个程序，判断出一个字符串是否是另一个字符串的重组字。忽略空格和标点。

答案

相关答案参考

http://docs.oracle.com/javase/tutorial/java/data/QandE/characters-answers.html。

第 10 章

异　常

Java 程序语言用异常（exception）处理错误和其他异常事件。本章介绍了何时和怎样使用异常。10.1 节定义异常。异常就是在程序执行过程中发生的、破坏程序正常指令流的事件。10.2 节介绍捕获或指明规定，并描述了三种异常。10.3 节涵盖如何捕获和处理异常，内容包括 try、catch 和 finally 块。10.4 节介绍如何详细指明方法抛出的异常。10.5 节的内容是如何抛出异常，链式异常和创建异常类。10.6 节解释了对 RuntimeException 子类指出的未检查异常的正确和不正确使用。10.7 节讨论了用异常管理错误，与传统的错误管理技术相比，这样做有哪些优点。章末给出总结和相应的问题和练习，帮助读者加深理解。

10.1　什么是异常

异常是异常事件（exceptional event）的简称。

> **定义**　异常就是在程序执行过程中发生的、破坏程序正常指令流的事件。

当方法中出现错误时，该方法就会创建一个对象，并把它传给运行时系统。这个对象，称为异常对象，它含有错误的相关信息，包括类型和错误发生时程序的状态。创建异常对象，并将其传给运行时系统，称为抛出异常（throwing an exception）。

当一个方法抛出异常后，运行时系统会尝试处理该异常，可能会报错的方法所调用的方法的有序列表，称为调用栈，如图 10-1 所示。

运行时系统搜索调用栈，找到包含处理异常的代码块的方法。这个代码块称为异常处理函数（exception handler）。搜索先从发生错误的方法开始，再按照方法调用的逆序搜索调用栈。当找到一个适用的处理函数时，运行时系统就把异常传给处理函数。如果抛出来的异常对象的类型与处理函数能处理的类型匹配，则这个异常处理函数就认为是适用的。

选择异常处理函数就是捕获异常。如果运行时系统遍历了调用栈中的所有方法，都没有找到适用的异常处理函数，如图 10-2 所示，运行时系统（从而程序）终止。

与传统错误管理技术相比，用异常管

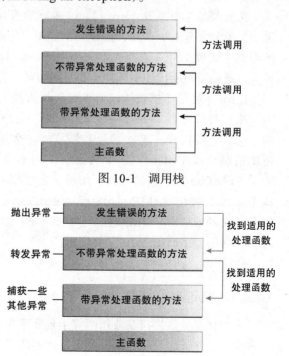

图 10-1　调用栈

图 10-2　在调用栈中搜索异常处理函数

理错误有一些优点。有关这方面的更多内容请见 10.7 节。

10.2 捕获或指明规定

合法的 Java 程序语言代码必须遵循捕获或指明规定。这就意味着，抛出某些异常的代码必须满足下面两种情况之一：

- 含有捕获异常的 `try` 语句。`try` 语句必须给出异常处理函数，将在 10.3 节介绍。
- 含有指明会抛出异常的方法。该方法必须提供列出异常的 `throws` 子句，将在 10.4 节介绍。

不遵循捕获或指明规定的代码不能编译。但是，不是所有异常都受限于捕获或指明规定。为了理解其中的原因，我们需要看一看异常的三个基本类别，只有其中一个类别受限于这个规定。

10.2.1 三类异常

第一类异常是已检查异常（checked exception）。这些异常情况是一个写得很好的应用程序应该预见和恢复的。例如，假设一个应用程序提示用户输入一个文件名，然后把文件名传给 `java.io.FileReader` 构造函数，打开该文件。正常情况下，用户会提供一个现有的可读文件的文件名，因此，`FileReader` 对象的构造函数会成功执行，而应用程序也就正常地继续执行。但是，有时，用户提供的是一个尚不存在的文件的文件名，构造函数就会抛出异常 `java.io.FileNotFoundException`。一个写得好的程序会捕获到该异常，并把错误通知给用户，也许会提示一个校正过的文件名。

已检查异常受限于捕获或指明规定。除了那些 `Error`、`RuntimeException` 和它们的子类指示的异常外，其他的所有异常都是已检查异常。

第二类异常是错误（error）。这些异常情况对应用程序来说是外部的，通常是应用程序无法预见和恢复的。例如，假设一个应用程序成功地打开了输入文件，但因为硬件或系统故障而无法读取文件。读取失败将抛出 `java.io.IOError` 异常。应用程序可以选择捕获该异常，通知用户所出现的问题；也可以打印栈跟踪（stack trace）并退出。

`Error` 不受限于捕获或指明规定，而是由 `Error` 及其子类指示。

第三种异常是运行时异常（runtime exception）。这些异常情况对应用程序来说是内部的，通常是应用程序无法预见和恢复的。这样的异常通常会指出程序的错误（bug），例如逻辑错误或者应用程序接口（API）使用不当。例如，前面描述的应用程序，把文件名传给了 `FileReader` 构造函数。如果一个逻辑错误导致传给构造函数的是一个空指针 null，构造函数会抛出 `NullPointerException` 异常。应用程序可以捕获该异常，但是可能更有意义的做法是，消除造成异常的 bug。运行时异常不受限于捕获或指明规定，而是由 `RuntimeException` 及其子类指示。

错误和运行时异常统称为未检查异常。

10.2.2 绕过捕获或指明

一些程序员认为捕获或指明规定是异常机制中一个严重缺陷，并用未检查异常取代已检查异常，绕过了这一规定。一般来说，不建议这样做。10.6 节讨论了适合使用未检查异常的情况。

10.3 捕获和处理异常

本节介绍了如何用异常处理函数的三个组成部分（`try`、`catch` 和 `finally` 块）来写异常处理函数。然后解释 `try-with-resources` 语句。`try-with-resources` 语句尤其适合使用了可关闭（`Closeable`）资源的情况，例如数据流（`stream`）。本节最后一部分举例分析了各种情况下发生的问题。

下面这个例子定义并实现了一个类 `ListOfNumbers`。在构造过程中，`ListOfNumbers` 创建了 `ArrayList`，它包含 10 个整数元素，其值依次从 0 到 9。`ListOfNumbers` 类还定义了方法 `writeList`，该方法把数字列表写入文本文件 `OutFile.txt` 中。这个例子用到了 `java.io` 中定义的输出类。有关输出类的信息请参见第 11 章。

```java
// Note: This class will not compile yet.
import java.io.*;
import java.util.List;
import java.util.ArrayList;

public class ListOfNumbers {

    private List<Integer> list;
    private static final int SIZE = 10;

    public ListOfNumbers () {
        list = new ArrayList<Integer>(SIZE);
        for (int i = 0; i < SIZE; i++) {
            list.add(new Integer(i));
        }
    }

    public void writeList() {
        // The FileWriter constructor throws IOException, which must be caught.
        PrintWriter out = new PrintWriter(new FileWriter("OutFile.txt"));

        for (int i = 0; i < SIZE; i++) {
            // The get(int) method throws IndexOutOfBoundsException, which must be caught.
            out.println("Value at: " + i + " = " + list.get(i));
        }
        out.close();
    }
}
```

第一行黑体字代码调用了构造函数。构造函数初始化文件输出流，如果文件不能打开，构造函数会抛出异常 `IOException`。第二行黑体字代码调用了 `ArrayList` 类的 `get` 方法，如果其参数值太小（小于 0）或者太大（大于 `ArrayList` 当前包含的元素个数），则抛出异常 `IndexOutOfBoundsException`。

如果试着编译 `ListOfNumbers` 类，编译器会打印出有关 `FileWriter` 构造函数抛出异常的错误信息。但是，不会显示有关 `get` 方法抛出异常的错误信息。这是因为，构造函数抛出的异常 `IOException` 是已检查异常，而 `get` 方法抛出的异常 `IndexOutOfBoundsException` 是未检查异常。

现在，我们熟悉了 `ListOfNumbers` 类，知道在哪里该类会抛出异常，我们已准备好编写异常处理函数来捕获和处理这些异常。

10.3.1 `try` 块

构造异常处理函数的第一步是把可能抛出异常的代码放入 `try` 块。一般情况下，`try`

块看起来是这样的：

```
try {
    code
}
catch and finally blocks ...
```

例子中，用 code 标识的片段，含有一个或多个能抛出异常的合法代码行。（catch 和 finally 块将在接下来的两小节介绍）。

为了给 ListOfNumbers 类中的 writeList 方法构造异常处理函数，我们把 writeList 中的异常抛出语句放入 try 块。可以有多种实现方法：可以把每行可能抛出异常的代码放到它自己的 try 块里，并为每行代码提供单独的异常处理函数；也可以把 writeList 代码放入一个 try 块，并提供与之关联的多个处理函数。由于问题代码非常短，所以下面这个例子只用了一个 try 块：

```
private List<Integer> list;
private static final int SIZE = 10;

public void writeList() {
    PrintWriter out = null;
    try {
        System.out.println("Entered try statement");
        out = new PrintWriter(new FileWriter("OutFile.txt"));
        for (int i = 0; i < SIZE; i++) {
            out.println("Value at: " + i + " = " + list.get(i));
        }
    }
    catch and finally blocks ...
}
```

如果异常发生在 try 块里，与之关联的异常处理函数会对其处理。要把异常处理函数与 try 块关联起来，必须在 try 块后面放上 catch 块，接下来会介绍怎样实现。

10.3.2　catch 块

在 try 块后面直接提供一个或多个 catch 块，就可以把异常处理函数和 try 块关联起来了。在 try 块的结尾和 catch 块的开头之间不能有代码：

```
try {

} catch (ExceptionType name) {

} catch (ExceptionType name) {

}
```

每个 catch 块是一个异常处理函数，其参数指定了可以处理的异常类型。参数类型 ExceptionType 声明了处理函数能处理的异常类型，而且必须是从 Throwable 类继承的类的名字。处理函数可以用 name 来引用异常。

只有在调用异常处理函数时，才执行 catch 块包含的代码。如果在调用栈中，该异常处理函数是第一个满足 ExceptionType 与抛出的异常类型匹配的程序，运行时系统就会调用该处理函数。如果抛出的对象能合法赋值给异常处理函数的参数，则系统认为匹配。以下是 writeList 方法的两个异常处理函数：

```
try {

} catch (IndexOutOfBoundsException e) {
```

```
        System.err.println("IndexOutOfBoundsException: " + e.getMessage());
    } catch (IOException e) {
        System.err.println("Caught IOException: " + e.getMessage());
    }
```

异常处理函数能做到不止打印错误信息或停止程序，它们也能完成错误恢复，提醒用户做决定，或者用链式异常把错误传递给更高层的处理函数，10.5.5 节将加以介绍。

用一个异常处理函数捕获多种异常

单个的 catch 块能处理多种异常。这一特性可以减少重复代码，并减少捕获过于广泛异常的做法。在 catch 子句，要指定该块能处理的异常类型，并用竖线"｜"把每种异常类型分隔开：

```
catch (IOException|SQLException ex) {
    logger.log(ex);
    throw ex;
}
```

> **注意** 如果 catch 块处理多种异常类型，那么 catch 的形式化参数隐式声明为 final。本例中，catch 形式化参数 ex 是 final 的，所以不能在 catch 块中给 ex 赋值。

10.3.3 finally 块

从 try 块退出后要执行 finally 块。这就确保了，即使有意外异常发生，finally 块也是要执行的。但是，finally 块不只是对异常处理有用——它允许程序员避免了 return、continue 或 break 意外绕过清除代码（cleanup code）的情况。把清除代码放在 finally 块永远是一个好习惯，即使没有预期的异常。

> **注意** 如果在 try 或 catch 代码执行过程中，Java 虚拟机（Java VM）退出，那么 finally 块就不能执行了。同样，如果执行 try 或 catch 代码的线程被中断或强制退出，即使整个应用程序还在继续，finally 块也不能执行了。

这里，writeList 方法的 try 块打开了 PrintWriter，程序要在 writeList 方法退出之前关闭数据流。由于 wirteList 的 try 块可以以如下三种方式之一退出，这就造成了稍许复杂的问题：

1）new FileWriter 语句执行失败，并抛出 IOException 异常。
2）List.get(i) 语句执行失败，并抛出 IndexOutOfBoundsException 异常。
3）每条语句都成功执行，try 块正常退出。

无论 try 块中发生了什么，运行时系统总是执行 finally 块中的语句。因此，在这里实现清除是最合适的。

如下是 wirteList 方法的 finally 块清除并关闭了 PrintWriter：

```
finally {
    if (out != null) {
        System.out.println("Closing PrintWriter");
        out.close();
    } else {
```

```
            System.out.println("PrintWriter not open");
        }
    }
```

> **注意** finally 块是防止资源泄漏（resource leak）的重要工具。在关闭文件或以其他方式恢复资源（recovering resource）时，把代码放在 finally 块能确保资源总能得以恢复。
>
> 当系统资源不再使用时，可以考虑使用 try-with-resources 语句，该语句会自动释放这些资源。这将在下一节详细介绍。

10.3.4 try-with-resources 语句

try-with-resource 语句是声明了一个或多个资源的 try 语句。所谓资源，就是程序使用后必须关闭的对象。try-with-resources 语句确保每个资源在语句结束时就能被关闭。实现了 java.lang.AutoCloseable 的任何一个对象（其中包括实现了 java.io.Closeable 的所有对象）可当做资源使用。

下例实现了读取文件的第一行。该程序使用 BufferedReader 的实例读取文件中的数据。BufferedReader 是一个资源，程序使用后必须关闭：

```
static String readFirstLineFromFile(String path) throws IOException {
    try (BufferedReader br =
                   new BufferedReader(new FileReader(path))) {
        return br.readLine();
    }
}
```

本例中，try-with-resources 语句中声明的资源是 BufferedReader。声明语句在紧跟着关键字 try 的圆括号里。BufferedReader 类实现了 java.lang.AutoCloseable 接口。因为 BufferedReader 实例是在 try-with-resources 语句中声明的，所以无论 try 语句是正常完成还是意外结束（其结果是，方法 BufferedReader.readLine 抛出异常 IOexception），它都将被关闭。

finally 块来可用于关闭资源，而不管 try 语句是正常完成还是意外结束。下例使用了 finally 块，而不是 try-with-resources 语句：

```
static String readFirstLineFromFileWithFinallyBlock(String path)
                                                    throws IOException {
    BufferedReader br = new BufferedReader(new FileReader(path));
    try {
        return br.readLine();
    } finally {
        if (br != null) br.close();
    }
}
```

但在本例中，如果方法 readLine 和 close 都抛出异常，那么方法 readFirstLineFromFileWithFinallyBlock 会抛出 finally 块抛出的异常，而 try 块抛出的异常被抑制。相反地，在例 readFirstLineFromFile 中，如果 try 块和 try-with-resources 语句都抛出异常，那么方法 readFirstLineFromFile 掷出 try 块抛出的异常，而 try-with-resources 块抛出的异常被抑制。被抑制的异常可以被检索，详情参见后面内容。

可以在 try-with-resources 语句中声明一个或多个资源。下例检索压缩文件 zipFileName 中所有文件的名称，并创建了文本文件来存储这些文件名：

```java
public static void writeToFileZipFileContents(String zipFileName,
                                              String outputFileName)
                                       throws java.io.IOException {

    java.nio.charset.Charset charset =
        java.nio.charset.StandardCharsets.US_ASCII;
    java.nio.file.Path outputFilePath =
        java.nio.file.Paths.get(outputFileName);

    // Open zip file and create output file with
    // try-with-resources statement

    try (
        java.util.zip.ZipFile zf =
             new java.util.zip.ZipFile(zipFileName);
        java.io.BufferedWriter writer =
            java.nio.file.Files.newBufferedWriter(outputFilePath, charset)
    ) {
        // Enumerate each entry
        for (java.util.Enumeration entries =
                                zf.entries(); entries.hasMoreElements();) {
            // Get the entry name and write it to the output file
            String newLine = System.getProperty("line.separator");
            String zipEntryName =
                ((java.util.zip.ZipEntry)entries.nextElement()).getName() +
                newLine;
            writer.write(zipEntryName, 0, zipEntryName.length());
        }
    }
}
```

本例中，try-with-resources 语句包含了两个用分号分隔开的声明：ZipFile 和 BufferedWriter。当紧随其后的代码块正常停止或异常终止时，将自动按序调用 BufferedWriter 和 ZipFile 对象的 close 方法。值得注意的是，资源的 close 方法调用顺序与它们的创建顺序相反。

下例用 try-with-resources 语句自动关闭了一个 java.sql.Statement 对象：

```java
public static void viewTable(Connection con) throws SQLException {

    String query = "select COF_NAME, SUP_ID, PRICE, SALES, TOTAL from COFFEES";

    try (Statement stmt = con.createStatement()) {
        ResultSet rs = stmt.executeQuery(query);

        while (rs.next()) {
            String coffeeName = rs.getString("COF_NAME");
            int supplierID = rs.getInt("SUP_ID");
            float price = rs.getFloat("PRICE");
            int sales = rs.getInt("SALES");
            int total = rs.getInt("TOTAL");

            System.out.println(coffeeName + ", " + supplierID + ", " +
                               price + ", " + sales + ", " + total);
        }
    } catch (SQLException e) {
        JDBCTutorialUtilities.printSQLException(e);
    }
}
```

> **注意** 一个 try-with-resources 语句可以像一般的 try 语句那样有 catch 和 finally 块。在 try-with-resources 语句中，任何 catch 或 finally 块都是在声明的资源关闭后运行。

1. 被抑制的异常

与 `try-with-resources` 语句相关联的代码块可能会抛出异常。在例 writeToFileZipFileContents 中，try 块可能会抛出一个异常，而 `try-with-resources` 语句在尝试关闭 ZipFile 和 Buffered-Writer 对象时可能会抛出多达两个异常。如果 try 块抛出一个异常，而 `try-with-resources` 语句抛出一个或多个异常，那么 `try-with-resources` 语句抛出的异常被抑制，并且块抛出的异常正是 writeToFileZipFileContents 方法抛出的异常。通过调用"try 块抛出的异常"的 `Throwable.getSuppressed` 方法可以检索到这些被抑制的异常。

2. 实现 AutoCloseable 或 Closeable 接口的类

参见 AutoCloseable[⊖] 和 Closeable[⊖] 接口的 Javadoc，可以找到实现了这两个接口之一的一系列类。Closeable 接口扩展了 AutoCloseable 接口。Closeable 接口的 close 方法抛出 IOException 类型的异常，而 AutoCloseable 接口的 close 方法抛出 Exception 类型的异常。因此，AutoCloseable 接口的子类能重载 close 方法的行为，以抛出指定的异常，例如 IOException，或者根本不抛出异常。

10.3.5 汇总

前面的章节中描述了如何为 ListOfNumbers 类中的 writeList 方法构造 try、catch 和 finally 代码块。现在，让我们浏览整个代码，研究一下会发生什么。

把所有的组成部分放到一起，writeList 方法类似于以下代码：

```java
public void writeList() {
    PrintWriter out = null;

    try {
        System.out.println("Entering" + " try statement");

        out = new PrintWriter(new FileWriter("OutFile.txt"));
        for (int i = 0; i < SIZE; i++) {
            out.println("Value at: " + i + " = " + list.get(i));
        }
    } catch (IndexOutOfBoundsException e) {
        System.err.println("Caught IndexOutOfBoundsException: "
                         + e.getMessage());

    } catch (IOException e) {
        System.err.println("Caught IOException: " +  e.getMessage());

    } finally {
        if (out != null) {

            System.out.println("Closing PrintWriter");
            out.close();
        }
        else {
            System.out.println("PrintWriter not open");
        }
    }
}
```

如前所述，该方法的 try 块有三种不同的退出可能，其中两种可能如下：

⊖ 8/docs/api/java/lang/AutoCloseable.html
⊖ 8/docs/api/java/io/Closeable.html

1）try 语句中的代码执行失败，并抛出一个异常。这个异常可能是 new FileWriter 语句引起的 IOException 异常，或 for 循环中错误的索引值导致的 IndexOutOfBoundsException 异常。

2）每条语句都成功执行，try 语句正常退出。

让我们看看，在这两种退出可能过程中，writeList 方法里会发生什么。

第 1 种情况：发生异常

创建 FileWriter 对象的语句会因为很多原因而失败。例如，如果程序无法创建或向指定的文件写入数据，FileWriter 构造函数会抛出 IOException 异常。

当 FileWriter 抛出一个 IOException 异常时，运行时系统立即停止执行 try 块，被执行的方法调用没有完成。然后，运行时系统开始在方法调用栈的顶部搜索适合的异常处理函数。本例中，当发生 IOException 异常时，FileWriter 构造函数位于调用栈的顶部。但是，FileWriter 构造函数没有合适的异常处理函数，所以运行时系统检测方法调用栈中的下一个方法——writeList 方法。writeList 方法有两个异常处理函数：一个是处理 IOException，另一个是处理 IndexOutOfBoundsException。

运行时系统按照 writeList 异常处理函数在 try 语句后面出现的顺序来检测。第一个异常处理函数的参数是 IndexOutOfBoundsException，与抛出的异常类型不匹配，所以运行时系统检测下一个异常处理函数——IOException，这与抛出的异常类型匹配，因此，运行时系统结束搜索适合的异常处理函数。既然运行时系统找到了合适的处理函数，就执行 catch 块中的代码。

异常处理函数执行后，运行时系统把控制权转交给 finally 块。不管在 finally 块之上捕获的异常是什么，finally 块中的代码都要执行。在这种情况下，FileWriter 从未打开过，也不需要关闭。finally 块结束执行后，程序将继续执行 finally 块后面的第一条语句。

当抛出 IOException 异常时，ListOfNumbers 程序所显示的完整输出如下：

```
Entering try statement
Caught IOException: OutFile.txt
PrintWriter not open
```

下面列出的黑体代码，给出了在这个情况下得以执行的语句：

```
public void writeList() {
    PrintWriter out = null;

    try {
        System.out.println("Entering try statement");
        out = new PrintWriter(new FileWriter("OutFile.txt"));
        for (int i = 0; i < SIZE; i++)
            out.println("Value at: " + i + " = " + list.get(i));

    } catch (IndexOutOfBoundsException e) {
        System.err.println("Caught IndexOutOfBoundsException: "
                           + e.getMessage());

    } catch (IOException e) {
        System.err.println("Caught IOException: " + e.getMessage());
    } finally {
        if (out != null) {
            System.out.println("Closing PrintWriter");
            out.close();
        }
```

```
        else {
            System.out.println("PrintWriter not open");
        }
    }
}
```

第 2 种情况：try 块正常退出

在这种情况下，try 块范围内的所有语句都成功执行，而未抛出异常。一直执行到 try 块结束，而运行时系统把控制权转交给 finally 块。由于每条语句都成功执行，当 finally 块取得控制权时，PrintWriter 是打开的，所以 finally 块将关闭 PrintWriter。此外，finally 块结束执行后，程序将继续执行 finally 块后面的第一条语句。

当没有抛出异常时，ListOfNumbers 程序的输出如下：

Entering try statement
Closing PrintWriter

下面列出的黑体代码，给出了在这个情况下得以执行的语句：

```
public void writeList() {
    PrintWriter out = null;
    try {
        System.out.println("Entering try statement");
        out = new PrintWriter(new FileWriter("OutFile.txt"));
        for (int i = 0; i < SIZE; i++)
            out.println("Value at: " + i + " = " + list.get(i));
    } catch (IndexOutOfBoundsException e) {
        System.err.println("Caught IndexOutOfBoundsException: "
                         + e.getMessage());
    } catch (IOException e) {
        System.err.println("Caught IOException: " + e.getMessage());
    } finally {
        if (out != null) {
            System.out.println("Closing PrintWriter");
            out.close();
        }
        else {
            System.out.println("PrintWriter not open");
        }
    }
}
```

10.4 指明一个方法抛出的异常

前一节介绍如何为 ListOfNumbers 类中的 writeList 方法写异常处理函数。在一些情况下，由代码捕捉发生在该代码中的异常是合适的。但是，在其他情况下，让方法进一步调用栈来处理异常更合适。例如，如果 ListOfNumbers 类是"类程序包"的一部分，你很可能无法预测该程序包的所有用户的需求。这种情况下，最好不要捕获异常，而是让方法进一步调用栈来处理。

如果 writeList 方法不捕获发生在其内部的已检查异常，那么 writeList 方法必须说明自己会抛出这些异常。我们可以修改原始的 writeList 方法，使其指出自己会抛出的异常，而不是捕获它们。在此提醒，这是 writeList 方法不能编译的原始版本：

```
public void writeList() {
    PrintWriter out = new PrintWriter(new FileWriter("OutFile.txt"));
    for (int i = 0; i < SIZE; i++) {
```

```
            out.println("Value at: " + i + " = " + list.get(i));
    }
    out.close();
}
```

为了说明 writeList 类会抛出两种异常，要在 writeList 方法的方法声明中增加一条 throws 子句。throws 子句包含关键字 throws，其后是该方法能抛出的所有异常的列表，异常之间用逗号分隔。该子句的位置在方法名称和参数列表之后，而在定义方法范围的花括号之前。如下例所示：

```
public void writeList() throws IOException, IndexOutOfBoundsException {
```

请记住，IndexOutOfBoundsException 是未检查异常，不强制 throws 子句一定要将其包括在内，所以可以这样写：

```
public void writeList() throws IOException {
```

10.5 如何抛出异常

在捕获异常之前，必须是某处的某段代码抛出了异常。任何代码都可以抛出异常，包括：用户自己的代码，其他人写的程序包的代码（例如，来自 Java 平台或 JRE 的程序包）。无论是什么代码抛出异常，总要用到 throw 语句。

大家很可能已经注意到了，Java 平台提供了很多异常类。所有这些类都是 Throwable[⊖] 类的后继（descendant），它们都允许程序区分其执行过程中发生的各种类型的异常。

我们也可以创建自己的异常类，以表示自己写的类中会发生的问题。事实上，对于程序包开发者，很可能需要创建自己的异常类集合，以允许用户能够区分出发生在开发包里的错误和发生在 Java 平台或其他程序包里的错误。

此外，还可以创建链式异常。更多信息，请参见 10.5.5 节。

10.5.1 throw 语句

所有的方法都要用 throw 语句来抛出异常。throw 语句需要一个参数：一个 throwable 对象。Throwable 对象是 Throwable 类的任何子类的实例。下面是 throw 语句的一个例子：

```
throw someThrowableObject;
```

我们在上下文中看看这条 throw 语句。下面的 pop 方法来自于一个类，这个类实现了一个常用的堆栈对象。pop 方法的功能是，移除栈顶元素，并返回该对象：

```
public Object pop() {
    Object obj;

    if (size == 0) {
        throw new EmptyStackException();
    }

    obj = objectAt(size - 1);
    setObjectAt(size - 1, null);
    size--;
    return obj;
}
```

pop 方法先检查一下栈里是否还有元素。如果栈空了（即栈的大小等于 0），pop 实

⊖ 8/docs/api/java/lang/Throwable.html

例化一个新的 EmptyStackException 对象（java.util 的成员），并将其抛出。10.5.6 节将介绍如何创建自己的异常类。目前，我们需要记住的是，只能抛出从 java.lang.Throwable 类继承而来的对象。

请注意，pop 方法的声明并不包含 throws 子句。因为 EmptyStackException 不是已检查异常，所以 pop 方法不需要说明会发生这个异常。

10.5.2 Throwable 类及其子类

从 Throwable 类继承来的对象包括直接后继（直接从 Throwable 类继承而来的对象）和间接后继（从 Throwable 类的子孙继承而来的对象）。图 10-3 举例说明了 Throwable 类的类层次结构及其最重要的子类。正如我们所看到的，Throwable 有两个直接后继：Error[⊖] 和 Exception[⊖]。

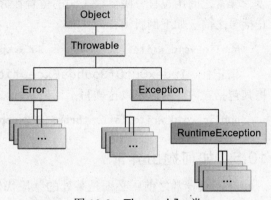

图 10-3　Throwable 类

10.5.3 Error 类

当 Java VM 中出现动态链接失败或者其他硬故障时，虚拟机会抛出一个错误。简单程序通常不能捕获或抛出错误。

10.5.4 Exception 类

绝大多数程序可以抛出和捕获从 Exception 类派生出来的对象。异常说明发生了问题，但不是严重的系统问题。我们所写的大部分程序会抛出和捕获异常，完全不同于错误。

Java 平台定义了许多 Exception 类的后继。这些后继指出了可能发生的各种异常。例如，IllegalAccessException 表示没有找到某个特别的方法，NegativeArraySizeException 表示一个程序试图创建大小为负数的数组。

Exception 的一个子类 RuntimeException，被保留下来，以表示 API 的不正确使用异常。例如，当一个方法试图通过空引用（null reference）来访问一个对象的某个成员时，会发生运行时异常 NullPointerException。本章 10.6 节讨论了为什么大多数应用程序不应该抛出运行时异常或子类 RuntimeException。

10.5.5 链式异常

一个应用程序对一个异常的反应，往往是抛出另外一个异常。事实上，第一个异常引发了第二个异常。知道一个异常什么时候会引发另外一个异常是非常有用的，链式异常在这方面能帮助到程序员。

以下是 Throwable 类中支持链式异常的方法和构造函数：

```
Throwable getCause()
Throwable initCause(Throwable)
Throwable(String, Throwable)
Throwable(Throwable)
```

[⊖] 8/docs/api/java/lang/Error.html

[⊖] 8/docs/api/java/lang/Exception.html

initCause 和 Throwable 构造函数的 Throwable 参数是引发当前异常的异常，getCause 返回引发当前异常的异常，initCause 会设置当前异常的起因。

下例说明了如何使用链式异常：

```
try {
} catch (IOException e) {
    throw new SampleException("Other IOException", e);
}
```

本例中，当捕获到 IOException 异常时，会创建一个带有这个原始起因的新 SampleException 异常，而异常链被抛给下一个更高级的异常处理函数。

1. 访问堆栈迹信息

现在假设高级异常处理函数要以自己的格式导出（dump）堆栈迹。

> **定义** 堆栈迹提供的信息包括：当前线程的执行历史，以及在异常发生时被调用的类和方法的名称列表。堆栈迹是有用的调试工具，在异常被抛出时我们通常会用到。

下面的代码说明了如何对异常对象调用 getStackTrace 方法：

```
catch (Exception cause) {
    StackTraceElement elements[] = cause.getStackTrace();
    for (int i = 0, n = elements.length; i < n; i++) {
        System.err.println(elements[i].getFileName()
            + ":" + elements[i].getLineNumber()
            + ">> "
            + elements[i].getMethodName() + "()");
    }
}
```

2. 日志记录 API

下面的代码片段记录了异常发生在 catch 块的什么地方。但是，该代码没有手动解析堆栈迹再把输出发送给 System.err()，而是使用 java.util.logging[⊖] 包中的记录日志设备把输出发给了一个文件：

```
try {
    Handler handler = new FileHandler("OutFile.log");
    Logger.getLogger("").addHandler(handler);
} catch (IOException e) {
    Logger logger = Logger.getLogger("package.name");
    StackTraceElement elements[] = e.getStackTrace();
    for (int i = 0, n = elements.length; i < n; i++) {
        logger.log(Level.WARNING, elements[i].getMethodName());
    }
}
```

10.5.6 创建异常类

当我们面临选择抛出的异常的类型时，或者用其他人写的（因为 Java 平台有许多异常类可供使用），或者自己来写。Java 平台提供了许多可用的异常类，但是如果对于下面的任何问题，答案都是 yes 的时候，就应该写自己的异常类了：

- 是否需要一个 Java 平台没有表述的异常类型？

⊖ 8/docs/api/java/util/logging/package-summary.html

- 是否有助于用户把我们的异常与其他供应商所写的类抛出的异常区分开？
- 代码抛出的相关异常是否不止一个？
- 如果使用其他人的异常，用户是否能访问那些异常？
- 以此类推，程序包是否是独立且自包含的？

1. 实例

假设我们正在写一个链表（linked list）类。除了其他的方法，该类还支持以下方法：

- `objectAt(int n)`——返回链表中第 n 个位置上的对象，如果参数小于 0 或者大于当前链表中对象的个数，则抛出异常。
- `firstObject()`——返回链表中的第一个对象，如果链表不包含对象，则抛出异常。
- `indexOf(Object o)`——在链表中搜索指定对象，返回该对象在链表中的位置，如果传给该方法的对象不在链表中，则抛出异常。

链表类能抛出多个异常，若用一个异常处理函数捕捉链表抛出的所有异常，会很方便。而且，如果计划把链表发布在某个程序包中，那么所有相关代码要一起打包。因此，链表应该提供它自己的异常类集合。图 10-4 给出了链表所抛出的异常的一种可能的类层次结构。

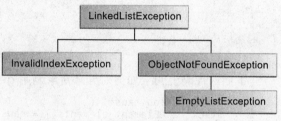

图 10-4　异常类的层次结构范例

2. 选择超类

`Exception` 的任何一个子类都可以用作 `LinkedListException` 的超类。但是，快速浏览一下那些子类，就会发现它们不合适，因为它们或者太特殊了，或者和 `LinkedListException` 毫不相关。所以，`LinkedListException` 的超类应该是 `Exception`。

我们所写的大部分小程序或应用程序都可以抛出异常对象。错误（`Errors`）通常用于系统中严重的硬故障，例如那些阻止 Java VM 运行的故障。

> **注意**　为了代码的可读性，对于从 `Exception` 类（直接或间接）继承来的所有类来说，在其名称里附加上字符串 `Exception` 是良好的实践方法。

10.6　未检查异常：争议

由于 Java 程序语言没有要求用方法去捕获或指明未检查异常（`RuntimeException`、`Error` 及它们的子类），程序员可能被诱导去编写只抛出未检查异常的代码，或者使得所有的异常子类都继承自 `RuntimeException`。这两种快捷方式都允许程序员写代码时，不会为编译器错误烦扰，也不用费心去指明或捕获任何异常。尽管这看起来对程序员很便利，但是却规避了捕获或指明规定，会对其他使用这些类的用户带来问题。

为什么设计者决定迫使一个方法去指明所有在其范围内抛出的、未捕获的已检查异常呢？一个方法抛出的任何异常，是这个方法公共编程接口的一部分。方法的调用者必须知道方法可能抛出的异常，这样才能决定对这些异常要做何处理。这些异常与方法的参数和返回值一样，也是该方法编程接口的一部分。

下一个问题可能是：如果用文件记载一个方法的 API 是一个好方法，包括该 API 可以抛出的异常，那么为什么不也去指明运行时异常呢？运行时异常所表示的问题是某个编程问题的结果，正因为如此，如若期待 API 客户代码以任何一种方式去恢复或处理异常，是不合理的。这样的问题包括：算术异常，如除以 0；指针异常，如试图用空引用访问对象；索引异常，如尝试用太大或太小的索引去访问数组元素。

运行时异常会出现在程序中的任何地方，而且比较典型的是，数量可观。在每个方法声明中都加入运行时异常，会降低程序的清晰度。所以，编译器并不要求我们捕获或指明运行时异常（尽管我们可以）。

有一种情况，当用户错误地调用了一个方法时，常规做法是抛出 `RuntimeException` 异常。例如，一个方法能检测出它的某个实际参数是否不正确地为空（`null`）了。如果一个实际参数为 `null` 了，该方法可能抛出 `NullPointerException` 异常，这是一个未检查异常。

一般来说，不要因为不想费心去指明自己的方法会抛出的异常，而抛出 `RuntimeException` 异常或创建 `RuntimeException` 的子类。底线是：如果期待客户恢复异常的想法是合理的，那么就把该异常设置为已检查异常。如果客户对异常恢复无能为力，那么就把该异常设置为未检查异常。

10.7 异常的优点

我们已经知道了什么是异常以及如何使用异常，现在我们去看一看在程序中使用异常的优点。

10.7.1 优点 1：把错误处理代码和"正规"代码分离开

程序的主逻辑发生不一般的事情时，异常可用于分离处理细节。传统编程中，错误检测、报告和处理经常引起令人困惑的面条式代码（spaghetti code）。例如，下面这个伪代码方法，要把整个文件读入内存：

```
readFile {
    open the file;
    determine its size;
    allocate that much memory;
    read the file into memory;
    close the file;
}
```

这个函数初看起来很简单，但是它忽略了下列所有潜在的错误：

- 如果文件打不开，怎么办？
- 如果文件的长度无法确定，怎么办？
- 如果无法分配足够大的内存，怎么办？
- 如果读操作失败，怎么办？
- 如果文件无法关闭，怎么办？

为了处理这些问题，`readFile` 函数必须有更多的代码来检测、报告和处理错误。下面是这个函数可能的情况实例：

```
errorCodeType readFile {
    initialize errorCode = 0;

    open the file;
    if (theFileIsOpen) {
        determine the length of the file;
```

```
        if (gotTheFileLength) {
            allocate that much memory;
            if (gotEnoughMemory) {
                read the file into memory;
                if (readFailed) {
                    errorCode = -1;
                }
            } else {
                errorCode = -2;
            }
        } else {
            errorCode = -3;
        }
        close the file;
        if (theFileDidntClose && errorCode == 0) {
            errorCode = -4;
        } else {
            errorCode = errorCode and -4;
        }
    } else {
        errorCode = -5;
    }
    return errorCode;
}
```

这段代码有这么多的错误检测、报告和返回，以致于最初的七行代码在混乱中迷失了。更糟糕的是，代码的逻辑流也丢失了，所以导致难以判断代码是否正在做正确的事情。如果该函数没有分配到足够多的内存，文件真的能被关闭吗？在编写该代码三个月后，当我们修改这个方法时，甚至很难确保代码能继续做正确的事情。许多程序员解决这个问题的方法就是忽略它：当他们的程序崩溃时，报告错误。

异常允许我们专注编写代码的主要流程，并在其他地方处理异常。如果 readFile 函数使用异常，而不是传统的错误管理技术，该函数更可能是这样的：

```
readFile {
    try {
        open the file;
        determine its size;
        allocate that much memory;
        read the file into memory;
        close the file;
    } catch (fileOpenFailed) {
        doSomething;
    } catch (sizeDeterminationFailed) {
        doSomething;
    } catch (memoryAllocationFailed) {
        doSomething;
    } catch (readFailed) {
        doSomething;
    } catch (fileCloseFailed) {
        doSomething;
    }
}
```

注意，异常不是节省程序员检测、报告和处理错误工作上耗费的精力，而是帮助程序员更有效地组织这项工作。

10.7.2 优点2：根据调用栈上传错误

异常的第二个优点是，能把错误报告根据方法调用栈上传。假设 readFile 方法是主程序所做的一系列嵌套方法调用的第四个方法：method1 调用 method2，method2 调用 method3，method3 最后调用了 readFile：

```
method1 {
    call method2;
}

method2 {
    call method3;
}

method3 {
    call readFile;
}
```

同时假设 method1 是唯一一个对 readFile 中可能发生的错误感兴趣的方法。传统的错误通知技术会迫使 method2 和 method3 把 readFile 返回的错误代码根据调用栈上传，直到错误代码最后到达 method1（唯一对错误代码感兴趣的方法）：

```
method1 {
    errorCodeType error;
    error = call method2;
    if (error)
        doErrorProcessing;
    else
        proceed;
}

errorCodeType method2 {
    errorCodeType error;
    error = call method3;
    if (error)
        return error;
    else
        proceed;
}

errorCodeType method3 {
    errorCodeType error;
    error = call readFile;
    if (error)
        return error;
    else
        proceed;
}
```

回忆一下，Java 运行时环境会向后搜索调用栈，以找到有意处理某个特定异常的任意方法。一个方法可以躲避它抛出的任何异常，从而允许调用栈中更进一步的方法去捕获该异常。因此，只有那些关注错误的方法才要去考虑检测错误：

```
method1 {
    try {
        call method2;
    } catch (exception e) {
        doErrorProcessing;
    }
}

method2 throws exception {
    call method3;
}

method3 throws exception {
    call readFile;
}
```

但是，正如伪代码所表示的，就中间的方法而言，躲避异常需要做些工作。一个方法可以抛出的任何已检查异常,都必须在该方法的 throws 子句中指明。

10.7.3 优点 3:对错误类型进行分组并加以区分

由于程序里抛出的所有异常都是对象,异常的分组或分类是类层次结构的自然产物。Java 平台上,在 java.io——IOException 及其后继中定义的一组相关异常类就是一个例子。IOException 是最常见的异常,用以表示执行 I/O 时所发生的任何错误类型。它的后继表示更具体的错误。例如,FileNotFoundException 表示无法在磁盘上定位某个文件。

一个方法可以编写特定的处理函数来处理非常特殊的异常。FileNotFoundException 类没有后继,因此下面的处理函数只能处理一个类型的异常:

```
catch (FileNotFoundException e) {
    ...
}
```

一个方法可以在 catch 语句中指定一个异常的某个超类,从而根据该异常的分组或一般类型来捕获该异常。例如,要捕获所有的 I/O 异常,而不管它们的具体类型,一个异常处理函数可以指定一个 IOException 参数:

```
catch (IOException e) {
    ...
}
```

这个处理函数能捕获所有的 I/O 异常,包括 FileNotFoundException、EOFException 等。我们可以通过查询传给异常处理函数的参数,来找出具体发生的问题。例如,用下面的代码打印堆栈迹:

```
catch (IOException e) {
    // Output goes to System.err.
    e.printStackTrace();
    // Send trace to stdout.
    e.printStackTrace(System.out);
}
```

我们甚至可以建立一个可以处理任何异常的异常处理函数,如下:

```
// A (too) general exception handler
catch (Exception e) {
    ...
}
```

Exception 类接近于 Throwable 类层次结构的顶层。所以,这个处理函数除了能捕获想要捕获的异常,还能捕获许多其他异常。如果程序员希望自己的程序所能做的事情就是打印错误信息给用户,然后退出,那么可以用这种方法处理异常。

但是,在大多数情况下,我们希望异常处理函数尽可能特定化。原因是,一个处理函数必须做的第一件事情是确定所发生的异常的类型,然后才能决定最好的恢复策略。事实上,若处理函数不是捕获特定的错误,那它必须适应各种可能。过于一般的异常处理函数,会捕获和处理程序员没有预料到的、处理函数没想处理的异常,这会使得代码更易错。

正如前面提到的,我们可以创建异常组群,并以一种通用的方式来处理异常;或者,用特定的异常类型区分异常,并以一种准确的方式来处理异常。

10.8 小结

一个程序可以用异常来指出发生的错误。要抛出异常,就要用 throw 语句,并提供一个异常对象——`Throwable` 的后继，来给出所发生的特定错误的信息。一个方法要抛出一个没被捕获的已检查异常，就必须在其声明中包含一个 `throws` 子句。

一个程序可以用 `try`、`catch` 和 `finally` 块的组合来捕获异常：

- `try` 块标识发生异常的代码块。
- `catch` 块标识异常处理函数代码块，来处理特定类型的异常。
- `finally` 块标识的代码块，保证会执行，是关闭文件、恢复资源以及在 `try` 块代码执行后进行其他清除工作的最合适的位置。

Try 语句应该包含至少一个 `catch` 块或一个 `finally` 块，可以有多个 `catch` 块。

异常对象类指出了抛出的异常类型。异常对象可以含有错误的更多信息，包括错误消息。一个异常可以根据异常链指出引发它的异常，这个异常依次指出引发它的异常，以此类推。

10.9 问题和练习：异常

问题

1. 下面的代码合法吗？

   ```
   try {
   } finally {
   }
   ```

2. 下面这个处理函数可以捕获哪些异常类型？使用这类异常处理函数会发生什么错误？

   ```
   catch (Exception e) {
   }
   ```

3. 下面这个异常处理函数这样编写有错误吗？这段代码可以编译吗？

   ```
   try {
   } catch (Exception e) {
   } catch (ArithmeticException a) {
   }
   ```

4. 把下面第一个列表中的每种情况与第二个列表中的某项相匹配。

   a. `int[] A;`
      `A[0] = 0;`

   b. Java VM 开始运行该程序，但是它找不到 Java 平台类。（Java 平台类存在于 `classes.zip` 或 `rt.jar` 中。）

   c. 一个程序读取数据流，并到达流结束标记。

   d. 在关闭流之前和到达流结束标记之后，程序试图再次读取流。

   1) __error
   2) __checked exception
   3) __compile error
   4) __no exception

练习

1. 在 `ListOfNumber.java` 中增加 `readList` 方法。这个方法从文件中读入 `int` 值，打印

每个值，并把它们附加到向量（vector）的末尾。程序要能捕获所有适当的错误，还需要一个文本文件来保存读入的数字。

2. 修改下面的 cat 方法，使其可以编译：

```java
public static void cat(File file) {
    RandomAccessFile input = null;
    String line = null;

    try {
        input = new RandomAccessFile(file, "r");
        while ((line = input.readLine()) != null) {
            System.out.println(line);
        }
        return;
    } finally {
        if (input != null) {
            input.close();
        }
    }
}
```

答案

相关答案参考

http://docs.oracle.com/javase/tutorial/essential/exceptions/QandE/answers.html。

第 11 章

The Java Tutorial: A Short Course on the Basics, Sixth Edition

基本 I/O 和 NIO.2

本章涵盖基本 I/O 的 Java 平台类。首先介绍 I/O 流，这是一个强大的概念，极大地简化了 I/O 操作。本章还介绍串行化（serialization），允许程序把整个对象写入流，再把它们读取回来。然后本章讲述文件 I/O 和文件系统操作，包括随机存取文件。11.1 节所提到的大部分类都在 `java.io` 程序包里；11.2 节所提到的大部分类则在 `java.nio.file` 程序包里。

11.1　I/O 流

一个 I/O 流表示输入源或输出目的地。流可以表示很多不同类型的源和目的地，包括磁盘文件、设备、其他程序和存储器阵列。

流支持许多不同类型的数据，包括简单字节、基本数据类型、本地化字符（localized character）和对象。一些流只是简单地传递数据，其他的流则以有效方式操作和转换数据。

无论流的内部是如何工作的，所有的流呈现出来的是为程序所用的、相同的简单模型（流是数据序列）。程序用输入流从源读取数据，一次一项，如图 11-1 所示。程序用输出流把数据写入目的地，一次一项，如图 11-2 所示。

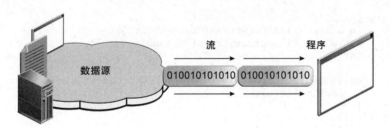

图 11-1　把信息读入程序

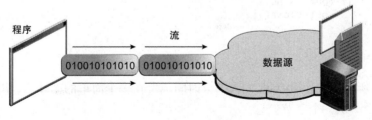

图 11-2　把信息从程序写回

本节将介绍用流处理从基本值到高级对象的各种数据。图 11-1 和图 11-2 所示数据源和数据目的地可以是存储、产生和消耗数据的任何地方。显然，这包括磁盘文件，但是源和目的地也可以是其他程序、外围设备、网络套接字或数组。

下节将用最基本类型的流——字节流（byte stream），来说明 I/O 流的常见操作。这里使用实例文件 `xanadu.txt` 作为样例输入，该文件含有下列句子：

```
In Xanadu did Kubla Khan
A stately pleasure-dome decree:
Where Alph, the sacred river, ran
Through caverns measureless to man
Down to a sunless sea.
```

11.1.1 字节流

程序用字节流来实现 8 位字节的输入和输出。所有字节流类都是从 InputStream[一]和 OutputStream[二]继承来的。

字节流类有很多,为了说明字节流是如何工作的,我们将聚焦文件 I/O 字节流、FileInputStream 和 FileOutputStream。几乎可以用同样的方式使用其他字节流类型,区别主要在于创建的方式不同。

1. 字节流的使用

我们通过实例程序 CopyBytes 来看看 FileInputStream[三]和 FileOutputStream[四],该程序用字节流复制 xanadu.txt,一次一个字节:

```java
import java.io.FileInputStream;
import java.io.FileOutputStream;
import java.io.IOException;

public class CopyBytes {
    public static void main(String[] args) throws IOException {

        FileInputStream in = null;
        FileOutputStream out = null;

        try {
            in = new FileInputStream("xanadu.txt");
            out = new FileOutputStream("outagain.txt");
            int c;

            while ((c = in.read()) != -1) {
                out.write(c);
            }
        } finally {
            if (in != null) {
                in.close();
            }
            if (out != null) {
                out.close();
            }
        }
    }
}
```

如图 11-3 所示,CopyBytes 的大部分时间耗费在一个简单的循环上,用以读取输入流和写回输出流,一次一个字节。

2. 字节流的关闭

当不再需要一个流时,关闭该流非常重要——CopyBytes 使用了 finally 块,以保证两个流即使在发生错误时也会被关闭。这样做,有助于避免严重的资源泄漏(resource leak)。

[一] 8/docs/api/java/io/InputStream.html
[二] 8/docs/api/java/io/OutputStream.html
[三] 8/docs/api/java/io/FileInputStream.html
[四] 8/docs/api/java/io/FileOutputStream.html

一种可能的错误是，CopyBytes无法打开一个或两个文件。当发生该错误时，文件对应的流变量保持其初始值null不变。这就是为什么CopyBytes在调用close之前，要确定每个流变量含有某个对象的引用。

3. 不用字节流的情况

CopyBytes看起来像一个正常的程序，但实际上它表述了一种应该避免使用的低级别I/O。正如下节所要讨论的，由于xanadu.txt包含的是字符数据，所以最好的方法是使用字符流。字节流应该只用于最基本的I/O。

那么为什么要讨论字节流呢？因为所有其他流类型都是建立在字节流之上的。

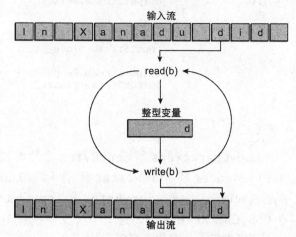

图 11-3 简单字节流输入和输出

11.1.2 字符流

Java平台用Unicode（统一的字符编码标准）惯例存储字符值。字符流I/O可以在这种内部格式和本地字符集之间自动地相互转换。在西方，本地字符集通常是ASCII码的8位超集。

对大多数应用来说，字符流I/O不会比字节流I/O更复杂。用流类实现的输入输出能自动地与本地字符集互相转换。用字符流代替字节流的程序，能自动适应本地字符集，并做好国际化（internationalization）准备，这些都不需要程序员做额外努力。

如果国际化不是优先考虑的问题，我们可以不过多关注字符集问题，而只是简单地使用字符流类。如果国际化在后面又变成一个优先问题，程序也能适应，而不需要大范围的重新编码。

1. 字符流的使用

所有字符流类都是从Reader[一]和Writer[二]继承来的。和字节流一样，也有专用于文件I/O的字符流类：FileReader[三]和FileWriter[四]。实例CopyCharaters举例说明了这些类：

```
import java.io.FileReader;
import java.io.FileWriter;
import java.io.IOException;

public class CopyCharacters {
    public static void main(String[] args) throws IOException {

        FileReader inputStream = null;
        FileWriter outputStream = null;

        try {
            inputStream = new FileReader("xanadu.txt");
            outputStream = new FileWriter("characteroutput.txt");

            int c;
```

[一] 8/docs/api/java/io/Reader.html

[二] 8/docs/api/java/io/Writer.html

[三] 8/docs/api/java/io/FileReader.html

[四] 8/docs/api/java/io/FileWriter.html

```
            while ((c = inputStream.read()) != -1) {
                outputStream.write(c);
            }
        } finally {
            if (inputStream != null) {
                inputStream.close();
            }
            if (outputStream != null) {
                outputStream.close();
            }
        }
    }
}
```

CopyCharacters 与 CopyBytes 非常相似。最主要的区别是，CopyCharacters 使用 FileReader 和 FileWriter 代替 FileInputStream 和 FileOutputSteam，来实现输入和输出。注意，CopyBytes 和 CopyCharacters 都用 int 变量读取和存入。但是，在 CopyCharacters 中，这个 int 变量在后 16 位存放字符值；在 CopyBytes 中，这个 int 变量在后 8 位存放字符值。

使用字节流的字符流

字符流往往是字节流的"封装器"（wrapper）。字符流用字节流实现物理 I/O，而字符流处理字符和字节间的转换。例如，FileReader 用 FileInputStream，FileWriter 用 FileOutputStream。

通用的字节到字符"桥"流有两个：InputStreamReader[一] 和 OutputStreamWriter[二]。当没有预封装好的字符流类满足需求时，可以用它们创建字符流。

2. 面向行的 I/O

字符 I/O 通常发生在较大单元，而不是单个字符。一种常见单元是行：以行终止符结尾的字符串。行终止符可以是回车/换行序列（\r\n），可以是单个的回车（\r），或者是单个的换行（\n）。若支持所有可能的行终止符，则程序可以在任何广泛使用的操作系统上读取创建的文本文件。

现在修改实例 CopyCharacters，使用面向行的 I/O。要实现这个想法，我们要用到两个之前没有见过的类，BufferedReader[三] 和 PrintWriter[四]。我们将会在本章后面的内容更进一步了解这两个类。当前，我们所感兴趣的是，它们支持面向行的 I/O。

例 CopyLines 调用 BufferedReader.readLine 和 PrintWriter.println，实现输入和输出，一次一行：

```java
import java.io.FileReader;
import java.io.FileWriter;
import java.io.BufferedReader;
import java.io.PrintWriter;
import java.io.IOException;

public class CopyLines {
    public static void main(String[] args) throws IOException {

        BufferedReader inputStream = null;
        PrintWriter outputStream = null;
```

[一] 8/docs/api/java/io/InputStreamReader.html
[二] 8/docs/api/java/io/OutputStreamWriter.html
[三] 8/docs/api/java/io/BufferedReader.html
[四] 8/docs/api/java/io/PrintWriter.html

```
    try {
        inputStream = new BufferedReader(new FileReader("xanadu.txt"));
        outputStream = new PrintWriter(new FileWriter("characteroutput.txt"));

        String l;
        while ((l = inputStream.readLine()) != null) {
            outputStream.println(l);
        }
    } finally {
        if (inputStream != null) {
            inputStream.close();
        }
        if (outputStream != null) {
            outputStream.close();
        }
    }
}
```

调用 readline，返回当前行的文本。CopyLines 用 println 输出每一行，println 会附加上当前操作系统的行终止符。这个行终止符可能与输入文件中的行终止符不同。

对于字符和行，文本输入和输出的组织方法有很多，将在 11.1.4 节详细介绍。

11.1.3 缓冲流

迄今为止，我们看到的大部分例子都用了无缓冲 I/O。这就意味着每个读取或存入请求都是底层操作系统直接处理的。由于每个这样的请求常常会触发磁盘存取、网络活动或其他相对昂贵的操作，所以导致程序的效率很低。

为了减少这类开销，Java 平台实现了缓冲 I/O 流。缓冲输入流从内存缓冲区读取数据。只有当缓冲区空时，才调用本地输入 API。类似地，被缓冲的输出流把数据写入缓冲区，只有当缓冲区满时，才调用本地输出 API。

程序可以用封装的做法把未缓冲流转换为缓冲流，就是把未缓冲流对象传给缓冲流类的构造函数。到现在为止，我们已经用过这个方法了。例如，修改例 CopyCharacters 的构造函数调用，以使用缓冲 I/O：

```
inputStream = new BufferedReader(new FileReader("xanadu.txt"));
outputStream = new BufferedWriter(new FileWriter("characteroutput.txt"));
```

封装未缓冲流可以用四个缓冲流类：BufferedInputStream[一]和 BufferedOutputStream[二]用以创建缓冲字节流，而 BufferedReader[三]和 BufferedWriter[四]用以创建缓冲字符流。

刷新缓冲流

通常不需要等待缓冲区满，在关键点就会把缓冲区中的数据写出来，这就是所谓的刷新缓冲。

有些缓冲输出类支持自动刷新（autoflush），可以由一个可选的构造函数参数指定。当自动刷新处于使能状态（enabled）时，一些关键事件就会引发缓冲区刷新。例如，自动刷新对象 PrintWriter 会在每次调用 println 或 format 时刷新缓冲区。详情参阅 11.1.4 节。

[一] 8/docs/api/java/io/BufferedInputStream.html
[二] 8/docs/api/java/io/BufferedOutputStream.html
[三] 8/docs/api/java/io/BufferedReader.html
[四] 8/docs/api/java/io/BufferedWriter.html

若手动刷新流,则可以调用该流的 `flush` 方法。`flush` 方法对任意输出流都是有效的(valid),但是,除非是缓冲流,否则不起作用。

11.1.4 扫描和格式化

I/O 编程就是在人们喜欢使用的、整齐的格式化数据间进行转换。为了协助完成这些繁杂的事情,Java 平台提供了两个 API:扫描器(scanner)API,把输入分隔成与数据位数相关的一个个标记(token);格式化(formatting)API,把数据组装成格式化好的、用户友好的形式。

1. 扫描

`Scanner`[⊖] 类型的对象可用于把格式化输入分解为标记,并根据每个标记的数据类型对其进行转换。

(1)把输入分隔为标记

默认情况下,扫描器用空格来分离标记。(空格符号包括空白符、制表符和行终止符。完整列表,请参照《`Character.isWhitespace` 文档》[⊖]。)为了了解扫描的工作方式,我们先看看程序 ScanXan。这个程序从 xanadu.txt 中读取单个的单词,并把它们打印出来,一个一行:

```java
import java.io.*;
import java.util.Scanner;
public class ScanXan {
    public static void main(String[] args) throws IOException {

        Scanner s = null;

        try {
            s = new Scanner(new BufferedReader(new FileReader("xanadu.txt")));

            while (s.hasNext()) {
                System.out.println(s.next());
            }
        } finally {
            if (s != null) {
                s.close();
            }
        }
    }
}
```

注意,当 ScanXan 用完扫描器对象时,会调用 `Scanner` 的 `close` 方法。尽管扫描器并不是流,我们还是需要关闭它,以指明已经用完它的基本流。

ScanXan 的输出如下:

```
In
Xanadu
did
Kubla
Khan
A
stately
pleasure-dome
...
```

⊖ 8/docs/api/java/util/Scanner.html

⊖ 8/docs/api/java/lang/Character.html#isWhitespace-char-

要用一个不同的标记分隔符，可以调用 useDelimiter()，指定一个正则表达式。例如，如果想用逗号（,）做标记分隔符，逗号后面可以选择性地跟着空格，则可如下调用：

s.useDelimiter(",\\s*");

（2）转换单个标记

例 ScanXan 把所有的输入标记看成简单的 String 值。Scanner 还支持 Java 语言所有基本类型（除 char 之外）的标记，以及 BigInteger 和 BigDecimal 标记。而且，数值可以用数千个分隔符。因此，在 US 区域，Scanner 能正确地把字符串"32767"解读成为一个整数值。

由于成千上百的分隔符和十进制符号都是区域特定的，所以我们要讲讲区域（locale）。对于下面这个例子，如果我们不指明扫描器应该用 US 区域，那它就无法在所有区域正确工作。不过，输入数据与程序通常来自于同一个区域，所以不必总考虑这个问题。这个例子源于 Java 教程，但在世界范围内得到推广。

例 ScanSum 读取 double 值列表，并把它们加起来。源代码如下：

```java
import java.io.FileReader;
import java.io.BufferedReader;
import java.io.IOException;
import java.util.Scanner;
import java.util.Locale;

public class ScanSum {
    public static void main(String[] args) throws IOException {

        Scanner s = null;
        double sum = 0;

        try {
            s = new Scanner(new BufferedReader(new FileReader("usnumbers.txt")));
            s.useLocale(Locale.US);

            while (s.hasNext()) {
                if (s.hasNextDouble()) {
                    sum += s.nextDouble();
                } else {
                    s.next();
                }
            }
        } finally {
            s.close();
        }

        System.out.println(sum);
    }
}
```

下面是输入文件样本 usnumbers.txt：

```
8.5
32,767
3.14159
1,000,000.1
```

输出字符串是"1032778.74159"。由于 System.out 是一个 PrintStream 类对象，而该类不提供覆写（override）默认区域的方法，所以在一些区域，小数点（.）会是一个不同的字符。我们可以为整个程序覆写区域，或者如下节所述，使用格式化的方式。

2. 格式化

实现格式化的流对象或者是字符流类 PrintWriter[一]的实例,或者是字节流类 PrintStream[二]的实例。

> **注意** 我们用到的 PrintStream 对象可能仅仅是 System.out[三]和 System.err[四]。(有关这些对象更多的内容请参见 11.1.5 节。)在需要创建格式化输出流时,应该实例化 PrintWriter,而不是 PrintStream。

像所有的字节和字符流对象一样,PrintStream 和 PrintWriter 实例实现了 write 方法标准集,可输出简单字节和字符。同时,PrintStream 和 PrintWriter 实现了相同的方法集,可以把内部数据转换成格式化输出。格式化有两个层次:

- print 和 println 方法以标准方式格式化单个值。
- format 方法根据格式化字符串几乎可以格式化任意多的值,并有很多精确的格式化选择。

(1) print 和 println 方法

用合适的 toString 方法转换单个值后,调用 print 或 println 输出该值。在例 Root 中可以看到这一点:

```
public class Root {
    public static void main(String[] args) {
        int i = 2;
        double r = Math.sqrt(i);

        System.out.print("The square root of ");
        System.out.print(i);
        System.out.print(" is ");
        System.out.print(r);
        System.out.println(".");

        i = 5;
        r = Math.sqrt(i);
        System.out.println("The square root of " + i + " is " + r + ".");
    }
}
```

Root 的输出如下:

```
The square root of 2 is 1.4142135623730951.
The square root of 5 is 2.23606797749979.
```

变量 i 和 r 被格式化两次:第一次是用 print 的重载代码;第二次是用 Java 编译器自动生成的转换代码,其中也使用了 toString。我们可以用这种方法格式化任意值,但是对结果没有多少控制权。

(2) format 方法

format 方法可以根据格式化字符串格式化多个参数。格式化字符串由静态文本和嵌入其中的格式化标识符(format specifier)组成,除了格式化标识符,格式化字符串会原封不动地输出。

[一] 8/docs/api/java/io/PrintWriter.html
[二] 8/docs/api/java/io/PrintStream.html
[三] 8/docs/api/java/lang/System.html#out
[四] 8/docs/api/java/lang/System.html#err

格式化字符串支持很多特征。本书只涵盖了一些基本特征，详细信息参阅《Format 类 API 文档》中的 "Format String Syntax"[8]部分内容。

例 Root2 用一个 format 调用格式化了两个值：

```
public class Root2 {
    public static void main(String[] args) {
        int i = 2;
        double r = Math.sqrt(i);

        System.out.format("The square root of %d is %f.%n", i, r);
    }
}
```

输出如下：

```
The square root of 2 is 1.414214.
```

如本例使用的三个格式化标识符所示，所有的格式化标识符都是以百分号（%）开头，以一个字符或两个字符的转换符（conversion）结尾的。字符转换符指明了生成的格式化输出形式。这里用到的三个字符转换符如下：

- d 把整型值格式化为十进制值。
- f 把浮点值格式化为十进制值。
- n 输出平台特定的行终止符。

下面是一些其他转换符：

- x 把整数格式化为十六进制值。
- s 把任意值格式化为字符串。
- tB 把整数格式化为区域特定的月份名称。

此外，还有许多其他转换。

> **注意** 除了 %% 和 %n，所有格式化标识符都必须匹配一个参数。如果没有，则抛出异常。在 Java 程序语言中，\n 转义符总是生成换行符（\u000A）。除非特别需要一个换行符，否则不要用 \n。要获得本地平台上正确的行分隔符，可以用 %n。

除转换外，格式化标识符还可以包含几个附加元素，以进一步定制格式化输出。下面的例子 Format，使用了可能的每种元素：

```
public class Format {
    public static void main(String[] args) {
        System.out.format("%f, %1$+020.10f %n", Math.PI);
    }
}
```

输出如下：

```
3.141593, +00000003.1415926536
```

附加元素都是可选的。图 11-4 说明了较长的标识符是怎样分解为元素的。

元素必须按给出的顺序出现。从右边开始，可选元素如下：

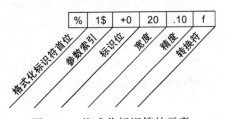

图 11-4　格式化标识符的元素

---

[8] /docs/api/java/util/Formatter.html#syntax

- 精度（presion）。对浮点值来说，精度是格式化数值的数学精度。对 s 和其他一般转换来说，精度是格式化数值的最大宽度。必要时，在右边截断该数值。
- 宽度（width）。这是格式化数值的最小宽度。必要时，给该数值补位；默认情况下，在左边用空格补位。
- 标志位（flag）。指定了附加格式化选择。在例 Format 中，标志"+"表示这个数应该用符号格式化；标志 0 表示 0 是补位字符。其他的标志可以指明在右边补位（-），又或者指出数千个出现在数字中的本地特定分隔符（,）。注意，有些标志不能和其他标志或转换符一起使用。
- 参数索引（argument index）。该标志允许显式地匹配指定的参数。也可以指定"<"去匹配前一个标识符所匹配的参数，例如"System.out.format("%f,%<+0.20.10f%n",Math.PI);"。

11.1.5 命令行 I/O

我们经常会从命令行运行程序，而程序会在命令行环境下与用户交互。Java 平台以两种方式支持这种交互：标准流（standard stream）和控制台（console）。

1. 标准流

标准流是许多操作系统的一个特征。默认情况下，标准流从键盘读取输入，再把输出写到显示器上。标准流也支持文件 I/O 和程序间的 I/O，但是这个特征被命令行解释器控制着，而不是程序。

Java 平台支持三种标准流：标准输入（standard input），通过 System.in 访问；标准输出（standard output），通过 System.out 访问；标准错误（standard error），通过 System.err 访问。这些对象都是自动定义的，而且不需要打开。标准输出和标准错误都属于输出。把错误输出分离出来是为了允许用户把正常输出转向到文件，而且还能读取错误信息。更多内容，请参考命令行解释器文档。

不过，由于历史原因，标准流是字节流，而非期待的字符流。System.out 和 System.err 都定义为 PrintStream[⊖] 类对象。尽管技术上来说，PrintStream 是字节流，但是它使用了一个内部字符流对象，来效仿字符流的许多特征。

相反，System.in 是不带字符流特征的字节流。可以把 System.in 封装到 InputStreamReader 中，这样标准输入就能当字符流使用了：

InputStreamReader cin = new InputStreamReader(System.in);

2. 控制台

比标准流更高级的另一种方式是控制台。它是 Console[⊖] 类的一个预定义对象，具有标准流提供的大部分特征，而且还有更多特征。控制台对安全密码输入尤其有用。控制台对象通过 reader 和 writer 方法提供了输入和输出流（真正的字符流）。

在程序使用控制台之前，必须通过调用 System.console() 来试着获取控制台对象。如果控制台对象可用，方法将返回该对象。如果 System.console() 返回 NULL，则不允许使用控制台操作，原因是要么操作系统不支持这些操作，要么程序是在非交互环境下启动的。

⊖ 8/docs/api/java/io/PrintStream.html

⊖ 8/docs/api/java/io/Console.html

控制台对象通过 readPassword 方法，支持安全密码输入。readPassword 方法以两种方式帮助安全密码输入：首先，该方法抑制回显，所以在用户的屏幕上密码是不可见的；其次，readPassword 返回字符阵列，而不是字符串 String，所以只要不再需要密码了，密码就可以重写，从内存中消除。

例 Password 是更改用户密码的程序原型，给出了几个 Console 方法：

```java
import java.io.Console;
import java.util.Arrays;
import java.io.IOException;

public class Password {

    public static void main (String args[]) throws IOException {

        Console c = System.console();
        if (c == null) {
            System.err.println("No console.");
            System.exit(1);
        }

        String login = c.readLine("Enter your login: ");
        char [] oldPassword = c.readPassword("Enter your old password: ");

        if (verify(login, oldPassword)) {
            boolean noMatch;
            do {
                char [] newPassword1 = c.readPassword("Enter your new password: ");
                char [] newPassword2 = c.readPassword("Enter new password again: ");
                noMatch = ! Arrays.equals(newPassword1, newPassword2);
                 if (noMatch) {
                     c.format("Passwords don't match. Try again.%n");
                 } else {
                     change(login, newPassword1);
                     c.format("Password for %s changed.%n", login);
                 }
                 Arrays.fill(newPassword1, ' ');
                 Arrays.fill(newPassword2, ' ');
            } while (noMatch);
        }

        Arrays.fill(oldPassword, ' ');
    }

    // Dummy change method.
    static boolean verify(String login, char[] password) {
        // This method always returns
        // true in this example.
        // Modify this method to verify
        // password according to your rules.
        return true;
    }

    // Dummy change method.
    static void change(String login, char[] password) {
        // Modify this method to change
        // password according to your rules.
    }
}
```

Password 类执行步骤如下：

1）试着获取控制台对象。如果对象不可用，则放弃。

2）调用 Console.readLine 提示输入，并读取用户登录名。

3）调用 Console.readPassword 提示输入，并读取用户当前密码。

4）调用 verify 来确定用户被授权修改密码。(本例中，verify 是一个虚方法（dummy method），总是返回 true。)

5）重复以下步骤，直到用户两次输入相同密码：
- 调用 Console.readPassword 两次，提示输入，并读取新密码。
- 如果用户两次都输入相同密码，则调用 change 来修改密码。(change 也是虚函数。)
- 用空格重写这两个密码。

6）用空格重写旧密码。

11.1.6 数据流

数据流支持基本数据类型值（boolean、char、byte、short、int、long、float、double）和字符串 String 值的二进制 I/O。所有的数据流要么实现了 DataInput[一]接口，要么实现了 DataOutput[二]接口。本节主要介绍这两个接口的最广泛使用的实现 DataInputStream[三]和 DataOutputStream[四]。

例 DataStreams 解释了数据流，写出数据记录集合，再将其读入。每个记录由三个值组成，这些值分别对应于发票上的一项，如表 11-1 所示。

表 11-1 例 DataStreams 使用的数据

记录中次序	数据类型	数据描述	输出方法	输入方法	样本值
1	double	单价	DataOutputStream.writeDouble	DataInputStream.readDouble	19.99
2	int	数量	DataOutputStream.writeInt	DataInputStream.readInt	12
3	String	描述	DataOutputStream.writeUTF	DataInputStream.readUTF	"Java T-Shirt"

我们来看一看 DataStreams[五]中的关键代码。程序首先定义了一些常数，包括数据文件名和要写入该文件的数据：

```
static final String dataFile = "invoicedata";

static final double[] prices = { 19.99, 9.99, 15.99, 3.99, 4.99 };
static final int[] units = { 12, 8, 13, 29, 50 };
static final String[] descs = {
    "Java T-shirt",
    "Java Mug",
    "Duke Juggling Dolls",
    "Java Pin",
    "Java Key Chain"
};
```

然后，DataStreams 打开输出流。由于 DataOutputStream 只能作为已有字节流对象的封装器来创建，所以 DataStreams 提供了一个缓冲文件输出字节流：

```
out = new DataOutputStream(new BufferedOutputStream(
            new FileOutputStream(dataFile)));
```

[一] 8/docs/api/java/io/DataInput.html
[二] 8/docs/api/java/io/DataOutput.html
[三] 8/docs/api/java/io/DataInputStream.html
[四] 8/docs/api/java/io/DataOutputStream.html
[五] tutorial/essential/io/examples/DataStreams.java

DataStreams 输出记录,并关闭输出流:

```
for (int i = 0; i < prices.length; i ++) {
    out.writeDouble(prices[i]);
    out.writeInt(units[i]);
    out.writeUTF(descs[i]);
}
```

writeUTF 方法以改良的 UTF-8 形式输出 String 值。这是可变宽度字符编码,对常见西方字符只需要一个字节。

现在,DataStreams 再读回数据。先要给出输入流和存放输入数据的变量。像 DataOutputStream 一样,DataInputStream 必须以字节流的封装器的形式构造:

```
in = new DataInputStream(new
            BufferedInputStream(new FileInputStream(dataFile)));
```

```
double price;
int unit;
String desc;
double total = 0.0;
```

现在,DataStreams 可以读取流的每条记录了,并报告遇到的数据:

```
try {
    while (true) {
        price = in.readDouble();
        unit = in.readInt();
        desc = in.readUTF();
        System.out.format("You ordered %d" + " units of %s at $%.2f%n",
            unit, desc, price);
        total += unit * price;
    }
} catch (EOFException e) {
}
```

注意,DataStreams 检测文件结束(end-of-file)条件是用捕获 EOFException[⊖] 的方法,而不是测试错误的返回值。DataInput 方法的所有实现都是用 EOFException,而不是返回值。

另外,DataStreams 中的每个专用 write 与相应的专用 read 精确匹配。由程序员以这种方式来确保输出类型和输入类型匹配:输入流由简单二进制数据组成,没有给出单个值的类型或数据在流中的起始位置。

DataStreams 使用了一个非常不好的编程技术:用浮点数表示货币值。通常,用浮点数表示精确值是不好的,对十进制小数尤其不好,因为常见值(如 0.1)没有二进制表示。

币值(currency value)的正确使用类型是 java.math.BigDecimal[⊜]。遗憾的是,BigDecimal 是对象类型,所以不能使用于数据流。但是,BigDecimal 可以用于对象流,请见下节内容。

11.1.7 对象流

正如数据流支持基本数据类型 I/O 一样,对象流支持对象的 I/O。大多数标准类,而非全部标准类,支持其对象的串行化。这些标准类实现了标记接口 Serializable[⊜]。

[⊖] 8/docs/api/java/io/EOFException.html
[⊜] 8/docs/api/java/math/BigDecimal.html
[⊜] 8/docs/api/java/io/Serializable.html

对象流类有 `ObjectInputStream`[一] 和 `ObjectOutputStream`[二]。这些类实现了 `ObjectInput` 和 `ObjectOutput`,而 `ObjectInput`[三] 和 `ObjectOutput`[四] 分别是 `DataInput` 和 `DataOutput` 的子接口。这就意味着,11.1.6 节介绍的所有基本数据 I/O 方法在对象流中也都实现了。所以,对象流可以包含基本数据值和对象值的混合体。例 `ObjectStreams`[五] 说明了这一点,该例创建了与例 `DataStreams` 一样的应用程序,但有两处修改。第一,现在价格是 `BigDecimal`[六] 对象,能更好地表示小数值。第二,把 `Calendar`[七] 对象写入数据文件,用以指明发票日期。

如果 `readObject()` 没有返回期望的数据类型,若试图将它转换为正确类型,可能会抛出异常 `ClassNotFoundException`[八]。在这个简单例子中,不会出现这种情况,所以我们不用设法捕获这个异常。我们用的替换方法是,在 `main` 方法的 `throws` 子句中加入 `ClassNotFoundException`,以此来通知编译器我们意识到了这个问题。

复杂对象的输出和输入

`writeObject` 和 `readObject` 方法简单易用,但是它们包含了某种非常复杂的对象管理逻辑。对于像 `Calendar` 这样封装了基本数据的类来说,这并不重要。但是,很多对象包含了其他对象的引用。如果 `readObject` 要从一个流重建某个对象,它就要能重建原始对象引用的所有对象。这些附加的对象可能还有它们自己的引用等。在这种情况下,`writeObject` 要遍历整张对象引用网,并把该网中所有对象写入流。这样,对 `wirteObject` 的一个调用会引发大量对象被写入流。

图 11-5 对此进行了解释。图中调用了 `writeObject`,要把对象 a 写入流。该对象包含了对象 b 和 c 的引用,而 b 包含了 d 和 e 的引用。调用 `writeobject(a)`,被写进去的不仅有 a,还有重建 a 所必需的所有对象。所以,网中其他四个对象也被写入。当 `readObject` 读回 a 时,其他四个对象也被读回,所有原始对象的引用被保留。

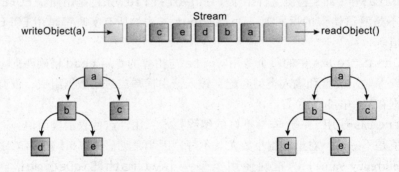

图 11-5　多重引用对象的 I/O

[一]　8/docs/api/java/io/ObjectInputStream.html
[二]　8/docs/api/java/io/ObjectOutputStream.html
[三]　8/docs/api/java/io/ObjectInput.html
[四]　8/docs/api/java/io/ObjectOutput.html
[五]　tutorial/essential/io/examples/ObjectStreams.java
[六]　8/docs/api/java/math/BigDecimal.html
[七]　8/docs/api/java/util/Calendar.html
[八]　8/docs/api/java/lang/ClassNotFoundException.html

如果同一个流中的两个对象都包含对某个对象的引用，会发生什么呢？当它们被读回时，它们还都指向一个对象吗？答案是"是的"。尽管一个流可以包含对象的任意多个引用，但它只包含该对象的一个副本。这样，如果显式地把对象写入流两次，实际上只是把引用写进去两次。例如，下面的代码试图把对象 ob 写入流两次：

```
Object ob = new Object();
out.writeObject(ob);
out.writeObject(ob);
```

每个 writeObject 都要匹配一个 readObject，所以读回流的代码看起来是这个样子的：

```
Object ob1 = in.readObject();
Object ob2 = in.readObject();
```

结果是，两个变量 ob1 和 ob2 都指向同一个对象。但是，如果一个对象被写入两个不同的流，实际上它会被复制——一个程序读回这两个流时，将会看到两个不同的对象。

11.2 文件 I/O（以 NIO.2 为特征）

`java.nio.file` 程序包和它的相关程序包 `java.nio.file.attribute`，对文件 I/O 和存取默认文件系统，提供了全面的支持。虽然这个 API 有许多类，我们只需要关注一些入口点（entry point）。该 API 非常直观、易用。

本节，我们从问题"什么是路径"开始。然后介绍 `java.nio.file` 程序包的主要入口点 Path 类，解释一下 Path 类中与语法操作相关的方法。接下来，介绍程序包中另一个主要类 Files，该类包含了处理文件操作的方法。先介绍许多文件操作共有的一些概念，然后讲解文件的检查、删除、复制和移动方法。

本节还介绍了元数据（metadata）的管理、文件 I/O 和目录 I/O，解释随机存取文件，并研究符号链接和硬链接的特有问题。

接着，讨论一些非常强效、更高级的主题。首先，说明递归遍历文件树的能力，给出用通配符搜索文件的信息。然后介绍怎样监视目录的变化，再关注那些不适用于其他地方的方法。

最后，对于那些使用了 `java.io.File` 类的遗留文件 I/O 代码，可将其功能映射到 `Java.nio.file` 文件包的对应功能上。如果开发者希望不改写现存代码就能利用新 API，可参考有关 `File.toPath` 方法的重要信息。

11.2.1 什么是路径（以及其他文件系统情况）

文件系统在某种媒介上，以易于检索的方式存储和组织文件。媒介通常是一个或多个硬盘驱动器。当前使用的大多数文件系统以树形（或层次）结构存储文件。树的顶部是一个（或多个）根节点。根节点下面是文件和目录（Microsoft Windows 系统中的文件夹）。每个目录可以包含文件和子目录，而子目录依次又可以包含文件和子目录，依此类推，可以达到几乎无限的深度。

1. 什么是路径

图 11-6 给出了一个目录树例子，只含有一个根节点。Microsoft Windows 系统支持多个根节点，每个根节点映射为一个卷，如 C:\ 或 D:\。Solaris 系统支持单根节点，用斜杠字

符"/"表示。

可以通过文件系统的路径来识别文件，路径的起点是根节点。例如，图 11-6 中的 `statusReport` 文件，在 Solaris 系统中用如下记法描述：

`/home/sally/statusReport`

在 Microsoft Windows 系统中，`statusReport` 则用如下记法描述：

`C:\home\sally\statusReport`

用来分隔目录名的字符（也称为分隔符）是文件系统特定的：Solaris 系统用斜杠（/）表示，而 Microsoft Windows 则用反斜杠（\）表示。

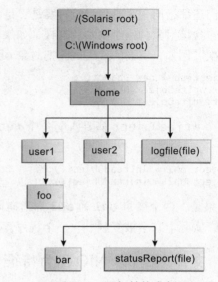

图 11-6　目标结构实例

2. 相对路径与绝对路径

一条路径要么是相对的，要么是绝对的。一条绝对路径总是包含根元素和定位该文件所需的完整目录列表。例如，`/home/sally/statusReport` 就是一条绝对路径。定位文件所需的所有信息都包含在路径串里。

为了访问文件，一条相对路径需要和另外一条路径相结合。例如，`joe/foo` 是相对路径。如果没有更多信息，程序无法在文件系统中可靠地定位 `joe/foo` 目录。

3. 符号链接

文件系统对象一般都是我们所熟悉的目录或文件。但是，一些文件系统还支持符号链接的概念。符号链接也称为 `symlink` 或软链接（soft link）。

符号链接是特殊的文件，充当另一个文件的引用。在大多数情况下，符号链接对应用程序来说是透明的，对符号链接的操作会被自动重定向到链接的目标上。（所指向的文件或目录称为链接的目标。）异常适用于一个符号链接被删除或被重命名的时候，在这种情况下，是链接本身被删除或被重命名，而不是链接的目标。

图 11-7 中，对用户来说，`logFile` 看起来像一个常规文件，但事实上，它是 `dir/logs/HomeLogFile` 的符号链接。`HomeLogFile` 是该链接的目标。符号链接对用户通常是透明的。读或写符号链接，与读或写任何其他文件和目录是一样的。术语"解析链接（resolving a link）"表示用文件在文件系统中的实际位置替换符号链接。例如，解析 `logFile` 会得到 `dir/logs/HomeLogFile`。

在真实环境下，大多数文件系统可以自由使用符号链接。有时候，粗心创建的符号链接会导致循环引用（circular

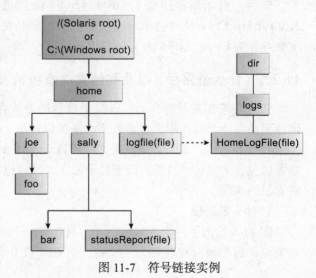

图 11-7　符号链接实例

reference）。当一个链接的目标指回原始链接时，就会发生循环引用。循环引用可能是间接发生的：目录 a 指向目录 b，目录 b 指向目录 c，而目录 c 包含了一个指回目录 a 的子目录。当一个程序递归遍历目录结构时，循环引用会造成严重破坏。但是，这种情况已经被考虑在内，不会造成程序的无限循环。

下节将讨论 Java 程序语言中文件 I/O 支持的核心内容：Path 类。

11.2.2 Path 类

Path[一]类是 java.nio.file[二]程序包的主要入口点之一。如果应用程序会用到文件 I/O，那么程序员就会想要了解这个类的强大特征。

> **注意** 如果代码是在 JDK 7 之前用 java.io.File 创建的，通过 File.toPath[三] 方法仍然可以使用 Path 类的功能。详情请参见 11.2.17 节。

正如 Path 类的名字所预示的，Path 类是文件系统中路径的一种可编程表示。一个 Path 对象包含文件名和用来构造路径的目录列表，该对象可用来查看、定位和操作文件。

Path 实例能反映出底层平台。在 Solaris 系统中，Path 用的是 Solaris 语法（/home/joe/foo）；在 Microsoft Windows 系统中，Path 用的是 Windows 语法（C:\home\joe\foo）。Path 不是独立于系统的。即使目录结构是同一个，并且两个实例定位同一个相关文件，我们也不能把 Solaris 文件系统的 Path 和 Windows 文件系统的 Path 做比较，并期望匹配。

Path 对应的文件或目录可能不存在。我们可以创建 Path 实例，并以不同的方式进行操作：添加、提取部分内容以及与其他路径进行比较。在适当的时候，可以用 Files[四]类中的方法检查 Path 所对应的文件是否存在，创建、打开、删除文件，更改文件权限等。

接下来将详细介绍 Path 类。

路径操作

Path[五]类中有各种不同的方法，可用来获取路径的信息，访问路径元素，把路径转换成其他形式，或者提取路径的部分内容。也有些方法用来匹配路径串，消除路径中的冗余。本节会讨论这些 Path 方法。由于这些方法作用在路径本身，而不访问文件系统，所以有时被称为语法操作（syntactic operation）。

（1）创建路径

Path 实例包含的信息，可用来指明文件或目录的位置。在 Path 定义的时候，它就具有了一个或多个一连串的名字。可能会包含根元素或文件名，但二者都不是必需的。Path 可以仅由单个目录或文件名组成。

用下列 Paths[六]（注意复数形式）辅助类中的 get 方法之一，就可以很容易地创建 Path 对象：

[一] 8/docs/api/java/nio/file/Path.html
[二] 8/docs/api/java/nio/file/package-summary.html
[三] 8/docs/api/java/io/File.html#toPath--
[四] 8/docs/api/java/nio/file/Files.html
[五] 8/docs/api/java/nio/file/Path.html
[六] 8/docs/api/java/nio/file/Paths.html

```
Path p1 = Paths.get("/tmp/foo");
Path p2 = Paths.get(args[0]);
Path p3 = Paths.get(URI.create("file:///Users/joe/FileTest.java"));
```

Path.get 方法是下面代码的简写:

```
Path p4 = FileSystems.getDefault().getPath("/users/sally");
```

下例创建了 **/u/joe/logs/foo.log**，假设主目录是 **/u/joe**（或 Microsoft Windows 的 **C:\joe\logs\foo.log**）：

```
Path p5 = Paths.get(System.getProperty("user.home"),"logs", "foo.log");
```

（2）检索路径信息

我们可以认为，路径把这些名称元素（name element）作为序列存储起来。目录结构中的最高元素位于索引 0，目录结构中的最低元素则位于索引 [n-1]，其中 n 是 Path 中名称元素的数目。一些方法可以使用这些索引，来检索路径的单个元素或子序列。本节例子所用的结构如图 11-6 所示。

下面的代码片段定义了 **Path** 实例，并调用了几种方法来获取路径信息：

```
// None of these methods requires that the file corresponding
// to the Path exists.
// Microsoft Windows syntax
Path path = Paths.get("C:\\home\\joe\\foo");

// Solaris syntax
Path path = Paths.get("/home/joe/foo");

System.out.format("toString: %s%n", path.toString());
System.out.format("getFileName: %s%n", path.getFileName());
System.out.format("getName(0): %s%n", path.getName(0));
System.out.format("getNameCount: %d%n", path.getNameCount());
System.out.format("subpath(0,2): %s%n", path.subpath(0,2));
System.out.format("getParent: %s%n", path.getParent());
System.out.format("getRoot: %s%n", path.getRoot());
```

表 11-2 给出了 Microsoft Windows 和 Solaris 的输出。

表 11-2 使用绝对路径的实例代码输出

调用的方法	Solaris 系统返回值	Microsoft Windows 系统返回值	注 释
toString	/home/joe/foo	C:\home\joe\foo	本方法返回 Path 的字符串表达。如果 Path 是用 Filesystems.getDefault().getPath(String) 或 Paths.get（后者是 getPath 的简易方法）创建的，本方法会实现较小的语法清理。例如，在 UNIX 操作系统中，会把输入串 //home/joe/foo 修正为 /home/joe/foo
getFileName	Foo	foo	本方法返回文件名或名称元素序列中的最后一个元素
getName(0)	home	home	本方法返回指定索引所对应的路径元素。索引 0 对应的元素是最靠近根的路径元素
getNameCount	3	3	本方法返回路径上元素的数目
subpath(0,2)	home/joe	home\joe	本方法返回起始和结束索引所指定的 Path 子序列（不包括根元素）
getParent	/home/joe	\home\joe	本方法返回上级目录的路径
getRoot	/	C:\	本方法返回路径的根目录

前面一个例子说明了绝对路径的输出。下面这个例子中，指定了相对路径：

```
// Solaris syntax
Path path = Paths.get("sally/bar");
or
// Microsoft Windows syntax
Path path = Paths.get("sally\\bar");
```

表 11-3 给出了 Microsoft Windows 和 Solaris 的输出。

表 11-3 使用相对路径的样本代码输出

调用的方法	Solaris 系统返回值	Microsoft Windows 系统返回值
toString	sally/bar	sally\bar
getFileName	bar	bar
getName(0)	sally	sally
getNameCount	2	2
subpath(0,1)	sally	sally
getParent	sally	sally
getRoot	null	null

（3）从 Path 中消除冗余信息

很多文件系统用一个圆点（.）表示当前目录，两个圆点（..）表示父目录（parent directory，上级目录）。我们可能会遇到 Path 中包含冗余目录信息的情况，例如，服务器被配置了，使得日志文件（log file）被存储在 /dir/logs/. 目录中，而我们想从路径中删掉末位符号 /.。下面两个例子都包含了冗余：

/home/./joe/foo
/home/sally/../joe/foo

normalize 方法能消除冗余元素，包括出现的任意圆点（.）或双圆点（directory/..）。例如，前面两个例子都被标准化为 /home/joe/foo。

需要强调的是，当 normalize 清理路径时，它并不检测文件系统，是纯粹的语法操作。在第二个例子中，如果 sally 是符号链接，那么消去 sally/.. 而得到的 Path 再也不能定位到想要的文件了。

若要清理路径，又要确保得到的结果能定位到正确的文件，则可以用 toRealPath 方法。下节介绍该方法。

（4）路径转换

转换路径有三种方法。如果需要把路径转换为字符串，以便从浏览器打开，可以用 toUri[⊖]。例如：

```
Path p1 = Paths.get("/home/logfile");
// Result is file:///home/logfile
System.out.format("%s%n", p1.toUri());
```

toAbsolutePath[⊖] 方法可以把路径转换为绝对路径。如果传入的路径已经是绝对路径了，则返回同一个 Path 对象。在处理用户输入的用户名时，toAbsolutePath 方法非常有用。例如：

⊖ 8/docs/api/java/nio/file/Path.html#toUri--

⊖ 8/docs/api/java/nio/file/Path.html#toAbsolutePath--

```java
public class FileTest {
    public static void main(String[] args) {

        if (args.length < 1) {
            System.out.println("usage: FileTest file");
            System.exit(-1);
        }

        // Converts the input string to a Path object.
        Path inputPath = Paths.get(args[0]);

        // Converts the input Path
        // to an absolute path.
        // Generally, this means prepending
        // the current working
        // directory.  If this example
        // were called like this:
        //     java FileTest foo
        // the getRoot and getParent methods
        // would return null
        // on the original "inputPath"
        // instance.  Invoking getRoot and
        // getParent on the "fullPath"
        // instance returns expected values.
        Path fullPath = inputPath.toAbsolutePath();
    }
}
```

toAbsolutePath 方法转换用户输入并返回一个 Path，查询时，Path 会返回有用的值。即使文件不存在，该方法也可以使用。

toRealPath[⊖] 方法返回现存文件的真实路径。这个方法把几个操作合为一体：

- 如果传给该方法的值是 true，而文件系统又支持符号链接，那么该方法解析路径上的所有符号链接。
- 如果 Path 是相对的，则返回绝对路径。
- 如果 Path 含有冗余元素，则返回消除了那些冗余元素的路径。

如果文件不存在或不能访问，该方法会抛出异常。若要处理这些情况中的任意一个，则可以捕获这个异常，例如：

```java
try {
    Path fp = path.toRealPath();
} catch (NoSuchFileException x) {
    System.err.format("%s: no such" + " file or directory%n", path);
    // Logic for case when file doesn't exist.
} catch (IOException x) {
    System.err.format("%s%n", x);
    // Logic for other sort of file error.
}
```

（5）路径合并

用 resolve 方法可以合并路径。传入部分路径（partial path），即不包含根目录元素的路径，再把该路径附加到原始路径上。

例如，考虑下面这个代码片段：

```java
// Solaris
Path p1 = Paths.get("/home/joe/foo");
// Result is /home/joe/foo/bar
System.out.format("%s%n", p1.resolve("bar"));
```

[⊖] 8/docs/api/java/nio/file/Path.html#toRealPath-java.nio.file.LinkOption...-

或者

```
// Microsoft Windows
Path p1 = Paths.get("C:\\home\\joe\\foo");
// Result is C:\home\joe\foo\bar
System.out.format("%s%n", p1.resolve("bar"));
```

在上述两个例子中，如果把一个绝对路径传给 resolve 方法，则返回传入的路径：

```
// Result is /home/joe
Paths.get("foo").resolve("/home/joe");
```

（6）在两条路径之间创建路径

编写文件 I/O 代码时，一个常见的需求是，能够构造一条从文件系统中的一个位置到另一个位置的路径。我们可以用 relativize 方法来满足这一需求。该方法构造一条路径，以原始路径为起点，以传入的路径所指定的位置为终点。这条新路径是与原始路径相关的。

例如，考虑下面两条相关路径 joe 和 sally：

```
Path p1 = Paths.get("joe");
Path p2 = Paths.get("sally");
```

在没有任何其他信息时，假定 joe 和 sally 是兄弟路径，即它们在树结构中位于同一层。如果要从 joe 导航到 sally，首先要导航到上一层的父节点，然后再向下导航到 sally：

```
// Result is ../sally
Path p1_to_p2 = p1.relativize(p2);
// Result is ../joe
Path p2_to_p1 = p2.relativize(p1);
```

考虑一个更复杂点的例子：

```
Path p1 = Paths.get("home");
Path p3 = Paths.get("home/sally/bar");
// Result is sally/bar
Path p1_to_p3 = p1.relativize(p3);
// Result is ../..
Path p3_to_p1 = p3.relativize(p1);
```

本例中，两条路径共享同一个节点 home。要从 home 导航到 bar，首先要导航到下一层的 sally，然后再向下导航一层到 bar。从 bar 导航到 home，则需向上移两层。

如果只是两条路径中的一条包含根元素，则不能构造相关路径。如果两条路径都包含根元素，那么构造相关路径的能力是依赖于系统的。递归实例 Copy [一] 使用了 relativize 和 resolve 方法。

（7）两条路径的比较

Path 类支持 equals 方法，即可以用它来测试两条路径是否相等[二]。startsWith[三] 和 endsWith[四] 方法可用来测试一条路径是否以某个特定的字符串开头或结尾。这些方法易于使用，例如：

```
Path path = ...;
Path otherPath = ...;
Path beginning = Paths.get("/home");
Path ending = Paths.get("foo");
```

[一] tutorial/essential/io/examples/Copy.java
[二] 8/docs/api/java/nio/file/Path.html#equals-java.lang.Object-
[三] 8/docs/api/java/nio/file/Path.html#startsWith-java.nio.file.Path-
[四] 8/docs/api/java/nio/file/Path.html#endsWith-java.nio.file.Path-

```
if (path.equals(otherPath)) {
    // equality logic here
} else if (path.startsWith(beginning)) {
    // path begins with "/home"
} else if (path.endsWith(ending)) {
    // path ends with "foo"
}
```

Path类实现了Iterable[一]接口。iterator[二]方法会返回对象，所以可以对路径上的名称元素进行迭代。返回的第一个元素是最靠近目录树根的元素。下面的代码片段在路径上迭代，打印出每个名称元素：

```
Path path = ...;
for (Path name: path) {
    System.out.println(name);
}
```

Path类还实现了Comparable[三]接口，可以用compareTo比较Path对象，这对排序很有用。也可以把Path对象放入Collection中，相关内容将在第12章介绍。

isSameFile方法拷可用于验证两个Path对象是否定位同一个文件，详情参考11.2.4节。

11.2.3 文件操作

Files[四]类是java.nio.file程序包的另一个主要入口点。该类提供了一组丰富的静态方法，可以读取、写入和操作文件与目录。Files方法作用在Path对象实例上。首先来熟悉一些常见概念。

1. 释放系统资源

在这个API中使用的很多资源，如流（stream）或通道（channel），实现或扩展了java.io.Closeable[五]接口。使用Closeable资源的一个要求是，当不再需要该资源时，必须调用close方法以释放资源。忽视关闭资源，对应用程序的性能会有负面影响。try-with-resources语句可用来处理此类情况。

2. 捕获异常

对文件I/O来说，意外情况是无法改变的事实：预期的文件不存在，程序不可以使用文件系统，默认的文件系统实现不支持特殊函数等。会遇到许多错误。

访问文件系统的所有方法都能抛出IOException异常。捕获这些异常的最佳做法是，把这些方法嵌入到try-with-resources语句中。有了try-with-resources语句，编译器会自动生成代码来关闭不再需要的资源。下面代码给出了实例：

```
Charset charset = Charset.forName("US-ASCII");
String s = ...;
try (BufferedWriter writer = Files.newBufferedWriter(file, charset)) {
    writer.write(s, 0, s.length());
} catch (IOException x) {
    System.err.format("IOException: %s%n", x);
}
```

try-with-resources语句相关内容参阅10.3.4节。

[一] 8/docs/api/java/lang/Iterable.html
[二] 8/docs/api/java/nio/file/Path.html#iterator--
[三] 8/docs/api/java/lang/Comparable.html
[四] 8/docs/api/java/nio/file/Files.html
[五] 8/docs/api/java/io/Closeable.html

同样地,可以把文件 I/O 方法嵌入 `try` 块,然后在 `catch` 块捕获任意异常。如果代码打开了流或通道,则应该在 `finally` 块关闭它们。如果使用 `try-catch-finally` 方法,那么上例看起来如下:

```
Charset charset = Charset.forName("US-ASCII");
String s = ...;
BufferedWriter writer = null;
try {
    writer = Files.newBufferedWriter(file, charset);
    writer.write(s, 0, s.length());
} catch (IOException x) {
    System.err.format("IOException: %s%n", x);
} finally {
    if (writer != null) writer.close();
}
```

`try-catch-finally` 方法相关内容参阅 10.3 节。

除了 `IOExcetion`,很多特定异常扩展了 `FileSystemException`[一]。这个类有一些有用的方法,可以返回相关文件(`getFile`[二])、详细的信息串(`getMessage`[三])、文件系统操作失败的原因(`getReason`[四])、"另一个"相关文件(若有,`getOtherFile`[五])。

下面这个代码片段说明了如何使用 `getFile` 方法:

```
try (...) {
    ...
} catch (NoSuchFileException x) {
    System.err.format("%s does not exist\n", x.getFile());
}
```

为清楚起见,本章文件 I/O 实例没有给出异常处理函数,但在实际代码中应该总是包含异常处理函数。

3. 可变参数

有几个 `Files` 方法,在指定标志时,可以接受任意多个参数,例如,在下面的方法声明中,`CopyOption` 参数后面的省略号,指明了该方法可以接受可变数目的参数,即通常所说的可变参数(varargs)。

```
Path Files.move(Path, Path, CopyOption...)
```

当一个方法能接受一个可变长度的参数时,可以把一个用逗号分隔的值列表或者一个值数组(`CopyOption[]`)传给该方法。

在例 move 中,该方法可以如下调用:

```
import static java.nio.file.StandardCopyOption.*;

Path source = ...;
Path target = ...;
Files.move(source,
           target,
           REPLACE_EXISTING,
           ATOMIC_MOVE);
```

有关可变参数的语法,相关内容参阅 4.1.5 节。

[一] 8/docs/api/java/nio/file/FileSystemException.html
[二] 8/docs/api/java/nio/file/FileSystemException.html#getFile--
[三] 8/docs/api/java/nio/file/FileSystemException.html#getMessage--
[四] 8/docs/api/java/nio/file/FileSystemException.html#getReason--
[五] 8/docs/api/java/nio/file/FileSystemException.html#getOtherFile--

4. 原子操作

有几个 Files 方法，如 move，在一些文件系统里能自动完成某些操作。一个原子文件操作就是不能中断或不能部分完成的操作。或者完成整个操作，或者操作失败。在多个进程对文件系统同一个区域进行操作，并要确保每个进程都能访问整个文件时，原子操作很重要。

5. 方法链

许多文件 I/O 方法支持方法链概念。首先，调用方法，返回一个对象；然后立即调用作用在该对象上的方法，也返回另一个对象，如此下去。许多 I/O 实例使用了下面这个技巧：

```
String value = Charset.defaultCharset().decode(buf).toString();
UserPrincipal group =
    file.getFileSystem().getUserPrincipalLookupService().
        lookupPrincipalByName("me");
```

这样就产生了紧致码，并避免了声明不必要的临时变量。

6. 什么是 glob

Files 类的两个方法都接受 glob 参数。但是，什么是 glob 呢？我们可以用 glob 语法来指定模式匹配（pattern-matching）行为。一个 glob 模式被指定为字符串，然后和其他字符串进行匹配，如目录或文件名。glob 语法遵循几个简单规则：

- 星号（*）可以匹配任意数量的字符（包括空）。
- 两个星号（**）的作用相当于一个（*），但可以穿越目录边界。这个语法一般用于匹配完整路径。
- 问号（?）精确匹配一个字符。
- 花括号指定了一些子模式。例如：
  - {sun,moon,stars} 匹配 sun、moon 或 stars。
  - {temp*,tmp*} 匹配所有以 temp 或 tmp 开头的字符串。
- 方括号表示单字符集，或者用连字符表示出字符范围。例如：
  - [aeiou] 匹配任意小写元音。
  - [0~9] 匹配任意数字。
  - [A~Z] 匹配任意大写字母。
  - [a~z,A~Z] 匹配任意大小写字母。
- 在方括号里，(*)、(?) 和 (\) 匹配自身。所有其他字符也匹配自身。
- 要匹配 (*)、(?) 或其他特殊字符，可以用反斜杠字符 (\) 对它们转义。例如：
  - \\ 匹配单个反斜杠。
  - \? 匹配问号。

下面是 glob 语法的一些例子：

- *.html——匹配所有以 .html 结尾的字符串。
- ???——匹配所有恰好三个字母或数字的字符串。
- *[0-9]*——匹配所有包含一个数值的字符串。
- *.{htm,html,pdf}——匹配任意以 .htm、.html 或 .pdf 结尾的字符串。
- a?*.java——匹配任意以 a 开头、紧跟着至少一个字母或数字、以 .java 结尾的字符串。
- {foo*,*[0-9]*}——匹配任意以 foo 开头的字符串或者任意包含一个数值的字符串。

> **注意** 如果输入的 glob 模式包含一个特殊字符，则必须把该模式放到引号中（如 "*"），使用反斜杠（如 *），或用在命令行上支持的任何转义机制。

glob 语法功能强大且易用。但是，如果它不能满足需要，也可以使用正则表达式，更多信息参考第 14 章。有关 glob 语法的更多内容，请见 FileSystem 类中的 getPathMatcher[一]方法 API 规范。

7. 链接感知

Files 类具有"链接感知（link aware）"。每个 Files 方法，当遇到符号链接时，或者检测做什么，或者提供选择来配置行为。

11.2.4 检查文件或目录

假设有一个 Path 实例，表示一个文件或目录。该文件在文件系统中是真实存在的吗？可读吗？可写吗？可执行吗？

1. 验证文件或目录的存在性

Path 类中的方法是语法的，即它们作用在 Path 实例上，但是最终必须访问文件系统，以验证一个特定的 Path 是否存在。可以用 exists(Path,LinkOption…)[二]和 notExists(Path,LinkOption…)[三]方法验证。注意，!Files.exists (path) 不等同于 Files.notExists (path)。当测试文件的存在性时，有三种可能结果：

- 文件存在。
- 文件不存在。
- 文件状态未知。当程序无法访问文件时，会出现此结果。

如果 exists 和 notExists 都返回 false，则无法验证文件的存在性。

2. 检查文件的可访问性

若要验证程序是否能访问所需的文件，可以用 isReadable(Path)[四]、isWritable(Path)[五]和 IsExecutable(Path)[六]方法。

下面的代码片段验证了某个特定文件的存在性和程序执行该文件的能力：

```
Path file = ...;
boolean isRegularExecutableFile = Files.isRegularFile(file) &
        Files.isReadable(file) & Files.isExecutable(file);
```

> **注意** 即使这些方法中的任意一个完成了，也不能保证文件可访问。很多应用程序都有的安全缺陷是：执行检测，然后访问文件。更多信息，可以用搜索引擎查找 TOCTTOU（读音为 TOCK-too）获得。

[一] 8/docs/api/java/nio/file/FileSystem.html#getPathMatcher-java.lang.String-
[二] 8/docs/api/java/nio/file/Files.html#exists-java.nio.file.Path-java.nio.file.LinkOption…-
[三] 8/docs/api/java/nio/file/Files.html#notExists-java.nio.file.Path-java.nio.file.LinkOption…-
[四] 8/docs/api/java/nio/file/Files.html#isReadable-java.nio.file.Path-
[五] 8/docs/api/java/nio/file/Files.html#isWritable-java.nio.file.Path-
[六] 8/docs/api/java/nio/file/Files.html#isExecutable-java.nio.file.Path-

3. 检查两条路径是否定位同一个文件

如果文件系统使用了符号链接，就有可能两条不同的路径定位同一个文件。isSameFile(Path,Path)[1]方法比较两条路径，判断它们是否定位了文件系统中同一个文件。例如：

```
Path p1 = ...;
Path p2 = ...;

if (Files.isSameFile(p1, p2)) {
    // Logic when the paths locate the same file
}
```

11.2.5 删除文件或目录

我们可以删除文件、目录或链接。对于符号链接，链接本身会被删除，而不是链接的目标。对于目录，目录必须为空，否则删除失败。

Files 类提供了两种删除方法：delete(Path)[2]方法和deleteIfExists(Path)[3]方法。delete(Path)方法删除文件，或者删除失败时抛出异常。例如，如果文件不存在，则抛出异常 NoSuchFileException。我们可以像下面这样捕获异常，以确定删除失败的原因：

```
try {
    Files.delete(path);
} catch (NoSuchFileException x) {
    System.err.format("%s: no such" + " file or directory%n", path);
} catch (DirectoryNotEmptyException x) {
    System.err.format("%s not empty%n", path);
} catch (IOException x) {
    // File permission problems are caught here.
    System.err.println(x);
}
```

deleteIfExists(Path)方法也删除文件，但是如果文件不存在，不会抛出异常。如果多个线程都删除文件，而又不想只因为一个线程先抛出异常了就抛出，默默的失败还是很有用的。

11.2.6 复制文件或目录

可以用 copy(Path,Path,CopyOption...)[4]方法复制文件或目录。除非指定 REPLACE_EXISTING 选项，否则如果目标文件存在，则复制失败。

目录可以被复制，但是，目录里的文件不会被复制。因此即使原始目录含有文件，新目录也是空的。

复制符号链接时，链接的目标被复制。如果想复制链接本身，而不是链接的内容，则可以指定 NOFOLLOW_LINKS 选项，或者指定 REPLACE_EXISTING 选项。

copy 方法有一个可变长度的参数，支持下面的 StandardCopyOption 和 LinkOption 枚举值：

- REPLACE_EXISTING——即使目标文件已存在，也会完成复制。如果目标是一个符号链接，则链接本身被复制（而不是链接的目标）。如果目标是一个非空目录，复制失败，抛出异常 FileAlreadyExistsException。

---

[1] 8/docs/api/java/nio/file/Files.html#isSameFile-java.nio.file.Path-java.nio.file.Path-
[2] 8/docs/api/java/nio/file/Files.html#delete-java.nio.file.Path-
[3] 8/docs/api/java/nio/file/Files.html#deleteIfExists-java.nio.file.Path-
[4] 8/docs/api/java/nio/file/Files.html#copy-java.nio.file.Path-java.nio.file.Path-java.nio.file.CopyOption...-

- COPY_ATTRIBUTES——把与文件相关的文件属性复制到目标文件。所支持的、确切的文件属性是依赖于文件系统和平台的，但是 `last-modified-time` 属性是跨平台支持的，会被复制到目标文件。
- NOFOLLOW_LINKS——指明不跟随符号链接。如果被复制的文件是符号链接，则复制该链接（而不是链接的目标）。

如果对枚举不熟悉，请参见 4.5 节。下面说明了如何使用 copy 方法：

```
import static java.nio.file.StandardCopyOption.*;
...
Files.copy(source, target, REPLACE_EXISTING);
```

除了文件复制，Files 类还定义了方法，可用于文件和流之间复制。copy(InputStream,Path,CopyOptions…)[一]方法可以用来把输入流中的所有字节复制到文件中。copy(Path,OutputStream)[二]方法可用来把文件中的所有字节复制到输出流。

例 Copy[三] 用 copy 和 Files.walkFileTree 方法支持递归复制。更多内容请参见 11.2.13 节。

11.2.7 移动文件或目录

用 move(Path,Path,CopyOption…)[四] 方法可以移动文件或目录。除非指定 REPLACE_EXISTING 选项，否则如果目标文件存在，则移动失败。

可以移动空目录。如果目录不空，只有在移动目录而不移动目录中的内容时，允许移动。在 Solaris、Linux 和 OS X 系统中，在同一个分区移动目录，通常包括重命名这个目录。这种情况下，即使目录包含文件也可以用 move 方法。

move 方法要求可变长度的参数，支持下面的 StandardCopyOption 枚举值：

- REPLACE_EXISTING——即使目标文件已存在，也会完成移动。如果目标是一个符号链接，则符号链接被替换，但它指向的内容不受影响。
- ATOMIC_MOVE——把 move 操作当作原子文件操作执行。如果文件系统不支持原子移动，则抛出异常。用 ATOMIC_MOVE，可以把文件移入某个目录，并保证监视该目录的任意进程都能访问到完整文件。

下面例子展示了如何使用 move 方法：

```
import static java.nio.file.StandardCopyOption.*;
...
Files.move(source, target, REPLACE_EXISTING);
```

如上所示，尽管我们可以在单目录上实现 move 方法，但是很多时候，该方法被用于文件树递归机制。更多内容，请参见 11.2.13 节。

11.2.8 管理元数据（文件和文件存储属性）

元数据的定义：关于其他数据的数据。对于文件系统，数据包含在它的文件和目录中，而元数据追踪这些对象中每个对象的信息：一个对象是常规文件、目录还是链接？它的大小、创建日期、最后修改日期、文件所有者、组所有者和访问权限，都如何？

文件系统的元数据通常是指文件系统的文件属性。Files 类包括一些方法，可以用来

[一] 8/docs/api/java/nio/file/Files.html#copy-java.io.InputStream-java.nio.file.Path-java.nio.file.CopyOption...-
[二] 8/docs/api/java/nio/file/Files.html#copy-java.nio.file.Path-java.io.OutputStream-
[三] tutorial/essential/io/examples/Copy.java
[四] 8/docs/api/java/nio/file/Files.html#move-java.nio.file.Path-java.nio.file.Path-java.nio.file.CopyOption...-

获取文件的单个属性或者设置某种属性（见表 11-4）。

表 11-4 基本文件属性方法

方 法	注 释
size(Path)[1]	返回指定文件的大小，以字节为单位
isDirectory(Path,LinkOption)[2]	如果给定的 Path 定位到的文件是目录，返回 true
isRegularFile(Path,LinkOption…)[3]	如果给定的 Path 定位到的文件是常规文件，返回 true
isSymbolicLink(Path)[4]	如果给定的 Path 定位到的文件是符号链接，返回 true
isHidden(Path)[5]	如果给定的 Path 定位到的文件是文件系统认定的隐藏文件，返回 true
getLastModifiedTime(Path, LinkOption…)[6] setLastModifiedTime(Path,FileTime)[7]	返回或设置给定文件的最后修改时间
getOwner(Path,LinkOption…)[8] setOwner(Path,UserPrincipal)[9]	返回或设置文件所有者
getPosixFilePermissions(Path, LinkOption…)[10] setPosixFilePermissions(Path, Set<PosixFilePermission>)[11]	返回或设置文件的 POSIX（可移植操作系统接口）文件权限
getAttribute(Path,String,LinkOption…)[12] setAttribute(Path,String,object, LinkOption…)[13]	返回或设置某个文件属性值

如果程序同时需要多个文件属性，使用只能检索单个属性的方法是非常低效的。重复访问文件系统以获取单个属性，也会对性能有不利影响。因此，Files 类提供了两个 readAttributes 方法，一个批量操作就能提取文件的多个属性（见表 11-5）。

表 11-5 Files 类中读取文件属性的方法

方 法	注 释
readAttributes(Path,String,LinkOption…)[14]	批量操作读取文件属性。String 参数给出了要读取的属性
readAttributes(Path,Class<A>, LinkOption…)[15]	批量操作读取文件属性。Class<A> 参数是所需属性的类型，本方法返回这个类的一个对象

在给出 readAttributes 方法的实例之前，需要说明一下，不同的文件系统，对于哪

---

[1] 8/docs/api/java/nio/file/Files.html#size-java.nio.file.Path-
[2] 8/docs/api/java/nio/file/Files.html#isDirectory-java.nio.file.Path-java.nio.file.LinkOption...-
[3] 8/docs/api/java/nio/file/Files.html#isRegularFile-java.nio.file.Path-java.nio.file.LinkOption...-
[4] 8/docs/api/java/nio/file/Files.html#isSymbolicLink-java.nio.file.Path-
[5] 8/docs/api/java/nio/file/Files.html#isHidden-java.nio.file.Path-
[6] 8/docs/api/java/nio/file/Files.html#getLastModifiedTime-java.nio.file.Path-java.nio.file.LinkOption...-
[7] 8/docs/api/java/nio/file/Files.html#setLastModifiedTime-java.nio.file.Path-java.nio.file.attribute.FileTime-
[8] 8/docs/api/java/nio/file/Files.html#getOwner-java.nio.file.Path-java.nio.file.LinkOption...-
[9] 8/docs/api/java/nio/file/Files.html#setOwner-java.nio.file.Path-java.nio.file.attribute.UserPrincipalpsn
[10] 8/docs/api/java/nio/file/Files.html#getPosixFilePermissions-java.nio.file.Path-java.nio.file.LinkOption...-
[11] 8/docs/api/java/nio/file/Files.html#setPosixFilePermissions-java.nio.file.Path-java.util.Set-
[12] 8/docs/api/java/nio/file/Files.html#getAttribute-java.nio.file.Path-java.lang.String-java.nio.file.LinkOption...-
[13] 8/docs/api/java/nio/file/Files.html#setAttribute-java.nio.file.Path-java.lang.String-java.lang.Object-java.nio.file.LinkOption...-
[14] 8/docs/api/java/nio/file/Files.html#readAttributes-java.nio.file.Path-java.lang.String-java.nio.file.LinkOption...-
[15] 8/docs/api/java/nio/file/Files.html#readAttributes-java.nio.file.Path-java.lang.Class-java.nio.file.LinkOption...-

些属性应该追踪，有不同的概念。所以，相关文件属性被分组归入视图（view）中。视图可以映射为特殊文件系统实现，例如 POSIX 或 DOS，或者映射为常用功能，如文件所有者。支持的视图如下：

- `BasicFileAttributeView`[一]——提供基本属性视图，这些属性是所有文件系统实现都支持的属性。
- `DosFileAttributeView`[二]——在支持 DOS 属性的文件系统上，把基本属性视图扩展标准 4 比特（bits）。
- `PosixFileAttributeView`[三]——在支持 POSIX 系列标准的文件系统上，扩展了基本属性视图的属性，如 Solaris。这些属性包括文件所有者、组所有者，以及 9 个相关访问权限。
- `FileOwnerAttributeView`[四]——如果文件系统支持文件所有者概念，就支持这个视图。
- `AclFileAttributeView`[五]——支持读取或更新文件的访问控制表（ACL）。支持 NFSv4 ACL 模型。对任意的 ACL 模型，如果它有到 NFSv4 模型（如 Windows ACL）的良定义映射，则也支持该 ACL 模型。
- `UserDefinedFileAttributeView`[六]——支持用户定义的元数据。这个视图可以映射为系统所支持的任意扩展机制。例如，在 Solaris 系统中，可以用这个视图存储文件的 MIME 类型。

一个特定的文件系统实现可能只支持基本文件属性视图，或者可以支持多个文件属性视图。一个文件系统实现，可能支持不在本 API 中的其他属性视图。

在大多数情况下，我们不必直接处理任何 `FileAttributeView` 接口。（如果确实需要直接处理 `FileAttributeView`，可以通过 `getFileAttributeView(Path,Class<V>,LinkOption)`[七]方法访问。）

`readAttributes` 方法使用了泛型，可以用来读取任意的文件属性视图的属性。本节接下来的例子使用了 `readAttributes` 方法。

1. 基本文件属性

如前所述，可以用 `Files.readAttributes` 方法之一读取文件的基本属性，这样，一次操作就能读取所有基本属性。这比分别访问文件系统、读取每一个属性，要高效得多。可变长度参数目前支持 `LinkOption`[八]枚举值 `NOFOLLOW_LINKS`。如果不想追踪符号链接所指向的文件，则可以使用这个选项。

> **注意** 基本属性集包含三个时间戳：`creationTime`（创建时间）、`lastModifiedTime`（最后修改时间）和 `lastAccessTime`（最近访问时间）。这些时间戳的任一个都可能不被特定实现所支持，这种情况下，相应的访问方法返回实现指定的值。如果实现支持一个时间戳，该时间戳则作为 `FileTime`[九]对象返回。

[一] 8/docs/api/java/nio/file/attribute/BasicFileAttributeView.html
[二] 8/docs/api/java/nio/file/attribute/DosFileAttributeView.html
[三] 8/docs/api/java/nio/file/attribute/PosixFileAttributeView.html
[四] 8/docs/api/java/nio/file/attribute/ FileOwnerAttributeView.html
[五] 8/docs/api/java/nio/file/attribute/ AclFileAttributeView.html
[六] 8/docs/api/java/nio/file/attribute/ UserDefinedFileAttributeView.html
[七] 8/docs/api/java/nio/file/Files.html#getFileAttributeView-java.nio.file.Path-java.lang.Class-java.nio.file.LinkOption...-
[八] 8/docs/api/java/nio/file/LinkOption.html
[九] 8/docs/api/java/nio/file/attribute/FileTime.html

下面的代码片段使用了 BasicFileAttributes[一]类中的方法，读取和打印指定文件的基本文件属性：

```
Path file = ...;
BasicFileAttributes attr = Files.readAttributes(file, BasicFileAttributes.class);

System.out.println("creationTime: " + attr.creationTime());
System.out.println("lastAccessTime: " + attr.lastAccessTime());
System.out.println("lastModifiedTime: " + attr.lastModifiedTime());

System.out.println("isDirectory: " + attr.isDirectory());
System.out.println("isOther: " + attr.isOther());
System.out.println("isRegularFile: " + attr.isRegularFile());
System.out.println("isSymbolicLink: " + attr.isSymbolicLink());
System.out.println("size: " + attr.size());
```

除了本例中给出的访问方法，还有一个 fileKey 方法，该方法或者返回一个唯一标识文件的对象，或者在无可用文件密钥（file key）时返回空。

2. 设置时间戳

下面的代码片段以毫秒为单位设置最后修改时间：

```
Path file = ...;
BasicFileAttributes attr =
    Files.readAttributes(file, BasicFileAttributes.class);
long currentTime = System.currentTimeMillis();
FileTime ft = FileTime.fromMillis(currentTime);
Files.setLastModifiedTime(file, ft);
}
```

3. DOS 文件属性

除了 DOS，在其他文件系统中也支持 DOS 文件属性，例如 Samba。下面的代码片段使用了 DosFileAttributes[二]类中的方法：

```
Path file = ...;
try {
    DosFileAttributes attr =
        Files.readAttributes(file, DosFileAttributes.class);
    System.out.println("isReadOnly is " + attr.isReadOnly());
    System.out.println("isHidden is " + attr.isHidden());
    System.out.println("isArchive is " + attr.isArchive());
    System.out.println("isSystem is " + attr.isSystem());
} catch (UnsupportedOperationException x) {
    System.err.println("DOS file " +
        " attributes not supported:" + x);
}
```

另一方面，也可以用 setAttribute(Path,String,Object,LinkOption...)[三]方法设置 DOS 属性，如下所示：

```
Path file = ...;
Files.setAttribute(file, "dos:hidden", true);
```

4. POSIX 文件权限

POSIX 是 UNIX 系统可移植操作系统接口（Portable Operating System Interface）的首字母缩写词。POSIX 是一组 IEEE 和 ISO 标准，是为确保在几种不同 UNIX 系统上的可互操作性而设计的。如果一个程序符合这些 POSIX 标准，就应该很容易将其移植到其他 POSIX 兼

[一] 8/docs/api/java/nio/file/attribute/BasicFileAttributes.html

[二] 8/docs/api/java/nio/file/attribute/DosFileAttributes.html

[三] 8/docs/api/java/nio/file/Files.html#setAttribute-java.nio.file.Path-java.lang.String-java.lang.Object-java.nio.file.LinkOption...-

容操作系统。

除了文件所有者和组所有者之外，POSIX 还支持 9 种文件权限：面向文件所有者、同组成员和其他任何"人"的读取、写入和执行权限。下面的代码片段读取了给定文件的 POSIX 文件属性，并把它们打印到标准输出。这段代码使用了 `PosixFileAttributes`[一] 类中的方法：

```
Path file = ...;
PosixFileAttributes attr =
    Files.readAttributes(file, PosixFileAttributes.class);
System.out.format("%s %s %s%n",
    attr.owner().getName(),
    attr.group().getName(),
    PosixFilePermissions.toString(attr.permissions()));
```

`PosixFilePermission`[二] 辅助类提供了如下几个有用的方法：

- `toString` 方法把文件权限转换成一个字符串（例如 rw-r--r--），前面的代码片段使用了这个方法。
- `fromString` 方法接收一个表示文件权限的字符串，并构造文件权限集 `Set`。
- `asFileAttribute` 方法接收文件权限集 `Set`，并构造一个文件属性，以传给 `Path.createFile` 或 `Path.createDirectory` 方法。

下面的代码片段从某个文件中读取属性，并创建一个新的文件，把原始文件的属性赋给新文件：

```
Path sourceFile = ...;
Path newFile = ...;
PosixFileAttributes attrs =
    Files.readAttributes(sourceFile, PosixFileAttributes.class);
FileAttribute<Set<PosixFilePermission>> attr =
    PosixFilePermissions.asFileAttribute(attrs.permissions());
Files.createFile(file, attr);
```

`asFileAttribute` 方法把权限封装成 `FileAttribute`。然后，代码试图用这些权限去创建新文件。注意，`umask` 也可以使用，所以新文件可能比要求的权限更安全。

可以用下面的代码，把文件权限设置为硬编码字符串所表示的值：

```
Path file = ...;
Set<PosixFilePermission> perms =
    PosixFilePermissions.fromString("rw-------");
FileAttribute<Set<PosixFilePermission>> attr =
    PosixFilePermissions.asFileAttribute(perms);
Files.setPosixFilePermissions(file, perms);
```

实例 `Chmod`[三] 可以像工具 chmod 那样递归地改变文件的权限。

5. 设置文件或组所有者

如果想把一个名（name）转换为一个对象，再把这个对象作为文件所有者或组所有者存储起来，可以调用 `UserPrincipalLookupService`[四] 服务。这个服务把名或组名当作字符串查询，并返回表示这个字符串的 `UserPrincipal` 对象。调用 `FileSystems.getUserPrincipalLookupService`[五] 方法，就可以获取默认文件系统中的用户主要查找服务（user principal look-up service）。

[一] 8/docs/api/java/nio/file/attribute/PosixFileAttributes.html
[二] 8/docs/api/java/nio/file/attribute/PosixFilePermissions.html
[三] tutorial/essential/io/examples/Chmod.java
[四] 8/docs/api/java/nio/file/attribute/UserPrincipalLookupService.html
[五] 8/docs/api/java/nio/file/FileSystem.html#getUserPrincipalLookupService--

下面的代码片段给出了如何用 setOwner 方法设置文件所有者：

```
Path file = ...;
UserPrincipal owner = file.GetFileSystem().getUserPrincipalLookupService()
        .lookupPrincipalByName("sally");
Files.setOwner(file, owner);
```

在 Files 类中，没有设置组所有者的专用方法。不过，有一种安全又直接的设置方式是调用 POSIX 文件属性视图，如下所示：

```
Path file = ...;
GroupPrincipal group =
    file.getFileSystem().getUserPrincipalLookupService()
        .lookupPrincipalByGroupName("green");
Files.getFileAttributeView(file, PosixFileAttributeView.class)
    .setGroup(group);
```

6. 用户自定义文件属性

如果文件系统实现所支持的文件属性不能满足要求，可以用 UserDefinedAttributeView 来创建和追踪自己的文件属性。一些实现把这个概念映射为类似 NTFS 交换数据流（alternative data stream）特征，以及文件系统中像 ext3 和 ZFS 这样的扩展属性。大多数实现对文件大小有限制，例如，ext3 限定文件大小为 4KB。

用下面的代码片段，文件的 MIME 类型可以作为用户自定义属性来存储：

```
Path file = ...;
UserDefinedFileAttributeView view = Files
    .getFileAttributeView(file, UserDefinedFileAttributeView.class);
view.write("user.mimetype",
        Charset.defaultCharset().encode("text/html");
```

要读取 MIME 类型属性，可以用下面的代码片段：

```
Path file = ...;
UserDefinedFileAttributeView view = Files
.getFileAttributeView(file,UserDefinedFileAttributeView.class);
String name = "user.mimetype";
ByteBuffer buf = ByteBuffer.allocate(view.size(name));
view.read(name, buf);
buf.flip();
String value = Charset.defaultCharset().decode(buf).toString();
```

例 Xdd[⊖] 给出了如何读取、设置和删除用户自定义属性。

> **注意** 在 Linux 中，为了让用户自定义属性起作用，可能需要启用扩展属性。若在尝试访问用户自定义属性视图时，接收到 UnsupportedOperationException 异常，则需要重新挂装（remount）文件系统。下面的命令可以在 ext3 文件系统中重新挂装带有扩展属性的根分区（root partition）。如果这个命令在所使用的 Linux 中不起作用，可以查询相关文档：
>
> ```
> $ sudo mount -o remount,user_xattr /
> ```
>
> 如果要做永久性改变，则给 /etc/fstab 增加一个条目。

7. 文件存储属性

我们可以用 FileStore[⊖] 类来了解文件存储区的情况（例如，多少空间可用）。

⊖ tutorial/essential/io/examples/Xdd.java
⊖ 8/docs/api/java/nio/file/FileStore.html

getFileStore(Path)[1]方法能提取指定文件的文件存储区。

下面是例 DiskUsage[2] 的代码片段，可以打印出某个特定文件所在的文件存储区的空间使用情况：

```
Path file = ...;
FileStore store = Files.getFileStore(file);

long total = store.getTotalSpace() / 1024;
long used = (store.getTotalSpace() -
            store.getUnallocatedSpace()) / 1024;
long avail = store.getUsableSpace() / 1024;
```

例 DiskUsage 用这个 API 来打印默认文件系统中所有存储区的磁盘空间信息。该例调用 FileSystem 类中的 getFileStores[3] 方法，来提取文件系统的所有文件存储区。

11.2.9 读取、写入和创建文件

本节将讨论读取、写入、创建和打开文件的细节。我们有很多文件 I/O 方法可以选择。为了有助于理解 API，图 11-8 按照复杂程度对文件 I/O 方法进行了排列。

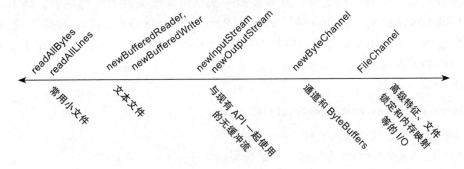

图 11-8 按从简单到复杂排列的文件 I/O 方法

图的最左边是实用程序方法（utility method），包括 readAllBytes 和 readAllLines，以及为一般简单情况所设计的 write 方法。这些方法右边的方法，可用来在流（stream）上或文本行上迭代，如 newBufferedReader 和 newBufferedWriter、newInputStream 和 newOutputStream。这些方法可以和 java.io 程序包互操作。再右边的方法是处理 ByteChannels、SeekableByteChannels 和 ByteBuffers 的，如 newByteChannel 方法。最右边的方法则是用 FileChannel 来处理需要文件锁定或内存映射 I/O 的高级应用。

> **注意** 创建新文件的方法，允许我们为该文件指定一个初始属性可选集。例如，在支持 POSIX 标准集的文件系统上（如 Solaris），我们可以在文件创建之时就指定文件所有者、组所有者或文件权限。11.2.8 节介绍了文件属性以及如何访问和设置这些属性。

1. OpenOptions 参数

本节中的几个方法都有一个 OpenOptions 参数。这个参数是可选的，在不做出任何指定时，API 会给出方法的缺省行为。

支持以下 StandardOpenOptions 枚举值：

---

[1] 8/docs/api/java/nio/file/Files.html#getFileStore-java.nio.file.Path-
[2] tutorial/essential/io/examples/DiskUsage.java
[3] 8/docs/api/java/nio/file/FileSystem.html#getFileStores--

- WRITE——以写访问方式打开文件。
- APPEND——把新数据追加到文件末尾。与 WRITE 或 CREATE 选项一起使用。
- TRUNCATE_EXISTING——把文件截短到 0 字节。与 WRITE 选项一起使用。
- CREATE_NEW——创建新文件，如果该文件已经存在，则抛出异常。
- CREATE——如果文件存在，则打开文件；如果文件不存在，则创建新文件。
- DELETE_ON_CLOSE——当数据流被关闭时，删除文件。用于临时文件。
- SPARSE——这个高级选项暗示，将新创建一个稀疏文件。一些文件系统支持这个选项，（如 NTFS），带有数据"间隙（gap）"的大文件，会以一种更高效的方式存储，那些空白间隙不会消耗磁盘空间。
- SYNC——该选项确保文件（包括内容和元数据）与底层存储设备保持同步。
- DSYNC——该选项确保文件内容与底层存储设备保持同步。

2. 用于小文件的常用方法

（1）从文件中读取所有字节或行

如果我们有一个较小的文件，并希望能一次性读取该文件的全部内容，那么可以用 `readAllBytes(Path)` [一] 或 `readAllLines(Path,Charset)` [二] 方法。这些方法能处理绝大部分工作，如打开和关闭流，但是不能用来处理大文件。下面的代码给出了如何使用 `readAllBytes` 方法：

```
Path file = ...;
byte[] fileArray;
fileArray = Files.readAllBytes(file);
```

（2）把所有字节或行写入文件

我们可以用某个 write 方法把字节或行写入文件：

- `write(Path,byte[],OpenOption…)` [三]
- `write(Path,Iterable<extends CharSequence>,Charset,OpenOption…)` [四]

下面的代码片段给出了如何使用 write 方法：

```
Path file = ...;
byte[] buf = ...;
Files.write(file, buf);
```

3. 文本文件缓冲 I/O 方法

`java.nio.file` 程序包支持通道 I/O，即把数据移到缓冲区，绕开阻塞流 I/O 的那些层。

（1）调用缓冲流 I/O 读取文件

`newBufferedReader(Path,Charset)` [五] 方法以读方式打开文件，返回一个 `BufferedReader` 对象，用这个对象可以高效地从文件中读取文本。下面的代码片段给出了如何用 `newBufferedReader` 方法读取文件，文件的编码方式是 US-ASCII：

```
Charset charset = Charset.forName("US-ASCII");
try (BufferedReader reader = Files.newBufferedReader(file, charset)) {
```

[一] 8/docs/api/java/nio/file/Files.html#readAllBytes-java.nio.file.Path-

[二] 8/docs/api/java/nio/file/Files.html#readAllLines-java.nio.file.Path-java.nio.charset.Charset-

[三] 8/docs/api/java/nio/file/Files.html#write-java.nio.file.Path-byte:A-java.nio.file.OpenOption…-

[四] 8/docs/api/java/nio/file/Files.html#write-java.nio.file.Path-java.lang.Iterable-java.nio.charset.Charset-java.nio.file.openOption…-

[五] 8/docs/api/java/nio/file/Files.html#newBufferedReader-java.nio.file.Path-java.nio.charset.Charset-

```
        String line = null;
        while ((line = reader.readLine()) != null) {
            System.out.println(line);
        }
} catch (IOException x) {
    System.err.format("IOException: %s%n", x);
}
```

（2）调用缓冲流 I/O 写文件

可以调用 newBufferedWriter(Path,Charset,OpenOption…)[一]方法，用 BufferedWriter 对象把数据写入文件。下面的代码片段给出了如何用这个方法创建用 US-ASCII 编码的文件：

```
Charset charset = Charset.forName("US-ASCII");
String s = ...;
try (BufferedWriter writer = Files.newBufferedWriter(file, charset)) {
    writer.write(s, 0, s.length());
} catch (IOException x) {
    System.err.format("IOException: %s%n", x);
}
```

4. 与 java.io API 互操作的未缓冲流方法

（1）用流 I/O 读取文件

若要打开文件以读取数据，可以用 newInputStream(Path,OpenOption…)[二]方法。该方法返回未缓冲输入流，这样就可以从文件中读取字节了：

```
Path file = ...;
try (InputStream in = Files.newInputStream(file);
    BufferedReader reader =
        new BufferedReader(new InputStreamReader(in))) {
    String line = null;
    while ((line = reader.readLine()) != null) {
        System.out.println(line);
    }
} catch (IOException x) {
    System.err.println(x);
}
```

（2）用流 I/O 创建和写入文件

我们可以用 newOutputStream(Path,OpenOption)[三]方法创建文件、向文件中追加数据或将数据写入文件。这个方法打开或创建文件，以把字节写入文件，并返回未缓冲输出流。

这个方法有一个可选参数 OpenOption。如果不指定打开选项（open option），而文件又不存在，就会创建一个新的文件。如果文件存在，则截断该文件。这个选项等同于调用带有 CREATE 和 TRUNCATE_EXISTING 选项的方法。

下面的代码片段打开了一个日志文件。如果文件不存在，就创建文件。如果文件存在，则打开该文件并追加数据：

```
import static java.nio.file.StandardOpenOption.*;

// Convert the string to a
// byte array.
String s = ...;
```

[一] 8/docs/api/java/nio/file/Files.html#newBufferedWriter-java.nio.file.Path-java.nio.charset.Charset-java.nio.file.OpenOption…-

[二] 8/docs/api/java/nio/file/Files.html#newInputStream-java.nio.file.Path-java.nio.file.openOption…-

[三] 8/docs/api/java/nio/file/Files.html#newOutputStream-java.nio.file.Path-java.nio.file.openOption…-

```
byte data[] = s.getBytes();

try (OutputStream out = new BufferedOutputStream(
            Files.newOutputStream(CREATE, APPEND))) {
    ...
    out.write(data, 0, data.length);
} catch (IOException x) {
    System.err.println(x);
}
```

5. Channels 和 ByteBuffers 方法
用通道 I/O 读写文件

流 I/O 一次读取一个字符，而通道 I/O 一次读取一个缓冲区。ByteChannel[一]接口提供了基本的 read 和 write 功能。SeekableByteChannel[二]是一个 ByteChannel，能保存通道中的某个位置，并改变该位置。一个 SeekableByteChannel 也能截断与通道相关联的文件，并查询该文件的大小。

因为具有在文件中不同的点之间移动，并读写相应位置的数据的能力，所以允许随机访问文件。更多信息请参见 11.2.10 节。

读写通道 I/O 的方法有如下两个：
- newByteChannel(Path,OpenOption…)[三]
- newByteChannel(Path,Set<?extendsOpenOption>,FileAttribute<?>…)[四]

> **注意** newByteChannel 方法返回一个 SeekableByteChannel 实例。在默认文件系统中，可以把这个可寻址字节通道（seekable byte channel）转换为 FileChannel[五]，以提供对更高级特征的访问。例如，把文件所在区域直接映射到内存，以便更快地访问；锁定文件区域，让其他进程无法访问该文件；或者从某个绝对位置读写字节，而不影响通道的当前位置。

两个 newByteChannel 方法都允许指定 OpenOption 选项列表，支持 newOutputStream 方法所使用的打开选项，并支持另一个选项（由于 SeekableByteChannel 读写都支持，所以需要指示符 READ）。

指定 READ，打开通道读取数据；指定 WRITE 或 APPEND，打开通道写入数据。如果这些选项都不指定，则表示打开通道读取数据。

下面的代码片段读取文件，并将其打印到标准输出：

```
// Defaults to READ
try (SeekableByteChannel sbc = Files.newByteChannel(file)) {
    ByteBuffer buf = ByteBuffer.allocate(10);

    // Read the bytes with the proper encoding for this platform.  If
    // you skip this step, you might see something that looks like
    // Chinese characters when you expect Latin-style characters.
    String encoding = System.getProperty("file.encoding");
```

[一] 8/docs/api/java/nio/channels/ByteChannel.html

[二] 8/docs/api/java/nio/channels/SeekableByteChannel.html

[三] 8/docs/api/java/nio/file/Files.html#newByteChannel-java.nio.file.Path-java.nio.file.openOption…-

[四] 8/docs/api/java/nio/file/Files.html#newByteChannel-java.nio.file.Path-java.util.Set-java.nio.file.attribute.FileAttribute…-

[五] 8/docs/api/java/nio/channels/FileChannel.html

```
        while (sbc.read(buf) > 0) {
            buf.rewind();
            System.out.print(Charset.forName(encoding).decode(buf));
            buf.flip();
        }
    } catch (IOException x) {
        System.out.println("caught exception: " + x);
```

下面的代码片段是 POSIX 文件系统编写的，它创建了一个带有文件特定访问权限的日志文件。这段代码会创建日志文件，如果日志文件已经存在，则往该文件中追加数据。在这个日志文件创建时，文件所有者有读写权限，而组群只有只读权限：

```
import static java.nio.file.StandardCopyOption.*;

// Create the set of options for appending to the file.
Set<OpenOptions> options = new HashSet<OpenOption>();
options.add(APPEND);
options.add(CREATE);

// Create the custom permissions attribute.
Set<PosixFilePermission> perms =
    PosixFilePermissions.fromString("rw-r------");
FileAttribute<Set<PosixFilePermission>> attr =
    PosixFilePermissions.asFileAttribute(perms);

// Convert the string to a ByteBuffer.
String s = ...;
byte data[] = s.getBytes();
ByteBuffer bb = ByteBuffer.wrap(data);

try (SeekableByteChannel sbc = Files.newByteChannel(file, options, attr)) {
    sbc.write(bb);
} catch (IOException x) {
    System.out.println("exception thrown: " + x);
}
```

6. 创建常规文件和临时文件的方法

（1）创建文件

调用 createFile(Path,FileAttribute<?>)[⊖] 方法可以创建一个空文件，带有一组初始属性。例如，如果在文件创建时，希望文件有特定的访问权限，可以调用 **createFile** 方法来实现。如果不指定任何属性，文件创建时会带有默认属性。如果文件已经存在，**createFile** 则会抛出异常。

在一个单原子操作中，**createFile** 方法将验证文件的存在性，并创建带有指定属性的文件，这样创建的过程更安全，以防御恶意代码。下面的代码片段创建了带有默认属性的文件：

```
Path file = ...;
try {
    // Create the empty file with default permissions, etc.
    Files.createFile(file);
} catch (FileAlreadyExistsException x) {
    System.err.format("file named %s" +
        " already exists%n", file);
} catch (IOException x) {
    // Some other sort of failure, such as permissions.
    System.err.format("createFile error: %s%n", x);
}
```

⊖ 8/docs/api/java/nio/file/Files.html#createFile-java.nio.file.Path-java.nio.file.attribute.FileAttribute...-

回忆一下，11.2.8 节有一个实例是用 createFile（Path，FileAttribute<?>）创建带有预设访问权限的文件。

还可以调用前面描述的 newOutputStream 方法创建新文件。如果打开一个新的输出流，并立即将其关闭，则会创建一个空文件。

（2）创建临时文件

我们可以用下面任何一个 createTempFile 方法创建临时文件：

- createTempFile(Path,String,String,FileAttribute<?>) [一]
- createTempFile(String,String,FileAttribute<?>) [二]

第一个方法允许代码为临时文件指定一个目录，而第二个方法是在默认的临时文件目录下创建一个新的文件。两种方法都允许给文件名指定后缀，其中第一个方法也允许指定前缀。下面的代码片段给出了第二个方法的实例：

```
try {
    Path tempFile = Files.createTempFile(null, ".myapp");
    System.out.format("The temporary file" +
        " has been created: %s%n", tempFile)
;
} catch (IOException x) {
    System.err.format("IOException: %s%n", x);
}
```

运行这个文件的结果与下面类似：

```
The temporary file has been created: /tmp/509668702974537184.myapp
```

临时文件名的格式是平台特定的。

11.2.10 随机访问文件

随机访问文件允许非顺序地，或随机地，访问文件的内容。为了随机访问文件，我们可以打开文件，查找特殊位置，并读写该文件。

有了 SeekableByteChannel[三]接口，这个功能是可能的。SeekableByteChannel 接口扩展了通道 I/O，增加了当前位置概念。方法允许设置或查询这个位置，进而可以读写该位置上的数据。API 由一些易于使用的方法组成：

- position[四]——返回通道当前位置。
- position(long)[五]——设置通道位置。
- read(ByteBuffer)[六]——从通道中读取字节，存入缓冲区。
- write(ByteBuffer)[七]——把缓冲区中的字节写入通道。
- truncate(long)[八]——截断与通道相连的文件（或其他实体）。

[一] 8/docs/api/java/nio/file/Files.html#createTempFile-java.nio.file.Path-java.lang.String-java.lang.String-java.nio.file.attribute.FileAttribute...-

[二] 8/docs/api/java/nio/file/Files.html#createTempFile-java.lang.String-java.lang.String-java.nio.file.attribute.FileAttribute...-

[三] 8/docs/api/java/nio/channels/SeekableByteChannel.html

[四] 8/docs/api/java/nio/channels/SeekableByteChannel.html#position--

[五] 8/docs/api/java/nio/channels/SeekableByteChannel.html#position-long-

[六] 8/docs/api/java/nio/channels/SeekableByteChannel.html#read-java.nio.ByteBuffer-

[七] 8/docs/api/java/nio/channels/SeekableByteChannel.html#write-java.nio.ByteBuffer-

[八] 8/docs/api/java/nio/channels/SeekableByteChannel.html#truncate-long-

由 11.2.9 节可知，Path.newByteChannel 方法会返回一个 SeekableByteChannel 实例。在默认文件系统中，我们可以直接使用这个通道，又或者将其转换为 FileChannel[一]，从而访问更高级的特征。例如，把文件所在区域直接映射到内存，以便更快地访问；锁定文件区域；或者从某个绝对位置读写字节，而不影响通道的当前位置。

下面的代码片段调用 newByteChannel 方法之一，打开文件读写。返回的 SeekableByteChannel 对象，被转换为 FileChannel。然后，从文件的起始位置读取 12 个字节，并把字符串 "I was here!" 写在这个位置。文件的当前位置被移到文件末尾，并把在初始位置读取的 12 个字节追加到文件末尾。最后，追加字符串 "I was here!"，并关闭文件上的通道：

```
String s = "I was here!\n";
byte data[] = s.getBytes();
ByteBuffer out = ByteBuffer.wrap(data);

ByteBuffer copy = ByteBuffer.allocate(12);
try (FileChannel fc = (FileChannel.open(file, READ, WRITE))) {
    // Read the first 12
    // bytes of the file.
    int nread;
    do {
        nread = fc.read(copy);
    } while (nread != -1 && copy.hasRemaining());

    // Write "I was here!" at the beginning of the file.
    fc.position(0);
    while (out.hasRemaining())
        fc.write(out);
    out.rewind();

    // Move to the end of the file.  Copy the first 12 bytes to
    // the end of the file.  Then write "I was here!" again.
    long length = fc.size();
    fc.position(length-1);
    copy.flip();
    while (copy.hasRemaining())
        fc.write(copy);
    while (out.hasRemaining())
        fc.write(out);
} catch (IOException x) {
    System.out.println("I/O Exception: " + x);
}
```

11.2.11　创建和读取目录

前面讨论的一些方法，如 delete，可用于文件（file）和链接（link），也可用于目录。但是，如何列出文件系统顶层的所有目录呢？如何列出某个目录里的内容，或创建目录呢？

1. 列出文件系统根目录

调用 FileSystem.getRootDirectories[二]方法，可以列出文件系统所有的根目录。这个方法返回 Iterable 对象，从而允许用 enhanced for 语句在所有根目录上迭代。下

[一]　8/docs/api/java/nio/channels/FileChannel.html

[二]　8/docs/api/java/nio/file/FileSystem.html#getRootDirectories--

面的代码片段打印了默认文件系统的根目录：

```
Iterable<Path> dirs = FileSystems.getDefault().getRootDirectories();
for (Path name: dirs) {
    System.err.println(name);
}
```

2. 创建目录

调用 createDirectory(Path,FileAttribute<?>) [一] 方法，可以创建新目录。如果不指定文件属性 FileAttributes，则新目录具有默认属性：

```
Path dir = ...;
Files.createDirectory(path);
```

下面的代码片段在 POSIX 文件系统创建了新目录，该目录带有特定访问权限：

```
Set<PosixFilePermission> perms =
    PosixFilePermissions.fromString("rwxr-x---");
FileAttribute<Set<PosixFilePermission>> attr =
    PosixFilePermissions.asFileAttribute(perms);
Files.createDirectory(file, attr);
```

如果要创建一个几层深的目录，而其父目录一个或多个并不存在，则可以用简便方法 createDirectories(Path,FileAttribute<?>) [二]，并同时指定一组可选初始文件属性。下面的代码片段使用了默认属性：

```
Files.createDirectories(Paths.get("foo/bar/test"));
```

如果需要，可以从上到下创建这些目录。在例 foo/bar/test 中，如果 foo 目录不存在，则创建之。接下来，如果需要，则创建 bar 目录，最后创建 test 目录。注意，这个方法在创建一些（而不是全部）父目录后，可能会失败。

3. 创建临时目录

调用下面的 createTempDirectory 方法，可以创建一个临时目录：

- createTempDirectory(Path,String,FileAttribute<?>…) [三]
- createTempDirectory(String,FileAttribute<?>…) [四]

第一个方法允许代码指定临时目录的位置，而第二个方法在默认临时文件目录下创建一个新目录。

4. 列出目录内容

调用 newDirectoryStream(Path) [五] 方法，可以列出一个目录下的所有内容。这个方法返回一个实现了 DirectoryStream [六] 接口的对象。实现了 DirectoryStream 接口的类，也实现了 Iterable，所以可以在目录流上迭代，读取所有对象。这个方法可以适用于非常庞大的目录。

[一] 8/docs/api/java/nio/file/Files.html#createDirectory-java.nio.file.Path-java.nio.file.attribute.FileAttribute…-

[二] 8/docs/api/java/nio/file/Files.html#createDirectories-java.nio.file.Path-java.nio.file.attribute.FileAttribute…-

[三] 8/docs/api/java/nio/file/Files.html#createTempDirectory-java.nio.file.Path-java.lang.String-java.nio.file.attribute.FileAttribute…

[四] 8/docs/api/java/nio/file/Files.html#createTempDirectory-java.lang.String-java.nio.file.attribute.FileAttribute…-

[五] 8/docs/api/java/nio/file/Files.html#newDirectoryStream-java.nio.file.Path-

[六] 8/docs/api/java/nio/file/DirectoryStream.html

> **注意** 返回的 DirectoryStream 是一个 stream 对象。如果没有使用 try-with-resources 语句,则一定要记住在 finally 块中关闭该流。try-with-resources 语句可以代为完成关闭。

下面的代码片段说明了如何打印一个目录的内容:

```
Path dir = ...;
try (DirectoryStream<Path> stream = Files.newDirectoryStream(dir)) {
    for (Path file: stream) {
        System.out.println(file.getFileName());
    }
} catch (IOException | DirectoryIteratorException x) {
    // IOException can never be thrown by the iteration.
    // In this snippet, it can only be thrown by newDirectoryStream.
    System.err.println(x);
}
```

迭代器(iterator)所返回的 Path 对象,是根据目录解析的实体名。因此,如果是列出目录 /tmp 的内容,返回的实体的形式是 /tmp/a、/tmp/b 等。

该方法返回目录的整个内容:文件、链接、子目录和隐藏文件。如果希望提取的内容有更多的选择性,则可以用其他 newDirectoryStream 方法,本节后面将介绍这些方法。

注意,如果目录迭代过程中有异常,异常 DirectoryIteratorException 将作为异常 IOException 的成因,一起抛出。迭代器方法不能将异常抛给异常。

5. 用 Glob 过滤目录列表

如果只想提取名称与特定模式相匹配的文件和子目录,可以调用 newDirectoryStream(Path,String)[一] 方法,这个方法提供了内置的 glob 过滤器。有关 glob 语法的内容,请参见 11.2.3 节。

例如,下面的代码片段给出了与 Java 相关的文件:.class、.java 和 .jar 文件:

```
Path dir = ...;
try (DirectoryStream<Path> stream =
     Files.newDirectoryStream(dir, "*.{java,class,jar}")) {
    for (Path entry: stream) {
        System.out.println(entry.getFileName());
    }
} catch (IOException x) {
    // IOException can never be thrown by the iteration.
    // In this snippet, it can // only be thrown by newDirectoryStream.
    System.err.println(x);
}
```

6. 自定义目录过滤器

我们可能需要根据一定的条件来过滤目录内容,而不是模式匹配。通过实现 DirectoryStream.Filter<T>[二] 接口,可以创建自己的过滤器。这个接口由一个方法 accept 组成,该方法能确定文件是否满足搜索要求。

例如,下面的代码片段实现了一个过滤器,只检索目录:

```
DirectoryStream.Filter<Path> filter =
    newDirectoryStream.Filter<Path>() {
```

㊀ 8/docs/api/java/nio/file/Files.html#newDirectoryStream-java.nio.file.Path-java.lang.String-

㊁ 8/docs/api/java/nio/file/DirectoryStream.Filter.html

```
            public boolean accept(Path file) throws IOException {
                try {
                    return (Files.isDirectory(path));
                } catch (IOException x) {
                    // Failed to determine if it's a directory.
                    System.err.println(x);
                    return false;
                }
            }
        };
```

一旦创建好了过滤器，就可以用 newDirectoryStream(Path,DirectoryStream. Filter<? super Path>)⊖方法调用该过滤器。下面的代码片段调用了 isDirectory 过滤器，只把目录的子目录打印到标准输出：

```
Path dir = ...;
try (DirectoryStream<Path>
                      stream = Files.newDirectoryStream(dir, filter)) {
    for (Path entry: stream) {
        System.out.println(entry.getFileName());
    }
} catch (IOException x) {
    System.err.println(x);
}
```

这个方法只用于过滤单一目录。若想找到文件树中的所有子目录时，则应该用 11.2.13 节中所描述的机制。

11.2.12 符号链接或其他方式的链接

如前面提到的，java.nio.file 包，尤其是 Path 类，是链接感知的。当遇到符号链接时，每个 Path 方法或者能检测到该做什么，或者能提供选项以配置行为。

迄今为止，我们所讨论的都是符号链接或软链接。不过，一些文件系统也支持硬链接（hard link）。与符号链接相比，硬链接更具有约束性，如下：

- 链接的目标必须存在。
- 通常不允许目录上的硬链接。
- 硬链接不允许跨分区（partition）或卷（volume）。所以，硬链接不能跨文件系统而存在。
- 硬链接看起来像常规文件，其行为方式也像常规文件，所以很难被发现。
- 就其所有的内容和用途而言，硬链接是和原始文件系统一样的实体。它们有着相同的文件访问权限、时间戳等。所有的属性都是一样的。

因为有了这些约束，所以硬链接不像软链接那样经常使用，但是 Path 方法能和硬链接一起无缝工作。

1. 创建符号链接

如果文件系统支持符号链接，则可调用 createSymbolicLink(Path,Path,FileAttibute<?>)⊖来创建符号链接。第二个 Path 参数表示目标文件或目录（可能存在，可能不存在）。下面的代码片段创建了带有默认访问权限的符号链接：

⊖ 8/docs/api/java/nio/file/Files.html#newDirectoryStream-java.nio.file.Path-java.nio.file.DirectoryStream.Filter-

⊖ 8/docs/api/java/nio/file/Files.html#createSymbolicLink-java.nio.file.Path-java.nio.file.Path-java.nio.file.attribute.FileAttribute...-

```
Path newLink = ...;
Path target = ...;
try {
    Files.createSymbolicLink(newLink, target);
} catch (IOException x) {
    System.err.println(x);
} catch (UnsupportedOperationException x) {
    // Some file systems do not support symbolic links.
    System.err.println(x);
}
```

FileAttributes 可变参数允许指定文件的初始属性，当链接创建时，会被自动设置上这些属性。但是，这个参数是为了将来使用，而不是现在实现。

2. 创建硬链接

调用 createLink(Path,Path)[一]方法可以为已有文件创建一个硬（或常规）链接。第二个 Path 参数定位到已有的文件，该文件必须存在，否则抛出异常 NoSuchFileException。下面的代码片段说明了如何创建链接：

```
Path newLink = ...;
Path existingFile = ...;
try {
    Files.createLink(newLink, existingFile);
} catch (IOException x) {
    System.err.println(x);
} catch (UnsupportedOperationException x) {
    // Some file systems do not
    // support adding an existing
    // file to a directory.
    System.err.println(x);
}
```

3. 检测符号链接

若要确定一个 Path 实例是否是一个符号链接，可以调用 isSymbolicLink(Path)[二]方法。下面的代码片段说明了如何使用该方法：

```
Path file = ...;
boolean isSymbolicLink =
    Files.isSymbolicLink(file);
```

更多信息，请参见 11.2.8 节。

4. 查找链接的目标

调用 readSymbolicLink(Path)[三]方法，可以获得符号链接的目标，如下所示：

```
Path link = ...;
try {
    System.out.format("Target of link" +
        " '%s' is '%s'%n", link,
        Files.readSymbolicLink(link));
} catch (IOException x) {
    System.err.println(x);
}
```

如果 Path 不是符号链接，该方法抛出 NotLinkException 异常。

[一] 8/docs/api/java/nio/file/Files.html#createLink-java.nio.file.Path-java.nio.file.Path-

[二] 8/docs/api/java/nio/file/Files.html#isSymbolicLink-java.nio.file.Path-

[三] 8/docs/api/java/nio/file/Files.html#readSymbolicLink-java.nio.file.Path-

11.2.13 遍历文件树

是否需要创建一个应用,递归访问文件树中的所有文件?又或者,需要删除文件树中的每个 .class 文件,或者找到在过去一年都没有访问过的每个文件。用 FileVisitor[一] 接口,可以实现上述功能。

1. FileVisitor 接口

要遍历文件树,首先要实现 FileVisitor。一个 FileVisitor,会在遍历过程中的关键点处,指定所需的行为:访问一个文件是在访问目录前,在访问目录后,或者发生失败时。这个接口有四个方法,对应于下面这些情况:

- preVisitDirectory[二]——在目录中的条目被访问前,调用该方法。
- postVisitDirectory[三]——在目录中的所有条目都被访问后,调用该方法。如果访问过程中发生了错误,则会有特定的异常传给该方法。
- visitFile[四]——在文件被访问时,调用这个方法。文件的 BasicFileAttributes 程序包被传给该方法,或者用文件属性程序包读取特定属性集。例如,可以选择读取文件的 DosFileAttributeView 属性,来确定文件是否有"隐藏"位集。
- visitFileFailed[五]——当文件不能被访问时,调用该方法。特定的异常被传给这个方法。可以选择抛出异常,将其打印到控制台或日志文件中,等等。

如果 FileVisitor 的这四个方法不需要都实现,则可以不去实现 FileVisitor 接口,而是扩展 SimpleFileVisitor[六]类。SimpleFileVisitor 类实现了 FileVisitor 接口,可以访问文件树中的所有文件,并在出现错误时抛出 IOError 异常。我们可以扩展这个类,并只重载所需的方法。

现在看一个例子。该例扩展了 SimpleFileVisitor 类,使其可以打印文件树中的所有条目。可以打印出条目是否是常规文件、符号链接、目录,或者其他某个未指定的文件类型;也可以打印出每个文件的大小,以字节为单位。执行过程中,遇到的任何异常都被打印到控制台。

FileVisitor 方法以黑体字表示:

```
import static java.nio.file.FileVisitResult.*;

public static class PrintFiles
    extends SimpleFileVisitor<Path> {

    // Print information about
    // each type of file.
    @Override
    public FileVisitResult visitFile(Path file,
                                    BasicFileAttributes attr) {
        if (attr.isSymbolicLink()) {
            System.out.format("Symbolic link: %s ", file);
        } else if (attr.isRegularFile()) {
            System.out.format("Regular file: %s ", file);
        } else {
```

[一] 8/docs/api/java/nio/file/FileVisitor.html
[二] 8/docs/api/java/nio/file/FileVisitor.html#preVisitDirectory-T-java.nio.file.attribute.BasicFileAttributes-
[三] 8/docs/api/java/nio/file/FileVisitor.html#postVisitDirectory-T-java.io.IOException-
[四] 8/docs/api/java/nio/file/FileVisitor.html#visitFile-T-java.nio.file.attribute.BasicFileAttributes-
[五] 8/docs/api/java/nio/file/FileVisitor.html#visitFileFailed-T-java.io.IOException -
[六] 8/docs/api/java/nio/file/SimpleFileVisitor.html

```
            System.out.format("Other: %s ", file);
        }
        System.out.println("(" + attr.size() + "bytes)");
        return CONTINUE;
    }

    // Print each directory visited.
    @Override
    public FileVisitResult postVisitDirectory(Path dir,
                                        IOException exc) {
        System.out.format("Directory: %s%n", dir);
        return CONTINUE;
    }

    // If there is some error accessing
    // the file, let the user know.
    // If you don't override this method
    // and an error occurs, an IOException
    // is thrown.
    @Override
    public FileVisitResult visitFileFailed(Path file,
                                        IOException exc) {
        System.err.println(exc);
        return CONTINUE;
    }
}
```

2. 激活进程

编程者一旦实现了 `FileVisitor`，该如何开始文件的遍历呢？在 `Files` 类中有两个 `walkFileTree` 方法：

- `walkFileTree(Path,FileVisitor)` [⊖]
- `walkFileTree(Path,Set<FileVisitOption>,int,FileVisitor)` [⊖]

第一个方法只需要一个起点，以及编程者实现的 `FileVisitor` 的一个实例。可以用如下代码调用 `PrintFiles` 文件访问程序：

```
Path startingDir = ...;
PrintFiles pf = new PrintFiles();
Files.walkFileTree(startingDir, pf);
```

第二个 `walkFileTree` 方法允许对被访问的层数设定限制，也可以指定一组 `FileVisitOption` 枚举值。如果要确保这个方法遍历整棵文件树，则可以指定 `Integer.MAX_VALUE` 为最大深度参数。

可以指定 `FileVisitOption` [⊜] 枚举值 `FOLLOW_LINKS`，它表示后面应该是符号链接。下面的代码片段说明了如何调用这个带有四个参数的方法：

```
import static java.nio.file.FileVisitResult.*;

Path startingDir = ...;

EnumSet<FileVisitOption> opts = EnumSet.of(FOLLOW_LINKS);

Finder finder = new Finder(pattern);
Files.walkFileTree(startingDir, opts, Integer.MAX_VALUE, finder);
```

3. 创建 FileVisitor 时的注意事项

虽然文件树的遍历是深度优先的，但是我们无法对子目录的访问迭代顺序做任何假设。

⊖ 8/docs/api/java/nio/file/Files.html#walkFileTree-java.nio.file.Path-java.nio.file.FileVisitor-

⊖ 8/docs/api/java/nio/file/Files.html#walkFileTree-java.nio.file.Path-java.util.Set-int-java.nio.file.FileVisitor-

⊜ 8/docs/api/java/nio/file/FileVisitOption.html

如果所写的程序会改变文件系统，则需要仔细考虑如何实现自己的 `FileVisitor`。例如，假设正在编写递归删除功能，则必须先删除目录中的文件，然后再删除目录自身。这种情况下，在 `postVisitDirectory` 方法中删除目录。

如果正在编写递归复制功能，则先在 `preVisitDirectory` 方法中创建新目录，然后试着在 `visitFiles` 方法中把文件复制到该目录。若想保留源目录的属性（类似于 Solaris 和 Linux 的命令 `cp-p`），则需要在 `postVisitDirectory` 方法中，文件被复制后，再去实现该功能。例 Copy[⊖] 给出了示例。

如果正在编写文件搜索功能，则要在 `visitFile` 方法中进行比较。该方法会找出满足条件的所有文件，但是它无法找出目录。若想把文件和目录都找出来，则在 `preVisitDirectory` 或 `postVisitDirectory` 方法中，也必须进行比较。例 Find[⊖] 给出了示例。

程序员需要决定，是否希望"跟随符号链接"。例如，如果正在删除文件，跟随符号链接是不可取的；如果正在复制文件树，则会考虑允许跟随符号链接。默认情况下，`walkFileTree` 不跟随符号链接。

可以对文件调用 `visitFile` 方法。如果已经指定了 `FOLLOW_LINKS` 选项，而文件树有一个指向父目录的循环链接，则在 `visitFileFailed` 方法中会报告这个循环目录，同时抛出 `FileSystemLoopException` 异常。下面的代码片段说明了如何捕捉循环链接，这段代码来自于例 Copy：

```
@Override
public FileVisitResult
    visitFileFailed(Path file,
        IOException exc) {
    if (exc instanceof FileSystemLoopException) {
        System.err.println("cycle detected: " + file);
    } else {
        System.err.format("Unable to copy:" + " %s: %s%n", file, exc);
    }
    return CONTINUE;
}
```

这种情况只发生在程序跟随符号链接时。

4. 控制流

或许，遍历文件树，是为了寻找特殊的目录，而一旦找到了，就希望放弃遍历进程。也或许，想要略过特定的目录。

`FileVisitor` 方法会返回一个 `FileVisitResult`[⊜] 值。我们可以放弃文件遍历进程，或者在 `FileVisitor` 方法中用返回的值来控制是否访问某个目录：

- `CONTINUE`——这个值表示文件遍历应该继续。如果 `preVisitDirectory` 方法返回了 `CONTINUE`，该目录会被访问。
- `TERMINATE`——这个值表示立即放弃文件遍历，该值返回后，不再进一步调用文件遍历方法。
- `SKIP_SUBTREE`——当 `preVisitDirectory` 方法返回这个值时，指定的目录及其子目录会被忽略。这个分支将从文件树中"剪除"。

⊖ tutorial/essential/io/examples/Copy.java
⊖ tutorial/essential/io/examples/Find.java
⊜ 8/docs/api/java/nio/file/FileVisitResult.html

- **SKIP_SIBLINGS**——当 preVisitDirectory 方法返回这个值时，指定目录不会被访问，不会调用 postVisitDirectory，也不会对未被访问的后续的兄弟目录进行访问。如果是 postVisitDirectory 方法返回这个值，不会对后续的兄弟目录进行访问。实质上，在指定目录中也不会有任何事情后续发生。

在下面的代码片段中，任何命名为 SCCS 的目录会被忽略：

```java
import static java.nio.file.FileVisitResult.*;

public FileVisitResult
    preVisitDirectory(Path dir,
        BasicFileAttributes attrs) {
    (if (dir.getFileName().toString().equals("SCCS")) {
        return SKIP_SUBTREE;
    }
    return CONTINUE;
}
```

在下面的代码片段中，特定的文件一旦被定位，文件名就会被打印到标准输出，而文件遍历终止：

```java
import static java.nio.file.FileVisitResult.*;

// The file we are looking for.
Path lookingFor = ...;

public FileVisitResult
    visitFile(Path file,
        BasicFileAttributes attr) {
    if (file.getFileName().equals(lookingFor)) {
        System.out.println("Located file: " + file);
        return TERMINATE;
    }
    return CONTINUE;
}
```

5. 实例

下面的例子解释了文件遍历机制：

- Find[一]——该例递归遍历文件树，以期找到与特殊 glob 模式匹配的文件和目录。下一节讨论这个实例。
- Chmod[二]——该例在文件树上递归地改变访问权限（只针对 POSIX 系统）。
- Copy[三]——该例递归复制文件树。
- WatchDir[四]——该例解释说明监视目录的机制，包括文件的创建、删除和修改。若带着 -r 选项调用该程序，则可以监视整棵文件树的变化。有关文件通知服务详细信息，参阅 11.2.15 节。

11.2.14 查找文件

如若曾经使用过 shell 脚本，则最有可能用模式匹配的方式来定位文件。事实上，这个方法被广泛地使用着。如若从未用过，则要知道，模式匹配是用特殊的字符创建一个模式，然后把文件名与该模式进行比较。例如，在大多数 shell 脚本中，星号（*）可以匹配

[一] tutorial/essential/io/examples/Find.java
[二] tutorial/essential/io/examples/Chmod.java
[三] tutorial/essential/io/examples/Copy.java
[四] tutorial/essential/io/examples/WatchDir.java

任意多的字符。如下面这个命令，会列出当前目录中所有以 `.html` 结尾的文件：

```
% ls *.html
```

`java.nio.file` 程序包为这一有用特征提供了程序性支持。每个文件系统实现都提供了一个 `PathMatcher`[❍] 类。我们可以用 `FileSystem`[❍] 类中的 `getPathMatcher(String)` 方法来检索一个文件系统的 `PathMatcher`。下面的代码片段提取了默认文件系统的路径匹配器：

```
String pattern = ...;
PathMatcher matcher =
    FileSystems.getDefault().getPathMatcher("glob:" + pattern);
```

传给 `getPathMatcher` 方法的字符串参数，指定了语法风格以及要匹配的模式。该例指定了 `glob` 语法。`glob` 语法相关内容参阅 11.2.3 节。

`glob` 语法易于使用，也比较灵活。但是，如果愿意的话，也可以使用正则表达式语法，或正则（regex）语法。有关正则表达式的更多内容，请参见第 14 章。一些文件系统实现也支持其他语法。

若想使用其他形式的字符串模式匹配，可以创建自己的 `PathMatcher` 类。本章的例子都使用了 `glob` 语法。

一旦创建了自己的 `PathMatcher` 实例，就做好了根据该实例匹配文件的准备。`PathMatcher` 接口有一个单独的方法 `matches`[❍]，以 `Path` 为参数，返回一个布尔值（`boolean`）：或者匹配模式，或者不匹配。下面的代码片段查找以 `.java` 或 `.class` 结尾的文件，并将这些文件打印到标准输出：

```
PathMatcher matcher =
    FileSystems.getDefault().getPathMatcher("glob:*.{java,class}");
Path filename = ...;
if (matcher.matches(filename)) {
    System.out.println(filename);
}
```

递归模式匹配

查找与特定模式匹配的文件和遍历文件树，是同时进行的。某个文件在文件系统的某处，但却找不到其具体位置，这样的情况，你知道有多少次吗？又或许需要在一棵文件树中找到有特殊文件扩展名的所有文件。

例 `Find` 恰恰完成了这一功能。`Find` 类似于 Solaris 和 Linux 的 `find` 实用程序，不过 `Find` 在功能上有所削减。该例可以扩展，以包含其他功能。例如，`find` 实用程序支持 `-prune` 标志，从而把整棵子树排除在搜索之外。通过在 `preVisitDirectory` 方法中返回 `SKIP_SUBTREE`，可以实现这一功能。要实现 `-L` 选项，跟随符号链接，可以用带有 4 个参数的 `walkFileTree` 方法，并传入 `FOLLOW_LINKS` 枚举值（但是，要确保在 `visitFile` 方法中测试过循环链接）。

用下面的格式来运行 `Find` 应用程序：

```
% java Find <path> -name "<glob_pattern>"
```

❍ 8/docs/api/java/nio/file/PathMatcher.html
❍ 8/docs/api/java/nio/file/FileSystem.html#getPathMatcher-java.lang.String-
❍ 8/docs/api/java/nio/file/PathMatcher.html#matches-java.nio.file.Path-

由于模式放在了引号之间,所以 shell 不会对任何通配符进行解释:

% java Find . -name "*.html"

例 Find 的源代码如下所示:

```java
/**
 * Sample code that finds files that match the specified glob pattern.
 * For more information on what constitutes a glob pattern, see
 * http://docs.oracle.com/javase/tutorial/essential/io/fileOps.html#glob
 *
 * The file or directories that match the pattern are printed to
 * standard out.  The number of matches is also printed.
 *
 * When executing this application, you must put the glob pattern
 * in quotes, so the shell will not expand any wild cards:
 *              java Find . -name "*.java"
 */
import java.io.*;
import java.nio.file.*;
import java.nio.file.attribute.*;
import static java.nio.file.FileVisitResult.*;
import static java.nio.file.FileVisitOption.*;
import java.util.*;
public class Find {

    public static class Finder
        extends SimpleFileVisitor<Path> {

        private final PathMatcher matcher;
        private int numMatches = 0;

        Finder(String pattern) {
            matcher = FileSystems.getDefault()
                    .getPathMatcher("glob:" + pattern);
        }

        // Compares the glob pattern against
        // the file or directory name.
        void find(Path file) {
            Path name = file.getFileName();
            if (name != null && matcher.matches(name)) {
                numMatches++;
                System.out.println(file);
            }
        }

        // Prints the total number of
        // matches to standard out.
        void done() {
            System.out.println("Matched: "
                + numMatches);
        }

        // Invoke the pattern matching
        // method on each file.
        @Override
        public FileVisitResult visitFile(Path file,
                BasicFileAttributes attrs) {
            find(file);
            return CONTINUE;
        }

        // Invoke the pattern matching
        // method on each directory.
        @Override
        public FileVisitResult preVisitDirectory(Path dir,
```

```
                    BasicFileAttributes attrs) {
                find(dir);
                return CONTINUE;
            }

            @Override
            public FileVisitResult visitFileFailed(Path file,
                    IOException exc) {
                System.err.println(exc);
                return CONTINUE;
            }
        }

        static void usage() {
            System.err.println("java Find <path>" +
                " -name \"<glob_pattern>\"");
            System.exit(-1);
        }

        public static void main(String[] args)
            throws IOException {

            if (args.length < 3 || !args[1].equals("-name"))
                usage();

            Path startingDir = Paths.get(args[0]);
            String pattern = args[2];

            Finder finder = new Finder(pattern);
            Files.walkFileTree(startingDir, finder);
            finder.done();
        }
    }
```

递归遍历文件树已在 11.2.13 节介绍。

11.2.15 监视目录的变化

当我们正用一个集成开发环境（IDE）或其他编辑器编辑文件时，有时会出现一个对话框通知我们，某一个打开的文件在文件系统上改变了，是否需要重载。又或者，像 NetBeans IDE 那样，应用程序只是悄悄地更改了文件，而没有通知我们。图 11-9 用免费编辑器 jEdit [○] 给出了通知对话框。

若要实现这个功能，即文件变化通知，程序必须能检测到文件系统中的相关目录发生了什么。一种方法是，轮询文件系统，以找到变化。不过，这是个低效的方法，无法适用于有数百个打开文件或目录需要监视的应用中。

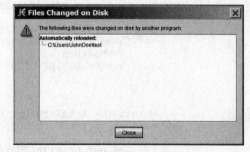

图 11-9　显示检测到有文件更新的 jEdit 对话框

java.nio.file 程序包提供了文件变化通知 API，称为 WatchService API。这个 API 允许向监视服务（watch service）登记目录。登记时，需要告知服务，对哪些类型的事件感兴趣：创建文件、删除文件，或者修改文件。当服务检测到感兴趣的事件时，该事件会转发给登记过的进程。登记过的进程有一个线程（或线程池），专用于监视任何相关事件。当事

○　http://sourceforge.net/projects/jedit/

件到来时，将按需处理。

1. 监视服务概况

WatchService API 处于相当低的层次，允许自定义。我们既可以按其原样使用，也可以选择在该机制的顶层创建高级 API，以使其适于特殊需要。

下面是实现监视服务所需的基本步骤：

- 为文件系统创建一个 `WatchService` "监视器 (watcher)"。
- 向这个监视器登记每个要监视的目录。在登记目录时，指定希望获得通知的事件类型。对每个登记的目录，我们都能接收到一个 `WatchKey` 实例。
- 实现一个无限循环，以等待传入的事件。当一个事件发生时，键值（key）会被标记出来，并被放置到监视器的队列中。
- 从监视器的队列中检索键值，通过键值可以获得文件名。
- 为这个键值检索每个行将发生的事件（可能有多个事件），并按需要处理。
- 重置键值，并继续等待事件。
- 关闭服务。当线程退出或被关闭（通过调用线程的 `closed` 方法）时，监视服务也退出。

`WatchKey` 是线程安全的，并可以与 `java.nio.concurrent` 程序包一起使用。有关用线程池实现监视的内容，将在第 13 章介绍。

2. 实践操作

因为这个 API 比较高级，在继续介绍更多内容之前，我们先来实践操作一下。请把例 WatchDir[一]存储到机器上，然后对其编译。创建一个 test 目录，该目录会传给例 WatchDir。该例用一个单线程来处理所有事件，所以在等待事件时，会阻止键盘输入。在一个独立的窗口运行这个程序，或者如下所示在后台运行该程序：

```
java WatchDir test &
```

在 test 目录中，试着创建、删除和编辑文件。当这些事件任意一个发生时，就会有一个消息打印到控制台。结束后，删除 test 目录，WatchDir 将退出，或者手动终止该进程。

指定选项 -r 可以监视完整的文件树。指定 -r 后，WatchDir 遍历文件树时会将每个目录都登记到监视服务。

3. 创建监视服务和注册事件

第一步是，调用 `FileSystem` 类中的 `newWatchService`[二]方法，创建一个新的 `WatchService`[三]，如下：

```
WatchService watcher = FileSystems.getDefault().newWatchService();
```

接下来，向这个监视服务注册一个或多个对象。任一个实现了 `Watchable`[四]接口的对象都可以被注册。`Path` 类实现了 `Watchable` 接口，所以每个被监视的目录可以作为 `Path` 对象来注册。

与任何 `Watchalbe` 接口一样，`Path` 类实现了两个 `register` 方法，我们给出的例子使用了两个参数版本的 `register(WatchService,WatchEvent.Kind<?>)`[五]。（三个参

[一] tutorial/essential/io/examples/WatchDir.java
[二] 8/docs/api/java/nio/file/FileSystem.html#newWatchService--
[三] 8/docs/api/java/nio/file/WatchService.html
[四] 8/docs/api/java/nio/file/Watchable.html
[五] 8/docs/api/java/nio/file/Path.html#register-java.nio.file.WatchService-java.nio.file.WatchEvent.Kind...-

数版本的 register，还有一个参数是 WatchEvent.Modifier，目前还没有实现。）

在向监视服务注册对象时，要指定所要监视的事件的类型。可以支持的 Standard WatchEventKinds[一]事件类型如下：
- ENTRY_CREATE——创建一个目录条目。
- ENTRY_DELETE——删除一个目录条目。
- ENTRY_MODIFY——修改一个目录条目。
- OVERFLOW——表示事件可能已丢失或被丢弃。可以不必为接收 OVERFLOW 事件而对其登记。

下面的代码片段说明了如何为这三类事件都注册一个 Path 实例：

```
import static java.nio.file.StandardWatchEventKinds.*;

Path dir = ...;
try {
    WatchKey key = dir.register(watcher,
                                ENTRY_CREATE,
                                ENTRY_DELETE,
                                ENTRY_MODIFY);
} catch (IOException x) {
    System.err.println(x);
}
```

4. 事件的处理

下面是事件处理循环中事件的时间分解：

1）获得监视键值。提供了三种方法：
- poll[二]——若队列中有键值，则返回键值，否则立即返回 null 值。
- poll(long,TimeUnit)[三]——若队列中有键值，则返回键值。如果队列中的键值不能立即获得，程序会等待到指定时间。参数 TimeUnit 明确了指定时间，指定时间的时间单位是纳秒、毫秒或者某个其他时间单位。
- take[四]——若队列中有键值，则返回键值，否则该方法将等待下去。

2）处理键值所对应的未处理事件。从 pollEvents[五]方法中获取 WatchEvents[六]列表。

3）用 kind[七]方法检索事件的类型。无论这个键值是为哪个事件注册的，都可能接收到一个 OVERFLOW 事件。无论是选择处理这个溢出（overflow），还是忽略它，都应该去测试它。

4）检索和事件相关联的文件名。文件名存储在事件的上下文中，所以要用 context[八]方法来检索文件名。

5）处理好键值对应的事件后，还要调用 reset[九]把键值设置为 ready 状态。如果 reset 方法返回 false，那么这个键值就不再有效，并退出循环。这一步非常重要。如果

[一] 8/docs/api/java/nio/file/StandardWatchEventKinds.html
[二] 8/docs/api/java/nio/file/WatchService.html#poll--
[三] 8/docs/api/java/nio/file/WatchService.html#poll-long-java.util.concurrent.TimeUnit-
[四] 8/docs/api/java/nio/file/WatchService.html#take--
[五] 8/docs/api/java/nio/file/Watchkey.html#pollEvents--
[六] 8/docs/api/java/nio/file/WatchEvent.html
[七] 8/docs/api/java/nio/file/WatchEvent.html#kind--
[八] 8/docs/api/java/nio/file/WatchEvent.html#context--
[九] 8/docs/api/java/nio/file/WatchEvent.html#reset--

不能调用 reset，这个键值将不会进一步接收任何其他事件。

监视键值是有状态的。在任何给定时间，其状态可以是如下的某一种：
- Ready——表示键值已经准备好接收事件。键值首次创建时处于准备好状态。
- Signaled——表示有一个或多个事件在排队，一旦这个键值被标志出来，它就不再处于 ready 状态了，直到调用 reset ⊖方法。
- Invalid——表示这个键值不再活跃。当发生如下事件之一时，就会出现这个状态：
  - □ 进程调用 cancel ⊜方法显式地取消键值。
  - □ 目录无法访问。
  - □ 关闭监视服务。⊜

下面是事件处理循环实例，源于 Email ⊛实例，它可以监视目录、等待新文件的出现。当有新文件可用时，将用 probeContentType(Path) ⊕检查新文件，以确定这个文件是否是文本文件。这样做的用意是，把文本文件用电子邮件发给一个别名，实现细节留给读者来完成。

在下面的代码中，特定于 WatchService API 的方法是以黑体表示的：

```java
for (;;) {

    // wait for key to be signaled
    WatchKey key;
    try {
        key = watcher.take();
    } catch (InterruptedException x) {
        return;
    }

    for (WatchEvent<?> event: key.pollEvents()) {
        WatchEvent.Kind<?> kind = event.kind();

        // This key is registered only
        // for ENTRY_CREATE events,
        // but an OVERFLOW event can
        // occur regardless if events
        // are lost or discarded.
        if (kind == OVERFLOW) {
            continue;
        }

        // The filename is the
        // context of the event.
        WatchEvent<Path> ev = (WatchEvent<Path>)event;
        Path filename = ev.context();

        // Verify that the new
        //   file is a text file.
        try {
            // Resolve the filename against the directory.
            // If the filename is "test" and the directory is "foo",
            // the resolved name is "test/foo".
```

⊖ 8/docs/api/java/nio/file/WatchKey.html#reset--
⊜ 8/docs/api/java/nio/file/WatchKey.html#cancel--
⊜ 8/docs/api/java/nio/file/WatchService.html#close--
⊕ tutorial/essential/io/examples/Email.java
⊕ 8/docs/api/java/nio/file/Files.html#probeContentType-java.nio.file.Path-

```
            Path child = dir.resolve(filename);
            if (!Files.probeContentType(child).equals("text/plain")) {
                System.err.format("New file '%s'" +
                    " is not a plain text file.%n", filename);
                continue;
            }
        } catch (IOException x) {
            System.err.println(x);
            continue;
        }

        // Email the file to the
        //   specified email alias.
        System.out.format("Emailing file %s%n", filename);
        //Details left to reader....
    }

    // Reset the key -- this step is critical if you want to
    // receive further watch events.  If the key is no longer valid,
    // the directory is inaccessible so exit the loop.
    boolean valid = key.reset();
    if (!valid) {
        break;
    }
}
```

5. 检索文件名

从事件上下文中可以检索到文件名。例 `Email`[①] 用如下代码检索文件名：

```
WatchEvent<Path> ev = (WatchEvent<Path>)event;
Path filename = ev.context();
```

当编译例 `Email` 时，会产生如下错误：

```
Note: Email.java uses unchecked or unsafe operations.
Note: Recompile with -Xlint:unchecked for details.
```

这个错误的产生是因为代码行把 `WatchEvent<T>` 转换成了 `WatchEvent<Path>`。例 `WatchDir` 创建了一个实用 `cast` 方法，避免了这个错误，`cast` 方法会抑制未检查警告：

```
@SuppressWarnings("unchecked")
static <T> WatchEvent<T> cast(WatchEvent<?> event) {
    return (WatchEvent<Path>)event;
}
```

`@SuppressWarning` 的语法参阅第 5 章。

6. API 的使用时机

WatchService API 是为那些需要获知文件改变事件的应用程序而设计的，非常适用于像编辑器或 IDE 的任何应用程序。这些程序潜在地有许多打开的文件，并需要确保这些文件与文件系统同步。这个 API 也非常适用于监视目录的应用服务器，服务器可能在等待 `.jsp` 或 `.jar` 文件终止，以对它们进行部署。

这个 API 不是为硬盘编索引而设计的。大多数文件系统原生支持文件改变通知。在可使用时，WatchService API 就利用这一支持。但是，当文件系统不支持这个机制时，监视服务会轮询文件系统，等待事件。

[①] tutorial/essential/io/examples/Email.java

11.2.16 其他有用的方法

本节介绍了一些在本章其他地方不适用于解释的有用方法。

1. 确定 MIME 类型

probeContentType(Path)[一]方法可用于确定文件的 MIME 类型。例如：

```
try {
    String type = Files.probeContentType(filename);
    if (type == null) {
        System.err.format("'%s' has an" + " unknown filetype.%n", filename);
    } else if (!type.equals("text/plain")) {
        System.err.format("'%s' is not" + " a plain text file.%n", filename);
        continue;
    }
} catch (IOException x) {
    System.err.println(x);
}
```

注意，如果不能确定内容类型，probeContentType 将返回空值。

该方法的实现与平台密切相关，并且易错。内容类型是由平台默认文件类型检测器确定的。例如，如果检测器根据 .class 扩展名确定文件的内容类型是 application/x-java，那么它可能被愚弄了。

如果默认的文件类型检测器不能满足需求，则可以自定义一个 FileTypeDetector[二]。例如，例 Email 使用了 probeContentType 方法。

2. 默认的文件系统

可以用 getDefault[三]方法检索默认文件系统。通常，这个 FileSystems 方法（注意复数形式）会和 FileSystem 方法（注意单数形式）串到一起使用，如下所示：

```
PathMatcher matcher =
    FileSystems.getDefault().getPathMatcher("glob:*.*");
```

3. 路径字符串分隔符

POSIX 文件系统的路径分隔符是斜杠（/），而 Microsoft Windows 文件系统的路径分隔符是反斜杠（\）。其他文件系统可能用其他分隔符。要检索默认文件系统的路径分隔符，可以用下述方法之一：

```
String separator = File.separator;
String separator = FileSystems.getDefault().getSeparator();
```

getSeparator[四]方法也可以用来检索任何文件系统的分隔符。

4. 文件系统的文件存储器

文件系统有一个或多个文件存储器，以保存文件和目录。文件存储器表示底层存储设备。在 Solaris、Linux 和 OS X 操作系统中，每个安装好的文件系统都是用文件存储器表示的。在 Microsoft Windows 中，每个卷都是用文件存储器表示的，如 C:、D: 等。

我们可以用 getFileStores[五]方法，来检索文件系统所有文件存储器的列表。这个方法返回一个 Iterable 值，这样，就可以用第 3 章介绍的增强的 for 语句在所有的根目录

[一] 8/docs/api/java/nio/file/Files.html#probeContentType-java.nio.file.Path-
[二] 8/docs/api/java/nio/file/spi/FileTypeDetector.html
[三] 8/docs/api/java/nio/file/FileSystems.html#getDefault--
[四] 8/docs/api/java/nio/file/FileSystem.html#getSeparator--
[五] 8/docs/api/java/nio/file/FileSystem.html#getFileStores--

上迭代：

```
for (FileStore store: FileSystems.getDefault().getFileStores()) {
    ...
}
```

若要检索一个特定文件所在的文件存储器，则可以用 File 类中的 getFileStore[⊖] 方法，如下所示：

```
Path file = ...;
FileStore store= Files.getFileStore(file);
```

例 DiskUsage 使用了 getFileStores 方法。

11.2.17 遗留文件的 I/O 代码

1. 与遗留代码的互操作

java.nio.file 包诞生之前，java.io.File 类用于文件 I/O 机制，但它有几个缺点：

- 很多方法在它们运行失败时，不抛出异常，所以无法获得有用的错误消息。例如，如果文件删除失败了，程序会收到 delete fail（删除失败）消息，但是不知道是否是因为文件不存在，还是用户没有权限，或者其他问题。
- rename 方法不能跨平台一致性地工作。
- 不真正支持符号链接。
- 需要对元数据有更多的支持，如文件访问权限、文件所有者和其他安全属性。
- 存取文件元数据的效率低。
- 许多 File 方法无法衡量。请求一个服务器的大目录清单，会导致挂起；大目录也会引起内存资源问题，导致拒绝服务。
- 不可能编写出可靠的代码，实现递归遍历文件树，并在出现循环符号链接时，做出适当反应。

我们可能在用 java.io.File 的遗留代码，并希望在给原有代码带来最小影响的情况下使用 java.nio.file.path 功能。java.io.File 类提供了 toPath[⊜] 方法，这个方法能把旧式 File 实例转换为 java.nio.file.Path 实例，如下所示：

```
Path input = file.toPath();
```

接下来，我们就可以使用 Path 类丰富的特征集了。例如，假设我们有某段删除文件的代码：

```
file.delete();
```

我们可以用 Files.delete 方法修改这段代码，如下：

```
Path fp = file.toPath();
Files.delete(fp);
```

反过来，Path.toFile[⊜] 方法为 Path 对象构造了一个 java.io.File 对象。

2. 把 java.io.File 映射到 java.nio.file

文件 I/O 的 Java 实现已经完全重新设计，所以无法将一个方法置换为另一个方法。如果想使用 java.nio.file 程序包所提供的丰富的功能，那么最简单的解决办法是，像前

⊖ 8/docs/api/java/nio/file/Files.html#getFileStore-java.nio.file.Path-

⊜ 8/docs/api/java/io/File.html#toPath--

⊜ 8/docs/api/java/nio/file/Path.html#toFile--

基本 I/O 和 NIO.2

一节建议的那样，使用 `File.toPath`[注] 方法。但是，如果不想用那个方法，或者不满足需要，则必须重写文件 I/O 代码。

这两个 API 之间，没有一对一的对应关系，但是表 11-6 给出了一个一般性的思想，说明了 `java.io.File API` 中的功能可以映射到 `java.nio.file API` 中的哪个功能，同时给出了在哪里可以获得更多信息。

表 11-6 从遗留文件 I/O 映射到 NIO.2

java.io.File 功能	java.nio.File 功能	更多内容所在章节
java.io.File	java.nio.file.Path	Path 类
java.io.RandomAccessFile	SeekableByteChannel	随机存取文件
File.canRead、canWrite 和 canExecute	Files.isReadable, Files.isWritable 和 File.isExecutable。"管理元数据"部分介绍了检测 Solaris、Linux 和 OS X 文件系统的九大文件访问权限。	检查文件或目录 管理元数据
File.isDirectory()、File.isFile() 和 File.length()	Files.isDirectory(Path,LinkOption…), Files.isRegularFile(Path,LinkOption…) 和 Files.size(Path)	管理元数据
File.lastModified() 和 File.setLastModified(long)	Files.getLastModifiedTime(Path,LinkOption…) 和 Files.setLastModifiedTime(Path,FileTime)	管理元数据
File 类的属性设置方法 (setExecutable,setReadable,setReadOnly,setWritable)	取代这些方法的是 Files 方法 setAttribute(Path,String,Object,LinkOption…)	管理元数据
new File (parent,"newfile")	parent.resolve("newfile")	路径操作
File.renameTo	Files.move	移动文件或目录
File.delete	Files.delete	删除文件或目录
File.createNewFile	Files.createFile	创建文件
File.deleteOnExit	被 createFile 方法中给定的 DELETE_ON_CLOSE 选项取代	创建文件
File.createTempFile	Files.createTempFile(Path, String,FileAttributes<?>) 和 Files.createTempFiles(Path, String, String,FileAttributes<?>)	创建文件 用 Stream I/O 创建和写入文件 用 Channel I/O 读写文件
File.exists	Files.exists 和 Files.notExists	检查文件和目录
File.compareTo 和 equals	Path.compareTo 和 equals	比较两条路径
File.getAbsolutePath 和 getAbsoluteFile	Path.toAbsolutePath	转换路径
File.getCanonicalPath 和 getCanonicalFile	Path.toRealPath 或 normalize	转换路径（toRealPath）从路径中移除冗余项（normalize）
File.toURI	Path.toURI	转换路径
File.isHidden	Files.isHidden	检索路径信息
File.list 和 listFiles	Path.newDirectoryStream	列出目录内容
File.mkdir 和 mkdirs	Path.createDirectory	创建目录

[注] 8/docs/api/java/io/File.html#toPath--

java.io.File 功能	java.nio.File 功能	更多内容所在章节
File.listRoots	FileSystem.getRootDirectories	列出文件系统的根目录
File.getTotalSpace、File.getFreeSpace 和 File.getUsableSpace	FileStore.getTotalSpace、FileStore.getUnallocatedSpace、FileStore.getUsableSpace 和 FileStore.getTotalSpace	文件存储属性

11.3 小结

java.io 程序包包含了很多类，程序可以用这些类读写数据。大多数类实现了顺序存取流。顺序存取流可以分成两组：一组是读写字节，一组是读写 Unicode 字符。每个顺序存取流都有一个特性，例如读取文件、写入文件、过滤读写数据、串行化对象等。

java.nio.file 程序包对文件和文件系统 I/O 提供了广泛支持，这个 API 非常全面，关键入口点如下：

- Path 类有操作路径的方法。
- File 类有文件操作方法，例如移动、复制和删除，还有检索和设置文件属性的方法。
- FileSystem 类有各种方法，可以获得文件系统的信息。

有关 NIO.2 的更多信息，可以在 java.net[⊖] 上的 OpenJDK:NIO[⊖] 项目网站里找到。这个网站包括了 NIO.2 提供的资源特性，例如多点广播、异步 I/O、创建自己的文件系统实现，这些内容超出了本章范围。

11.4 问题和练习：基本 I/O

问题

1. 对于一个大文件，若要读取靠近文件末尾、已知位置上的一些数据，应该用哪些类和方法？
2. 在调用 format 时，指出新一行的最好方法是什么？
3. 如何判定文件的 MIME 类型？
4. 若要判定一个文件是否是符号链接，应该用什么方法？

练习

1. 写一个程序，可以对文件中某个特殊字符（如 e）出现的次数进行计数。字符可以在命令行指定。把 xanadu.txt 作为输入文件。
2. 文件 datafile 是以单个的 long 数据开始的，这个 long 数据给出了该文件中一条 int 数据的偏移量。编写程序，获得这条 int 数据。这个 int 数据是什么？

答案

相关答案参考

http://docs.oracle.com/javase/tutorial/essential/io/QandE/answers.html。

⊖ http://home.java.net/
⊖ http://openjdk.java.net/projects/nio/

第 12 章

集　合

本章主要介绍 Java 集合框架。首先介绍集合的概念，接着说明如何使用集合来更好地完成工作和编出更高效率的代码。同时也介绍 Java 集合框架中的其他核心元素——接口、实现、聚合操作与算法。

12.1 节主要介绍集合的概念，以及集合为什么会降低工作难度并提高程序效率。同时也介绍接口、实现和算法等核心元素。

12.2 节详述 Java 集合框架的核心和灵魂——Colleciton 接口。介绍高效使用这些接口的通用准则，例如何时使用何种接口；同时也介绍不同接口的习惯用法，这有助于尽可能地利用好接口。

12.3 节展示了聚合操作如何代表你遍历集合，使你能够编写处理存储在集合的元素更简洁和高效的代码集合。

12.4 节主要介绍 Java SE 工具包（Java SE Development Kit，JDK）中通用集合的实现以及何时使用何种实现，同时本节也介绍封装实现（wrapper implementation），它是用来给通用实现添加其他功能。

12.5 节介绍由 JDK 提供用来操作集合的多态算法。走运的话，你将永远不需要自己编写排序程序。

12.6 节分析为什么读者可能想自己编写集合实现（而不是一个使用 JDK 提供的通用实现）。本节同时也介绍如何编写所需的集合实现，通过 JDK 的抽象集合实现可以轻松完成。

12.7 节将会介绍集合框架是如何与引入集合之前 Java 中存在的旧应用程序接口（API）相互操作的。本节同样介绍如何设计用来和其他新的应用程序接口无缝互用新的应用程序接口。

本章一直都会有用来测试读者的问题和练习题。

12.1 集合简介

集合，有时也叫作容器（container），是用来放置多种元素到同一单位的简单对象。集合可以用来存储、检索、操作和与聚合数据通信。通常，它们代表的是一组可以形成自然组的数据项，如一桌扑克牌（卡片的集合）、一个邮件资料夹（信的集合）或者一本电话簿（人名与电话号码的映射）。如果使用过 Java 程序语言，或者听说过其他任何一种程序语言，那么应该接触过集合的概念。

12.1.1 集合框架是什么

集合框架是用来表示和操作集合的统一体系结构。所有集合框架都由以下几个部分构成：
- 接口——表示集合的抽象数据类型。通过接口，使得对集合的操作可以独立于其具体细节。在面向对象的编程语言中，接口们通常会形成一个层次结构。
- 实现——集合接口的具体实现。本质上，是可重用的数据接口。
- 算法——实现集合接口的对象上执行的有效计算方法，例如查找和排序。这些算法是多态的，既同一方法可被用在很多适当集合接口的不同实现。事实上，算法是可重用的函数。

除了 Java 集合框架之外，最知名的集合框架莫过于 C++ 中的标准模板库（Standard Template Library，STL）和 Smalltalk 中的集合层次结构。历史上，集合框架一直都很复杂，这使得它们以陡峭的学习曲线著称。我们认为 Java 集合框架打破了这种传统，相信通过本章的学习读者会理解到这点。

12.1.2 Java 集合框架的好处

Java 集合框架有以下好处：

- 降低编程难度——通过提供有用的数据结构和算法，集合框架让程序员可以把注意力只放在程序上，而不用过多关注底层的管道（plumbing）实现。通过增强不相关的 API 之间的互操作性，Java 集合框架让程序员免于用来连接 API 的适配器（adapter）对象或转变代码。
- 提高程序速度和质量——集合框架为实用的数据结构和算法提供高性能、高质量的实现。每个接口的不同实现是可互换的，因此可以通过改变集合的实现来简单的调整程序。不用自己完成编写的所需的数据结构，你可以把更多的时间用来提高程序质量和性能。
- 无关 API 之间的互用——集合接口是 API 用来传输集合的常用方法。如果现已存在的网络管理 API 有包含很多节点名字的集合，而你的图形用户界面（Graphical User Interface, GUI）工具包想使用列标题的集合，那么尽管这两个 API 是分开编写的，它们之间可以无缝互用。
- 减少学习、使用新 API 的难度——许多 API 很自然地把集合当作输入输出。过去，这类 API 都拥有专门用来操作集合的子 API。由于这些特别的子 API 没有很好的一致性，对于不同的 API，都必须要从头学起，而且用起来很容易出错。但随着标准集合接口的到来，这些问题将不复存在。
- 降低设计新 API 的难度——集合框架前一个好处的另一面。设计者和实现者在编写新的基于集合的 API 时可以使用标准集合接口，而不用重复劳动。
- 增强软件的可重用性——符合标准集合接口的新数据结构天生是可重用的，而操作使用这些标准接口的对象的新算法也一样如此。

12.2 接口

核心集合接口封装了几种不同的集合，如图 12-1 所示。这些接口让我们操作这些集合而不必知道它们的实现细节。核心集合接口是 Java 集合框架的基石。在图 12-1 中，核心集合接口形成了层次结构。

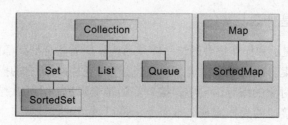

图 12-1 核心 Collection 接口

Set 是特殊的集合，SortedSet 是特殊的 Set，如此往复。请注意，此层次结构由两个独特的树组成——Map 并不是真正意义上的集合。同样，请注意所有的核心集合接口都是泛化的。比如，下面的 Collection 接口声明：

```
public interface Collection<E>...
```

其中，<E> 语法说明此接口是泛化的。当声明一个 Collection 实例时，你可以也应该指出这个集合中包含对象的类型。指出对象类型使得编译器可以验证放入这个集合中的对象类型是否正确（编译时），这样就可以减少运行时（runtime）错误。更多泛化类型的信息，参见第 7 章。

理解如何使用这些接口后，就已经掌握 Java 集合框架中所需知晓的大部分知识。本章介绍如何高效使用这些接口的通用准则，包括何时使用何种接口。可以学到能够帮助你最大程度上使用这些接口的习惯用法。

为了能让核心集合接口的数量可控，针对不同集合的变种（即不可变的（immutable）、大小不变（fixed size）的和只附加的（append only）），Java 平台并不提供不同的分开接口。反而，每个接口的修改操作都被设计成是可选的（optional），既给定的实现有可能并不支持所有操作。如果调用了其并不被支持的操作，这个 Collection 会抛出 Unsupported-OpertionException[一] 异常。各个实现都以文档方式写出它们所支持的可选操作。所有 Java 通用实现都支持所有的可选操作。

下面的列表给出核心集合接口：

- **Collection**——集合层次结构的起源。集合表示的是一组名为元素的对象集合。Collection 接口是所有集合实现的最小公分母，用来传送集合类并且在最通用的程度上对它们进行操作。一些集合类允许复制元素，一些并不允许；一些类是有序的，一些是无序的。Java 平台并不提供这些接口的直接实现，但提供更加具体的子接口实现，如 Set 和 List。
- **Set**——不能包含重复元素的集合。Set 是用来代表数学上的集合抽象，如组成一套扑克牌的卡片、一个学生的所有课程，或者是机器上正在处理的所有程序。
- **List**——有序的集合（有时称作序列（sequence））。List 可以包含重复元素。List 的使用者通常可以精确控制每个元素的插入位置，还能通过元素的整数索引（位置）来访问元素。如果曾经用过 Vector 的话，那么对 List 的通用特点会很熟悉。
- **Queue**——用来保存多种未处理元素的集合。在最基本的 Collection 操作上，Queue 还提供附加的插入、提取和检查操作。通常情况下（但并不必须），Queue 以先进先出（first-in first-out, FIFO）的方式对元素排序。其中优先队列（priority queue）例外。优先队列按照所提供的比较器或者元素的自然序对元素进行排序。不论次序如何，都可以调用 remove 或 poll 方法删除队列头元素。在先进先出队列中，所有新元素都在队列尾插入。其他的各种队列有可能遵循不同的放置规则。每个 Queue 的实现都必须指定其排序性质。
- **Deque**——用来保持处理之前多个元件的集合。除了基本的 Collection 操作，一个 deque 提供了额外的插入，提取和检查操作。Deque 既可以先进先出（FIFO）又可以后进先出（LIFO）。在一个双端队列中，所有新的元素可以被插入，检索和在两

[一] 8/docs/api/java/lang/UnsupportedOperationException.html

端除去。
- Map——用来映射键（key）、值（value）的对象，它允许使用键来查找值。Map 不能包含相同的键，每个键最多只能映射一个值。如果曾经用过 Hashtable，那么对 Map 已经有了基本认识。

最后的两个核心集合接口是 Set 和 Map 的有序版本：
- SortedSet——以升序存储元素的 Set，它提供一些基于有序特性的附加操作。有序集合用来表示那些自然有序的集合，如单词表和会员册。
- SortedMap——以升序方式存储键的 Map，是 Map 对 SortedSet 的模仿。有序映射表是用来表示自然排序的键值对集合，如字典和电话簿。

12.2.1　Collection 接口

Collection 是一组元素对象，而 Collection 接口可以在最通用情况下传送集合类对象[⊖]。例如，按照惯例，所有通用集合类的实现都拥有以 Collection 为参数的构造函数。这个被称为转换构造函数的构造函数初始化形成含有指定集合中的所有元素的新集合，且不用关心所给集合的子接口或实现类型。也就是说，允许进行集合类型的转换。

设想一下，现在有一个 Collection<string> c，可能是 List、Set，或者是其他任意一种集合。下面的代码创造出一个包含 c 中所有元素的新 ArrayList（List 接口的一种实现）：

List<String> list = new ArrayList<String>(c);

或者可以使用 <> 操作符：

List<String> list = new ArrayList<>(c);

Collection 接口包含执行基本操作的方法，比如 int size()，boolean isEmpty()，boolean contains(Object element)，boolean add(E element)，boolean remove(Object elemtn) 和 Iterator<E> iterator()。

还包含能够在整个集合操作的方法，比如 boolean containsAll(Collection<?> c)，boolean addAll(Collection<? extends E> c)，boolean removeAll(Collection<?> c)，boolean retainAll(Collection<?> c) 和 void clear()。除此以外还有支持数组操作的方法（比如 Object[] toArray() 和 <T> T[] toArray(T[] a)）。

在 JDK 8 及后续版本中，Collection 接口还提供了 Stream<E> stream() 和 Stream<E> parallelStream() 方法，从底层集合中获得顺序的（或并发的）流。（更多关于使用流的信息参见 12.3 节。）

给定表示一组对象的 Collection，上述接口执行相应操作，这些接口中有可以输出集合中元素个数的方法（size, isEmpty），检测集合中是否存在某给定对象的方法（contains），添加和删除元素的方法（add, remove），还有返回集合的元素迭代器的方法（iterator）。

add 方法定义的很通用，对于集合类来说，允许或者不允许重复元素并不影响其操作。add 方法保证在调用结束后此 Collection 包含指定的新元素，而且如果 add 方法改变了 Collection，其输出 true 值。类似地，remove 方法可以用来从 Collection 中移除其中存在的某个元素。如果 Collection 被修改，返回 true 值。

⊖　8/docs/api/java/util/Collection.html

12.2.2 遍历集合

遍历集合有三种方式：使用聚合操作，使用 for-each 架构和迭代器。

1. 使用聚合操作遍历集合

在 JDK8 及更高版本中，遍历集合的首选方法是获得一个流并在其上进行聚合操作。聚合操作通常与 Lambda 表达式结合使用，以使编程更具表现力，用更少的代码行。下述代码顺序遍历一个形状集合并打印红色形状。

```
myShapesCollection.stream()
    .filter(e -> e.getColor() == Color.RED)
    .forEach(e -> System.out.println(e.getName()));
```

同样的，你可以很容易地请求并行流，如果集合很大，并且你的计算机有足够的核心，这么做可能是有意义的：

```
myShapesCollection.parallelStream()
    .filter(e -> e.getColor() == Color.RED)
    .forEach(e -> System.out.println(e.getName()));
```

有许多不同的方式用此 API 来收集数据。例如，你可能要将 Collection 的元素转换为 String 对象，然后以逗号分隔组合它们：

```
String joined = elements.stream()
    .map(Object::toString)
    .collect(Collectors.joining(", "));
```

也许想计算所有员工工资的总和：

```
int total = employees.stream()
    .collect(Collectors.summingInt(Employee::getSalary)));
```

这些仅仅是你可以用流和聚合操作做的几个例子。欲了解更多信息和例子，详见 12.3 节。

集合框架一直提供了许多所谓的"批量操作"作为其 API 的一部分。这包括对整个集合进行操作的方法，如 containsAll、addAll、removeAll 等操作。不要混淆在 JDK8 中新的聚合操作和现有的批量操作。新引入的聚合操作和已有批量操作（containsAll、addAll 等）的主要区别在于：旧版本都是可变的，这意味着它们都修改基础集合；相比之下，新的聚合操作不会修改基础集合。当使用新的聚合操作和 Lambda 表达式时，必须要小心避免突变，以免在今后引入问题，你的代码应该以后从并行流中运行。

2. 使用 for-each 构造遍历集合

for-each 构造允许使用 for 循环来简洁地遍历集合或者数组。详细用法请参见 3.4.4 节。下面的代码使用 for-each 架构来打印集合中的所有元素：

```
for (Object o : collection)
    System.out.println(o);
```

3. 使用迭代器遍历集合

迭代器（Iterator）是用来遍历集合和移除集合中某个元素的对象⊖。可以通过调用此集合的 iterator 方法来获得它的迭代器。以下是迭代器的接口：

```
public interface Iterator<E> {
    boolean hasNext();
    E next();
```

⊖ 8/docs/api/java/util/Iterator.html

```
    void remove(); //optional
}
```

迭代过程中，当集合还有元素，hasNext 方法返回 true，而 next 方法返回迭代过程中集合的下一个元素。remove 方法移除 next 方法返回的最后一个元素。每次 next 调用后，只能调用一次 remove 方法，当超过一次时，系统会抛出异常。

注意，在迭代过程中，只有 Iterator.remove 能够安全修改集合。在进行迭代时，以其他任何方式修改集合的行为都是未定义的。完成以下两种操作时，需要使用 Iterator 而不是 for-each 架构：

- 移除当前元素。注意，for-each 架构隐藏了迭代器，因此不能调用 remove 方法。所以，不能使用 for-each 架构来过滤元素。
- 并行迭代多个集合。

接下来的方法将会介绍如何使用 Iterator 来过滤任意一个集合（即在遍历集合的过程中移除特定元素）：

```
static void filter(Collection<?> c) {
    for (Iterator<?> it = c.iterator(); it.hasNext(); )
        if (!cond(it.next()))
            it.remove();
}
```

这段简单的代码是多态的，意味着它适用于任何 Collection，而不用考虑其具体实现。这个例子展示了使用 Java 集合框架编写一个多态算法是多么的简单。

12.2.3 Collection 接口的批量操作

批量操作是在整个 Collection 上完成的某项操作。你可以使用一些基本操作来实现这些简写操作，尽管大部分情况下这样的实现会更低效。以下便是这些批量操作：

- containsAll——如果目标 Collection 包含某个指定 Collection 的所有元素，返回 true。
- addAll——添加指定 Collection 中的所有元素到目标 Collection。
- removeAll——移除目标 Collection 中与指定 Collection 中相同的所有元素。
- retainAll——移除目标 Collection 中与指定 Collection 不同的所有元素（即，只保留目标 Collection 和指定 Collection 都存在的所有元素）。
- clear——移除 Collection 中的所有元素。

如果目标 Collection 在执行这些操作的过程中被修改，addAll、removeAll 和 retainAll 这些方法都返回 true。

下面的简单例子展示出批量操作的威力，以下代码可以从 Collection c 中移除元素 e 的所有实例：

```
c.removeAll(Collections.singleton(e));
```

更进一步，假设你想移除某个 Collection 中的所有 null 元素：

```
c.removeAll(Collections.singleton(null));
```

这些代码都使用 Collection.singleton 方法，此方法是返回只包含指定元素的不可变 Set 的静态工厂方法。

12.2.4 Collection 接口的数组操作

操作 toArray 起的是桥梁作用，连接了集合与那些把数组作为输入的旧 API。数组操作可以把 Collection 的内容转化为数组形式。没有参数的此操作的简单形式会创建新的 Object 数组。更复杂的形式允许调用者指定输出数组或者在运行时选择输出数组的类型。

例如，假设 c 是一个 Collection。以下代码把 c 中的内容转储到长度和 c 中元素数量相等的、新分配的 Object 数组：

```
Object[] a = c.toArray();
```

假设我们知道 c 只包含字符串元素（这有可能是因为 c 的类型是 Collection<string>）。下面的这段代码把 c 中的内容转储到长度和 c 中元素数量相等的新分配的 String 数组：

```
String[] a = c.toArray(new String[0]);
```

12.2.5 Set 接口

Set[一]是不能包含重复元素的 Collection[二]。它模拟了数学意义上的集合抽象。Set 接口只包含继承于 Collection 的那些方法，并且添加不能存在重复元素的限制。Set 对 equals 和 hashCode 这些操作的行为添加了更多限制。尽管一些 Set 实例的实现类型不同，它们之间有意义的比较是允许的。如果两个 Set 实例包含的所有元素都相同，它们就是相等的。

Java 平台提供三种通用的 Set 实现：HastSet、TreeSet 和 LinkedHashSet。使用哈希表来存储元素的 HashSet[三]是性能最好的实现，然而，它不能保证迭代的顺序。使用红黑树来存储元素的 TreeSet[四]按照元素值的大小对它们进行排序，本质上，它就比 HashSet 慢。通过链表以哈希表形式实现的 LinkedHashSet[五]存储元素的顺序是基于元素被插入集合的先后顺序（插入顺序）。LinkedHashSet 让其元素免于 HashSet 中不确定的乱序，同时只产生很小的代价。

这里是一个简单但很有用的 Set 习惯用法：假设你拥有一个 Collection c，而你想要构建一个包含 c 中所有元素，但剔除所有重复元素的新 Collection，下面的代码就可以做到：

```
Collection<Type> noDups = new HashSet<Type>(c);
```

这是通过创建一个新 Set（这个 Set 从定义上来说不能包含重复元素）来初始化包含 c 中的所有元素。它使用 11.2.1 节中介绍的标准转换构造函数。

如果使用 JKD 8 或更高版本，可以使用聚合操作轻松地收集进集合：

```
c.stream()
 .collect(Collectors.toSet()); // no duplicates
```

以下是稍长一点的例子，它将一个集合的名字积累到一个 TreeSet 中：

[一] 8/docs/api/java/util/Set.html
[二] 8/docs/api/java/util/Collection.html
[三] 8/docs/api/java/util/HashSet.html
[四] 8/docs/api/java/util/TreeSet.html
[五] 8/docs/api/java/util/LinkedHashSet.html

```
Set<String> set = people.stream()
    .map(Person::getName)
    .collect(Collectors.toCollection(TreeSet::new));
```

下面代码是上述用法的微小变种，此代码在移除重复元素的过程中保持原集合元素的顺序：

```
Collection<Type> noDups = new LinkedHashSet<Type>(c);
```

以下是封装上述代码的泛化方法，返回与传入 Set 相同泛化类型的 Set：

```
public static <E> Set<E> removeDups(Collection<E> c) {
    return new LinkedHashSet<E>(c);
}
```

1. Set 接口的基础操作

size 操作返回 Set 中的元素数量（它的基数）。isEmpty 方法执行的就是你认为它会执行的操作。add 方法把指定元素添加到 Set 中（如果 Set 中还没有这个元素）并返回一个表征添加元素是否成功的布尔值。同样，remove 方法从 Set 中移除某一特定元素（如果 Set 中存在此元素）并返回一个表征移除元素是否成功的布尔值。Iterator 方法返回一个 Set 的迭代器。

下面的程序把参数列表中的单词存储下来，并且打印出所有重复的元素、所有不同单词的总数和所删除的重复单词列表。第一个使用 JKD 8 的聚合操作。第二个使用 for-each 构造。

这是一个使用 JDK 8 的聚合操作的版本：

```
import java.util.*;
import java.util.stream.*;
public class FindDups {
    public static void main(String[] args) {
        Set<String> distinctWords = Arrays.asList(args).stream()
                .collect(Collectors.toSet());
        System.out.println(distinctWords.size()+
                           " distinct words: " +
                           distinctWords);
    }
}
```

这是一个使用 for-each 架构的版本：

```
import java.util.*;

public class FindDups {
    public static void main(String[] args) {
        Set<String> s = new HashSet<String>();
        for (String a : args)
            s.add(a);
            System.out.println(s.size() + " distinct words: " + s);
    }
}
```

现在运行任意一个版本的程序：

```
java FindDups i came i saw i left
```

下面便是所产生的输出：

```
4 distinct words: [left, came, saw, i]
```

注意，代码永远都是通过接口类型（Set）来操作 Collection 的，而不是使用它的实现类型（Hastset）。这是一个强烈建议遵循的编程准则，因为这让你可以灵活地只通过改变构造函数来修改具体实现。如果用来存储集合和用来传递参数所有变量中的任何一个被声明成 Collection 的实现类型，而不是它的接口类型，那么为了修改实现类型，所有这些变量和参数都必须被改变。

进一步说，最后的程序并不能保证一定工作正常。如果程序使用原有实现类型中存在而新的实现类型中并不存在的非标准操作，程序就会失效。只通过接口来对集合们进行操作让你免于使用任何非标准操作。

前面例子中 Set 的实现类型是 HashSet，它并不能保证 Set 中元素顺序。如果你想让这个程序以字母表顺序输出单词列表，只需要把 Set 的实现类型从 HashSet 转换成 TreeSet。做出这样微小的一行代码改变会让前面例子中的命令行产生以下输出：

```
java FindDups i came i saw i left

4 distinct words: [came, i, left, saw]
```

2. Set 接口的批量操作

批量操作尤其适合于 Set 对象。当使用时，它们会执行标准的几何集合操作。假定 s1 和 s2 都是集合，下面便是批量操作的用法：

- s1.containsAll(s2)——当 s2 是 s1 子集时，此操作返回 true 值。（当 s1 包含 s2 中的所有元素时，则称 s2 是 s1 的子集。）
- s1.addAll(s2)——这个操作会让 s1 成为 s1 和 s2 的并集。（两个集合的并集是包含两个集合所有元素的集合。）
- s1.retianAll(s2)——个操作把 s1 转变为 s1 与 s2 的交集。（两个集合的交集是在两个集合中都存在的所有元素的集合。）
- s1.removeAll(s2)——这个操作会把 s1 转变为 s1 与 s2 的（非对称的）差集。（例如，s1 减去 s2 的差集是包含 s1 中存在而 s2 中并不存在的所有元素的集合。）

为了能够不破坏性的（不改变两个集合中的任何一个）计算出两个集合的并集、交集，或者差集，调用者必须在调用相应批量操作前复制集合。以下是结果代码：

```
Set<Type> union = new HashSet<Type>(s1);
union.addAll(s2);

Set<Type> intersection = new HashSet<Type>(s1);
intersection.retainAll(s2);

Set<Type> difference = new HashSet<Type>(s1);
difference.removeAll(s2);
```

前面代码中的 Set 实现类型是 HashSet，正如前面所说，HashSet 是 Java 平台里最好的 Set 实现。然而，任何通用目的的 Set 实现都是可替代的。

让我们重新看一下 FindDups 程序。假定你想知道参数列表中哪些单词只出现一次，而哪些单词出现不止一次，但是你并不想输出任何重复元素。可以通过使用两个集合做到——一个集合包含参数列表中所有单词，另一个集合只包含重复元素。只出现一次的元素就是这两个集合差集中的所有元素，我们知道如何计算差集。下面便是程序的最后代码：

```
import java.util.*;

public class FindDups2 {
    public static void main(String[] args) {
        Set<String> uniques = new HashSet<String>();
        Set<String> dups    = new HashSet<String>();
```

```
            for (String a : args)
                if (!uniques.add(a))
                    dups.add(a);

            // Destructive set-difference
            uniques.removeAll(dups);

            System.out.println("Unique words:    " + uniques);
            System.out.println("Duplicate words: " + dups);
    }
}
```

当使用与前面相同的参数列表（i came i saw i left）运行程序时，程序会产生以下输出：

```
Unique words:    [left, saw, came]
Duplicate words: [i]
```

对称差集是不怎么常见的几何集合操作，既包含两个指定集合中只存在于其中一个集合而另一个集合中并不存在的所有元素的集合。下面的代码可以非破坏性的计算出对称差集：

```
Set<Type> symmetricDiff = new HashSet<Type>(s1);
symmetricDiff.addAll(s2);
Set<Type> tmp = new HashSet<Type>(s1);
tmp.retainAll(s2);
symmetricDiff.removeAll(tmp);
```

3. Set 接口的数组操作

Sets 中的数组操作与其他任何 Collection 的操作没什么不同。这些操作在 12.2.1 节中已经介绍过。

12.2.6　List 接口

List[一]是有序的 Collection[二]（有时会被称作序列）。List 中可能含有重复元素。除了继承自 Collection 的操作外，List 还拥有以下操作：

- 位置存取（positional access）——通过元素在列表中的排序位置来对其进行操作。包括方法 get，set，add，addAll 和 remove 等。
- 查找（search）——在列表中查找某个指定元素并返回其排序位置。查找方法包括 indexOf 和 lastIndexOf。
- 迭代（iteration）——扩展 Iterator 语法的功能，使它可以利用列表的有序优势。方法 listIterator 提供了这种行为。
- 区间视图（range view）——在列表中执行任意的区间操作。

Java 平台拥有两种通用目的 List 实现：通常情况下性能更好的 ArrayList[三]和在某些情况下性能会更好的 LinkedList[四]。

1. Collection 操作

假如你已经很熟悉这些继承自 Collection 接口的操作，那么它们就能够正确地完成预期工作。如果你对它们并不熟悉，那么你最好回顾一下 12.2.1 节部分。remove 操作的作用一直是移除指定元素在列表中的第一次出现。add 和 addAll 操作的作用也一直是把新元

[一] 8/docs/api/java/util/List.html
[二] 8/docs/api/java/util/Collection.html
[三] 8/docs/api/java/util/ArrayList.html
[四] 8/docs/api/java/util/LinkedList.html

素添加到列表的尾部。因此以下代码是把一个列表连接到另一个列表上：

```
list1.addAll(list2);
```

以下代码是上述代码的非破坏形式，它会创建一个把第二个列表添加到第一个列表上的第三个列表：

```
List<Type> list3 = new ArrayList<Type>(list1);
list3.addAll(list2);
```

注意，上述非破坏性代码利用了 `ArrayList` 的标准转换构造函数。下面是一个聚合一些名字到一个 `List` 的例子（JDK 8 及更高版本）：

```
List<String> list = people.stream()
    .map(Person::getName)
    .collect(Collectors.toList());
```

和 `Set`[注一]接口类似，`List` 加强了对 `equals` 和 `hashCode` 方法的限制，因此可以不考虑两个 `List` 对象的实现类型来对它们进行逻辑比较。如果两个 `List` 对象以相同顺序存储相同元素，那么这两个 `List` 对象相等。

2. 位置存取和查找操作

最基础的位置存取操作（`get`、`set`、`add` 和 `remove`）和它们在 `Vector` 中相应长命名操作（`elementAt`、`setElementAt`、`insertElementAt` 和 `removeElementAt`）所执行的操作一模一样，但有一个值得注意的例外：`set` 和 `remove` 操作返回被覆盖或删除的旧值，而 `Vector` 中的（`setElementAt` 和 `removeElementAt`）返回空值（`void`）。查找操作 `indexOf` 和 `lastIndexOf` 执行的操作和 `Vector` 中的同名操作的作用相同。

`addAll` 操作从指定处开始插入指定 `Collection` 中的所有元素。这些元素是以它们在指定 `Collection` 中迭代器返回的顺序插入的。这个调用函数是对 `Collection` 中 `addAll` 操作的位置存取模仿。

下面是对一个 `List` 中交换两个索引值得方法：

```
public static <E> void swap(List<E> a, int i, int j) {
    E tmp = a.get(i);
    a.set(i, a.get(j));
    a.set(j, tmp);
}
```

这是一个多态算法。它可以交换任意 `List` 中的两个值，不论这个 `List` 的实现类型是什么。下面是使用上述 `swap` 方法的另一个多态算法：

```
public static void shuffle(List<?> list, Random rnd) {
    for (int i = list.size(); i > 1; i--)
        swap(list, i - 1, rnd.nextInt(i));
}
```

此算法包含在 Java 平台中 `Collection`[注二]类中，它使用指定的随机源来随机地置换指定列表。这个算法有点微妙：它从列表的底部开始，反复地交换一个随机选取的元素到现在的位置。与大部分简单的重排算法不同，它是公平的（所有排列的出概率都是相同的，如果假定的随机源是无偏的），执行起来也很快（恰好需要 `list.size()-1` 次的交换）。接下来的程序使用这个算法来以随机序打印出参数列表中的单词：

㊀ 8/docs/api/java/util/Set.html

㊁ 8/docs/api/java/util/Collections.html

```
import java.util.*;

public class Shuffle {
    public static void main(String[] args) {
        List<String> list = new ArrayList<String>();
        for (String a : args)
            list.add(a);
        Collections.shuffle(list, new Random());
        System.out.println(list);
    }
}
```

实际上，这个程序甚至可以变得更短，更快。Arrays[⊖]类拥有一个名为 asList 的静态工厂方法。这个方法并不复制数组。List 中的改变会写到数组里，反之亦然。结果中的 List 并不是通用目的 List 实现，因为它并没有实现 add 和 remove 操作（可选的）：数组大小是不可调的。使用 Arrays.asList 和调用使用默认随机源的库版本的 shuffle 函数，你会得到下面这个与前面程序完成相同操作但更短、更快的程序：

```
import java.util.*;

public class Shuffle {
    public static void main(String[] args) {
        List<String> list = Arrays.asList(args);
        Collections.shuffle(list);
        System.out.println(list);
    }
}
```

3. 迭代器

和预想的一样，List 的 iterator 操作返回的 Iterator 以适当顺序返回列表中的元素。List 提供了一个更强大的迭代器，称作 ListIterator，它允许你朝任意方向遍历数组、在迭代的过程中修改列表以及获得迭代器的当前位置。

ListIterator 从 Iterator 继承而来的三个方法（hasNext、next、remove）在两个接口中完成的操作是一样的。hasPervious 和 previous 操作与 hasNext 和 next 操作完全类似。前一个操作是引用（内含的）光标的前一个元素，而第二个操作是用来引用光标后的元素。pervious 操作把光标后移，而 next 操作向前移动光标。

下面是向后迭代一个列表的标准用法：

```
for (ListIterator<Type> it = list.listIterator(list.size());
it.hasPrevious(); ) {
    Type t = it.previous();
    ...
}
```

注意以上代码中 listIterator 的参数。List 接口中 listIterator 方法有两种形式。没有参数的形式会返回列表开始处的 ListIterator，而有 int 值作为参数的 listIterator 方法会返回特定索引处的 ListIterator。这个索引指向的元素会被开始的 next 调用返回。刚开始的 previous 调用则会返回指数为 index-1 的元素。在一个长度为 n 的列表中，共有 n+1 个有效的指数值，包括所有从 0 到 n 的数。

直观地讲，光标永远都在两个元素之间，即调用 previous 返回的元素和调用 next 返回的元素。n+1 个有效的指数值恰好对应元素中 n+1 个间隔，从第一个元素前的间隔开始一直到最后一个元素后的间隔。图 12-2 展示由四个元素组成的列表中 5 个可能的光标位置。

⊖ 8/docs/api/java/util/Arrays.html

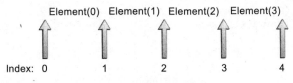

图 12-2　5 个可能的光标位置

对 next 和 pervious 函数的调用可以混合使用，但是得小心。第一次调用 previous 返回的元素同时也是最后一次调用 next 返回的元素。同样，在一系列 previous 调用后，第一次调用 next 所返回的元素正好是最后一次调用 pervious 所返回的元素。

nextIndex 方法返回的是随后 next 调用返回的元素的索引，previousIndex 返回的是随后 pervious 调用所返回元素的索引，这毫不奇怪。这些调用要不是用来报告发现某件事的位置，要不就是记录 ListIterator 所在的位置来为创建另一个相同位置的新 ListIterator 服务。

nextIndex 返回的数值总是比 previousIndex 的返回值大 1，这也毫不奇怪。这意味着两个边界情况下的行为：一种情况是光标在第一个元素前时，调用 perviousIndex 会返回 -1；另一种情况是光标在最后一个元素后时，调用 nextIndex 会返回 list.size() 的值。为了更具体地了解这些知识，请看下面 List.indexOf 的一种可能实现：

```java
public int indexOf(E e) {
    for (ListIterator<E> it = listIterator(); it.hasNext(); )
        if (e == null ? it.next() == null : e.equals(it.next()))
            return it.previousIndex();
    // Element not found
    return -1;
}
```

注意，尽管上面的 indexOf 方法是朝前进方向遍历整个列表的，它所返回的是 it.perviousIndex()。这是因为 it.nextIndex() 返回的是我们将要检测元素的索引值，而我们想要返回的却是我们刚刚检测过的索引值。

Iterator 接口提供 remove 操作来移除 next 从 Collection 中返回的最后一个元素。对 ListIterator 来说，这个操作会移除 next 或 previous 操作返回的最后一个元素。ListIterator 接口提供两种附加的修改列表的操作：set 和 add。set 方法使用指定元素重写 next 或 pervious 返回的最后一个元素。以下是使用 set 来重新替换某个指定值的所有出现到另一个值的多态算法：

```java
public static <E> void replace(List<E> list, E val, E newVal) {
    for (ListIterator<E> it = list.listIterator(); it.hasNext(); )
        if (val == null ? it.next() == null : val.equals(it.next()))
            it.set(newVal);
}
```

这个例子中比较微妙的部分在于检测 val 和 it.next 是否相等。你需要对 val 值为 null 的特殊情况进行处理以防止 NullPointerException 异常。

add 方法把一个新元素插入到列表中当前光标所在位置的前一位置。接下来用来替换指定列表所含有的值序列中某个指定值的所有出现的多态算法就是此方法的具体应用：

```java
public static <E>
    void replace(List<E> list, E val, List<? extends E> newVals) {
        for (ListIterator<E> it = list.listIterator(); it.hasNext(); ){
            if (val == null ? it.next() == null : val.equals(it.next())) {
                it.remove();
```

```
            for (E e : newVals)
                it.add(e);
        }
    }
}
```

4. 区间视图操作

区间视图操作（subList(int fromIndex, int toIndex)）返回一个原列表中从 fromIndex（包含）开始，至 toIndex（不包含）结束的部分的 List 视图。下面的半开区间是经典 for 循环的镜像操作：

```
for (int i = fromIndex; i < toIndex; i++) {
    ...
}
```

正如视图一词所暗示的，所返回的 List 是调用 subList 函数的原 List 所支撑的，因此，前者所做的改变都会引起后者的改变。

这个方法消除了显式区间操作的必要（经常在数组中存在的那些）。所有可以对 List 进行的操作都可以通过传送一个 subList 视图而不是整个 List 来实现区间操作。例如，以下代码从 List 中移除整个区间内的元素：

```
list.subList(fromIndex, toIndex).clear();
```

可使用相似代码来实现在一个区间内查找某个元素：

```
int i = list.subList(fromIndex, toIndex).indexOf(o);
int j = list.subList(fromIndex, toIndex).lastIndexOf(o);
```

注意，上述代码中返回发现的元素的索引不是它在原 List 中的数，而是其在 sub-List 中的。

所有能在 List 进行的多态算法，比如 replace、shuffle，都可以在 List 所返回的 subList 中使用。下面是使用 subList 来处理一副纸牌中手牌的多态算法。换言之，它返回包含指定 List（牌堆）中取出的指定元素的新 List（手牌）。返回的手牌要从牌堆中移除：

```
public static <E> List<E> dealHand(List<E> deck, int n) {
    int deckSize = deck.size();
    List<E> handView = deck.subList(deckSize - n, deckSize);
    List<E> hand = new ArrayList<E>(handView);
    handView.clear();
    return hand;
}
```

注意，上述算法从牌堆尾部开始移除手牌。而对于很多普通的 List 实现，如 Array-List，从列表的尾部移除元素本质上会比从列表的首部更快、更简单。

下面的程序使用 dealHand 方法，结合 Collection.shuffle 方法从通常的 52 张牌堆中生成手牌。程序取两个命令行参数：（1）需要发多少手牌；（2）每个手牌要发多少张：

```
import java.util.*;

public class Deal {
    public static void main(String[] args) {
        if (args.length < 2) {
            System.out.println("Usage: Deal hands cards");
            return;
        }
        int numHands = Integer.parseInt(args[0]);
```

```java
            int cardsPerHand = Integer.parseInt(args[1]);

            // Make a normal 52-card deck.
            String[] suit = new String[] {
                "spades", "hearts",
                "diamonds", "clubs"
            };
            String[] rank = new String[] {
                "ace", "2", "3", "4",
                "5", "6", "7", "8", "9", "10",
                "jack", "queen", "king"
            };

            List<String> deck = new ArrayList<String>();
            for (int i = 0; i < suit.length; i++)
                for (int j = 0; j < rank.length; j++)
                    deck.add(rank[j] + " of " + suit[i]);

            // Shuffle the deck.
            Collections.shuffle(deck);

            if (numHands * cardsPerHand > deck.size()) {
                System.out.println("Not enough cards.");
                return;
            }

            for (int i = 0; i < numHands; i++)
                System.out.println(dealHand(deck, cardsPerHand));
        }
        public static <E> List<E> dealHand(List<E> deck, int n) {
            int deckSize = deck.size();
            List<E> handView = deck.subList(deckSize - n, deckSize);
            List<E> hand = new ArrayList<E>(handView);
            handView.clear();
            return hand;
        }
    }
```

下面是这个程序的一个可能输出：

```
% java Deal 4 5

[8 of hearts, jack of spades, 3 of spades, 4 of spades,
    king of diamonds]
[4 of diamonds, ace of clubs, 6 of clubs, jack of hearts,
    queen of hearts]
[7 of spades, 5 of spades, 2 of diamonds, queen of diamonds,
    9 of clubs]
[8 of spades, 6 of diamonds, ace of spades, 3 of hearts,
    ace of hearts]
```

尽管 subList 操作很强大，但是得小心使用。如果原 List 中的元素被所返回的 List 之外的其他任何方式调用修改或者移除，那么调用 subList 后 List 返回的语意就是未定义的。因此，强烈建议把 subList 返回的 subList 只当作临时对象来使用——用来在支持列表上执行一个或一系列的区间操作。使用的 subList 实例越长，越有可能因为直接或通过另一个 subList 对象对支持的列表进行修改而破坏这个 subList 实例。注意，修改 sublist 的 sublist 后再继续使用原 sublist（尽管不是并发）是合法的。

5. List 算法

Collections 类中的大多数多态算法都明确地适用于 List。拥有这么多可以自由使用的算法使得操作列表变得很容易。以下是这些算法的概要，具体细节会在 12.5 节详细介绍。

- Sort——使用合并排序对 List 进行排序，快速、稳定（即，保持相等元素的相对位置）。
- Shuffle——随机排列 List 中的元素。
- Reverse——反转 List 中的元素顺序。
- Rotate——根据指定距离旋转 List 中的所有元素。
- Swap——交换 List 中指定位置的元素。
- replaceAll——使用特定值替换某个特定值的所有出现。
- fill——使用特定值重写 List 中的每个元素。
- copy——复制源 List 到目的 List。
- binarySearch——使用二分查找算法在一个有序列表中查找某个元素。
- indexOfSubList——返回 List 中与其他列表相同的第一个 SubList 的索引。
- lastIndexOfSubList——返回 List 中与其他列表相同的最后一个 SubList 的索引。

12.2.7　Queue 接口

Queue[⊖]是保持处理前元素的集合。除了基本的 Collection 操作，队列还提供了附加的插入、删除和检查操作。Queue 接口中的操作如下所示：

```
public interface Queue<E> extends Collection<E> {
    E element();
    boolean offer(E e);
    E peek();
    E poll();
    E remove();
}
```

每个 Queue 方法都有两种形式：一种在操作失败时抛出异常，而另一种在操作失败时会返回一个特殊值（不是 null 就是 false，取决于操作）。接口的普通结构如表 12-1 所示。

表 12-1　Queue 接口结构

操作类型	抛出异常	返回特殊值
插入	add(e)	offer(e)
删除	remove()	poll()
检查	element()	peek()

通常，但并不必须，Queue 中元素以先进先出的方式排列。优先队列就是例外情况，它根据元素的值对它们排序。不管使用何种排序，此队列的头元素是调用 remove 或者 poll 函数所移除的那个元素。在先进先出的队列中，所有新元素都从队尾插入的。其他的队列可能使用其他的放置规则。每个 Queue 实现都必须指明其排序性质。

对于一个 Queue 实现，可以限制它能存储的元素数量，这些队列被称作有界的。java.util.concurrent 中的一些 Queue 实现是有界的，但是在 java.util 中的所有 Queue 实现都是无界的。

Queue 从 Collection 中所继承的 add 方法可以用来插入一个元素，除非执行此操作会违反这个队列的容量限制，这种情况下，会抛出 IllegalStateException 异常。只用在有界队列上的 offer 方法与 add 方法的唯一不同是：它在插入失败时会返回 false 值。

remove 和 poll 方法都可以用来移除和返回队首元素。具体移除哪个元素是根据队列的排序策略的函数。remove 和 poll 的方法仅仅在队列是空集时表现不同。这种情况下，

[⊖] 8/docs/api/java/util/Queue.html

remove 抛出 NoSuchElementException 异常，而 poll 返回 null 值。

通常来说，Queue 实现不允许插入 null 元素。而用来实现 Queue 的改进版 LinkedList 实现则是例外。由于历史原因，它允许插入 null 元素，但你必须克制不要这样使用，因为 null 被用作 poll 和 peek 操作的特殊返回值。

Queue 实现通常不定义基于元素版本的 equals 和 hashCode 方法。反而，它继承了 Object 中基于身份的那一版。Queue 实现也没有定义并发程序设计中常见的阻塞队列方法。这些方法等待元素出现或者空间可用，它们是在 java.util.concurrent. BlockingQueue 定义的，扩展了 Queue。[一]

下面的实例程序使用队列来实现定时器。这个队列已经以降序预先装载从命令行中输入的某个数与零之间的所有整数值。然后，每一秒钟，依次从队列中移除并打印这些值。这个程序是人工仿制的，而不使用队列实现同样功能的话会更自然，但它很好地说明了如何使用 queue 来存储需要顺序处理的元素：

```
import java.util.*;

public class Countdown {
    public static void main(String[] args) throws InterruptedException {
        int time = Integer.parseInt(args[0]);
        Queue<Integer> queue = new LinkedList<Integer>();

        for (int i = time; i >= 0; i--)
            queue.add(i);

        while (!queue.isEmpty()) {
            System.out.println(queue.remove());
            Thread.sleep(1000);
        }
    }
}
```

下面的例子中使用优先队列来排序一些元素。同样，这个程序是人工仿制的，因为使用 Collections 中所提供的 sort 方法比它更合理，但这个程序很好地展示了优先队列的表现：

```
static <E> List<E> heapSort(Collection<E> c) {
    Queue<E> queue = new PriorityQueue<E>(c);
    List<E> result = new ArrayList<E>();

    while (!queue.isEmpty())
        result.add(queue.remove());

    return result;
}
```

12.2.8 Deque 接口

一个 deque（通常发音为 deck）是双端队列。双端队列是元件的线性集合，支持在两个端点插入和移除元件。双端队列接口比堆栈和队列有更丰富的抽象数据类型，因为它在同一时间同时实现栈和队列。Deque[二]接口定义方法来访问在双端队列实例的两端的元素。它提供一些方法来插入、删除和检查的元素。预定义类，如 ArrayDeque[三]和 LinkedList[四]实现了双端队列接口。

[一] 8/docs/api/java/util/concurrent/BlockingQueue.html

[二] 8/docs/api/java/util/Deque.html

[三] 8/docs/api/java/util/ArrayDeque.html

[四] 8/docs/api/java/util/LinkedList.html

需要注意的是双端队列接口可以用来作为后进先出栈和先入先出队列。在双端队列接口给出的方法是分为三个部分。

1. 插入

方法 addfirst 和方法 offerFirst 在双端队列实例开头插入元素。方法 addLast 和 offerLast 在双端队列末尾插入元素。当双端队列实例的能力受到限制，首选的方法是 offerFirst 和 offerLast，因为 addfirst 可能会失败并抛出一个异常（如果它是满的）。

2. 移除

方法 removeFirst 和方法 pollFirst 去除双端队列实例的开头元素。方法 removeLast 和方法 pollLast 去除结束元素。如果双端队列为空，方法 pollFirst 和 pollLast 返回 null，而方法 removeFirst 和 removeLast 抛出一个异常。

3. 取回

方法 getFirst 及 peekFirst 取回双端队列实例的第一个元素。这些方法不从双端队列实例中删除值。同样地，方法 getLast 和 peekLast 取回检索的最后一个元素。如果双端队列的实例是空的，方法 peekFirst 和 peekLast 返回 NULL 方法，而 getFirst 和 getLast 抛出异常。用于插入、移除、取回 deque 元素的 12 个方法总结于表 12-2 中。

表 12-2 Deque 方法

操作类型	头元素	尾元素
插入	addFirst(e) offerFirst(e)	addLast(e) offerLast(e)
删除	removeFirst() pollFirst()	removeLast() pollLast()
检查	getFirst() peekFirst()	getLast() peekLast()

除了这些基本的方法来插入、删除和检查一个 deque 实例，双端队列接口也具有一定的多个预定的方法。其中之一是 removeFirstOccurence，如果它在 Deque 的实例存在，这种方法移除指定元素的第一次出现。如果元素不存在，双端队列实例保持不变。另一个类似的方法是 removeLastOccurence，这种方法将删除 Deque 的实例指定元素的最后一次出现。这些方法的返回类型是布尔值，如果在 Deque 的实例存在元素，它们返回 true。

12.2.9 Map 接口

Map[一]是把键映射到值的对象。Map 实例不能包含重复键：每个键最多只能映射到一个值。它模拟了数学上的 function 抽象概念。Map 接口包括了基本的操作方法（如 put、get、remove、containsKey、containsValue、size 和 empty），批量操作（如 putAll 和 clear），集合视图（如 keySet、entrySet 和 values）。

Java 平台拥有三种通用的 Map 实现：HashMap[二]、TreeMap[三] 和 LinkedHashMap[四]。它们的行为和表现与 12.2.5 节中介绍的 HashSet、TreeSet 和 LinkdeHashSet 完全类似。

[一] 8/docs/api/java/util/Map.html
[二] 8/docs/api/java/util/HashMap.html
[三] 8/docs/api/java/util/TreeMap.html
[四] 8/docs/api/java/util/LinkedHashMap.html

在此页面的其余部分详细论述了 Map 接口。但首先,这里有使用 JDK8 聚集操作收集到的一些 Map 更多的例子。模拟现实世界的对象是面向对象编程的共同任务,因此可以合理地认为某些程序可能,例如,按部门组合员工:

```
// Group employees by department
Map<Department, List<Employee>> byDept = employees.stream()
    .collect(Collectors.groupingBy(Employee::getDepartment));
```

或按部门计算各部门薪水的总和:

```
// Compute sum of salaries by department
Map<Department, Integer> totalByDept = employees.stream()
    .collect(Collectors.groupingBy(Employee::getDepartment,
        Collectors.summingInt(Employee::getSalary)));
```

或者按成绩及格或不及格将学生进行分组:

```
// Partition students into passing and failing
Map<Boolean, List<Student>> passingFailing = students.stream()
    .collect(Collectors.partitioningBy(s -> s.getGrade()>= PASS_THRESHOLD));
```

你也可以按城市给人群分组:

```
// Classify Person objects by city
Map<String, List<Person>> peopleByCity
        = personStream.collect(Collectors.groupingBy(Person::getCity));
```

甚至串联上述两个分类,按照国家和城市给人分组:

```
// Cascade Collectors
Map<String, Map<String, List<Person>>> peopleByStateAndCity
   = personStream.collect(Collectors.groupingBy(Person::getState,
     Collectors.groupingBy(Person::getCity)))
```

再次申明,这些不过是如何使用新的 JDK8 的 API 的几个例子。欲深入理解 Lambda 表达式和聚合操作的内容,详见 12.3 节。

1. Map 接口的基础操作

Map 的基础操作(put、get、containsKey、constainsValue、size 以及 isEmpty)和它们在 HashTable 中的相应操作表现完全一致。下面的程序输出参数列表中单词的出现频率表。频率表映射每个单词到它在参数列表中所出现次数:

```
import java.util.*;

public class Freq {
    public static void main(String[] args) {
        Map<String, Integer> m = new HashMap<String, Integer>();

        // Initialize frequency table from command line
        for (String a : args) {
            Integer freq = m.get(a);
            m.put(a, (freq == null) ? 1 : freq + 1);
        }

        System.out.println(m.size() + " distinct words:");
        System.out.println(m);
    }
}
```

上述程序唯一新颖之处在于 put 语句的第二个参数。这个参数是一个条件表达式。若这个单词没有出现过,此表达式把它的频率值设为 1,而当这个单词已经出现过,此表达式把它的目前值加 1。试着用以下命令运行这个程序:

```
java Freq if it is to be it is up to me to delegate
```

程序会有以下输出：

```
8 distinct words:
{to=3, delegate=1, be=1, it=2, up=1, if=1, me=1, is=2}
```

假定你想以字典序来查看频率表，那么你所需要做的仅仅是把 Map 的实现类型从 HashMap 变成 TreeMap。改变四个字母后的程序在系统的命令行下会产生以下输出：

```
8 distinct words:
{be=1, delegate=1, if=1, is=2, it=2, me=1, to=3, up=1}
```

同样地，简单地把 Map 实现改为 LinkedHashMap，你就可以让这个程序按照单词在参数列表中出现的顺序来打印出频率表。这样做会有如下输出：

```
8 distinct words:
{if=1, it=2, is=2, to=3, be=1, up=1, me=1, delegate=1}
```

这种灵活性很有效地展示了基于接口框架的能力。

与 Set[⊖] 和 List[⊖] 接口相似，Map 加强了对 equals 和 hashCode 方法的限制，因此，两个 Map 对象可以进行逻辑比较而不必关心它们的具体实现类型。当两个 Map 实例表示的是同样的键值对映射时就可以说它们相等。

通常来说，所有通用目的 Map 实现都提供把 Map 对象作为参数，并在新 Map 中初始化包含参数 Map 里所有键值对映射的构造函数。这个标准的 Map 转换构造函数与标准的 Collection 构造函数很像：它允许调用者创建所需实现类型的 Map，这个 Map 初始化就包含另一个不论是什么实现类型的任何 Map 中的所有映射。比如，假定你拥有名为 m 的 Map。那么，下面的一行代码就可以创建一个初始化包含 m 中所有键值对的新 HashMap：

```
Map<K, V> copy = new HashMap<K, V>(m);
```

2. Map 接口中的批量操作

操作 clear 完成的正是你所想的操作：它移除 Map 中的所有键值对。putAll 操作是 Map 对 Collection 接口的 addAll 操作的模仿。除了把一个 Map 加到另一个 Map 上这种明显的用法之外，它还有第二个更精妙的用法。假定一个 Map 表示的是属性-值对的集合，把 putAll 操作和 Map 的转换构造函数联合使用，可以非常简洁地实现使用默认值映射属性的 Map 创建。下面是展示这个技巧的静态工厂方法：

```
static <K, V> Map<K, V> newAttributeMap(Map<K, V>defaults, Map<K, V> overrides) {
    Map<K, V> result = new HashMap<K, V>(defaults);
    result.putAll(overrides);
    return result;
}
```

3. Collection 视图

Collection 视图方法可以通过以下三种方式下把 Map 看成 Collection 来进行操作：

- keyset——表示此 Map 包含的所有键的 Set。
- values——表示 Map 包含的所有值的 Collection。注意，这个 Collection 并不是 Set，因为多个键可能映射到同一值。
- entrySe——表示 Map 中包含的所有键值对的 Set。注意，Map 接口提供 Map.

⊖ 8/docs/api/java/util/Set.html
⊖ 8/docs/api/java/util/List.html

Entry 这种小巧的嵌套接口来显示此 Set 中的元素类型。

Collection 视图是对 Map 进行迭代的唯一方法。以下例子是使用 for-each 架构对 Map 中所有键迭代的标准用法：

```
for (KeyType key : m.keySet())
    System.out.println(key);
```

以下是使用 iterator 的相应代码：

```
// Filter a map based on some
// property of its keys.
for (Iterator<Type> it = m.keySet().iterator(); it.hasNext(); )
    if (it.next().isBogus())
        it.remove();
```

对值进行迭代操作很类似。下面是对键值对进行迭代的代码：

```
for (Map.Entry<KeyType, ValType> e : m.entrySet())
    System.out.println(e.getKey() + ": " + e.getValue());
```

首先，很多人担心这些代码运行起来很慢，因为每次调用 Collection 视图操作时，Map 都必须创建一个新的 Collection 实例。然而，每次 Map 请求某个给定 Collection 视图时，此 Map 不能一直返回同一对象。这正是 java.util 中所有的 Map 实现所做的。

在三种 Collection 视图中，调用 iterator 的移除操作会把指定元素从后台 Map 中删掉，假如后台 Map 本来就支持元素移除。这种用法在前面的过滤程序中有所展示。

entrySet 视图让改变某个键对应的值成为可能，通过在迭代中调用 Map.Entry 的 setValue 方法就可以（这里同样认为后台 Map 原本就支持值改变）。注意，这是在迭代中改变 Map 的唯一安全方式；如果在迭代过程中后台 Map 被其他操作修改，那么此行为就是未定义的。

Collection 视图支持多种移除元素的方式，如 remove、removeAll、retainAll 和 clear 操作，Iterator.remove 操作也可以。（这里还是认为后台 Map 支持移除元素。）

Collection 视图在任何情况下都不支持添加元素。对于 keySet 和 values 视图来说，添加元素毫无意义，而对于 entrySet 视图来说，没有这个需要，因为后台 Map 中的 put 和 putAll 方法提供同样的功能。

4. Collection 视图的奇特用法：代数 Map

当使用 Collection 视图时，批量操作（containAll、removeAll 和 retainAll）是异常强大的工具。对于初学者来说，假如想要知道某个 Map 实例是否是另一个 Map 实例的子集，即第二个 Map 是否包含第一个 Map 中的全部键值对。以下代码可以实现此功能：

```
if (m1.entrySet().containsAll(m2.entrySet())) {
    ...
}
```

以下代码可以判断两个 Map 对象包含键值对中的所有键是否相同：

```
if (m1.keySet().equals(m2.keySet())) {
    ...
}
```

假如有一个表示属性 – 值对集合的 Map，同时也有两个代表所需属性和允许属性的 Set（所允许属性包括所需属性）。下面的小段代码可以用来推定属性映射是否遵守这些限制，如果没有遵守，打印出具体的错误信息：

```
    static <K, V> boolean validate(Map<K, V> attrMap, Set<K> requiredAttrs, Set<K>permittedAttrs) {
        boolean valid = true;
        Set<K> attrs = attrMap.keySet();

        if (! attrs.containsAll(requiredAttrs)) {
            Set<K> missing = new HashSet<K>(requiredAttrs);
            missing.removeAll(attrs);
            System.out.println("Missing attributes: " + missing);
            valid = false;
        }
        if (! permittedAttrs.containsAll(attrs)) {
            Set<K> illegal = new HashSet<K>(attrs);
            illegal.removeAll(permittedAttrs);
            System.out.println("Illegal attributes: " + illegal);
            valid = false;
        }
        return valid;
    }
```

假如想要知道两个 Map 对象共有的所有键，可以使用以下代码：

```
Set<KeyType>commonKeys = new HashSet<KeyType>(m1.keySet());
commonKeys.retainAll(m2.keySet());
```

一段相似的代码可以得到共有的所有值。

到目前为止出现的所有代码都不是破坏性的，即不会修改后台 Map。下面的几个会修改后台 Map。假如想要移除 Map 中存在，另一个 Map 也存在的所有元素：

```
m1.entrySet().removeAll(m2.entrySet());
```

或者想要移除某个 Map 中存在，同时在另一个 Map 也拥有映射的所有键：

```
m1.keySet().removeAll(m2.keySet());
```

如果在某些批量操作中把键和值弄混会发生什么呢？假定有一个 Mapmanagers，表示的是某个公司里所有员工与其上司的所有映射。这里故意没有说明键和值对象的类型。只要它们相同，具体类型就不重要。现在，假定想要知道所有"individual-Contributors"（或者非经理）是哪些人。下面的代码可以完成这项工作：

```
Set<Employee> individualContributors = new HashSet<Employee>(managers.keySet());
individualContributors.removeAll(managers.values());
```

假定想要开除那些直接受命于经理 Simon 的所有雇员：

```
Employee simon = ... ;
managers.values().removeAll(Collections.singleton(simon));
```

注意，这段代码使用了 Collections.singleton，即返回包含单个指定元素的不可变 Set 的静态工厂方法。

当执行上述操作后，可能会有一堆其主管已经不为公司工作的雇员（如果 Simon 的队员他们自己也是主管的话）。以下代码会计算出哪些雇员的主管已经不在公司工作：

```
Map<Employee, Employee> m = new HashMap<Employee, Employee>(managers);
m.values().removeAll(managers.keySet());
Set<Employee> slackers = m.keySet();
```

这个例子有点巧妙。它创建一个 Map 的临时副本，然后从这个临时副本上移除其值是原 Map 中键的所有记录。记住，原 Map 中对每个雇员都有一个记录。因此，临时副本中剩下的记录便是原 Map 中其主管已经不再是雇员的所有记录。临时副本中剩下的键值代表的就是我们寻找的雇员们。

有很多和本节所包含的代码相同的其他习惯用法，但是把它们全都列出来既不实际也太繁杂。一旦真正理解，那么不难在需要使用时想到正确的方法。

5. Multimap

multimap 和 Map 相似，但它可以把每个键映射到多个值。Java 集合框架中并不包含 multimap 的接口，因为它们并不常见。把一个值为 List 实例的 Map 当作 multimap 相对来说会比较简单。下面例子中的代码展示了这个技巧的使用。这个例子读取每行只有一个单词（都是小写）的单词列表，并且打印出所有达到某个指定标准的所有单词组。单词组表示的是包含相同字母但排列顺序并不相同的一组单词。这个程序从命令行中读取两个参数：字典文件的文件名；需要打印出的单词组的最小大小。不需要打印含有的单词数没有达到指定最小值的单词组。

找单词组有一个标准技巧：对于字典中的每个单词（或者问题中的文本），把这个单词中的所有字母按照字典序进行排序（即，以字典序对这个单词中的所有字母进行重新排序），然后在 multimap 中添加一个记录，把这个按照字典序排序的单词映射到原单词。比如，单词 bad 会产生把 abd 映射到 bad 的记录，并把这个记录加入到 multimap 中，而 dab 会产生把 abd 映射到 dab 的记录。不用多想就可以看出所有从相同键（abd）映射的单词（bad, dab）同属一个单词组。这样一来，迭代访问 multimap 中的所有键，打印出每个满足大小限制的单词组就很简单。

下面的程序是这个技巧的直接实现：

```java
import java.util.*;
import java.io.*;

public class Anagrams {
    public static void main(String[] args) {
        int minGroupSize = Integer.parseInt(args[1]);

        // Read words from file and put into a simulated multimap
        Map<String, List<String>> m = new HashMap<String, List<String>>();

        try {
            Scanner s = new Scanner(new File(args[0]));
            while (s.hasNext()) {
                String word = s.next();
                String alpha = alphabetize(word);
                List<String> l = m.get(alpha);
                if (l == null)
                    m.put(alpha, l=new ArrayList<String>());
                l.add(word);
            }
        } catch (IOException e) {
            System.err.println(e);
            System.exit(1);
        }

        // Print all permutation groups above size threshold
        for (List<String> l : m.values())
            if (l.size() >= minGroupSize)
                System.out.println(l.size() + ": " + l);
    }

    private static String alphabetize(String s) {
        char[] a = s.toCharArray();
        Arrays.sort(a);
        return new String(a);
    }
}
```

在一个有 173 000 个单词的词典上运行这个程序，规定最小单词组的大小为 8，会产生以下输出：

```
9: [estrin, inerts, insert, inters, niters, nitres, sinter,
    triens, trines]
8: [lapse, leaps, pales, peals, pleas, salep, sepal, spale]
8: [aspers, parses, passer, prases, repass, spares, sparse,
    spears]
10: [least, setal, slate, stale, steal, stela, taels, tales,
    teals, tesla]
8: [enters, nester, renest, rentes, resent, tenser, ternes,
    treens]
8: [arles, earls, lares, laser, lears, rales, reals, seral]
8: [earings, erasing, gainers, reagins, regains, reginas,
    searing, seringa]
8: [peris, piers, pries, prise, ripes, speir, spier, spire]
12: [apers, apres, asper, pares, parse, pears, prase, presa,
    rapes, reaps, spare, spear]
11: [alerts, alters, artels, estral, laster, ratels, salter,
    slater, staler, stelar, talers]
9: [capers, crapes, escarp, pacers, parsec, recaps, scrape,
    secpar, spacer]
9: [palest, palets, pastel, petals, plates, pleats, septal,
    staple, tepals]
9: [anestri, antsier, nastier, ratines, retains, retinas,
    retsina, stainer, stearin]
8: [ates, east, eats, etas, sate, seat, seta, teas]
8: [carets, cartes, caster, caters, crates, reacts, recast,
    traces]
```

这些单词中很多看起来会有点假，但这不是这个程序的错，它们都在字典文件中。我们使用的字典文件（dictionary.txt）生成自公共部门所得的基准参考单词列表[⊖]。

12.2.10 对象排序

List l 可以通过以下方式排序：

```
Collections.sort(l);
```

如果 List 是由 String 元素构成，那么它将按照字典序排序。如果它包含的是 Date 元素，那么它将按照时序排序。为什么会这样？这是因为 String 和 Date 都已实现 Comparable[⊖]接口。Comparable 实现为每个类提供一个自然序，允许类的对象可以被自动排序。表 12-3 总结了 Java 平台中几种实现 Comparable 的比较重要的类。

表 12-3 实现 Comparable 的类

类 型	自然顺序
Byte	有符号数字序
Character	无符号数字序
Long	有符号数字序
Integer	有符号数字序
Short	有符号数字序
Double	有符号数字序
Float	有符号数字序
BigInteger	有符号数字序

⊖ Tuturial/collections/interfaces/examples/dictionary.txt
⊖ 8/doc/api/java/lang/Comparable.html

（续）

类　　型	自然顺序
BigDecimal	有符号数字序
Boolean	Boolean.FALSE < Boolean.TRUE
File	系统相关路径名上的字典序
String	字典序
Date	时序
CollationKey	地区特定字典序

如果你想要对所含元素并没有实现 Comparable 的 List 进行排序，Collections.sort(list) 会抛出 ClassCastException[⊖]异常。同样地，当你试图对所含元素不能使用 comparator 相互比较的 List 进行排序，那么 Collections.sort(list,comparator) 会抛出 ClassCastException 异常。可以相互比较的元素被称为可相比的。尽管不同类型的元素也许是可相比的，但所列出的这些类型都不允许跨类比较。

如果仅仅是想对元素可相比的 List 进行排序或者为它们创建已排序的集合，那么以上便是真正需要知道的关于 Comparable 接口的知识。如果想实现自己的 Comparable 类型，那么下面的章节对你来说会很有用。

1. 编写自己的 Comparable 类型

Comparable 接口由以下方法构成：

```java
public interface Comparable<T> {
    public int compareTo(T o);
}
```

CompareTo 方法把接收到的对象和指定对象相比较并根据所接收值小于、等于或大于指定值来返回负值、零或者正值。如果指定值不能和接收值相比较，此方法抛出 ClassCastException 异常。

下面的类表示实现 Comparable 的人名类：

```java
import java.util.*;

public class Name implements Comparable<Name> {
    private final String firstName, lastName;

    public Name(String firstName, String lastName) {
        if (firstName == null || lastName == null)
            throw new NullPointerException();
        this.firstName = firstName;
        this.lastName = lastName;
    }

    public String firstName() { return firstName; }
    public String lastName()  { return lastName;  }

    public boolean equals(Object o) {
        if (!(o instanceof Name))
            return false;
        Name n = (Name) o;
        return n.firstName.equals(firstName) && n.lastName.equals(lastName);
    }

    public int hashCode() {
        return 31*firstName.hashCode() + lastName.hashCode();
```

⊖ 8/doc/api/java/lang/ClassCastException.html

```
    }
    public String toString() {
        return firstName + " " + lastName;
    }
    public int compareTo(Name n) {
        int lastCmp = lastName.compareTo(n.lastName);
        return (lastCmp != 0 ? lastCmp : firstName.compareTo(n.firstName));
    }
}
```

为了使上述代码变短，代码中的类限制了一些功能：它不支持中间名，它要求名和姓同时存在，并且它不能国际通用。不过，它刻画了下面这些重要的点：

- Name 对象是不可变的。如果所有其他情况一致，那么一般采用不可变类型，特别是对于会用于 Set 或者 Map 中的键的那些元素。当它们在集合中时，修改这些元素或者键，这些集合会崩溃。
- 构造函数会检查它的参数是否为 null。这保证所有 Name 对象都是良好构造的，因此其他任何方法永远都不能抛出 NullPointerException 异常。
- hashCode 方法被限制。对于已经限制 equals 方法的任何类来说这都是很有必要的。（相等对象肯定会有相等的哈希码。）
- 当指定对象是 null 或者其他不适合的类型时，equals 方法返回 false。这种情况下，compareTo 方法抛出运行时异常。这两个方法的通用特点要求这两种表现都必须存在。
- toString 方法被重定义以便可以以人类可读的方式输出 Name。这一直都是个好办法，特别是对将要放到集合中的那些对象。各种不同集合类型的 toString 方法是基于它们元素、键和值的 toString 方法形成的。

由于本节主要介绍的是元素排序，下面将更深入地介绍 Name 的 compareTo 方法。它实现标准的姓名排序算法，即姓比名的权重更高。这正是你在自然序中想要的。如果自然序并不自然的话，就会让人感到很迷惑。

仔细看看 compareTo 是如何实现的，这很经典。一开始比较对象中更重要的部分（本例中，姓）。通常使用这部分类型的自然序已经足够。本例中，这部分是 string 类型，而它的自然序（字典序）正是程序所需的。如果返回的比较结果不是代表相等的零，那么比较就已经完成：返回比较结果。如果最重要部分相等的话，继续比较次重要的部分。本例中只有两个部分：名和姓。如果有更多的部分，就像上述方式继续执行下去，持续比较直到两个不相等的部分或者直到最后一个部分。此时，返回比较结果。

以下程序创建姓名列表并对它们排序，从中可以看出 compareTo 是如何工作的：

```
import java.util.*;

public class NameSort {
    public static void main(String[] args) {
        Name nameArray[] = {
            new Name("John", "Smith"),
            new Name("Karl", "Ng"),
            new Name("Jeff", "Smith"),
            new Name("Tom", "Rich")
        };

        List<Name> names = Arrays.asList(nameArray);
        Collections.sort(names);
```

```
            System.out.println(names);
        }
    }
```

如果运行此程序，会有如下输出：

[Karl Ng, Tom Rich, Jeff Smith, John Smith]

compareTo 方法的表现有四种限制，但在这里我们并不详述，因为它们的技术性太强，也相当无聊，最好留在 API 文档中。实现 Comparable 的类很有必要遵循这些限制，所以如果你正在写一个实现它的类，最好读读《Comparable 文档》。试图对不遵循这些限制的对象进行排序会产生未定义行为。就技术而言，这些限制确保自然排列是实现 Comparable 接口的类的对象的全序；这对保证排序是良好定义很有必要。

2. 比较器

如果想以非自然序对某些对象进行排序，又或者想要对并没有实现 Comparable 的对象进行排序，怎么办？为了做到上述两件事，你需要提供 Comparator[⊖]，即封装排序的对象。和 Comparable 接口相似，Comparator 接口由单个方法构成：

```java
public interface Comparator<T> {
    int compare(T o1, T o2);
}
```

compare 方法对两个参数进行比较，根据第一个参数小于、等于还是大于第二个参数来决定返回负值、零还是正值。如果两个参数中存在某个 Comparator 并不能处理的参数，compare 方法抛出 ClassCastException 异常。

我们所介绍的关于 Comparable 的大部分内容同样适用于 Comparator。编写 compare 方法几乎与编写 compareTo 方法完全一致，除了前者需要传入两个参数。compare 方法与 Comparable 中的 compareTo 同样需要遵守四种技术限制，基于同样的原因——Comparator 必须能够对它所比较的对象产生一个总序列。

假定有如下的 Employee 类：

```java
public class Employee implements Comparable<Employee> {
    public Name name()       { ... }
    public int number()      { ... }
    public Date hireDate()   { ... }
    ...
}
```

假定 Employee 实例的自然序是员工名的姓名序（前面例子中已定义）。不幸的是，老板想要一份按照雇员工作时间长短顺序排列的员工名单。这意味着我们需要做些额外工作，但并不多。下面的程序就可以产生所需名单：

```java
import java.util.*;
public class EmpSort {
    static final Comparator<Employee> SENIORITY_ORDER =
                                    new Comparator<Employee>() {
        public int compare(Employee e1, Employee e2) {
            return e2.hireDate().compareTo(e1.hireDate());
        }
    };

    // Employee database
    static final Collection<Employee> employees = ... ;
```

⊖ 8/docs/api/java/util/Comparator.html

```
    public static void main(String[] args) {
        List<Employee> e = new ArrayList<Employee>(employees);
        Collections.sort(e, SENIORITY_ORDER);
        System.out.println(e);
    }
}
```

程序中的Comparator相当的简单明了，它依赖于使用hireDate存取器方法所返回的Date的自然序。注意，Comparator把第二个参数（雇员）的聘用日期传给第一个（而不是倒过来传）。这是因为最近聘用的雇员是最没有资历的。使用聘用日期来对雇员进行排序会把最没有资历的雇员排在首位（而不是最有资历的）。另一个经常用来完成同样工作的技巧是保持参数顺序但对比较结果取反。

```
// Don't do this!!
return -r1.hireDate().compareTo(r2.hireDate());
```

最终的程序使用第一个而不是第二个技巧。因为后一个并不能保证每次都正常工作。原因是当compareTo方法的参数比调用它的对象小的时候，compareTo方法可能返回任意负int值。而尽管看起来很奇怪，但存在一个负int值，对其取反后还是负int值：

```
-Integer.MIN_VALUE == Integer.MIN_VALUE
```

前面程序中的Comparator可以很好地对List进行排序，但它有一点不足：它不能用来整理已排序的集合（如TreeSet），因为调用它所产生的排序与equals方法是不相容的。这意味着Comparator认为相等的两个对象，equals方法并不认为它们相等。特别是，两个同时被雇佣的员工比较时被认为是相等的。当你对List进行排序时，这并不影响。但当你使用Comparator来对一个已有序的集合进行排序，这是毁灭性的。如果你用这个Comparator来插入多个在同时被雇佣的员工到TreeSet中，只会把第一个员工插入到这个set中，剩下的会被当作重复元素而忽略。

为了修正此问题，简单的对Comparator进行扩展来使得对它所做的排序和equals的相兼容。换句话说就是，对Comparator进行扩展使得使用compare的元素只有当equals认为相等的时候才会被认为是相等。实现它的具体方式是执行两部分的比较（如同我们在Name中所做的），第一部分是我们感兴趣的部分（本例中，聘用日期）和第二部分是唯一确定本对象的属性值（本例中，雇员号码）。下面是相应的Comparator代码：

```
static final Comparator<Employee> SENIORITY_ORDER =
                                    new Comparator<Employee>() {
    public int compare(Employee e1, Employee e2) {
        int dateCmp = e2.hireDate().compareTo(e1.hireDate());
        if (dateCmp != 0)
            return dateCmp;

        return (e1.number() < e2.number() ? -1 :
               (e1.number() == e2.number() ? 0 : 1));
    }
};
```

最后一个提醒：你可能会想要把Comparator中最后的return语句换为更简单的其他表达，比如说这样：

```
return e1.number() - e2.number();
```

除非你百分之百确定没有任何雇员的员工号是负数，否则不要这样做！通常来说，这个技巧行不通因为有符号的整数类型没有大到能够代表两个任意有符号数的差值。如果

i 是一个大的正整数，j 是一个大的负整数，i-j 会溢出而且会返回一个负值。而相应的 comparator 就违反了我们一直强调的四种限制中的一种（传递性），并会产生很可怕的微妙错误。这并不是纯理论上的担心，很多人就因此犯下重大错误。

12.2.11 SortedSet 接口

SortedSet[○]是根据元素的自然序或者提供的 Comparator 以升序存储元素的 Set[○]。在普通的 Set 操作之外，SortedSet 接口还提供了如下操作：

- 区间视图——允许在有序 set 上进行任何区间操作。
- 端点——返回有序 set 中的首元素或尾元素。
- Comparator 存储——如果存在用来排序的 Comparator，返回之。

SortedSet 接口的代码如下所示：

```java
public interface SortedSet<E> extends Set<E> {
    // Range-view
    SortedSet<E> subSet(E fromElement, E toElement);
    SortedSet<E> headSet(E toElement);
    SortedSet<E> tailSet(E fromElement);

    // Endpoints
    E first();
    E last();

    // Comparator access
    Comparator<? super E> comparator();
}
```

1. Set 操作

SortedSet 从 Set 继承来的操作在 SortedSet 上的表现和普通的 set 完全相同，但有两处例外：

- iterator 操作所返回的 Iterator 顺序遍历整个有序 set。
- toArray 操作返回的数组按顺序包含有序 set 中的元素。

尽管接口并不保证，但 Java 平台中 SortedSet 的 toString 方法返回按顺序包含有序 set 中所有元素的 string。

2. 标准构造函数

通常情况下，所有通用目的 Collection 实现都提供使用 Collection 作为参数的标准转换构造函数，SortedSet 也不例外。TreeSet 中，此构造函数创建根据元素自然序排列的有序实例。这或许是个错误。动态的检查这个指定的 Collection 是不是 SortedSet 实例会更好，如果是的话，再以同种标准（comparator 或者自然序）对 TreeSet 进行排序，这样做会更合理。因为可以通过这种方式处理 TreeSet，并且 TreeSet 也提供把 SortedSet 转化为以同样顺序包含相同元素的 TreeSet 的构造函数。注意，这些参数都是编译时的参数，而不是运行时的类型。这些参数决定使用哪两种构造函数（还有是否需要保留相应的排序准则）。

大部分情况下，SortedSet 实现也提供以 Comparator 为参数，并根据这个 Comparator 返回一个空 set 的构造函数。如果把 null 传给这个构造函数，它返回根据自然序排列这些元素的 set。

○ 8/docs/api/java/util/SortedSet.html

○ 8/docs/api/java/util/Set.html

3. 区间视图操作

Set 中提供的区间视图操作和 List 接口中的有点类似,但一个很大的不同是:当后台 SortedSet 被直接修改时,SortedSet 的区间视图操作还是有效的。这很合理,因为 SortedSet 的区间视图中的端点是元素空间中的绝对点而不是后台集合中的具体元素,与 List 中一样。SortedSet 的区间视图真的就是指向元素空间某个指定部分的所有元素集合的窗口。区间视图中进行的操作会写回到后台 SortedSet 中,反之亦然。因此长时间的在 SortedSet 上使用区间视图是可以的,这点与 List 不同。

SortedSet 提供三种区间视图操作:subSet、headSet、tailSet。第一个 subSet 选取前后两个端点,和 subList 很像。端点是对象而不是索引,而且必须能使用 Set 的 Comparator 或者元素的自然序(或 Set 的任一排序标准)与已排序集合中的元素比较。和 subList 一样,区间是半开的,包含低端点但不包含高端点。

因此,下面这行代码会计算出 string 类型的 SortedSet,dictionary 中 "doorbell" 和 "pickle" 中间共有多少单词(包含 "doorbell" 但不包含 "pickle"):

```
int count = dictionary.subSet("doorbell", "pickle").size();
```

下面一行代码以相似方法移除以 f 开头的所有元素:

```
dictionary.subSet("f", "g").clear();
```

另一个相似的技巧可以用来打印出字母和以此字母开头的单词数的表:

```
for (char ch = 'a'; ch <= 'z'; ) {
    String from = String.valueOf(ch++);
    String to = String.valueOf(ch);
    System.out.println(from + ": " + dictionary.subSet(from, to).size());
}
```

假定想要查看包含两个端点的闭区间,而不是开区间。如果元素类型允许在元素空间中通过某个给定值算出它的后继者(successor),只需要请求从 lowEndpoint 到 highEndpoint 的 successor 就行。尽管不是很明显,字符串 s 在 String 的自然序中的后继者是 s+"0",即在尾部加上 null 字符的 s。

因此,下面的代码会计算出 dictionary 中 "doorbell" 和 "pickle" 中间一共有多少单词(即包含 "doorbell" 也包含 "pickle"):

```
count = dictionary.subSet("doorbell", "pickle\0").size();
```

可以使用相似技巧来查看不包含任何端点的开区间。开区间视图查看从 lowEndPoint 到 HighEndpoint 之间的元素是从 lowEndPiont 后继元素到 highEndpoint。下面的行代码是用来计算不包括 "doorbell" 和 "pickle" 之间的单词个数:

```
count = dictionary.subSet("doorbell\0", "pickle").size();
```

SortedSet 接口还包含两个区间视图操作——headSet 和 tailSet。这两个操作都只取一个 Object 参数。前者返回后台 SortedSet 从开始直到指定对象但并不包含这个指定对象的部分视图。后者返回 SortedSet 从指定元素开始直到后台 SortedSet 结束的最后部分的视图。因此,以下代码可以分开查看字典(a ~ m 和 n ~ z):

```
SortedSet<String> volume1 = dictionary.headSet("n");
SortedSet<String> volume2 = dictionary.tailSet("n");
```

4. 端点操作

SortedSet 接口包含从有序 set 中返回第一个和最后一个元素的操作，不出意外，它们叫作 first 和 last。除了明显的用处之外，last 可以为 SortedSet 接口中一个不足提供变通方案。有时在 SortedSet 上可能想要进入到 Set 的内部，向前或者向后进行迭代。从 Set 内部向前迭代很简单：只需要获得一个 tailSet 并对它进行迭代。不幸的是，后退没这么简单。

下面的代码可以在元素空间中获得比指定元素 o 小的第一个元素：

```
Object predecessor = ss.headSet(o).last();
```

这是从一个 SortedSet 内部的某个点向前进一个元素比较好的方式。可以一直使用这种方法迭代向前，但这样做效率会很低，对返回的每个元素都需要进行查看。

5. Comparator 存取器

SortedSet 接口包含名为 comparator 的存取器方法，它返回用来对 set 进行排序的 Comparator。如果 set 是根据元素自然序进行排序的，那么此方法返回 null。提供这个方法是为了能够把有序 set 复制到同样排序的新的有序 set。前面介绍的 SortedSet 构造函数使用的便是这种函数。

12.2.12 SortedMap 接口

SortedMap[一]是根据键的自然序或者根据 SortedMap 提供的 Comparator 升序对其记录进行排序的特殊 Map[二]。自然序和 Comparator 已在 12.2.9 节中介绍过。SortedMap 接口提供普通的 Map 操作，此外还有如下操作：

- 区间视图——在有序 Map 上执行任意区间操作。
- 端点——返回有序 Map 中第一个或最后一个元素。
- Camparator 存取——如果存在对 Map 进行排序的 Comparator，返回之。

下面的接口是 Map 中对 SortedSet[三] 的模仿：

```
public interface SortedMap<K, V> extends Map<K, V>{
    Comparator<? super K> comparator();
    SortedMap<K, V> subMap(K fromKey, K toKey);
    SortedMap<K, V> headMap(K toKey);
    SortedMap<K, V> tailMap(K fromKey);
    K firstKey();
    K lastKey();
}
```

1. Map 操作

SortedMap 从 Map 中继承的操作在 SortedMap 上的表现并没有变化，除了以下两个操作：

- 在任意 SortedMap 的 Collection 视图上执行 iterator 操作所返回的 Iterator 顺序遍历整个集合。
- Collection 视图中 toArray 方法返回的数组顺序可以包含键、值或者键值对记录。尽管此接口并不保证，但 Java 平台中 SortedMap 实现的 Collection 视图中 toSt-

---

[一] 8/docs/api/java/util/SortedMap.html
[二] 8/docs/api/java/util/Map.html
[三] 8/docs/api/java/util/SortedSet.html

ring 方法返回顺序含有此视图中所有元素的字符串。

2. 标准构造函数

通常情况下，所有通用目的 Map 实现提供可以把 Map 作为参数的标准转换构造函数。SortedMap 也不例外。TreeMap 中，这个函数创建根据其键的自然序来对记录进行排序的实例。这对于 TreeMap 来说或许是个错误。动态的检查这个指定的 collection 是不是 SortedMap 实例会更好，如果这样的话，再以同种标准（comparator 或者自然序）对 TreeMap 进行排序，这样做会更合理。因为可以通过这种方式处理 TreeMap，并且 TreeMap 也提供把 SortedMap 转化为以同样顺序包含相同元素的 TreeMap 的构造函数。注意，这些参数都是编译时参数，而不是运行时的类型。这些参数决定使用哪两种构造函数（还有是否需要保留相应的排序准则）。

大部分情况下，SortedMap 实现也提供以 Comparator 为参数，根据这个 Comparator 返回空 Map 的构造函数。如果把 null 传给这个构造函数，它返回根据自然序排列这些元素的 Map。

3. 与 SortedSet 的比较

因为 SortedMap 是 Map 对 Set 中 SortedSet 的完全模仿，12.2.10 节中所有的用法和代码的例子只需要微小的修改就可以同样用于 SortedMap。

12.2.13 小结

这些核心的集合接口是 Java 集合框架的基础。Java 集合框架的层次结构由两颗不同的接口树组成。

- 第一棵树由 Collection 接口开始，它提供集合类中所有的基础功能，如 add 和 remove 方法。它的子接口（Set、List、Queue）为更多的专门类提供方法。
- Set 接口不允许重复元素。这对于存储如一幅扑克牌或者学生记录这种集合很有用。Set 接口有对其元素进行排序的子接口 SortedSet。
- List 接口提供了有序的集合，当想要精准控制每个元素的位置时，List 将很有用。可以通过元素的确切位置来存储元素。
- Queue 接口提供附加的插入、提取和检查操作。Queue 中的元素通常是以先进先出的方式排序的。
- Deque 接口允许插入，删除，以及在两端检查操作。在一个 deque 元件可以在 LIFO 和 FIFO 使用。
- 第二棵树是以与 HashTable 相似，把键映射到值的 Map 接口开始的。
- Map 的子接口 SortedMap 以升序或者以 Comparator 提供的顺序存储键值对。

这些接口可以对集合进行操作而不必关心它们的具体实现细节。

12.2.14 问题和练习：接口

问题

1. 在本节一开始，你了解到的核心集合接口被组织成两个不同的继承树。有一个特定的接口不被认为是一个真正的集合，因此，坐在其自己的树的顶端。这是什么接口的名称？
2. 集合框架每个接口都声明为 <E> 语法，它告诉你，这是通用的。当你声明一个 Collection 实例，什么是指定它将包含对象的类型的优势？

3. 什么接口代表一个集合，不允许重复的元素？
4. 什么接口组成集合层次结构的根？
5. 什么接口表示有序集合可包含重复的元素？
6. 什么接口表示保存处理之前元素的集合？
7. 什么接口表示键映射到值的类型？
8. 什么接口表示双端队列？
9. 说出三种不同的方式来遍历一个列表的元素。
10. 真或假：聚合操作是修改基础集合的可变操作。

练习

1. 编写一个程序，按随机顺序打印它的参数。不要制作参数数组的一个副本。演示如何打印出元素，使用流和传统的增强 `for` 语句。
2. 取前面给出的 `FindDups` 例子，修改它，使其使用 `SortedSet`，而不是 `Set`。指定一个分类器，所以识别元素集合时忽略大小写。
3. 编写一个 `List<String>` 并适用于 `String.trim`[一]每个元素的方法。
4. 考虑四种核心接口：`Set`、`List`、`Queue`、`Map`。对接下来四道题，指出这四种核心接口中哪个最合适，并介绍如何使用所选的核心接口来实现题目中所要解决的问题。

    a. 某个公司想要记录其所有雇员的姓名。每个月公司都会从这些记录中随机挑选一名雇员并赠送他一份免费产品。
    b. 公司决定每份新产品都以某个员工的名字命名。只用名，而且每个只用一次。请准备一份包含所有唯一名字的名单。
    c. 公司决定只使用那些最流行的人名为产品命名。对每个人名记录其员工数。
    d. 公司获得了一些本地足球队的季票，并准备分给员工。为这项流行运动创建一个等待名单。

答案

相关答案请参考

http://docs.oracle.com/javase/tutorial/collections/interfaces/QandE/answer.html。

12.3 聚合操作

为了更好地理解本节中的概念，回顾第 4 章 "Lambda 表达式" 和 "方法引用"。你为什么用集合？你不只是简单地把对象存储在集合中并把它们留在那里。在大多数情况下，你使用集合来检索存储在其中的物品。

再次考虑 4.4.8 节中描述的场景。假设你正在创建一个社交网络应用。你想创建一个功能，使管理员能够执行任何的动作，如发送消息，在满足一定条件的社交网络应用程序的成员。

和以前一样，假设这家社交网络应用程序的成员由下列 `Person`[二]类表示：

```
public class Person {
    public enum Sex {
        MALE, FEMALE
    }
```

[一] 8/docs/api/java/lang/String.html#trim--
[二] tutorial/java/javaOO/examples/Person.java

```
    String name;
    LocalDate birthday;
    Sex gender;
    String emailAddress;

    // ...

    public int getAge() {
        // ...
    }
    public String getName() {
        // ...
    }
}
```

以下的例子使用一个 for-each 循环，打印了包含在 roster 集合下所有成员的名字：

```
for (Person p : roster) {
    System.out.println(p.getName());
}
```

以下的例子打印了包含在 roster 集合下所有成员的名字，但是使用 forEach 的聚合操作：

```
roster
    .stream()
    .forEach(e -> System.out.println(e.getName());
```

尽管，在这个例子中，使用聚合操作的版本比一个 for-each 循环的版本长，但是你会看到使用批量数据操作的版本会在更复杂任务中更加简洁。在本节中的示例说明的代码摘录在例子 BulkDataOperationsExamples ⊖。

12.3.1 管道和流

管道是聚合操作的序列。下面的例子打印了包含在集合 roster 中的男性成员，使用一个由聚合操作 filter 和 forEach 的管道：

```
roster
    .stream()
    .filter(e -> e.getGender() == Person.Sex.MALE)
    .forEach(e -> System.out.println(e.getName()));
```

比较上述和以下的例子，它使用一个 for-each 循环来打印所有包含在集合 roster 中的男性成员。

```
for (Person p : roster) {
    if (p.getGender() == Person.Sex.MALE) {
        System.out.println(p.getName());
    }
}
```

一个管道包含以下组件：

- 源——这可能是一个集合，数组，生成函数，或 I/O 通道。在本实施例中，源是集合 roster。
- 零个或多个中间操作——一个中间操作，如 filter，产生一个新的流。流是元素的序列。不像集合，它不是一个数据结构，用于存储元件。相反，流从通过管道源承载值。这个例子通过调用方法 stream 从集合 roster 创建流。该过滤器操作 filter

---

⊖ tutorial/collections/streams/examples/BulkDataOperationsExamples.java

返回一个包含匹配其谓语（此操作的参数）元素的新流。在这个例子中，谓词是 Lambda 表达式 e->e.getGender()==Person.Sex.MALE。如果对 e 的性别字段的值是 Person.Sex.MALE，它返回布尔值 true。因此，在本实施例中的 filter 操作返回包含在收集名册所有男性成员的流。
- 终端操作——（比如 forEach）产生非流的结果，如原始值（如双值）、集合，或在 forEach 情况下，没有任何值。在这个例子中，forEach 操作的参数是 Lambda 表达式 e->System.out.println(e.getName())，它调用了对象 e 的方法的 getName。(Java 运行和编译器推断对象 e 的类型是 Person)。

下面的示例计算所有包含在集合 roster 中男性成员的平均年龄，使用一个包含 filter、mapToInt 和 average 聚合操作的管道：

```
double average = roster
    .stream()
    .filter(p -> p.getGender() == Person.Sex.MALE)
    .mapToInt(Person::getAge)
    .average()
    .getAsDouble();
```

操作 mapToInt 返回一个新的 IntStream 种类的流（这是一个只包含整形值的流）。这个操作适用于那些指定参数到特定流的函数。在这个例子中，函数是 Person::getAge，是一个返回成员年龄的方法引用。（另一种方法是 Lambda 表达式 e->e.getAge()。）结果，这个例子中的 mapToInt 操作返回一个流，该流包含聚合 roster 中所有男性成员的年龄。

操作 average 计算所有包含在种类为 IntStream 流中的成员的平均值。它返回一个种类为 OptionalDouble 的对象。如果这个流不包含任何元素，那么 average 操作返回一个空的 OptionalDouble 的实例，并且调用方法 getAsDouble 来扔出异常 NoSuchElementException。JDK 包含了很多终端操作，比如 average，通过将一个流的内容合并来返回一个值。这些操作叫作归约操作，更多信息请见 12.3.3 节。

12.3.2 聚合操作和迭代器之间的差异

聚合操作，比如 forEach，看起来像迭代器，但是它们有几个根本的区别：
- 它们使用内部迭代——聚合操作不包含 next 这样的方法，以指示它们来处理集合的下一个元素。随着内部委派，你的应用程序决定了它集合迭代，但是 JDK 决定如何遍历集合。通过外部迭代，你的应用程序决定什么集合它迭代以及如何迭代它。然而，外部迭代仅可以依次遍历集合的元素。内部迭代没有此限制。它可以更容易地采取并行计算的优势，这涉及将问题分解成子问题，同时解决这些问题，并然后合并子问题的结果。更多信息请参见 12.3.4 节。
- 它们从流中处理元素——聚合操作从流中处理元素，而不是直接从聚合中处理。因此，它们也被称为流操作。
- 它们支持行为参数——对大多数的聚合操作，可以指定 Lambda 表达式作为参数。这使你可以自定义一个特定聚合操作的行为。

12.3.3 归约

12.3.2 节描述了以下的管道操作，它计算了集合 roster 中所有男性成员的平均年龄。

```
double average = roster
    .stream()
    .filter(p -> p.getGender() == Person.Sex.MALE)
    .mapToInt(Person::getAge)
    .average()
    .getAsDouble();
```

JDK 中包括了很多终端操作（比如 average[一], sum[二], min[三], max[四]和 count[五]），它们通过合并一个流中的内容来返回一个值。这些操作叫作归约操作。JDK 中还包括了归约操作，它们返回一个集合而不是一个值。很多归约操作在一个特定任务上执行，比如找到一些值的平均值或者将元素分类。然而，JDK 提供给你通用目的的归约操作 reduce[六]和 collect[七]，在这一节中我们将详细描述。

你可以找到在本节中的示例说明 ReductionExamples[八]的代码摘录。

1. Stream.reduce 方法

Stream.reduce[九]方法是一个通用目的的归约操作。考虑下面的管道，它计算了所有 roster 集合中男性成员的年龄总和。它使用了 Stream.sum[十]归约操作：

```
Integer totalAge = roster
    .stream()
    .mapToInt(Person::getAge)
    .sum();
```

比较这个下面的管道，它使用了 Stream.reduce 操作来计算同样的值：

```
Integer totalAgeReduce = roster
    .stream()
    .map(Person::getAge)
    .reduce(
        0,
        (a, b) -> a + b);
```

这个例子中的 reduce 操作有两个参数：

- **Identity**——该元素既是归约操作的初始值，也是流中无元素时的默认值。在例子中，identity 元素为 0，这是年龄总和的初始值，也是没有成员在 roster 集合中时的默认值。

- **Accumulator**——该函数有两个参数：一个是归约的部分结果（例子中的目前所有处理的整形数的总和），另一个是流中的下一个成员（例子中的一个整形数）。它返回一个新的部分结果。在这个例子中，accumulator 函数是一个 Lambda 表达式，它将两个 Interger 值相加，并返回一个 Interger 值：

`(a, b) -> a + b`

[一] 8/docs/api/java/util/stream/IntStream.html#average--java/lang/reflect/Executable.html
[二] 8/docs/api/java/util/stream/IntStream.html#sum--
[三] 8/docs/api/java/util/stream/Stream.html#min-java.util.Comparator-
[四] 8/docs/api/java/util/stream/Stream.html#max-java.util.Comparator-
[五] 8/docs/api/java/util/stream/Stream.html#count--
[六] 8/docs/api/java/util/stream/Stream.html#reduce-T-java.util.function.BinaryOperator-
[七] 8/docs/api/java/util/stream/Stream.html#collect-java.util.function.Supplier-java.util.function.BiConsumer-java.util.function.BiConsumer-
[八] tutorial/collections/streams/examples/ReductionExamples.java
[九] 8/docs/api/java/util/stream/Stream.html#reduce-T-java.util.function.BinaryOperator-
[十] 8/docs/api/java/util/stream/IntStream.html#sum--

reduce 操作总是返回一个新值。然而，accumulator 函数也返回一个新的值，每当它处理一个流中的元素时。比如你想要将流中的成员归约到一个复杂的对象时，比如一个集合，这可能会阻碍你的应用程序的性能。如果你的 reduce 操作涉及添加元素的集合，那么每一个累加器函数处理一个元素时，它会创建一个新的集合，包括元素，这是低效的。可以使用 Stream.collect[⊖]的方法（将在下一节介绍），这将是更有效，而不是更新现有的集合。

2. Stream.collect 方法

与 reduce 方法每次处理一个元素就生成一个新值不同，collect[⊖]方法修改或者改变一个已有值。

考虑如何找到值的平均值中的流。你所需要两个部分的数据：值的总数目和这些值的总和。然而，像 reduce 方法和所有其他归约方法一样，collect 方法仅返回一个值。可以创建一个新的数据类型，它包含了存储数据总数的变量和这些值的和，比如下面的类 Averager：

```
class Averager implements IntConsumer
{
    private int total = 0;
    private int count = 0;

    public double average() {
        return count > 0 ? ((double) total)/count : 0;
    }

    public void accept(int i) { total += i; count++; }
    public void combine(Averager other) {
        total += other.total;
        count += other.count;
    }
}
```

下面的管道使用 Averager 类以及 collect 方法来计算所有男性成员的平均年龄：

```
Averager averageCollect = roster.stream()
    .filter(p -> p.getGender() == Person.Sex.MALE)
    .map(Person::getAge)
    .collect(Averager::new, Averager::accept, Averager::combine);

System.out.println("Average age of male members: " +
    averageCollect.average());
```

例子中的 collect 操作有三个参数：

- **Supplier**——是一个工厂的功能，它构造新的实例。对于 collect 操作，它创造结果容器的实例。在这个例子中，它是 Averager 类的新实例。
- **Accumulator**——累加器功能采用了流元素到结果容器中。在这个例子中，它修改了 Averager 的值，通过由一个递增 count 变量并增加了 total 成员变量的流元件，代表一个男性成员的年龄的一个整数的值。
- **Combniner**——该组合函数有两个结果容器，并合并它们的内容。在这个例子中，它修改了 Averager 结果容器，通过其他 Averager 实例中的 count 成员变量递增 count 变量，并且将 total 成员变量加上其他 Averager 实例的 total 成员变量

⊖ 8/docs/api/java/util/stream/Stream.html#collect-java.util.function.Supplier-java.util.function.BiConsumer-java.util.function.BiConsumer-

⊖ 8/docs/api/java/util/stream/Stream.html#collect-java.util.function.Supplier-java.util.function.BiConsumer-java.util.function.BiConsumer-

的值。

以下是需要注意的地方：

- 这个 supplier 是个 Lambda 表达式（或一个方法引用）而不是像在归约操作的元素的值。
- accumulator 和 combinator 函数不返回一个值。
- 你可以在并发流使用 collect 操作，更多信息参见 12.3.4 节。（如果用并发流运行 collect 方法，那么当 combiner 函数生成一个新对象时 JDK 就会创造一个新的线程，比如例子中的 Averager 对象。因此，不需要担心同步的问题。）

尽管 JDK 给你提供 average 操作来计算一个流中元素的平均值，如果你需要从一个流的元素中计算多个值的话，也可以使用 collect 操作和一个定制类。

collect 操作最适合集合。以下例子使用 collect 操作把男性成员的名字放入一个集合中。

```
List<String> namesOfMaleMembersCollect = roster
    .stream()
    .filter(p -> p.getGender() == Person.Sex.MALE)
    .map(p -> p.getName())
    .collect(Collectors.toList());
```

这个版本的 collect 操作使用一个 Collector[一]类型的参数。这个类封装了那些使用 collect 操作作为参数的函数，参数需要三个（supplier、accumulator 和 combiner）。

Collector 类包含了很多有用的归约操作，比如将元素聚集进集合中和将元素通过不同的标准进行总结[二]。这些归约操作返回了类 Collector 的实例，所以你可以使用它们作为 collect 操作的一个参数。

这个例子使用 Collector.toList[三]操作，它将流元素聚集进 List 的一个新实例中。就像 Collectors 类中大多数的操作一样，toList 操作符返回了 Collector 的一个实例，而不是一个集合。下面的例子将集合 roster 中的成员按照性别分组：

```
Map<Person.Sex, List<Person>> byGender =
    roster
        .stream()
        .collect(
            Collectors.groupingBy(Person::getGender));
```

groupingBy 操作返回了一个 map，其键值是那些应用 Lambda 表达式将自己指定为参数的值（被称为分类函数 classification function[四]）。在这个例子中，返回的 map 包括两个键值，Person.Sex.MALE 和 Person.Sex.FEMALE。这些键相应的值是那些包含了流元素的 List 的实例，当被分类函数处理时，对应了键值。比如，对应了键 Person.Sex.MALE 的值是包含所有男性成员的 List 的一个实例。

下面的例子取出集合 roster 中每个成员的名字，并将它们按照性别分类：

```
Map<Person.Sex, List<String>> namesByGender =
    roster
```

[一] 8/docs/api/java/util/stream/Collector.html

[二] 8/docs/api/java/util/stream/Collectors.html

[三] 8/docs/api/java/util/stream/Collectors.html#toList--

[四] 8/docs/api/java/util/stream/Collectors.html#groupingBy-java.util.function.Function-

```
            .stream()
            .collect(
                Collectors.groupingBy(
                    Person::getGender,
                    Collectors.mapping(
                        Person::getName,
                        Collectors.toList())));
```

这个例子中的 groupingBy 操作有两个参数：一个分类函数和一个 Collector[⊖]的实例。Collector 参数被叫作一个 downstream collector。这是一个 Java runtime 应用到另一个 collector 结果的 collector。因此，这个 groupingBy 操作是可以应用一个 collect 方法到由 groupingBy 操作符产生的 List 值上。这个例子应用了 mapping[⊜]这个 collector, 它运用了映射函数 Person::getName 到流中的每个元素上。因此，生成的流只包括了成员的名字。一个包括一个或者多个 downstream collector 的管道，就如本例中的管道，被叫作多层归约。

下面的例子取出每类性别成员的总年龄：

```
Map<Person.Sex, Integer> totalAgeByGender =
    roster
        .stream()
        .collect(
            Collectors.groupingBy(
                Person::getGender,
                Collectors.reducing(
                    0,
                    Person::getAge,
                    Integer::sum)));
```

操作 reducing[⊜]有三个参数：

- **Identity**——与 Stream.reduce 操作类似，identity 元素既是归约的初始值，也是流中没有元素时的默认值。在这个例子中，identity 元素值为 0，这是年龄和的初始值，也是如果没有元素存在时的默认值。
- **Mapper**——操作 reducing 运用这个 mapper 函数到所有流元素上。在这个例子中，mapper 获取每个成员的年龄。
- **Operation**——operation 函数用来归约映射的值。在这个例子中为该函数加 Integer 的值。

下面的例子获取每类性别成员的平均年龄：

```
Map<Person.Sex, Double> averageAgeByGender = roster
    .stream()
    .collect(
        Collectors.groupingBy(
            Person::getGender,
            Collectors.averagingInt(Person::getAge)));
```

12.3.4 并行

并行计算包括将一个问题分成多个子问题，并同时解决上述问题（并行地，每一个子问

⊖ 8/docs/api/java/util/stream/Collectors.html#groupingBy-java.util.function.Function-java.util.stream.Collector-

⊜ 8/docs/api/java/util/stream/Collectors.html#mapping-java.util.function.Function-java.util.stream.Collector-java.util.stream.Collector-

⊜ 8/docs/api/java/util/stream/Collectors.html#reducing-U-java.util.function.Function-java.util.function.BinaryOperator-

题运行在独立的线程中），然后合并子问题解决方案的结果。Java SE 提供了 fork/join 架构，使你能够更轻松地在你的应用程序中实现并行计算。然而，在这个框架下，你必须指定问题是如何细分（分区）。随着聚合操作，Java 运行时执行该分区，并为你的解决方案完美组合。

在使用集合的应用程序执行并行的一个困难是：集合是不是线程安全的，这意味着多个线程不能操纵集合，而不引入线干扰或存储器一致性错误。集合框架提供同步封装，其中自动同步添加到任意集合，使其线程安全的。但是，同步引入线程争用。你要避免线程争用，因为它阻止线程并行运行。聚合操作和并行数据流使你能够实现并行，在它运行时不要修改非线程安全的集合。

注意，并行并不会自动比串行执行操作更快，虽然它可以，如果你有足够的数据和处理器核心。虽然聚合操作使你能够更轻松地实现并行，确定你的应用是否适合并行仍然是你的责任。

你可以在下述的例子 ParallelismExamples[⊖]中找到本节代码的样例。

1. 并行执行流

可以串行或并行执行流。当一个数据流在并行执行时，Java 运行时划分流成多个子流。聚合操作遍历和并行处理这些子流，然后合并这些结果。

当创建流时，它始终是一个串行流，除非另有规定。要创建并行流，调用操作 Collection.parallelStream[⊖]。另外，也可以调用操作 BaseStream.parallel[⊜]。比如，下面的语句并行计算所有男性成员的平均年龄：

```
double average = roster
    .parallelStream()
    .filter(p -> p.getGender() == Person.Sex.MALE)
    .mapToInt(Person::getAge)
    .average()
    .getAsDouble();
```

2. 并行归约

再次考虑下述例子（12.3.3 节描述过），即按照性别将成员分组。这个例子调用了 collect 操作，将集合 roster 归约到一个 Map：

```
Map<Person.Sex, List<Person>> byGender =
    roster
        .stream()
        .collect(
            Collectors.groupingBy(Person::getGender));
```

下面是并行执行过程：

```
ConcurrentMap<Person.Sex, List<Person>> byGender =
    roster
        .parallelStream()
        .collect(
            Collectors.groupingByConcurrent(Person::getGender));
```

这叫作并行归约。Java 运行时进行一个并行归约，当对于包含 collect 的操作的一个特定管道的所有下述条件都满足时：

- 流是平行的
- collect 操作的参数，即 collector，有特征 Collector.Characteristics.

⊖ tutorial/collections/streams/examples/ParallelismExamples.java
⊖ 8/docs/api/java/util/Collection/html#parallelStream--
⊜ 8/docs/api/java/util/stream/BaseStream.html#parallel--

CONCURRENT[一]。要确定一个 collector 的特性，调用 Collector.characteristics[二]方法。
- 要么流是无序的，或者 collector 有特征 Collector.Characteristics.UNORDERED[三]。要确定一个流是否是无序的，调用 BaseStream.unordered[四]操作。

> **注意** 这个例子返回一个 ConcurremtMap[五]的实例而不是 Map，并且调用 groupingByConcurrent[六]操作而不是 groupingBy。(更多关于 ConcurrentMap 的信息请见 13.7.3 节。) 不像操作 groupingByConcurrent，并行地调用 groupingBy 的表现较差。(这是因为它通过键来将两个地图归并，这在计算上开销较大。) 类似地，并行地调用 Collectors.toConcurrentMap[七]的表现比调用 Collectors.toMap[八]要好。

3. 次序

一个管道处理流元素的顺序取决于这个流是否被串行或并行地执行，流的源，以及中间操作。比如，考虑下面的例子，多次运用 forEach 操作打印 ArrayList 的一个实例中的元素：

```
Integer[] intArray = {1, 2, 3, 4, 5, 6, 7, 8 };
List<Integer> listOfIntegers =
    new ArrayList<>(Arrays.asList(intArray));

System.out.println("listOfIntegers:");
listOfIntegers
    .stream()
    .forEach(e -> System.out.print(e + " "));
System.out.println("");

System.out.println("listOfIntegers sorted in reverse order:");
Comparator<Integer> normal = Integer::compare;
Comparator<Integer> reversed = normal.reversed();
Collections.sort(listOfIntegers, reversed);
listOfIntegers
    .stream()
    .forEach(e -> System.out.print(e + " "));
System.out.println("");

System.out.println("Parallel stream");
listOfIntegers
    .parallelStream()
    .forEach(e -> System.out.print(e + " "));
System.out.println("");

System.out.println("Another parallel stream:");
listOfIntegers
    .parallelStream()
    .forEach(e -> System.out.print(e + " "));
System.out.println("");
```

[一] 8/docs/api/java/util/stream/Collector.Characteristics.html#CONCURRENT
[二] 8/docs/api/java/util/stream/Collector.Characteristics.html
[三] 8/docs/api/java/util/stream/Collector.Characteristics.html#UNORDERED
[四] 8/docs/api/java/util/stream/BaseStream.html#unordered--
[五] 8/docs/api/java/util/concurrent/ConcurrentMap.html
[六] 8/docs/api/java/util/stream/Collectors.html#groupingByConcurrent-java.util.function.Function-
[七] 8/docs/api/java/util/stream/Collectors.html#toConcurrentMap-java.util.function.Function-java.util.function.Function-
[八] 8/docs/api/java/util/stream/Collectors.html#toMap-java.util.function.Function-java.util.function.Function-

```
System.out.println("With forEachOrdered:");
listOfIntegers
    .parallelStream()
    .forEachOrdered(e -> System.out.print(e + " "));
System.out.println("");
```

这个例子由五个管道组成。它的打印输出类似下面：

```
listOfIntegers:
1 2 3 4 5 6 7 8
listOfIntegers sorted in reverse order:
8 7 6 5 4 3 2 1
Parallel stream:
3 4 1 6 2 5 7 8
Another parallel stream:
6 3 1 5 7 8 4 2
With forEachOrdered:
8 7 6 5 4 3 2 1
```

这个例子做了以下几件事：

- 第一个管道打印了列表 `listOfIntegers` 中的元素，按照它们被添加到列表中的顺序。
- 第二个管道打印了 `listOfIntegers` 中的元素，在它被方法 `Collections.sort`[○] 排序后。
- 第三和第四管道用一个显然是随机的顺序打印列表中的元素。请记住，流处理操作流的元素时使用内部迭代。因此，当你在并行执行流时，Java 编译器和运行时会确定顺序来处理流的元素以最大化并行计算的好处，除非流操作另有规定。
- 第五个管道使用了 `forEachOrdered`[○] 方法，它按照源指定的方法处理流中的元素，无论你是否串行执行还是并行执行。注意，如果你对并行流使用像 `forEachOrdered` 这样的操作，你可能会丢失并行的益处。

12.3.5 副作用

一个方法或者一个表达式是有副作用的，除了会改变计算机的状态以外，还会返回或者生成一个值。这样的例子包括可变归约（使用 `collect` 操作的；更多信息详见 12.3.3 节）以及调用 `System.out.println` 方法来调试。JDK 很好地处理了管道中的部分副作用。尤其，`collect` 方法是被设计用来执行在一个并行安全方式中有副作用的最常见的流操作。像 `forEach` 和 `peek` 这样的操作就是为了副作用而设计的；一个 Lambda 表达式返回 `void` 只能产生副作用，就像一个 `System.out.println` 的调用一样。即使是这样，你需要小心地使用 `forEach` 和 `peek` 操作。如果你用并行流使用其中一个操作时，那么 Java 运行时可能会调用你从多个线程指定为其参数的 Lambda 表达式。此外，不要给 Lambda 表达式传递那些在操作 `filter` 和 `map` 中有副作用的参数。以下各节讨论干扰和状态 Lambda 表达式，这两者都可以是副作用的来源，并且可以返回不一致或者不可预测的结果，尤其是在并行流。然而，懒惰的概念被首先讨论，因为它对干扰有直接的影响。

1. 懒惰

所有中间的操作都是懒惰的。一个表达式、方法，或算法是懒惰的，只有它的值在需要的时候被评估。（一个算法是焦急的，如果它立刻被评估或被处理。）中间操作是懒惰的原因是它们直到终端操作开始才开始处理流中的内容。处理流懒洋洋地使 Java 编译器和运行时优化它如何处理流。例如，在一个管道，如 12.3.2 节中 `filter-mapToInt-average` 操作描述的，

○ 8/docs/api/java/util/Collections.html#sort-java.util.List-
○ 8/docs/api/java/util/stream/Stream.html#forEachOrdered-java.util.function.Consumer-

average 操作可能获得由 mapToInt 操作创建的，包含 filter 操作中的元素的流的前几个整数。average 操作将重复这一过程，直到其已获得来自流的所有必需的元素，然后计算出平均值。

2. 干扰

在流操作中的 Lambda 表达式不应该干扰。干扰发生在当管道处理流的时候，流的源被修改。比如，以下代码试图去串联包含在 List listOfStrings 中的字符串。然而，它扔出一个异常 ConcurrentModifiedException：

```
try {
    List<String> listOfStrings =
        new ArrayList<>(Arrays.asList("one", "two"));

    // This will fail as the peek operation will attempt to add the
    // string "three" to the source after the terminal operation has
    // commenced.

    String concatenatedString = listOfStrings
        .stream()

        // Don't do this! Interference occurs here.
        .peek(s -> listOfStrings.add("three"))

        .reduce((a, b) -> a + " " + b)
        .get();

    System.out.println("Concatenated string: " + concatenatedString);

} catch (Exception e) {
    System.out.println("Exception caught: " + e.toString());
}
```

这个例子将包含在 listOfStrings 中的字符串串联成一个 Optional<String> 值（通过使用 reduce 操作），这是一个终端操作。然而，这里的管道调用中间操作 peek，它试图向 listOfStrings 添加一个新的元素。记住，所有的中间操作都是懒惰的。这意味着当 get 操作被调用时这个例子中的管道开始执行，当 get 操作完成时停止执行。peek 操作的参数试图在管道执行过程中修改流的源，这导致了 Java 运行时扔出 ConcurrentModifiedException。

3. 状态 Lambda 表达式

避免使用状态 Lambda 表达式作为流操作中的参数。一个状态 Lambda 表达式是一个结果依赖于任何可能在管道执行过程中改变的状态。下面的例子从 List listOfIntegers 中添加元素到一个新的 List 实例，使用 map 中间操作。它这样做两次，一次是用串行流，一次用并行流：

```
List<Integer> serialStorage = new ArrayList<>();

System.out.println("Serial stream:");
listOfIntegers
    .stream()

    // Don't do this! It uses a stateful lambda expression.
    .map(e -> { serialStorage.add(e); return e; })

    .forEachOrdered(e -> System.out.print(e + " "));
System.out.println("");

serialStorage
    .stream()
    .forEachOrdered(e -> System.out.print(e + " "));
System.out.println("");
```

```java
System.out.println("Parallel stream:");
List<Integer> parallelStorage = Collections.synchronizedList(
    new ArrayList<>());
listOfIntegers
    .parallelStream()

    // Don't do this! It uses a stateful lambda expression.
    .map(e -> { parallelStorage.add(e); return e; })

    .forEachOrdered(e -> System.out.print(e + " "));
System.out.println("");

parallelStorage
    .stream()
    .forEachOrdered(e -> System.out.print(e + " "));
System.out.println("");
```

Lambda 表达式 e->{parallelStorage.add(e);return e;} 是一个状态 Lambda 表达式。每次代码运行的时候它的结果都会改变。下面的例子输出以下内容：

```
Serial stream:
8 7 6 5 4 3 2 1
8 7 6 5 4 3 2 1
Parallel stream:
8 7 6 5 4 3 2 1
1 3 6 2 4 5 8 7
```

操作 forEachOrdered 按照流制定的顺序处理流中的元素，无论这个流是串行执行还是并行执行。然而，当流是并行执行的时候，map 操作处理流中的元素按照 Java 运行时和编译器制定的顺序。因此，Lambda 表达式 e->{parallelStorage.add(e);return e;} 将元素添加到 List parallelStorage 的顺序在每次代码运行时都可能变化。对于确定性的和可预测性的结果，确保 Lambda 表达式的参数在流操作中是非状态的。

注意，在这个例子中，我们调用 synchronizedList[8] 方法，使得 List parallel-Storage 是线程安全的。记住集合不是线程安全的。这就意味着，多个线程不应该在同时处理一个特定的集合。假如你在创建 parallelStorage 时不调用 synchronizedList 方法：

```java
List<Integer> parallelStorage = new ArrayList<>();
```

这个例子的表现是不规律的，因为多个线程获取和修改 parallelStorage 而没有一个像同步这样的机制来调度当一个特定的线程可能获取 List 实例的时候。因此，这个例子会打印与以下类似的输出：

```
Parallel stream:
8 7 6 5 4 3 2 1
null 3 5 4 7 8 1 2
```

12.3.6 问题和练习：聚合操作

问题

1. 一个聚合操作序列叫作_____。
2. 每个管道包含零个或多个_____操作。
3. 每个管道以一个_____操作结束。
4. 什么样的操作产生另外一个流作为它的输出？

---

[8] /docs/api/java/util/Collections.html#synchronizedList-java.util.List-

5. 描述 `forEach` 聚合操作与增强的 `for` 语句或者迭代器不同的一个方面。
6. 真或假：一个流和一个集合类似，因为都是储存元素的一个数据结构。
7. 识别下面代码中的中间操作和终端操作。

```
double average = roster
    .stream()
    .filter(p -> p.getGender() == Person.Sex.MALE)
    .mapToInt(Person::getAge)
    .average()
    .getAsDouble();
```

8. 代码 `p->p.getGender()==Person.Sex.MALE` 是一个什么的例子？
9. 代码 `Person::getAge` 是一个什么例子？
10. 合并一个流的内容并返回一个值的终端操作被叫作什么？
11. 说出一个 `Stream.reduce` 方法和 `Stream.collect` 方法的不同。
12. 如果你想要处理一个名字流，提取男性名称，并把它们存储到一个新的 `List` 中，那么 `Stream.reduce` 和 `Stream.collect` 哪个是最合适使用的操作呢？
13. 真或假：聚合操作使得并行实现非线程安全的聚合成为可能。
14. 流总是串行的，除非特殊指定。你如何要求一个流并行处理？

练习

1. 用 Lambda 表达式写下述增强的作为管道的 `for` 语句。提示：使用 `filter` 中间操作和 `forEach` 终端操作。

```
for (Person p : roster) {
    if (p.getGender() == Person.Sex.MALE) {
        System.out.println(p.getName());
    }
}
```

2. 讲下面的代码转换成一个新的使用 Lambda 表达式并且使用聚合操作而不是 `for` 循环的实现。提示：用一个管道，先后调用 `filter`、`sorted` 和 `collect` 操作。

```
List<Album> favs = new ArrayList<>();
for (Album a : albums) {
    boolean hasFavorite = false;
    for (Track t : a.tracks) {
        if (t.rating >= 4) {
            hasFavorite = true;
            break;
        }
    }
    if (hasFavorite)
        favs.add(a);
}
Collections.sort(favs, new Comparator<Album>() {
                        public int compare(Album a1, Album a2) {
                            return a1.name.compareTo(a2.name);
                        }});
```

答案

相关答案请参考：

http://docs.oracle.com/javase/tutorial/collections/streams/QandE/answers.html。

12.4 实现

实现（implementation）是用来存储集合的数据对象。它们实现 12.2 节中所描述的那些

接口。本节主要介绍以下实现:
- 通用实现是最常见的实现,用来完成日常普通的功能,如表 12-4 所示。
- 专用实现是在特殊情况下使用的,拥有不规范的表现特性、使用限制和行为。
- 并发实现支持高并发,通常以单一线程的表现为代价。这个实现是 `java.util.concurrent` 包的一部分。
- 封装实现是和其他实现(通常与通用目的的实现)一起使用,用来提供附加或者限制的功能。
- 便携式实现是微实现,通常在静态工厂方法中可用,可以方便有效地替代特殊集合(如单花色牌集合)的通用实现。
- 抽象实现是使得常见实现的构建更容易的框架实现。

通用实现总结在表 12-4 中。

表 12-4 通用实现

接口	实现				
	哈希表	大小可变数组	树	链表	哈希表和链表
Set	HashSet		TreeSet		LinkedHashSet
List		ArrayList		LinkedList	
Queue					
Deque		ArrayDeque		LinkedList	
Map	HashMap		TreeMap		LinkedHashMap

正如表 12-4 所示,Java 集合框架提供 `Set`[一]、`List`[二]和 `Map`[三]接口的几种通用实现。在每种情况下,很明显大部分应用都会使用这几种不同的实现(`HashSet`[四]、`ArrayList`[五]和 `HashMap`[六]),其他的几种实现都差不多。注意,表中并没有列出 `SortedSet`[七]和 `SortedMap`[八]。这些接口中的每一个都对应一个实现(`TreeSet`[九]和 `TreeMap`[十]),分别在 Set 和 Map 行中列出。`Queue` 有两种通用实现,同样是 `List` 实现的 `LinkedList`[十一]和表中并未列出的 `PriorityQueue`[十二]。这两种实现的排序方式非常不同:`LinkedList` 提供先进先出(FIFO)语义,而 `PriorityQueue` 则是根据元素的值大小对其进行排序。

这些通用实现中的每一个都提供其接口中的可选操作。所有都允许 null 元素、键和值。没有一个是同步的(线程安全)。都有快速失败迭代器,它是用来在迭代中发现非法并行修改,干净快速地停止而不是冒着在某个未知的未来出现任意不确定的行为的风险。所有

[一] 8/docs/api/java/util/Set.html
[二] 8/docs/api/java/util/List.html
[三] 8/docs/api/java/util/Map.html
[四] 8/docs/api/java/util/HashSet.html
[五] 8/docs/api/java/util/ArrayList.html
[六] 8/docs/api/java/util/HashMap.html
[七] 8/docs/api/java/util/SortedSet.html
[八] 8/docs/api/java/util/SortedMap.html
[九] 8/docs/api/java/util/TreeSet.html
[十] 8/docs/api/java/util/TreeMap.html
[十一] 8/docs/api/java/util/LinkedList.html
[十二] 8/docs/api/java/util/PriorityQueue.html

这些实现都是大小可变的，并且都支持公共的 `clone` 方法。

这些实现都是非同步的。此事实代表和过去的切断：传统集合 `Vector` 和 `HashTable` 都是同步的。现在使用这种方式是因为同步并不能给频繁的集合使用带来任何益处。这些用处包括单线程使用、只读使用和作为某个自身拥有同步的更大数据对象的一部分使用。通常来说，不让使用者为他们不使用的功能付费是很好的 API 设计原则。而且，不必要的同步在某些情况下会导致死锁。

如果你想要一个线程安全的集合，后面讨论的章节中，同步封装器允许转化任何集合为同步的集合。因此，同步对通用实现来说是可选的，而对于传统实现却是强制且必需的。此外，`java.util.concurrent` 包提供对 `Queue` 扩展的并发实现 `BlockingQueue` 接口和对 `Map` 扩展的 `ConcurrentMap` 接口。这些实现提供比仅仅同步的实现更高的并发性。

作为一个规则，你应该想接口，而不是实现。这就是为什么本节并没有代码实例。基本上，对实现的选择只影响性能。正如 12.2 节提到的偏好风格是当创建一个 `Collection` 时选择某个具体实现，并且立即把这个新建集合分配给表示相应接口类型的变量（或者把这个集合传给以这个接口类型变量为参数的某个方法）。这样的话，这个程序就不会依赖于某个特定实现的某个附加方法，让编程者可以随时自由地根据性能要求或者表现细节改变实现。

接下来的小节简单地介绍实现。使用如常量、log、线性、n-log(n) 或者指数表示执行某项操作所需要时间复杂度的渐近上界从而来衡量实现的性能。所有这些都很少，而且就算你不明白这些意味着什么也没有影响。如果想知道更多，请参阅任何一本好的算法书。需要记住的是这些评价性能表现的度量方法有局限性。有时候，名义上更慢的实现可能会更快。当有疑问的时候，请亲自测量其性能。

12.4.1 Set 实现

`Set` 实现中有通用实现和专用实现两种实现类型。

1. Set 中的通用实现

有三种通用 `Set`[一] 实现：`HashSet`[二]、`TreeSet`[三] 和 `LinkedHashSet`[四]。选择使用这三种实现中的哪一种通常是显而易见的。`HashSet` 比 `TreeSet` 快很多（大多数操作下常量时间对 log 时间），但并不保证提供排序。如果你想在 `SortedSet` 接口中使用，或者要求使用根据值大小的排序，那么使用 `TreeSet`；否则，使用 `HashSet`。可以断定最后大部分时间使用的都会是 `HashSet`。

`LinkedHashSet` 在某种意义上来说介于 `HashSet` 和 `TreeSet` 之间。以有链表贯穿其中的哈希表方式实现的 `LinkedHashSet` 提供插入排序迭代（最晚插入的元素放在最近的地方），而且运行的速度几乎和 `HashSet` 一样快。`LinkedHashSet` 实现让它的用户不必担心 `HashSet` 中未指定、通常很乱的排序，也没有产生 `TreeSet` 中的额外代价。

关于 `HashSet` 一个值得牢记的事情是：`HashSet` 中的迭代是与其记录总数和其桶的大小（容量）呈线性的。因此，把初始容量设得太高不仅浪费空间同时也浪费时间。另一方面，把初始容量设得过低会导致每次必须扩充容量时对数据结构进行复制，从而浪费大量时间。

[一] 8/docs/api/java/util/Set.html
[二] 8/docs/api/java/util/HashSet.html
[三] 8/docs/api/java/util/TreeSet.html
[四] 8/docs/api/java/util/LinkedHashSet.html

如果不指定初始容量，默认大小是 16。过去，选择素数作为初始容量有一些好处。但现在这并不正确。在内部，容量一直都会被取整到 2 的幂指数。使用 int 构造函数指定初始容量。下面的代码分配容量为 64 的 HashSet：

```
Set<String> s = new HashSet<String>(64);
```

HashSet 有另一个调整参数，叫作装载因子。如果非常关心 HashSet 所需要的空间大小，请阅读《HashSet 文档》来获取更多信息。否则，只需要接受默认设定，这几乎永远都是正确的。

如果接受默认的装载因子但想要指定初始容量，选择一个大概想要这个集合所达到最大尺寸两倍大小的数。如果你的估计错的离谱，那么你很有可能会浪费一点空间、时间或者这两者，但不会有什么大问题。

2. 专用 Set 实现

共有两种专用 Set 实现：EnumSet[一]和 CopyOnWriteArraySet[二]。

EnumSet 是对枚举类型来说高性能的 Set 实现。枚举 Set 中的所有元素都必须是相同的枚举类型。Set 内部中，它是以位向量表示实现的，通常是单个 long 类型变量。EnumSet 支持在枚举类型区间上进行迭代。例如，给定星期中天的枚举声明时，你可以对工作日进行迭代。EnumSet 类提供的静态工厂方法使得这很简单：

```
for (Day d : EnumSet.range(Day.MONDAY, Day.FRIDAY))
    System.out.println(d);
```

EnumSet 也提供了一个强大、类型安全的传统比特标志的替代。

```
EnumSet.of(Style.BOLD, Style.ITALIC)
```

CopyOnWriteArraySet 是在一个写时复制（copy-on-write）数组上的 Set 实现。此策略可以最优地使用资源。所有具有突变特点的操作如 add、set 和 remove，实现时都对原数组进行复制，所以永远都不需要锁。甚至迭代可能可以与元素的插入和删除安全地并发进行。不同于其他大部分 Set 实现，add、remove 和 contains 方法所需的时间和 set 的大小成正比。此实现只适合于那些很少被修改，但经常迭代的 set。这很适合用来存取必须防止重复元素的事件句柄。

12.4.2　List 实现

List 实现中有通用和专用这两大类型实现。

1. 通用 List 实现

List[三]有两种通用实现：ArrayList[四]和 LinkedList[五]。你可能大部分时间用到的都是 ArrayList，它提供常量时间内的位置存取，而且速度很快。它不必为 List 中的每个元素都分配一个节点对象，而且当移动大量元素时，它可以使用 System.arraycopy 函数。可以把 ArrayList 认作是没有同步开销的 Vector。

如果很频繁地在 List 的头部添加元素或者在 List 上进行迭代，从其内部删除元

[一] 8/docs/api/java/util/EnumSet.html
[二] 8/docs/api/java/util/concurrent/CopyOnWriteArraySet.html
[三] 8/docs/api/java/util/List.html
[四] 8/docs/api/java/util/ArrayList.html
[五] 8/docs/api/java/util/LinkedList.html

素，那么应该考虑使用 LinkedList。这些操作在 LinkedList 中只需要常量时间就可以完成，而在 ArrayList 中则需要线性时间，但为了获得这样的性能，需要付出很大代价。位置存取在 LinkedList 中需要线性时间，而在 ArrayList 只需要常量时间。此外，LinkedList 的常量因子也更大。如果认为需要使用 LinkedList，决定之前先用 LinkedList 和 ArrayList 对你的程序的性能进行测试。ArrayList 通常会更快。

ArrayList 有一个调整参数——初始容量，即 ArrayList 必须变大之前所能存储的元素个数。LinkedList 并没有调整参数，也没有七个可选操作，clone 是其中之一。其他六个分别是 addFirst、getFirst、removeFirst、addLast、getLast 和 remove-Last。LinkedList 同样也实现 Queue 接口。

2. 专用 List 实现

CopyOnWriteArrayList[一]是基于写时复制数组的 List 实现。这种实现本质上和 CopyOnWriteArraySet 很相似，并不要求同步，甚至在迭代中也不要求，而且迭代器保证永远不会抛出 ConcurrentModificationException 异常。这个实现同样很适用于维护并不经常改变但经常进行很可能耗时很长遍历操作的事件句柄列表。

如果想要同步，那么 Vector 会比使用 Collections.syschronizedList 的 ArrayList 稍稍快一点。但是 Vector 有很多的传统操作，所以使用 List 接口操作 Vector 要很小心，否则下次就有可能不能替换这个实现。

如果 List 大小不变（即，永远不会使用 remove、add 或除了 containsAll 的其他任何批量操作），那么你拥有一个绝对值得考虑的第三选择。请查看 11.3.6 节来获取更多信息。

12.4.3 Map 实现

Map 实现分为通用、专用和并发三大类。

1. 通用 Map 实现

Map[二]中三种通用实现分别是：HashMap[三]、TreeMap[四]和 LinkdedHashMap[五]。如果需要 SortedMap 操作或者按键大小排序的 Collection 迭代，那么使用 TreeMap。如果想要速度最快，又并不关心迭代顺序，那么使用 HashMap。如果你既想要和 HashMap 相近的性能表现，又需要以插入顺序进行迭代操作，那么使用 LinkedHashMap。从某种意义上来说，这种情况下 Map 和 Set 很相似。同样，12.3.1 节中的其他事情同样适用于 Map 实现。

LinkedHashMap 提供了两种 LinkedHashSet 并不具有的功能。当创建一个 LinkedHashMap 时，可以基于键的大小对元素进行排序而不是按照插入顺序。换句话说就是，仅仅查找与某个键相关的值会使这个键被放到这个 map 的尾部。同样，LinkedHashMap 提供 removeEldestEntry 方法。为了能够在向此 map 中添加新的键值对时可以实现自动移除较老键值对的机制，该方法有可能被重写。这使得实现定制缓存变得很简单。

例如，下面的重写允许 Map 能够扩展到最大可存储 100 条记录，然后每次新添加一条新记录时删除最老的记录，稳定的维护 100 条记录：

[一] 8/docs/api/java/util/concurrent/CopyOnWriteArrayList.html
[二] 8/docs/api/java/util/Map.html
[三] 8/docs/api/java/util/HashMap.html
[四] 8/docs/api/java/util/TreeMap.html
[五] 8/docs/api/java/util/LinkedHashMap.html

```
private static final int MAX_ENTRIES = 100;

protected boolean removeEldestEntry(Map.Entry eldest) {
    return size() > MAX_ENTRIES;
}
```

2. 专用 Map 实现

Map 实现中有三种专用实现：EnumMap[一]、WeakHashMap[二]和 IdentityHashMap[三]。当内部由数组实现的 EnumMap 和枚举键一起使用时性能会很好。这个实现很好地结合了 Map 接口的丰富性、安全性和数组的快速管理。如果想把某个枚举变量映射到某个值，应该一直都使用 EnumMap 而不是数组。

WeakHashMap 是只存储其键弱引用的 Map 接口实现。只存储弱引用使得当在 WeakHashMap 之外，键不再被引用的时候，键值对可以被垃圾回收。这个类提供驾驭弱引用最简单的方法。实现"注册表相似"的数据结构很有用，当一条记录的键不被任何线程使用时，它就没有用处了。

IdentityHashMap 是哈希表基础上的基于身份的 Map 实现。此类对转换拓扑保留对象图很有用，如串行化和深复制。为了执行此种转换，需要维护一个基于身份的"节点表"来记录那些已经出现过的对象。基于身份的 map 同样被用来维护动态调试器和相似系统中的对象–元信息。最后，基于身份的 map 在阻止"哄骗攻击"时很有用，这是有意保留 equals 方法的结果，因为 IdentityHashMap 在其键上从不触发 equals 方法。这种实现的另一附加好处是它很快。

3. 并发 Map 实现

java.util.concurrent[四]包中拥有 ConcurrentMap[五]接口。它通过 putIfAbsent、remove 和 replace 这些原子方法扩展 Map 和此接口的 ConcurrentHashMap[六]实现。

ConcurrentHashMap 是 HashMap 上一个高并发、高性能的实现。这个操作在执行检索操作时从不阻塞，而且允许客户选择更新的并发等级。它主要是作为 Hashtable 的顺便替代：在实现 ConcurrentMap 之外，它还支持 HashTable 特有的所有传统方法。此外，如果不需要这些传统操作，请小心对 ConcurrentMap 进行操作。

12.4.4 Queue 实现

Queue 实现分为通用和并发两类。

1. 通用 Queue 实现

正如前一节所介绍的，LinkedList 实现 Queue 接口，为 add、poll 等提供先进先出的队列操作。PriorityQueue[七]类是基于堆（heap）数据结构的优先队列。Queue 根据创建时指定的顺序对元素进行排序，可能是按照元素的自然序，也有可能按照外部 Comparator 所施加的顺序。

[一] 8/docs/api/java/util/EnumMap.html
[二] 8/docs/api/java/util/WeakHashMap.html
[三] 8/docs/api/java/util/IdentityHashMap.html
[四] 8/docs/api/java/util/concurrent/package-summary.html
[五] 8/docs/api/java/util/concurrent/ConcurrentMap.html
[六] 8/docs/api/java/util/concurrent/ConcurrentHashMap.html
[七] 8/docs/api/java/util/PriorityQueue.html

队列检索操作，如 `poll`、`remove`、`peek` 和 `element`，在队列的头部存取元素。队列的头部是指定排序下最小的那个元素。如果最小值连接多个元素，那么头元素就是这些元素中的一个，可以任意打破这个连接。

`PriorityQueue` 和它的迭代器实现 `Collection` 和 `Iterator` 接口中的所有可选方法。`iterator` 方法提供的迭代器并不能保证能够按照某种特定顺序遍历 `PriorityQueue` 中的元素。为了顺序遍历，可以考虑使用 `Arrays.sort(pq.toArray())` 操作。

2. 并发 Queue 实现

`java.util.concurrent` 包含有一系列同步的 `Queue` 接口和类。`BlockingQueue`[一] 是 `Queue` 的扩展，增加了检索某个元素时等待队列变成不空和存储元素时等待 `queue` 中存在有效空间的操作。这个接口由以下的这些类实现：

- `LinkedBlockingQueue`[二]——链接节点基础上可选是否有界限的先进先出阻塞队列。
- `ArrayBlockingQueue`[三]——数组基础上有界的先进先出阻塞队列。
- `PriorityBlockingQueue`[四]——堆基础上无界的阻塞优先队列。
- `DelayQueue`[五]——堆基础上，基于时间的调度队列。
- `SynchronousQueue`[六]——使用 `BlockingQueue` 接口的简单预约机制。

`TransferQueue`[七] 是一种特殊化的 `BlockingQueue`，其中向队列中添加元素的代码可以选择等待（阻塞）另一个线程中检索此元素的代码执行完成。`TransferQueue` 有单个实现：

- `LinkedTransferQueue`[八]——基于链接节点的无界 `TransferQueue` 的实现。

12.4.5 Deque 实现

`Deque` 接口，发音为"deck"，表示一个双端队列。`Deque` 接口能够被实现成不同种类的集合。`Deque` 接口实现分为通用和并发两类。

1. 通用 Deque 实现

通用实现包括 `LinkedList` 类和 `ArrayDeque` 类。`Deque` 接口支持双端的插入、移除和获取元素。`ArrayDeque`[九] 类是一个可调整大小的 `Deque` 接口的数组实现，而 `LinkedList`[十] 是列表实现。

在 `Deque` 接口中的基本插入、移除和获取操作包括 `addFirst`, `addLast`, `removeFirst`, `removeLast`, `getFirst` 和 `getLast`。方法 `addFirst` 在 `Deque` 实例的头添加一个元素，而 `addLast` 在尾部添加一个元素。

`LinkedList` 实现比 `ArrayDeque` 实现要更加灵活。`LinkedList` 实现了所有可选的列表操作；`null` 元素在 `LinkedList` 中被允许，而在 `ArrayDeque` 中不被允许。

[一] 8/docs/api/java/util/concurrent/BlockingQueue.html
[二] 8/docs/api/java/util/concurrent/LinkedBlockingQueue.html
[三] 8/docs/api/java/util/concurrent/ArrayBlockingQueue.html
[四] 8/docs/api/java/util/concurrent/PriorityBlockingQueue.html
[五] 8/docs/api/java/util/concurrent/DelayQueue.html
[六] 8/docs/api/java/util/concurrent/SynchronousQueue.html
[七] 8/docs/api/java/util/concurrent/TransferQueue.html
[八] 8/docs/api/java/util/concurrent/LinkedTransferQueue.html
[九] 8/docs/api/java/util/ArrayDeque.html
[十] 8/docs/api/java/util/LinkedList.html

从效率上讲，ArrayDeque 在双端上的添加和移除操作比 LinkedList 要更加有效。在 LinkedList 上最好的操作是在迭代中移除当前元素。LinkedList 实现不是迭代的理想结构。

LinkedList 实现比 ArrayDeque 实现消耗更多的内存。对于 ArrayDeque 实例的遍历，可以任意使用以下方法。

1）For-Each 循环

For-each 循环是快速的，可以被用在任何种类的列表：

```
ArrayDeque<String> aDeque = new ArrayDeque<String>();
...
for (String str : aDeque) {
    System.out.println(str);
}
```

2）迭代器

迭代器可以被用在各类数据的各类列表的前溯遍历：

```
ArrayDeque<String> aDeque = new ArrayDeque<String>();
...
for (Iterator<String> iter = aDeque.iterator(); iter.hasNext();  ) {
    System.out.println(iter.next());
}
```

ArrayDeque 类在这个教材中被用来实现 Deque 接口。这个教材中例子的完整代码可以在 ArrayDequeSample 中获得。LinkedList 类和 ArrayDeque 类不支持多线程的并发接入。

2. 并发 Deque 实现

LinkedBlockingDeque[一] 类是 Deque 接口的并发实现。如果双端队列是空的话，那么像 takeFirst 和 takeLast 这样的方法就会等待，直到有元素可用，然后就获取并移除该元素。

12.4.6 封装实现

封装实现代表的是某一特定集合的所有的实现功能，但在此集合提供的功能上添加了额外的功能。对于设计模式的粉丝来说，这是装饰模式的使用实例。尽管可能看起来有点奇怪，但它其实很明显。

这些实现都是匿名的，函数库提供的是静态工厂方法而不是公共类。所有这些实现都可以在只由静态方法构成的 Collections[二] 类中找到。

1. 同步封装器

同步封装器对任意集合都添加自动同步（线程安全）。六个集合接口的每一个（如 Collection[三]、Set[四]、List[五]、Map[六]、SortedSet[七]和 SortedMap[八]）都有一个静态工

[一] 8/docs/api/java/util/concurrent/LinkedBlockingDeque.html
[二] 8/docs/api/java/util/Collections.html
[三] 8/docs/api/java/util/Collection.html
[四] 8/docs/api/java/util/Set.html
[五] 8/docs/api/java/util/List.html
[六] 8/docs/api/java/util/Map.html
[七] 8/docs/api/java/util/SortedSet.html
[八] 8/docs/api/java/util/SortedMap.html

厂方法：

```
public static <T> Collection<T> synchronizedCollection(Collection<T> c);
public static <T> Set<T> synchronizedSet(Set<T> s);
public static <T> List<T> synchronizedList(List<T> list);
public static <K,V> Map<K,V> synchronizedMap(Map<K,V> m);
public static <T> SortedSet<T> synchronizedSortedSet(SortedSet<T> s);
public static <K,V> SortedMap<K,V> synchronizedSortedMap(SortedMap<K,V> m);
```

上述每个方法都返回基于此特定集合的同步（线程安全）Collection。为了保证串行存取，所有对后台集合所做的存取操作都必须通过返回的集合来完成。简单实现此功能的方法是不保存对后台集合的引用。使用下面的技巧来创建同步的集合：

```
List<Type> list = Collections.synchronizedList(new ArrayList<Type>());
```

使用此方法创建的集合与普通的同步集合，如 Vector[○]一样，每个比特都是线程安全的。

至于并发存取，迭代过程中用户必须在返回的集合上手动同步。这是因为迭代是通过对集合的多次调用完成的，而这些操作必须被整合到某个原子操作之中。下面便是对一个封装同步集合进行迭代的代码：

```
Collection<Type> c = Collections.synchronizedCollection(myCollection);
synchronized(c) {
    for (Type e : c)
        foo(e);
}
```

如果使用外显的迭代器，那么必须从同步的块内部调用 iterator 方法。不遵守此条准则会产生非确定性的行为。对已同步的 Map 的 Collection 视图上进行迭代的方法与此很相似。在对其 Collection 视图进行迭代的过程中，用户必须同步已同步的 Map，而不是在 Collection 视图上进行同步，正如如下例子所示：

```
Map<KeyType, ValType> m = Collections.synchronizedMap(new HashMap<KeyType, ValType>());
    ...
Set<KeyType> s = m.keySet();
    ...
// Synchronizing on m, not s!
synchronized(m) {
    while (KeyType k : s)
        foo(k);
}
```

使用封装实现不好的方面是不能在任何封装器上实现执行任何非接口操作。因此，如前例所示，不能在已封装的 ArrayList 上调用它的 ensureCapacity[○]操作。

2. 不可变封装器

和为封装的集合添加功能的同步封装器不同，不可变封装器去除了某些功能。特别的是，它通过截断所有修改集合的操作并抛出 UnsupportedOperationException 异常的方式去除修改集合的能力。不可变封装器主要有如下两种用处：

- 它们使得集合在创建后不可被修改。这种情况下，不维护对后台集合的引用是很好的做法。这样做肯定可以保证不可变性。
- 它们允许用户拥有对你的数据结构的只读权限。保持对后台集合的一个引用，但把引用分发给封装器。这样当你维护完整存取时，用户只能查看并不能修改。

[○] 8/docs/api/java/util/Vector.html

[○] 8/docs/api/java/util/ArrayList.html#ensureCapacity-int-

和同步封装器一样，六个核心集合接口中的每一个都有一个静态工厂方法：

```
public static <T> Collection<T> unmodifiableCollection(Collection<? extends T> c);
public static <T> Set<T> unmodifiableSet(Set<? extends T> s);
public static <T> List<T> unmodifiableList(List<? extends T> list);
public static <K,V> Map<K, V> unmodifiableMap(Map<? extends K, ? extends V> m);
public static <T> SortedSet<T> unmodifiableSortedSet(SortedSet<? extends T> s);
public static <K,V> SortedMap<K, V> unmodifiableSortedMap(SortedMap<K, ? extends V> m);
```

3. 已检查的接口封装器

`Collections.checked` 接口封装器是用来与一般集合配合使用的。这些实现返回指定集合的动态类型安全视图。如果用户试图以错误类型添加元素，那么这些实现就会抛出 `ClassCaseException` 异常。本编程语言中的一般机制提供编译时的类型检测，但有可能会打破这些机制。动态类型安全视图彻底地消除了这种可能。

12.4.7 简单实现

本节主要介绍的是当你不想使用通用实现的全部能力的时候，可以使用更方便、更便利的几个微实现。本节介绍的所有实现都是通过静态工厂方法而不是公共类实现的。

1. Array 数组的 List 视图

`Arrays.asList`[⊖] 方法返回其参数数组的 List 视图。对此 List 所做的改变会写回到这个数组，反之亦然。此集合的大小和数组大小相同，并且不可改变。如果在 List 上调用 `add` 或者 `remove` 方法，会产生 `UnsupportedOperationException` 异常。

这个实现通常被用来当作基于数组和基于集合的 API 之间的桥梁。它允许你把数组作为参数传给需要 Collection 或 List 参数的方法。然而，这个实现也有其他的用处。如果需要大小固定的 List，使用它会比使用任何其他通用 List 实现更有效。下面便是具体用法：

```
List<String> list = Arrays.asList(new String[size]);
```

注意，并不保留对后台 `array` 的引用。

2. 不可变多副本 List

偶尔，可能会需要包含某个元素多个副本的不可变 List。`Collections.nCopies`[⊖] 方法返回一个这样的 list。这种实现一般有两种用途。第一个用途是初始化某个新建 List。比如，假定想要生成初始包含 1000 个 `null` 元素的 ArrayList。下面的代码可以实现：

```
List<Type> list = new ArrayList<Type>(Collections.nCopies(1000, (Type)null));
```

当然，每个元素的初始值不一定必须都是 `null`。

第二个主要用途是来扩充已有的 List。比如，假定想要添加 69 份"fruit bat"字符串副本到某个 List<String> 的尾部。为什么想要做这件事并不清楚，但让我们假设你想这么做。下面是完成此项工作的代码：

```
lovablePets.addAll(Collections.nCopies(69, "fruit bat"));
```

通过使用需要一个指数和一个集合作为参数的 `addAll` 操作，可以把这些新的元素添加到 List 的中间而不是其尾部。

[⊖] 8/docs/api/java/util/Arrays.html#asList-T...-

[⊖] 8/docs/api/java/util/Collections.html#nCopies-int-T-

3. 不可变单元素 Set

有时候可能需要使用不可变的只由单个指定元素组成单元素集。`Collection.singleton`㊀方法返回这样的 `Set`。这个实现可以用来从集合中移除某个特定元素的所有出现：

`c.removeAll(Collections.singleton(e));`

一个相关的用法是从 `Map` 中移除映射到某个指定值的所有元素。例如，假定 `Map-job` 表示的是人映射到其工作的，而现在需要移除所有工作是律师映射对。下面的这行代码可以实现上述要求：

`job.values().removeAll(Collections.singleton(LAWYER));`

这个实现同样可以为那些参数为某个值集合的方法提供单个输入值。

4. 空 Set、List、Map 常量

`Collections`㊁类提供返回空 `Set`、`List`、`Map` 的方法：`emptySet`㊂、`emptyList`㊃ 和 `emptyMap`㊄。当你不想提供任何值给那些把值 `Collection` 作为参数的方法时，可以使用这些常量作为输入，如下例所示：

`tourist.declarePurchases(Collections.emptySet());`

12.4.8 小结

实现是用来存储集合的数据对象。它们用来实现 12.2 节所介绍的接口。Java 集合框架为核心接口提供了多种通用实现：

- `Set` 接口中，`HashSet` 是最常用的实现。
- `List` 接口中，`ArrayList` 是最常用的实现。
- `Map` 接口中，`HashMap` 是最常用的实现。
- `Queue` 接口中，`LinkedList` 是最常用的实现。
- `Deque` 接口中，`ArrayList` 是最常用的实现。

这些通用实现中的任何一个都提供其接口中的所有可选操作。

Java 集合框架同样为需要不规范表现、使用限制或者其他不常见行为的情况提供一些专用实现。`java.util.concurrent` 包中包含几种线程安全，但并不受单个排他锁限制的集合实现。

`Collections` 类（与 `Collection` 接口不同）提供操作集合或者返回集合被称为封装实现的静态方法。最后，存在几种便利实现。当不需要使用通用实现的全部能力时，它们可以提供更有效功能。便利实现由静态工厂方法实现。

12.4.9 问题和练习：实现

问题

1. 你正在计划编写一个使用几种基础集合接口（`Set`、`List`、`Queue` 和 `Map`）的程序，但你

㊀ 8/docs/api/java/util/Collections.html#singleton-T-
㊁ 8/docs/api/java/util/Collections.html
㊂ 8/docs/api/java/util/Collections.html#emptySet--
㊃ 8/docs/api/java/util/Collections.html#emptyList--
㊄ 8/docs/api/java/util/Collections.html#emptyMap--

并不确定哪个集合会有最好的性能,所以你决定一直使用通用实现直到你对你的程序在真实世界中如何工作有了更好的理解。这些实现是哪些?
2. 如果需要提供按值排序迭代的 Set 实现,应该使用哪个类?
3. 你会使用哪个类来存取封装实现?

练习

编写一个读入命令行中第一个参数指定的文本文件到 List 的程序。接下来这个程序应该随机打印文件中的某些行,具体打印哪些行由命令行的第二个参数指定。你所编写的这个程序必须能够立即可以分配正确大小的集合,而不是随着文件读入而慢慢扩大。提示:为了判定文件中共有多少行,可以首先使用 java.io.File.length[一] 函数来获得文件的大小,然后除以所估计的每行平均大小。

答案

相关答案请参考
http://docs.oracle.com/javase/tutorial/collections/implementations/QandE/answers.html。

12.5 算法

这里所介绍的多态算法是 Java 平台提供的可重用功能的一部分。它们都来自于 Collections[二] 类,而且都采用第一个参数是执行操作所作用集合类型的静态方法形式。Java 平台中提供的大多数算法都是在 List[三] 实例上运行的,只有很少一部分可以在任意 Collection[四] 实例上运行。

12.5.1 排序

排序算法根据某个顺序关系以升序对 List 中元素进行重新排序。提供两种形式的操作。第一种形式接受某个 List 并根据元素的自然序对其进行排序。如果对自然序并不熟悉,请重新查阅 12.2.9 节。

sort 操作使用进行了微小优化的既快又稳定的归并排序算法:

- 快速。保证程序运行在 $n\text{-log}(n)$ 时间,而且在已经快要排好序的 list 中运行得更快。经验测试表明它和更高度优化的快速排序一样快。通常认为快速排序比归并排序快一点,但是快速排序是不稳定的而且它也不能保证 $n\text{-log}(n)$ 的性能。
- 稳定。它不重排相等元素。如果一直对某个 list 在不同属性排序的话,这就很重要。如果某个邮件程序的用户想要先根据邮件日期然后根据发送者对收件箱排序的话,用户通常希望某个指定发送者的信息列表同样是按照邮寄日期排序的。只有当第二个排序是稳定的时候,才能保证这项功能。

下面的小程序按字典序(按字母顺序)打印出其所有参数:

```
import java.util.*;

public class Sort {
    public static void main(String[] args) {
        List<String> list = Arrays.asList(args);
```

[一] 8/docs/api/java/io/File.html#length--
[二] 8/docs/api/java/util/Collections.html
[三] 8/docs/api/java/util/List.html
[四] 8/docs/api/java/util/Collection.html

```
        Collections.sort(list);
        System.out.println(list);
    }
}
```

让我们运行这个程序：

```
% java Sort i walk the line
```

会产生以下输出：

```
[i, line, the, walk]
```

这个例子主要是为了说明算法就如同它们看起来一样简单。

第二种形式的 sort 在 List 之外还接受一个 Comparator[⊖] 参数，并且根据这个 Comparator 对元素进行排序。假定想要以大小的相反顺序打印出前面例子中的单词组，最大的单词组最先打印。下面的例子会说明如何通过第二种形式的 sort 方法实现它。

请回忆，单词组在 Map 中是通过值的方式存储的，以 List 形式。修改的打印代码在 Map 的值视图中进行迭代，把每个传送大小中最小的放入 List 们的 List 中。然后，代码使用把 List 实例作为参数的 Comparator 对这个 List 进行排序并且实现反序排序。最后，代码对整个已排序的 List 进行迭代，打印出元素（单词组）。下面的代码替换了前面给出的 Anagrams 例子中 main 方法中最后一部分的打印代码：

```
// Make a List of all anagram groups above size threshold.
List<List<String>> winners = new ArrayList<List<String>>();
for (List<String> l : m.values())
    if (l.size() >= minGroupSize)
        winners.add(l);

// Sort anagram groups according to size
Collections.sort(winners, new Comparator<List<String>>() {
    public int compare(List<String> o1, List<String> o2) {
        return o2.size() - o1.size();
}});

// Print anagram groups.
for (List<String> l : winners)
    System.out.println(l.size() + ": " + l);
```

使用 12.2.9 节中相同的字典和最小单词组大小（8）运行此程序会输出以下结果：

```
12: [apers, apres, asper, pares, parse, pears, prase,
    presa, rapes, reaps, spare, spear]
11: [alerts, alters, artels, estral, laster, ratels,
    salter, slater, staler, stelar, talers]
10: [least, setal, slate, stale, steal, stela, taels,
    tales, teals, tesla]
9: [estrin, inerts, insert, inters, niters, nitres,
    sinter, triens, trines]
9: [capers, crapes, escarp, pacers, parsec, recaps,
    scrape, secpar, spacer]
9: [palest, palets, pastel, petals, plates, pleats,
    septal, staple, tepals]
9: [anestri, antsier, nastier, ratines, retains, retinas,
    retsina, stainer, stearin]
8: [lapse, leaps, pales, peals, pleas, salep, sepal, spale]
8: [aspers, parses, passer, prases, repass, spares,
    sparse, spears]
8: [enters, nester, renest, rentes, resent, tenser,
    ternes, treens]
```

[⊖] 8/docs/api/java/util/Comparator.html

```
8: [arles, earls, lares, laser, lears, rales, reals, seral]
8: [earings, erasing, gainers, reagins, regains, reginas,
    searing, seringa]
8: [peris, piers, pries, prise, ripes, speir, spier, spire]
8: [ates, east, eats, etas, sate, seat, seta, teas]
8: [carets, cartes, caster, caters, crates, reacts,
    recast, traces]
```

12.5.2 混排

shuffle算法所做的正好和sort相反，破坏List中可能存在的任何有序痕迹。也就是说，这个算法根据某个随机源对List进行重排，来使得所有可能排列发生的概率相等（假定随机源是公平的）。这个算法对于实现概率游戏很有用。比如，可能用它来对代表一幅牌的Card对象组成的List进行混排。对于产生测试用例来说同样有用。

这个操作有两种形式：一种接受某个List并使用一个默认的随机源。另一个要求调用者提供可以当作随机源的Random⊖对象。这个算法的代码在本章的前面已经提供过⊖。

12.5.3 常规数据操作

Collections类提供五种用来在List对象上完成常规数据操作的算法，所有这些都很简单易懂：

- Reverse——翻转List中元素的顺序。
- Fill——使用某个指定值重写List中的每个元素。对于List的重新初始化这很有用。
- Copy——接受两个参数，一个目的List和一个源List。它把源List中的元素复制到目的List，重写它的内容。目的List必须至少和源List一样长。如果更长的话，目的List中的剩余元素不会受到影响。
- Swap——交换List中指定位置的元素。
- addAll——添加所有指定元素到Collection。需要添加的元素可以单个指定也可以作为数组指定。

12.5.4 查询

binarySearch算法可以在已排序的List中查找指定元素。这个算法有两种形式。第一个接受List和想要查询的元素（查询键）作为参数。这个形式假定List中的元素以其自然序升序排列。第二种形式在List和查询键之外还需要另一个Comparator，并且假定List已经根据所提供的Comparator降序排列。在调用binarySearch前可以先调用sort算法对List进行排序。

两种形式的返回值是一样的。如果List含有这个查询键，返回它的索引号。如果没有，返回值是（-(insertion point)- 1），其中insertion point是在这个List中插入此元素值的位置或者第一个比查询键大的元素索引，或者是list.size()，如果List中的所有元素都比指定值小的话。这个确实不那么优雅的程序保证当且仅当查询键被找到时的返回值会 >=0。想要把布尔值（found）和整数值（index）结合到int返回值中基本上

⊖ 8/docs/api/java/util/Random.html
⊖ tutorial/collections/interfaces/list.html#shuffle

黑客才能做到。

下面的用法，使用了 binarySearch 的两种形式，查找指定的查询键，当没有找到时，把它插入到合适的位置：

```
int pos = Collections.binarySearch(list, key);
if (pos < 0)
    l.add(-pos-1, key);
```

12.5.5 组合

频率和不相交的算法对一个或多个 Collections 组合的某些方面进行测试：
- 频率（frequency）——对指定集合中指定元素的出现次数进行记数。
- 不相交（disjoint）——判定两个集合是否不相交，即，它们是否包含相同元素。

12.5.6 查找极值

min 和 max 算法分别用来返回某个指定 collection 中的最大值和最小值。这两个操作都有两种形式。简单形式只接受一个 Collection 参数并根据元素的自然序返回最小（最大）元素。第二种形式除了 Collection 之外，还需要一个 Comparator。它根据指定的 Comparator 返回最小（最大）元素。

12.6 自定义集合实现

许多编程者永远不用实现他们自己的 Collections 类。使用本章前面几节中介绍的实现已经能够实现很多功能。然而，也许某天你需要自己编写实现。在 Java 平台提供的抽象实现帮助下，编写实现很容易。在讨论如何写一个实现前，让我们先讨论讨论为什么你可能想要自己写一个集合实现。

12.6.1 编写实现的原因

下面的列表给出可能需要自己实现的常规 Collections 种类：
- 持续性——所有内建的 Collection 实现都驻留在内存中，当程序退出时消失。如果想要一个下次程序启动时依然存在的集合，可以通过创建一个外部数据库上的映像来实现。这样的集合可能会有多个程序并发存取。
- 应用特定——范围很广的类别。一个例子就是包含实时遥测数据的不可变 Map。键代表的是位置，而值可以是从这些位置使用传感器调用 get 操作获取的数据。
- 高性能、特殊用途——许多数据结构都牺牲功能性来获得比通用实现更好的性能。例如，考虑一个包含相同元素值的长期数据的 List。这种在文本处理中经常出现的 list 可以是行程编码的。行程可以使用包含某重复元素和连续重复次数的单个对象来表示。这个例子很有趣因为它对表现的两个方面进行了折衷：相比 ArrayList 而言，它需要更少的空间但需要更多的时间。
- 高效能——通用 Java 集合框架的设计者想要为每一个接口提供最好的通用实现。但是，可以使用的数据结构有很多很多，而且每一天都会有新的出现。或许，你可以想出更快的实现。
- 增强功能——假定你需要一个有效率的包实现（同样叫作多重集），即允许重复元素的同时可提供常量时间包含检查的集合。很明显应该在 HashMap 的基础上实现这样的一个集合。

- 便利——Java 平台所能提供的所有便利之外你可能还需要额外的实现。例如，你可能经常使用表示某个连续 `Integers` 区间的 `List` 实例。
- 适配器——假定你正在使用一个拥有它自己特别集合 API 的传统 API。可以使用适配器实现允许这些集合在 Java 集合框架进行操作。适配器实现是映像，它把某个类型的对象封装起来，通过把另一个类型的对象的操作转换成第一个类型对象操作让指定对象以另一个类型对象的方式表现。

12.6.2 如何编写自定义实现

编写自定义实现出人意料的简单。Java 集合框架提供的抽象实现就是为简化规范实现设计的。下面将从这个 `Arrays.asList`⊖实现开始介绍：

```java
public static <T> List<T> asList(T[] a) {
    return new MyArrayList<T>(a);
}

private static class MyArrayList<T> extends AbstractList<T> {

    private final T[] a;

    MyArrayList(T[] array) {
        a = array;
    }

    public T get(int index) {
        return a[index];
    }

    public T set(int index, T element) {
        T oldValue = a[index];
        a[index] = element;
        return oldValue;
    }

    public int size() {
        return a.length;
    }
}
```

相信与否，这和 `java.util.Arrays` 中包含的实现很接近。就是这么简单！你提供构造函数，还有 `get`、`set`、`size` 方法。然后，`AbstractList` 就会接手剩下的一切。你免费的得到 `ListIterator`、批量操作、查询操作、哈希码计算、比较和字符串表示法。

假如需要这个实现能够变得更快一点。抽象实现的 API 文档准确地描述每个方法具体是如何实现的。因此，能够知道重写哪个方法可以得到想要的性能。前面实现的性能是很好，但还可以被提高。尤其是对 `List` 进行迭代的 `toArray` 方法，每次只复制一个元素。如果内部表示法确定，那么直接对这个数组进行克隆的话会快很多也更合理：

```java
public Object[] toArray() {
    return (Object[]) a.clone();
}
```

添加这个和其他几个与它类似的重写函数之后，这个实现已经和 `java.util.Arrays` 里的那些一模一样。为了全揭秘，使用其他的抽象实现会更难一点，因为必须自己写一份迭

⊖ 8/docs/api/java/util/Arrays.html#asList-T...-

代器。但就算如此也不是很难。下面的清单对抽象实现进行了总结：
- `AbstractCollection`[一]——既不是 `Set` 也不是 `List` 的 `Collection`。最低限度，必须提供 `iterator` 和 `size` 方法。
- `AbstractSet`[二]——和 `AbstractCollection` 用处相同的 `Set`。
- `AbstractList`[三]——随机存取数据基础上的 `List`，比如数组。最低限度，必须提供位置存取方法（`get`，或者可选的 `set`、`remove` 和 `add`）和 `size` 方法。这个抽象类自己实现 `listIterator`（和 `iterator`）。
- `AbstractSequentialList`[四]——基于顺序存取对数据存储的 `List`，比如链表。最低限度，必须提供 `listIterator` 和 `size` 方法。这个抽象类自己实现位置存取方法（这和 `AbstractList` 正好相反）。
- `AbstractQueue`[五]——最低限度，必须提供 `offer`、`peek`、`poll` 和 `size` 方法。为了实现 `remove` 方法，也必须提供 `iterator`。
- `AbstractMap`[六]——最低限度，必须提供 `entrySet` 视图。通常使用 `AbstractSet` 类来实现这项功能。如果一个 `Map` 是可变的，那么必须要提供 `put` 方法。

编写定制实现的步骤如下所示：

1）从前面的列表中选出合适的抽象实现类。

2）为这个类的所有抽象方法提供实现。如果定制的实现是可变的，必须重写一个或多个具体方法。抽象实现类的 API 文档会告诉你需要重写哪些方法。

3）测试，而且有必要的话，调试这个实现。现在已经拥有可用的规范集合实现。

4）如果你很关心定制实现的性能，那么请阅读你正在继承的这些实现的所有方法的抽象实现类的 API 文档。如果哪个方法看起来很慢，重写它。如果重写某个方法，请保证对修改前后的性能进行测试。在改变性能中所付出努力的多少是使用这个实现可以获得的性能和它对性能的影响大小的一个函数。

12.7 互操作性

本节中介绍互操作性的以下两个方面：
- 兼容性。这里描述如何让集合可以和在 Java 平台中 `Collection` 出现之前存在的较旧的 API 协同工作。
- API 设计。本节将描述如何设计可以和其他 API 无缝互用的新 API。

12.7.1 兼容性

设计 Java 集合框架时就确保核心集合接口和 Java 平台早期版本中用来代表集合的类型：`Vector`[七]、`Hashtable`[八]、数组和 `Enumeration`[九]之间完全的互操作性。本节介绍如

[一] 8/docs/api/java/util/AbstractCollection.html
[二] 8/docs/api/java/util/AbstractSet.html
[三] 8/docs/api/java/util/AbstractList.html
[四] 8/docs/api/java/util/AbstractSequentialList.html
[五] 8/docs/api/java/util/AbstractQueue.html
[六] 8/docs/api/java/util/AbstractMap.html
[七] 8/docs/api/java/util/Vector.html
[八] 8/docs/api/java/util/Hashtable.html
[九] 8/docs/api/java/util/Enumeration.html

何把旧的集合转换到 Java 集合框架中的集合，反之亦然。

1. 向上兼容

假如你正一前一后地使用某个返回传统集合的 API 和另一个需要实现集合接口的对象的 API。为了能够让这两个 API 可以流畅地互操作，需要把这个传统集合转换成现代集合。幸运的是，Java 集合框架让一切都很简单。

假定旧的 API 返回对象数组，而新 API 需要一个 Collection。集合框架拥有可以把对象数组看作 List 的便利实现。可以使用 Arrays.asList[⊖]把一个数组传给任意需要 Colleciton 或者 List 作为参数的方法：

```
Foo[] result = oldMethod(arg);
newMethod(Arrays.asList(result));
```

如果旧的 API 返回一个 Vector 或者 Hashtable，那么你根本无需做任何工作。这是因为可以修改 Vector 来实现 List 接口，修改 Hashtable 来实现 Map。因此，可以直接把 Vector 传给任何需要 Collection 或 List 的方法：

```
Vector result = oldMethod(arg);
newMethod(result);
```

同样的，可以直接把 Hashtable 传给需要 Map 参数的任何方法：

```
Hashtable result = oldMethod(arg);
newMethod(result);
```

返回代表某些对象集合的 Enumeration 的 API 更加少见。Collection.list 方法把 Enumeration 转变为一个 Collection：

```
Enumeration e = oldMethod(arg);
newMethod(Collections.list(e));
```

2. 向下兼容

假如你正在一前一后使用一个返回现代集合的 API 和另一个需要传入传统集合参数的 API。为了使这两个 API 流畅的协作，必须把现代集合转化为传统集合。同样，Java 集合框架使得一切都很简单。

假定新 API 返回的是 Collection，而旧 API 需要的是 Object 数组。正如你可能了解的，Collection 接口包含一个特定为此种情况设计的 toArray 方法：

```
Collection c = newMethod();
oldMethod(c.toArray());
```

假如旧 API 需要的是字符串（或者另一个类型）而不是一个 Object 数组，将会怎么样？仅仅使用 toArray 的另一种形式，即把 array 作为输入的那一个：

```
Collection c = newMethod();
oldMethod((String[]) c.toArray(new String[0]));
```

如果旧 API 需要 Vector 参数，那么标准集合构造函数使用起来就很方便：

```
Collection c = newMethod();
oldMethod(new Vector(c));
```

需要 HashTable 的旧 API 也可以使用同种方式处理：

```
Map m = newMethod();
oldMethod(new Hashtable(m));
```

⊖ 8/docs/api/java/util/Arrays.html#asList-T...-

最后，如果旧 API 需要的是 Enumeration，该怎么办？这种情况并不多见，但仍不时发生。Collections.enumeration⊖方法是用来处理这种问题的方法。它是接受 Collection，返回 Collection 元素上 Enumeration 的静态工厂方法：

```
Collection c = newMethod();
oldMethod(Collections.enumeration(c));
```

12.7.2 API 设计

本节虽然短但很重要，将会介绍一些简单的准则。遵循这些准则会让你编写的 API 可以和其他所有遵循相同准则的 API 无缝互用。本质上，这些准则定义集合世界里的好"公民"标准。

1. 参数

如果你的 API 的输出包含一个集合，那么把相关参数声明为某种集合接口类型就很有必要。永远不要使用实现类型，因为这样做违背了允许对集合进行操作而不必关心其实现细节这种基于接口的集合框架的目的。

此外，应该使用有意义的最少的指定类型。比如，如果使用 Collection 已经足够，那就不需要 List 或者 Set。这并不是要求永远不使用 List 或 Set 作为输入。如果一个方法是基于这些接口中某个接口的属性才能实现的话，这样做是对的。例如，Java 平台中很多的算法都需要一个 List 作为参数输入，因为它们都取决于 List 有序这一条件。然而，作为一个通用规则，最好的输入类型是最通用的：Collection 和 Map。

> **注意** 在定义特别的 Collection 类后永远不要再要求把此类的对象作为输入。这样做会丢失 Java 集合框架的所有好处。

2. 返回值

在返回值上，可以比输入参数更加灵活。可以返回实现或者扩展了集合接口的任何类别的对象。也可以是扩展或实现了这些接口之一的某个接口或者某个专用类型。

例如，可以想象名为 ImageList 的图像处理包，它的返回值是实现 List 的某个新类的对象。除了 List 自带的操作外，ImageList 还支持任何看起来需要的应用相关的操作。比如，它可能提供返回包含 ImageList 中每幅图中含有的拇指尖的一张图片的操作。就算 API 能够丰富 ImageList 实例上的输出，它也应该可以把任意 Collection 实例（或者可能是 List）作为输入。注意到这点很重要。

在某种意义上，返回值应该拥有与输入参数相反的行为：返回的值越确切可用的集合接口就越好，而不是最通用的集合。例如，如果确定一直返回 SortedMap，那么对于这个方法，给出返回值最好是 SortedMap 而不是 Map。SortedMap 实例相对于普通的 Map 实例来说，创建时间会更长，但同时也更强大。假定模块已经投入很多时间来创建 SortedMap，那么给用户提供它增强的能力是很合理的。此外，用户还可以把返回的对象传给任意一个把 SortedMap 作为参数的方法，对于那些接受 Map 参数的方法也一样。

3. 遗留的 API

现在有很多定义自己的特殊集合类型的 API 们。尽管这样并不好，但这就是生活，因

⊖ 8/docs/api/java/util/Collections.html#enumeration-java.util.Collection-

为在 Java 平台前两个主要版本中并不存在集合框架。假定你拥有这些 API 中的一个，这就是对于它你想做的操作。

如果可能的话，对遗留的 API 进行修改使得可以用它实现某个标准集合接口。然后，返回的所有集合都能够和其他任何基于集合的 API 平滑交互。如果这不可能实现（比如，因为已经存在的一个或多个类型签名与标准集合接口冲突），定义一个对遗留的集合对象进行封装并允许它以标准集合方式运作的 Adapter 类。（这个 Adapter 类是规范实现的实例。）

如果可能的话，使用遵循输入标准的调用修改 API，让它可以接受标准集合接口对象作为参数。这些调用可以和那些接受遗留集合类型作为参数的调用并存。如果这不可能实现，为遗留对象类型提供构造函数或者静态工厂方法，使它们可以接受某个标准接口对象并返回包含相同元素（或映射）的遗留集合。这些解决方法中的任意一个都允许用户把任意集合传给遗留的 API。

第 13 章

并 发

计算机用户理所当然地认为系统可以在同一时间做多项工作。当其他应用在下载文件、管理打印队列和流出音频时，用户还期望可以继续进行文字处理工作。很多时候用户也期待单个程序可以同时做多项工作。例如，流音频程序必须可以同时从网络上读取数字音频，并对它进行解压、管理回放和更新播放。就算是文字处理程序，不管它是在忙于对文字的重新格式化还是在忙于更新显示，也必须能够对键盘和鼠标事件进行响应。具备这种功能的软件叫作并发软件。

Java 平台从设计初就在 Java 编程语言和 Java 类库的基础并发支持基础上支持并发程序设计。从 5.0 版本开始，Java 平台已经包括高级并发应用程序接口（API）。本章主要介绍的是此平台的基本并发支持，并且总结 java.util.concurrent 包中的一些高级 API。

13.1 进程和线程

在并发程序设计中，有两类基本的执行单元：进程（process）和线程（thread）。在 Java 编程语言中，并发程序设计更多的是与线程相关。然而，进程同样很重要。

一个计算机系统通常有多个活动的进程和线程，甚至在只拥有单个执行核的系统中也一样，此时在任意指定时刻只有一个线程真正在执行。通过一个叫作时分的开源功能，进程们和线程们共享单核的处理时间。

对于计算机系统来说，拥有多个处理器或者拥有多核处理器越来越普遍。这极大地提高系统对进程和线程的并发执行能力，但就算在没有多个处理器或多核处理器的单个系统中，并发也是需要考虑的。

13.1.1 进程

进程拥有独立的执行环境。进程通常拥有完全的、独有的运行时资源集。特别是每个进程都拥有自己的内存空间。

进程通常被认为是程序或者应用的同义词。然而，用户所看到的单个应用实际上很有可能是由多个相互协作的进程组成的。为了改善进程间的通信，多数操作系统支持进程间通信（IPC）资源，如管道和套接字。IPC 是用来实现单个系统进程间和不同系统进程间的通信。

多数 Java 虚拟机（Java VM）的实现都是以单个进程的形式运行。Java 应用可以通过 ProcessBuilder[⊖] 创建新的进程。多进程应用超出本章范围。

13.1.2 线程

线程有时候会被称为轻量级进程。进程和线程都提供执行环境，但创建新线程比创建新进程需要更少的资源。

线程存在于进程内部，即每个进程至少有一个线程。线程共享此进程的资源，包括内存

⊖ 8/docs/api/java/lang/ProcessBuilder.html

和打开的文件。这是为了更有效率但会产生潜在的通信问题。

多线程执行是 Java 平台的必要特性。所有应用至少有一个线程，或者多个（如果你把执行内存管理或者信号处理的"系统"线程也考虑在内的话）。但是从应用程序的程序员来看，程序从单个线程开始，调用主线程（main thread）。如下节所介绍的，主线程有创建其他线程的能力。

13.2 线程对象

每个线程都是和某个 Thread 类的实例相联合的[○]。使用 Thread 对象创建并发程序共有两种基本策略：

- 为了直接控制线程创建和管理，当应用程序需要开辟一个异步任务时，可以简单地实例化 Thread。
- 为了把线程和应用程序中的其他部分抽象开来，把此程序的任务传给一个执行器（executor）。

这部分主要介绍 Thread 对象的使用。执行器将和其他高级并发对象一起讨论。

13.2.1 定义和启动一个线程

创建 Thread 实例的应用必须提供将在那个线程中执行的代码。有两种实现方式：

- 提供可运行的对象 Runnable。Runnable[○]接口定义单个方法 run，意味着其包含了那个线程中所执行的代码。将可运行对象 Runnable 传给 Thread 的构造函数，如下例所示：

```
public class HelloRunnable implements Runnable {

    public void run() {
        System.out.println("Hello from a thread!");
    }

    public static void main(String args[]) {
        (new Thread(new HelloRunnable())).start();
    }

}
```

- 使用一个子类线程。此线程类本身已经实现 Runnable，尽管其 run 方法什么事都不能完成。应用可以是 Thread 的子类，自己提供自己的 run 方法实现，如下例所示：

```
public class HelloThread extends Thread {

    public void run() {
        System.out.println("Hello from a thread!");
    }

    public static void main(String args[]) {
        (new HelloThread()).start();
    }

}
```

注意，这两个例子为了开启新的线程都调用 Thread.start 函数。

○ 8/docs/api/java/lang/Thread.html

○ 8/docs/api/java/lang/Runnable.html

应该使用哪个方法呢？第一种使用 Runnable 对象的用法更通用。因为，Runnable 对象可以是 Thread 之外的某个类的子类。第二个用法在简单的应用中更易用，但因为它需要接受的类参数必须是 Thread 的后代，这限制了它的使用。本节主要集中于介绍第一种方法，它可以把 Runnable 任务与执行此任务的线程分离开来。此用法不仅更灵活，也可以用在后面介绍的高级线程管理 API 中。

Thread 类定义很多对于线程管理很有用的方法。这包括静态方法，提供调用此方法的线程信息（或者影响其状态）。其他方法是调用其他线程用来管理线程和线程对象的方法。下节中将会具体介绍这些方法。

13.2.2 使用 sleep 方法暂停执行

Thread.sleep 使得当前线程暂停执行一段时间。这是让应用的某个线程或者此计算机系统上其他应用的线程获得处理器使用时间很有效的方法。sleep 方法同样可以用来调速，如接下来的例子所示，也可以用来实现等待另一个有时间限制线程的任务，正如后一节中 SimpleThreads 例子中一样。

sleep 方法提供两种重载版本：一种指定毫秒级的睡眠时间，另一种指定毫微秒级的睡眠时间。然而，sleep 方法并不能保证这些睡眠时间是完全准确的，因为它们受限于后台操作系统所能提供的精度。此外，睡眠时间可以被中断结束，如同后面小节所示。无论如何，不能认为调用 sleep 方法把线程挂起的时间正好是所指定的时间。

下面的 SleepMessage 例子使用 sleep 来每隔 4 秒打印信息：

```java
public class SleepMessages {
    public static void main(String args[])
        throws InterruptedException {
        String importantInfo[] = {
            "Mares eat oats",
            "Does eat oats",
            "Little lambs eat ivy",
            "A kid will eat ivy too"
        };

        for (int i = 0;
             i < importantInfo.length;
             i++) {
            //Pause for 4 seconds
            Thread.sleep(4000);
            //Print a message
            System.out.println(importantInfo[i]);
        }
    }
}
```

注意，main 函数指定了它会抛出 InterruptedException 异常。这个异常是当正在运行的 sleep 被另一个线程中断当前线程时，sleep 所抛出的异常。由于此应用并没有定义其他会引起中断的线程，并不需要捕捉异常。

13.2.3 中断

中断是提醒一个线程，让它停止现在所做的事来做些其他事。程序员决定一个线程对某个中断具体如何响应，但通常情况下，线程会终止（本节中所强调的就是此方法）。

一个线程通过调用 interrupt[⊖]函数来发送 interrupt 信息给 Thread 对象为了中断

[⊖] 8/docs/api/java/lang/Thread.html#interrupt--

这个线程。为了让中断机制正确工作，被中断的线程必须支持它自己的中断。

1. 支持的中断

线程如何支持自己的中断？这取决于它正在执行的操作。如果这个线程经常调用抛出 InterruptedException 异常的方法，那么当它捕捉到此异常时，它只需要从 run 方法返回。例如，假定 SleepMessage 例子中的主消息循环是在一个线程的 Runnable 对象的 run 方法内部。为了支持中断，它可能会进行如下修改：

```java
for (int i = 0; i < importantInfo.length; i++) {
    // Pause for 4 seconds
    try {
        Thread.sleep(4000);
    } catch (InterruptedException e) {
        // We've been interrupted: no more messages.
        return;
    }
    // Print a message
    System.out.println(importantInfo[i]);
}
```

许多抛出 InterruptedException 异常的方法（如 sleep），当捕捉到中断时，会取消它们的当前操作，立即返回。

如果线程运行很长时间却从没调用过抛出 InterruptedException 异常的方法会怎么样？那么，它必须定期地调用 Thread.Interrupted。当收到一个中断的时候，它会返回 true 值。下面是一个例子：

```java
for (int i = 0; i < inputs.length; i++) {
    heavyCrunch(inputs[i]);
    if (Thread.interrupted()) {
        // We've been interrupted: no more crunching.
        return;
    }
}
```

在这个简单的例子里，这些代码仅仅实现对 interrupt 的测试，并且当收到一个中断时，退出此线程。在更复杂的应用程序中，抛出 InterruptedException 异常会更合理：

```java
if (Thread.interrupted()) {
    throw new InterruptedException();
}
```

这允许中断处理代码主要集中在 catch 语句中。

2. 中断状态标志

中断机制是使用名为中断状态（interrupt status）的内部标志实现的。调用 Thread.interrupt 方法会重置此标志。当线程调用静态方法 Thread.interrupted 检查中断时，会清除中断标志。而某个线程用来查询另一个线程中断状态的非静态方法 isInterrupted 方法并不改变中断状态标志。

通常来说，通过抛出 InterruptedException 异常而退出的任何方法在它这么做的时候都会清除中断。然而，另一个调用 interrupt 的线程立即重置中断状态是一直可能的。

13.2.4 联合

Join 方法允许线程等待另一个线程结束。如果 t 是一个其线程正在执行的线程对象：

```java
t.join();
```

这会引起当前线程停止执行，直到 t 结束。join 方法的重载允许程序员指定等待时间。然而，和 sleep 方法相同，join 方法依赖于操作系统计时，所以，并不能认为 join 方法的等待时间恰好是指定时间。和 sleep 方法相同，当遇到中断时，join 方法抛出 InterruptedException 异常并退出。

13.2.5 SimpleThreads 实例

下面的例子把本节中的几个概念放在了一起。SimpleThreads 由两个线程组成。第一个是每个 Java 应用程序都有的 main 线程。main 线程从 Runnable 对象中创建新线程 MessageLoop 后，等待此线程结束执行。如果 MessageLoop 线程的完成时间过长，main 线程会中断它。

MessageLoop 线程打印出一系列的信息。如果在它打印完所有消息前被中断，MessageLoop 线程打印出一个消息并退出：

```java
public class SimpleThreads {

    // Display a message, preceded by
    // the name of the current thread
    static void threadMessage(String message) {
        String threadName =
            Thread.currentThread().getName();
        System.out.format("%s: %s%n",
                          threadName,
                          message);
    }

    private static class MessageLoop
        implements Runnable {
        public void run() {
            String importantInfo[] = {
                "Mares eat oats",
                "Does eat oats",
                "Little lambs eat ivy",
                "A kid will eat ivy too"
            };
            try {
                for (int i = 0;
                     i < importantInfo.length;
                     i++) {
                    // Pause for 4 seconds
                    Thread.sleep(4000);
                    // Print a message
                    threadMessage(importantInfo[i]);
                }
            } catch (InterruptedException e) {
                threadMessage("I wasn't done!");
            }
        }
    }

    public static void main(String args[])
        throws InterruptedException {

        // Delay, in milliseconds before
        // we interrupt MessageLoop
        // thread (default one hour).
        long patience = 1000 * 60 * 60;

        // If command line argument
        // present, gives patience
```

```java
        // in seconds.
        if (args.length > 0) {
            try {
                patience = Long.parseLong(args[0]) * 1000;
            } catch (NumberFormatException e) {
                System.err.println("Argument must be an integer.");
                System.exit(1);
            }
        }

        threadMessage("Starting MessageLoop thread");
        long startTime = System.currentTimeMillis();
        Thread t = new Thread(new MessageLoop());
        t.start();

        threadMessage("Waiting for MessageLoop thread to finish");
        // loop until MessageLoop
        // thread exits
        while (t.isAlive()) {
            threadMessage("Still waiting...");
            // Wait maximum of 1 second
            // for MessageLoop thread
            // to finish.
            t.join(1000);
            if (((System.currentTimeMillis() - startTime) > patience)
                && t.isAlive()) {
                threadMessage("Tired of waiting!");
                t.interrupt();
                // Shouldn't be long now
                // -- wait indefinitely
                t.join();
            }
        }
        threadMessage("Finally!");
    }
}
```

13.3 同步

线程主要通过对某块字段和引用字段所引用的对象们的共享存取来实现通信。这种形式的通信非常有效但可能出现两种错误：线程冲突和内存一致性错误。防止这些错误的工具是同步。

然而，同步可能引入线程竞争，当两个或多个线程试图同时访问相同的资源，并导致了 Java 运行时更慢地执行一个或多个线程，或者甚至暂停其执行时，线程竞争就发生了。饥饿和活锁是线程竞争的形式。更多信息请参阅 13.4 节。

13.3.1 线程冲突

考虑下面名为 Counter 的简单类：

```java
class Counter {
    private int c = 0;

    public void increment() {
        c++;
    }

    public void decrement() {
        c--;
    }
```

```
    public int value() {
        return c;
    }
}
```

Counter 类中，每次调用 increment 方法都会使变量 c 增加 1，而每次调用 decrement 时，c 减 1。然而，如果某个 Counter 对象被多个线程引用，那么线程间的冲突可能会让代码不能正确执行。

当两个不同线程中的两个操作对同一个数据交叉存取（interleave）时，冲突就会发生。这意味着这两个操作是由多个步骤组成，而且一系列步骤中有些是重叠的。

Counter 实例上执行的操作看起来或许永远不可能交叉存取，因为 c 上的这两个操作都是单一、简单的语句。然而，就算简单的语句在虚拟机中也有可能被分解为多步执行。我们不会对虚拟机执行的具体步骤进行检测，即知道单个 c++ 表达式可以被分解为三步就足够了：

1）检索 c 的当前值。
2）把检索值增加 1。
3）把增加后的值写回到 c 中。

c-- 表达式会以同种方式分解，除了第二步中是递减而不是递增。假定线程 A 调用 increment 函数时，线程 B 正好也在同一时间调用 decrement 函数。如果 c 的初始值是 0 的话，它们交叉存取的执行可能会按照下面的顺序进行：

1）线程 A——检索 c。
2）线程 B——检索 c。
3）线程 A——对检索的值进行递增操作；结果是 1。
4）线程 B——对检索的值进行递减操作；结果是 -1。
5）线程 A——把结果存回 c；现在 c 是 1。
6）线程 B——把结果存回 c；现在 c 是 -1。

线程 A 的结果丢失，被线程 B 覆盖。这种特殊的交叉存取只是一种可能。在不同的情况下，可能是线程 B 的结果丢失，或者就不会有错误发生。因为这些都是不可预测的，线程冲突错误很难察觉和修复。

13.3.2 内存一致性错误

当不同线程对相同数据的视角不同时，就会发生内存一致性错误。内存一致性错误的起因很复杂，不在本章的讨论范围内。幸运的是，程序员并不需要对这些起因做细节了解。我们所需要的只是如何避免这些错误的策略。

避免内存一致性错误的关键是理解前发生（happens-before）这种关系原则。前发生关系原则仅仅是某个具体语句对内存写时必须保证对其他一些特定语句可见。思考下面的例子。假设定义和初始化简单的 int 字段 counter：

```
int counter = 0;
```

counter 字段由两个线程 A 和 B 共享。假设线程 A 对 counter 进行递增操作：

```
counter++;
```

然后，紧随其后，线程 B 打印出 counter：

```
System.out.println(counter);
```

如果这两个语句是在同一个线程内执行的，那么认为打印出的值是 1 就很安全。但如果这两个语句是在两个分开的线程中执行的，那么打印出的值有可能是 0，因为并不能保证线程 A 对 counter 的改变是对 B 可见的，除非程序员已经为这两个语句建立前发生关系。

有几种可以用来创建前发生关系的方法。其中之一是同步，将在接下来的一节中介绍。

已经介绍创建前发生关系的两种方法：

- 当某个语句调用 Thread.start 时，每个和此语句有前发生关系的语句也会和这个新线程中的每个语句都有前发生关系。引起新线程创建代码的影响对新线程可见。
- 当某个线程终止，并引起另一个线程中的 Thread.join 函数返回，已终止的线程中所有已执行的语句和接下来联合线程中的所有语句都有前发生关系。线程中代码的影响对执行 join 函数的线程是可见的。

想要得到能够创建前发生关系的行为的列表，请查看 Java.util.concurrent 包的总结页[⊖]。

13.3.3 同步方法

Java 程序设计语言提供两种基本的同步用法：同步方法（synchronized method）和同步语句（synchronized statement）。两者中相对来说更复杂的同步语句将在下节介绍。本节主要集中介绍同步方法。

为了让一个方法同步，只需要把 synchronized 关键字加到它的声明里：

```java
public class SynchronizedCounter {
    private int c = 0;
    public synchronized void increment() {
        c++;
    }
    public synchronized void decrement() {
        c--;
    }
    public synchronized int value() {
        return c;
    }
}
```

如果 count 是 SynchronizedCounter 的一个实例，那么让这些方法同步后有两点效果：

- 调用同步方法时，不会出现对相同对象交叉存取。当某个线程正在对某对象执行同步方法时，其他所有调用同步方法对此对象进行操作的线程会一直阻塞（推迟执行）直到第一个线程完成此对象上的所有操作。
- 当同步方法退出时，它自动会和在同一对象上随后进行所有同步方法调用都建立前发生关系。这保证对此对象状态所做的改变对所有线程可见。

请注意，构造函数是不能被同步的。在构造函数中使用 synchronized 关键字是语法错误。对构造函数进行同步不合理，因为应该只有创建此对象的线程在对象被创建后有存取此对象的权限。

⊖ 8/docs/api/java/util/concurrent/package-summary.html#MemoryVisibility

> **注意** 当构造一个会被多个线程共享的对象时，要注意对此对象的引用不能过早的"泄露"。例如，假定想要维护名为 instances，包含某个类每个实例的 List。在构造函数中，可能会使用下面的代码：
>
> ```
> instances.add(this);
> ```
>
> 但是如果这要做的话，其他线程就可以通过 instances 在这个对象的构造完成之前，对此对象进行存取。

同步方法实现防止线程干扰和内容一致性错误的简单策略：如果某个对象对多个线程可见，那么对此对象变量的所有读写都是通过同步方法完成的。（有一个很重要的例外：不可变字段（final 字段），此对象创建后不能更改。当对象创建完成后，可以通过非同步方法安全地读取。）此策略很有效，但可能会出现实时性问题，在本章的后面部分会介绍。

13.3.4 内部锁和同步

同步是通过使用名为内部锁（intrinsic lock）或监视锁（monitor lock）的内部实体而实现的。（指向这个实体的特定 API 经常用作监视器）。内部锁在同步的两个方面都很重要：强制实现对某个对象状态的排他权限和建立对可见性很必要的前发生关系。

每个对象都拥有与它相关的内部锁。通常情况下，需要对某个对象字段的排他和持续的存取权限的一个线程必须在对此对象进行存取之前获得（acquire）这个对象的内部锁。而当结束对它的使用时，释放（release）这个内部锁。当线程处于获得锁和释放锁中间时，就认为这个线程拥有锁。只要一个锁被某个线程拥有，那么其他线程就不能获得同样的这个锁。当其他线程试图获得这个锁时，它会阻塞等待。

当线程释放一个内部锁时，在这个行为和任何接下来对同样锁的获得操作之间建立前发生关系。

1. 同步方法中的锁

当线程调用同步方法时，线程自动获得此方法对象的内部锁，并当调用方法返回时，释放锁。就算这个返回是由某个未捕捉的异常引起的，锁也会被释放。

你可能想知道当静态同步方法被调用时会发生些什么？因为静态方法是和类而不是某个对象相关的。在这种情况下，线程获得与这个类相关的 Class 对象的内部锁。这样，对类的静态字段的存取是由区别于这个类的任何实例锁的一个锁来控制的。

2. 同步语句

创建同步代码的另一种方式是使用同步语句（synchronized statement）。和同步方法不同，同步语句必须指定提供此内部锁的对象：

```
public void addName(String name) {
    synchronized(this) {
        lastName = name;
        nameCount++;
    }
    nameList.add(name);
}
```

在这个例子中，addName 方法需要对 lastName 和 nameCount 所做的所有改变进行同步，但同样需要避免对其他对象方法调用进行同步。（在同步代码中调用其他对象的方法可能会产生 13.4 节会讨论的一些问题。）没有同步语句的话，仅仅为了调用 `nameLit.add` 方法就需要一个分离的、不同步的方法。

同步语句对于使用细粒度同步提高一致性同样很有用。比如，假定 MsLunch 类有两个永远不会一起使用的实例字段，c1 和 c2。对这些字段所做的所有更新都必须同步，但是防止 c1 的更新和 c2 的更新交叉存取就毫无意义，而且如此做的话，由于不必要阻塞的创建会削弱一致性。我们创建两个只提供锁的对象而不是使用同步方法或者使用 this 相关的锁：

```
public class MsLunch {
    private long c1 = 0;
    private long c2 = 0;
    private Object lock1 = new Object();
    private Object lock2 = new Object();

    public void inc1() {
        synchronized(lock1) {
            c1++;
        }
    }
    public void inc2() {
        synchronized(lock2) {
            c2++;
        }
    }
}
```

要非常小心地使用上述代码。必须非常确定对受影响字段进行交叉存取是安全的。

3. 可重入同步

请回忆一下，线程不能获得其他线程正在使用的锁。但是线程可以获得它已经拥有的锁。允许线程不止一次地获得某个相同的锁就实现了可重入同步（reentrant synchronization）。这就是同步代码直接或者间接地调用一个同样包含同步代码的方法，并且这两部分代码使用相同锁的情况。如果没有可重入同步，为了避免线程陷入自己引起的阻塞，同步的代码就必须采取一些额外的防范措施。

13.3.5 原子访问

在程序设计中，原子操作是实际上立即发生的操作。原子操作不会在中间停止：要么它彻底发生，要么它就根本不发生。原子操作的副作用只有当它完成的时候才是可见的。

我们已经见过一个递增表达式（如 c++），并不是一个原子操作。甚至可以用来定义复杂操作的一些简单表达式都可以被分解成其他操作。然而，可指定的操作中一些是原子操作：

- 对于引用变量和大部分原始变量（除了 long 和 double 以外的其他所有类型）来说，读和写是原子性的。
- 对所有声明 volative 的变量（包括 long 和 double 变量）来说，读和写都是原子性的。

原子操作不能被交叉访问，所以使用它们可以不用担心线程干扰。然而，这并不能消除同步原子操作的所有需求，因为内存一致性错误仍然存在。可以使用 volative 变量减少内存一致性错误的风险，这是因为对 volative 变量的任何写操作会与接下来对此变量的读操作建立前发生关系。这意味着对 volative 变量所做的改变永远是对其他线程可见的。这也意味着，当线程读取一个 volative 变量时，它不仅会看到对此 volative 变量的最新修改，而且会看到引起这项改变的代码的副作用。

使用简单的原子变量访问比通过同步代码对这些变量进行访问更有效率，但程序员应该投入更多的精力以避免内存一致性错误。额外的努力是否值得主要取决于这个应用程序的大小和复杂度。

`java.util.concurrent` 包中的一些类提供不依赖于同步的原子方法[⊖]。我们将在 13.7 节讨论这些类。

13.4 活性

并发应用程序在实时方面的执行能力称为它的活性（liveness）。本节主要介绍最普遍的一类活性问题，死锁（deadlock），并简要介绍了其他两种活性问题，饥饿（starvation）和活锁（livelock）。

13.4.1 死锁

死锁描述的是两个或多个线程由于互相等待对方而永远阻塞的情况。下面是一个例子。

Alphonse 和 Gaston 是好朋友，并且都认为礼貌是很重要的。礼貌中很重要的一个原则是当你对一个朋友鞠躬时，你必须保持鞠躬这种状态直到你的朋友有机会返还一个鞠躬。不幸的是，当两个朋友同一时间对对方鞠躬时，这条规则就不能适用。下面的应用 Deadlock 对这种可能性进行了模拟：

```java
public class Deadlock {
    static class Friend {
        private final String name;
        public Friend(String name) {
            this.name = name;
        }
        public String getName() {
            return this.name;
        }
        public synchronized void bow(Friend bower) {
            System.out.format("%s: %s"
                + " has bowed to me!%n",
                this.name, bower.getName());
            bower.bowBack(this);
        }
        public synchronized void bowBack(Friend bower) {
            System.out.format("%s: %s"
                + " has bowed back to me!%n",
                this.name, bower.getName());
        }
    }

    public static void main(String[] args) {
        final Friend alphonse =
            new Friend("Alphonse");
        final Friend gaston =
            new Friend("Gaston");
        new Thread(new Runnable() {
            public void run() { alphonse.bow(gaston); }
        }).start();
        new Thread(new Runnable() {
```

⊖ 8/docs/api/java/util/concurrent/package-summary.html

```
        public void run() { gaston.bow(alphonse); }
    }).start();
  }
}
```

当 Deadlock 运行时，这两个线程在它们试图调用 bowBack 时很有可能阻塞。没有一个阻塞会结束因为每个块都在等待另一个从 bow 中退出。

13.4.2 饥饿和活锁

饥饿和活锁相比死锁来说很不常见，但仍然是每个并发软件的设计者都可能会遇到的问题。

1. 饥饿

饥饿描述的是线程不能获取共享资源的常规访问，并因此它不能进一步执行下去。当共享资源被"贪婪"线程长期占用而不可用时，就会发生饥饿。例如，假定某个对象提供了需要很长时间才能返回的一个同步方法。如果某个线程非常频繁地调用此方法，那么其他同样需要对此相同对象进行频繁访问的线程就经常性地被阻塞。

2. 活锁

线程经常会根据其他线程的行为而行动。如果这个其他线程的行为也是对另一个线程行为的响应，那么可能会产生活锁。与死锁一样，活锁后的线程不能进一步执行。然而，这些线程不是阻塞，它们仅仅是忙于彼此之间响应而没有时间恢复运行。这和两个人在过道中试图让对方通过这种情况很像：为了让 Gaston 通过 Alphonse 移动到他的左边，而同时，为了让 Alphonse 通过，Gaston 移动到了他的右边。可以看出，他们现在依然挡住了彼此的去路，Alphonse 移到他的右边，而同时，Gaston 移到了他的左边。他们还是彼此阻塞。

13.5 保护块

线程之间经常需要协同工作。最普遍的协作方式是保护块（guarded block）。这样一个块是以不断查询这个块继续执行前必须为 `true` 的条件开始。为了正确执行，需要遵循一系列步骤。

例如，假定 `guardedJoy` 是一个直到其共享变量 `joy` 被另一个线程重置之前都不会执行的方法。理论上，此方法在条件满足前，一直在循环，但是这个循环很浪费，因为等待的同时，它一直在执行：

```
public void guardedJoy() {
    // Simple loop guard. Wastes
    // processor time. Don't do this!
    while(!joy) {}
    System.out.println("Joy has been achieved!");
}
```

更有效的查询办法是调用 `Object.wait`⊖方法来把当前线程挂起。对 `wait` 的调用在另一个线程发出某些特殊事件可能已经发生的提醒之前是不会返回的，尽管不一定是这个线程正在等待的事件：

```
public synchronized void guardedJoy() {
    // This guard only loops once for each special event, which may not
    // be the event we're waiting for.
    while(!joy) {
        try {
```

⊖ 8/docs/api/java/lang/Object.html#wait--

```
            wait();
        } catch (InterruptedException e) {}
    }
    System.out.println("Joy and efficiency have been achieved!");
}
```

> **注意** 最好在测试等待条件的循环内部一直调用 wait 方法。不要认为此中断一定是你正在等待的这个特殊条件或者此条件依然正确。

和其他挂起执行的方法一样，wait 能抛出 InterruptedException 异常。在这个例子中，我们可以直接忽略此异常。我们所关心的只是 joy 值的大小。

为什么 guarderJoy 的这个版本是同步的呢？假定 d 是我们用来调用 wait 的对象。当线程调用 d.wait 时，它必须拥有 d 的内部锁。否则，会抛出错误。在同步方法内部调用 wait 是获得此内部锁的简单方式。

当 wait 被调用时，这个线程释放锁，并把执行挂起。在未来的某个时间，另一个线程会获得相同锁，并调用 Object.notifyAll[⊖]，告诉等待这个锁的所有线程一些重要的事已经发生：

```
public synchronized notifyJoy() {
    joy = true;
    notifyAll();
}
```

在第二个线程已经释放锁后，第一个线程请求这个锁，并从 wait 调用中返回恢复执行。

> **注意** 唤醒单个线程还有第二种方法，即 notify。notify 不允许指定要唤醒的线程，因此，只适用于具有大量线程的大型并发程序中。在这样一个程序中，不必关心唤醒的是哪一个线程。

让我们使用保护块来创建一个生产者 – 消费者（producer-consumer）应用。这种类型的应用在两个线程中共享数据：创建数据的生产者（producer）和对数据进行操作的消费者（consumer）。这两个线程使用共享对象进行通信。协作是很有必要的：消费者线程在生产者线程释放数据前，一定不能试图检索这个数据；而当消费者还没有检索老数据时，生产者一定不能试图释放新的数据。

在这个例子中，数据是通过类型 Drop 的对象实现一系列文本信息的共享：

```
public class Drop {
    // Message sent from producer
    // to consumer.
    private String message;
    // True if consumer should wait
    // for producer to send message,
    // false if producer should wait for
    // consumer to retrieve message.
    private boolean empty = true;

    public synchronized String take() {
        // Wait until message is
        // available.
```

⊖ 8/docs/api/java/lang/Object.html#notifyAll--

```java
            while (empty) {
                try {
                    wait();
                } catch (InterruptedException e) {}
            }
            // Toggle status.
            empty = true;
            // Notify producer that
            // status has changed.
            notifyAll();
            return message;
        }

        public synchronized void put(String message) {
            // Wait until message has
            // been retrieved.
            while (!empty) {
                try {
                    wait();
                } catch (InterruptedException e) {}
            }
            // Toggle status.
            empty = false;
            // Store message.
            this.message = message;
            // Notify consumer that status
            // has changed.
            notifyAll();
        }
    }
```

Producer中定义的生产者线程发送一系列相似信息。字符串"DONE"指出所有消息已经发送完成。为了模拟真实世界应用的不可预测性，生产者线程在发送信息之间暂停随机时间间隔：

```java
import java.util.Random;

public class Producer implements Runnable {
    private Drop drop;

    public Producer(Drop drop) {
        this.drop = drop;
    }

    public void run() {
        String importantInfo[] = {
            "Mares eat oats",
            "Does eat oats",
            "Little lambs eat ivy",
            "A kid will eat ivy too"
        };
        Random random = new Random();

        for (int i = 0;
              i < importantInfo.length;
              i++) {
            drop.put(importantInfo[i]);
            try {
                Thread.sleep(random.nextInt(5000));
            } catch (InterruptedException e) {}
        }
        drop.put("DONE");
    }
}
```

Consumer中定义的消费者线程仅仅是接收信息并把这些信息打印出来直到它收到

"DONE"字符串。这个线程同样会暂停随机时间间隔：

```java
import java.util.Random;

public class Consumer implements Runnable {
    private Drop drop;

    public Consumer(Drop drop) {
        this.drop = drop;
    }

    public void run() {
        Random random = new Random();
        for (String message = drop.take();
             ! message.equals("DONE");
             message = drop.take()) {
            System.out.format("MESSAGE RECEIVED: %s%n", message);
            try {
                Thread.sleep(random.nextInt(5000));
            } catch (InterruptedException e) {}
        }
    }
}
```

最后，下面是运行生产者和消费者线程的主线程，定义在 ProduceConsumerExample：

```java
public class ProducerConsumerExample {
    public static void main(String[] args) {
        Drop drop = new Drop();
        (new Thread(new Producer(drop))).start();
        (new Thread(new Consumer(drop))).start();
    }
}
```

> **注意** 写 Drop 类是为了展示保护块。为了避免做无用功，在试图编写自己的数据共享对象时，先查看一下 Java 集合框架（第 12 章）中已经存在的数据结构。为了解更多信息，请查阅本章最后一节的问题和练习。

13.6 不可变对象

对象如果在其被创建后，其状态不可更改的话，我们就称为不可变（immutable）。不可变对象上的最大依赖被认为是创造简单、可靠代码的合理策略。

不可变对象在并发程序中尤其有用。因为它们的状态不可改变，它们不会被线程干扰破坏，也不会出现不一致的状态。

程序设计者经常不愿使用不可变对象：因为他们担心创建新对象所需要的开销，而不是仅仅对已有对象进行更新。对象创建的影响经常被高估，而且还可以被不可变对象带来的一些效率提高所抵消。这包括减少的垃圾回收开销，而且也不必写代码来保护可变对象不被破坏。

下面将介绍某个实例是可变的类，而从此类中衍生出一个不可变的实例。接着给出做这种转换的基本规则，并且展示不可变对象的一些优势。

13.6.1 同步类实例

SynchronizedRGB 类定义代表颜色的对象。每个对象使用三个代表基本颜色的整数值来表示颜色，还有一个给出此颜色名的字符串：

```java
public class SynchronizedRGB {

    // Values must be between 0 and 255.
    private int red;
    private int green;
    private int blue;
    private String name;

    private void check(int red,
                       int green,
                       int blue) {
        if (red < 0 || red > 255
            || green < 0 || green > 255
            || blue < 0 || blue > 255) {
            throw new IllegalArgumentException();
        }
    }

    public SynchronizedRGB(int red,
                           int green,
                           int blue,
                           String name) {
        check(red, green, blue);
        this.red = red;
        this.green = green;
        this.blue = blue;
        this.name = name;
    }

    public void set(int red,
                    int green,
                    int blue,
                    String name) {
        check(red, green, blue);
        synchronized (this) {
            this.red = red;
            this.green = green;
            this.blue = blue;
            this.name = name;
        }
    }

    public synchronized int getRGB() {
        return ((red << 16) | (green << 8) | blue);
    }

    public synchronized String getName() {
        return name;
    }

    public synchronized void invert() {
        red = 255 - red;
        green = 255 - green;
        blue = 255 - blue;
        name = "Inverse of " + name;
    }
}
```

为了避免出现不一致性状态，必须小心使用 SynchronizedRGB。比如，假定某个线程执行以下代码：

```java
SynchronizedRGB color =
    new SynchronizedRGB(0, 0, 0, "Pitch Black");
...
int myColorInt = color.getRGB();         //Statement 1
String myColorName = color.getName();    //Statement 2
```

如果在 Statement 1 之后，Statement 2 之前另一个线程调用了 color.set，那么 myColorInt 的值就与 myColorName 的值不匹配了。为了避免这种结果的出现，这两个语句需要绑定在一起：

```
synchronized (color) {
    int myColorInt = color.getRGB();
    String myColorName = color.getName();
}
```

这种类型不一致性只对可变对象有效，即对于 SynchronizedRGB 的不可变版本来说，这种情况不会出现。

13.6.2 定义不可变对象的策略

下面的规则定义了创建不可变对象的一个简单策略。不是所有标明为不可变的类都遵循这些原则。这也并不意味着这些类的创建者都很粗心，他们可能有很好的理由认为他们所创建类的实例在创建之后永不会改变。然而，这样的策略需要更复杂的分析，并不适合于初学者：

1）不要提供 setter 方法——修改字段或者字段所引用对象的方法。

2）让所有字段都是 final 和 private。

3）不允许子类重写方法。实现这点最简单的方法是把这个类声明为 final。一个更复杂的方法是让构造函数 private，并使用工厂方法创建实例。

4）如果这个实例字段包括对可变对象的引用，不要允许对那些对象做任何修改：

- 不要提供能够修改可变对象的方法。
- 不要共享对可变对象的引用。永远不要保存此构造函数的外部、可变对象的引用。如有必要，创建副本，并保存对此副本的引用。同样，必要时为了避免返回方法中的原件，创建内部可变对象的副本。

按以下步骤进行，把此策略运用到 SynchronizedRGB 上：

1）这个类中有两个 setter 方法。第一个是 set 方法，可以任意地转换对象，并且在这个类的不可变版本中不存在。第二个是 invert 方法，可以通过创建一个新的对象而不是修改已存在的对象的方式来适应不可变版本。

2）所有字段都已设置为 private，进一步地把它们限制为 final。

3）这个类自身就被声明为 final。

4）只有一个字段引用了一个对象，并且此对象自己就是不可变的。因此不需要任何为了防止"包含"可变对象的状态被改变的保护措施。

在做了这些改变后，我们有以下新的类 ImmutableRGB：

```
final public class ImmutableRGB {

    // Values must be between 0 and 255.
    final private int red;
    final private int green;
    final private int blue;
    final private String name;

    private void check(int red,
                       int green,
                       int blue) {
        if (red < 0 || red > 255
            || green < 0 || green > 255
            || blue < 0 || blue > 255) {
```

```
            throw new IllegalArgumentException();
        }
    }
    public ImmutableRGB(int red,
                       int green,
                       int blue,
                       String name) {
        check(red, green, blue);
        this.red = red;
        this.green = green;
        this.blue = blue;
        this.name = name;
    }


    public int getRGB() {
        return ((red << 16) | (green << 8) | blue);
    }

    public String getName() {
        return name;
    }

    public ImmutableRGB invert() {
        return new ImmutableRGB(255 - red,
                       255 - green,
                       255 - blue,
                       "Inverse of " + name);
    }
}
```

13.7 高级并发对象

目前为止，本章主要从头开始介绍 Java 平台中一部分低级的 API。对于最基本的任务来说，这些 API 已经足够，但需要高级构件来解决更高级的任务，尤其是对于开发需要最大程度利用现在的多处理器和多核系统的大型并发应用来说。

本节中我们会着眼于一些高级并发特性，这些特性大部分是在新的 **java.util.concurrent** 包中实现的。Java 集合框架中同样存在新的并发数据结构：

- 锁对象支持可以简化许多并发应用程序的锁用法。
- 执行器定义运行和管理线程的高级 API。**java.util.concurrent** 所提供的执行器实现提供适用于大型应用程序的线程池管理。
- 并发集合使得对大型数据集的管理变得更简单，而且还能极大地减少对同步的需求。
- 原子变量拥有最小化同步的特性，而且能避免内存一致性错误。
- **ThreadLockRandom** 提供多个线程中的伪随机数的有效生成。

13.7.1 锁对象

同步代码依赖于一种简单的可重入锁。这种类型的锁简单易用，但有很多限制。**java.util.concurrent.locks** [1] 包中还支持更多的高级锁用法。我们不会详细介绍这个包，反之，我们会着眼于它最基本的接口 **Lock** [2]。

Lock 对象的工作方式和同步代码所使用的隐式锁很相似。对于隐式锁来说，每次只有

---

[1] 8/docs/api/java/util/concurrent/locks/package-summary.html

[2] 8/docs/api/java/util/concurrent/locks/Lock.html

一个线程能够拥有一个 Lock 对象。Lock 对象通过与它们相关的 Condition 对象，同样支持 wait/notify 机制[一]。

Lock 对象相比隐式锁最大的优势是它们可以从获得锁的尝试中退出的能力。当锁当前不可用或者超时的话（如果指定），tryLock 方法退出。当另一个线程在这个锁获得前发送中断，那么 lockInterruptibly 方法会退出。

让我们使用 Lock 对象来解决在 13.4 节遇到的死锁问题。Alphonse 和 Gaston 已经训练他们自己可以注意到他们的朋友将会什么时候鞠躬。我们通过要求我们的 Friend 对象在进行 bow 之前必须获得两个参与者的锁来模拟此改进。下面是改进后模型的源代码。为了展示这个用法的通用性，我们认为 Alphonse 和 Gaston 对他们新发现的能力如此着迷以至于他们一直在向对方鞠躬：

```java
import java.util.concurrent.locks.Lock;
import java.util.concurrent.locks.ReentrantLock;
import java.util.Random;

public class Safelock {
    static class Friend {
        private final String name;
        private final Lock lock = new ReentrantLock();

        public Friend(String name) {
            this.name = name;
        }

        public String getName() {
            return this.name;
        }

        public boolean impendingBow(Friend bower) {
            Boolean myLock = false;
            Boolean yourLock = false;
            try {
                myLock = lock.tryLock();
                yourLock = bower.lock.tryLock();
            } finally {
                if (! (myLock && yourLock)) {
                    if (myLock) {
                        lock.unlock();
                    }
                    if (yourLock) {
                        bower.lock.unlock();
                    }
                }
            }
            return myLock && yourLock;
        }

        public void bow(Friend bower) {
            if (impendingBow(bower)) {
                try {
                    System.out.format("%s: %s has"
                        + " bowed to me!%n",
                        this.name, bower.getName());
                    bower.bowBack(this);
                } finally {
                    lock.unlock();
                    bower.lock.unlock();
                }
            } else {
```

[一] 8/docs/api/java/util/concurrent/locks/Condition.html

```java
                System.out.format("%s: %s started"
                    + " to bow to me, but saw that"
                    + " I was already bowing to"
                    + " him.%n",
                    this.name, bower.getName());
            }
        }
        public void bowBack(Friend bower) {
            System.out.format("%s: %s has" +
                " bowed back to me!%n",
                this.name, bower.getName());
        }
    }
    static class BowLoop implements Runnable {
        private Friend bower;
        private Friend bowee;

        public BowLoop(Friend bower, Friend bowee) {
            this.bower = bower;
            this.bowee = bowee;
        }

        public void run() {
            Random random = new Random();
            for (;;) {
                try {
                    Thread.sleep(random.nextInt(10));
                } catch (InterruptedException e) {}
                    bowee.bow(bower);
            }
        }


    public static void main(String[] args) {
        final Friend alphonse =
            new Friend("Alphonse");
        final Friend gaston =
            new Friend("Gaston");
        new Thread(new BowLoop(alphonse, gaston)).start();
        new Thread(new BowLoop(gaston, alphonse)).start();
    }
}
```

13.7.2 执行器

在前面的例子中，新线程完成的任务（如 **Runnable** 对象所定义的）和这个线程本身（如一个 Thread 对象所定义的）之间有很强的联系。这适用于小型应用，但在大型应用中，把线程管理和应用的其他部分的创建分开来会更合理。封装这些功能的对象叫作执行器 (executor)。下面的子节将详细描述执行器：

- "执行器接口"定义了三种执行器对象类型。
- "线程池"是最普遍的执行器实现。
- "Fork/Join"是一种利用多处理器的框架。

1. 执行器接口

`java.util.concurrent` 包中定义以下三种执行器接口：

- **Executor**，支持运行新任务的简单接口。

- ExecutorService，Executor 的子接口，为了帮助管理单个任务和执行器自己的生命周期而添加了某些功能。
- ScheduleExecutorService，ExecutorService 的子接口，支持任务的未来或者阶段执行。

通常来说，引用执行器对象的变量会以这三种接口的其中一种形式声明。没有执行器类这种类型。

2. Executor 接口

Executor 接口提供单个方法 execute，可以作为对普通的线程创建代码的简单替代[一]。如果 r 是一个 Runnable 对象，而 e 是一个 Executor 对象的话，可以使用代码"e.execute(r);"替代代码"(new Thread(r)).start();"。

然而，execute 的定义更不确切。低级的用法创建一个新的线程，并立即启动它。根据 Executor 的不同实现，execute 可能会做同样的事情，但更有可能是使用一个已经存在的工作者线程来运行 r 或者把 r 放到一个等待一个已存在的工作者线程的队列中去。（我们将在"线程池"介绍工作者线程。）

java.util.concurrent 中的执行器实现是可以用来充分利用更高级的 ExecutorService 和 ScheduleExecutorService 接口，尽管使用基本的 Executor 接口它们也能工作。

3. ExecutorService 接口

ExecutorService 接口在 execute 方法之外补充了一个相似但功能更强大的 submit 方法[二]。和 execute 方法一样，submit 方法接受 Runnable 对象，但它同样接受允许任务返回一个值的 Callable 对象[三]。submit 方法返回用来检索 Callable 返回值和管理 Callable 和 Runnable 任务的状态的 Future 对象[四]。

ExecutorService 也提供提交大量 Callable 对象的方法。最后，ExecutorService 提供用来管理执行器关闭的若干方法。为了支持立即关闭，任务必须正确地处理中断。

4. ScheduledExecutorService 接口

ScheduledExecutorService 接口在它的上层 ExecutorService 的方法之外补充了在一个指定延时后执行 Runnable 或者 Callable 任务的 schedule 方法[五]。此外，这个接口也定义了 scheduleAtFixedRate 和 scheduleWithFixedDealy 方法。它们能够以指定间隔重复执行指定任务。

5. 线程池

java.util.concurrent 中的大部分执行器实现都使用由工作者线程（worker threads）组成的线程池（thread pools）。这种类型的线程独立于它执行的 Runnable 和 Callable 任务存在，而且经常用于执行多种任务。

使用工作者线程把线程创建的开销最小化。线程对象使用大量的内存，而且在大型应用程序中，对许多线程对象的内存分配和回收操作会产生大量的内存管理开销。

一种常见的线程池类型是固定线程池（fixed thread pool）。这种类型的线程池保持其正

[一] 8/docs/api/java/util/concurrent/Executor.html
[二] 8/docs/api/java/util/concurrent/ExecutorService.html
[三] 8/docs/api/java/util/concurrent/Callable.html
[四] 8/docs/api/java/util/concurrent/Future.html
[五] 8/docs/api/java/util/concurrent/ScheduleExecutorService.html

在运行一定数量的线程。如果某个线程在它正在使用时被终止，那么线程池会自动使用新线程替代它。通过内部队列提交任务到线程池中，可获得新线程。只要活动的任务比线程多，就使用内部队列来储存额外的任务。

固定线程池带来的重大好处是使用它的应用程序可以优雅的降级。例如，一个网络服务器应用程序仅仅为每个新的 HTTP 创建新的线程（其中每个 HTTP 请求都是通过单独的线程来处理的），而这个系统收到的请求多于它能够立即处理的数量，那么当所有这些线程的开销超过整个系统的能力之后，这个应用程序会突然停止对所有请求的响应。对可以被创建的线程总数加以限制之后，这个应用程序不再是当请求进入的时候就对请求响应。反之，它会在系统能够承受的范围内，尽快对请求响应服务。

创建使用固定线程池的执行器的简单方式是调用 `java.util.concurrent.Executors`[一] 中的 `newFixedThreadPool`[二] 工厂方法。这个类也提供下面的工厂方法：

- `newCachedThreadPool` 方法创建拥有可扩展线程池的执行器。这个执行器适用于运行许多短暂的任务的应用程序[三]。
- `newSingleThreadExecutor` 方法创建每次只执行单个任务的执行器[四]。
- 一些工厂方法是上述执行器的 `ScheduledExecutorService` 版本。

如果这些工厂方法提供的执行器都不能满足你的要求，构造 `java.util.concurrent.ThreadPoolExecutor`[五] 或 `java.util.concurrent.ScheduledThreadPoolExecutor`[六] 的实例会给你更多选择。

6. Fork/Join

Fork/Join 框架是 `ExecutorService` 接口的一个实现，帮助更好地使用多处理器。它可以用来实现递归地将任务切割成更小任务的工作。目的是利用所有可用的处理能力来增强应用程序的性能。

对于任意 `ExecutorService` 实现来说，Fork/Join 框架把任务分配给线程池中的线程。Fork/Join 框架使用工作窃取算法（work-stealing algorithm），完成任务的工作者线程可以从其他依然在忙的线程中窃取任务。

Fork/Join 框架的核心是 `ForkJoinPool` 类，它是实现了核心的工作窃取算法和可以执行 `ForkJoinTasks`[七] 进程的 `AbstractExecutorService`[八] 的扩展类。

（1）基本用法

使用 Fork/join 框架很简单。第一步是编写执行部分工作的代码。你的代码应该看起来像下面的伪代码：

```
if (my portion of the work is small enough)
    do the work directly
else
    split my work into two pieces
    invoke the two pieces and wait for the results
```

[一] 8/docs/api/java/util/concurrent/Executors.html
[二] 8/docs/api/java/util/concurrent/Executors.html#newFixedThreadPool-int-
[三] 8/docs/api/java/util/concurrent/Executors.html#newCachedThreadPool-int-
[四] 8/docs/api/java/util/concurrent/Executors.html#newSingleThreadExecutor-int-
[五] 8/docs/api/java/util/concurrent/ThreadPoolExecutor.html
[六] 8/docs/api/java/util/concurrent/ScheduledThreadPoolExecutor.html
[七] 8/docs/api/java/util/concurrent/ForkJoinTask.html
[八] 8/docs/api/java/util/concurrent/ForkJoinPool.html

把这个代码封装成一个 ForkJoinTask 子类，通常作为更具体的类型 RecursiveTask[⊖]（能够返回结果）或者 RecursiveAction[⊖]中的一个。当 ForkJoinTask 已经准备好，创建一个代表所有需要完成的工作总量的实例并把它传给一个 ForkJoinPool 实例的 invoke() 方法。

（2）模糊操作

为了更好地理解 Fork/Join 框架的工作方式，考虑下面这个简单的例子。假如你想要在一张图片上执行某个简单的模糊操作。原来的源图片是用一个整数数组表示的，其中各个整数包含的是单个像素的颜色值。被模糊的目的图片同样用一个整数数组表示，大小和源数组一样。

通过每次对源数组中的一个像素进行处理的方式来执行模糊操作。对每个像素的颜色值取其周边像素值的平均值（红、绿和蓝组件都取平均），并把结果放入到目的数组中。由于一个图像是一个很大的数组，操作可能需要很长时间。你可以利用多处理器的并发处理，通过使用 Fork/Join 框架来实现算法。下面是可能的实现：

```java
public class ForkBlur extends RecursiveAction {
    private int[] mSource;
    private int mStart;
    private int mLength;
    private int[] mDestination;

    // Processing window size; should be odd.
    private int mBlurWidth = 15;

    public ForkBlur(int[] src, int start, int length, int[] dst) {
        mSource = src;
        mStart = start;
        mLength = length;
        mDestination = dst;
    }

    protected void computeDirectly() {
        int sidePixels = (mBlurWidth - 1) / 2;
        for (int index = mStart; index < mStart + mLength; index++) {
            // Calculate average.
            float rt = 0, gt = 0, bt = 0;
            for (int mi = -sidePixels; mi <= sidePixels; mi++) {
                int mindex = Math.min(Math.max(mi + index, 0),
                                      mSource.length - 1);
                int pixel = mSource[mindex];
                rt += (float)((pixel & 0x00ff0000) >> 16)
                        / mBlurWidth;
                gt += (float)((pixel & 0x0000ff00) >>  8)
                        / mBlurWidth;
                bt += (float)((pixel & 0x000000ff) >>  0)
                        / mBlurWidth;
            }

            // Reassemble destination pixel.
            int dpixel = (0xff000000     ) |
                   (((int)rt) << 16) |
                   (((int)gt) <<  8) |
                   (((int)bt) <<  0);
            mDestination[index] = dpixel;
        }
    }
}
```
...

[⊖] 8/docs/api/java/util/concurrent/RecursiveTask.html
[⊖] 8/docs/api/java/util/concurrent/RecursiveAction.html

现在你需要实现抽象的 compute() 方法，它要么直接执行模糊操作，要么把它分解为两个更小的任务。使用简单的数组长度阈值来判定 compute() 方法是执行模糊操作还是分解工作：

```
protected static int sThreshold = 100000;

protected void compute() {
    if (mLength < sThreshold) {
        computeDirectly();
        return;
    }

    int split = mLength / 2;

    invokeAll(new ForkBlur(mSource, mStart, split, mDestination),
            new ForkBlur(mSource, mStart + split, mLength - split,
                    mDestination));
}
```

如果上述方法是在 RecursiveAction 类的子类中，那么把它们放在 ForkJoinPool 中运行就很容易了，它包括了下面的步骤：

1. 创建表示了所有需要完成的工作的任务：

```
// source image pixels are in src
// destination image pixels are in dst
ForkBlur fb = new ForkBlur(src, 0, src.length, dst);
```

2. 创建会运行此任务的 ForkJoinPool：

```
ForkJoinPool pool = new ForkJoinPool();
```

3. 运行任务。

```
pool.invoke(fb);
```

请查看前面提供的 ForkBlur 类获取详尽的源代码，包括创建目的图片文件的额外代码。

7. 标准实现

除了使用 Fork/Join 框架来实现在多处理器系统中被并发执行的自定义算法（比如前一节中的 ForkBlur.java 例子），在 Java SE 中有一些比较常用的功能也被 Fork/Join 实现了。在 Java SE 8 中，java.util.Arrays 类的一系列 parallelSort()[○] 方法就使用了 Fork/Join 框架实现。这些方法与 sort() 类似，但是通过 Fork/Join 来支持并发。在多处理器系统中，并行排序大数组比串行排序要快。但是，具体 Fork/Join 框架是如何被这些方法执行的不在本书的范围内。这些信息请见《Java API 文档》。

另外 java.util.streams 包中的方法也使用 Fork/Join 框架实现。更多信息请见 12.3.4 节。

13.7.3　并发集合

java.util.concurrent 包中包括若干 Java 集合框架的附加集合。这些可以简单地归为下面这几类集合接口：

- BlockingQueue[○]定义了一个先进先出（FIFO）的数据结构。当你试图添加一个完整队列或者检索一个空队列时，这个数据结构会阻塞或者超时。

○ 8/docs/api/java/util/Arrays.html
○ 8/docs/api/java/util/concurrent/BlockingQueue.html

- ConcurrentMap[一]是 `java.util.Map`[二]的子接口，定义了有用的原子操作。这些操作移除或者替换一个键值对（仅当此键已存在）或者添加一个键值对（仅当此键还不存在）。让这些操作具有原子性能够避免同步。ConcurrentMap 的标准通用实现是 CurrentHashMap[三]，它是 HashMap 的并发模拟[四]。
- ConcurrentNavigableMap[五]是 ConcurrentMap 的子接口，支持近似匹配。ConcurrentNavigableMap 的标准通用实现是 ConcurrentSkipListMap[六]，它是 TreeMap[七]的并发模拟。

这些集合通过定义添加对象到这个集合操作和随后对此对象的存取或移除操作之间的前发生关系来避免内存一致性错误。

13.7.4 原子变量

`java.util.concurrent.atomic` 包定义了支持在单个变量上的原子操作的类[八]。所有这些类都拥有与 `volative` 变量上的读写操作工作方式很相似的 `get` 和 `set` 方法。也就是，`set` 和任何随后在此变量上的 `get` 操作都有前发生关系。原子操作 `compareAndSet` 方法和整数原子变量上应用的简单原子算术方法一样也有内存一致性特性。

为了明白如何使用这个包，让我们回到原来用来展示线程干扰的 Counter 类：

```java
class Counter {
    private int c = 0;

    public void increment() {
        c++;
    }

    public void decrement() {
        c--;
    }

    public int value() {
        return c;
    }

}
```

让 Counter 不受线程干扰影响的一种方法是让它的方法同步，如 SynchronizedCounter 中所示：

```java
class SynchronizedCounter {
    private int c = 0;

    public synchronized void increment() {
        c++;
    }
```

[一] 8/docs/api/java/util/concurrent/ConcurrentMap.html
[二] 8/docs/api/java/util/Map.html
[三] 8/docs/api/java/util/concurrent/ConcurrentHashMap.html
[四] 8/docs/api/java/util/HashMap.html
[五] 8/docs/api/java/util/concurrent/ConcurrentNavigableMap.html
[六] 8/docs/api/java/util/concurrent/ConcurrentSkipListMap.html
[七] 8/docs/api/java/util/TreeMap.html
[八] 8/docs/api/java/util/concurrent/atomic/package-summary.html

```
    public synchronized void decrement() {
        c--;
    }

    public synchronized int value() {
        return c;
    }
}
```

对于这个简单的类来说，同步是可接受的解决方案。但是对更复杂的类来说，我们可能想要避免不必要的同步所带来的实时性影响。使用 AtomicInteger 替换 int 字段允许我们不用通过使用同步就能防止线程干扰，就像 AtomicCounter 所示：

```
import java.util.concurrent.atomic.AtomicInteger;

class AtomicCounter {
    private AtomicInteger c = new AtomicInteger(0);

    public void increment() {
        c.incrementAndGet();
    }

    public void decrement() {
        c.decrementAndGet();
    }

    public int value() {
        return c.get();
    }
}
```

13.7.5 并发随机数

java.util.concurrent[⊖] 包为那些想要在多个线程或 ForkJoinTasks 中使用随机数的应用程序提供便利类 ThreadLocalRandom[⊖]。对并发存取来说，使用 ThreadLocalRandom 而不是 Math.random() 会产生更少的争用，并且最终得到更好的性能。

所需要做的仅仅是调用 ThreadLocalRandom.current()，然后调用它的某个方法来检索随机数。下面是使用实例：

```
int r = ThreadLocalRandom.current() .nextInt(4, 77);
```

13.8 问题和练习：并发

问题

你能够把 Thread 对象传给 Executor.execute 吗？这样的调用是否合理？

练习

1. 编译并运行 BadThreads.java：

```
public class BadThreads {

    static String message;

    private static class CorrectorThread
```

[⊖] 8/docs/api/java/util/concurrent/package-summary.html
[⊖] 8/docs/api/java/util/concurrent/ThreadLocalRandom.html

```
        extends Thread {
    public void run() {
        try {
            sleep(1000);
        } catch (InterruptedException e) {}
        // Key statement 1:
        message = "Mares do eat oats.";
    }
}

    public static void main(String args[])
        throws InterruptedException {

        (new CorrectorThread()).start();
        message = "Mares do not eat oats.";
        Thread.sleep(2000);
        // Key statement 2:
        System.out.println(message);
    }
}
```

此应用程序应该打印出"Mares do eat oats.",是否保证每次都会这样做?如果不能,为什么?如果改变两个 Sleep 调用的参数是否会有帮助?如何能够保证对 message 的所有改变在主线程中都是可见的?

2. 使用一个标准库类而不是 Drop 类来修改 13.5 节中的生产者 – 消费者实例。

答案

相关答案参考

http://docs.oracle.com/javase/tutorial/essential/concurrency/QandE/answers.html。

第 14 章

The Java Tutorial: A Short Course on the Basics, Sixth Edition

正则表达式

本章解释如何使用 java.util.regex 应用程序接口（API）来实现正则表达式的模式匹配[一]。尽管这个包所接受的语法和 Perl 编程语言很相似，但并不要求读者了解 Perl[二]。本章从基础开始，逐步介绍更多高级技术。

14.1 节提供正则表达式的概览，同时也介绍了构成此 API 的核心类。其他几节主要介绍以下内容：

- 定义使用正则表达式来测试模式匹配的简单应用程序。
- 介绍基本的模式匹配、元字符和引用。
- 描述简单的字符类、取反、区间、并集、交集和减法。
- 描述用于空格、字和数字字符的基本预定义字符类。
- 解释用于表述表达式 x 匹配次数所需的贪婪型量词、勉强型量词和占有型量词。
- 解释如何把多个字符当单个单元来对待。
- 描述行、字和输入边界。
- 介绍其他有用的 Pattern 类方法，并探讨高级特性，比如带标记编译和使用嵌套标记表达式。
- 描述常用的 Matcher 类方法。
- 描述如何检测 PatternSysnaxException。

14.1 简介

14.1.1 正则表达式

正则表达式是基于字符串集合中每个字符共有的普遍特征来描述此字符串集合的一种方式。可以用这些表达式搜索、编辑或操作文本和数据。为了创建正则表达式，读者必须学习其中的特定语法，即 Java 编程语言普通语法之外的一种语法。正则表达式在复杂度上变化很多，但是一旦理解构造它们的基础知识后，就能够译解（或创建）任何正则表达式。

本章主要介绍 java.util.regex API 所支持的正则表达式语法，并通过一些可用实例来揭示这些不同对象是如何交互的。在正则表达式的世界里，可以选择很多不同的处理方法，如 grep、Perl、Tcl、Python、PHP 和 awk。java.util.regex API 中的正则表达式语法和 Perl 中的最相似。

14.1.2 正则表达式的表示方法

java.util.regex 包主要由三个类构成：Pattern[三]、Matcher[四]和 PatternSyn-

[一] 8/docs/api/java/util/regex/package-summary.html
[二] http://www.perl.com
[三] 8/docs/api/java/util/regex/Pattern.html
[四] 8/docs/api/java/util/regex/Matcher.html

taxException[8]。

- **Pattern** 对象代表的是已编译的正则表达式。**Pattern** 类并没有提供任何公共构造函数。想要创建模式,首先必须调用一个它的 `public static compile` 方法,此方法然后会返回一个 **Pattern** 对象。这些方法接受正则表达式作为第一个参数,本章刚开始的几个小节会介绍这些必需的语法。
- **Matcher** 对象是中断模式对象和在输入字符串上执行匹配操作的工具。和 **Pattern** 类相似,**Matcher** 没有定义公共构造函数。可以通过在 **Pattern** 对象上调用 `matcher` 方法来获得 **Matcher** 对象。
- **PatternSyntaxException** 对象是指明在正则表达式中的语法错误的未检测异常。

本章中的最后几节将细致地探讨每个类。但是,首先,读者必须理解正则表达式到底是如何创建的。下面的章节将介绍一个简单的测试工具。我们会一直用它来检测正则表达式的语法是否正确。

14.2 测试工具

本节定义一个可重用的测试工具 RegexTestHarness.java,可以用它来探测此 API 支持的正则表达式构造。运行此代码的命令是"`java RegexTestHarness`":不接受任何的命令行参数。这个应用程序一直循环,提示用户输入正则表达式和输入验证字符。是否使用这个测试工具是可选的,但是你可能会发现用它来探测在下一页中讨论的测试案例会很有效率。

在进入下一节之前,为了保证你的开发环境支持所需要的包,请保存并编译此代码。

```java
import java.io.Console;
import java.util.regex.Pattern;
import java.util.regex.Matcher;

public class RegexTestHarness {

    public static void main(String[] args){
        Console console = System.console();
        if (console == null) {
            System.err.println("No console.");
            System.exit(1);
        }
        while (true) {

            Pattern pattern =
            Pattern.compile(console.readLine("%nEnter your regex: "));

            Matcher matcher =
            pattern.matcher(console.readLine("Enter input string to search: "));

            boolean found = false;
            while (matcher.find()) {
                console.format("I found the text" +
                    " \"%s\" starting at " +
                    "index %d and ending at index %d.%n",
                    matcher.group(),
                    matcher.start(),
                    matcher.end());
                found = true;
            }
```

---

[8] /docs/api/java/util/regex/PatternSyntaxException.html

```
            if(!found){
                console.format("No match found.%n");
            }
        }
    }
}
```

14.3 字符串文字

这个 API 所支持的最基础模式匹配形式是字符串文字的匹配。比如，如果这个正则表达式名为 foo，而输入字符串是 foo 的话，那么会匹配成功，因为这两个字符串是一样的。使用测试工具来试验一下：

```
Enter your regex: foo
Enter input string to search: foo
I found the text foo starting at index 0 and ending at index 3.
```

这个匹配是成功的。注意，当输入字符串有 3 个字符时，开始索引是 0 而结尾索引是 3。通常来说，区间包括开始索引但不包括结尾索引，如图 14-1 所示。

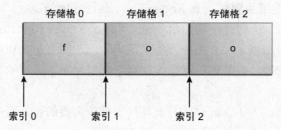

图 14-1 拥有已编号的存储格和索引值的字符串文字 foo

这个字符串中的每个字符都拥有自己的存储格（cell），索引位置指向每个存储格的中间。尽管这些字符自己只占有 0、1 和 2 这三个存储格，foo 字符串是从 0 索引开始，在 3 索引处结束的。

随后的匹配中你会注意到一些重叠的发生。下一个匹配的开始索引和前一个匹配的开始索引是一样的：

```
Enter your regex: foo
Enter input string to search: foofoofoo
I found the text foo starting at index 0 and ending at index 3.
I found the text foo starting at index 3 and ending at index 6.
I found the text foo starting at index 6 and ending at index 9.
```

14.3.1 元字符

这个 API 同样支持很多影响模式匹配方式的特殊字符。把正则表达式改为"cat."，并把字符串改为"cats"。输出如下所示：

```
Enter your regex: cat.
Enter input string to search: cats
I found the text cats starting at index 0 and ending at index 4.
```

即使输入字符中没有"."，匹配仍然成功。因为"."是元字符，即拥有特殊含义的字符。"."表示任意字符，这就是为什么这个例子中的匹配会成功。这个 API 支持的元字符如下所示：

```
<([{\^-=$!|]})?*+.>
```

> **注意** 在某些情况下，这里列出的特殊字符不会被当作元字符处理。当你学到更多关于正则表达式是如何创建的时候你就会遇到这种情况。然而，你可以使用这个列表来检测一个具体的字符是否会被当作一个元字符。例如，字符 @ 和 # 永远都不会带有特殊意义。

强制元字符被当作普通字符处理有两种方式：
- 在元字符前加一个斜杠。
- 把元字符放在 \Q（开启一个引用）和 \E（关闭引用）之间。

当使用这个技术时，\Q 和 \E 可以放在这个表达式中的任何位置，只要保证 \Q 先出现。

14.4 字符类

查阅 PatternAPI 文档时，会发现许多表都总结了能够支持的正则表达式字符类，包括表 14-1。

表 14-1 字符类

构造	描述
[abc]	a、b 或者 c（简单类）
[^abc]	除了 a、b 和 c 之外的任意字符（取反）
[a-zA-Z]	a 到 z 或者 A 到 Z，闭（区间）
[a-d[m-p]]	a 到 z 或者 m 到 p（并集）
[a-z&&[def]]	d、e 或者 f（交集）
[a-z&&[^bc]]	a 到 z，除了 b 和 c 之外（减法）
[a-z&&[^m-p]]	a 到 z，但是不包括 m 到 p（减法）

左边的列指定正则表达式的构造，而右边的列描述各个构造会匹配的条件。

> **注意** 在字符类短语中的类这个单词并不是对某个 .class 文件的引用。在正则表达式的上下文中，**字符类**是方括号中的字符集合。它指定能够成功地从给定的输入字符串中匹配单个字符的那些字符。

14.4.1 简单类

字符类最基础的形式是在方括号中只并排地放一系列字符。例如，正则表达式 [bcr]at 会匹配单词 bat、cat 或者 rat。因为它把一个字符类（接受 b、c 或 r）定义为它的第一个字符。

```
Enter your regex: [bcr]at
Enter input string to search: bat
I found the text "bat" starting at index 0 and ending at index 3.

Enter your regex: [bcr]at
Enter input string to search: cat
```

```
I found the text "cat" starting at index 0 and ending at index 3.

Enter your regex: [bcr]at
Enter input string to search: rat
I found the text "rat" starting at index 0 and ending at index 3.

Enter your regex: [bcr]at
Enter input string to search: hat
No match found.
```

在这些例子中,只有当第一个字母和此字符类定义的其中一个字符匹配时,匹配才会成功。

1. 取反

要匹配那些列出的字符以外的其他字符,只需要把元字符 ^ 插入到这个字符类的开始处。这个手法叫作取反:

```
Enter your regex: [^bcr]at
Enter input string to search: bat
No match found.

Enter your regex: [^bcr]at
Enter input string to search: cat
No match found.

Enter your regex: [^bcr]at
Enter input string to search: rat
No match found.

Enter your regex: [^bcr]at
Enter input string to search: hat
I found the text "hat" starting at index 0 and ending at index 3.
```

只有当输入字符串的第一个字符不包含此字符类所定义的任何字符时,匹配才会成功。

2. 区间

有时候你会想要定义包含某个值区间的字符类,比如 a 到 h 的字母或者 1 到 5 的数字。为了指定一个区间,简单地在第一个和最后一个需要匹配的字符间插入元字符 - 就可以了,比如 [1-5] 或者 [a-h]。你也可以把不同的区间在这个类中彼此放在一起来进一步扩展匹配的可能性。例如,[a-zA-Z] 会匹配字母表中的所有字母:a 到 z(小写)或者 A 到 Z(大写)。下面是区间和取反的一些例子:

```
Enter your regex: [a-c]
Enter input string to search: a
I found the text "a" starting at index 0 and ending at index 1.

Enter your regex: [a-c]
Enter input string to search: b
I found the text "b" starting at index 0 and ending at index 1.

Enter your regex: [a-c]
Enter input string to search: c
I found the text "c" starting at index 0 and ending at index 1.

Enter your regex: [a-c]
Enter input string to search: d
No match found.

Enter your regex: foo[1-5]
Enter input string to search: foo1
I found the text "foo1" starting at index 0 and ending at index 4.

Enter your regex: foo[1-5]
Enter input string to search: foo5
```

```
I found the text "foo5" starting at index 0 and ending at index 4.

Enter your regex: foo[1-5]
Enter input string to search: foo6
No match found.

Enter your regex: foo[^1-5]
Enter input string to search: foo1
No match found.

Enter your regex: foo[^1-5]
Enter input string to search: foo6
I found the text "foo6" starting at index 0 and ending at index 4.
```

3. 并集

也可以使用并集（union）来创建由两个或多个分开的字符类组成的单个字符类。为了创建并集，可以简单地把一个类嵌套到另一个的旁边，比如 [0-4[6-8]]。这种特殊的并集创建了匹配数字 0、1、2、3、4、6、7 和 8 的单个字符类：

```
Enter your regex: [0-4[6-8]]
Enter input string to search: 0
I found the text "0" starting at index 0 and ending at index 1.

Enter your regex: [0-4[6-8]]
Enter input string to search: 5
No match found.

Enter your regex: [0-4[6-8]]
Enter input string to search: 6
I found the text "6" starting at index 0 and ending at index 1.

Enter your regex: [0-4[6-8]]
Enter input string to search: 8
I found the text "8" starting at index 0 and ending at index 1.

Enter your regex: [0-4[6-8]]
Enter input string to search: 9
No match found.
```

4. 交集

要创建只匹配所有嵌套类中共同的字符的单个字符类，可以使用&&，如 [0-9&&[345]]。这个特殊的交集创建的正则表达式只匹配两个字符类共有的数字 3、4 和 5：

```
Enter your regex: [0-9&&[345]]
Enter input string to search: 3
I found the text "3" starting at index 0 and ending at index 1.

Enter your regex: [0-9&&[345]]
Enter input string to search: 4
I found the text "4" starting at index 0 and ending at index 1.

Enter your regex: [0-9&&[345]]
Enter input string to search: 5
I found the text "5" starting at index 0 and ending at index 1.

Enter your regex: [0-9&&[345]]
Enter input string to search: 2
No match found.

Enter your regex: [0-9&&[345]]
Enter input string to search: 6
No match found.
```

下面的集合展示了两个区间的交集：

```
Enter your regex: [2-8&&[4-6]]
Enter input string to search: 3
No match found.

Enter your regex: [2-8&&[4-6]]
Enter input string to search: 4
I found the text "4" starting at index 0 and ending at index 1.

Enter your regex: [2-8&&[4-6]]
Enter input string to search: 5
I found the text "5" starting at index 0 and ending at index 1.

Enter your regex: [2-8&&[4-6]]
Enter input string to search: 6
I found the text "6" starting at index 0 and ending at index 1.

Enter your regex: [2-8&&[4-6]]
Enter input string to search: 7
No match found.
```

5. 减法

最后，可以使用减法来对一个或更多嵌套的字符类取反，比如 [0-9&&[^345]]。这个例子创建了一个匹配从 0 到 9 中除了数字 3、4 和 5 之外的其他数字的单个字符类：

```
Enter your regex: [0-9&&[^345]]
Enter input string to search: 2
I found the text "2" starting at index 0 and ending at index 1.

Enter your regex: [0-9&&[^345]]
Enter input string to search: 3
No match found.

Enter your regex: [0-9&&[^345]]
Enter input string to search: 4
No match found.

Enter your regex: [0-9&&[^345]]
Enter input string to search: 5
No match found.

Enter your regex: [0-9&&[^345]]
Enter input string to search: 6
I found the text "6" starting at index 0 and ending at index 1.

Enter your regex: [0-9&&[^345]]
Enter input string to search: 9
I found the text "9" starting at index 0 and ending at index 1.
```

既然现在已经介绍了如何创建字符类，在继续进入到下节之前，你可能会想要再看一下表 14-1。

14.5 预定义字符类

Pattern API 包含许多有用的预定义字符类，它提供常用正则表达式的便利简写。

表 14-2 中，左列中每个构造分别是右列中字符类的简写。例如，\d 意味着区间数字（0 到 9），而 \w 意味着一个单词字符（任何小写字母、任何大写字母、下划线或者任何数字）。只要可能的话，就请使用这些预定义的类。它们会让你的代码简单易读并且可以消除有缺陷的字符类带来的错误。

表 14-2 字符构造

构造	描述
.	任何字符（有可能匹配也可能不匹配行结束符号）
\d	一个数字：[0-9]
\D	一个非数字：[^0-9]
\s	一个空格符：[\t\n\x0B\f\r]
\S	一个非空格符：[^\s]
\w	一个单词字符：[a-zA-Z_0-9]
\W	一个非单词字符：[^\w]

由反斜杠开始的构造称为转义构造（escaped construct）。我们在 14.3 节中已经预先看到了一些转义构造，就是为了引用而使用的 \Q 和 \E。如果在字符串文字中使用转义构造，必须在一个反斜杠前加上额外的反斜杠来编译该字符串。

```
private final String REGEX = "\\d"; // a single digit
```

这个例子中，\d 是一个正则表达式。额外的反斜杠是用来编译此代码的。但是这个测试工具直接从控制台读取表达式，所以额外的反斜杠是不必要的。

接下来的例子展示预定义字符类的使用：

```
Enter your regex: .
Enter input string to search: @
I found the text "@" starting at index 0 and ending at index 1.

Enter your regex: .
Enter input string to search: 1
I found the text "1" starting at index 0 and ending at index 1.

Enter your regex: .
Enter input string to search: a
I found the text "a" starting at index 0 and ending at index 1.

Enter your regex: \d
Enter input string to search: 1
I found the text "1" starting at index 0 and ending at index 1.

Enter your regex: \d
Enter input string to search: a
No match found.

Enter your regex: \D
Enter input string to search: 1
No match found.

Enter your regex: \D
Enter input string to search: a
I found the text "a" starting at index 0 and ending at index 1.

Enter your regex: \s
Enter input string to search:  
I found the text " " starting at index 0 and ending at index 1.

Enter your regex: \s
Enter input string to search: a
No match found.

Enter your regex: \S
Enter input string to search: 
No match found.
```

```
Enter your regex: \S
Enter input string to search: a
I found the text "a" starting at index 0 and ending at index 1.

Enter your regex: \w
Enter input string to search: a
I found the text "a" starting at index 0 and ending at index 1.

Enter your regex: \w
Enter input string to search: !
No match found.

Enter your regex: \W
Enter input string to search: a
No match found.

Enter your regex: \W
Enter input string to search: !
I found the text "!" starting at index 0 and ending at index 1.
```

在前三个例子中，正则表达式仅仅是可以代表任何字符的点元字符(.)。因此，三种情况下的匹配都是成功的（随机选取的@字符、数字和字母）。剩下的每个例子都使用表格 14-2 中的单个正则表达式。可以根据这个表格来理解每个匹配的逻辑思维：

- \d 匹配所有数字
- \s 匹配空格符
- \w 匹配单词字符

作为一种选择，大写字母的意义相反：

- \D 匹配非数字
- \S 匹配非空格符
- \W 匹配非单词字符

14.6 量词

量词允许指定需要匹配的字符出现的次数。简单起见，Pattern API 说明中描述了贪婪型、勉强型和占有型三种量词，如表 14-3 所示。刚开始看时，或许会认为量词 X?, X?? 和 X?+ 所做的事情完全一样，因为它们都承诺会匹配"X 出现一次或者不出现。"但是，这些实现的微妙不同会在本节的最后部分介绍。

表 14-3 字符匹配中的量词

贪 婪 型	勉 强 型	占 有 型	意　义
X?	X??	X?+	X 出现一次或者不出现
X*	X*?	X*+	X 出现零次或多次
X+	X+?	X++	X 出现一次或多次
X{n}	X{n}?	X{n}+	X 正好出现 n 次
X{n,}	X{n,}?	X{n,}+	X 至少出现 n 次
X{n,m}	X{n,m}?	X{n,m}+	X 至少出现 n 次，但最多出现 m 次

首先让我们通过创建三个不同的正则表达式来看一下贪婪型量词：a 之后跟随 ?、* 或者 +。让我们看看输入一个空白字符串 " " 测试这些表达式会发生些什么：

```
Enter your regex: a?
Enter input string to search:
I found the text "" starting at index 0 and ending at index 0.

Enter your regex: a*
Enter input string to search:
I found the text "" starting at index 0 and ending at index 0.

Enter your regex: a+
Enter input string to search:
No match found.
```

14.6.1 零长度匹配

在前面的例子中，前两个实例中的匹配是成功的，这是因为表达式 a? 和 a* 都允许字母 a 出现零次。你也会注意到开始和结尾索引都是零，这和我们目前所见的其他所有例子都不同。空白输入字符串 " " 没有长度，所以这个测试在 0 索引处没有匹配任何东西。这种类型的匹配称为零长度匹配。零长度匹配可以在多种情况下发生：在空白输入字符中、在输入字符串的开始处、在输入字符串的最后一个字符后，或者在任意两个输入字符串之间。零长度匹配很容易辨别，因为它们一直在同一索引位置开始和结束。

让我们用几个例子来看探讨一下零长度匹配。把输入字符串改为单个字母 a，然后你就会看到下面这些有趣的事情：

```
Enter your regex: a?
Enter input string to search: a
I found the text "a" starting at index 0 and ending at index 1.
I found the text "" starting at index 1 and ending at index 1.

Enter your regex: a*
Enter input string to search: a
I found the text "a" starting at index 0 and ending at index 1.
I found the text "" starting at index 1 and ending at index 1.

Enter your regex: a+
Enter input string to search: a
I found the text "a" starting at index 0 and ending at index 1.
```

这三个量词都能够发现字母 a，但是前两个同样能够发现在索引 1 位置处（即输入字符串的最后一个字符后）的零长度匹配。记住，匹配器所看到字符 a 是存在于 0 索引和 1 索引之间的，而我们的测试工具一直循环直到它不会发现新的匹配。根据使用的量词，最后一个字符后索引处"无"的出现可能会也有可能不会触发匹配。

现在，把输入字符串改为连续的 5 个 a 字母，然后，你会得到以下结果：

```
Enter your regex: a?
Enter input string to search: aaaaa
I found the text "a" starting at index 0 and ending at index 1.
I found the text "a" starting at index 1 and ending at index 2.
I found the text "a" starting at index 2 and ending at index 3.
I found the text "a" starting at index 3 and ending at index 4.
I found the text "a" starting at index 4 and ending at index 5.
I found the text "" starting at index 5 and ending at index 5.

Enter your regex: a*
Enter input string to search: aaaaa
I found the text "aaaaa" starting at index 0 and ending at index 5.
I found the text "" starting at index 5 and ending at index 5.

Enter your regex: a+
Enter input string to search: aaaaa
I found the text "aaaaa" starting at index 0 and ending at index 5.
```

表达式 a? 发现每个字符的单个匹配,当 a 出现零次或者 1 次的时候,它就会匹配成功。表达式 a* 发现两个分开的匹配:第一个匹配中的所有字母 a 和最后一个字符后索引 5 处的零长度匹配。最后,a+ 匹配所有出现的字母 a,忽略最后索引处"无"的出现。

此时,你可能想知道如果前两个量词遇到不是 a 的字母会出现什么结果。例如,如果它遇到的是字母 b,比如输入字符串 ababaaaab,会发生什么?

让我们查明:

```
Enter your regex: a?
Enter input string to search: ababaaaab
I found the text "a" starting at index 0 and ending at index 1.
I found the text "" starting at index 1 and ending at index 1.
I found the text "a" starting at index 2 and ending at index 3.
I found the text "" starting at index 3 and ending at index 3.
I found the text "a" starting at index 4 and ending at index 5.
I found the text "a" starting at index 5 and ending at index 6.
I found the text "a" starting at index 6 and ending at index 7.
I found the text "a" starting at index 7 and ending at index 8.
I found the text "" starting at index 8 and ending at index 8.
I found the text "" starting at index 9 and ending at index 9.

Enter your regex: a*
Enter input string to search: ababaaaab
I found the text "a" starting at index 0 and ending at index 1.
I found the text "" starting at index 1 and ending at index 1.
I found the text "a" starting at index 2 and ending at index 3.
I found the text "" starting at index 3 and ending at index 3.
I found the text "aaaa" starting at index 4 and ending at index 8.
I found the text "" starting at index 8 and ending at index 8.
I found the text "" starting at index 9 and ending at index 9.

Enter your regex: a+
Enter input string to search: ababaaaab
I found the text "a" starting at index 0 and ending at index 1.
I found the text "a" starting at index 2 and ending at index 3.
I found the text "aaaa" starting at index 4 and ending at index 8.
```

即使字母 b 在存储格 1、3 和 8 中出现,输出会报告这些位置处的零长度匹配。正则表达式 a? 并不主动寻找字母 b,它仅仅寻找字母 a 的出现(或者缺失)。如果这个量词允许 a 的零次匹配,输入字符串中只要不是 a 的字符都会产生一个零长度匹配。剩下的这些 a 会根据前面例子中讨论的规则进行匹配。

为了恰好 n 次的匹配某个模式,简单地在花括号的集合中指定这个数字:

```
Enter your regex: a{3}
Enter input string to search: aa
No match found.

Enter your regex: a{3}
Enter input string to search: aaa
I found the text "aaa" starting at index 0 and ending at index 3.

Enter your regex: a{3}
Enter input string to search: aaaa
I found the text "aaa" starting at index 0 and ending at index 3.
```

这里,正则表达式 a{3} 寻找的是连续出现 3 次的字母 a 序列。第一个测试失败是因为输入字符串并没有足够多的用来匹配的字母 a。第二个测试的输入字符串恰好含有 3 个字母 a,这会触发匹配。第三个测试同样会触发匹配,因为在这个输入字符串的开始处正好有 3 个 a。这之后的任何字母和第一个匹配都不相关。如果这个点之后还有匹配的模式,那么它会触发随后的匹配。

```
Enter your regex: a{3}
Enter input string to search: aaaaaaaaa
I found the text "aaa" starting at index 0 and ending at index 3.
I found the text "aaa" starting at index 3 and ending at index 6.
I found the text "aaa" starting at index 6 and ending at index 9.
```

想要某个模式至少出现 *n* 次,在这个数之后加一个逗号:

```
Enter your regex: a{3,}
Enter input string to search: aaaaaaaaa
I found the text "aaaaaaaaa" starting at index 0 and ending at index 9.
```

使用同样的输入字符串,这个测试只发现一个匹配,这是因为连续的 9 个 a 满足了 "至少" 三个 a 的要求。

最后,为了在出现次数上指定一个上界,在花括号中添加第二个数:

```
Enter your regex: a{3,6} // find at least 3 (but no more than 6) a's in a row
Enter input string to search: aaaaaaaaa
I found the text "aaaaaa" starting at index 0 and ending at index 6.
I found the text "aaa" starting at index 6 and ending at index 9.
```

这里,第一个匹配在 6 个字符的上界处强制停止。第二个匹配包含剩下的所有字符,正好是三个 a,即此匹配允许的最小出现次数。如果输入字符串少一个字符的话,就不会有第二个匹配,因为只剩下两个 a。

14.6.2 捕捉组和带量词的字符类

目前为止,在输入字符串上我们只测试了仅包含一个字符的量词。实际上,量词每次只能附加给一个字符,所以正则表达式 abc+ 意味着 a 被 b 跟随,后面还有一次或多次出现的 c。这不代表 abc 出现一次或多次。然而,量词可以附加给字符类和捕捉组(capturing group),例如 [abc]+(a、b 或者 c,出现一次或多次),或者 (abc)+(字符组 abc 出现一次或多次)。

让我们通过指定连续 3 次出现的 (dog) 组来举例说明:

```
Enter your regex: (dog){3}
Enter input string to search: dogdogdogdogdogdog
I found the text "dogdogdog" starting at index 0 and ending at index 9.
I found the text "dogdogdog" starting at index 9 and ending at index 18.

Enter your regex: dog{3}
Enter input string to search: dogdogdogdogdogdog
No match found.
```

这里,第一个例子会找到三个匹配,因为这个量词适用于整个捕捉组。然而,移除圆括号后的匹配会失败,因为量词 {3} 现在只适用于字母 g。同样的,可以把量词应用到整个字符类:

```
Enter your regex: [abc]{3}
Enter input string to search: abccabaaaccbbbc
I found the text "abc" starting at index 0 and ending at index 3.
I found the text "cab" starting at index 3 and ending at index 6.
I found the text "aaa" starting at index 6 and ending at index 9.
I found the text "ccb" starting at index 9 and ending at index 12.
I found the text "bbc" starting at index 12 and ending at index 15.

Enter your regex: abc{3}
Enter input string to search: abccabaaaccbbbc
No match found.
```

在第一个例子中,量词 {3} 适用于整个字符类,但在第二个例子中,它仅适用于字母 c。

14.6.3 贪婪型、勉强型和占有型量词之间的区别

贪婪型、勉强型和占有型量词之间有微妙的不同。认为贪婪型量词是"贪婪的"是因为它们在试图进行第一个匹配前,强迫匹配器读入,或者吃入(eat)整个输入字符串。如果第一个匹配尝试(或者整个输入字符串)失败,匹配器后退一个字符,并重新尝试。一直重复这个步骤直到发现匹配或者直到没有能够再后退的字符。根据这个表达式使用的不同量词,它最后尝试匹配的事物是 1 或 0 字符。

然而,勉强型量词接受的是相反的方法:它们在输入字符串的开始处启动,然后每次勉强地读入一个字符来寻找匹配。它们所做的最后尝试是整个输入字符串。

最后,占有型量词一直读入整个输入字符串,每次尝试(且只是一次)一个匹配。和贪婪型量词不同,占有型量词从不后退,即使这样做会让全局匹配成功。为了举例说明,考虑下面的输入字符串 xfooxxxxxxfoo:

```
Enter your regex: .*foo    // greedy quantifier
Enter input string to search: xfooxxxxxxfoo
I found the text "xfooxxxxxxfoo" starting at index 0 and ending at index 13.

Enter your regex: .*?foo   // reluctant quantifier
Enter input string to search: xfooxxxxxxfoo
I found the text "xfoo" starting at index 0 and ending at index 4.
I found the text "xxxxxxfoo" starting at index 4 and ending at index 13.

Enter your regex: .*+foo   // possessive quantifier
Enter input string to search: xfooxxxxxxfoo
No match found.
```

第一个例子使用贪婪型量词 .* 来找到有 f、o、o 跟随的任意字符出现 0 次或者更多次。因为这个量词是贪婪型,表达式的 .* 部分首先读入整个输入字符串。此时,全局表达式并不能成功,因为最后三个字母(f、o、o)已经被消耗。所以,这个匹配器每次缓慢的后退一个字符直到最右边的 foo 出现回流回来。此时,匹配成功,搜索停止。

然而,第二个例子中的量词是勉强型,所以它首先以什么也没有消耗开始。因为 foo 并不是在这个字符串的开始处出现的,它强制吃掉第一个字母(x),这样会触发 0 和 4 位置处的匹配。测试工具继续执行这些步骤直到输入字符串完结,在 4 和 13 处又发现另一处匹配。

第三个例子没能发现一个匹配,这是因为这个量词是占有型。这种情况下,整个输入字符串被 .*+ 所消耗,在表达式的结尾,没留下任何满足 foo 的残余。当你想要占用某个事物的每个实例而不想后退的时候,使用占有型量词。在不能立即发现匹配的情况下,它胜过同等的贪婪型量词。

14.7 捕捉组

在前一节中,我们看到量词每次是如何附加给单个字符、字符类或者捕捉组的。但是到目前为止,我们还没有具体介绍捕捉组的概念。

捕捉组(capturing group)把多个字符当作单一单元对待。可以通过把字符们放在一对圆括号中来创建捕捉组。比如,正则表达式(dog)创建包含字母 d、o 和 g 的单个组。输入字符串与此捕捉组相匹配的部分会存储在内存中以备后面通过反向引用的复调用(详情请见 14.7.2 节)。

14.7.1 编号

正如 Pattern API 中所描述的,捕捉组是根据它们圆括号中从左到右的记数来编号的。

例如，在表达式((A)(B(C)))中，有四个这样的群组：
1）((A)(B(C)))
2）(A)
3）(B(C))
4）(C)

为了查明这个表达式中到底有多少群组，在匹配器对象上调用groupCount方法。groupCount方法返回表示此匹配器模式中存在的捕捉组个数的int数值。这个例子中，groupCount会返回数字4，表明这个模式是由4个捕捉组组成的。

有一个特殊的群组，0群组。它一直代表的是整个表达式。这个群组不在groupCount报告的总数范围内。以"(?"开始的群组是纯粹的，不捕捉文本也不记入群组总数的非捕捉群组（noncapturing group）。（本章的后面会出现非捕捉组的例子。）

理解群组是如何编号的很重要。这是因为，一些Matcher方法会接受int类型，用来指定把特殊的群组编号作为参数。

- public int start(int group)——返回前面的匹配操作中给定群组所捕捉的子序列的开始索引[⊖]。
- public int end(int group)——返回前面匹配操作中给定群组捕捉的子序列的最后一个字符索引值加一[⊜]。
- public String group(int group)——返回前面匹配操作中给定群组捕捉的输入子序列[⊝]。

14.7.2 反向引用

输入字符串和捕捉组相匹配的部分会存储在内存中以备后面反向引用（backreference）的复调用。正则表达式中的反向引用通过在想要复调用的群组编号前加反斜杠（\）来指定。例如，表达式(\d\d)定义匹配连续两个数字的捕捉组。可以通过在这个表达式的后面使用反向引用\1对其进行复调用。

为了匹配被完全相同两个数字跟随的任意两个数字，应该使用(\d\d)\1作为这个正则表达式：

```
Enter your regex: (\d\d)\1
Enter input string to search: 1212
I found the text "1212" starting at index 0 and ending at index 4.
```

如果你改变了最后两个数字，匹配就会失败：

```
Enter your regex: (\d\d)\1
Enter input string to search: 1234
No match found.
```

对嵌套捕捉组来说，反向引用的工作方式完全一致：指出由想要复调用的群组编号跟随的反斜杠。

14.8 边界匹配器

到目前为止，我们所介绍的仅仅是在一个特别的输入字符串中的某个位置是否存在匹

⊖ 8/docs/api/java/util/regex/Matcher.html#start-int-

⊜ 8/docs/api/java/util/regex/Matcher.html#end-int-

⊝ 8/docs/api/java/util/regex/Matcher.html#group-int-

配。我们还没有关心匹配是在这个字符串的哪里发生的。

通过边界匹配器（boundary matcher）可以指定这样的信息，从而让模式匹配更加准确。例如，你可能想要找到某个特别的单词，并且还要求它只出现在一行的开始或结束位置。又或者你想要知道匹配是在单词的边界发生的还是在前面匹配的结尾发生的。表 14-4 列出和解释所有的边界匹配器。

表 14-4　用来定义边界的构造

边界构造	描　　述
^	一行的开始
$	一行的结束
\b	一个单词边界
\B	一个非单词边界
\A	输入的开始处
\G	前匹配的结尾处
\Z	除了最后的结束符号（如果有）之外的输入的结尾处
\z	输入的结尾处

下面的例子展示如何使用边界匹配器 ^ 和 $。正如前面所提醒的，^ 匹配一行的开始处，而 $ 匹配一行的结尾处：

```
Enter your regex: ^dog$
Enter input string to search: dog
I found the text "dog" starting at index 0 and ending at index 3.

Enter your regex: ^dog$
Enter input string to search:          dog
No match found.

Enter your regex: \s*dog$
Enter input string to search:               dog
I found the text "               dog" starting at index 0 and ending at index 15.

Enter your regex: ^dog\w*
Enter input string to search: dogblahblah
I found the text "dogblahblah" starting at index 0 and ending at index 11.
```

第一个例子会匹配成功是因为这个模式占据了整个输入字符串。第二个匹配失败的原因是输入字符串的开始处含有额外的空白符。第三个例子指定了允许无限制空白符后有 dog 在行的末尾跟随的表达式。第四个例子要求 dog 在一行的开始处出现，并由一个无限制数量的单词字符跟随。

为了检查模式是否在单词的边界开始和结束（和更长的字符串中是否存在某个指定子字符串相反），可以在每个边界处都使用 \b（例如 \bdog\b）：

```
Enter your regex: \bdog\b
Enter input string to search: The dog plays in the yard.
I found the text "dog" starting at index 4 and ending at index 7.

Enter your regex: \bdog\b
Enter input string to search: The doggie plays in the yard.
No match found.
```

为了在非单词边界上匹配这个表达式，使用 \B：

```
Enter your regex: \bdog\B
Enter input string to search: The dog plays in the yard.
```

```
No match found.

Enter your regex: \bdog\B
Enter input string to search: The doggie plays in the yard.
I found the text "dog" starting at index 4 and ending at index 7.
```

为了让匹配只在之前匹配的结尾处发生，可以使用 \G：

```
Enter your regex: dog
Enter input string to search: dog dog
I found the text "dog" starting at index 0 and ending at index 3.
I found the text "dog" starting at index 4 and ending at index 7.

Enter your regex: \Gdog
Enter input string to search: dog dog
I found the text "dog" starting at index 0 and ending at index 3.
```

这里，第二个例子只找到一个匹配，因为 dog 的第二次出现并不是在之前匹配的结尾处开始的。

14.9 Pattern 类方法

目前为止，我们只是通过测试工具以 Pattern 对象最基本的形式创建 Pattern 对象。这里，我们将探讨一些高级技巧，比如使用标志创建模式和使用嵌套标记表达式。本节中同样介绍目前还没有讨论的一些附加的有用方法。

14.9.1 使用标记创建模式

Pattern 类定义交替 compile 方法，它接受影响此模式匹配的一系列标志。这些标志参数可能包含下面任意公共静态字段的位屏蔽（bit mask）。

- **Pattern.CANON_EQ**——允许规范相等性操作。当指定这个标志时，当且仅当两个字符的规范分解匹配时才认为这两个字符匹配。例如，当指定这个标志时，表达式"a\u030A"会匹配字符串"\u00E5"。默认情况下，匹配并不考虑规范相等性。指定这个标志可能会导致性能损失。

- **Pattern.CASE_INSENSITIVE**——此标志使大小写敏感匹配成为可能。默认情况下，大小写敏感匹配认为只有在 US-ASCII 编码集中的字符才会被匹配。Unicode 相关的大小写敏感匹配可以通过同时指定 UNICODE_CASE 标志和这个标志来启动。大小写敏感匹配也可以通过嵌套标志表达式（?i）来启动。指定这个标志可能会带来一点性能损失。

- **Pattern.COMMENTS**——允许模式中存在空白符和注释。在这种模式下，空白符被忽略，而以 # 开始的嵌套注释直到此行结束前一直被忽略。注释模式同样可以使用嵌套标志表达式（?x）启动。

- **Pattern.DOTALL**——此标记启动全点（dotall）模式。在全点模式中，表达式（.）匹配任何字符，包括行结束符号。默认情况下，此表达式并不匹配行结束符号。也可以通过嵌套标志表达式（?s）启动全点模式。（这个 s 是单行（single-line）模式的助记符，在 Perl 里这是它的名称。）

- **Pattern.LITERAL**——此标记启动对模式的文字解析。当指定此标记时，指定此模式的输入字符串被当作文字字符序列来对待。输入序列中的元字符或者逃避序列不会被赋予任何特殊意义。当标记 CASE_INSENSITIVE 和 UNICODE_CASE 与此标记联合使用时保持它们的作用。其他标记变得不必要。没有任何启动文字解析的嵌套标记字符。

- `Pattern.MULTILINE`——此标记启动多线模式。在多线模式中，表达式 ^ 和 $ 恰好在行结束符号或输入序列的结尾处的前面或后面各自匹配。默认情况下，这些表达式只在整个输入序列的开始和结尾处进行匹配。多线模式同样可以通过嵌套标记表达式（?m）启动。
- `Pattern.UNICODE_CASE`——此标记启动 Unicode 相关的大小写转化。当指定这个标记时，大小写敏感匹配（通过 CASE_INSENSITIVE 启动的）是以和 Unicode 标准一致的方式完成的。默认情况下，大小写敏感匹配认为只有在 US-ASCII 字符集中的字符才能被匹配。Unicode 相关的大小写转换同样可以通过嵌套标记表达式（?u）来启动。指定这个标记可能会导致性能损失。
- `Pattern.UNIX_LINES`——此标记启动 UNIX 行模式。这个模式下，只有"\n"行结束符号被认作是"."、"^"和"$"的行为。UNIX 行模式同样可以通过嵌套标记表达式（?d）启动。

在下面的步骤中，我们会修改测试工具 RegexTestHarness.java 来创建大小写敏感的模式。首先，修改代码来调用 compile 的替代版本：

```
Pattern pattern =
Pattern.compile(console.readLine("%nEnter your regex: "),
Pattern.CASE_INSENSITIVE);
```

接着，编译并允许此测试工具后会产生以下输出结果：

```
Enter your regex: dog
Enter input string to search: DoGDOg
I found the text "DoG" starting at index 0 and ending at index 3.
I found the text "DOg" starting at index 3 and ending at index 6.
```

正如你所看到的，字符串文字 dog 两个出现都匹配成功，不论大小写。为了编译拥有多个标记的模式，使用"or"位操作符 | 来分开需要包含的标记。为了明确性起见，下面的代码实例对正则表达式进行了硬编码而不是从控制台中读取它：

```
pattern = Pattern.compile("[az]$", Pattern.MULTILINE | Pattern.UNIX_LINES);
```

也可以指定 int 变量：

```
final int flags = Pattern.CASE_INSENSITIVE | Pattern.UNICODE_CASE;
Pattern pattern = Pattern.compile("aa", flags);
```

14.9.2 嵌套标记表达式

使用嵌套标记表达式（embedded flag expression）启动各种标记也是可能的。嵌套标记表达式是双参数版本 compile 的替代，并且是在正则表达式中指定的。下面的例子使用最初的测试工具 RegexTestHarness.java 和嵌套标记表达式（?i）来启动大小写敏感匹配。

```
Enter your regex: (?i)foo
Enter input string to search: FOOfooFoOfoO
I found the text "FOO" starting at index 0 and ending at index 3.
I found the text "foo" starting at index 3 and ending at index 6.
I found the text "FoO" starting at index 6 and ending at index 9.
I found the text "foO" starting at index 9 and ending at index 12.
```

所有匹配再次成功，没有注意大小写。和 Pattern 的公共可存取字段相对应的嵌套标记表达式如表 14-5 所示。

表 14-5 嵌套标记表达式中的常量

常　　量	相等的嵌套标记表达式
Pattern.CANON_EQ	None
Pattern.CASE_INSENSITIVE	(?i)
Pattern.COMMENTS	(?x)
Pattern.MULTILINE	(?m)
Pattern.DOTALL	(?s)
Pattern.LITERAL	None
Pattern.UNICODE_CASE	(?u)
Pattern.UNIX_LINES	(?d)

14.9.3　使用 matches(String,CharSequence) 方法

Pattern 类中定义便利的 matches 方法，允许快速查看给定的输入字符串中某个模式是否存在[⊖]。和所有公共静态方法一样，应该通过它的类名来调用 matches 方法，如 "Pattern.matches("\\d","1");"。这个例子中，此方法返回 true，因为数字 1 和正则表达式 \d 相匹配。

14.9.4　使用 split(String) 方法

split 方法是用来收集被匹配的模式两边文本的很好工具[⊖]。如下例所示，split 方法可以从字符串"one:two:three:four:five"中提取单词"one two three four five"：

```
import java.util.regex.Pattern;
import java.util.regex.Matcher;

public class SplitDemo {

    private static final String REGEX = ":";
    private static final String INPUT =
        "one:two:three:four:five";

    public static void main(String[] args) {
        Pattern p = Pattern.compile(REGEX);
        String[] items = p.split(INPUT);
        for(String s : items) {
            System.out.println(s);
        }
    }
}
```

这个例子的输出如下：

```
one
two
three
four
five
```

简单起见，我们已经匹配字符串文字冒号（:），而不是一个更复杂的表达式。由于我

⊖ 8/docs/api/java/util/regex/Pattern.html#matches-java.lang.String-java.lang.CharSequence-

⊖ 8/docs/api/java/util/regex/Pattern.html#split-java.lang.CharSequence-

们还在使用 Pattern 和 Matcher 对象，可以使用 split 来获得任何正则表达式两边的文本。下面是相同的例子——SplitDemo2.java，修改它用来分隔数字：

```java
import java.util.regex.Pattern;
import java.util.regex.Matcher;

public class SplitDemo2 {

    private static final String REGEX = "\\d";
    private static final String INPUT =
        "one9two4three7four1five";

    public static void main(String[] args) {
        Pattern p = Pattern.compile(REGEX);
        String[] items = p.split(INPUT);

        for(String s : items) {
            System.out.println(s);
        }
    }
}
```

这个例子的输出如下：

```
one
two
three
four
five
```

14.9.5 其他实用方法

你可能会发现下面的方法同样有些用处：

- **public static String quote(String s)**。此方法返回指定 String 的文字模式 String。此方法会产生能够被用来创建和 String s 相匹配的 Pattern 的 String，此时，String s 仿佛是一个文字模式。输入字符串中的元字符或者逃避序列不会被赋予特殊意义[⊖]。

- **public String toString()**。此方法返回此模式的 String 表示。这个模式是从此正则表达式中编译的[⊖]。

14.9.6 java.lang.String 中 Pattern 方法的等价方法

java.lang.String 中同样支持正则表达式，尽管一些方法是对 java.util.regex.Pattern 行为的模仿。方便起见，下面是其 API 的一些关键概念：

- **public boolean matches(String regex)**——验证这个字符串是否与给定的正则表达式相匹配。以 str.matches(regex) 形式对此方法的调用会产生和调用 Pattern.matches(regex,str) 相同的结果[⊜]。

- **public String[] split(String regex,int limit)**——分割给定的正则表达式匹配周围的字符串。以 str.split(regex,n) 形式对此方法的调用会产生和调用 Pattern.compile(regex).split(str,n) 相同的结果[⊛]。

⊖ 8/docs/api/java/util/regex/Pattern.html#quote-java.lang.String-
⊖ 8/docs/api/java/util/regex/Pattern.html#toString--
⊜ 8/docs/api/java/lang/String.html#matches-java.lang.String-
⊖ 8/docs/api/java/lang/String.html#split-java.lang.String-int-

- `public String[ ] split(String regex)`——分割给定的正则表达式匹配周围的字符串。此方法工作方式和调用拥有给定表达式和一个零限制参数的双参数的 `split` 方法一致。结果数组中并不包含后续的空白字符串[一]。

同样存在用另一个 CharSequence 来替换某个 CharSequence 的替换方法：

- `public String replace(CharSequence target,CharSequence replacement)`——用指定文字替换序列替换与文字目标序列相匹配的字符串的每个子字符串。从这个字符串的开始执行替换直到字符串结尾处。例如，在字符串 aaa 中使用 b 来替换 aa 会产生一个 ba 而不是 ab[二]。

14.10 Matcher 类方法

本节描述一些 Matcher 类中附加的有用方法。方便起见，下面列出的方法是根据它们功能的不同而进行分类。

14.10.1 索引方法

索引方法（index method）提供有效的可以精确展示输入字符串中匹配发生处的索引值：

- `public int start()`——返回前一匹配的开始索引。
- `public int start(int group)`——返回前一匹配操作中给定群组捕捉到的子序列的开始索引。
- `public int end()`——返回最后匹配字符后的位移。
- `public int end(int group)`——返回前一匹配操作中给定群组捕捉到的子序列最后一个字符后的位移。

14.10.2 学习方法

学习方法（study method）回顾了输入字符串并返回表示是否发现模式的布尔值：

- `public boolean lookingAt()`——试图按照这个模式匹配输入序列，从这块区域的起始处开始[三]。
- `public boolean find()`——试图找到下一个与模式相匹配的输入序列子序列[四]。
- `public boolean find(int start)`——重置匹配器，然后从指定索引开始尝试找到下一个与模式相匹配的输入字符串子序列[五]。
- `public boolean matches()`——试图在整个区域内找到此模式的匹配[六]。

14.10.3 替换方法

替换方法（replacement method）是用来在某个输入字符串中替换文本的有效方法：

- `public Matcher appendReplacement(StringBuffer sb,String replace-`

[一] 8/docs/api/java/lang/String.html#split-java.lang.String-
[二] 8/docs/api/java/lang/String.html#replace-java.lang.CharSequence-java.lang.CharSequence-
[三] 8/docs/api/java/util/regex/Matcher.html#lookingAt--
[四] 8/docs/api/java/util/regex/Matcher.html#find--
[五] 8/docs/api/java/util/regex/Matcher.html#find-int-
[六] 8/docs/api/java/util/regex/Matcher.html#matches--

ment)——实现非终止附加和替换（nonterminal append-and-replace）步骤[一]。
- **public StringBuffer appendTail(StringBuffer sb)**——实现终止附加和替换（terminal append-and-replace）步骤[二]。
- **public String replaceAll(String replacement)**——用给定的替换字符串替换输入字符串中与模式相匹配的每个子字符串[三]。
- **public String replaceFirst(String replacement)**——用给定的替换字符串替换输入字符串中与模式相匹配的第一个子字符串[四]。
- **public static String quoteReplacement(String s)**——返回指定 String 的文字替换 String。这个方法会产生一个工作方式和 Matcher 类中的 appendReplacement 方法中的文字替换 String s 一样的 String。产生的 String 会把 s 中的字符序列当作文字序列来对待。斜线（\）和美元符（$）没有被赋予任何特殊意义[五]。

14.10.4 使用 start 方法和 end 方法

下面的这个例子 MatcherDemo.java，是对单词 dog 在输入字符串中出现的次数进行记数：

```java
import java.util.regex.Pattern;
import java.util.regex.Matcher;

public class MatcherDemo {

    private static final String REGEX =
        "\\bdog\\b";
    private static final String INPUT =
        "dog dog dog doggie dogg";

    public static void main(String[] args) {
        Pattern p = Pattern.compile(REGEX);
        // get a matcher object
        Matcher m = p.matcher(INPUT);
        int count = 0;
        while(m.find()) {
            count++;
            System.out.println("Match number "
                               + count);
            System.out.println("start(): "
                               + m.start());
            System.out.println("end(): "
                               + m.end());
        }
    }
}
```

这个例子的输出如下：

```
Match number 1
start(): 0
end(): 3
```

[一] 8/docs/api/java/util/regex/Matcher.html#appendReplacement-java.lang.StringBuffer-java.lang.String-
[二] 8/docs/api/java/util/regex/Matcher.html#appendTail-java.lang.StringBuffer-
[三] 8/docs/api/java/util/regex/Matcher.html#replaceAll-java.lang.String-
[四] 8/docs/api/java/util/regex/Matcher.html#replaceFirst-java.lang.String-
[五] 8/docs/api/java/util/regex/Matcher.html#quoteReplacement-java.lang.String-

```
Match number 2
start(): 4
end(): 7
Match number 3
start(): 8
end(): 11
```

从这个例子中可以看出使用单词边界来确保字母 d、o 和 g 不仅仅是更长单词的子字符串。它同样提供一些关于匹配是在输入字符串的什么位置发生的信息。start 方法返回之前匹配操作中给定群组捕捉到子序列的开始索引，而 end 方法返回所匹配的最后一个字符的索引值加 1 的值。

14.10.5 使用 matches 方法和 lookingAt 方法

matches 和 lookingAt 方法都试图把输入序列和模式相匹配。然而，它们之间的不同是 matches 要求整个输入字符串序列都被匹配，而 lookingAt 并没有这项要求。这两个方法都一直从输入字符串的开始处开始执行。下面是 MatchesLooking.java 的完整代码：

```java
import java.util.regex.Pattern;
import java.util.regex.Matcher;

public class MatchesLooking {

    private static final String REGEX = "foo";
    private static final String INPUT =
        "fooooooooooooooooo";
    private static Pattern pattern;
    private static Matcher matcher;

    public static void main(String[] args) {

        // Initialize
        pattern = Pattern.compile(REGEX);
        matcher = pattern.matcher(INPUT);

        System.out.println("Current REGEX is: "
                            + REGEX);
        System.out.println("Current INPUT is: "
                            + INPUT);

        System.out.println("lookingAt(): "
            + matcher.lookingAt());
        System.out.println("matches(): "
            + matcher.matches());
    }
}
```

这个例子的输出如下：

```
Current REGEX is: foo
Current INPUT is: fooooooooooooooooo
lookingAt(): true
matches(): false
```

14.10.6 使用 replaceFirst(String) 方法和 replaceAll(String) 方法

replaceFirst 和 replaceAll 方法替换与给定正则表达式相匹配的文本。正如它们的名字所暗示的，replaceFirst 替换第一个出现，而 replaceAll 替换所有出现。下面是 ReplaceDemo.java 的代码：

```java
import java.util.regex.Pattern;
import java.util.regex.Matcher;

public class ReplaceDemo {

    private static String REGEX = "dog";
    private static String INPUT =
        "The dog says meow. All dogs say meow.";
    private static String REPLACE = "cat";

    public static void main(String[] args) {
        Pattern p = Pattern.compile(REGEX);
        // get a matcher object
        Matcher m = p.matcher(INPUT);
        INPUT = m.replaceAll(REPLACE);
        System.out.println(INPUT);
    }
}
```

这个例子的输出结果为:

```
The cat says meow. All cats say meow.
```

在第一个版本中, dog 的所有出现都被 cat 替代。但为什么在这里停止? 除了替换简单的文字如 dog 之外, 你还可以替换任何匹配正则表达式的文本。这个方法的 API 规定:"给定正则表达式 a*b、输入字符串 aabfooaabfooabfoob 和替代字符串 -, 那么在那个表达式的匹配器上调用此方法会产生字符串 -foo-foo-fooo。"

下面是 ReplaceDemo2.java 的代码:

```java
import java.util.regex.Pattern;
import java.util.regex.Matcher;

public class ReplaceDemo2 {

    private static String REGEX = "a*b";
    private static String INPUT =
        "aabfooaabfooabfoob";
    private static String REPLACE = "-";

    public static void main(String[] args) {
        Pattern p = Pattern.compile(REGEX);
        // get a matcher object
        Matcher m = p.matcher(INPUT);
        INPUT = m.replaceAll(REPLACE);
        System.out.println(INPUT);
    }
}
```

这个例子的输出结果为:

```
-foo-foo-foo-
```

为了只替换模式的第一次出现, 只需要调用 replaceFirst 方法而不是 ReplaceAll 方法。它接受相同的参数。

14.10.7 使用 appendReplacement(StringBuffer,String) 方法和 appendTail(StringBuffer) 方法

Matcher 类同样提供 appendReplacement 和 appendTail 方法来实现文本替代。下面的例子 RegexDemo.java, 使用这两个方法来达到和 replaceAll 同样的效果:

```java
import java.util.regex.Pattern;
import java.util.regex.Matcher;

public class RegexDemo {

    private static String REGEX = "a*b";
    private static String INPUT = "aabfooaabfooabfoob";
    private static String REPLACE = "-";

    public static void main(String[] args) {
        Pattern p = Pattern.compile(REGEX);
        Matcher m = p.matcher(INPUT); // get a matcher object
        StringBuffer sb = new StringBuffer();
        while(m.find()){
            m.appendReplacement(sb,REPLACE);
        }
        m.appendTail(sb);
        System.out.println(sb.toString());
    }
}
```

这个例子的输出结果为:

-foo-foo-foo-

14.10.8 java.lang.String 中 Matcher 方法的等价方法

方便起见，String 类也模拟实现一对 Matcher 方法：
- public String replaceFirst(String regex,String replacement)——用给定的替换来替代这个 String 中的第一个和给定正则表达式相匹配的子字符串。以 str.repalceFirst(regex,repl) 形式对此方法的调用会产生和调用 Pattern.compile(regex).matcher(str).replaceFirst(repl) 相同的结果[一]。
- public String replaceAll(String regex,String replacement)——用给定的替换来替代此 String 中每个与给定的正则表达式相匹配的子字符串。以 str.replaceAll(regex,repl) 形式对此方法的调用会产生和对 Pattern.compile(regex).matcher(str).replaceAll(repl) 调用相同的结果[二]。

14.11 PatternSyntaxException 类方法

PatternSyntaxException 是未检测的异常，它表示的是正则表达式中的语法错误[三]。PatternSyntaxException 类提供下面的这些方法来帮助你判定是什么地方出错：
- public String getDescription()——取回这个错误的描述[四]。
- public int getIndex()——取回错误的索引[五]。
- public String getPattern——取回错误的正则表达式模式[六]。
- public String getMessage()——返回包含语法错误描述和其索引、错误的正则

[一] 8/docs/api/java/lang/String.html#replaceFirst-java.lang.String-java.lang.String-
[二] 8/docs/api/java/lang/String.html#replaceAll-java.lang.String-java.lang.String-
[三] 8/docs/api/java/util/regex/PatternSyntaxException.html
[四] 8/docs/api/java/util/regex/PatternSyntaxException.html#getDescription--
[五] 8/docs/api/java/util/regex/PatternSyntaxException.html#getIndex--
[六] 8/docs/api/java/util/regex/PatternSyntaxException.html#getPattern--

表达式以及此模式中错误索引的可视化指示的多行字符串[⊖]。

下面的源代码 RegexTestHarness2.java 对测试工具进行了更新以便能够检查有缺陷的正则表达式：

```java
import java.io.Console;
import java.util.regex.Pattern;
import java.util.regex.Matcher;
import java.util.regex.PatternSyntaxException;

public class RegexTestHarness2 {

    public static void main(String[] args){
        Pattern pattern = null;
        Matcher matcher = null;

        Console console = System.console();
        if (console == null) {
            System.err.println("No console.");
            System.exit(1);
        }
        while (true) {
            try{
                pattern =
                Pattern.compile(console.readLine("%nEnter your regex: "));

                matcher =
                pattern.matcher(console.readLine("Enter input string to search: "));
            }
            catch(PatternSyntaxException pse){
                console.format("There is a problem" +
                               " with the regular expression!%n");
                console.format("The pattern in question is: %s%n",
                               pse.getPattern());
                console.format("The description is: %s%n",
                               pse.getDescription());
                console.format("The message is: %s%n",
                               pse.getMessage());
                console.format("The index is: %s%n",
                               pse.getIndex());
                System.exit(0);
            }
            boolean found = false;
            while (matcher.find()) {
                console.format("I found the text" +
                    " \"%s\" starting at " +
                    "index %d and ending at index %d.%n",
                    matcher.group(),
                    matcher.start(),
                    matcher.end());
                found = true;
            }
            if(!found){
                console.format("No match found.%n");
            }
        }
    }
}
```

为了运行此测试，输入"?i)foo"作为正则表达式。这个错误很常见，即程序设计者

⊖ 8/docs/api/java/util/regex/PatternSyntaxException.html#getMessage--

忘记添加嵌套标记表达式（?i）中的左括号。这么做会产生以下结果：

```
Enter your regex: ?i)
There is a problem with the regular expression!
The pattern in question is: ?i)
The description is: Dangling meta character '?'
The message is: Dangling meta character '?' near index 0
?i)
^
The index is: 0
```

从此输出中我们可以看出语法错误是在 0 索引处摇晃的元字符（问号），丢失的左圆括号是罪魁祸首。

14.12　Unicode 支持

正则表达式模式匹配扩展了功能可以支持 Unicode 6.0。

14.12.1　匹配特定代码点

可以使用 \uFFFF 形式的逃避序列来匹配一个特定的 Unicode 编码点，其中 FFFF 是想要匹配的编码点的十六进制值。例如，\u6771 匹配东方的汉字。

此外，可以使用 Perl 风格的十六进制符号来指定一个代码点，\x{...}：

```
String hexPattern = "\x{" + Integer.toHexString(codePoint) + "}";
```

14.12.2　Unicode 字符属性

每个 Unicode 字符除了其值以外都有特定的属性或性质。可以使用表达式 \p{prop} 来匹配属于某个特殊种类的单个字符。可以使用表达式 \P{prop} 来匹配不属于某个特殊种类的单个字符。支持三种属性类型，分别是脚本、块和"通用"分类。

1. 脚本

为了判定编码点是否属于某个特定脚本，要么使用 script 关键字，要么使用其简写形式 sc，例如 \p{script=Hiragana}。此外，还可以使用字符串 Is 来给这个脚本名加前缀，比如 \p{IsHiragana}。Pattern 所支持的有效脚本名是被 UnicodeScript.forName[一]所接受的那些。

2. 块

块可以使用关键词 block 或者其简写形式 blk 来指定，例如 \p{block=Monolian}。此外，可以使用字符串 In 来给这个脚本名加前缀，比如 \p{InMogolian}。Pattern 所支持的有效块名是被 UnicodeBlock.forName 所接受的那些。

3. 通用分类

分类可以使用可选前缀 Is 来指定。例如，IsL 匹配 Unicode 中的字母分类。分类同样可以使用 general_category 关键词或者其简写形式 gc 来指定。例如，大写字母可以使用 general_category=Lu 或者 gc=Lu 来匹配。所支持的分类是 Character[二]类指定的 Unicode 标准[三]版本中的那些。

[一] 8/docs/api/java/lang/Character.UnicodeScript.html#forName-java.lang.String-

[二] 8/docs/api/java/lang/Character.html

[三] http://www.unicode.org/unicode/standard/standard.html

14.13　问题和练习：正则表达式

问题

1. `java.util.regex` 包中的三个公共类分别是哪些？描述它们各自的用途。
2. 考虑字符串文字"foo"。开始索引是什么？结尾索引是什么？解释这些数字的意义。
3. 普通字符和元字符之间的区别是什么？为它们各自列举实例。
4. 如何强制元字符像普通字符一样表现？
5. 方括号中包含的字符集合叫作什么？它的作用是什么？
6. 这里是三个预定义的字符类：\d、\s 和 \w。对它们进行描述，并使用方括号对它们重写。
7. 为每个 \d、\s 和 \w，写两个简单的匹配相反字符集的表达式。
8. 考虑正则表达式 (dog){3}。指出两个子表达式，这个表达式匹配的是什么字符串？

练习

使用反向引用来写仅当那个人的名和姓是相同时才匹配此人姓名的表达式。

答案

相关答案参考
http://docs.oracle.com/javase/tutorial/essential/regex/QandE/answers.html。

| 第 15 章

The Java Tutorial: A Short Course on the Basics, Sixth Edition

平台环境

当应用程序运行时，它会工作在由底层操作系统、Java 虚拟机（Java VM）、类库和各种配置数据定义的平台上。本章将讲述一些应用程序接口（API），它们用来检测和配置平台环境。15.1 节首先描述一些用来访问部署应用程序时提供的配置数据或应用程序的用户提供的数据的 API。15.2 节描述系统（System）和运行时（Runtime）类中定义的各种应用程序接口。15.3 节描述用来配置 Java SE 开发工具（JDK）和其他应用的各种环境变量。最后的问题和练习将测试读者对这章的理解程度。

15.1 配置工具

本节描述一些可帮助应用程序访问其启动上下文的配置工具。

15.1.1 属性

属性（property）是以键/值对（key/value）形式成对出现的配置值。每个属性中，键和值都是 `String` 类型[一]。键用来识别和取回值，很像用来取回变量值的变量名。例如，能够下载文件的应用程序会用 `download.lastDirectory` 来命名属性，以记录最近一次下载使用的目录。

为了管理属性，需要创建 `java.util.Properties`[二] 的实例。该类提供如下方法：

- 从流中读取键/值对，导入到属性对象。
- 通过键得到相应的值。
- 列出键和它们相对应的值。
- 枚举所有的键。
- 保存属性到流中。

在第 11 章中对流有相应介绍。

`Properties` 继承于 `java.util.Hashtable`[三]。从 `Hashtable` 继承而来的一些方法支持以下操作：

- 测试是否某一个特殊的键或值存在于属性对象中。
- 取得当前键/值对的数目。
- 删除键和它对应的值。
- 在 `Properties` 列表中加入键/值对。
- 枚举所有的值或键。
- 通过键来取得相应的值。
- 检查属性对象是否为空。

[一] 8/docs/api/java/lang/String.html
[二] 8/docs/api/java/util/Properties.html
[三] 8/docs/api/java/util/Hashtable.html

> **注意** 访问属性需要获得当前的安全管理器的许可。在这节中的实例代码都假设是单独的应用程序,且默认没有安全管理器。在 applet 中相同的代码能否工作取决于在哪一个浏览器运行。更多关于在 applet 中的安全限制查看第 18 章。

System 类会保存属性对象用来定义当前工作环境的相应配置。更多关于属性的内容请查阅 15.2.2 节。本节其他部分将阐述如何使用属性来管理程序的配置。

1. 应用程序生命周期中的属性

图 15-1 阐明典型的应用程序如何通过 Properties 对象在整个执行过程中管理它的配置数据:

- **启动**。当应用程序启动时,图中的前三个框所示的动作将发生。首先,应用程序从已知的地方将默认的属性加载到 Properties 对象。通常,默认的属性都保存在以 .class 为后缀的文件里或者其他资源出现的文件。接着,应用程序创建另一个 Properties 对象,加载上次该应用程序运行时保存的属性。很多应用程序都是基于用户存储属性

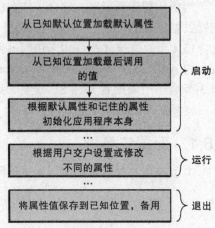

图 15-1 应用程序生命周期中的属性管理

的,因此,这一步中加载的属性通常都是从用户的主目录下的特定文件夹中的特定文件中加载进来的。最后,应用程序使用默认和记录的属性初始化它自己。键是一致的。应用程序总是将属性加载和保存到相同的位置,这样在下次执行时就能找到相应的属性。

- **运行**。在应用程序运行时,用户有可能在诸如偏好窗口里改变一些设置,那么 Properties 对象就要更新以反映这些修改。如果用户的修改希望被将来的程序获取,则必须保存这些设置。
- **退出**。对于退出,应用程序把属性保存在本地已知的地方,以便下次启动的时候再次加载。

2. 设置 Properties 对象

以下的 Java 代码执行上述的前两个步骤(加载默认的属性和加载保存的属性)。

```
...
// create and load default properties
Properties defaultProps = new Properties();
FileInputStream in = new FileInputStream("defaultProperties");
defaultProps.load(in);
in.close();

// create application properties with default
Properties applicationProps = new Properties(defaultProps);

// now load properties
// from last invocation
in = new FileInputStream("appProperties");
applicationProps.load(in);
in.close();
...
```

首先，应用程序设置默认的 Properties 对象。这个对象包含那些没有显示设置值的属性。然后加载函数从磁盘上读取名为 defaultProperties 的默认属性值。

接着，应用程序使用不同的构造函数创建另一个 Properties 对象，该对象名为 applicationProps，其默认值存在 defaultProps 里。当某个属性被检索时，将得到它在 defaultProps 中的默认值。如果该属性不在 applicationProps，则会搜索它的默认列表。

最后，代码将从 appProperties 文件里面加载属性到 applicationProps 里。这些属性都来自上次程序执行时保存在文件里的值，具体内容将在下节介绍。

3. 保存属性

下面的例子将使用 Properties.store 来修改上个例子中的属性。默认的属性不需要保存因为它们从来不被修改：

```
FileOutputStream out = new FileOutputStream("appProperties");
applicationProps.store(out, "---No Comment---");
out.close();
```

store 方法需要给定一个流以供写入，同时需要一个字符串用来作为输出文件头部的注释。

4. 获取属性信息

一旦应用程序设置好它的 Properties 对象后，应用程序就能查询它所包含属性的键和值。应用程序启动后将从 Properties 对象获得信息，这样它就能通过用户选择的属性进行初始化。Properties 类提供以下方法来获取属性信息：

- contains(Object value) 和 containsKey(Object key)——如果 Properties 对象含有值或键，这些函数返回 true。Properties 从 Hashtable 继承了这些方法。虽然它接受 Object 参数，但是只有 String 值可以用。
- getProperty(String key) 和 getProperty(String key, String default)——这些函数返回特定属性的值。第二个版本提供默认值。如果键不存在，则返回默认值。
- list(PrintStream s) 和 list(PrintWriter w)——这些函数将所有的属性写入特定的流或者 writer，并且用于调试。
- elements()、keys() 和 propertyNames()——这些将返回包含 Properties 对象中键或者值的枚举（正如函数名所示）。keys 方法只返回自己对象的键；propertyNames 方法的返回值还包含默认属性的键。
- stringPropertyNames()—— 和 propertyNames 方法类似，但是它们返回 Set<String> 类型，返回值只包含键和值都是字符串的属性。注意，返回的集合对象 Set 不依赖 Properties 对象，所以对某一个修改不会影响另一个。
- size()——返回当前键/值对的数量。

5. 设置属性

当程序运行时，用户和程序交互会影响到属性的设置。这些改变将映射到 Properties 对象上，这样当程序退出时就能够保存起来（调用 store 方法）。下面的方法将改变 Properties 对象中的属性：

- setProperty(String key, String value)——将键/值对写入 Properties 对象。

- remove(Object key)——删除跟键关联的键/值对。

> **注意** 因为这里描述的有些方法是从 Hashtable 继承过来的，因此除了字符串类型外还可以接受其他类型的键和值。即便方法可以使用其他类型，通常使用字符串类型作为键和值。不要在 Properties 对象上调用 Hashtable.set 或者 Hashtable.setAll，应该使用 Properties.setProperty。

15.1.2 命令行参数

Java 应用程序能从命令行中接受任意数量的参数。这允许用户可以在启动应用程序时指定配置信息。

当调用程序时，用户通过在要运行的类名之后输入命令行参数调用程序。例如，假设一个 Java 应用程序叫 Sort，它用来对文件行排序。要执行 Sort 对 friends.txt 文件进行排序，输入如下命令：

```
java Sort friends.txt
```

当应用程序启动后，运行时系统将以字符串数组的形式将命令行参数传给应用程序的主函数。在上一个例子中，运行时系统以一个数组的形式将命令行参数传递给 Sort 应用。这个数组只包含一个值：friends.txt。

1. 打印命令行参数

例 Echo 将会按行打印出每一个传给自己的命令行参数：

```java
public class Echo {
    public static void main (String[] args) {
        for (String s: args) {
            System.out.println(s);
        }
    }
}
```

下面的例子介绍用户如何运行 Echo，输入用斜体表示：

```
java Echo Drink Hot Java
Drink
Hot
Java
```

注意应用程序一行一行打印出每一个单词——Drink、Hot 和 Java。这是因为命令行参数通过空白字符分隔开彼此。为了让 Drink、Hot 和 Java 整体成为一个单独的参数，用户可以用引号将它们引起来：

```
java Echo "Drink Hot Java"
Drink Hot Java
```

2. 解析多个命令行参数

如果程序要支持多个命令行参数的话，它必须将代表参数数量的字符串（例如 34）转换为数值。下面的程序将命令行参数转换为 int 类型：

```java
int firstArg;
if (args.length > 0) {
    try {
        firstArg = Integer.parseInt(args[0]);
```

```
        } catch (NumberFormatException e) {
            System.err.println("Argument" + args[0] + " must be an integer.");
            System.exit(1);
        }
    }
```

如果 `args[0]` 无效的话，`parseInt` 将抛出 NumberFormatException 异常。数值类型 `Integer`、`Float`、`Double` 等都有 `parseXXX` 方法，这些方法将字符串转换成相应的对象类型的数值。

15.1.3 环境变量

很多系统操作使用环境变量将配置信息传给应用程序。正如 Java 平台中的属性一样，环境变量也是键/值对，其中，键和值都是字符串。设置和使用环境变量的惯例在不同的操作系统和不同的命令行解释器之间也是不同的。想要知道怎么样给运行于自己系统上的应用程序传入环境变量，请阅读关于系统的文档。

1. 查询环境变量

在 Java 平台上，应用程序使用 `System.getenv` 方法来取得环境变量的值[1]。如果没有参数，`getenv` 方法返回只读的 `java.util.Map` 的实例。该实例中键是环境变量的名字，值是环境变量的值。下面的例子 EnvMap 将阐明这些：

```
import java.util.Map;

public class EnvMap {
    public static void main (String[] args) {
        Map<String, String> env = System.getenv();
        for (String envName : env.keySet()) {
            System.out.format("%s=%s%n",
                              envName,
                              env.get(envName));
        }
    }
}
```

当以字符串作为 `getenv` 的参数时，`getenv` 将返回指定的变量的值。如果该变量没有定义，`getenv` 返回空。Env 例子使用 `getenv` 函数来查询由命令行指定的环境变量的值：

```
public class Env {
    public static void main (String[] args) {
        for (String env: args) {
            String value = System.getenv(env);
            if (value != null) {
                System.out.format("%s=%s%n",
                                  env, value);
            } else {
                System.out.format("%s is"
                    + " not assigned.%n", env);
            }
        }
    }
}
```

2. 将环境变量传给新进程

当 Java 应用程序使用 `ProcessBuilder`[2] 对象创建新进程后，传给新进程的默认环境变量集与提供给应用程序虚拟机进程的相同。应用程序可以通过 `ProcessBuilder.`

---

[1] 8/docs/api/java/lang/System.html#getenv--

[2] 8/docs/api/java/lang/ProcessBuilder.html

environment 来修改这些设置。

3. 平台依赖问题

环境变量在不同的系统上实现有很多细微的差别。例如，Windows 忽略系统变量名的大小写，而 Solaris、Linux 和 OS X 则不会。环境变量的使用方法也不同。例如，Windows 用一个环境变量 USERNAME 来提供用户名，而 Solaris、Linux 和 OS X 可能通过 USER、LOGNAME 或这两者一起来提供用户名。

为了最大化可移植性，当在系统属性中有相同的值时永远不要引用别的环境变量。例如，如果操作系统提供用户名，那么在系统属性中，`user.name` 是永远可见的。

15.1.4 其他配置工具

以下是其他一些配置工具的总结。

首选项（preferences）相关的 API 允许应用程序在一个具体实现的内部存储中存储和取出配置数据。支持异步更新，相同的参数集可以通过多线程，甚至多应用程序安全地更新。更多信息参阅参数应用程序接口指导[一]。

部署在 JAR 归档文件中的应用程序使用清单文件来描述归档文件的内容。更多信息参看第 16 章。

Java Web Start 应用程序的配置包含在 Java Network Launch Protocol(JNLP) 文件中，更多信息参看第 17 章。

Java Plug-In applet 的配置文件部分由嵌在网页中的 HTLM 标签决定。由于 applet 和浏览器不同，标签可以包括 <applet>、<object>、<embed> 和 <param>。更多信息参看第 18 章。

`java.util.ServiceLoader` 提供了简单的服务提供者（service provider）方法[二]。服务提供者是对服务的实现，即一些已知的接口和类（通常是抽象类）。服务提供者中的类通常是实现服务中定义的类的接口或继承服务中定义的类。服务提供者可以作为扩展安装。拓展机制跟踪的更多信息请看网上教程[三]。提供者可以通过将它们加入类路径或者其他平台定义的方法来让自己可见。

15.2 系统工具

系统类实现一系列的系统工具[四]。其中一些已经在前面介绍过。本节介绍其他的系统工具。

15.2.1 命令行 I/O 对象

系统提供一些预先定义好的 I/O 对象，这些对象可以在 Java 程序从命令行启动时使用。这些 I/O 对象实现了多操作系统提供的 I/O 流，也实现了用于输入密码的控制台。更多信息参看 11.1.5 节。

15.2.2 系统属性

在 15.1.1 节中，我们了解到应用程序通过使用 `Properties` 对象来保存它的配置，

[一] 8/docs/technotes/guides/preferences/index.html
[二] 8/docs/api/java/util/ServiceLoader.html
[三] tutorial/ext/index.html
[四] 8/docs/api/java/lang/System.html

Java 平台使用 Properties 对象来保存自己的配置信息。系统类用一个 Properties 对象来描述当前工作环境。系统属性包括当前用户的信息、当前 Java 运行时环境的版本和用来分隔文件路径名的字符。表 15-1 描述了最重要的系统属性。

> **注意** 获取系统属性会受到安全管理器的限制。这是 applet 中常见的问题，即安全管理器会阻止读取和写入系统属性。更多 applet 获取系统属性，参见 19.1 节。

1. 读取系统属性

系统类有两个方法用来读取系统属性：getProperty 和 getProperties。getProperty 方法有两个不同版本。这两个方法都能获得参数列表中命名的属性的值。两个 getProperty 方法中简单的一个只接受一个参数，即属性键。例如，用以下语句获取 path.separator 的值：

```
System.getProperty("path.separator");
```

getProperty 方法返回包含该属性的值的字符串。如果该属性不存在，这个版本的 getProperty 返回空。

另一个版本的 getProperty 需要两个字符串参数：第一个参数是要查询的键，第二个参数是一个默认值，即如果该键找不到相应的值就返回默认值。例如，下面的 getProperty 调用用来查询系统属性 subliminal.message。这不是一个有效的属性，但是该方法会返回第二个参数值"Buy StayPuft Marshmallows!"而不是空。

```
System.getProperty("subliminal.message", "Buy StayPuft Marshmallows!");
```

系统类提供的最后一个获取属性的方法是 getProperties 方法，它返回一个 Properties 对象[○]。该对象包含完整的系统定义属性的集合。

表 15-1 系统属性

键	含义
file.separator	用来分隔文件路径的字符。在 Solaris、Linux 和 OS X 中是斜杠（/），在 Windows 上是反斜杠（\）
java.class.path	用来查找包含类文件的目录和 JAR 包。类路径中的元素通过在 path.separator 属性中指定的平台相关字符来分隔
java.home	Java 运行时环境（JRE）的安装目录
java.vendor	JRE 发行商名字
java.vendor.url	JRE 发行商的 URL
java.version	JRE 版本号
line.separator	操作系统的文本换行字符序列
os.arch	操作系统结构
os.name	操作系统名字
os.version	操作系统版本
path.separator	在 java.class.path 中用到的分隔字符
user.dir	用户工作目录
user.home	用户主目录
user.name	用户账户名字

○ 8/docs/api/java/util/Properties.html

2. 改写系统属性

为了修改现存的系统属性，需要使用 `System.setProperties` 方法。这个方法产生 `Properties` 对象，该对象包含了需要被修改的属性。该方法将会调用 `Properties` 对象中的属性集替换原来的系统设置。

> **注意** 改变系统属性存在潜在风险，需要谨慎修改。很多系统属性在启动之后就不能重复读取，其目的是传递信息。改变一些属性会有意想不到的副作用。

下个例子 PropertiesTest，创建 `Properties` 对象并根据 `myProperties.txt` 初始化：

```
subliminal.message=Buy StayPuft Marshmallows!
```

PropertiesTest 使用 `System.setProperties` 安装新的 `Properties` 对象作为当前的系统属性集：

```java
import java.io.FileInputStream;
import java.util.Properties;

public class PropertiesTest {
    public static void main(String[] args)
        throws Exception {

        // set up new properties object
        // from file "myProperties.txt"
        FileInputStream propFile =
            new FileInputStream("myProperties.txt");
        Properties p =
            new Properties(System.getProperties());
        p.load(propFile);

        // set the system properties
        System.setProperties(p);
        // display new properties
        System.getProperties().list(System.out);
    }
}
```

注意 PropertiesTest 创建 `Properties` 对象 p 的方法，一般作为 setProperties 的参数：

```
Properties p = new Properties(System.getProperties());
```

该语句用当前的系统属性集初始化新属性对象 p，在本例子中运行时系统初始化了该例子的属性。然后该程序从 `myProperties.txt` 读取额外的属性装载到 p 并用其设置系统属性集。带来的效果就是将 `myProperties.txt` 中的属性加入启动时由运行系统生成的属性集中。注意程序可以创建不包括任何默认属性的 `Properties` 对象 p，如下所示：

```
Properties p = new Properties();
```

同时，需注意系统属性的值会被重写！例如，如果 `myProperties.txt` 包含如下内容，`java.vendor` 系统属性会被覆盖：

```
java.vendor=Acme Software Company
```

通常，不要重写系统属性。

`setProperties`方法改变当前运行应用程序的系统属性集。这些修改不是永久的，即在程序中改变系统属性不会影响将来Java解释器对其或别的应用的调用。运行时系统在每次启动时重新初始化系统属性。若要对系统的属性持续地修改，必须在退出之前把值写入某个文件，在启动时从中重新读取。

15.2.3 安全管理器

　　安全管理器就是给应用定义了安全规则的对象。这些规则定义了那些不安全或敏感的操作。任何不被安全管理器允许的操作都会抛出`SecurityException`异常[一]。应用可以询问它的安全管理器哪些操作是被允许的。

　　通常，网络applet使用由浏览器或者Java Web Start插件提供的安全管理器。其他类型的应用通常不需要安全管理器，除非应用自定义。如果没有安全管理器，应用将没有安全机制，可以没有任何限制做各种操作。

　　本小节阐述应用如何和已存的安全管理器交互。更多详细信息（包括如何设计安全管理器）参见安全指南[二]。

1. 与安全管理器交互

　　安全管理器是类型为`SecurityManager`的对象[三]。调用`System.getSecurity-Manager`就可以获得该对象的引用：

```
SecurityManager appsm = System.getSecurityManager();
```

　　如果没有安全管理器，该方法返回空。

　　一旦应用有安全管理器对象的引用，它就拥有请求做特定事情的权限。在标准类库中很多类就是这样子的。例如，`System.exit`用来终结Java VM；调用`SecurityManager.checkExit`来确保当前线程有关闭应用的权限。

　　`SecurityManager`类定义了很多其他方法，用来验证其他类型的操作。例如，`SecurityManager.checkAccess`方法验证线程访问，`SecurityManager.checkPropertyAccess`验证特定属性的访问权限。每一个操作或一组操作都有命名为`checkXXX()`的方法。

　　另外，`checkXXX()`方法表示已经受安全管理器保护的操作。通常，应用不需要直接调用`checkXXX()`方法。

2. 识别违反安全规定操作

　　很多正常情况下未考虑安全管理器的行为，在安全管理器的介入后可能会抛出`SecurityException`异常。即使某方法的文档中未说明可能抛出异常，在调用时也可能抛出此异常。例如，用以下代码来读取文件：

```
reader = new FileReader("xanadu.txt");
```

　　若没有安全管理器，并假设`xanadu.txt`存在且可读，则该语句执行不会有错。但是假设该语句插入进网络applet，并且运行在安全管理器下，该安全管理器不允许文件输入，那么以下错误信息可能会出现：

　　[一] 8/docs/api/java/lang/SecurityException.html
　　[二] 8/docs/technotes/guides/security/index.html
　　[三] 8/docs/api/java/lang/SecurityManager.html

```
appletviewer fileApplet.html
Exception in thread "AWT-EventQueue-1" java.security.AccessControlException:
   access denied (java.io.FilePermission characteroutput.txt write)
        at java.security.AccessControlContext.checkPermission(AccessControlContext.java:323)
        at java.security.AccessController.checkPermission(AccessController.java:546)
        at java.lang.SecurityManager.checkPermission(SecurityManager.java:532)
        at java.lang.SecurityManager.checkWrite(SecurityManager.java:962)
        at java.io.FileOutputStream.<init>(FileOutputStream.java:169)
        at java.io.FileOutputStream.<init>(FileOutputStream.java:70)
        at java.io.FileWriter.<init>(FileWriter.java:46)
...
```

注意该例子中抛出的特定异常，java.security.AccessControlException 是 SecurityException 的子类[一]。

15.2.4 系统的其他方法

本小节将描述前面章节中没有介绍的一些系统方法。

arrayCopy 方法高效地从数组之间复制数据。更多信息参见第 4 章。

currentTimeMillis 和 nanoTime 方法用于衡量应用执行期间的时间间隔。为了以毫秒级别来衡量时间间隔，在间隔的开始和结束分别调用 currentTimeMillis，用第二次调用返回值减去第一次调用返回值。相似地，调用两次 nanoTime 可以以纳秒级别来衡量时间间隔。

> 注意 currentTimeMillis[二]和 nanoTime[三]的精度受限于操作系统提供的时间服务。不要假设 currentTimeMillis 精确到毫秒级，或者 nanoTime 精确到纳秒级。同样，currentTimeMillis 和 nanoTime 不能用来确定当前时间。作为替代，我们使用日期/时间 API 中的方法，例如 LocalTime.now[四]。更多信息请见第 21 章。

exit 方法将通过指定的整数退出状态参数来关闭 Java VM[五]。退出状态对于加载应用的处理器是可见的。通常，0 这个退出状态表示正常终结该应用，而其他的值则表示错误代码。

15.3 PATH 和 CLASSPATH 环境变量

本节将讲述如何在不同的操作系统环境（如 Microsoft Windows、Solaris、Linux 和 OS X）下使用路径和类路径。在安装 Java Development Kit(JDK) 软件包的目录下，可查阅安装指南获得当前信息。

安装完毕后，JDK 文件夹结构将如图 15-2 所示，bin 文件夹中包含编译器和加载器。

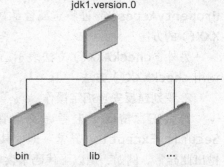

图 15-2　JDK 文件夹结构

15.3.1 更新 PATH 环境变量（Microsoft Windows）

不设置 PATH 环境变量也可以运行 Java 应用，但为了方便也可以选择设置该环境变量。

[一] 8/docs/api/java/security/AccessControlException.html
[二] 8/docs/api/java/lang/System.html#currentTimeMillis--
[三] 8/docs/api/java/lang/System.html#nanoTime--
[四] 8/docs/api/java/time/LocalTime.html#now--
[五] 8/docs/api/java/lang/System.html#exit-int-

如果你想在任何文件夹中不加完整路径名地用命令行运行可执行程序（javac.exe、java.exe、javadoc.exe 等），最好设置 PATH 环境变量。若不设置 PATH 环境变量，则需要指明命令的完整路径来运行它：

C:\Java\jdk1.8.0\bin\javac MyClass.java

在微软 Windows 系统下，PATH 环境变量是由分号（;）分隔开的文件夹。Microsoft Windows 按从左到右遍历在 PATH 环境变量中的目录以查找程序。你应当只有一个 JDK 的 bin 文件夹（第一个之后的将被忽略），所以如果 JDK 的 bin 文件夹已经存在，你可以更新该文件夹。下面是 PATH 环境变量的实例：

C:\Java\jdk1.8.0\bin;C:\Windows\System32\;C:\Windows\;C:\Windows\System32\Wbem

永久设置 PATH 环境变量很有用，这样每次重启后环境变量都会存在。为了给 PATH 环境变量做永久的修改，单击在控制面板中的 System 按钮。详细的步骤依赖于不同版本的 Windows。

1. Windows Vista

1）从桌面，右键"我的电脑"图标
2）从内容菜单中选择"属性"。
3）选择"高级"标签（在 Vista 中的"高级系统设置链接"）。
4）单击"环境变量"。在系统变量窗口中，找到 PATH 环境变量然后选择它，单击"编辑"。如果 PATH 环境变量不存在，单击"新建"。
5）在编辑系统变量（或者新的系统变量）窗口中，指定 PATH 环境变量的值。单击"确定"。通过单击"确定"关闭剩余的窗口。

2. Windows 7

1）从桌面，右击"计算机"图标。
2）从内容菜单中选择"属性"。
3）单击"高级系统设置链接。"
4）单击"环境变量"。在系统变量窗口中，找到 PATH 环境变量然后选择它，单击"编辑"。如果 PATH 环境变量不存在，单击"新建"。
5）在编辑系统变量（或者新的系统变量）窗口中，指定 PATH 环境变量的值。单击"确定"。通过单击"确定"关闭剩余的窗口。

> **注意** 当从控制面板编辑了 PATH 环境变量后，或许会看见跟下面相似的环境变量值：
>
> %JAVA_HOME%\bin;%SystemRoot%\system32;%SystemRoot%;%SystemRoot%\System32\Wbem
>
> 以百分号（%）包裹的变量是已存在的环境变量。如果在控制面板中，这些变量出现在**环境变量窗口**中（例如 JAVA_HOME），你就可以编辑它的值。如果没有出现，那便是系统自己定义的特殊环境变量。例如，SystemRoot 就是 Microsoft Windows 系统文件夹的本地路径。为了获取环境变量的值，在命名窗口输入以下命名。（该例子是为了获取 SystemRoot 环境变量的值。）
>
> echo %SystemRoot%

15.3.2 更新 PATH 环境变量（Solaris、Linux 和 OS X）

你也可以不用设置 PATH 环境变量来运行 JDK，或者也可以为了方便起见设置它。然而，如果想在任何文件夹中不输入完整路径名地运行可执行程序（如 javac、java、javadoc 等），最好设置 PATH 环境变量。如果不设置 PATH 环境变量，就需要指定完整路径来运行它：

```
% /usr/local/jdk1.8.0/bin/javac MyClass.java
```

查看路径是否设置好，执行下面语句：

```
% java -version
```

如果能找到 java 工具的版本，将会打印出来。如果版本太旧或者得到错误"java: Command not found"，那就是路径没有设置好。为了永久设置路径属性，在启动文件中设置 path 属性。对于 C shell（csh），编辑启动脚本（~/.cshrc）:

```
set path=(/usr/local/jdk1.8.0/bin $path)
```

对于 bash，编辑启动脚本（~/.bashrc）:

```
PATH=/usr/local/jdk1.8.0/bin:$PATH
export PATH
```

对于 ksh，启动脚本以一个新的环境变量 ENV 命名：

```
PATH=/usr/local/jdk1.8.0/bin:$PATH
export PATH
```

对于 sh，编辑用户环境脚本（~/.profile）:

```
PATH=/usr/local/jdk1.8.0/bin:$PATH
export PATH
```

然后加载启动脚本，通过重新输入 java 命令验证 path 是否设置正确。在 C shell（csh）中输入以下命令：

```
% source ~/.cshrc
% java -version
```

在 ksh、bash 和 sh 中输入如下命令：

```
% . /.profile
% java -version
```

15.3.3 检查 CLASSPATH 环境变量（所有平台）

CLASSPATH（类路径）环境变量是用来告诉应用，包括 JDK 工具，去哪里查找用户类文件。类文件是 Java Runtime Environment(JRE)、Java SE Development Kit(JDK) 平台的一部分，扩展需通过其他手段来定义，例如启动类路径或者扩展文件夹。

推荐使用 -cp 命令行开关来指定类路径。这允许对每个应用设置独立的 CLASSPATH 而不会影响到其他的应用。因此需要小心设置 CLASSPATH。

默认的类路径的值是点操作符（.），意味着只有当前文件夹将被搜索。指定 CLASSPATH 变量或者 -cp 命令行开关重写该值。

在 Microsoft Windows 上检查是否设置了 CLASSPATH，执行如下命令：

```
C:> echo %CLASSPATH%
```

在 Solaris 或者 Linux 上，执行如下命令：

```
% echo $CLASSPATH
```

如果 CLASSPATH 没有设置，你将得到"CLASSPATH: Undefined variable"错误（Solaris、Linux 或者 OS X 中）或者简单的"%CLASSPATH%"(Microsoft Windows 中)。用户执行跟修改 PATH 一样的操作就可以修改 CLASSPATH。

类路径通配符使你可以在类路径中指定一个完整的目录，而无需枚举其中的 .jar 文件。更多信息（包括类路径通配符说明和如何清理 CLASSPATH 环境变量的详细说明）参见《类路径设置技术文档》[一]。

15.4 问题和练习：平台环境

问题

你安装了包含 .jar 文件的新库。为了用代码调用该库文件，设置了 CLASSPATH 环境变量指向这个新 .jar 文件。现在当尝试加载简单应用的时候却得到如下错误消息：

```
java Hello
Exception in thread "main" java.lang.NoClassDefFoundError: Hello
```

在这个例子中，Hello 类被编译为一个 .class 文件，放在当前文件夹中，但是 java 命令似乎找不到它，哪里出错了？

练习

编写应用程序 PersistentEcho，包含如下属性：

- 如果 PersistentEcho 以命令行参数运行，则打印出这些参数。同时将这些打印出的字符串保存在属性中并将该属性存在 PersistentEcho.txt 文件中。
- 如果 PersistentEcho 的命令没有跟参数，则查找环境变量 PERSISTENTECHO。如果该变量存在，PersistentEcho 打印该值并将该值保存在 PersistentEcho.txt 文件中。
- 如果 PersistentEcho 既没有命令行参数也没有环境变量 PERSISTENTECHO，则从 PersistentEcho.txt 文件中读取该属性值并打印出来。

答案

相关答案参考

http://docs.oracle.com/javase/tutorial/essential/environment/QandE/answers.html。

[一] 8/docs/technotes/tools/windows/classpath.html

第 16 章

The Java Tutorial: A Short Course on the Basics, Sixth Edition

JAR 文件

Java 归档（JAR）文件将多个文件打包成归档文件。典型的 JAR 文件包含 class 文件和与 applet、应用等相关联的辅助资源。

JAR 文件格式带来如下好处：

- 安全。可以对 JAR 文件内容进行数字签名。如果用户识别了该签名，可以选择授予其软件一定的安全特权。
- 减少下载时间。如果 applet 和它依赖的资源打包到 JAR 文件中，这些资源只需要一次 HTTP 传输就可以，不需要每个文件进行一次 HTTP 传输。
- 压缩。JAR 格式支持文件压缩，以提高存储效率。
- 可扩展性。通过可扩展框架可以添加功能到 Java 核心平台中，而 JAR 文件格式定义了可扩展性。通过使用 JAR 文件格式，可以很轻松地扩展软件。
- 包封装。存在 JAR 文件中的包可以选择封装起来，这样可以确保版本一致性。将包封装在 JAR 文件，这就保证包中的所有类都封装在 JAR 文件中。
- 包的版本信息。JAR 文件中可以包含关于该 JAR 文件的信息说明，例如发行商、版本信息等内容。
- 可移植性。处理 JAR 文件的机制是 Java 核心 API 的一部分。

本章包含四节内容：16.1 节将阐述一些关于 JAR 文件的基本操作和怎么运行 JAR 文件，16.2 节内容描述清单文件以及如何定义相应参数使得可以将自己的文件打包成 JAR 文件并且定义应用入口点，16.3 节讲述如何对 JAR 文件进行数字签名并且验证 JAR 文件的数字签名，16.4 节讲述跟 JAR 相关的 API 接口，最后有相应的问题和练习测试读者对本章内容的掌握度。

16.1 JAR 文件使用入门

JAR 文件使用 ZIP 文件格式打包，因此可以使用 JAR 来压缩数据、归档、解压缩和将归档文件解包。这些都是 JAR 文件常用操作，仅仅使用这些基本操作就可以体会到 JAR 文件带来的好处。

即便想使用 JAR 文件提供的高级方法，如电子签名（electronic signing），也需要熟悉这些基本操作。为了更好地完成 JAR 文件提供的操作，可以使用由 Java SE 开发工具（JDK）提供的 Java 归档工具。因为 Java 归档工具通过 jar 命令调用，因此在本书中我们用 JAR 工具指代 Java 归档工具。表 16-1 总结了 JAR 文件的常用操作。

表 16-1　JAR 文件常用操作

操　　作	命　　令
创建 JAR 文件	jar cf jar-file input-file(s)
查看 JAR 文件的内容	jar tf jar-file
抽取 JAR 文件的内容	jar xf jar-file
从 JAR 文件中抽取特定的文件	jar xf jar-file archived-file(s)
运行打包为 JAR 文件的应用程序	java -jar app.jar

（续）

操 作	命 令

调用打包为 JAR 文件的 applet	`<applet`
	   `code="AppletClassName.class"`
	   `archive="JarFileName.jar"`
	   `width="width"`
	   `height="height">`
	`</applet>`

16.1.1 创建 JAR 文件

最基本的创建 JAR 文件的命令如下：

`jar cf jar-file input-file(s)`

以下是一些在该命令中可以使用的选项和参数：

- `c` 选项表示创建 JAR 文件。
- `f` 选项表示将 JAR 文件输出到文件而不是标准输出 (stdout)。
- `jar-file` 表示输出的 JAR 文件的名字。可以使用任何合法的名字作为 JAR 文件的名字。JAR 文件的后缀名是 `.jar`，尽管这不是必须的。
- `input-file(s)` 参数是由一个或多个以空格分隔开的文件组成，表示加入 JAR 文件中的原始文件。`Input-file(s)` 参数可以包含通配符 `*`。如果任意一个输入包含文件夹，则该文件夹中的内容将被递归地加入 JAR 归档文件中。

`c` 和 `f` 选项可以出现在其他的命令中，但是它们之间不能有任何空格。这条命令将产生压缩的 JAR 文件并且输出到当前文件夹下。该命令也会自动产生默认的清单文件。也可以在 `cf` 选项中添加任何其他在表 16-2 中描述的选项。

> **注意** 在 JAR 文件中元数据（比如输入的名称、注释和清单文件的内容）必须是 UTF-8 编码格式。

> **注意** 当创建 JAR 文件时，创建的时间会被存在 JAR 文件中。因此，即便 JAR 中的文件内容没有改变，多次创建的 JAR 文件也不会完全相同。应该在使用 JAR 文件的时候注意到这一点。推荐的做法是在清单文件中使用版本信息而不是创建时间去控制 JAR 文件的版本。具体内容请查看 16.2.5 节。

表 16-2　JAR 工具选项

选 项	描 述
v	创建 JAR 文件时将在标准输出上输出详细信息。详细信息包括加入 JAR 文件的每一个文件的名字
0（零）	JAR 文件不需要压缩
M	将不产生默认的清单文件
m	用来从已有的清单文件中创建清单文件。命令基本格式是： `jar cmf existing- manifest jar- file input- file(s)` 请参阅 16.2.2 节来获取关于本选项的更多信息。请注意，清单文件必须以新行或者换行返回，否则最后一行将得不到正确解析
-C	在执行该选项时，改变当前目录，并添加指定的文件。参见下面的实例

实例

让我们来看个简单的例子：简单的 `TicTacToe` 应用。可以从 Java SE Downloads⊖中下载 JDK 实例和样例包来看到这个应用的源代码。这个实例包含一个类文件、音频文件和图像（见图 16-1）。

音频和图像子文件夹包含该应用使用到的音频文件和 GIF 图像文件。为了将该实例打包成单个名为

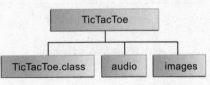

图 16-1　TicTacToe 文件结构

`TicTacToe.jar` 的 JAR 文件，可以在 TicTacToe 文件夹中使用：

```
jar cvf TicTacToe.jar TicTacToe.class TicTacToe$1.class example1.html audio images
```

`audio` 和 `images` 参数代表文件夹，因此 JAR 工具将递归地将它们放入 JAR 文件中。最后产生的 `TicTacToe.jar` 文件放在当前文件夹中。因为该命令中使用了 v 选项来得到详细输出，所以当运行如下程序的时候，将会看到跟下面相似的输出：

```
added manifest
adding: audio/(in = 0) (out= 0)(stored 0%)
adding: audio/beep.au(in = 4032) (out= 3572)(deflated 11%)
adding: audio/ding.au(in = 2566) (out= 2055)(deflated 19%)
adding: audio/return.au(in = 6558) (out= 4401)(deflated 32%)
adding: audio/yahoo1.au(in = 7834) (out= 6985)(deflated 10%)
adding: audio/yahoo2.au(in = 7463) (out= 4607)(deflated 38%)
adding: example1.html(in = 424) (out= 238)(deflated 43%)
adding: images/(in = 0) (out= 0)(stored 0%)
adding: images/cross.gif(in = 157) (out= 160)(deflated -1%)
adding: images/not.gif(in = 158) (out= 161)(deflated -1%)
adding: TicTacToe$1.class(in = 550) (out= 369)(deflated 32%)
adding: TicTacToe.class(in = 3705) (out= 2232)(deflated 39%)
adding: TicTacToe.java(in = 9584) (out= 2973)(deflated 68%)
```

从上面的输出可以看到 `TicTacToe.jar` 被压缩了。JAR 工具默认会压缩文件，可以通过使用 0 选项关闭压缩，这样的话，命令就会变成：

```
jar cvf0 TicTacToe.jar TicTacToe.class TicTacToe$1.class example1.html audio images
```

或许在一些情况下想要禁止压缩（例如加快在浏览器中 JAR 文件的加载速度）。未压缩的 JAR 文件将比压缩的 JAR 文件加载速度更快，原因是省去了解压缩的时间。然而，这里存在权衡问题，因为如果使用未压缩的 JAR 文件传输将会增加下载时间。

JAR 工具可以接受通配符 *。因为在 `TicTacToe` 文件夹下的文件都需要，因此可以使用如下命令来创建 JAR 文件：

```
jar cvf TicTacToe.jar *
```

尽管不会显示出详细输出，但是 JAR 工具会自动地在 JAR 归档文件中添加清单文件，该清单文件的路径名是 `META-INF/MANIFEST.MF`。16.2 节将详细介绍清单文件。

上一个例子中，在归档文件中保留文件的相对路径名称和文件结构。JAR 工具提供 -C 选项来创建 JAR 文件，使得相对路径不被保存。JAR 的 -C 选项是模仿 TAR 的 -C 选项。

例如，假设想要把 `TicTacToe` 实例用到的音频文件和 GIF 图像放入 JAR 文件，并希望所有的文件是在顶层，没有目录层次结构。可以通过在图像和音频的父目录路径下输入该命令达到这种效果：

⊖ http://www.oracle.com/technetwork/java/javase/downloads/index.html

```
jar cf ImageAudio.jar -C images . -C audio .
```

命令中的 -C images 部分指示 JAR 工具进入 images 目录，跟在 -C images 后边的点（.）指示 JAR 工具打包该文件下的所有内容。-C audio . 对 audio 目录做同样的事情。最后的 JAR 文件有如下的内容：

```
META-INF/MANIFEST.MF
cross.gif
not.gif
beep.au
ding.au
return.au
yahoo1.au
yahoo2.au
```

相反的，如果你没有使用 -C 选项：

```
jar cf ImageAudio.jar images audio
```

生成的 JAR 文件将包含以下内容：

```
META-INF/MANIFEST.MF
images/cross.gif
images/not.gif
audio/beep.au
audio/ding.au
audio/return.au
audio/yahoo1.au
audio/yahoo2.au
```

16.1.2 查看 JAR 文件内容

查看 JAR 文件内容的命令的基本格式是：

```
jar tf jar-file
```

该命令有如下选项和参数：
- t 选项表示查看包含 JAR 文件的内容表。
- f 选项表示从命令行指定需要查看的 JAR 文件。
- `jar-file` 参数表示要查看的 JAR 文件的路径。

t 和 f 选项可以以任意次序出现，但是它们之间不得有任何空格。此命令将在标准输出显示 JAR 文件内容表。可以选择加入详细选项（v）输出额外的信息，包括文件大小以及最后修改日期。

实例

使用 JAR 工具显示 TicTacToe.jar 文件的内容：

```
jar tf TicTacToe.jar
```

命令将在标准输出显示如下内容：

```
META-INF/
META-INF/MANIFEST.MF
audio/
audio/beep.au
audio/ding.au
audio/return.au
audio/yahoo1.au
audio/yahoo2.au
example1.html
```

```
images/
images/cross.gif
images/not.gif
TicTacToe$1.class
TicTacToe.class
TicTacToe.java
```

果不其然，JAR 文件中包含 TicTacToe 类文件和音频、图像文件夹。输出中可以看到 JAR 文件还包含默认的清单文件（META-INF/MANIFEST.MF），它由 JAR 工具自动产生。更多信息参见 16.2.1 节。

所有的路径以斜杠划分，这与使用的平台和操作系统无关。JAR 文件中的路径总是相对路径，不会看到以 C: 开头的路径。JAR 工具通过使用 v 选项显示额外信息：

```
jar tvf TicTacToe.jar
```

则 TicTacToe JAR 文件会显示和如下相似的内容：

```
   0 Thu Aug 21 12:58:34 EDT 2014 META-INF/
  68 Thu Aug 21 12:58:34 EDT 2014 META-INF/MANIFEST.MF
   0 Wed Jul 30 21:42:36 EDT 2014 audio/
4032 Wed Jul 30 21:42:36 EDT 2014 audio/beep.au
2566 Wed Jul 30 21:42:36 EDT 2014 audio/ding.au
6558 Wed Jul 30 21:42:36 EDT 2014 audio/return.au
7834 Wed Jul 30 21:42:36 EDT 2014 audio/yahoo1.au
7463 Wed Jul 30 21:42:36 EDT 2014 audio/yahoo2.au
 424 Wed Jul 30 21:42:36 EDT 2014 example1.html
   0 Wed Jul 30 21:42:36 EDT 2014 images/
 157 Wed Jul 30 21:42:36 EDT 2014 images/cross.gif
 158 Wed Jul 30 21:42:36 EDT 2014 images/not.gif
 550 Wed Jul 30 21:42:36 EDT 2014 TicTacToe$1.class
3705 Wed Jul 30 21:42:36 EDT 2014 TicTacToe.class
9584 Wed Jul 30 21:42:36 EDT 2014 TicTacToe.java
```

16.1.3 抽取 JAR 文件内容

抽取 JAR 文件内容的命令的基本格式如下：

```
jar xf jar-file [archived-file(s)]
```

该命令有如下选项和参数：

- x 选项表示从 JAR 归档文件中抽取文件。
- f 选项表示 JAR 文件的内容从命令行指定的文件中读取，而不是从标准输入（stdin）中直接获得。
- `jar-file` 参数是要抽取的 JAR 文件的文件名（或路径及其文件名）。
- `archived-file(s)` 是个可选参数，它包含一些以空格分隔开的文件名，表示你想具体抽取哪些文件，如果不加参数，则将抽取 JAR 文件中的所有文件。

通常，x 与 f 选项的出现位置无关紧要，但是两者之间不能有空格。

当抽取文件时，JAR 工具复制所需的文件并且写入当前的文件夹，再现这些文件在归档文件中的目录结构。原来的 JAR 文件保持不变。

> **注意** 当抽取文件时，JAR 工具将覆盖已有的具有相同路径名称的文件。

实例

让我们从在前面章节中所用过的 TicTacToe JAR 文件中抽取一些文件。下面是 TicTacToe.

jar 的内容：

```
META-INF/
META-INF/MANIFEST.MF
audio/
audio/beep.au
audio/ding.au
audio/return.au
audio/yahoo1.au
audio/yahoo2.au
example1.html
images/
images/cross.gif
images/not.gif
TicTacToe$1.class
TicTacToe.class
TicTacToe.java
```

假设抽取 `TicTacToe` 类文件和 `cross.gif` 图像文件，使用以下命令即可：

`jar xf TicTacToe.jar TicTacToe.class images/cross.gif`

该命令做如下两件事：

- 复制 `TicTacToe` 类文件到当前文件夹中。
- 如果 `images` 文件夹不存在，在当前文件夹下创建新的 `images` 文件夹，并复制 `cross.gif` 放在 `images` 文件夹中。

原始的 TicTacToe JAR 文件保持不变。

可以用同样的方式从 JAR 文件中抽取任意的文件。当不指明抽取的特定文件名，JAR 工具会抽取在归档文件中的所有文件。例如，你可以从 TicTacToe 归档文件中抽取所有的文件：

`jar xf TicTacToe.jar`

16.1.4 更新 JAR 文件

当修改了清单文件或添加文件时，可以使用 JAR 工具提供 u 选项来更新已存在的 JAR 文件。

该命令的基本格式如下：

`jar uf jar-file input-file(s)`

该命令有如下选项和参数：

- u 选项表示更新现存的 JAR 文件。
- f 选项表示更新的 JAR 文件内容来自命令行指定的文件。
- `jar-file` 参数表示现存的想要更新的 JAR 文件的路径名。
- `input-file(s)` 由一些空格分隔开的文件组成，表示要添加的文件。

任意跟现存在 JAR 文件中的文件有相同路径名的文件将被覆盖。

当创建新的 JAR 文件时，你可以使用 -C 选项来指定新的文件夹。更多信息请参见 16.1.1 节。

实例

回忆一下，在 `TicTacToe.jar` 文件中有如下内容：

```
META-INF/
META-INF/MANIFEST.MF
audio/
```

```
audio/beep.au
audio/ding.au
audio/return.au
audio/yahoo1.au
audio/yahoo2.au
example1.html
images/
images/cross.gif
images/not.gif
TicTacToe$1.class
TicTacToe.class
TicTacToe.java
```

假设想添加 images/new.gif 到 JAR 文件中,可以在父目录下输入如下命令:

```
jar uf TicTacToe.jar images/new.gif
```

修改后的 JAR 文件结构如下:

```
META-INF/
META-INF/MANIFEST.MF
audio/
audio/beep.au
audio/ding.au
audio/return.au
audio/yahoo1.au
audio/yahoo2.au
example1.html
images/
images/cross.gif
images/new.gif
images/not.gif
TicTacToe$1.class
TicTacToe.class
TicTacToe.java
```

可以通过使用 -C 选项来改变存放目录:

```
jar uf TicTacToe.jar -C images new.gif
```

该命令将在添加 new.gif 文件之前先进入 JAR 文件的 images 文件夹中。images 文件夹将不会添加到 new.gif 文件的路径名中。当把它加入归档文件时会得到如下的文档结构:

```
META-INF/
META-INF/MANIFEST.MF
audio/
audio/beep.au
audio/ding.au
audio/return.au
audio/yahoo1.au
audio/yahoo2.au
example1.html
images/
images/cross.gif
images/not.gif
new.gif
TicTacToe$1.class
TicTacToe.class
TicTacToe.java
```

16.1.5 运行打包为 JAR 的软件

现在已经学会了如何创建 JAR 文件,那如何运行 JAR 文件呢?考虑到以下三种场景:

- JAR 文件中包含可以在浏览器中运行的 applet
- JAR 文件中包含可以通过命令行运行的应用
- JAR 文件中包含想作为扩展的代码

本节将介绍前两种情况，更多内容请参阅 JAR 文件使用指南的在线教程⊖。

1. 打包为 JAR 文件的 applet

可以通过在 HTML 文档中使用 applet 标签来在浏览器中创建 applet。更多部署 applet 内容参见第 18 章。如果 applet 被打包在 JAR 文件中，你只需要在 HTML 文档中使用 archive 参数指明 applet 所在的 JAR 文件的相对路径即可。

让我们回到 TicTacToe 实例。在 HTML 文档中 applet 标签的用法如下：

```
<applet code="TicTacToe.class"
        width="120" height="120">
</applet>
```

如果 TicTacToe 实例被打包到 TicTacToe.jar 包中，你可以修改 applet 标签，通过 archive 参数来指明所在 jar 包的路径：

```
<applet code="TicTacToe.class"
        archive="TicTacToe.jar"
        width="120" height="120">
</applet>
```

archive 参数指明包含 TicTacToe 类文件所在的 JAR 文件的相对路径。该实例假设 JAR 文件和 HTML 文件在同一个文件夹中，否则需要指明 JAR 文件的相对路径。例如，如果 JAR 文件在 HTML 文件夹下的 applets 的文件夹中，那么 applet 标签应该设置如下：

```
<applet code="TicTacToe.class"
        archive="applets/TicTacToe.jar"
        width="120" height="120">
</applet>
```

2. 运行 JAR 应用程序

你可以通过在 Java launcher（Java 命令）输入如下命令来运行打包为 JAR 文件的应用程序：

```
java -jar jar-file
```

-jar 标志告诉 Java launcher 应用程序被打包为 JAR 文件。只能指明 JAR 文件，并且要包含所有应用代码。当执行该命令时，首先要确定运行环境知道 JAR 文件中哪个类文件是应用程序的入口。为了指明哪个类文件是应用程序的入口，必须在 JAR 文件的清单文件中加入 Main-Class 头部。该头部格式如下所示：

```
Main-Class: classname
```

该头部的值（即 classname）指明了该应用程序的入口。更多信息请参照 16.2.3 节。当在清单文件中设置好 Main-Class 文件后，就能通过如下命令来运行该应用程序：

```
java -jar app.jar
```

当需要运行的应用程序的 JAR 文件在别的文件夹中时，则必须给出该 JAR 文件所在的文件夹的路径。例如，当 app.jar 所在的文件夹路径是 path：

```
java -jar path/app.jar
```

⊖ tutorial/ext/index.html

16.2 清单文件使用入门

JAR 文件提供很多功能，包括电子签名、版本控制、包封装等。什么赋予了 JAR 文件多样性呢？答案就是 JAR 文件的清单文件（manifest）。

清单文件是包含 JAR 文件的各种信息。通过修改清单文件中的"元信息"，就能使 JAR 文件支持多种功能。这里将详细介绍清单文件的内容并且通过实例来阐述如何使用清单文件。

16.2.1 理解默认的清单文件

当创建 JAR 文件时会自动创建默认的清单文件。在 JAR 文件中只能有一个清单文件。清单文件在 JAR 文件中的路径如下：

```
META-INF/MANIFEST.MF
```

当创建 JAR 文件后，默认的清单文件仅包含如下内容：

```
Manifest-Version: 1.0
Created-By: 1.8.0_20 (Oracle Corporation)
```

上述内容显示在清单文件的条目使用"头部：值"这样的格式。头部和值之间通过冒号分隔开。默认的清单文件符合清单文件规范 1.0 版，由 JDK 1.8.0_20 创建。

该清单也可以包含打包在归档中的其他文件的信息。究竟是什么文件资料应记录在清单中取决于你打算如何使用 JAR 文件。默认清单对记录哪些其他文件的信息不做任何规定。

摘要信息不包含在默认的清单文件中。要了解更多的关于摘要和签名的信息，请查看 16.3 节。

16.2.2 修改清单文件

当创建 JAR 文件时，可以使用 m 选项为清单文件添加自定义信息。本小节将讲述 m 选项的使用。

创建任何一个 JAR 文件时，JAR 工具会自动生成清单文件并放在路径 META-INF/MANIFEST.MF 下。可以通过修改清单文件来使用 JAR 提供的特殊功能，例如包封装等。通常情况下，通过在清单文件中添加特定的头部来使 JAR 文件获得相应的功能。

为了修改清单文件，必须首先准备包含想添加到清单文件中的内容的文本。然后使用 JAR 工具的 m 选项将此文本文件中的信息加入清单文件。

> **注意** 你创建的文本文件必须以新的一行或换行返回结束。如果不是以新行或者换行返回结束的话，最后一行将不能正确解析。

该命令的基本格式如下：

```
jar cfm jar-file manifest-addition input-file(s)
```

该命令有如下选项和参数：

- c 选项表示创建 JAR 文件。
- f 选项表示输出到文件而不是标准输出。
- m 选项表示把现存的文件中的信息合并到 JAR 文件的清单文件中。

- **jar-file** 参数是最终生成的 JAR 文件的文件名。
- **manifest-addition** 参数要加入 JAR 文件中清单文件新内容所在的文件的文件名。
- **input-file(s)** 参数由一些空格分隔开的文件组成，表示你想加入到你的 JAR 文件中的文件。

m 和 f 选项的顺序必须与相应参数的顺序保持一致。

> **注意** 清单文件的编码格式一定是 UTF-8。

本节的剩余内容将详细阐述如何修改清单文件。

16.2.3 设置应用程序的入口点

如果有打包成 JAR 文件的应用程序，需要在 JAR 文件中提供应用程序的入口点。需要在清单文件的 Main-Class 头部设置相应信息，Main-Class 的形式如下：

Main-Class: *classname*

classname 的值就是应用程序的入口的类文件的名称。

回顾上文可知，入口就是含有 public static void main(String[] args) 的类文件。当设置好 Main-Class 的值后，使用如下命令运行该应用程序：

java -jar *JAR-name*

在 Main-Class 头部设置的类文件中的 main 函数将被执行。

1. 实例

我们想在运行 JAR 文件时，运行在 MyPackage 包中的 MyClass 类文件中的主函数。首先创建包含如下内容的清单文件 Manifest.txt：

Main-Class: MyPackage.MyClass

> **注意** 文件必须以新行或者换行返回结束。如果不是这样，最后一行就不能得到正确解析。

通过如下命令创建名字为 MyJar.jar 的 JAR 文件：

jar cfm MyJar.jar Manifest.txt MyPackage/*.class

这将创建包含如下信息的清单文件的 JAR 文件：

```
Manifest-Version: 1.0
Created-By: 1.8.0_20 (Oracle Corporation)
Main-Class: MyPackage.MyClass
```

当使用如下命令运行该 JAR 文件时，在 MyClass 中的主函数将得到执行：

java -jar MyJar.jar

2. 通过 JAR 工具设置入口点

e 标志可以创建或重写清单文件的 Main-Class 属性。可以在创建或者更新 JAR 文件的时候使用该标志。通过使用 e 标志可以不用通过创建或修改清单文件来设置应用入口点。

例如，下面的命令就是创建 app.jar，并且设置 Main-Class 属性为 MyApp：

jar cfe app.jar MyApp MyApp.class

因此可以通过如下命令执行该 JAR 文件：

java -jar app.jar

如果入口点类名字在包中，则需要点号（.）作为分隔。例如，如果 Main.class 在 foo 包中，那么入口点应该按照如下方式指定：

jar cfe Main.jar foo.Main foo/Main.class

16.2.4　将类文件加入 JAR 文件的类路径

或许需要在 JAR 文件中引用其他 JAR 的类。例如，典型的情况下，打包成 JAR 文件的 applet，其在清单文件中引用一个（或多个）有效用的 JAR 文件。

需要修改 applet 或者应用的 Class-Path 来指定需要的文件，Class-Path 格式如下：

Class-Path: *jar1-name jar2-name directory-name/jar3-name*

通过修改清单文件中的 Class-Path 属性，就能避免在运行时指定冗长的 -class-path 标志的情况。

> **注意**　Class-Path 的值只能是本地的 JAR 或类文件，而不能是内嵌在 JAR 中或通过网络协议得到的 JAR 或类文件。为了加载某个 JAR 文件中的类文件，必须写相应的代码去加载这些类文件。例如，MyJar.jar 包含 MyUtils.jar，则不能使用 MyJar.jar 的清单文件来将 MyUtils.jar 的类文件加载到类路径中。

实例

我们想加载 MyUtils.jar 中的类文件到 MyJar.jar 的类路径中。这两个 JAR 文件在同一个文件夹下。

首先我们创建 Manifest.txt 文件，内容如下：

Class-Path: MyUtils.jar

> **注意**　文件必须以新行或者换行返回结束。如果不是这样，最后一行就不能得到正确解析。

然后我们创建以 MyJar.jar 命名的 JAR 文件：

jar cfm MyJar.jar Manifest.txt MyPackage/*.class

这将创建有如下内容的清单文件的 JAR 文件：

```
Manifest-Version: 1.0
Class-Path: MyUtils.jar
Created-By: 1.8.0_20 (Oracle Corporation)
```

现在，当运行 MyJar.jar 时，MyUtils.jar 中的类文件就被加载到了类路径中。

16.2.5 设置包版本信息

有可能需要将包版本信息放入到 JAR 的清单文件中。提供的包的信息的头部如表 16-3 所示。

表 16-3 清单文件的头部

头 部	定 义
Name	说明的名字
Specification-Title	说明的标题
Specification-Version	说明的版本
Specification-Vendor	说明的发行商
Implementation-Title	实现的名称
Implementation-Version	实现的版本
Implementation-Vendor	实现的发行商

一组设置可以设定给任意一个包。版本头部应当直接出现在 Name 下。如下所示：

```
Name: java/util/
Specification-Title: Java Utility Classes
Specification-Version: 1.2
Specification-Vendor: Example Tech, Inc.
Implementation-Title: java.util
Implementation-Version: build57
Implementation-Vendor: Example Tech, Inc.
```

更多关于包版本头部的信息，请参见《包版本详细说明》[一]。

实例

我们想要在上述 JAR 文件 `MyJar.jar` 的清单文件中加入头部信息。首先我们创建包含如下内容的 `Manifest.txt` 文件：

```
Name: java/util/
Specification-Title: Java Utility Classes
Specification-Version: 1.2
Specification-Vendor: Example Tech, Inc.
Implementation-Title: java.util
Implementation-Version: build57
Implementation-Vendor: Example Tech, Inc.
```

> **注意** 文件必须以新行或者换行返回结束。如果不是这样，最后一行就不能得到正确解析。

通过输入以下命令来创建名为 `MyJar.jar` 的 JAR 文件。

```
jar cfm MyJar.jar Manifest.txt MyPackage/*.class
```

这将创建含有以下内容的 JAR 文件：

```
Manifest-Version: 1.0
Created-By: 1.8.0_20 (Oracle Corporation)
Name: java/util/
Specification-Title: Java Utility Classes
Specification-Version: 1.2
Specification-Vendor: Example Tech, Inc.
Implementation-Title: java.util
```

⊖ 8/docs/technotes/guides/versioning/spec/versioning2.html#wp89936

```
Implementation-Version: build57
Implementation-Vendor: Example Tech, Inc.
```

16.2.6　用 JAR 文件封装包

在 JAR 文件中的包可以选择是否要封装，这意味着在包中的所有的类文件都必须归档到同一个 JAR 文件中。封装可以有多种原因，例如，想要封装包以确保在所有的类文件中版本的一致性。

通过在清单文件中加入 Sealed 头部来确定封装包，具体格式如下：

```
Name: myCompany/myPackage/
Sealed: true
```

MyCompany/mypackage/ 是要封装的包的名字。注意，封装包的名字必须用斜杠（/）划分开。

1. 实例

我们想封装两个包，firstPackage 和 secondPackage，并把它们放在 MyJar.jar 中。首先创建一个包含如下内容的 manifest.txt 文件：

```
Name: myCompany/firstPackage/
Sealed: true

Name: myCompany/secondPackage/
Sealed: true
```

> **注意**　文件必须以新行或者换行返回结束。如果不是这样，最后一行就不能得到正确解析。

然后输入以下命令来创建名字为 MyJar.jar 的 JAR 文件：

```
jar cfm MyJar.jar Manifest.txt MyPackage/*.class
```

这就创建了含有如下内容的 JAR 文件：

```
Manifest-Version: 1.0
Created-By: 1.8.0_20 (Oracle Corporation)
Name: myCompany/firstPackage/
Sealed: true
Name: myCompany/secondPackage/
Sealed: true
```

2. 封装 JAR 文件

如果想确保在包中的所有类文件来自同样的源代码，那么请使用 JAR 封装。封装好的 JAR 文件可以很好地通过封装将源文件区分开，除非重新覆盖每一个包。

如果想封装 JAR 文件，请使用 Sealed 头部，并设置其值为 true。例如：

```
Sealed: true
```

表示在归档文件中的所有包都会被封装，除非在清单文件中专门为特定的包设置 Sealed 属性中来覆盖这一设定。

16.2.7　使用清单属性增强安全性

下列 JAR 文件清单属性可以用来辅助确保你的应用和 Java Web Start 应用的安全性。其中只有 Permission 属性是有需求的：

- **Permissions** 属性用于确保调用应用程序的应用标签或者 Java 网络启动协议（JNLP）文件需要的特定需求登记。使用这个属性可以防止已被认证或在另一个私密层级进行运行的应用被重新安排位置。这个属性需要在主 JAR 文件的清单中被定义。详情请见《Java 平台标准版部署指南》的 Permissions 部分[1]。
- **Codebase** 属性用于确保 JAR 文件的代码方式被限定在某一特定范围。使用这个属性可以防止其他用户恶意从另一网站上重部署你的应用。详情请见《Java 平台标准版部署指南》的 Codebase 属性部分[2]。
- **Application-Name** 属性用于提供签名应用的安全提示的标题。详情请见《Java 平台标准版部署指南》的 Application-Name 属性部分[3]。
- **Application-Library-Allowable-Codebase** 属性用于确定应用期望所在的位置。使用这个属性可以减少在 JAR 文件和 JNLP 文件或 HTML 页位置不相同时安全提示中的文件位置的数量。详情请见《Java 平台标准版部署指南》的 Application-Library-Allowable-Codebase 属性部分[4]。
- **Caller-Allowable-Codebase** 属性用于确认 JavaScript 代码可以引用应用的范围。使用这个属性可以减少未知 JavaScript 代码接触应用的机会。详情请见《Java 平台标准版部署指南》的 Caller-Allowable-Codebase 属性部分[5]。
- **Entry-Point** 属性用于确定合法的 RIA 入口点的类型。使用这个属性可以防止 JAR 文件中非法代码从其他可行入口点运行。详情请见《Java 平台标准版部署指南》的 Entry-Point 属性部分[6]。
- **Trusted-Only** 属性用于防止非信任成分的加载。详情请见《Java 平台标准版部署指南》的 Trusted-Only 属性部分[7]。
- **Trusted-Library** 属性用于不请求用户允许的情况下授权私有 Java 代码和沙盒 Java 代码之间的相互引用。详情请见《Java 平台标准版部署指南》的 Trusted-Library 属性部分[8]。

在清单中添加属性的方法详见 16.2.2 节。

16.3 JAR 文件的签名和验证

你可以选择通过电子签名来签名 JAR 文件。验证了你的 JAR 文件签名的用户得以将平时没有的权限赋予你的 JAR 包。相对地，你也可以验证你想使用的已被签名的 JAR 文件。本节将介绍如何使用 JDK 提供的 Java 工具来对 JAR 文件进行签名和验证。

16.3.1 理解签名和验证

Java 平台允许你对 JAR 文件进行数字签名。你给文件数字签名的原因与你用笔和墨水

---

[1] 8/docs/technotes/guides/deploy/manifest.html#JSDPG896
[2] 8/docs/technotes/guides/deploy/manifest.html#JSDPG897
[3] 8/docs/technotes/guides/deploy/manifest.html#JSDPG899
[4] 8/docs/technotes/guides/deploy/manifest.html#JSDPG900
[5] 8/docs/technotes/guides/deploy/manifest.html#JSDPG901
[6] 8/docs/technotes/guides/deploy/manifest.html#JSDPG902
[7] 8/docs/technotes/guides/deploy/manifest.html#JSDPG903
[8] 8/docs/technotes/guides/deploy/manifest.html#JSDPG904

给纸质文档签名是一样的——为了让读者知道这个文档是你写的或者你授权的。

当你给一封信签字，例如，认识你签名的人就能确定这封信是你写的。相似的，当你给文件数字签名的时候，任何能够"识别"出该签名的用户都知道该文件来自你。"识别"数字签名的过程叫作认证。

JAR 文件签名后，你可以选择对签名加盖时间戳。和在纸质文件中写上日期一样，签名的时间戳代表了 JAR 文件签字的时间。时间戳用于证实 JAR 文件的签署在签字时是合法的。

对文件签名和验证是 Java 平台安全架构的重要部分。安全策略总在运行时有效地控制安全。你能配置相应的策略来获得对 applet 和应用程序的安全权限。例如，你可以通过获得权限来对 applet 做一些通常禁止的操作，比如对本地文件的读和写或者执行本地程序。如果下载了被可信机构签名的代码，便可以此为标准来决定对相应的代码赋予相应的安全权限。

当你（或你的浏览器）验证某个 applet 来源可信，你就能赋予该 applet 相应的权限做一些本来禁止的操作。可信的 applet 可以有策略文件定义的自由权限。

Java 平台通过使用公钥和私钥来对文件进行签名和验证。公钥和私钥都是成对出现，它们担任互补的角色。

私钥用于给文件签名。正如它的名字一样，你自己的私钥只能你自己知道，这样别人就不能伪造你的签名。被你的私钥签名的文件只能通过你的公钥来进行验证。

但是仅有公钥和私钥是不能用来验证签名的。即使你已经验证了一个被签名的文件拥有匹配的密钥对，依然需要一些别的途径来确定公钥确实是来自它所声称的来源。

因此，需要更多的元素来完成签名和验证工作。这个额外元素便是单独存放在 JAR 文件中的证书。证书是由公认的证书机构（certification authority）通过它自己特有的公钥来签发的。认证机构通常是整个行业所信任的实体机构（通常是专门从事数字安全的公司），为私钥本身及其所有者签发证书。通常在签名的 JAR 文件中，证书表明谁是这个 JAR 文件公钥的主人。

当你给 JAR 文件签名的时候，你的公钥会和证书单独放在归档文件中，这样任何想要验证你签名的用户都能很容易找到它们。

总的来说，在数字签名中，签字者使用私钥签署 JAR 文件。同时，相应的公钥以及其证书会一起放在 JAR 文件中。这样一来，所有人都可以对签名进行验证。

1. 摘要和签名文件

当你对 JAR 文件签名时，在归档文件中的清单文件中，任何一个文件都有一个摘要条目。下面是一则摘要条目的例子：

```
Name: test/classes/ClassOne.class
SHA1-Digest: TD1GZt8G11dXY2p4olSZPc5Rj64=
```

摘要的值是内容的哈希表示，或者签名时文件内容的编码表示。当且仅当文件本身发生变化时，文件摘要才改变。

对 JAR 文件签名时，会自动生成签名文件并保存在 JAR 文件的 META-INF 目录中，该目录还存有文档的清单文件。签名文件的扩展名为 .SF。下面是一份签名文件的内容：

```
Signature-Version: 1.0
SHA1-Digest-Manifest: h1yS+K9T7DyHtZrtI+LxvgqaMYM=
Created-By: 1.8.0_20 (Oracle Corporation)

Name: test/classes/ClassOne.class
SHA1-Digest: fcav7ShIG6i86xPepmitOVo4vWY=
```

```
Name: test/classes/ClassTwo.class
SHA1-Digest: xrQem9snnPhLySDiZyclMlsFdtM=

Name: test/images/ImageOne.gif
SHA1-Digest: kdHbE7kL9ZHLgK7akHttYV4XIa0=

Name: test/images/ImageTwo.gif
SHA1-Digest: mFOD5zpk68R4oaxEqoS9Q7nhm60=
```

正如你看到的，签名文件包含了在归档文件中文件的摘要条目，这些摘要条目与清单文件中的摘要—值条目相似。只不过在清单文件中的摘要值是通过文件自己算出来的，而在签名文件中的摘要值是根据在清单文件中相应的条目算出来的。签名文件也包含了清单文件的摘要（参见前面例子中的 `SHA1-Digest-Manifest` 头部）。

当签名的文件被验证时，每一个文件都要重新计算一遍摘要并且和记录在清单文件中的摘要进行对比来确保 JAR 文件中的文件在签名后没有被改变。作为额外的检查，清单文件自己的摘要文件也会被计算并且和记录在签名文件中的值进行对比来确定文件是否被修改过。

可以通过阅读《JDK 文档》的"清单文件格式"[一]中的签名文件来获得更多信息。

2. 签名块文件

除签名文件以外，当 JAR 文件被签名时签名块文件会自动的放在 `META-INF` 文件夹下。不同于清单文件或者签名文件，签名块文件不是"人眼可读"的。

签名块文件包含两个必须验证的元素：

- 由用户私钥生成的 JAR 文件数字签名。
- 包含用户公钥的证书，便于他人验证。

签名块文件以 `.DSA` 后缀名结束，表示它们是通过默认的数字签名算法生成的。如果使用别的标准算法来签名，则相应的后缀名不同。

3. 相关文档

更多关于密钥、证书和认证机构的内容请查询以下资源：

- JDK 安全工具[二]
- X.509 认证[三]

更多关于 Java 平台的安全架构的信息请查询以下资源：

- Java SE 安全特性[四]
- Java SE 安全[五]
- 安全工具[六]

16.3.2 对 JAR 文件签名

使用 JAR 签名验证工具可以对 JAR 文件进行签名并加盖时间戳。JAR 签名验证工具通过 `jar-signer` 命令来调用，我们在这里用"Jarsigner 工具"来代替。

[一] 8/docs/technotes/guides/jar/jar.html#JAR_Manifest
[二] 8/docs/technotes/tools/index.html#security
[三] 8/docs/technotes/guides/security/cert3.html
[四] tutorial/security/index.html
[五] http://www.oracle.com/technetwork/java/javase/teh/index-jsp-136007.html
[六] 8/docs/technotes/tools/index.html#security

对 JAR 文件签名，首先必须有私钥。私钥和相关的公钥证书被存在加密的密钥库数据库中。密钥库可以为很多潜在签名者存放密钥。在密钥库中的每个密钥都有唯一的别名，该别名一般是密钥的所有者的名字。例如，属于 Rita Jones 的密钥可以有别名 rita。

对 JAR 文件进行签名的基本命令格式是：

jarsigner *jar-file alias*

下面是命令的具体参数：

- `jar-file` 是需要签名的 JAR 文件的路径名。
- `alias` 是别名，用来鉴别每一个给 JAR 文件签名的私钥和密钥的相关证书。

Jarsigner 工具会提示你为密钥库和别名输入密码。

命令形式假设你所使用的密钥库存放在自己主文件夹下的 .keystore 文件里面。这也会产生以 x.SF 命名的签名文件和以 x.DSA 命名的签名块文件，其中，x 是别名前八个字母的大写。基本命令会同签名的 JAR 文件覆盖原始的 JAR 文件。

实际上，可能需要结合一个或多个命令选项。例如，给签名加盖时间戳以后，任何机构都可以在使用应用的时候验证 JAR 文件的签名是否在签字时是合法的。如果签名没有加盖时间戳，Jarsigner 工具会发布警告。

选项必须先于 `jar-file` 路径名称出现，如表 16-4 所示。

表 16-4　Jarsigner 工具选项

选项	描述
-keystore *url*	如果不想使用默认的 .keystore 密钥库，这将定义新的密钥库
-storepass *password*	这将允许你在命令行中输入密钥库的密码而无需在提示输入
-keypass *password*	这将允许你输入别名的密码而不是在提示中输入
-sigfile *file*	如果你不想使用默认的名字来作为 .SF 和 .DSA 的名字，这将重新命名这些文件。文件名只能以大写字母（A ~ Z）、数字（0 ~ 9）、连字符（-）和下划线（_）组合
-signedjar *file*	如果不想要已被签字的文件被覆盖，可以使用这个选项指明即将生成的签字 JAR 文件的名称
-tsa *url*	这将产生基于 URL 以及时间戳认证（TSA）而得到时间戳
-tsacert *alias*	这将使用 *alias* 认证的 TSA 公钥来产生时间戳
-altsigner *class*	这将使用一种替代的签名机制来产生时间戳。全认证的类名代表了使用的类
-altsignerpath *classpathlist*	这将提供 altsigner 选项中声明的类的路径和其依赖的 JAR 文件

1. 实例

下面是一些使用 Jarsigner 工具来给 JAR 文件签名的例子。在这些例子中我们做以下假设：

- 你的别名是 *johndoe*。
- 你想使用的密钥库存在名为 mykeys 的文件中，并且在当前工作路径下。
- 密钥库的密码是 *abc*123。
- 产生时间戳所使用的 TSA 是来自 http://example.tsa.url。

在这些假设下，你可以使用以下命令对 JAR 文件签名，并取名为 app.jar：

jarsigner -keystore mykeys -storepass abc123 -tsa http://example.tsa.url app.jar johndoe

你将被提示输入密钥库的密码。因为这个命令没有使用 -sigfile 选项，那么 .SF 和 .DSA 文件将被命名为 JOHNDOE.SF 和 JOHNDOE.DSA。由于这个命令没有使用 -signedjar 选项，最终签名的 JAR 文件将覆盖原始的 app.jar 文件。

让我们看看如果使用不同的选项会发生什么：

```
jarsigner -keystore mykeys -sigfile SIG -signedjar SignedApp.jar
        -tsacert testalias app.jar johndoe
```

这次，你将被提示需要输入密钥库的密码和你别名的密码，原因是你没有在命令中指明密码。签名和署名区文件将被命名为 SIG.SF 和 SIG.DSA。签名的 JAR 文件会被保存在当前工作路径下，名为 SignedApp.jar，原始的未签名的 JAR 文件依然会存在。另外，签字将会添加由 TSA 公钥证书产生的时间戳，记为 testalias。

2. 附加信息

关于 JAR 签名验证工具的完整信息可以查看《在线文档安全工具总结》[一]。

> **注意** 当证书是自己签发时，应用程序的发布者将显示未知[二]。

16.3.3 验证签名的 JAR 文件

一般情况下，验证签名的 JAR 文件应是 Java 运行环境的责任。你的浏览器将验证你所下载的 applet。当前运行环境下，解释器通过 -jar 选项来验证签名的应用程序。

你也可以自己通过使用 Jarsigner 工具来验证已签名的 JAR 文件。例如，你想测试已经准备好的签名 JAR 文件是否已经被签名。

下面是验证签名的 JAR 文件的基本命令：

```
jarsigner -verify jar-file
```

该命令将验证 JAR 中各文件的签名，以保证文件在签名以后没有发生过改变。如果你的验证成功，将看到如下消息：

```
jar verified.
```

若试图验证未签名的 JAR 文件，你将收到以下消息：

```
jar is unsigned. (signatures missing or not parsable)
```

如果验证失败，会显示相应的消息。例如，如果 JAR 文件中的内容发生了改变，尝试验证后会显示与下面相似的消息：

```
jarsigner: java.lang.SecurityException: invalid SHA1
signature file digest for test/classes/Manifest.class
```

16.4 使用 JAR 相关 API

Java 平台包含几个和使用 JAR 文件有关的类。下面是一些例子：

- java.util.jar 包[三]
- java.net.JarURLConnection 类[四]

[一] 8/docs/technotes/guides/security/SecurityToolsSummary.html
[二] http://www.java.com/en/download/faq/self_signed.xml
[三] 8/docs/api/java/util/jar/package-summary.html
[四] 8/docs/api/java/net/JarURLConnection.html

- java.net.URLClassLoader 类[1]

为了了解这些新 API 的作用，这里将通过 JarRunner 的简单应用来说明。

16.4.1 实例：JarRunner 应用

JarRunner 可以通过在命令行里输入 JAR 文件的 URL 来执行在 JAR 文件中的应用程序。例如，如果绑定在 JAR 文件中的 TargetApp 应用的 URL 地址是：http://www.example.com/TargetApp.jar，就能通过在命令行中输入如下命令来执行 TargetApp：

    java JarRunner http://www.example.com/TargetApp.jar

为了保证 JarRunner 正常运行，它必须能够完成以下工作，所有的工作是通过使用新的 API 来完成的：

- 访问远程 JAR 文件并且建立一条通信链路。
- 查看 JAR 文件的清单文件找到相应的主类。
- 加载在 JAR 文件中的类文件。

JarRunner 应用包含两个类：JarClassLoader 和 JarRunner。JarRunner 将大多数 JAR 处理工作委派给 JarClassLoader 类。JarClassLoader 继承 java.net.URLClassLoder 类。在进行下一步之前，最好先浏览相应的 JarRunner[2]和 JarClassLoader[3]类的源代码。

16.4.2 JarClassLoader 类

JarClassLoader 类继承自 java.net.URLClassLoader。正如它名字所示，URLClassLoader 通过检索 URL 来加载类及其他资源。URL 既可以指向目录也可以指向 JAR 文件。

除了继承自 URLClassLoader，JarClassLoader 还利用两个新的跟 JAR 相关的接口所提供的一些特性：java.util.jar 包和 java.net.JarURLConnection 类。这里，我们将考察 JarClassLoader 的构造函数及两个方法。

1. JarClassLoader 构造函数

构造函数将接受 java.net.URL 的实例作为参数。URL 被传参后将被 JarClassLoader 用来查找要加载的类文件的具体位置：

```
public JarClassLoader(URL url) {
    super(new URL[] { url });
    this.url = url;
}
```

URL 对象被传给父类 URLClassLoader 的构造函数，父类的构造函数将接收 URL 数组，而不是 URL 作为参数。

2. getMainClassName 方法

当包含 JAR 文件的 URL 的 JarClassLoader 对象被创建后，将需要确定 JAR 程序的入口点。这就是 getMainClassName 的任务：

```
public String getMainClassName() throws IOException {
    URL u = new URL("jar", "", url + "!/");
    JarURLConnection uc = (JarURLConnection)u.openConnection();
```

---

[1] 8/docs/api/java/net/URLClassLoader.html
[2] tutorial/deployment/jar/examples/JarRunner.java
[3] tutorial/deployment/jar/examples/JarClassLoader.java

```
        Attributes attr = uc.getMainAttributes();
        return attr != null
                    ? attr.getValue(Attributes.Name.MAIN_CLASS)
                    : null;
}
```

回顾上文可知，绑定在 JAR 中的应用程序的入口点定义在清单文件 Main-Class 头部中。为了明白 getMainClassName 是如何获得 Main-Class 头部的值，让我们深入该方法，关注用到的新的 JAR 处理特性。

3. JarURLConnection 类和 JAR URL

getMainClassName 方法使用在 java.net.JarURLConnection 类中定义的 JAR URL。以下是 JAR 文件的 URL 的语法：

```
jar:http://www.example.com/jarfile.jar!/
```

结尾处的 !/ 表示该 URL 指向完整的 JAR 文件。任何跟在 !/ 后的内容都指向 JAR 特定的内容，例如：

```
jar:http://www.example.com/jarfile.jar!/mypackage/myclass.class
```

以下是 getMainClassName 方法的第一行代码：

```
URL u = new URL("jar", "", url + "!/");
```

这行代码将产生代表 JAR URL 的新 URL，添加 !/ 用来创建 JarClassLoader 实例。

4. java.net.JarURLConnection 类

该类代表在应用程序和 JAR 文件之间的通信链接。该类提供访问 JAR 文件清单文件的方法。下面是 getMainClassName 的第二行代码：

```
JarURLConnection uc = (JarURLConnection)u.openConnection();
```

这行代码表示之前创建的实例打开了一个 URLConnection 链接。URLConnection 实例转换为 JarURLConnection 以便于使用 JarURLConnection 中的 JAR 处理特性。

5. 获取清单文件属性：java.util.jar.Attributes

当 JarURLConnection 打开 JAR 文件后，就能够通过使用 JarURLConnection 中的 getMainClassName 方法来获取 JAR 文件中的清单文件的头部信息。该方法将返回 java.util.jar.Attributes 的实例，该实例把 JAR 文件中清单文件头部名字和相对应的值映射在一起。getMainClassName 第三行代码将创建一个 Attributes 对象：

```
Attributes attr = uc.getMainAttributes();
```

为了获取清单文件中 Main-Class 的头部，getMainClassName 的第四行代码调用 Attributes.getValue 方法：

```
return attr != null
            ? attr.getValue(Attributes.Name.MAIN_CLASS)
            : null;
```

该方法的参数 Attributes.Name.MAIN_CLASS 指定我们想要的 Main-Class 头部的值。(Attributes.Name 同时提供了其他静态字段，表示标准清单头部，如 MANIFEST_VERSION、CLASS_PATH 和 SEALED。)

6. invokeClass 方法

至此已经知道 JarURLClassLoader 如何识别绑定应用程序的 JAR 文件中的主类。最后需要考虑如何调用主类加载 JAR 文件绑定的应用程序，即 JarURLClassLoader.

invokeClass 方法：

```
public void invokeClass(String name, String[] args)
    throws ClassNotFoundException,
           NoSuchMethodException,
           InvocationTargetException
{
    Class c = loadClass(name);
    Method m = c.getMethod("main", new Class[] { args.getClass() });
    m.setAccessible(true);
    int mods = m.getModifiers();
    if (m.getReturnType() != void.class || !Modifier.isStatic(mods) ||
        !Modifier.isPublic(mods)) {
        throw new NoSuchMethodException("main");
    }
    try {
        m.invoke(null, new Object[] { args });
    } catch (IllegalAccessException e) {
        // This should not happen, as we have disabled access checks
    }
}
```

`invokeClass` 方法有两个参数：应用程序的入口类的名字和需要传给入口类的主函数的字符串参数数组。首先，加载主类：

```
Class c = loadClass(name);
```

`loadClass` 方法继承自 `java.lang.ClassLoader` 类。

一旦主类加载完成，`java.lang.reflect` 包中反射 API 将参数传给类然后执行它。想了解更多关于反射（reflection）的内容请查询反射 API [1] 教程。

16.4.3 JarRunner 类

`JarRunner` 应用程序通过如下命名启动：

java JarRunner url [arguments]

前面的章节阐述了 `JarClassLoader` 如何通过给定的 URL 来识别和加载 JAR 应用程序的主类。因此，为了实现完整的 `JarRunner` 应用程序，我们需要能够解析 URL 及各种参数，并且将它们传给 `JarClassLoader` 的实例。这些任务都应该由 `JarRunner` 类完成，即 `JarRunner` 应用程序的入口点。

这一切开始于根据命令行指定的 URL 创建 `java.net.URL` 对象：

```
public static void main(String[] args) {
    if (args.length < 1) {
        usage();
    }
    URL url = null;
    try {
        url = new URL(args[0]);
    } catch (MalformedURLException e) {
        fatal("Invalid URL: " + args[0]);
    }
```

如果 `args.length<1`，这意味着没有特定的 URL 输入，所以要输出用法信息作为提示。如果第一个参数是一个有效地 URL，将创建一个新 URL 对象。

接下来，`JarRunner` 创建 `JarClassLoader` 的实例，将 URL 对象传给 `JarClass-Loader` 的构造函数：

---

[1] tutorial/reflect/index.html

```
JarClassLoader cl = new JarClassLoader(url);
```

正如我们在上一节看到的，JarRunner 通过 JarClassLoader 进入 JAR 处理接口。
传入 JarClassLoader 构造函数中的 URL 即为待运行的 JAR 应用程序的 URL。然后，JarRunner 调用 JarClassLoader 类的 getMainClassName 方法去识别该应用程序的入口类：

```
String name = null;
try {
    name = cl.getMainClassName();
} catch (IOException e) {
    System.err.println("I/O error while loading JAR file:");
    e.printStackTrace();
    System.exit(1);
}
if (name == null) {
    fatal("Specified jar file does not contain a 'Main-Class'" +
        " manifest attribute");
}
```

关键代码以黑体标注出来。其他的代码是为了处理出错。

一旦 JarRunner 识别了应用程序的入口类，就只剩下的两步：将参数传入应用程序，启动应用程序。JarRunner 通过以下代码来实现这两步过程：

```
// Get arguments for the application
String[] newArgs = new String[args.length - 1];
System.arraycopy(args, 1, newArgs, 0, newArgs.length);
// Invoke application's main class
try {
    cl.invokeClass(name, newArgs);
} catch (ClassNotFoundException e) {
    fatal("Class not found: " + name);
} catch (NoSuchMethodException e) {
    fatal("Class does not define a 'main' method: " + name);
} catch (InvocationTargetException e) {
    e.getTargetException().printStackTrace();
    System.exit(1);
}
```

回顾上文，命令行的第一个参数是 JAR 应用程序的 URL。任何在 args 数组中下标不小于 1 的元素都应作为参数传递给 JAR 应用程序。JarRunner 得到这些参数然后创建新的名为 newArgs 的数组，并将它们传给应用程序（如上述例子中的黑体部分）。然后，JarRunner 将入口类的名称和新参数列表传递给 JarClassLoader 的 invokeClass 方法。正如我们在前面一节中看到的，invokeClass 将加载应用程序的入口类，传递参数并启动该应用程序。

16.5　问题和练习：JAR 文件

问题

1. 如何调用打包在 JAR 文件中的 applet？
2. 在 jar 命令中使用 -e 选项的目的是什么？
3. 在 JAR 文件中，清单文件的意义是什么？
4. 如何修改 JAR 的清单文件？

答案

相关答案参考 http://docs.oracle.com/javase/tutorial/deployment/jar/QandE/answers.html。

第 17 章

The Java Tutorial: A Short Course on the Basics, Sixth Edition

Java Web Start

Java Web Start 软件具有一键加载全功能程序的能力。用户可以下载和加载应用程序而不用经历长时间的安装过程，例如完整的电子表格程序，或者网络聊天客户端。

利用 Java Web Start 软件，用户可以通过单击网页中的链接来加载 Java 应用程序。链接指向 Java 网络加载协议（JNLP）文件，该文件指导 Java Web Start 软件下载、缓存和运行应用程序。

Java Web Start 软件为 Java 开发者和用户提供了很多部署上的便利：

- 使用 Java Web Start 软件，只需将 Java 应用程序部署到 Web 服务器，就可以在多种平台进行部署，包括 Windows、Linux 和 Solaris。
- Java Web Start 软件支持多种版本的 Java 平台。应用可以请求特定的 Java 运行时环境（JRE），而且不会和其他应用的需求发生冲突。
- 用户可以创建桌面快捷方式并在浏览器外加载 Java Web Start 应用程序。
- Java Web Start 软件很好地利用了 Java 平台内在的安全策略。默认情况下，应用程序被限制访问本地磁盘和网络资源。用户可以安全地运行来源不可信的应用程序。
- 通过 Java Web Start 加载的应用程序将缓存在本地以提高性能。
- 应用程序运行时，Java Web Start 应用程序将自动下载更新。

Java Web Start 软件是 JRE 的一部分。用户不需要单独安装 Java Web Start 软件，在使用 Java Web Start 软件时也不需要额外的工作。

参考内容

本章主要向读者介绍 Java Web Start 技术，不可能包含所有文档。更多信息请参阅：

- Java Web Start 手册㊀
- Java Web Start 常见问题解答㊁
- JNLP 规范㊂
- javax.jnlp API 文档㊃
- Java Web Start 开发者网站㊄

17.1 开发 Java Web Start 应用

使用基于组件的架构方式设计的软件可以很容易地开发和部署成 Java Web Start 应用。例如，基于 Swing 组件的图形用户界面（GUI）的 Java Web Start 应用例子，因为使用了基于组件的架构设计，GUI 可以由更小的构件或组件来搭建。按以下步骤创建应用程序的 GUI：

㊀ 8/docs/technotes/guides/javaws/developersguide/contents.html
㊁ 8/docs/technotes/guides/javaws/developersguide/faq.html
㊂ http://jcp.org/en/jsr/detail?id=56
㊃ 8/docs/jre/api/javaws/jnlp/index.html
㊄ http://www.oracle.com/technetwork/java/javase/javawebstart/index.html

- 创建继承自 JPanel 类的 MyTopJPanel 子类。在 MyTopJPanel 类的构造函数中部署应用程序的 GUI 组件。
- 创建继承自 JFrame 类的 MyApplication 子类。
- 在 MyApplication 类的主函数中，实例化 MyTopJPanel 类，然后把它置为 JFrame 的内容面板。

以下章节通过动态树实例[①]来详细地阐述以上步骤，实例中使用 Swing GUI 组件，详细信息参见"使用 Swing 创建 GUI[②]"。

17.1.1 创建顶层 JPanel 类

创建 JPanel 的子类。顶层的 JPanel 作为容纳所有用户界面组件的容器。在下例中，DynamicTreePanel 类是顶层 JPanel。DynamicTreePanel 的构造函数调用其他方法来创建和部署用户界面控件：

```java
public class DynamicTreePanel extends JPanel implements ActionListener {
    private int newNodeSuffix = 1;
    private static String ADD_COMMAND = "add";
    private static String REMOVE_COMMAND = "remove";
    private static String CLEAR_COMMAND = "clear";

    private DynamicTree treePanel;

    public DynamicTreePanel() {
        super(new BorderLayout());

        //Create the components.
        treePanel = new DynamicTree();
        populateTree(treePanel);

        JButton addButton = new JButton("Add");
        addButton.setActionCommand(ADD_COMMAND);
        addButton.addActionListener(this);

        JButton removeButton = new JButton("Remove");
        ....

        JButton clearButton = new JButton("Clear");
        ...

        //Lay everything out.
        treePanel.setPreferredSize(
            new Dimension(300, 150));
        add(treePanel, BorderLayout.CENTER);

        JPanel panel = new JPanel(new GridLayout(0,3));
        panel.add(addButton);
        panel.add(removeButton);
        panel.add(clearButton);
        add(panel, BorderLayout.SOUTH);
    }
    // ...
}
```

17.1.2 创建应用

对于 GUI 基于 Swing 的应用程序，需创建 javax.swing.JFrame 的子类。

---
① tutorial/deploymeny/webstart/examplesIndex.html
② tutorial/uiswing/index.html

实例化顶层 JPanel 类，然后在 JFrame 主函数里将其设置为内容面板。Dynamic-TreeApplication 类的主函数调用抽象窗口工具包（AWT）事件调度线程[①]里的 create-GUI 函数：

```
package webstartComponentArch;

import javax.swing.JFrame;

public class DynamicTreeApplication extends JFrame {
    public static void main(String [] args) {
        DynamicTreeApplication app = new DynamicTreeApplication();
        app.createGUI();
    }

    private void createGUI() {
        //Create and set up the content pane.
        DynamicTreePanel newContentPane = new DynamicTreePanel();
        newContentPane.setOpaque(true);
        setContentPane(newContentPane);
        setDefaultCloseOperation(JFrame.EXIT_ON_CLOSE);
        pack();
        setVisible(true);
    }
}
```

17.1.3 从最后部署机制中分离出核心方法的好处

另外一种创建应用程序的方式是移除抽象层（使用分离的顶层 JPanel）并且将所有的控件放在应用程序主函数中。这种直接在应用程序主函数中创建 GUI 的方法导致很难将各功能部署成 applet。

在动态树实例中，核心方法被分离并放入 DynamicTreePanel 类中。现在可以很容易地将 DynamicTreePanel 类放入 JApplet 并且部署它。

因此，为了保留可移植性并保持功能可部署，请按照本小节中基于组件的方式来设计应用。

17.1.4 获取资源

使用 getResource 方法从 JAR 文件中读取资源。例如，以下代码描述如何从 JAR 文件中获取图片信息：

```
// Get current classloader
ClassLoader cl = this.getClass().getClassLoader();
// Create icons
Icon saveIcon  = new ImageIcon(cl.getResource("images/save.gif"));
Icon cutIcon   = new ImageIcon(cl.getResource("images/cut.gif"));
```

该例子假设在 JAR 文件中存在以下条目：

- images/save.gif
- images/cut.gif

17.2 部署 Java Web Start 应用

为了部署 Java Web Start 应用，首先应该编译源码，打包成 JAR 文件并进行签字。Java

[①] tutorial/uiswing/concurrency/dispatch.htm

Web Start应用是使用JNLP来加载的。因此，必须创建JNLP文件来部署应用。

部署工具包脚本包含很多有用的JavaScript函数，这些函数用于将Java Web Start应用部署到网页。如果你对这些技术不够熟悉，请参见第20章。

下面将一步一步地介绍如何打包和部署应用。动态树实例[1]用来说明如何部署Java Web Start应用。你或许想建立脚本来执行下面的步骤：

1）编译应用程序的Java代码并且确保所有的类文件和资源（例如图像）都放在独立的目录中。在动态树实例中，编译后的类文件放在 build/classes/webstart-ComponentArch 目录中。

2）创建一个包含应用所需的JAR文件清单属性的文本文件。对于动态树实例，在 build/classes 目录下创建一个名为 mymanifest.txt 的文件并添加 Permissions、Codebase 和 Application-Name 属性。这个应用并不需要用户的系统资源，所以我们只需要使用沙盒 (sandbox) 权限。使用我们可以为代码方式加载样例的域名（如 myserver.com）。添加以下属性到 mymanifest.txt 文件中：

```
Permissions: sandbox
Codebase: myserver.com
Application-Name: Dynamic Tree Demo
```

其他的清单属性可以用来保证只有可信代码接触应用，并为Java代码和沙盒Java代码或JavaScript代码之间的通信提供安全保障。了解更多清单属性信息，可以参见16.2.7节。

3）创建一个包含应用程序类文件和资源的JAR文件。将前面步骤中创建的清单属性放入 mymanifest.txt 文件中。例如，下列命令可以在 build/classes/webstart-ComponentArch 目录下创建一个JAR文件，并在 build/classes 目录下创建相应的清单文件：

```
% cd build/classes
% jar cvfm  DynamicTreeDemo.jar  mymanifest.txt webstartComponentArch
```

详见第16章来了解创建并应用JAR文件的方法。

4）为你的应用签署JAR文件并加盖时间戳。要使用由可信认证机构签发的合法的加密证书，以保证你的用户在使用应用的时候是安全的。详见16.3.2节。如果希望使用签署过的JNLP文件来保证安全性，请依照下列步骤创建JNLP文件并在JAR文件签署前包含在JAR文件中。详情见Java平台标准版部署指南中签署JNLP文件[2]部分。

5）创建JNLP文件，JNLP文件描述如何加载应用程序。如下所示的JNLP文件用来加载动态树实例，这个应用并不需要许可权限，所以它可以在安全沙盒中运行。dynamictree_webstart.jnlp 源文件如下：

```
<?xml version="1.0" encoding="UTF-8"?>
<jnlp spec="1.0+" codebase=
"http://docs.oracle.com/javase/tutorialJWS/samples/deployment/
 webstart_ComponentArch_DynamicTreeDemo"
DYNAMICTREE_WEBSTART.JNLP
    href="dynamictree_webstart.jnlp">
    <information>
        <title>Dynamic Tree Demo</title>
        <vendor>Dynamic Team</vendor>
    </information>
    <resources>
```

---

[1] tutorial/deployment/webstart/examples/zipfiles/webstart_ComponentArch_DynamicTreeDemo.zip

[2] 8/docs/technotes/guides/deploy/signed_jnlp.html

```
            <!-- Application Resources -->
            <j2se version="1.7+"
                  href="http://java.sun.com/products/autodl/j2se"/>
            <jar href="DynamicTreeDemo.jar"
                main="true" />

        </resources>
        <application-desc
             name="Dynamic Tree Demo Application"
             main-class=
                "webstartComponentArch.DynamicTreeApplication"
             width="300"
             height="300">
        </application-desc>
        <update check="background"/>
    </jnlp>
```

JNLP 文件的语法和选项详见 20.3 节。

> **注意** 在 Java SE 6 update 18 及以上版本上部署 Java Web Start 应用时，`code-base` 和 `href` 属性是可选的。而在更早版本的 JRE 上部署 Java Web Start 应用时，必须指定 `codebase` 和 `href` 属性。

6）创建用于加载应用程序的 HTML 文件。调用部署工具包中的函数来部署 Java Web Start 应用。在这个例子中，动态树实例被部署在 `JavaWebStartAppPage.html` 中：

```
<body>
    <!-- ... -->
    <script src=
      "https://www.java.com/js/deployJava.js"></script>
    <script>
        // using JavaScript to get location of JNLP
        // file relative to HTML page
        var dir = location.href.substring(0,
            location.href.lastIndexOf('/')+1);
        var url = dir + "dynamictree_webstart.jnlp";
        deployJava.createWebStartLaunchButton(url, '1.7.0');
    </script>
    <!-- ... -->
</body>
```

如果不确定终端用户的浏览器中是否启用了 JavaScript 解释器，可以通过创建一个直接指向 JNLP 文件的链接来部署 Java Web Start 应用：

```
<a href="/absolute path to JNLP file/dynamictree_webstart.jnlp">
   Launch Notepad Application
</a>
```

如果通过直接链接来部署 Java Web Start 应用，就不能利用部署工具包函数提供的额外检查。请查看 20.2.3 节以获取更多信息。

7）将应用程序的 JAR 文件、JNLP 文件、HTML 文件放在相应的文件夹中。对于这个例子来说，将 `DynamicTreeDemo.jar`、`dynamictree_webstart.jnlp` 和 `JavaWebStartAppPage.html` 放在本机或 Web 服务器上的相同文件夹中（Web 服务器更优）。为了能在本地运行，应用应加入由 Java 控制面板中安全（Security）标签管理的例外网站列表。

8）在浏览器中打开应用程序的 HTML 网页来查看应用程序。收到提示时同意运行程序。通过查看 Java 控制台日志来检查错误和调试信息。

17.2.1 设置 Web 服务器

你或许需要配置 Web 服务器以便处理 JNLP 文件。如果 Web 服务器没有恰当设置，当单击 JNLP 文件链接的时候不会启动 Java Web Start 应用。配置 Web 服务器以便以 .jnlp 作为扩展名的文件被设置为 application/x-java-jnlp-file MIME 类型。

设置 JNLP MIME 类型的具体步骤因 Web 服务器而异，例如，若要配置 Apache Web 服务器，需要在 mime.types 文件中加入下面一行：

```
application/x-java-jnlp-file JNLP
```

对于其他 Web 服务器，查看介绍文档来设置 MIME 类型。

17.3 显示自定义的加载进度指示器

Java Web Start 应用能显示用户自定义的加载进度指示器，以便显示应用程序下载的进度。下面的例子将阐述如何为 Java Web Start 应用实现用户自定义的加载进度指示器[1]。为了演示一个大规模、长时间下载的例子，Java Web Start 应用实例的 JAR 文件已经被手工填充并且 customprogress_webstart.jnlp 文件已经将这些额外 JAR 文件作为资源对待。

17.3.1 开发自定义的加载进度指示器

为了给 Java Web Start 应用开发自定义的加载进度指示器，创建一个实现 DownloadServiceListener 接口的类[2]。加载进度指示器的构造函数不能有任何参数：

```java
import javax.jnlp.DownloadServiceListener;
import java.awt.Container;
import java.applet.AppletStub;
import netscape.javascript.*;
// ...
public class CustomProgress
        implements DownloadServiceListener {
    JFrame frame = null;
    JProgressBar progressBar = null;
    boolean uiCreated = false;

    public CustomProgress() {
    }
...
}
```

下面的代码片段显示如何构建加载进度指示器的用户界面：

```java
private void create() {
    JPanel top = createComponents();
    frame = new JFrame(); // top level custom progress
                          // indicator UI
    frame.getContentPane().add(top,
                          BorderLayout.CENTER);
    frame.setBounds(300,300,400,300);
    frame.pack();
    updateProgressUI(0);
}

private JPanel createComponents() {
```

---

[1] tutorial/deploymeny/webstart/examplesIndex.html

[2] 8/docs/jre/api/javaws/jnlp/javax/jnlp/DownloadServiceListener.html

```
        JPanel top = new JPanel();
        top.setBackground(Color.WHITE);
        top.setLayout(new BorderLayout(20, 20));

        String lblText =
            "<html><font color=green size=+2" +
            ">JDK Documentation</font><br/> " +
            "The one-stop shop for Java enlightenment! <br/></html>";
        JLabel lbl = new JLabel(lblText);
        top.add(lbl, BorderLayout.NORTH);
        ...
        progressBar = new JProgressBar(0, 100);
        progressBar.setValue(0);
        progressBar.setStringPainted(true);
        top.add(progressBar, BorderLayout.SOUTH);

        return top;
    }
```

通过下面这些基于 overallPercent 参数的方法来创建和更新加载进度指示器。Java Web Start 软件定时调用这些方法来显示应用程序的下载进度。Java Web Start 软件总在资源下载及验证进度达到 100% 时发送消息：

```
    public void progress(URL url, String version, long readSoFar,
                         long total, int overallPercent) {
        updateProgressUI(overallPercent);
    }

    public void upgradingArchive(java.net.URL url,
                    java.lang.String version,
                    int patchPercent,
                    int overallPercent) {
        updateProgressUI(overallPercent);
    }

    public void validating(java.net.URL url,
             java.lang.String version,
             long entry,
             long total,
             int overallPercent) {
        updateProgressUI(overallPercent);
    }

    private void updateProgressUI(int overallPercent) {
        if (overallPercent > 0 && overallPercent < 99) {
            if (!uiCreated) {
                uiCreated = true;
                // create custom progress indicator's
                // UI only if there is more work to do,
                // meaning overallPercent > 0 and
                // < 100 this prevents flashing when
                // RIA is loaded from cache
                create();
            }
            progressBar.setValue(overallPercent);
            SwingUtilities.invokeLater(new Runnable() {
                public void run() {
                    frame.setVisible(true);
                }
            });
        } else {
            // hide frame when overallPercent is
            // above 99
            SwingUtilities.invokeLater(new Runnable() {
                public void run() {
```

```
                    frame.setVisible(false);
                    frame.dispose();
                }
            });
        }
    }
```

编译加载进度指示器类，并将所有指示器需要的资源打包成 JAR 文件。在 `classpath` 中加入 <你的 JRE 目录>/`lib/javaws.jar` 文件来确保编译。

加载进度指示器类已经准备就绪。下一步是将此指示器作为 Java Web Start 应用的进度指示器。

17.3.2 为 Java Web Start 应用指定自定义的加载进度指示器

为了给 Java Web Start 应用指定自定义的加载进度指示器，将如下信息加入应用的 JNLP 文件中：

- 带有 `download="progress"` 属性的 jar 标签。
- `progress-class` 属性，该属性的值是自定义加载进度类的全名。

下面的代码片段摘自 `customprogress_webstart.jnlp` 文件，使用了 `download="progress"` 和 `progress-class` 属性：

```
<jnlp spec="1.0+" codebase=
  "http://docs.oracle.com/javase/tutorialJWS/samples/deployment"
  href="customprogress_webstartJWSProject/customprogress_webstart.jnlp">
  <!-- ... -->
  <resources>
    <j2se version="1.7+"/>
    <jar href=
      "webstart_AppWithCustomProgressIndicator/webstart_AppWithCustomProgressIndicator.jar"/>
    <jar href=
      "webstart_CustomProgressIndicator/webstart_CustomProgressIndicator.jar"
         download="progress" />
    <jar href=
      "webstart_AppWithCustomProgressIndicator/lib/IconDemo.jar" />
    <jar href=
      "webstart_AppWithCustomProgressIndicator/lib/SplitPaneDemo.jar" />
    <jar href=
      "webstart_AppWithCustomProgressIndicator/lib/SplitPaneDemo2.jar" />
    <jar href=
      "webstart_AppWithCustomProgressIndicator/lib/TextBatchPrintingDemo.jar" />
    <jar href=
      "webstart_AppWithCustomProgressIndicator/lib/ToolBarDemo.jar" />
    <jar href=
      "webstart_AppWithCustomProgressIndicator/lib/ToolBarDemo2.jar" />
    <jar href=
      "webstart_AppWithCustomProgressIndicator/lib/SwingSet2.jar" />
  </resources>
  <application-desc
      main-class="customprogressindicatordemo.Main"
      progress-class="customprogressindicator.CustomProgress"
  />
  <!-- ... -->
</jnlp>
```

查看 19.4 节获得更多关于富互联网应用（RIA）自定义加载体验的信息。

17.4 运行 Java Web Start 应用

用户可以通过本节介绍的方法运行 Java Web Start 应用。

> **注意** 为了运行以 Java Web Start 技术部署的应用，必须安装兼容的 JRE 软件版本，不需要完整的 Java Development Kit（JDK）。

17.4.1 通过浏览器运行 Java Web Start 应用

可以通过在浏览器中单击指向 JNLP 文件链接的方式来运行 Java Web Start 应用。下面是 JNLP 文件链接的例子：

```
<a href="/some/path/Notepad.jnlp">Launch Notepad Application</a>
```

Java Web Start 软件基于 JNLP 文件中的指令来加载和运行应用程序。

17.4.2 通过 Java Cache Viewer 运行 Java Web Start 应用

如果你使用的是 JDK 6 或更新的版本，可以通过 Java Cache Viewer 来运行 Java Web Start 应用程序。当 Java Web Start 软件第一次加载应用时，该应用的 JNLP 文件中的信息会被保存在本地的 Java Cache Viewer 中。当再次运行该应用的时候，不需要再次返回到首次启动程序的网页，只需通过 Java Cache Viewer 来加载这个应用即可。可以通过以下步骤来打开 Java Cache Viewer：

1）打开控制面板。
2）双击 Java 图标，打开 Java 控制面板。
3）选择 General 标签。
4）单击 View，打开 Java Cache Viewer。

应用程序现在就显示在 Java Cache Viewer 中。选择它并单击 Run 按钮或者双击该应用程序来运行。应用程序将如同从网页上打开一样被打开（如图 17-1 所示）。

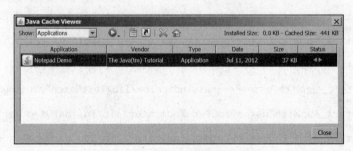

图 17-1　Java Cache Viewer 应用

17.4.3 从桌面运行 Java Web Start 应用

可以添加指向 Java Web Start 应用的桌面快捷方式。在 Java Cache Viewer 中选择应用程序，右击并且选择 Install Shortcuts 或单击 Install 按钮，快捷方式就会出现在桌面上。可以通过快捷方式来加载相应的 Java Web Start 应用。

17.5　Java Web Start 与安全

本节将描述通过 Java Web Start 部署的应用程序的基本安全问题。通常情况下，通过

Java Web Start 加载的应用程序运行在受限的环境中，即沙盒中。在沙盒中，Java Web Start 做如下工作：

- 保护用户的本地文件不会被恶意代码破坏。
- 保护企业，禁止代码通过网络获取或破坏数据。

通过 Java Web Start 加载的未签名 JAR 文件也运行在沙盒中，这意味着它们不能获取本地文件或者网络上的文件。请查看第 19 章以获得更多信息。

17.5.1 动态下载 HTTPS 认证

Java Web Start 会像浏览器那样动态导入认证。为此，Java Web Start 设置自己的 `https` 处理函数，使用 `java.protocol.handler.pkgs` 系统属性去初始化 `SSLSocketFactory`[一] 和 `HostnameVerifier`[二]。通过调用 `HttpsURLConnection.setDefaultSSLSocketFactory`[三] 和 `HttpsURLConnection.setDefaultHostnameVerifier`[四] 设置默认值。

如果你的应用程序使用这两个方法，要确保首先 Java Web Start 初始化了 `https` 处理函数。否则，你自己的处理函数会被 Java Web Start 默认的处理函数代替。

你必须确保自己定义的 `SSLSocketFactory` 和 `HostnameVerifier` 采取了以下步骤之一：

- 安装你自己的 `https` 处理函数来代替 Java Web Start `https` 处理函数。
- 在你的应用中，只能在第一个 `https` URL 对象创建之后调用 `HttpsURLConne-ction.setDefaultSSLSocketFactory` 或 `HttpsURLConnection.setDefaultHostnameVerifier`，创建 `https` URL 对象时首先会执行 Java Web Start `https` 处理函数的初始化代码。

17.6 Java Web Start 常见问题

本节将阐述一些在开发或部署 Java Web Start 应用时会遇到的常见问题。在每一个问题后都有相应的原因和解决方法。

"My Brower Shows the JNLP File for My Application as Plain Text"

大多数情况下，Web 服务器不会将 JNLP 文件识别为正确的 MIME 类型。请参看 17.2 节获得更多信息。

此外，如果你使用代理服务器，更新 Web 服务器上资源的时间戳，以便代理服务器更新自身缓存，从而确保用户可以下载到最新版本的文件。

"When I Try to Launch My JNLP File, I Get an Error"

错误如下：

```
MissingFieldException[ The following required field is missing from the launch
    file: (<application-desc>|<applet-desc>|<installer-desc>|<component-desc>)]
```

[一] 8/docs/api/javax/net/ssl/SSLSocketFactory.html
[二] 8/docs/api/javax/net/ssl/HostNameVerifier.html
[三] 8/docs/api/javax/net/ssl/HttpsURLConnection.html#setDefaultSSLSocketFactory-javax.net.ssl.SSLSocketFactory-
[四] 8/docs/api/javax/net/ssl/HttpsURLConnection.html#setDefaultHostnameVerifier-javax.net.ssl.HostnameVerifier-

```
at com.sun.javaws.jnl.XMLFormat.parse(Unknown Source)
at com.sun.javaws.jnl.LaunchDescFactory.buildDescriptor(Unknown Source)
at com.sun.javaws.jnl.LaunchDescFactory.buildDescriptor(Unknown Source)
at com.sun.javaws.jnl.LaunchDescFactory.buildDescriptor(Unknown Source)
at com.sun.javaws.Main.launchApp(Unknown Source)
at com.sun.javaws.Main.continueInSecureThread(Unknown Source)
at com.sun.javaws.Main.run(Unknown Source)
at java.lang.Thread.run(Unknown Source)
```

很多情况下这个错误是 XML 文件有缺陷造成的。你可以查看代码直到找出问题所在，但是用 XML 语法检查器来检查该文件会更容易（NetBeans IDE 和 jEdit 都提供了 XML 语法检查器）。

这个错误也会在其他情况下发生，在一个格式定义良好的 XML 文件中，下面这行代码会导致该错误：

```
<description kind="short">Demonstrates choosing the drop location in the
    target <code>TransferHandler</code></description>
```

这行代码包含非法的内嵌标签 code。

17.7 问题和练习：Java Web Start

问题

1. 若要通过链接加载 Java Web Start 应用程序，a 标签的 `href` 属性应指向什么文件？
2. Web 服务器需要识别哪种 MIME 类型，以便能运行 Java Web Start 应用？
3. 在应用的 JNLP 文件中，哪两个元素需要在 `resources` 元素中指定？
4. 哪个接口提供控制 Java Web Start 应用程序资源缓存的方式？
   a. `BasicService`
   b. `DownloadService`
   c. `PersistenceService`
   d. `ExtendedService`
5. 真或假：Java Web Start 应用默认情况下在安全的沙盒里运行。
6. 真或假：如果 Java Web Start 应用在安全的沙盒里运行，应用程序的 JAR 文件可以放在不同的服务器中。
7. 对于 Java Web Start 应用程序，想要其支持在安全的沙盒外操作，应该如何修改 JAR 文件？

练习

1. 写一个加入 JNLP 文件的 XML 文件，使得应用程序能够获得进入客户系统的完全权限。
2. 假设在一个 Java Web Start 应用中，有两个图标 `one.gif` 和 `two.gif` 都放在 JAR 文件的 `images` 文件夹中。写一个应用程序，通过它获取这两个图标。

答案

相关答案参考

http://docs.oracle.com/javase/tutorial/deployment/webstart/QandE/answers.html。

第 18 章

applet

本章讨论 Java applet 的基础知识，以及如何开发和部署 applet。

Java applet 是特殊的 Java 程序，它能够通过支持 Java 技术的浏览器下载和运行。applet 通常嵌入 Web 页面并在浏览器里运行。它一定是 `java.applet.Applet`[一] 类的子类。Applet 类提供 applet 和浏览器环境之间的接口。

Swing[二] 提供 `Applet` 类的特殊子类，叫作 `javax.swing.JApplet`[三]。如果 applet 需要通过 Swing 组件创建图形用户界面（GUI），则它需要使用 `JApplet` 类。

浏览器中的 Java 插件软件管理 applet 的整个生命周期。

本章中使用 Web 服务器来测试示例。不推荐使用本地应用，因为在 Java 控制面板中的安全级别设置为高或极高的时候本地应用会被屏蔽。

> **注意** 这里描述的一些 Java applet 的特性不能在 OS X 上使用。这是因为 OS X 上浏览器中的 Java 插件软件接口不同。

18.1 开始使用 applet

HelloWorld applet[四] 是显示字符串"Hello World"的 Java 类。下面是 HelloWorld applet 的代码：

```java
import javax.swing.JApplet;
import javax.swing.SwingUtilities;
import javax.swing.JLabel;

public class HelloWorld extends JApplet {
    //Called when this applet is loaded into the browser.
    public void init() {
        //Execute a job on the event-dispatching thread; creating this applet's GUI.
        try {
            SwingUtilities.invokeAndWait(new Runnable() {
                public void run() {
                    JLabel lbl = new JLabel("Hello World");
                    add(lbl);
                }
            });
        } catch (Exception e) {
            System.err.println("createGUI didn't complete successfully");
        }
    }
}
```

上例所示的 applet 由浏览器中的 Java 插件软件管理和运行。

一 8/docs/api/java/applet/Applet.html
二 tutorial/uiswing/index.html
三 8/docs/api/javax/swing/JApplet.html
四 tutorial/deployment/applet/examples/zipfiles/applet_HellowWorld.zip

18.1.1 定义 Applet 类的子类

每个 Java applet 都必须定义 Applet 或 JApplet 类的子类。在 HelloWorld applet 中，这个子类叫作 HelloWorld，它已在上一节表示出。

Java applet 从 Applet 或 JApplet 类继承很多功能，包括与浏览器的交互能力和呈现 GUI 给用户的功能。使用 Swing（Java GUI 工具）中 GUI 组件的 applet 应该扩展 javax.swing.JApplet 基类，该基类和 Swing GUI 工具结合得最好。

JApplet 提供根面板，和 Swing 的 JFrame 和 JDialog 组件一样都是顶级组件，而 Applet 类提供基本面板。applet 如果不使用 Swing GUI 组件，它可以扩展 java.applet.Applet 类。

18.1.2 里程碑方法

Applet 类提供 applet 执行的框架，定义了当里程碑事件发生时的系统调用方法。里程碑事件在 applet 的整个生命周期里是主要事件。所有 applet 重写一些或所有方法以对里程碑事件做出相应的反应。

1. init 方法

init 方法对那些花费时间少的一次性初始化很有用。init 方法包含那些你想放在构造函数中的代码。applet 通常没有构造函数，因为在没有调用 init 方法之前不能保证完整的运行环境。保持 init 方法简洁可以加快加载速度。

2. start 方法

每个初始化完的 applet（除了直接响应用户动作）必须重写 start 方法。start 方法开始执行 applet。好的建议是在实践中从 start 方法中快速返回。如果需要完成密集计算操作，最好为此打开新线程。

3. stop 方法

大多数重写了 start 方法的 applet 也会重写 stop 方法。stop 方法应该挂起 applet 的执行，这样它就不会在用户不浏览 applet 页面时占用系统资源。例如，显示动画的 applet 应该在用户不浏览它的时候停止动画。

4. destroy 方法

很多 applet 不需要重写 destroy 方法，因为 stop 方法（在 destroy 方法之前调用）会执行所有的关闭 applet 所必需的任务。然而，如果 applet 需要释放额外的资源，则 destroy 方法对 applet 是有用的。

> **注意** 保证 destory 方法的实现尽可能简洁，这是因为没有办法保证这些方法会整执行。Java 虚拟机或许会在 destroy 方法完成前关闭。

18.1.3 applet 的生命周期

applet 通过以下方式对重要事件做出反应：

- 初始化自己。
- 开始运行。
- 停止运行。

- 执行最后清理，为卸载做好准备。

本节介绍 Simple 这个新 applet，它使用上述方法来阐述 applet 的生命周期。不同于 Java 应用，applet 不需要实现 main 方法。

以下是 Simple applet[○] 的代码。这段代码在它遇到一些生命周期中的重要里程碑事件时显示描述字符串，比如用户第一次访问这个 applet 所在的页面时：

```java
import java.applet.Applet;
import java.awt.Graphics;

//No need to extend JApplet, since we don't add any components;
//we just paint.
public class Simple extends Applet {

    StringBuffer buffer;

    public void init() {
        buffer = new StringBuffer();
        addItem("initializing... ");
    }

    public void start() {
        addItem("starting... ");
    }

    public void stop() {
        addItem("stopping... ");
    }

    public void destroy() {
        addItem("preparing for unloading...");
    }

    private void addItem(String newWord) {
        System.out.println(newWord);
        buffer.append(newWord);
        repaint();
    }

    public void paint(Graphics g) {
        //Draw a Rectangle around the applet's display area.
        g.drawRect(0, 0,
                getWidth() - 1,
                getHeight() - 1);

        //Draw the current string inside the rectangle.
        g.drawString(buffer.toString(), 5, 15);
    }
}
```

> **注意** 在这个例子中，Applet 类没有继承 Swing JApplet 类，因为该 applet 不需要 Swing 组件。

1. 加载 applet

applet 被加载的结果是应该可以看到 "initializing...start..." 这样的文字。当 applet 被加载时，下面的事件会发生：

[○] tutorial/deployment/applet/examples/applet_Simple/src/Simple.java

- applet 控制类（`Applet` 的子类）的实例被创建。
- applet 初始化自己。
- applet 开始运行。

2. 离开和返回 applet 页面

当用户离开页面的时候（例如，跳转到其他页面），浏览器停止并销毁 applet。applet 的状态不会被保存。当用户返回到页面时，浏览器重新初始化并开始 applet 的新实例。

3. 重新加载 applet

当刷新或重新加载浏览器页面的时候，当前的 applet 的实例停止并销毁，然后新的实例被创建。

4. 退出浏览器

当用户退出浏览器后，applet 在浏览器退出之前有机会停止自己然后做最后清理。下载 Simple applet[⊖] 的源代码来进一步体验。

18.1.4 applet 的执行环境

Java applet 在浏览器中运行。在浏览器中的 Java 插件软件控制 Java applet 的加载和执行。浏览器也有 JavaScript 解释器，这样就可以在网页上运行 JavaScript 代码。

1. Java 插件

Java 插件软件为每个 Java applet 创建工作者线程。它将 applet 加载到 Java 运行时环境（JRE）软件的实例中。一般来说，所有的 applet 都运行在同一个 JRE 实例中。Java 插件软件以下面的方式创建实例：

- applet 请求执行特定版本的 JRE。
- applet 指定它自己的 JRE 启动参数（例如，堆大小）。如果新的 applet 所请求的是已存在的 JRE 子集，它会使用已存在的 JRE，否则，启动新的 JRE 实例。

如果以下条件满足，那么 applet 将运行在已存在的 JRE 中：

- applet 请求的 JRE 和已存在的 JRE 相匹配。
- JRE 启动参数满足 applet 的请求。

图 18-1 显示 applet 如何在 JRE 中执行。

2. Java 插件和 JavaScript 解释器的交互

Java applet 可以调用 JavaScript 函数并在网页中显示。JavaScript 函数也可以调用相同网页中嵌入的 applet 中的方法。Java 插件软件和 JavaScript 解释器可以相互调用，Java 代码调用 JavaScript 代码，反之，JavaScript 代码可以调用 Java 代码。

Java 插件软件是多线程的，然而 JavaScript 解释器则运行在单线程中。因此，为了避免线程相关问题，尤其当多个 applet 同时运行时，如果可能的话，要保证 Java 代码和 JavaScript 代码之间的调用短而且避免环。参见 18.2.6 节和 18.2.7 节获得更多信息。

18.1.5 开发 applet

使用基于组件的架构的应用可以放入 Java applet 中。例如基于 Swing GUI 的 Java applet，由于是基于组件设计的，GUI 可以用更小的内置模块或组件来构造。按以下步骤创建 applet GUI：

⊖ tutorial/deployment/applet/examples/zipfiles/applet_Simple.zip

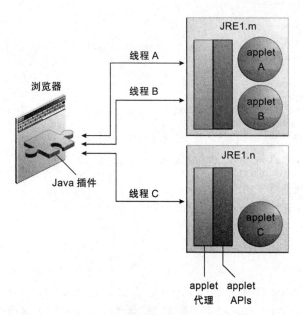

图 18-1　Java 插件在不同版本的 JRE 上运行 applet

- 创建名为 `MyTopJPanel` 的 `javax.swing.JPanel` 的子类。把 applet 的 GUI 组件放入 `MyTopJPanel` 类的构造函数中。
- 创建名为 `MyApplet` 的 `javax.swing.JApplet` 的子类。
- 在 `MyApplet` 的 `init` 方法中，创建 `MyTopJPanel` 的实例并且将其设置成 applet 的内容面板。

以下部分通过 Dynamic Tree Demo applet[⊖] 来详细阐述每一步。

1. 创建顶层 JPanel 类

创建 `JPanel` 的子类。顶层的 `JPanel` 作为容器，用来容纳其他的用户界面组件。在下面的例子中，`DynamicTreePanel` 类是最顶层的 `JPanel`。`DynamicTreePanel` 类的构造器调用其他方法来创建和合理布局用户界面：

```java
public class DynamicTreePanel extends JPanel implements ActionListener {
    private int newNodeSuffix = 1;
    private static String ADD_COMMAND = "add";
    private static String REMOVE_COMMAND = "remove";
    private static String CLEAR_COMMAND = "clear";

    private DynamicTree treePanel;

    public DynamicTreePanel() {
        super(new BorderLayout());

        //Create the components.
        treePanel = new DynamicTree();
        populateTree(treePanel);

        JButton addButton = new JButton("Add");
        addButton.setActionCommand(ADD_COMMAND);
        addButton.addActionListener(this);

        JButton removeButton = new JButton("Remove");
```

⊖ tutorial/deployment/applet/examples/zipfiles/applet_ComponentArch_DynamicTreeDemo.zip

```
        // ...
        JButton clearButton = new JButton("Clear");
        // ...
        //Lay everything out.
        treePanel.setPreferredSize(
            new Dimension(300, 150));
        add(treePanel, BorderLayout.CENTER);

        JPanel panel = new JPanel(new GridLayout(0,3));
        panel.add(addButton);
        panel.add(removeButton);
        panel.add(clearButton);
        add(panel, BorderLayout.SOUTH);
    }
    // ...
}
```

2. 创建 applet

对于包含基于 Swing GUI 的 Java applet，需要创建 `javax.swing.JApplet` 的子类。如果不包含基于 Swing GUI 的 applet，则可以扩展 `java.applet.Applet` 类。

重写 applet 的 `init` 方法来实例化顶层 `JPanel` 类和创建 applet 的 GUI。DynamicTreeApplet 类的 `init` 方法调用在抽象窗口工具（AWT）事件分配器线程⊖中的 `createGUI` 方法。

```
package appletComponentArch;

import javax.swing.JApplet;
import javax.swing.SwingUtilities;

public class DynamicTreeApplet extends JApplet {
    //Called when this applet is loaded into the browser.
    public void init() {
        //Execute a job on the event-dispatching thread; creating this applet's GUI.
        try {
            SwingUtilities.invokeAndWait(new Runnable() {
                public void run() {
                    createGUI();
                }
            });
        } catch (Exception e) {
            System.err.println("createGUI didn't complete successfully");
        }
    }

    private void createGUI() {
        //Create and set up the content pane.
        DynamicTreePanel newContentPane = new DynamicTreePanel();
        newContentPane.setOpaque(true);
        setContentPane(newContentPane);
    }
}
```

3. 从最终部署机制中分离出核心功能的好处

另一个创建 applet 的方法是移除抽象层（分离顶部 `JPanel`），然后将所有控件放入 applet 的 `init` 方法里面。如果没有这样做，在 applet 中直接创建 GUI 后将很难把功能部署成 Java Web Start 应用。

⊖ tutorial/uiswing/concurrency/dispatch.htm

在 Dynamic Tree Demo 例子中，核心功能驻留在 DynamicTreePanel 类中。现在将 DynamicTreePanel 类放入 JFrame 中，然后将其部署成 Java Web Start 应用。

因此，为了保留可移植性和开放部署选项，需按照这里讲述的基于组件的设计方式。

18.1.6 部署 applet

为了部署 Java applet，首先要编译代码，打包成 JAR 文件并签署 JAR 文件。Java applet 可以通过两种方式加载：

- 可以使用 Java 网络加载协议（JNLP）来加载 applet。使用 JNLP 加载的 applet 可以获得强大的 JNLP 应用程序接口（API）和扩展。
- 可以通过指明在 applet 标签中的加载属性直接加载 applet。这种旧的部署方式会对 applet 强加一些安全限制。

部署工具脚本包含有用的 JavaScript 函数，这些函数可以将 applet 部署到网页中。如果你不熟悉这些部署工具，在阅读下文之前查看第 20 章。

以下将一步一步指导你如何打包和部署 applet。使用动态树实例应用阐述如何部署 applet。你或许需要建立一些脚本来执行以下步骤：

1）编译 Java applet 代码，确保所有的类文件和资源（如图片）在分开的文件夹中。在动态树实例应用中，编译过的类放在 build/classes/appletComponentArch 文件夹里。

2）创建包含所有需要的 JAR 文件清单属性的文件。对于动态树实例应用，在 build/classes 目录下创建一个名为 mymanifest.txt 的文件并添加 Permissions、Codebase 和 Application-Name 的属性值。这个应用并不需要用户的系统资源，所以我们只需要使用沙盒权限。我们可以为代码方式加载样例的域名（如：myserver.com）。添加以下的属性值到 mymanifest.txt 文件中：

```
Permissions: sandbox
Codebase: myserver.com
Application-Name: Dynamic Tree Demo
```

其他的清单属性可以用来保证只有可信代码接触应用，并为 Java 代码和沙盒 Java 代码或 JavaScript 代码之间的通信提供安全保障。详见 16.2.7 节来了解更多清单属性信息。

3）创建一个包含应用类文件和资源的 JAR 文件。将前面步骤中创建的清单属性放入 mymanifest.txt 文件中。例如，下列命令可以在 build/classes/webstartComponentArch 目录下创建一个 JAR 文件，并在 build/classes 目录下创建相应的清单文件：

```
% cd build/classes
% jar cvfm DynamicTreeDemo.jar mymanifest.txt appletComponentArch
```

详见第 16 章来了解创建并应用 JAR 文件的方法。

4）为你的应用签署 JAR 文件并加盖时间戳。要使用由可信权威机构签发的合法的加密证书，来保证你的用户在使用应用的时候是安全的。详见 16.3.2 节。如果你希望使用签署过的 JNLP 文件来保证安全性，请依照下列步骤创建 JNLP 文件并在 JAR 文件签署前卸载 JAR 文件。详见《JAVA 平台标准版部署指南》中签署 JNLP 文件⊖部分。

5）创建描述如何加载 applet 的 JNLP 文件。下面的 JNLP 描述了如何加载动态树实例应用。dynamictree_applet.jnlp 的源代码如下：

⊖ 8/docs/technotes/guides/deploy/signed_jnlp.html

```xml
<?xml version="1.0" encoding="UTF-8"?>
<jnlp spec="1.0+" codebase="" href="">
    <information>
        <title>Dynamic Tree Demo</title>
        <vendor>Dynamic Team</vendor>
    </information>
    <resources>
        <!-- Application Resources -->
        <j2se version="1.7+"
            href="http://java.sun.com/products/autodl/j2se" />
        <jar href="DynamicTreeDemo.jar" main="true" />

    </resources>
    <applet-desc
        name="Dynamic Tree Demo Applet"
        main-class="components.DynamicTreeApplet"
        width="300"
        height="300">
    </applet-desc>
    <update check="background"/>
</jnlp>
```

注意，请求额外允许的相关安全组件并没有在 JNLP 中显示，因此这个应用仅仅在安全沙盒中运行。详见 20.3 节。

6) 创建显示 applet 的 HTML 文件。调用部署工具函数去部署 applet。在我们的例子里，动态树实例应用部署在 `AppletPage.html` 中：

```html
<body>
    <!-- ... -->
    <script src="https://www.java.com/js/deployJava.js"></script>
    <script>
        var attributes = {
            code:'components.DynamicTreeApplet',  width:300, height:300} ;
        var parameters = {jnlp_href: 'dynamictree_applet.jnlp'} ;
        deployJava.runApplet(attributes, parameters, '1.7+');
    </script>
    <!-- ... -->
</body>
```

7) 将 applet 的 JAR 文件、JNLP 文件和 HTML 页面放在适当的文件夹里。在我们的例子里，将 `DynamicTreeDemo.jar`、`dynamictreeapplet.jnlp` 和 `AppletPage.html` 放在本机或 Web 服务器的同一个文件夹下（Web 服务器更优）。为了能在本地运行，应用应加入由 Java 控制面板中安全（Security）标签管理的例外网址列表。

8) 在浏览器中打开应用程序的 HTML 网页来查看应用程序。收到提示时同意运行程序。通过查看 Java 控制台日志来检查错误和调试信息。

使用 applet 标签部署

如果不确定终端用户的浏览器是否打开 JavaScript 解释器，可以自己手动加入 <applet> HTML 标签部署 Java applet 而不使用部署工具函数。根据想支持的浏览器，需要使用 <object> 或者 <embed>HTML 标签来部署 Java applet。查看 W3C HTML 规范[一]了解这些标签的使用。可以使用 JNLP 标签或者特定的 <applet> 标签来加载 applet。

（1）准备部署

依照本节描述的步骤来编译源代码，创建并签署 JAR 文件，并在需要的情况下创建 JNLP 文件。所有用于部署的步骤是相关联的。只有包含 applet 的 HTML 页面发生改变。

[一] http://www.w3.org/TR/1999/REC-html401-19991224/

(2)手动加入 applet 标签和使用 JNLP 加载

AppletPage_WithAppletTag.html 页面通过使用 <applet> 标签来部署动态树实例应用，<applet> 标签通过手动输入（即 applet 不使用部署工具来部署，部署工具会自动产生所需的 HTML 文件）。applet 依然通过使用 JNLP 加载。JNLP 文件指明 `jnlp_href` 属性：

```
<applet code = 'appletComponentArch.DynamicTreeApplet'
        jnlp_href = 'dynamictree_applet.jnlp'
        width = 300
        height = 300 />
```

(3)手动加入 applet 标签和不使用 JNLP 加载

如果 applet 不需要执行某些敏感操作的权限的话，也可以不使用 JNLP 文件部署 applet。AppletPage_WithAppletTagNoJNLP.html 部署动态树实例应用，代码如下：

```
<applet code = 'appletComponentArch.DynamicTreeApplet'
        archive = 'DynamicTreeDemo.jar'
        width = 300
        height = 300>
    <param name="permissions" value="sandbox" />
</applet>
```

在上面的代码中：

- `code` 是 applet 类的名字。
- `archive` 是包含 applet 和它的资源的 JAR 文件名字。
- `width` 是 applet 的宽度。
- `height` 是 applet 的高度。
- `permissions` 指示了应用是否是在安全沙盒中运行的。值 sandbox 说明程序在沙盒内的运行。值 `all-permissions` 说明程序在沙盒外的运行。如果 `permissions` 参数的值没有被说明，那么其在被签署的应用中等于 `all-permissions`，在未被签署的应用中等于 sandbox。

18.2　applet 的更多功能

Java applet 应用程序接口（API）允许你使用和浏览器相关的 applet 提供的方法。`java.swing.JApplet` 类和 `java.applet.AppletContext` 接口提供应用程序接口。applet 执行架构能够使 applet 与它们的环境交互来构成丰富的用户体验。applet 能够操控其父网页，与网页中的 JavaScript 交互，找到在相同页面中的其他 applet，等等。

Java applet 的高级功能将后续章节中展开详细的讨论。第 19 章将讨论更多关于 applet 和 Java Web Start 应用相同的地方（如设置参数和使用 JNLP 应用程序接口的属性）。

18.2.1　查找和加载数据文件

每当 Java applet 需要从指定的相关 URL 中加载数据（例如，URL 不完全指明文件的存储路径）时，applet 通常是用基于代码方式或者基于文档方式来形成完整的 URL。

基于代码方式，通过调用 `JApplet getCodeBase` 方法，返回该 applet 所在类的文件夹的 URL。对于本地部署的应用，`getCodeBase` 方法返回 `null`。

基于文档方式，通过调用 `JApplet-getDocumentBase` 方法，返回包含 applet 的 HTML 所在文件夹的路径。对于本地部署的应用，`getDocumentBase` 方法返回 `null`。

除非 <applet> 标签指定了基于代码方式，基于代码方式和基于文档方式都将指向同一个服务器上的同一个文件夹。applet 需要的数据或者 applet 需要作为备份的数据通常和基于代码方式相关。applet 开发者指定的数据（通常用作参数）一般和基于文档方式相关。

> **注意** 基于安全因素，来自非可信 applet 的 URL，浏览器是限制其不可读的。例如，大多数浏览器不允许非可信 applet 使用 ".." 来进入基于代码方式或者基于文档方式的上层文件夹。同时，除了那些在 applet 所在源主机上的文件，非可信 applet 不能读取别的文件，因此，如果文档和非可信 applet 在不同服务器上的话，基于文档方式一般不可用。

JApplet 类定义了方便的图像加载和声音加载的方法来使你通过相关 URL 指定图像和声音。例如，假设有一个如图 18-2 所示的文件结构组织的 applet。applet 通过如下语句创建一个 Image 对象来使用 imgDir 文件夹下的 a.gif 图像：

Image image = getImage(getCodeBase(), "imgDir/a.gif");

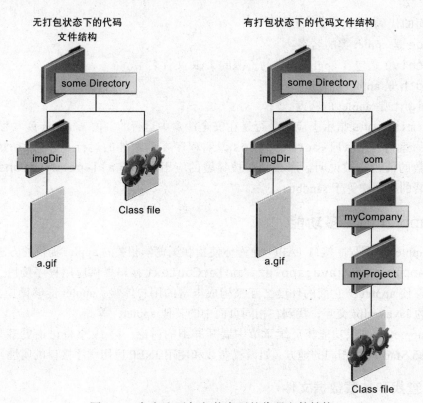

图 18-2　打包和无打包状态下的代码文件结构

18.2.2　定义和使用 applet 参数

参数对于 Java applet 的作用相当于命令行参数对于应用的作用。它们允许用户自定义 applet 的操作。通过定义参数，可以增加 applet 的灵活性，使 applet 不需要重新编写和编译而在多种环境下运行。

1. 指明 applet 输入参数

可以在 applet 的 JNLP 文件或者 `<applet>` 标签的 `<parameter>` 元素中指定输入参数。最好的方式是在 applet 的 JNLP 文件中指定参数，这样即便该 applet 部署在不同的网页中，该参数也能前后保持一致。如果 applet 参数随网页改变，应该在 `<applet>` 标签的 `<parameter>` 元素中指定相应的参数。如果你不熟悉 JNLP，详见 20.3 节来获得更多信息。

下面是一个 applet 使用三个参数的例子。`paramStr` 和 `paramInt` 参数在 `applettakesparams.jnlp` 这个 JNLP 文件中定义：

```xml
<?xml version="1.0" encoding="UTF-8"?>
<jnlp spec="1.0+" codebase="" href="">
    <!-- ... -->
    <applet-desc
          name="Applet Takes Params"
          main-class="AppletTakesParams"
          width="800"
          height="50">
            <param name="paramStr"
                value="someString"/>
            <param name="paramInt" value="22"/>
    </applet-desc>
    <!-- ... -->
</jnlp>
```

`paramOutsideJNLPFile` 参数在 `parameters` 变量中定义，在 `AppletPage.html` 中将其传入部署工具包脚本的 `runApplet` 函数：

```html
<html>
  <head>
    <title>Applet Takes Params</title>
    <meta http-equiv="Content-Type" content="text/html;
          charset=windows-1252">
  </head>
  <body>
    <h1>Applet Takes Params</h1>

    <script
      src="https://www.java.com/js/deployJava.js"></script>
    <script>
        var attributes = { code:'AppletTakesParams.class',
            archive:'applet_AppletWithParameters.jar',
            width:800, height:50 };
        var parameters = {jnlp_href: 'applettakesparams.jnlp',
            paramOutsideJNLPFile: 'fooOutsideJNLP' };
        deployJava.runApplet(attributes, parameters, '1.7');
    </script>

  </body>
</html>
```

查看 20.2.2 节获得更多关于 `runApplet` 函数的信息。

2. 获取 applet 的输入参数

通过使用 `Applet` 类中的 `getParameter`[⊖] 方法来获取 applet 输入的参数。`AppletTakesParams.java`[⊖] 获取和显示所有输入参数（`paramStr`、`paraInt` 和 `paramOutsideJNLPFile`）：

```
import javax.swing.JApplet;
```

⊖ 8/docs/api/java/applet/Applet.html#getParameter-java.lang.String-

⊖ tutorial/deployment/applet/examples/zipfiles/applet_AppletWithParameters.zip

```
import javax.swing.SwingUtilities;
import javax.swing.JLabel;

public class AppletTakesParams extends JApplet {
    public void init() {
        final String  inputStr = getParameter("paramStr");
        final int inputInt = Integer.parseInt(getParameter("paramInt"));
        final String inputOutsideJNLPFile = getParameter("paramOutsideJNLPFile");

        try {
            SwingUtilities.invokeAndWait(new Runnable() {
                public void run() {
                    createGUI(inputStr, inputInt, inputOutsideJNLPFile);
                }
            });
        } catch (Exception e) {
            System.err.println("createGUI didn't successfully complete");
        }
    }
    private void createGUI(String inputStr, int inputInt, String inputOutsideJNLPFile) {
        String text = "Applet's parameters are -- inputStr: " + inputStr +
            ",    inputInt: " + inputInt +
            ",    paramOutsideJNLPFile: " + inputOutsideJNLPFile;
        JLabel lbl = new JLabel(text);
        add(lbl);
    }
}
```

18.2.3　显示简短的状态字符串

所有的浏览器允许 Java applet 显示简短的状态字符串。所有在网页上的 Java applet 和浏览器共同分享相同的状态行。

永远不要将重要的信息放在状态行中。如果很多用户需要信息，在 applet 区域显示信息。除非一些有经验的用户需要信息，才考虑将这些信息输出到标准输出。（详见 18.2.10 节。）

状态行不会永久保持，它会被其他 applet 或者浏览器重写。由于这些原因，状态行最好用来显示捎带、临时的信息。例如，applet 显示它现在正在加载的图像的名字。

applet 使用从 `Applet` 类的 `JApplet` 类中继承而来的 `showStatus`[⊖] 方法显示状态行。下面是使用它的例子：

```
showStatus("MyApplet: Loading image file " + file);
```

> **注意**　不要将滚动文本放在状态行中。浏览器使用者发现这样的行为会很气恼。

18.2.4　在浏览器中显示文档

Java applet 可以使用 `java.applet.AppletContext`[⊖] 类中的 `showDocument` 方法在浏览器中加载网页。

下面是 `showDocument` 的两种形式：

```
public void showDocument(java.net.URL url)
public void showDocument(java.net.URL url, String targetWindow)
```

[⊖] 8/docs/api/java/applet/Applet.html#showStatus-java.lang.String-

[⊖] 8/docs/api/java/applet/AppletContext.html

一个参数形式的 showDocument 只是简单地在浏览器中显示特定 URL 指定的文档，而不会指定哪个窗口来显示文档。两个参数形式的 showDocument 允许你指定哪个窗口或者 HTML 框架来显示文档。第二个参数可以是以下值中的一个：

- "_blank"——文档将在新的、无名的窗口显示。
- "windowName"——文档将在命名为 windowName 的窗口中显示（如果有必要将创建该窗口）。
- "_self"——将在包含 applet 的窗口或框架中显示文档。
- "_parent"——将在包含 applet 的框架的父框架中显示文档，如果没有父框架，将和 "_self" 表现得一样。
- "_top"——将在顶层框架中显示文档，如果 applet 框架是顶层框架，将和 "_self" 表现得一样。

> **注意** 这里讨论的框架不是指 Swing JFrame 而是指浏览器窗口中的 HTML 框架。

ShowDocument applet 允许尝试两种形式的 showDocument 的各种参数。applet 打开窗口，让你输入 URL 然后给 targetWindow 参数选一个值。当你单击 Return 或者 Show Document 按钮时，applet 调用 showDocument。

下面为调用 showDocument[⊖] 的应用代码：

```
...//In an Applet subclass:
urlWindow = new URLWindow(getAppletContext());
...

class URLWindow extends Frame {
   ...
   public URLWindow(AppletContext appletContext) {
      ...
      this.appletContext = appletContext;
      ...
   }
   ...
   public boolean action(Event event, Object o) {
      ...
         String urlString =
            /* user-entered string */;
         URL url = null;
         try {
            url = new URL(urlString);
         } catch (MalformedURLException e) {
            ...//Inform the user and return...
         }

         if (url != null) {
            if (/* user doesn't want to specify
                  the window */) {
               appletContext.showDocument(url);
            } else {
               appletContext.showDocument(url,
                  /* user-specified window */);
            }
         }
      ...
```

⊖ tutorial/deployment/applet/examples/zipfiles/applet_ShowDocument.zip

18.2.5 从 applet 调用 JavaScript 代码

Java applet 可以调用和 applet 在同一个网页中的 JavaScript 函数。LiveConnect 规范[⊖]描述了 JavaScript 代码和 Java 代码如何相互调用。

`netscape.javascript.JSObject` 类使 Java applet 获取指向 JavaScript 对象的引用并和网页交互。Data Summary applet（从应用中调用 JavaScript 代码样例[⊖]）描述了下一次调用 JavaScript 代码，从网页中获取信息，然后将数据概要写回网页。

假设有包含一些 JavaScript 函数的网页。`AppletPage.html` 有获取年龄、地址和电话号码的 JavaScript 函数，同时在最外层有一个没有值的变量 `userName`：

```html
<head>
<title>Data Summary Applet Page - Java to JavaScript LiveConnect</title>
<meta http-equiv="Content-Type" content="text/html; charset=windows-1252"/>
<script language="javascript">
    var userName = "";

    // returns number
    function getAge() {
        return 25;
    }
    // returns an object
    function address() {
        this.street = "1 Example Lane";
        this.city = "Santa Clara";
        this.state = "CA";
    }
    // returns an array
    function getPhoneNums() {
        return ["408-555-0100", "408-555-0102"];
    }
    function writeSummary(summary) {
        summaryElem =
            document.getElementById("summary");
        summaryElem.innerHTML = summary;
    }
</script>

<!-- ... -->
</head>
<body>
    <script src =
        "https://www.java.com/js/deployJava.js"></script>
    <script>
        <!-- ... -->
        deployJava.runApplet(attributes, parameters, '1.6');
    </script>
    <!-- ... -->
    <p id="summary"/>  // this HTML element contains
                       // the summary
    <!-- ... -->
</body>
```

接着，假设 `DataSummaryApplet` 类有以下操作：

- 调用 `JSObject` 的 `setMember` 方法，设置 `userName` 的值为 "John Doe"。
- 获取年龄、地址和电话号码，建立包含这些数据的摘要。
- 调用 `writeSummery` JavaScript 函数，将摘要写回网页。

首先 applet 获取 `JSObject` 的引用：

⊖ http://www.oracle.com/technetwork/java/javase/plugin2-142482.html#LIVECONNECT
⊖ tutorial/deployment/applet/examples/zipfiles/applet_InvokingAppletMethodsFromJavaScript.zip

```
...
JSObject window = JSObject.getWindow(this);
...
```

将上述语句放入 try 块中来捕获 netscape.javascript.JSException 异常。applet 获取 JSObject 引用后就可以通过使用 JSObject 中的 eval 和 call 函数来调用相关的 JavaScript 函数：

```
package javatojs;

import java.applet.Applet;
import netscape.javascript.*; // add plugin.jar to classpath during compilation

public class DataSummaryApplet extends Applet {
    public void start() {
        try {
            JSObject window = JSObject.getWindow(this);

            String userName = "John Doe";

            // set JavaScript variable
            window.setMember("userName", userName);

            // invoke JavaScript function
            Number age = (Number) window.eval("getAge()");

            // get a JavaScript object and retrieve its contents
            JSObject address = (JSObject) window.eval("new address();");
            String addressStr = (String) address.getMember("street") + ", " +
                    (String) address.getMember("city") + ", " +
                    (String) address.getMember("state");

            // get an array from JavaScript and retrieve its contents
            JSObject phoneNums = (JSObject) window.eval("getPhoneNums()");
            String phoneNumStr = (String) phoneNums.getSlot(0) + ", " +
                    (String) phoneNums.getSlot(1);

            // dynamically change HTML in page; write data summary
            String summary = userName + " : " + age + " : " +
                    addressStr + " : " + phoneNumStr;
            window.call("writeSummary", new Object[] {summary})   ;
        } catch (JSException jse) {
            jse.printStackTrace();
        }
    }
}
```

编译包含引用 netscape.javascript 包中的类的 Java 代码，并且在类路径中加入 <你的 JDK 路径>/jre/lib/plugin.jar。在运行时，Java 插件软件自动设置这些类对 applet 可见。

Data Summary applet 在网页中显示如下结果：

Result of applet's Java calls to JavaScript on this page

John Doe : 25 : 1 Example Lane, Santa Clara, CA : 408-555-0100, 408-555-0102

18.2.6 从 JavaScript 代码中调用 applet 方法

网页中的 JavaScript 代码可以和嵌入网页中的 Java applet 之间进行交互。JavaScript 代码可以执行如下操作：

- 调用 Java 对象的方法。
- 获取和设置 Java 对象域值。
- 获取和设置 Java 数组元素。

LiveConnect 规范详细地描述了 JavaScript 代码如何与 Java 代码[⊖]交互。

JavaScript 代码在调用 java applet 的时候会出现安全警告。可以在 JAR 文件清单中增加 **Caller-Allowable-Codebase** 属性来关闭警告。要明确允许调用 applet 的 JavaScript 代码的位置。有关 **Caller-Allowable-Codebase** 属性的内容请见《JAR 文件清单安全属性》[⊜]。

这里使用 Math applet 例子（从 applet 中调用 JavaScript 代码实例[⊜]）说明 JavaScript 代码和 Java applet 之间的交互。**MathApplet** 类和 **Calculator** 支持类提供了一系列的公共方法和变量。网页中的 JavaScript 代码调用和计算这些公有成员来传递数据和获取计算的结果。

1. MathApplet 类和相关的类

下面是 **MathApplet** 类的源代码。**getCalculator** 方法返回 **Calculator** 帮助类的引用：

```java
package jstojava;
import java.applet.Applet;

public class MathApplet extends Applet{

    public String userName = null;

    public String getGreeting() {
        return "Hello " + userName;
    }

    public Calculator getCalculator() {
        return new Calculator();
    }

    public DateHelper getDateHelper() {
        return new DateHelper();
    }

    public void printOut(String text) {
        System.out.println(text);
    }
}
```

在 **Calculator** 类的方法中让用户设置两个值，做加法操作的数和所取范围的数：

```java
package jstojava;

public class Calculator {
    private int a = 0;
    private int b = 0; // assume b > a

    public void setNums(int numA, int numB) {
        a = numA;
        b = numB;
    }

    public int add() {
        return a + b;
    }
```

⊖ http://www.oracle.com/technetwork/java/javase/plugin2-142482.html#LIVECONNECT
⊜ 8/docs/technotes/guides/deploy/manifest.html
⊜ tutorial/deployment/applet/examples/zipfiles/applet_InvokingAppletMethodsFromJavaScript.zip

```java
    public int [] getNumInRange() {
        int x = a;
        int len = (b - a) + 1;
        int [] range = new int [len];
        for (int i = 0; i < len; i++) {
            range[i]= x++;
            System.out.println("i: " + i + " ; range[i]: " + range[i]);
        }
        return range;
    }
}
```

DateHelper 类中的 getDate 方法返回当前日期：

```java
package jstojava;
import java.util.Date;
import java.text.SimpleDateFormat;

public class DateHelper {

    public static String label = null;

    public String getDate() {
        return label + " " + new SimpleDateFormat().format(new Date());
    }

}
```

2. 部署 applet

将 applet 部署在 AppletPage.html 上。当部署 applet 时，一定要为 applet 指明 id。applet 的 id 用来获取 applet 对象的引用：

```html
<script src=
   "https://www.java.com/js/deployJava.js"></script>
<script>
    <!-- applet id can be used to get a reference to
    the applet object -->
    var attributes = { id:'mathApplet',
        code:'jstojava.MathApplet',  width:1, height:1} ;
    var parameters = { jnlp_href: 'math_applet.jnlp'} ;
    deployJava.runApplet(attributes, parameters, '1.6');
</script>
```

下一步，在 AppletPage.html 中加入 JavaScript 代码。JavaScript 代码可以使用 applet 的 id 获取 applet 对象的引用，调用 applet 的方法。在下面的例子中，JavaScript 代码设置了 applet 公有成员变量，调用公共方法，获取被 applet（Calculator）引用的另一个对象的引用。JavaScript 代码能处理基础类型、数组类型和对象返回类型。

```html
<script language="javascript">
    function enterNums(){
        var numA = prompt('Enter number \'a\'?','0');
        var numB = prompt(
            'Enter number \'b\' (should be greater than number \'a\' ?','1');
        // set applet's public variable
        mathApplet.userName = "John Doe";

        // invoke public applet method
        var greeting = mathApplet.getGreeting();

        // get another class referenced by applet and
        // invoke its methods
        var calculator = mathApplet.getCalculator();
        calculator.setNums(numA, numB);

        // primitive datatype returned by applet
```

```
            var sum = calculator.add();

            // array returned by applet
            var numRange = calculator.getNumInRange();

            // check Java console log for this message
            mathApplet.printOut("Testing printing to System.out");

            // get another class, set static field and invoke its methods
            var dateHelper = mathApplet.getDateHelper();
            dateHelper.label = "Today\'s date is: ";
            var dateStr = dateHelper.getDate();
            <!-- ... -->
</script>
```

当 a=0，b=5 时，Math applet 将在网页上显示如下信息：

Results of JavaScript to Java Communication

Hello John Doe

a = 0 ; b = 5

Sum: 5

Numbers in range array: [0, 1, 2, 3, 4, 5]

Today's date is: 5/28/13 4:12 PM //shows current date

在浏览器中打开 AppletPage.html 来查看 Math applet。检查被 JavaScript 代码调用的 applet 中的安全限制。

> **注意** 如果看不到 applet 运行，你或许需要打开浏览器中的 JavaScript 解释器，这样部署工具脚本才能正确执行。

18.2.7 通过事件句柄处理初始化状态

applet 初始化后才能对 JavaScript 代码的请求做出响应。JavaScript 代码对 applet 方法的调用或者获取 applet 的变量将被阻塞，直到 applet 的 `init` 方法执行完毕或者 applet 从部署的网页调用 JavaScript 代码。由于 JavaScript 实现在很多浏览器中是单线程的，网页在 applet 启动时会停止。

可以在 applet 加载时通过检查 `status` 变量来确定 applet 是否可以处理来自 JavaScript 代码的请求。也可以注册事件句柄，在不同 applet 初始化时自动调用相应的处理函数。为了利用该功能，applet 应该将 `java_status_events` 参数的值设置为 `true`。

在 `Status` 和 `Callback` 中，JavaScript 代码为 applet[⊖] 注册 `onLoad` 句柄。当 applet 初始化后，`onLoad` 句柄自动被 Java 插件软件调用。`onLoad` 句柄调用 applet 的其他方法在网页上画图。`DrawingApplet` 类中的 `init` 方法休眠两秒钟来模拟长 applet 初始化期。

下面的步骤描述了如何注册事件句柄和检查 applet 状态。查看 applet 状态和事件句柄[⊖]，了解详细的 applet 状态值和哪些事件句柄能够注册。

（1）创建 JavaScript 函数来注册事件句柄。下面代码描述的是 `registerAppletState-`

⊖ tutorial/deployment/applet/examples/zipfiles/applet_StatusAndCallback.zip

⊖ 8/docs/technotes/guides/deploy/applet_dev_guide.html#JSDPG719

Handler 函数,它用来注册 onLoad 事件句柄(如果该 applet 还没有加载):

```
<script>
<!-- ... -->
    var READY = 2;
    function registerAppletStateHandler() {
        // register onLoad handler if applet has
        // not loaded yet
        if (drawApplet.status < READY) {
            drawApplet.onLoad = onLoadHandler;
        } else if (drawApplet.status >= READY) {
            // applet has already loaded or there
            // was an error
            document.getElementById("mydiv").innerHTML =
               "Applet event handler not registered because applet status is: "
                + drawApplet.status;
        }
    }

    function onLoadHandler() {
        // event handler for ready state
        document.getElementById("mydiv").innerHTML =
            "Applet has loaded";
        draw();
    }
<!-- ... -->
</script>
```

(2)在 body 标签的 onLoad 方法中调用先前创建的 registerAppletStateHandler 函数。这确保在 applet 的事件句柄注册之前已经在网页的文档对象模型(DOM)树中创建了 applet 的 HTML 标签:

```
<body onload="registerAppletStateHandler()">
```

(3)将 java_status_events 参数的值设置为 true:

```
<script src=
  "https://www.java.com/js/deployJava.js"></script>
<script>
    // set java_status_events parameter to true
    var attributes = { id:'drawApplet',
        code:'DrawingApplet.class',
        archive: 'applet_StatusAndCallback.jar',
        width:600, height:400} ;
    var parameters = {java_status_events: 'true', permissions:'sandbox' } ;
    deployJava.runApplet(attributes, parameters, '1.7');
</script>
```

18.2.8 操纵 applet 网页的 DOM

每个网页都由一系列的内嵌对象组成。这些对象组成了 DOM。Java applet 使用 Common DOM 应用程序接口[⊖]遍历并修改其父网页的对象。

考虑以下 Java applet 例子(DOM Dump 例子[⊖]内),它用来存储父网页的内容。为了遍历和操纵 DOM 树,必须获取该网页 Document 对象的引用。可以使用 com.sun.java.browser.plugin2.DOM 类中的 getDocument 方法。下面代码是在 DOMDump applet 的开始方法中获取 Document 对象的引用:

⊖ 8/docs/jre/api/plugin/dom/index.html

⊖ tutorial/deployment/applet/example/zipfiles/applet_TraversingDOM.zip

```java
public void start() {
    try {
        // use reflection to get document
        Class c =
          Class.forName("com.sun.java.browser.plugin2.DOM");
        Method m = c.getMethod("getDocument",
          new Class[] { java.applet.Applet.class });

        // cast object returned as HTMLDocument;
        // then traverse or modify DOM
        HTMLDocument doc = (HTMLDocument) m.invoke(null,
            new Object[] { this });
        HTMLBodyElement body =
            (HTMLBodyElement) doc.getBody();
        dump(body, INDENT);
    } catch (Exception e) {
        System.out.println("New Java Plug-In not available");
        // In this case, you could fallback to the old
        // bootstrapping mechanism available in the
        // com.sun.java.browser.plugin.dom package
    }
}
```

现在已经获取了 Document 对象的引用，可以通过 Common DOM 应用程序接口遍历和修改 DOM 树。DOMDump applet 遍历 DOM 树并且将其内容写入 Java 控制台日志：

```java
private void dump(Node root, String prefix) {
    if (root instanceof Element) {
        System.out.println(prefix +
            ((Element) root).getTagName() +
            " / " + root.getClass().getName());
    } else if (root instanceof CharacterData) {
        String data =
            ((CharacterData) root).getData().trim();
        if (!data.equals("")) {
            System.out.println(prefix +
                "CharacterData: " + data);
        }
    } else {
        System.out.println(prefix +
            root.getClass().getName());
    }
    NamedNodeMap attrs = root.getAttributes();
    if (attrs != null) {
        int len = attrs.getLength();
        for (int i = 0; i < len; i++) {
            Node attr = attrs.item(i);
            System.out.print(prefix + HALF_INDENT +
                "attribute " + i + ": " +
                attr.getNodeName());
            if (attr instanceof Attr) {
                System.out.print(" = " +
                    ((Attr) attr).getValue());
            }
            System.out.println();
        }
    }

    if (root.hasChildNodes()) {
        NodeList children = root.getChildNodes();
        if (children != null) {
            int len = children.getLength();
            for (int i = 0; i < len; i++) {
                dump(children.item(i), prefix +
                    INDENT);
```

```
                }
            }
        }
    }
```

18.2.9 显示自定义的加载进度指示器

Java applet 可以显示自定义加载进度指示器，用来显示 applet 资源的下载进度以及其他 applet 指定的数据。考虑本节讨论的 Weather applet 和 CustomProgress 类（在有自定义加载进度指示器的 Applet 例子[一]中），进一步了解如何实现 Java applet 的自定义加载进度指示器。为了模拟大规模和长时间的下载，applet 的 JAR 文件填充了许多内容，并在 `customprogress_applet.jnlp` 文件中指定这些填充为资源。

1. 开发自定义的加载进度指示器

为了给 applet 开发自定义加载进度指示器，首先创建实现 `DownloadService-Listener` 接口[二]的类。加载进度指示器类的构造函数依赖于用户界面如何显示和类应该具有的能力。以下是应该遵循的准则：

- 为了在单独的顶层窗口显示加载进度指示器，创建的构造函数不能有任何参数。
- 为了在 applet 容器中显示加载进度指示器，创建带有 `Object` 参数的构造函数。`Object` 参数是任何可以转化为 `java.awt.Container` 类[三]的实例。
- 如果加载进度指示器需要获取 applet 参数，创建两个构造函数：
  - 创建带有 `Object` 参数的构造函数如上所述。
  - 创建带有两个 `Object` 参数的构造函数。第一个参数要能类型转换为 `java.awt.Container`[四]类的实例，第二个参数要能类型转换为 `java.applet.AppletStub`[五]类的实例。Java 插件软件将依赖于客户端的 JRE 软件的能力来调用相应的构造函数：

```java
import javax.jnlp.DownloadServiceListener;
import java.awt.Container;
import java.applet.AppletStub;
import netscape.javascript.*;

// ...

public class CustomProgress implements DownloadServiceListener {
    Container surfaceContainer = null;
    AppletStub appletStub = null;
    JProgressBar progressBar = null;
    JLabel statusLabel = null;
    boolean uiCreated = false;

    public CustomProgress(Object surface) {
        init(surface, null);
    }
```

[一] tutorial/deployment/applet/examples/zipfiles/applet_AppletWithCustomProgressIndicator.zip, tutorial/deployment/applet/examples/zipfiles/applet_CustomProgressIndicator.zip, and tutorial/deployment/webstart/examples/zipfiles/webstart_AppWithCustomProgressIndicator.zip

[二] 8/docs/jre/api/javaws/jnlp/javax/jnlp/DownloadServiceListener.html

[三] 8/docs/api/java/awt/Container.html

[四] 8/docs/api/java/awt/Container.html

[五] 8/docs/api/java/applet/AppletStub.html

```java
        public CustomProgress(Object surface, Object stub) {
            init(surface, stub);
        }

        public void init(Object surface, Object stub) {
            try {
                surfaceContainer = (Container) surface;
                appletStub = (AppletStub) stub;
            } catch (ClassCastException cce) {
                // ...
            }
        }
    // ...
    }
```

下面的代码显示如何给加载进度指示器创建用户界面。使用 `java.applet.Applet-Stub`[⊖] 类的实例来获取 applet 参数。调用 `JSObject.getWindow(null)` 方法来获取 applet 父网页的引用，然后在该页面上调用 JavaScript 代码：

```java
    private void create() {
        JPanel top = createComponents();
        if (surfaceContainer != null) {
            // lay out loading progress UI in the given
            // Container
            surfaceContainer.add(top, BorderLayout.NORTH);
            surfaceContainer.invalidate();
            surfaceContainer.validate();
        }
    }

    private JPanel createComponents() {
        JPanel top = new JPanel();
        // ...
        // get applet parameter using an instance of the
        // AppletStub class "tagLine" parameter specified
        // in applet's JNLP file
        String tagLine = "";
        if (appletStub != null) {
            tagLine = appletStub.getParameter("tagLine");
        }
        String lblText = "<html><font color=red size=+2>JDK
            Documentation</font><br/>" +
            tagLine + " <br/></html>";
        JLabel lbl = new JLabel(lblText);
        top.add(lbl, BorderLayout.NORTH);

        // use JSObject.getWindow(null) method to retrieve
        // a reference to the web page and make JavaScript
        // calls. Duke logo displayed if displayLogo variable
        // set to "true" in the web page
        String displayLogo = "false";
        JSObject window = JSObject.getWindow(null);
        if (window != null) {
            displayLogo = (String)window.getMember("displayLogo");
        }
        if (displayLogo.equals("true")) {
            lbl = new JLabel();
            ImageIcon logo = createImageIcon("images/DukeWave.gif", "logo");
            lbl.setIcon(logo);
            top.add(lbl, BorderLayout.EAST);
        }

        statusLabel = new JLabel(
            "html><font color=green size=-2>" +
```

[⊖] 8/docs/api/java/applet/AppletStub.html

```
            "Loading applet...</font></html>");
    top.add(statusLabel, BorderLayout.CENTER);

    // progress bar displays progress
    progressBar = new JProgressBar(0, 100);
    progressBar.setValue(0);
    progressBar.setStringPainted(true);
    top.add(progressBar, BorderLayout.SOUTH);

    return top;
}
```

使用以下方法，根据 overallPercent 参数来创建和更新进度指示器。Java 插件软件调用这些方法来显示 applet 下载的进度。Java 插件软件在下载和验证进度到达 100% 后会发送一条消息：

```
public void progress(URL url, String version,
                     long readSoFar, long total,
                     int overallPercent) {
    // check progress of download and update display
    updateProgressUI(overallPercent);
}

public void upgradingArchive(java.net.URL url,
            java.lang.String version,
            int patchPercent,
            int overallPercent) {
    updateProgressUI(overallPercent);
}

public void validating(java.net.URL url,
        java.lang.String version,
        long entry,
        long total,
        int overallPercent) {
    updateProgressUI(overallPercent);
}

private void updateProgressUI(int overallPercent) {
    if (!uiCreated && overallPercent > 0
        && overallPercent < 100) {
        // create custom progress indicator's
        // UI only if there is more work to do,
        // meaning overallPercent > 0 and
        // < 100 this prevents flashing when
        // RIA is loaded from cache
        create();
        uiCreated = true;
    }
    if (uiCreated) {
        progressBar.setValue(overallPercent);
    }
}
```

编译加载进度指示器类并将显示加载进度指示器所需的资源全部打包成 JAR 文件。将以下 JAR 文件加入类路径中使得能够编译：

- <你的 JRE 文件夹>/lib/javaws.jar
- <你的 JRE 文件夹>/lib/plugin.jar（如果想在 applet 父网页中使用 JSObject.getWindow 方法调用 JavaScript 代码，就需要将这个 JAR 文件加入类路径中。）

现在可以使用加载进度指示器了。下一步就是指定这个加载进度指示器 JAR 文件作为 applet 加载进度指示器。

2. 为 applet 指定加载进度指示器

为了给 applet 指定自定义加载进度指示器，将下面的信息加入 applet 的 JNLP 文件：

- 带有 download="progress" 属性的 jar 标签。
- 加载进度类的完整定义名字的 progress-class 属性。

下面的代码显示如何在 customprogress_applet.jnlp 中使用 download="progress" 和 progress-class 属性：

```
<jnlp spec="1.0+"
  codebase="tutorial/deployment"
  href="">
  <!-- ... -->
  <resources>
    <!-- ... -->
    <jar
      href="applet/examples/dist/applet_AppletWithCustomProgressIndicator"
      main="true" />
    <jar
      href="applet/examples/dist/applet_CustomProgressIndicator/applet_CustomProgressIndicator.jar"
      download="progress" />
  </resources>
  <applet-desc
    name="customprogressindicatordemo.WeatherApplet"
    main-class="customprogressindicatordemo.WeatherApplet"
    progress-class="customprogressindicator.CustomProgress"
    width="600"
    height="200">
    <param
      name="tagLine"
      value="Information straight from the horse's mouth!"/>
  </applet-desc>
  <!-- ... -->
</jnlp>
```

将 applet 部署在网页中。在网页浏览器中打开 AppletPage.html 查看 Weather applet 的加载进度指示器。

3. 将加载进度指示器和 applet 用户界面集成

也可以将加载进度指示器和 applet 用户界面结合。在浏览器中打开 AppletPage.html 来查看集成在 Weather applet 用户界面中的加载进度指示器。查看 IntegratedProgressIndicator.java 类（在使用结合进程指示器的 Applet 例子[⊖]中）和注释了解更多内容。

查看 19.4 节了解更多关于自定义富互联网应用（RIA）的加载体验。

18.2.10 将诊断写入标准输出和错误流

Java applet 可以将消息写入标准输出和标准错误流中。要调试 Java applet 时，将诊断写到标准输出是非常有用的。下面的代码将消息写到标准输出流和标准错误流中：

```
// Where instance variables are declared:
boolean DEBUG = true;
// ...
// Later, when we want to print some status:
if (DEBUG) {
    try {
        // ...
```

⊖ tutorial/deployment/applet/examples/zipfiles/applet_AppletWithCustomProgressIndicator.zip, and tutorial/deployment/webstart/examples/zipfiles/webstart_AppWithCustomProgressIndicator.zip

```
            //some code that throws an exception
            System.out.
                println("Called someMethod(" + x + "," + y + ")");
    } catch (Exception e) {
        e.printStackTrace()
    }
}
```

检查 Java 控制台日志，将消息写入标准输出或标准错误流中。为了将消息存在一个日志文件中，要允许登录 Java 控制面板。消息会被写入用户主目录下的日志文件中（例如，在 Windows 中，日志文件在 C:\Documents and Settings\someuser\Application Data\Sun\Java\Deployment\log 中）。

> **注意** 在发布 applet 之前一定要关闭所有调试输出。

18.2.11 开发可拖动的 applet

Java applet 通过指定 draggable 参数部署后可以拖动出浏览器，同时自动变为 Java Web Start 应用。通过按住 Alt 键和鼠标左键来拖动 Java applet。当拖动动作开始时，applet 从父容器（Applet 或者 JApplet）中移除出来，然后放在未修饰的顶层窗口（Frame 或 JFrame）中。小的浮动的**关闭**（Close）按钮显示在拖动的 applet 旁边。单击这个浮动**关闭**按钮，applet 被放回浏览器中。可以被拖出浏览器的 Java applet 也被称为可拖动 applet。

可以用以下方式来自定义可拖动 applet 的行为：
- 改变用来将 applet 拖出浏览器的按键和鼠标事件。
- 添加快捷方式，用来在浏览器外加载应用。
- 定义当 applet 拖出浏览器时如何关闭它。

下面将描述如何实现和自定义可拖动 applet。MenuChooserApplet 类（在可拖动 Applet 示例[⊖]中）用来演示如何开发和部署可拖动 applet。在浏览器中打开 AppletPage.html 来查看 Menu Chooser applet。

1. 打开拖动 applet 的能力

可以通过将 draggable 参数设置为 true 使得可以拖动 applet。下面是代码片段：

```
<script src="https://www.java.com/js/deployJava.js"></script>
<script>
    var attributes = { code:'MenuChooserApplet', width:900, height:300 };
    var parameters = { jnlp_href: 'draggableapplet.jnlp', draggable: 'true' };
    deployJava.runApplet(attributes, parameters, '1.6');
</script>
```

2. 改变用来拖动 applet 的按键和鼠标事件

可以通过实现 isAppletDragStart 方法来改变用来拖动 applet 的按键和鼠标事件。在下面的代码中，applet 可以通过按住鼠标左键拖动 applet：

```
public boolean isAppletDragStart(MouseEvent e) {
    if(e.getID() == MouseEvent.MOUSE_DRAGGED) {
        return true;
    } else {
        return false;
    }
}
```

⊖ tutorial/deployment/applet/examples/zipfiles/applet_Draggable.zip

3. 当 applet 从浏览器分离出来后允许添加桌面快捷方式

当从页面中拖出 applet 后，如果用户关闭浏览器窗口或者导航到其他页面，我们就说 applet 从浏览器中分离出来。当 applet 从浏览器中分离出来后，可以为 applet 添加桌面快捷方式。桌面快捷方式用来在浏览器外加载该 applet。为了能够创建桌面快捷方式，在 JNLP 文件中添加 `offline-allowed` 和 `shortcut` 标签：

```
<information>
    <!-- ... -->
    <offline-allowed />
    <shortcut online="false">
        <desktop />
    </shortcut>
</information>
```

> **注意** 根据在用户的 Java 控制面板中创建快捷方式的设置，用户在快捷方式创建前需要确认。

4. 定义如何关闭 applet

可以定义如何关闭 applet。例如，Swing applet 可以有 `JButton` 去关闭 applet 而不是依赖于默认的浮动的关闭按钮。

Java 插件软件给予 applet `ActionListener` 类的实例。`ActionListener` 类的实例通常称为关闭监听器，它被用来修改默认的 applet 关闭行为。

为了定义如何关闭 applet，实现 `setAppletCloseListener` 和 `appletRestored` 方法，在下面的代码中，`MenuChooserApplet` 类接受关闭监听器并将它传给 `MenuItemChooser` 类的实例：

```
MenuItemChooser display = null;
// ...
display = new MenuItemChooser();
// ...
public void setAppletCloseListener(ActionListener cl) {
    display.setCloseListener(cl);
}
public void appletRestored() {
    display.setCloseListener(null);
}
```

`MenuItemChooser` 类用来控制 applet 的用户界面。`MenuItemChooser` 类定义了 `JButton`，命名为**关闭**。下面的代码将在用户单击**关闭**按钮时执行：

```
private void close() {
    // invoke actionPerformed of closeListener received
    // from the Java Plug-in software.
    if (closeListener != null) {
        closeListener.actionPerformed(null);
    }
}
```

5. 请求和自定义 applet 窗口装饰功能

部署 applet 时，可以指定可拖动 applet 的窗口用默认或自定义的窗口标题装饰。为了能够使用可拖动 applet 的窗口装饰功能，指定 `java_decorated_frame` 参数的值为 true。为了能够自定义窗口标题，指定 `java_applet_title` 参数。该参数的值应该是窗口标题的内容。

```
<script src="https://www.java.com/js/deployJava.js"></script>
<script>
    var attributes =
      { code:'SomeDraggableApplet', width:100, height:100 };
    var parameters =
      { jnlp_href: 'somedraggableapplet.jnlp',
        java_decorated_frame: 'true',
        java_applet_title: 'A Custom Title'
      };
    deployJava.runApplet(attributes, parameters, '1.7');
</script>
```

`java_decorated_frame` 和 `java_applet_title` 参数也可以在 applet 的 JNLP 文件中指定，代码如下：

```
<applet-desc main-class="SayHello" name="main test" height="150" width="300">
    <param name="java_decorated_frame" value="true" />
    <param name="java_applet_title" value="" />
</applet-desc>
```

18.2.12 和其他 applet 交互

Java applet 可以通过父网页中的 JavaScript 函数来和其他 Java applet 交互。JavaScript 函数能够使得 applet 之间通过从另一个 applet 接受消息和从其他 applet 调用方法来相互交流。查看 18.2.5 节和 18.2.6 节来获取更多关于在 Java 代码和 JavaScript 代码之间交互的内容。

应该禁止使用某个特定机制来找到其他 applet 和分享 applet 之间的数据：

- 禁止使用静态变量来分享 applet 之间的数据。
- 不要使用 `AppletContext` 类[⊖]中的 `getApplet` 和 `getApplets` 方法去找其他 applet。这些方法只能找到运行在同一个 JRE 软件的实例下的 applet。

这些 applet 必须来自服务器上相同的文件夹，这样才能交互。

下面将讨论 Sender 和 Receiver applet[⊖]。当用户单击增加计数器的按钮时，Sender applet 调用 JavaScript 函数并发送请求给 Receiver applet。当收到请求后，Receiver applet 增加计数器变量并显示该变量的值。

为了和其他 applet 交互，需要获取 `netscape.javascript.JSObject` 类实例的引用。使用这个实例调用 JavaScript 函数。Sender applet 需要 `netscape.javascript.JSObject` 类实例去调用名为 `sendMsgToIncrementCounter` 的 JavaScript 函数：

```
try {
    JSObject window = JSObject.getWindow(this);
    window.eval("sendMsgToIncrementCounter()");
} catch (JSException jse) {
    // ...
}
```

> **注意** 为了编译包含对 `netscape.javascript` 包中类的引用的 Java 代码，应将 `<你的 JDK 路径>/jre/lib/plugin.jar` 加入你的类路径。在运行时，Java 插件软件自动设置这些类对 applet 可用。

⊖ 8/docs/api/java/applet/AppletContext.html
⊖ tutorial/deployment/applet/examples/zipfiles/applet_SenderReceiver.zip

编写 JavaScript 函数，这个函数将能够从 applet 接受请求，然后在网页中调用另一个 applet 的方法。SendMsgToIncrementCounter JavaScript 函数调用 Receiver applet 的 `incrementCounter` 方法。

```
<script>
    function sendMsgToIncrementCounter() {
        var myReceiver = document.getElementById("receiver");
        myReceiver.incrementCounter();
    }
</script>
```

需要注意的是，JavaScript 代码使用 `receiver` 去获取在网页中的 Receiver applet 的引用。这个名字应该和你在部署 Receiver applet 时指定的 `id` 属性的值相匹配。Receiver applet 的 `incrementCounter` 方法如下所示：

```
public void incrementCounter() {
    ctr++;
    String text = " Current Value Of Counter: "
        + (new Integer(ctr)).toString();
    ctrLbl.setText(text);
}
```

在网页中部署 applet 的代码如下。可以查看 Sender 和 Receiver applet 以及 `AppletPage.html` 中的 JavaScript 代码：

```
<!-- Sender Applet -->
<script src="https://www.java.com/js/deployJava.js"></script>
<script>
    var attributes = { code:'Sender.class',
        archive:'examples/dist/applet_SenderReceiver/applet_SenderReceiver.jar',
        width:300, height:50} ;
    var parameters = { permissions:'sandbox' };
    deployJava.runApplet(attributes, parameters, '1.6');
</script>

<!-- Receiver Applet -->
<script>
    var attributes = { id:'receiver', code:'Receiver.class',
        archive:'examples/dist/applet_SenderReceiver/applet_SenderReceiver.jar',
        width:300, height:50} ;
    var parameters = { permissions:'sandbox' };
    deployJava.runApplet(attributes, parameters, '1.6');
</script>
```

18.2.13 与服务器端应用交互

Java applet 和其他 Java 程序一样，可以使用在 java.net 包中定义的应用程序接口来跨网络交互。Java applet 可以和运行在同一个主机上的服务器端应用交互。这种交互不需要在服务器端做任何特殊的设置。

> **注意** 由于 applet 加载的网络环境和 applet 运行的浏览器不同，applet 可能不能和其源主机进行交互。例如，在防火墙内运行的浏览器常常获取不了防火墙外的信息。结果是一些浏览器不允许 applet 和防火墙外的主机进行交互。

当 applet 位于 web 服务器端时，使用 `Applet` 的 `getCodeBase` 方法和 `java.net.URL` 的 `getHost` 方法，代码如下：

```
String host = getCodeBase().getHost();
```

如果 applet 位于本地，那么 getCodeBase 方法会返回 null。该方法推荐在网页服务器端使用。

> **注意** 不是所有的浏览器都完美地支持网络编码。例如，和 Java 技术兼容的浏览器不支持 URL 重新导向功能。

实现网络客户端的 applet 的例子见后续部分"网络客户端 applet 例子"。

网络客户端 applet 例子

QuoteClientApplet 类允许你从服务器端运行在同一个主机上的应用获取引文。该类也会显示从服务器端收到的引文。

QuoteServer.java 和 QuoteServerThread.java 类使得服务器端的应用返回引文。这里是包含一些引文的文本文件 (one-liners.txt)。

执行以下步骤来测试 QuoteClientApplet：

1）将如下文件下载和保存到你的本地电脑：

- QuoteClientApplet [一]
- QuoteServer.java [二]
- QuoteServerThread.java [三]
- one-liners.txt [四]
- quoteApplet.html [五]

2）将以下的 HTML 代码放入一个网页中，部署 QuoteClientApplet：

```
<script src=
  "https://www.java.com/js/deployJava.js"></script>
<script>
    var attributes =
      { code:'QuoteClientApplet.class',  width:500, height:100} ;
    var parameters =
      { codebase_lookup:'true', permissions:'sandbox' };
    deployJava.runApplet(attributes, parameters, '1.6');
</script>
```

或者，可以使用已经包含这个 HTML 代码的 quoteApplet.html 网页。

3）编译 QuoteClientApplet.java 类。将生成的类文件复制到保存网页的文件夹中。

4）编译服务器端的代码，QuoteServer.java 和 QuoteServerThread.java。

5）将 one-liners.txt 文件复制到包含服务器端应用类的文件夹中（由上一步产生的）。

6）启动服务器端应用：

```
java QuoteServer
```

你应该看到一条带有端口号的消息，如下（注意这个端口号）所示：

[一] tutorial/deployment/applet/examples/QuoteClientApplet.java
[二] tutorial/deployment/applet/examples/QuoteServer.java
[三] tutorial/deployment/applet/examples/QuoteSeverThread.java
[四] tutorial/deployment/applet/examples/one-liners.txt
[五] tutorial/deployment/applet/examples/quoteApplet.html

```
QuoteServer listening on port:3862
```

7）打开浏览器输入包含 applet 的 URL。URL 中的主机名应该和运行服务器端应用的主机名相同。例如，如果运行服务器端应用的名字是 **JohnDoeMachine**，应该输入一个相似的 URL。准确的端口号和路径将根据网络服务器端设置的不同而不同：

```
http://JohnDoeMachine:8080/quoteApplet/quoteApplet.html
```

QuoteClientApplet 将在网页中显示。

8）在 applet 文本域中输入你服务器端应用的端口号，单击"确定"，引文将会显示出来。

18.2.14　applet 能做什么和不能做什么

当用户访问含有 applet 的页面时，Java applet 会在客户端加载。Java applet 背后的安全模型用来保护用户不被恶意的 applet 攻击。

applet 必然是沙盒 applet 或者特权 applet 中的一种。沙盒 applet 在安全沙盒中运行，仅允许特定的安全操作。特权 applet 可以在安全沙盒外运行，拥有更多的接触客户的能力。

没有使用安全证书来签名的 applet 限制在安全沙盒中运行并且只有在用户接受该 applet 的情况下运行。拥有可信机构签署的安全证书的 applet 可以选择仅在沙盒中运行或者申请权限在沙盒外运行。无论何种选择，用户必须接受 applet 的安全证书，否则 applet 的运行会受限。

推荐使用 JNLP 来安装 applet，以此来利用拓展的功能并提升用户体验。查看 18.1.6 节，一步一步来部署一个 applet。

建议将 applet 部署在 web 服务器（包括测试）。本地运行 applet 需要将其添加到例外网址列表。这个列表由 Java 控制面板的安全键管理。

接下来我们将讨论安全限制和 applet 的能力。

1. 沙盒 applet

沙盒 applet 仅能在安全沙盒内运行，其可运行操作如下：

- 和它们所在的主机和接口进行网络连接。协议必须是相互匹配的，并且如果某一个域名用于加载 applet，那么在连接回主机时必须使用这个域名进行连接，而不是 IP 地址。
- 使用 `java.applet.AppletContext` 类中的 `showDocument` 方法来显示 HTML 文档。
- 调用在同一个页面中的其他 applet 的公共方法。
- 从本地文件系统（用户 CLASSPATH 中的目录）加载的 applet 没有网络加载的 applet 所受的限制。
- 读取安全系统特性。具体请查看 19.1.1 节中的安全系统属性。
- 当使用 JNLP 加载时，沙盒 applet 也可以执行以下操作：
  - 打开、读取和保存客户端的文件。
  - 进入共享 system-wide 剪切板。
  - 获取打印函数。
  - 在客户端上存储数据，决定如何下载和缓存 applet 以及其他方面。查看 19.2 节获得更多关于使用 JNLP 应用程序接口部署 applet 的信息。

沙盒 applet 不能做以下操作：

- 不能获取客户端资源，如本地文件系统、可执行文件、系统剪切板和打印机。
- 不能连接第三方服务器或从第三方服务器上获取资源（除 applet 来源的服务器以外的服务器）。
- 不能加载本地库。
- 不能改变安全管理器。
- 不能创建类加载项。
- 不能读取特定的系统属性。具体请查看 19.1 节中禁止的系统属性。

2. 特权 applet

特权 applet 没有沙盒 applet 的安全限制，它可以在安全沙盒外运行。

> **注意** JavaScript 被当作未签名的代码。当 HTML 页面中的 JavaScript 代码进入签名的 applet 时，applet 在安全沙盒里执行。这意味着签名的 applet 的行为与未签名的 applet 相同。

查看第 19 章获取更多关于如何 applet 的内容。

3. 附加信息

更多关于 applet 安全对话框的内容请查看"oracle.com 文章"，学习安全警告功能[⊖]。

18.3 applet 常见问题及解决方案

本节讨论一些在写 Java applet 时会遇到的问题。每一个问题后面都有原因和解决方法。

"My Applet Does Not Display"

- 检查 Java 控制台日志中的错误。
- 检查 applet 中 JNLP 文件的语法。错误的 JNLP 文件是很多没有明显错误而导致失败的原因。
- 如果使用部署工具中的 `runApplet` 方法部署，检查 JavaScript 语法。更多内容请查看 20.2.2 节。

"The Java Cosole Log Displays java.lang.ClassNotFoundException"

- 确定你 Java 源文件正确编译。
- 如果使用 `<applet>` 标签部署，检查到 applet JAR 文件的路径，确保在 `archive` 属性中是正确的。
- 如果使用 JNLP 文件加载，检查 JNLP 文件的 jar 标签中的路径。
- 确保 applet 的 JAR 文件、JNLP 文件和网页都放在正确的文件夹并且相互引用是正确的。

"I Was Able to Build the Code Once, but Now the Build Fails Even Though There Are No Compilation Errors"

- 关闭你的浏览器然后重新构建一次。最有可能是浏览器锁定了 JAR 文件，因为在这种情况下，构建进程不能重名构造 JAR 文件。

"When I Try to Load a Web Page That Has an Applet, My Browser Redirects Me to www.java.com without Any Warning"

⊖ http://www.oracle.com/technetwork/articles/javase/appletwaring-135102.html

- 网页上的 applet 很有可能是用部署工具脚本部署的。applet 或许需要一个版本更新的 JRE 软件而不是当前客户端上的 JRE 软件。检查在 applet 网页 `runApplet` 函数中的 `minimumVersion` 参数。请查看 20.2.2 节获取更多信息。

"I Fixed Some Bugs and Rebuilt My Applet 担 Source Code, but When I Reload the Applet 担 Web Page, My Fixes Are Not Showing Up"

- 你或许要查看以前缓存的 applet 版本。关闭浏览器。打开 Java 控制面板删除临时网络文件，这将从缓存中删除你的 applet。尝试重新查看你的 applet。

18.4 问题和练习：applet

问题
1. applet 能扩展哪些类？
2. 应该什么时候使用 `start()` 方法？
3. 真或假：applet 可以和网络中的任何主机连接。
4. 如何在 applet 代码中得到 JNLP 中特定的属性的值？
5. 哪一个类可以使 applet 和 JavaScript 交互？
6. 真或假：applet 可以修改父网页的内容。

练习

Exercise applet 父网页有一个叫 `memberId` 的 JavaScript 变量。编写代码修改在 applet `start` 方法中的 `memberId`，将其值设置为 123489。

答案

相关答案参考 http://docs.oracle.com/javase/tutorial/deployment/applet/QandE/answers.html。

另外，Java applet 的在线测试位于 http://docs.oracle.com/javase/tutorialJWS/flash/AppletQuiz/AppletQuiz.html。

第 19 章

Java 富互联网应用系统

通过 JNLP 加载的 applet 和 Java Web Start 应用程序具有相似的功能。本章包含开发及部署 applet 和 Java Web Start 应用程序（也被称为富互联网应用系统，RIA）的通用主题。如果读者对 applet 和 Java Web Start 应用程序还不够熟悉，请先查阅如下章节：

- applet 的开发和部署，参见第 18 章。
- Java Web Start 应用程序的开发和部署，参见第 17 章。

19.1 设置可信参数和安全属性

对 applet 来说，可以为 JNLP 文件中的 RIA 设置 Java 虚拟机参数和安全属性，也可以在 `<applet>` 标签的 `Java_arguments` 参数中设置相关 applet 的参数。虽然存在一组事先定义好的安全属性，但也可以通过修改名字为 `jnlp.` 或者 `javaws.` 的属性来定义新的安全属性。此外，还可以通过 `System.getProperty` 方法来获得 RIA 中的属性。

考虑 Demo applet[①] 中的属性和参数。下面在 applet 的名字为 `appletpropsargs.jnlp` 的 JNLP 文件中设置 Java VM 参数和属性：

- `-Xmx`——大小为 "256M" 的安全参数集合。
- `sun.java2d.noddraw`——值为 `true` 的事先定义好的安全属性集合。
- `jnlp.myProperty`——值为 "a user-defined property" 的用户定义的安全属性集合。

下面是例子：

```
<?xml version="1.0" encoding="UTF-8"?>
<jnlp spec="1.0+" codebase="" href="">
    <information>
        <title>Properties and Arguments Demo Applet</title>
        <vendor>Dynamic Team</vendor>
    </information>
    <resources>
        <!-- Application Resources -->
        <j2se version="1.6+"
              href="http://java.sun.com/products/autodl/j2se"
              <!-- secure java vm argument -->
              java-vm-args="-Xmx256M"/>
        <jar href="applet_PropertiesAndVMArgs.jar"
             main="true" />
        <!-- secure properties -->
        <property name="sun.java2d.noddraw"
                  value="true"/>
        <property name="jnlp.myProperty"
                  value="a user-defined property"/>
    </resources>
    <applet-desc
        name="Properties and Arguments Demo Applet"
        main-class="PropertiesArgsDemoApplet"
        width="800"
        height="50">
```

---

① tutorial/deploymen/doingMoreWithRIA/examples/zipfiles/applet_PropertiesAndVMArgs.zip

```
        </applet-desc>
        <update check="background"/>
</jnlp>
```

PropertiesArgsDemoApplet 类使用 System.getProperty 方法来获取 java.version 属性以及其他的在 JNLP 文件中定义的属性。PropertiesArgsDemoApplet 类也用来输出属性：

```java
import javax.swing.JApplet;
import javax.swing.SwingUtilities;
import javax.swing.JLabel;

public class PropertiesArgsDemoApplet extends JApplet {
    public void init() {
        final String javaVersion = System.getProperty("java.version");
        final String swing2dNoDrawProperty = System.getProperty("sun.java2d.noddraw");
        final String jnlpMyProperty = System.getProperty("jnlp.myProperty");

        try {
            SwingUtilities.invokeAndWait(new Runnable() {
                public void run() {
                    createGUI(javaVersion, swing2dNoDrawProperty, jnlpMyProperty);
                }
            });
        } catch (Exception e) {
            System.err.println("createGUI didn't successfully complete");
        }
    }
    private void createGUI(String javaVersion, String swing2dNoDrawProperty, String jnlpMyProperty) {
        String text = "Properties: java.version = " + javaVersion +
            ",  sun.java2d.noddraw = " + swing2dNoDrawProperty +
            ",  jnlp.myProperty = " + jnlpMyProperty;
        JLabel lbl = new JLabel(text);
        add(lbl);
    }
}
```

下面的小节中提供了完整的可以通过 RIA 获取的系统属性集合。

19.1.1 系统属性

本小节中列出的属性不管它是否受安全沙盒的限制或是否通过 JNLP 加载，都可以通过未签名的 RIA 获得。有些系统属性是不能通过未签名的 RIA 获取的。

1. 所有 RIA 都能获取的安全系统属性

所有的 RIA 都能获取如下的安全系统属性：

- java.class.version
- java.vendor
- java.vendor.url
- java.version
- os.name
- os.arch
- os.version
- file.separator
- path.separator
- line.separator

2. 通过 JNLP 加载的 RIA 能获取的安全系统属性

通过 JNLP 加载的 RIA 能够设置和获取如下的安全系统属性：

- awt.useSystemAAFontSettings
- http.agent
- http.keepAlive
- java.awt.syncLWRequests
- java.awt.Window.locationByPlatform
- javaws.cfg.jauthenticator
- javax.swing.defaultlf
- sun.awt.noerasebackground
- sun.awt.erasebackgroundonresize
- sun.java2d.d3d
- sun.java2d.dpiaware
- sun.java2d.noddraw
- sun.java2d.opengl
- swing.boldMetal
- swing.metalTheme
- swing.noxp
- swing.useSystemFontSettings

3. 禁止的系统属性

沙盒 RIA 不能获取如下系统属性：

- java.class.path
- java.home
- user.dir
- user.home
- user.name

19.2 JNLP API

RIA 能使用 JNLP 应用程序接口来执行许多对用户环境的操作。当使用 JNLP 加载时，未签名的 RIA 也可以在用户的许可下进行以下操作：

- 使用 FileOpenService[一]和 FileSaveService[二]应用程序接口获取用户文件系统。
- 使用 ClipboardService[三]应用程序接口获取共享系统剪贴板内容。
- 使用 PrintService[四]应用程序接口获取打印功能。
- 使用 PersistenceService[五]应用程序接口获取持久性存储。
- 使用 DownloadService[六]应用程序接口控制 RIA 如何下载和缓存。

[一] 8/docs/jre/api/javaws/jnlp/javax/jnlp/FileOpenService.html
[二] 8/docs/jre/api/javaws/jnlp/javax/jnlp/FileSaveService.html
[三] 8/docs/jre/api/javaws/jnlp/javax/jnlp/ClipboardService.html
[四] 8/docs/jre/api/javaws/jnlp/javax/jnlp/PrintService.html
[五] 8/docs/jre/api/javaws/jnlp/javax/jnlp/PersistenceService.html
[六] 8/docs/jre/api/javaws/jnlp/javax/jnlp/DownloadService.html

- 使用 DownloadServiceListener[1]应用程序接口来确定 RIA 下载进度。
- 使用 SingleInstanceService[2]应用程序接口来决定当多个 RIA 的实例被加载时如何处理各个参数。
- 使用 ExtendedService[3]应用程序接口请求打开以前没有打开过的文件。

请查看《JNLP API 文档》[4]来了解详细的通过 JNLP 加载的 RIA 可用函数功能。

19.2.1 通过 JNLP API 访问客户端

当通过 JNLP 加载 RIA 时，RIA 可以在用户允许的情况下访问客户端。我们将通过 TextEditor applet 实例来阐述如何使用 JNLP 提供的服务 API[5]。TextEditor 有文本输入区及 Open、Save 和 Save as 按钮。TextEditor 可以打开已存在的文本文件，编辑它，然后保存。

TextEditor 和 TextEditorApplet 类指定用户界面，并将其封装成 applet。FileHandler 类包含与 JNLP 提供的服务 API 相关的核心功能。谨记，这些技术也可以用于 Java Web Start 应用。

为了很好地使用 JNLP 服务，首先获取服务的引用。用 FileHandler 类中的 initialize 方法可获取 JNLP 服务的引用，代码如下：

```
private static synchronized void initialize() {
    ...
    try {
        fos = (FileOpenService)
            ServiceManager.lookup("javax.jnlp.FileOpenService");
        fss = (FileSaveService)
            ServiceManager.lookup("javax.jnlp.FileSaveService");
    } catch (UnavailableServiceException e) {
        ...
    }
}
```

当获得所需服务的引用后，就可以调用相应的服务方法来做必要的操作。FileHandler 类的 open 方法调用 FileOpenService 类的 openFileDialog 方法显示文件选择器。open 方法返回选择的文件的内容：

```
public static String open() {
    initialize();
    try {
        fc = fos.openFileDialog(null, null);
        return readFromFile(fc);
    } catch (IOException ioe) {
        ioe.printStackTrace(System.out);
        return null;
    }
}
```

类似地，FileHandler 类中的 save 和 saveAs 方法调用 FileSaveService 类中相应的方法，使用户可以选择文件名和将文本输入区的内容保存到磁盘[6]上：

---

[1] 8/docs/jre/api/javaws/jnlp/javax/jnlp/DownloadServiceListener.html
[2] 8/docs/jre/api/javaws/jnlp/javax/jnlp/SingleInstanceService.html
[3] 8/docs/jre/api/javaws/jnlp/javax/jnlp/ExtendedService.html
[4] 8/docs/jre/api/javaws/jnlp/javax/jnlp/package-summary.html
[5] tutorial/deployment/doingMoreWithRIA/examples/zipfiles/applet_JNLP_API.zip
[6] 8/docs/jre/api/javaws/jnlp/javax/jnlp/FileSaveService.html

```java
public static void saveAs(String txt) {
    initialize();
    try {
        if (fc == null) {
            // If not already saved.
            // Save-as is like save
            save(txt);
        } else {
            fc = fss.saveAsFileDialog(null, null,
                                      fc);
            save(txt);
        }
    } catch (IOException ioe) {
        ioe.printStackTrace(System.out);
    }
}
```

运行时，若 RIA 尝试打开或保存文件，用户会看见安全对话框弹出，询问是否允许该操作。只有在用户允许的情况下该 RIA 才能获取用户的环境变量。

以下是 `FileHandler` 类[①]的完整代码：

```java
// add javaws.jar to the classpath during compilation
import javax.jnlp.FileOpenService;
import javax.jnlp.FileSaveService;
import javax.jnlp.FileContents;
import javax.jnlp.ServiceManager;
import javax.jnlp.UnavailableServiceException;
import java.io.*;

public class FileHandler {

    static private FileOpenService fos = null;
    static private FileSaveService fss = null;
    static private FileContents fc = null;

    // retrieves a reference to the JNLP services
    private static synchronized void initialize() {
        if (fss != null) {
            return;
        }
        try {
            fos = (FileOpenService) ServiceManager.lookup("javax.jnlp.FileOpenService");
            fss = (FileSaveService) ServiceManager.lookup("javax.jnlp.FileSaveService");
        } catch (UnavailableServiceException e) {
            fos = null;
            fss = null;
        }
    }

    // displays open file dialog and reads selected file using FileOpenService
    public static String open() {
        initialize();
        try {
            fc = fos.openFileDialog(null, null);
            return readFromFile(fc);
        } catch (IOException ioe) {
            ioe.printStackTrace(System.out);
            return null;
        }
    }

    // displays saveFileDialog and saves file using FileSaveService
    public static void save(String txt) {
        initialize();
```

---

① tutorial/deployment/doingMoreWithRIA/examples/applet_JNLP_API/src/FileHandler.java

```java
        try {
            // Show save dialog if no name is already given
            if (fc == null) {
                fc = fss.saveFileDialog(null, null,
                        new ByteArrayInputStream(txt.getBytes()), null);
                // file saved, done
                return;
            }
            // use this only when filename is known
            if (fc != null) {
                writeToFile(txt, fc);
            }
        } catch (IOException ioe) {
            ioe.printStackTrace(System.out);
        }
    }

    // displays saveAsFileDialog and saves file using FileSaveService
    public static void saveAs(String txt) {
        initialize();
        try {
            if (fc == null) {
                // If not already saved. Save-as is like save
                save(txt);
            } else {
                fc = fss.saveAsFileDialog(null, null, fc);
                save(txt);
            }
        } catch (IOException ioe) {
            ioe.printStackTrace(System.out);
        }
    }

    private static void writeToFile(String txt, FileContents fc) throws IOException {
        int sizeNeeded = txt.length() * 2;
        if (sizeNeeded > fc.getMaxLength()) {
            fc.setMaxLength(sizeNeeded);
        }
        BufferedWriter os = new BufferedWriter(new OutputStreamWriter(fc.getOutputStream(true)));
        os.write(txt);
        os.close();
    }

    private static String readFromFile(FileContents fc) throws IOException {
        if (fc == null) {
            return null;
        }
        BufferedReader br = new BufferedReader(new InputStreamReader(fc.getInputStream()));
        StringBuffer sb = new StringBuffer((int) fc.getLength());
        String line = br.readLine();
        while (line != null) {
            sb.append(line);
            sb.append("\n");
            line = br.readLine();
        }
        br.close();
        return sb.toString();
    }
}
```

> **注意** 要编译引用了 javax.jnlp 包中的类的 Java 代码，需要将<你的 JDK 路径>/jre/lib/javaws.jar 加入你的类路径。在运行时，Java 运行时环境（JRE）软件会自动使这些类对 RIA 可见。

19.3 cookie

Web 应用一般是一系列的 HTTP 请求和响应。因为 HTTP 是无状态协议，在 HTTP 请求之间的信息不会自动保存。Web 应用使用 cookie 来在客户端存储状态信息。cookie 能够保存用户的信息，比如用户购物车信息等。

19.3.1 cookie 的类型

cookie 有两种类型：
- 会话 cookie：它会保存在内存里，只要用户使用 Web 应用就能够获取 cookie 内容。当用户退出 Web 应用时会话 cookie 就失效。会话 cookie 通过会话 ID 来标注，一般会话 cookies 用来存储购物车的内容。
- 永久 cookie：永久 cookie 用来存储用户偏好和用户身份信息等长期存在信息。永久 cookie 通过持久性存储保存起来，这样当用户退出应用时该信息也不会丢失。永久 cookie 直到过期才会失效。

19.3.2 RIA 中的 cookie 支持

RIA（applet 和 Java Web Start 应用）支持会话和永久 cookie。下面的 cookie 存储依赖于浏览器和客户端的操作系统。

想了解更多，请参见下面文档：
- 在线 Java 指南，学习 cookie[一]课程。
- CookieManager[二] API 文档和相关类。

19.3.3 获取 cookie

你可以设置和获取你的 RIA 中的 cookie。cookie 能够增强 RIA 的能力。例如，假设你在不同的网页中含有 applet，在某一个网页中的 applet 不能直接获取或共享另外一个网页中的 applet。在这种情况下，cookie 提供一条重要的链接，该链接连接不同的 applet，将 applet 的信息传给另一个网页中的 applet。Java Web Start 应用能够使用 cookie 将信息存储在客户端。下面的 Cookie Applet 例子[三]中包含 CookieAccessor[四]类，该类能够获取和设置 cookie。

1. 获取 cookie

下面的代码阐述 CookieAccessor 类的 getCookieUsingCookieHandler 方法：

```
public void getCookieUsingCookieHandler() {
    try {
        // Instantiate CookieManager;
        // make sure to set CookiePolicy
        CookieManager manager = new CookieManager();
        manager.setCookiePolicy(CookiePolicy.ACCEPT_ALL);
        CookieHandler.setDefault(manager);

        // get content from URLConnection;
```

[一] tutorial/networking/cookies/index.html
[二] 8/docs/api/java/net/CookieManager.html
[三] tutorial/deployment/doingMoreWithRIA/examples/zipfiles/applet_AccessingCookies.zip
[四] tutorial/deployment/doingMoreWithRIA/examples/applet_AccessingCookies/src/CookieAccessor.java

```
        // cookies are set by web site
        URL url = new URL("http://host.example.com");
        URLConnection connection = url.openConnection();
        connection.getContent();

        // get cookies from underlying
        // CookieStore
        CookieStore cookieJar =  manager.getCookieStore();
        List <HttpCookie> cookies =
            cookieJar.getCookies();
        for (HttpCookie cookie: cookies) {
          System.out.println("CookieHandler retrieved cookie: " + cookie);
        }
    } catch(Exception e) {
        System.out.println("Unable to get cookie using CookieHandler");
        e.printStackTrace();
    }
}
```

CookieManager 类是 cookie 管理中的主进入点。创建 CookieManager[一]类的实例并且设置其 CookiePolicy[二]。设置 CookieManager 的实例作为默认的 CookieHandler[三]。打开你选择的网页的 URLConnection[四]。然后，从下一层的 CookieStore[五]中使用 get-Cookies 方法获取 cookie。

2. 设置 cookie

下边的代码阐述 CookieAccessor 类中的 setCookiesUsingCookieHandler 方法：

```
public void setCookieUsingCookieHandler() {
    try {
        // instantiate CookieManager
        CookieManager manager = new CookieManager();
        CookieHandler.setDefault(manager);
        CookieStore cookieJar =  manager.getCookieStore();

        // create cookie
        HttpCookie cookie = new HttpCookie("UserName", "John Doe");

        // add cookie to CookieStore for a
        // particular URL
        URL url = new URL("http://host.example.com");
        cookieJar.add(url.toURI(), cookie);
        System.out.println("Added cookie using cookie handler");
    } catch(Exception e) {
        System.out.println("Unable to set cookie using CookieHandler");
        e.printStackTrace();
    }
}
```

在上文中，CookieManager 类是 cookie 管理者的主进入点。创建 CookieManager 类的实例然后将其设置为默认的 CookieHandler。

创建含有必须信息的所需 HttpCookie。在本例中，我们创建了 UserName 是 John Doe 的 HttpCookie。然后，将 cookie 加入下层的 cookie 库中。

[一] 8/docs/api/java/net/CookieManager.html
[二] 8/docs/api/java/net/CookiePolicy.html
[三] 8/docs/api/java/net/CookieHandler.html
[四] 8/docs/api/java/net/URLConnection.html
[五] 8/docs/api/java/net/CookieStore.html

3. 运行 Cookie Applet 样例

你必须给你的 RIA 的 JAR 文件签名并申请在安全沙盒外运行的权限来获取 cookie。请参见《jarsigner⊖工具文档》来了解怎样给 JAR 文件签名。参见 19.5 节获取申请权限的信息。

19.4 自定义加载体验

RIA 或许需要一些时间来加载，这依赖于网速和 RIA 所需的资源。通过提供启动画面或者用户自定义加载进程指示器来自定义加载体验，可以使终端用户在加载进程的过程中参与进来，并且可以看到进程进行的情况。

尽管对于 applet 和 Java Web Start 应用来说，整个自定义加载体验过程是相似的，但是在语法和实现上还是有一些细微的差别。依次参见以下关于自定义 RIA 加载体验的介绍和概念信息：

- 在《Java 平台标准版部署手册》中自定义加载体验⊖的部分
- 17.3 节
- 18.2.9 节
- 20.2.2 节

19.5 RIA 的安全

RIA 中的安全模型要确保用户不会被恶意的网络应用攻击。本节中讨论的安全方面的内容和 applet、Java Web Start 应用中的是相同的。可在 17.5 节、18.3.8 节中查看更多信息。

RIA 或者被限制在 Java 安全沙盒中，或者需要请求接触安全沙盒外资源的权限。RIA 第一次启动时，用户会出现请求权限的提示。出现的对话框会提供签名证书的信息并声明 RIA 是否申请在安全沙盒外运行的权限。用户可以对运行应用的状态作出决定。

应用以下指导可以帮助 RIA 保持安全性：

- 请对 RIA 的 JAR 文件使用有权威证书认证的证书签名，更多信息请查看 16.3 节。
- 如果 RIA 需要额外的权限在沙盒外执行操作，设定在 RIA 中 JNLP 文件的 `all-permissions` 元素。否则，默认 RIA 在安全沙盒中执行。下边的代码显示在 RIA 中的 JNLP 文件中的 `all-permissions` 元素：

  ```
  <security>
      <all-permissions/>
  </security>
  ```

  如果 applet 标签已被使用，参见第 18 章来设置权限级别。

- JNLP 文件只能包含相同认证的 JAR 文件。如果你的 JAR 文件通过不同的认证签名，那么需要在不同的 JNLP 文件中定义。给未签名的 JAR 文件创建独立的 JNLP 文件。在 RIA 中的主要 JNLP 文件中，定义 `component-desc` 元素来包含其他的 JNLP 文件作为组件扩展。参看 20.3 节来获取更多信息。
- RIA 中的安全模型不允许 JavaScript 代码调用签名 JAR 文件中的安全敏感代码，除非你允许这样做。在签名 JAR 文件中，将你想要的未签名代码能够调用的代码打包

⊖ 8/docs/technotes/tools/index.html#security

⊖ 8/docs/technotes/guides/deploy/customized_loading.html

在 `AccessController.doPrivileged`㊀块中。它允许 JavaScript 代码提升权限来执行在 `doPrivileged` 块中的代码。
- 尽量避免将特权组件和沙盒组件混合在一个 RIA 中。因为这样会对混合代码提出安全警告。查看混合特权和沙盒代码来获取更多信息㊁。
- 引入 JAR 文件清单中的 `Permissions` 和 `Codebase` 属性来确保 RIA 的请求在可以授权范围且在正确的位置访问 RIA。更多信息参见 JAR 文件清单安全属性㊂。
- JAR 文件清单属性限制了 RIA 的可达区域，防止代码被篡改。详见 16.2.7 节参看可设置的 JAR 文件清单属性。

19.6 安全 RIA 手册

下面会提供减少用户脆弱性的指导步骤。

19.6.1 遵循安全编程指导

遵循 Java 编程语言的《安全编程指导》㊃第四部分"可达性和扩展性"中的建议。该部分描述了如何限制类和包的可达性，可以减少你的代码的脆弱性。

JavaScript 代码是不安全的，默认被限制在安全沙盒中。尽量最小化 RIA 与 JavaScript 代码之间的交流。谨慎使用 `AccessController.doPrivileged` 块因为它会允许所有 HTML 页面或者 JavaScript 代码的访问。

19.6.2 使用最新版 JRE 测试

确保 RIA 在安全的最新版 JRE 上运行。Java 平台支持 RIA 区分可运行 RIA 的 Java 版本，但是，要求用户保留多个版本，尤其是不安全的旧版的 JRE，对用户是有安全性风险的。

RIA 的一个优势是其更新版本会自动下载到用户系统中。对每一个更新版的 JRE 测试 RIA，确保其可以工作。如果需要做出改变，那么可以在服务器上更新 RIA，这样用户可以安装最新版 JRE 并仍旧运行 RIA。

19.6.3 加入清单属性

在 JAR 文件清单中加入描述 RIA 的属性。可以使用 JNLP 文件中的值或者 applet 标签对比清单中的值来确保运行的是正确的代码。

在 RIA 不需要使用沙盒外资源时请求沙盒权限。Java 沙盒为用户提供额外的保护，而且用户在不明白为什么应用会请求无限制接触系统的权限时不一定会运行特权应用。

清单属性也可以用来确定 RIA 的可达位置，包括 JavaScript 代码可以引用的 RIA 的位置和启动 RIA 的 JNLP 文件或 applet 标签位置。可用清单属性参见 16.2.7 节。

19.6.4 使用已签署的 JNLP 文件

如果 RIA 需要访问不安全的系统属性或者 Java VM 参数，请使用已签字的 JNLP 文件。

㊀ 8/docs/api/java/security/AccessController.html
㊁ 8/docs/technotes/guides/deploy/mixed_code.html
㊂ 8/docs/technotes/guides/deploy/manifest.html
㊃ http://www.oracle.com/technetwork/java/seccodeguide-139067.html

如果外部和内部的 JNLP 文件发生变化，使用 JNLP 模板。更多信息参见《Java 平台标准版开发指导》[1] 的已签署 JNLP 文件部分。若需访问不安全的系统属性或 Java VM 参数，如"设置可信参数和可信属性"部分所述引入 JNLP 文件的属性或参数。

19.6.5 签署 JAR 文件并加盖时间戳

从可信证书机构获取密码签署证书并以此为 RIA 签署 JAR 文件。只有当 RIA 文件拥有合法证书后，才可向用户进行部署。

当你签署 JAR 文件时，同样需要为签字加盖时间戳。时间戳表明在 JAR 文件被签署时证书是合法的，所以在证书过期时，RIA 不会自动被限制。有关签字和时间戳的信息参见 16.3.2 节。

自己签字和未签字的 RIA 都是不安全的并且不被允许运行，除非例外网站列表或部署规则允许特定应用。但是，自己签字可以在测试时候使用。你可以将自己签字的证书放入可信签名文件来使用自己签名的 RIA 进行测试。

19.6.6 使用 HTTPS 协议

为用户得到 RIA 的 Web 服务器使用 HTTPS 协议。HTTPS 协议是被服务器加密并合法化的，可以防止恶意篡改。

19.6.7 避免本地 RIA

本地 RIA 不会再生产中应用。为了确保用户运行期望的程序，需要将 RIA 放到应用服务器中。推荐使用 web 服务器进行测试，或者是将你的应用加入例外网址列表。这个列表由 Java 控制面板的安全标签管理。

19.7 问题和练习：Java 富互联网应用系统

问题

1. RIA 能否通过修改名字为 `jnlp` 属性来获取安全属性？
2. 是否只有签名的 RIA 才能通过 JNLP 应用程序接口访问客户端的文件？

练习

在下面的 JNLP 文件中添加一个名为 `jnlp.foo` 的安全属性，并设置值为 `true`：

```
<?xml version="1.0" encoding="UTF-8"?>
<jnlp spec="1.0+" codebase="" href="">
    <information>
        <title>Dynamic Tree Demo</title>
        <vendor>Dynamic Team</vendor>
    </information>
    <resources>
        <!-- Application Resources -->
        <j2se version="1.6+" href=
            "http://java.sun.com/products/autodl/j2se" />
        <jar href="DynamicTreeDemo.jar" main="true" />
    </resources>
    <applet-desc
        name="Dynamic Tree Demo Applet"
```

---

[1] 8/docs/technotes/guides/deploy/signed_jnlp.html

```
        main-class="components.DynamicTreeApplet"
        width="300"
        height="300">
    </applet-desc>
    <update check="background"/>
</jnlp>
```

答案

相关答案参考

http://docs.oracle.com/javase/tutorial/deployment/doingMoreWithRIA/QandE/answers.html。

第 20 章

深入理解部署

富互联网应用系统部署需要调用 Java 网络加载协议（JNLP）、部署工具，以及 pack200、jarsigner 等技术和工具。本章讲述这些工具如何帮助开发者部署富互联网应用系统（applet 和 Java Web Start 应用）。

RIA 部署中调用到的主组件如下：
- RIA 部署的 HTML 页面
- RIA 中的 JNLP 文件
- JAR 文件包含的类文件和 RIA 的资源

这些组件将在这里详细介绍。

20.1 RIA 的用户接纳

为了保证安全，尽管应用已被签署或者并不需要访问安全沙盒外，用户在运行 RIA 第一次运行的时候仍会被提示权限问题。根据正在运行的 RIA，提示会包括以下信息：
- RIA 名称或者应用未被签字的提示
- 如果应用被可信机构证书签字，会提供发布者信息（如果证书过期，会同时包括警告；如果应用是自己签字的，发布者会显示 UNKNOWN。）
- 如果证书过期或撤销或者撤回状态无法被检测，会提示警告
- 应用访问位置
- 应用要求的访问级别（有限的访问会限制应用在安全沙箱中运行；无限制的访问会提供应用访问用户系统资源的权限。）
- 如果推荐的属性没有显示，会出现缺少 JAR 文件清单属性的警告
- 对于未被签署或者自己签字的应用，用户必须自己勾选接受此应用的选项
- 在某些情形下会出现"提示不再出现"的选项

提示的描述参见"当我看到 Java 安全提示的时候应该做什么？"⊖

如果用户运行了过期的 JRE，同样会被警告并在运行应用前给予更新至最新版的机会。用户也可以选择在自己系统上运行 JRE 或者屏蔽程序的运行。

Java 控制面板的安全级别设置决定了用户是否被给予运行 RIA 的机会。默认的高设置会提示用户给予合法证书签署的应用权限并在主 JAR 文件清单中包含 `Permissions` 函数。如果应用的撤回状态不可被检测，应用也可以在用户的授权下运行。

签署 RIA 可以提供用户一定程度的信任。在为应用准备部署时应考虑以下内容：
- 使用了权威认证证书签署的应用可以提供最好的用户体验。
- 自己签字或未签名的应用不能运行，除非创建了例外网址列表或部署规则来精确地允许这个应用的运行。
- 签署的应用可以是特权应用或者沙盒应用。特权应用提供无限制用户系统资源访问。沙盒应用限制在 Java 安全沙盒中。未签名应用被限制在沙盒中。

⊖ http://java.com/faq-securityprompts

20.2 部署工具

部署工具脚本是一些 JavaScript 函数的集合，这些工具能帮助开发者在不同的浏览器和操作系统配置上部署 RIA。部署工具脚本评估底层的浏览器和操作系统并通过正确的 HTML 部署 RIA。这些脚本也能保证所需的 Java 运行时环境（JRE）呈现在客户端。部署工具脚本在 Java 平台 SE 6 update 10 版本中介绍。

20.2.1 部署工具脚本所在位置

部署工具脚本存在下面的网页中：
- http://www.java.com/js/deployJava.js
- https://www.java.com/js/deployJava.js（当在安全页面部署你的 applet 时，使用从安全位置得到的部署工具脚本可以防止在网页加载时出现的警告。）

> **注意** http://www.java.com/js/deployJava.js 网址已经在逐步淘汰。使用 https://www.java.com/js/deployJava.js 网址来启动应用程序

在这些网页上的 JavaScript 代码都已经被最小化处理过（因此难于理解），以便加速下载。也可以浏览 https://www.java.com/js/deployJava.txt[⊖] 网址，查看有相关注释块的 JavaScript 的可读版本。

> **注意** JavaScript 解释器应该在浏览器中打开，这样部署工具脚本才能正确运行和部署你的 RIA。

20.2.2 部署 applet

你可以使用部署工具脚本中的 runApplet 函数部署 applet。runApplet 函数确保所需的最小 JRE 版本存在于客户端中，这样才能运行 applet。runApplet 根据提供的信息产生 HTML <applet> 标签。

> **注意** 根据浏览器的类型，当你想要查看网页源代码时，可能无法看到部署工具生成的 HTML。为了看到生成的 HTML，尝试在加载后或者使用如 Firebug（一个 Mozilla Firefox 附加装置）保存 HTML 页。

部署 applet 时，可以将部署选项指定为 <applet> 标签的属性和参数，也可以在 JNLP 文件中指定部署选项，以利用高级特性。查看 20.3 节获取更多关于这些协议的信息。

> **注意** 如果客户端没有所需的最小版本的 JRE 软件，部署工具脚本会跳转到 http://www.java.com 并允许用户下载最新版本 JRE 软件。在一些平台上，或许在用户看到包含 applet 的网页之前就跳转了。

⊖ https://www.java.com/js/deployJava.txt

runApplet 函数的参数根据你是否使用 JNLP 而发生变化。下一章节会展示如何在显示 applet 的 HTML 页中使用 runApplet 函数。共描述了下列使用情景：
- 用属性或参数"名字－值"对说明部署选项
- 在 JNLP 文件中使用 jnlp_href 参数说明部署选项

函数签名：runApplet:function(attributes,parameters,minimumVersion)，参数解释如下：
- Attributes——<applet> 标签的属性的名字和值。
- Parameters——<applet> 标签中的 <param> 标签的名字和值。
- minimumVersion——能够运行 applet 的最小 JRE 软件的版本。

当在 JNLP 文件中使用 jnlp_href 参数来说明部署选项时，属性和参数（这里指 jnlp_href）以"名字－值"对的形式传入，这些都被写成 <applet> 标签中的属性和内嵌 <param> 标签。如下所示，用参数说明 applet 的宽度和高度是更好的：

```
<script src="https://www.java.com/js/deployJava.js"></script>
<script>
   var attributes = { code:'java2d.Java2DemoApplet', width:710, height:540 };
   var parameters = { jnlp_href: 'java2d.jnlp' };
   deployJava.runApplet(attributes, parameters, '1.6');
</script>
```

如果部署选项在属性"名字－值"对中和 JNLP 文件中的值是不一样的，可以用以下准则来解决：
- 以"名字－值"对定义宽和高（而不在 JNLP 文件里）。
- 指定如 image 和 boxbgcolor 等属性为"名字－值"对（而不在 JNLP 文件里）。这些属性在 applet 启动过程开始就需要设置。
- 在 JNLP 文件中，将 codebase 置为空或者指定为绝对 URL。当 codebase 属性是空的话，它的默认值是包含 JNLP 文件的文件夹。
- 如果 applet 使用 JNLP 加载，code、codebase 和 archive 属性的值从 JNLP 中获取。如果这些属性也是以"名字－值"对指定的，那"名字－值"对将被忽略。

1. 自定义加载屏幕

当 applet 在网页中被加载后将会显示默认加载屏幕。当部署 applet 时你可以通过指定下面的参数来显示自定义动态屏幕。
- Image——图像将显示在动态屏幕上。
- Boxbgcolor——applet 的背景颜色将显示出来。
- Boxborder——定义 applet 是否应该有边界（默认为真）。
- Centerimage——图像的位置（默认为假）。

动态屏幕将显示一个静态的图像或动态的 gif。

AppletPage.html 中的代码显示如何定义一个动态屏幕并让它显示 Duke 动画，the Java mascot：

```
<script src="https://www.java.com/js/deployJava.js"></script>
<script>
  var attributes = {code:'SwingSet2Applet.class',
      archive:'SwingSet2.jar', width:695, height:525} ;
    <!-- customize splash screen display options -->
  var parameters = {jnlp_href: 'SwingSet2.jnlp',
                    image: 'dukeanimated.gif',
```

```
                            boxbgcolor: 'cyan',
                            boxborder: 'true',
                            centerimage: 'true'
                        };
    deployJava.runApplet(attributes, parameters, '1.6');
</script>
```

查看 18.2.9 节获取更多关于当 applet 下载时，如何显示自定义的加载进度指示器的内容。

2. 将 JNLP 文件嵌入 applet 标签

当 applet 通过 JNLP 部署时，Java 插件软件将从网络上下载 JNLP 文件后加载 applet。你可以通过将 JNLP 文件嵌入到网页中减少 applet 加载时间，这样在第一次加载 applet 时，可以减少一个额外的网络请求。这就是 applet 在网页中加载很快的原因。

当部署网页中的 applet 时，以 Base64 编码的 JNLP 文件可以嵌入到 `jnlp_embeded` 参数。`<jnlp>` 元素属性应该遵循以下准则：

- `href` 属性应该包含相对路径。
- `codebase` 属性不应该被指定。这就意味着基于代码方式将继承 applet 加载的网页的 URL 地址。

以下步骤描述如何将 JNLP 文件嵌入到网页中来部署 applet。

（1）给你的 applet 创建 JNLP 文件。下面是实例文件：

```
<?xml version="1.0" encoding="UTF-8"?>
<!-- href attribute contains relative path;
     codebase attribute not specified -->
<jnlp href="dynamictree_applet.jnlp">
    <information>
        <title>Dynamic Tree Demo</title>
        <vendor>Dynamic Team</vendor>
    </information>
    <resources>
        <!-- Application Resources -->
        <j2se version="1.7+" />
        <jar href=
            "dist/applet_ComponentArch_DynamicTreeDemo/DynamicTreeDemo.jar"
            main="true" />
    </resources>
    <applet-desc
        name="Dynamic Tree Demo Applet"
        main-class="appletComponentArch.DynamicTreeApplet"
        width="300"
        height="300">
    </applet-desc>
    <update check="background"/>
</jnlp>
```

（2）使用 Base64 方案对 JNLP 文件进行编码。你可以使用任意 Base64 编码工具来编码 JNLP 文件。通过创建 Base64 的编码字符串来了解工具如何使用。下面是一些可能用到的工具和网页：

- Solaris 和 Linux 命令——base64、uuencode
- 网页——Base64 编码和解码㊀，Base64 编码器㊁

（3）当在网页中部署 applet 时，指定 `jnlp_embedded` 参数的值为 Base64 编码 JNLP 字符串。确定只包含实际的 Base64 字节，而不包含任何编码工具特定的头或脚部：

㊀ http://base64encode.org/

㊁ http://www.opinionatedgeek.com/dotnet/tools/base64encode/

```
<script src="https://www.java.com/js/deployJava.js"></script>
<script>
    var attributes = {} ;
    <!-- Base64 encoded string truncated below for readability -->
    var parameters = {jnlp_href: 'dynamictree_applet.jnlp',
        jnlp_embedded: 'PCEtLSANCi8qDQogKiBDb ... bmxwPg=='
    } ;
    deployJava.runApplet(attributes, parameters, '1.6');
</script>
```

一些编码工具可能会将编码后的字符串封装成一些 76- 列这样的行。为了在 JavaScript 代码中使用多行属性值，指定属性的值是连接字符串的集合。如果 applet 之间通过 <applet> 标签来部署，你可以包含多行属性值。

20.2.3 部署 Java Web Start 应用

你可以使用部署工具脚本中的 createWebStartLaunchButton 函数来部署 Java Web Start 应用。Java Web Start 应用通过使用 JNLP 来加载。createWebStartLaunchButton 函数在 Java Web Start 应用的 JNLP 文件中创建链接（使用 HTML 锚标签 <a>）。

这个产生的锚标签是 Java Web Start 应用的加载按钮。当终端用户单击加载按钮时，部署工具脚本确保合适的 JRE 软件已经安装，然后加载 Java Web Start 应用。

> **注意** 因为浏览器的类型不同，所以浏览 web 页面时，可能不能浏览部署工具包脚本生成的 HTML 页面。要浏览该 HTML 页面，则需加载该页面后进行保存，或者使用工具，如 Firebug（Mozilla Firefox 的一款插件）。如果客户端没有安装必需的最小的 JRE 软件，部署工具包脚本会将浏览器重定向到 http://www.java.com，让用户下载最新的 JRE 软件。

函数的形式为 createWebStartLaunchButton:function(jnlp) 或 createWebStartLaunchButton:function(jnlp,minimumVersion)。

参数解释如下：

- Jnlp——JNLP 文件的 URL 包含 Java Web Start 应用的部署信息（必须是绝对路径）。
- minimumVersion——用于运行这个应用的最小 JRE 软件版本。

下面是一些应用场景：

- 指定 JRE 软件的最小版本用于运行该应用：

```
<script src="https://www.java.com/js/deployJava.js"></script>
<script>
    var url = "http://java.sun.com/javase/technologies/desktop/javawebstart/apps/notepad.jnlp";
    deployJava.createWebStartLaunchButton(url, '1.6.0');
</script>
```

- 确保 Java Web Start 应用能够运行在任何版本的 JRE 软件上。如果你的应用没有对最小 JRE 软件版本的需求，使用 createWebStartLaunchButton：function(jnlp)。

> **注意** 当使用先前描述的任何一个 createWebStartLaunchButton 函数来部署时，你应该在 Java Web Start 应用的 JNLP 文件中指定一个绝对的代码基。这能够使 Java Web Start 应用使用 javaws<path/to/local JNLP file> 命令来加载。

1. 改变加载按钮

如果不喜欢默认的加载按钮或者有另一个标准图像，你可以改变你的 Java Web Start 应用的加载按钮图像。使用 `deployJava.launchButtonPNG` 变量指向你加载按钮图像的 URL 地址来改变加载按钮图像。下面的例子将 `Notepad` 应用的加载按钮改为 Duke waving 图片：

```
<script src="https://www.java.com/js/deployJava.js"></script>
<script>
    deployJava.launchButtonPNG='tutorial/images/DukeWave.gif';
    var url = "tutorialJWS/deployment/webstart/examples/Notepad.jnlp";
    deployJava.createWebStartLaunchButton(url, '1.6.0');
</script>
```

2. 不使用 codebase 部署

你不需要为在 Java Web Start 应用 JNLP 文件中的 `codebase` 属性指定绝对路径。不需要修改 `codebase` 属性的路径就能在不同的环境下部署和测试你的应用。如果不指定代码库，则 Java Web Start 软件假定代码库与 Java Web Start 应用加载网页相关。

当 JNLP 文件中不包含 `codebase` 属性时，可以使用下面的部署工具脚本中的函数在网页中部署 Java Web Start 应用：

- `launchWebStartApplication`——在 HTML 链接中使用该函数来部署你的 Java Web Start 应用。
- `createWebStartLaunchButtonEx`——使用该函数来给你的 Java Web Start 应用创建加载按钮。

下面是第一个函数 `launchWebStartApplication:function(jnlp)`，参数是 JNLP 文件的路径。JNLP 文件包含 Java Web Start 应用部署信息。路径可以对应 Java Web Start 应用部署的网页的地址。

在下面的例子中，`launchWebStartApplication` 函数在 HTML 锚标签的 `href` 属性中调用。`dynamictree_webstart_no_codebase.jnlp` 文件用来部署 Dynamic Tree Demo 应用：

```
<script src="https://www.java.com/js/deployJava.js"></script>
<a href=
  "javascript:deployJava.launchWebStartApplication('dynamictree_webstart_no_codebase.jnlp');"
>Launch</a>
```

当用户单击产生的 HTML 链接时，Java Web Start 应用将被加载。第二个函数是 `createWebStartLaunchButtonEx:function(jnlp)`。同样，参数 `jnlp` 是 JNLP 文件的路径。JNLP 文件包含 Java Web Start 应用部署信息。路径可以对应 Java Web Start 应用部署的网页的地址。

下面的例子展示如何使用 `createWebStartLaunchButtonEx` 函数。`dynamictree_webstart_no_codebase.jnlp` 文件用来部署 Dynamic Tree Demo 应用：

```
<script src="https://www.java.com/js/deployJava.js"></script>
<script>
    var jnlpFile = "dynamictree_webstart_no_codebase.jnlp";
    deployJava.createWebStartLaunchButtonEx(jnlpFile);
</script>
```

当用户单击加载按钮时，Java Web Start 应用将被加载。

20.2.4 检查客户端的 JRE 软件版本

有很多原因需要检查客户端是否安装了特定的 JRE 软件版本。例如，你或许需要加载 RIA 的不同版本或者根据客户端的 JRE 软件的版本而跳转到不同页面。

用户使用部署工具脚本中的 `versionCheck` 函数来检查是否在客户端安装了某个特定的 JRE 版本。函数 `versionCheck:function(versionPattern)`，参数 `versionPattern` 是一个字符串，指明需要检查的 JRE 版本的范围。例如 1.4，1.5.0*（1.5. 开头的版本）和 1.6.0_02+（任何大于或等于 1.6.0_02 版本）

在这个例子中，由于客户端的 JRE 版本不同，我们需要创建不同的用户体验。这里，记事本应用的加载按钮只有在客户端的 JRE 版本大于或等于 1.6 时才会创立，否则，浏览器跳转到 oracle.com：

```
<script src="https://www.java.com/js/deployJava.js"></script>
<script>
    if (deployJava.versionCheck('1.6+')) {
        var url = "tutorialJWS/deployment/webstart/examples/Notepad.jnlp";

        <!-- you can also invoke deployJava.runApplet here -->
        deployJava.createWebStartLaunchButton(url, '1.6.0');
    } else {
        document.location.href="http://oracle.com";
    }
</script>
```

> **注意** 根据客户端的操作系统和 Java 平台版本，可以在主版本（如 1.6）或某个微升级版本（如 16.0_10）验证 JRE 软件的版本信息。

20.3 Java 网络加载协议

Java 网络加载协议（JNLP）可以使用远程服务器资源在客户端加载应用。我们把 Java 插件软件和 Java Web Start 软件看作 JNLP 的客户端，因为它们能在客户端桌面上加载远程的 applet 和应用。查看《Java 网络加载协议和 API 规格变更日志》[一]获得更多信息。

部署工具技术的改进允许我们可以使用 JNLP 来加载 RIA。applet 和 Java Web Start 应用都可以使用这种协议来加载。通过使用 JNLP 加载的 RIA 同时可以获取 JNLP 的 API。JNLP API 允许 RIA 在用户的允许下进入客户端桌面。

JNLP 通过 RIA 的 JNLP 文件打开。JNLP 文件描述了 RIA。JNLP 文件给出了主 JAR 文件的名字，运行 RIA 时所需的 JRE 软件的版本、名字和显示信息，可选包，运行参数，系统特性等。

可以在 17.2 节、18.1.6 节、19.2 节中获得更多关于使用 JNLP 加载 RIA 的内容。

20.3.1 JNLP 文件结构

这里描述了 RIA 中的 JNLP 文件的语法结构。下面的代码展示了 Java Web Start 应用中简单的 JNLP 文件：

```
<?xml version="1.0" encoding="UTF-8"?>
<jnlp spec="1.0+" codebase="" href="">
```

㊀ http://www.oracle.com/technetwork/java/javase/jnlp-spec-log-139509.html

```xml
<information>
    <title>Dynamic Tree Demo</title>
    <vendor>Dynamic Team</vendor>
    <icon href="sometree-icon.jpg"/>
    <offline-allowed/>
</information>
<resources>
    <!-- Application Resources -->
    <j2se version="1.6+" href=
       "http://java.sun.com/products/autodl/j2se"/>
    <jar href="DynamicTreeDemo.jar"
       main="true" />

</resources>
<application-desc
    name="Dynamic Tree Demo Application"
    main-class="webstartComponentArch.DynamicTreeApplication"
    width="300"
    height="300">
</application-desc>
<update check="background"/>
</jnlp>
```

表 20-1 描述的是 JNLP 文件中常用的元素和属性。

表 20-1　JNLP 文件常用元素和属性

元　素	属　性	描　述	需　要
jnlp		JNLP 文件最顶层的 xml 元素	是
	spec	属性的值可以是 1.0、1.5 或者 1.6，或者可以使用通配符 1.0+。表示 JNLP 文件能工作的最小 JNLP 说明版本	
	codebase	JNLP 中 href 属性中指定的所有相关 URL 的地址	
	href	JNLP 文件自己的 URL	
	version	加载的 RIA 的版本，同时也是 JNLP 自己的版本	
information		包含描述 RIA 和资源的其他元素	是
	os	information 元素需要考虑的操作系统	
	arch	information 元素需要考虑的体系结构	
	platform	information 元素需要考虑的平台	
	locale	information 元素需要考虑的位置	
title		RIA 的标题	是
vendor		RIA 的提供商	是
homepage		RIA 的主页	
	href	更多 RIA 信息存在的 URL 链接	是
description		对 RIA 简短描述	
	kind	描述类型指示器，其合法值为 one-line、short 和 tooltip	
icon		用户用来识别 RIA 的图标	
	href	指向图标的 URL。可以是以下形式：gif、jpg、png、ico	是
	kind	图标建议使用方式。可以是默认、选择、禁止、滚动、splash、快捷方式	
	width	用来表示图像的分辨率	
	height	用来表示图像的分辨率	
	depth	用来表示图像的分辨率	
offline-allowed		表示 RIA 可以在客户端与网络失去链接后继续操作	
shortcut		用来表示 RIA 的桌面快捷方式的属性	

（续）

元 素	属 性	描 述	需 要
	online	用来表示 RIA 可以创建一个桌面快捷方式用于在线或离线运行	
desktop		用来表示 RIA 将快捷方式放于桌面	
menu		用来表示 RIA 将快捷方式放于开始菜单	
	sub-menu	用来表示 RIA 的菜单项放的位置	
association		用来提示 JNLP 客户端，RIA 需要通过操作系统将其注册为某个扩展的基本句柄和一个特定的 MIME 类型；如果包含该元素，则要么必须包含 offline-allowed 元素，要么必须设置 jnlp 元素的 href 属性	
	extension	RIA 需要其注册以便处理的文件扩展列表（用空格分隔）	
	mime-type	RIA 需要其注册以便处理的 MIME 类型	
related-content		RIA 可以集成的额外相关内容	
	href	指向相关内容的 URL	是
update		JNLP 客户端如何处理 RIA 更新的属性	
	check	JNLP 客户端检查更新时用到的属性。值可以是 always、timeout、background	
	policy	在 RIA 加载前，若一个新版本存在，JNLP 客户端如何处理更新。值可以是 always、promt-update、promt-run	
security		用来加强权限，若不包含此元素，则应用在安全沙盒中运行	
all-permissions		RIA 以所有权限运行	
j2ee-application-client-permissions		RIA 需要以一些权限来运行，这些权限是由 J2EE 应用客户端环境提供的安全说明指定的	
resources		描述 RIA 所需的资源	是
	Os	resources 元素需要考虑的操作系统	
	Arch	resources 元素需要考虑的体系架构	
	locale	resources 元素需要考虑的位置	
java 或 j2ee		运行 RIA 的 Java 软件版本	
	version	可以使用的版本序列	是
	Href	所需要 Java 软件版本的 URL，以及可以从哪下载	
	java-vm-args	当加载 JRE 软件时，RIA 使用的额外的标准和非标准的虚拟机参数	
	initial-heap-size	Java 堆的初始化大小	
	max-heap-size	Java 堆的最大空间	
jar		富互联网应用程序类路径中的 JAR 文件	是
	Href	JAR 文件的 URL	是
	version	所需的 JAR 文件的版本。需要使用基于版本的下载协议	
	Main	RIA 中的 JAR 文件类中是否包含主函数	
	download	JAR 文件可以延迟下载或者当需要时才下载	
	Size	JAR 文件的可下载大小	
	Part	可以将资源放入一个组这样它们可以同时下载	
nativelib		在 JAR 文件的根文件下包含基本库	

（续）

元素	属性	描述	需要
	Href	JAR 文件的 URL	是
	version	所需的 JAR 文件版本。需要使用基于版本的下载协议	
	download	JAR 文件可以延迟下载或者当需要时才下载	
	Size	JAR 文件的可下载大小	
	Part	可以将资源放入一个组这样它们可以同时下载	
extension		一个指向 RIA 使用的额外 componet-desc 或者 installer-desc	
	Href	额外扩展 JNLP 文件的 URL	是
	version	额外扩展 JNLP 文件的版本	
	Name	额外扩展 JNLP 文件的名字	
ext-download		包含在扩展组件中可以被使用的元素	
	ext-part	扩展中期望的部分的名字	是
	download	扩展可以立即或延迟下载	
	Part	在 JNLP 文件中包含的扩展部分的名字	
package		JNLP 客户端用来指明哪个 JAR 文件实现了哪个包	
	Name	包含在 JAR 文件中给定部分的包的名字	是
	Part	包含指定包名字的 JAR 文件的部分名字	是
	recursive	表示所有包名字，以给定名字开头，在给定的部分都能找到	
property		定义了系统特性，可以通过 System.getProperty 和 System.getProperties 方法获取	
	Name	系统特性名字	是
	value	系统特性值	是
		注意 JNLP 文件必须包含以下某一个：application-desc、applet-desc、component-desc 或者 installer-desc	是
application-desc		表示 JNLP 文件是一个应用	
	main-class	应用中包含 public static void main (String[]) 方法的类的名字	是
argument		每个 argument 包含（按序）一个额外的 argument，传给主方法	
applet-desc		表示这是用于 applet 的 JNLP 文件	
	main-class	主 applet 类的名字	是
	document-base	applet 依赖的文档的 URL	
	Name	applet 的名字	是
	width	applet 的宽度（pixels）	是
	height	applet 的高度（pixels）	是
param		可以传给 applet 的参数集合	
	name	参数的名字	是
	value	参数的值	是
Component-desc		表示用于组件扩展的 JNLP 文件	
installer-desc		表示用于安装扩展的 JNLP 文件	
	main-class	包含安装程序 public static void main (String[]) 方法的类的名字	是

> **注意** 表20-1没有包含所有的JNLP内容，更多信息请查看《Java网络加载协议和API规格变更日志》。

编码JNLP文件

Java Web Start软件支持对JNLP文件进行字符编码，字符编码的类型是由Java平台所支持的。更多关于Java平台字符编码的内容请查看《支持编码指导》[一]。为了编码JNLP文件，在JNLP文件的XML开头指定编码。例如下面的语句表示以UTF-16编码JNLP文件：

```
<?xml version="1.0" encoding="utf-16"?>
```

> **注意** XML开头必须以UTF-8编码。

20.4 部署的最佳实践

你可以使用以下最佳实践来提高RIA的用户体验：

- 使用权威认证机构得到的证书签署RIA。确保所有的加工品都签名并且证书没有过期。签名内容参见16.3.2节。
- 申请尽可能低的权限。如果RIA不要求无限制访问用户系统，申请RIA在安全沙盒中运行，详情见19.5节。
- 优化JAR文件和相关资源的大小，这样你的RIA就可快速加载。查看20.4.1节了解优化技术。
- 允许版本下载协议，使用后台进行更新检查以便你的RIA可以很快启动。查看20.4.2节来学习更多关于版本下载协议和更新检查。
- 确保客户端有所需版本的JRE软件。查看20.4.3节获取如何使用部署工具脚本来达到这个目的。
- 将你的applet JNLP文件嵌入到<applet>标签来阻止通过网络加载JNLP文件。这个特性在JDK 7中引入。查看20.2.2节来学习如何将applet的JNLP嵌入到网页中。
- 预加载Java Web Start应用。如果计划在企业里将你的RIA部署成Java Web Start应用，若你拥有管理员权限控制，可以预加载应用到不同客户端，这样应用就被缓存起来以待使用。使用下面的命令预处理你的Java Web Start应用：

```
javaws -import -silent <jnlp url>
```

20.4.1 减少下载时间

当用户尝试访问某网页上的RIA时，RIA可以从这个网页上下载。（首次下载后，RIA将缓存起来以便提高性能。）下载RIA的时间依赖于RIA的JAR文件的大小。JAR文件越大，下载时间越长。

可以使用以下技术来减少RIA的下载时间：

- 使用pack200[二]工具压缩RIA的JAR文件。

[一] 8/docs/technotes/guides/intl/encoding.doc.html
[二] 8/docs/technotes/tools/windows/pack200.html

- 从 JNLP 文件和 JavaScript 文件中删除多余的空格。
- 优化图像和动画。

下面的步骤描述如何对签名的 RIA 创建和部署压缩 JAR 文件：

1）使用 --repack 选项标准化 JAR 文件。这就确保了当加载 RIA 时，安全认证和 JAR 文件将通过认证检查：

```
pack200 --repack DynamicTreeDemo.jar
```

2）对标准化 JAR 文件签名。这里，myKeyStore 是 keystore 的名字，me 是 keystore 的别名：

```
jarsigner -keystore myKeyStore DynamicTreeDemo.jar me
```

3）打包签名 JAR 文件：

```
pack200 DynamicTreeDemo.jar.pack.gz DynamicTreeDemo.jar
```

4）设置 RIA 中 JNLP 文件的 `jnlp.packEnabled` 属性为 `true`：

```
<resources>
    <j2se version="1.6+"
          href="http://java.sun.com/products/autodl/j2se"
          max-heap-size="128m" />
    <jar href="DynamicTreeDemo.jar"
         main="true"/>
    <property name="jnlp.packEnabled"
              value="true"/>
    <!-- ... -->
</resources>
```

当设置了 JNLP 文件中的 jnlp.packEnabled 属性时，Java 插件软件会寻找以 .pack.gz 扩展名结束的压缩 JAR 文件（例如 DynamicTreeDemo.jar.pack.gz）。如果找到，Java 插件软件将自动解压并加载 JAR 文件。如果找不到以 .pack.gz 扩展结尾的文件，Java 插件软件会尝试去加载常规 JAR 文件（例如 DynamicTreeDemo.jar）。

> **注意** 你需要在网页中部署RIA去测试 `jnlp.packEnbled` 属性。

20.4.2 避免不必要的更新检查

RIA 可以缓存到本地来加快启动时间。然而，在加载 RIA 前，加载软件检查确保每一个在 RIA 中引用的 JAR 文件更新到最新。换句话说，加载软件确保你运行的是最新版本的 RIA 而不是旧的缓存的副本。更新检查可能会花费几百毫秒，这取决于 JAR 文件的数量和网络速度。使用在本节中描述的技术可以避免不必要的更新检查，也可以加快 RIA 的启动时间。

> **注意** "加载软件"短语在这里指 Java 插件软件和 Java Web Start 软件。Java 插件软件加载 applet，Java Web Start 软件加载 Java Web Start 应用。

1. 使用版本下载协议

你可以使用版本下载协议来消除不必要的版本检查。以下步骤可以使用这个协议：

1）重命名 JAR 文件，文件名包含版本号后缀，下面是命名方式：
<JAR 文件名字 >_V< 版本号 >.jar
例如，重命名 DynamicTreeDemo.jar 为 DynamicTreeDemo_V1.0.jar。
2）在 JNLP 文件中，给每个 JAR 文件指定版本，然后设置 `jnlp.versionEnabled` 属性为 `true`：

```xml
<resources>
    <!-- Application Resources -->
    <j2se version="1.6+"
        href="http://java.sun.com/products/autodl/j2se"
            max-heap-size="128m" />
    <jar href="DynamicTreeDemo.jar"
        main="true" version="1.0"/>
    <jar href="SomeOther.jar" version="2.0"/>
    <property name="jnlp.versionEnabled"
        value="true"/>
    <!-- ... -->
</resources>
```

当 `jnlp.versionEnabled` 属性打开后，加载软件只检查一次更新来确定 JNLP 文件是最新的。软件将在 JNLP 文件中指定的版本号和 JAR 文件版本（在第一步中提到的相应的命名转化）进行比较，并只在 JAR 文件过期时更新。这种策略是有效的，原因是对 JNLP 文件的更新检查只发生在有网络的时候，而其他版本检查发生在本地。如果没有发现有正确版本号的文件，加载软件尝试去加载默认 JAR 文件（例如 `DynamicTreeDemo.jar`）。

2. 后台进行更新检查

如果用户不需要立即运行最新版本的 RIA，你可以指定所有的更新在后台进行。在这种情况下，加载软件加载本地缓存副本来即刻使用，只在后台下载新版本 RIA。新版本的 RIA 将在下次用户尝试使用 RIA 时加载。为了使用后台更新检查，将下行代码加入 JNLP 文件：

```xml
<update check='background'/>
```

下面的代码展示了使用后台更新检查的 JNLP 文件：

```xml
<?xml version="1.0" encoding="UTF-8"?>
<jnlp spec="1.0+" codebase="" href="">
    <information>
        <title>Applet Takes Params</title>
        <vendor>Dynamic Team</vendor>
    </information>
    <resources>
        <!-- Application Resources -->
        <j2se version="1.6+" href=
            "http://java.sun.com/products/autodl/j2se"/>
        <jar href="applet_AppletWithParameters.jar"
            main="true" />
    </resources>
    <applet-desc
        name="Applet Takes Params"
        main-class="AppletTakesParams"
        width="800"
        height="50">
            <param name="paramStr" value="someString"/>
            <param name="paramInt" value="22"/>
    </applet-desc>
    <update check="background"/>
</jnlp>
```

20.4.3 确保 JRE 软件存在

RIA 经常需要在客户端安装最小版本的 JRE 软件。当部署 RIA 时，你需要确保客户端已安装所需的 JRE 软件的版本，这样你的 RIA 才能工作。使用部署工具脚本，至少有两种方式来处理这个需求：

- 在用户进入你的网站时就检查客户端 JRE 软件的版本，如果有需要，安装最新版本。
- 允许用户浏览该网站，当他们尝试使用你的 RIA 时检查和安装最新的 JRE。

1. 当用户进入你的网站时检查和安装最新版本的 JRE 软件

下面的例子是检查用户是否安装了至少版本号是 1.6.0_13 的 JRE 软件。如果没有，将安装最新的 JRE 软件。查看代码内部注释：

```
<script src="https://www.java.com/js/deployJava.js"></script>
<script>

    // check if current JRE version is greater than 1.6.0
    alert("versioncheck " + deployJava.versionCheck('1.6.0_10+'));
    if (deployJava.versionCheck('1.6.0_10+') == false) {
        userInput = confirm(
            "You need the latest Java(TM) Runtime Environment. " +
            "Would you like to update now?");
        if (userInput == true) {

            // Set deployJava.returnPage to make sure user comes back to
            // your web site after installing the JRE
            deployJava.returnPage = location.href;

            // Install latest JRE or redirect user to another page to get JRE
            deployJava.installLatestJRE();
        }
    }
</script>
```

2. 只有当用户尝试使用 RIA 时安装正确的 JRE 软件

当你在 `runApplet` 或者 `createWebStartLaunchButton` 函数中指定了最小 JRE 软件的版本时，部署工具脚本要确保在运行 RIA 前所需的版本 JRE 软件已存在于客户端中。

如下面代码所示，使用 `runApplet` 函数部署 applet。`runApplet` 函数的最后参数是运行 applet 所需的最小版本（版本 1.6）：

```
<script src="https://www.java.com/js/deployJava.js"></script>
<script>
    var attributes = { code:'components.DynamicTreeApplet',
        width:300, height:300};
    var parameters = {jnlp_href: 'dynamictree_applet.jnlp'};
    deployJava.runApplet(attributes, parameters, '1.6');
</script>
```

部署 Java Web Start 应用，就要使用带有正确的最小版本参数的 `createWebStart-LauchButton` 函数（版本 1.6）：

```
<script src="https://www.java.com/js/deployJava.js"></script>
<script>
    var url = "dynamictree_applet.jnlp";
    deployJava.createWebStartLaunchButton(url, '1.6.0');
</script>
```

`runApplet` 或者 `createWebStartLaunchButton` 函数检查用户的 JRE 软件的版本。如果最小版本没有安装，函数将安装最新版本的 JRE 软件。

20.5 问题和练习：深入理解部署

问题

1. 哪个脚本包含部署 applet 和 Java Web Start 应用的函数？
2. 真或假：你应该时刻为你的 RIA 签名以便一直可以使用。

练习

编写 JavaScript 代码并使用 `ex.jnlp` 文件去部署 Exercise applet。

答案

相关答案参考 http://docs.oracle.com/javase/tutorial/deployment/deploymentInDepth/QandE/answers.html。

第 21 章

The Java Tutorial: A Short Course on the Basics, Sixth Edition

日期 / 时间 API

Java SE 8 引入日期 / 时间程序包 `java.time`[一]。该包是关于日期和时间的综合模型，是在 JSR 310 的 Date API 和 Time API[二]的基础上开发的。虽然 `java.time` 是基于国际标准化组织（ISO）日历系统，但也支持常用的全球日历。本章介绍使用基于 ISO 的类来表示日期和时间，以及操作日期和时间值的基础知识。

21.1 日期 / 时间 API 概述

时间似乎是一个简单的主题，甚至廉价手表就可以提供一个合理的准确日期和时间。然而，仔细观察，你会发现微妙的复杂性，许多因素会影响你对时间的理解。例如，对于闰年和其他年而言，在 1 月 31 日后面增加一个月的结果是不同的。时区也增加了复杂性。例如，一个国家出入夏令时的时间，可能很短，也可能是一年一次，也可能完全忽略某一年的夏令时。

日期 / 时间 API 将 ISO-8601[三]定义的日历系统作为默认日历。这个日历是基于公历系统，并在全球范围内用作表示日期和时间的实际标准。日期 / 时间 API 中的核心类包括 `LocalDateTime`、`ZonedDateTime` 和 `OffsetDateTime`。所有这些都使用 ISO 日历系统。如果要使用另一种日历系统，如回历或泰国佛历，则可以使用 `java.time.chrono` 程序包自定义日历系统，也可以自己创建。

日期 / 时间 API 使用 Unicode 通用现场数据仓库（CLDR）[四]。该库支持世界语言，包含了世界上可用的最大的现场数据。这个库中的信息已经被本地化到数百种语言。日期 / 时间 API 还使用时区数据库（TZDB）[五]。自从引入时区的概念，这个数据库提供了自 1970 年以来全球范围内每个时区变化的信息，与历史主时区一致。

21.2 日期 / 时间 API 设计原则

开发日期 / 时间 API 注意以下设计原则。

21.2.1 明确性

API 中的方法都是良定义的，它们的行为是明确的、可预期的。例如，调用带参数值 `null` 的日期 / 时间方法会触发 `NullPointerException`。

21.2.2 流式

日期 / 时间 API 提供流式接口，便于代码阅读。因为绝大多数方法不允许参数值为

[一] 8/docs/api/java/time/package-summary.html
[二] http://jcp.org/en/jsr/detail?id=310
[三] http://www.iso.org/iso/home/standards/iso8601.htm
[四] http://cldr.unicode.org
[五] http://www.iana.org/time-zones

null,并且不能返回 null,所以方法调用可以链接在一起,可以快速理解生成的代码:

```
LocalDate today = LocalDate.now();
LocalDate payday = today.with(TemporalAdjusters.lastDayOfMonth()).minusDays(2);
```

21.2.3 不可变性

日期/时间 API 中的大部分类创建不可变的对象,这意味着对象创建后,它不能被修改。要改变一个不可变对象的值,必须构造一个新的对象作为原始对象的修改后副本。这也意味着日期/时间 API 是线程安全的。这影响了 API 的命名,除构造器外,绝大多数创建日期或时间对象的方法都以 of、from 或 with 为前缀,而且没有 set 方法:

```
LocalDate dateOfBirth = LocalDate.of(2012, Month.MAY, 14);
LocalDate firstBirthday = dateOfBirth.plusYears(1);
```

21.2.4 可扩展性

日期/时间 API 尽可能可扩展。例如,可以自定义时间调节器和查询器,或建立自己的日历系统。

21.3 日期/时间程序包

日期/时间 API 包含基础程序包 java.time 和多个子程序包:

- **java.time** 包——表示日期和时间的核心 API。它包括日期、时间、日期和时间组合、时区、时刻、持续时间和时钟等方面的类。这些类基于 ISO-8601 中定义的日历系统,是不可变的、线程安全的。
- **java.time.chrono** 包——表示默认的 ISO-8601 日历系统以外的其他日历系统的 API。也可以自定义日历系统。本章没有详细介绍该程序包的内容。
- **java.time.format** 包——这些类用于格式化和解析日期和时间。
- **java.time.temporal** 包——框架和作者库的一个扩展 API,支持日期和时间类的互操作、查询和调整。该程序包定义了字段(TemporalField 和 ChronoField)和单元(TemporalUnit 和 ChronoUnit)。
- **java.time.zone** 包——这些都是支持的时区,时区偏移量和时区规则的类。使用时区时,大多数开发人员只需要使用:
  (1) ZonedDateTime
  (2) ZoneId 或 ZoneOffset

21.4 方法命名约定

日期/时间 API 在丰富的类中提供了丰富的方法。类的方法名之间尽可能保持一致。例如,许多类提供 now 方法,用以捕获该类当前时刻的日期或时间值;还有 from 方法,用以支持类之间的转换。

方法名前缀也有一定的标准。因为日期/时间 API 中的类都是不可变的,所以该类 API 都没有 set 方法。(不可变对象创建后,其值不能更改。和 set 方法等价的方法是 with。)表 21-1 列出了常用的前缀。

表 21-1 方法名前缀

前缀	方法类型	使用说明
of	静态工厂	创建一个实例，其中工厂主要是验证输入参数，而不是转换
from	静态工厂	将输入参数转换为目标类的实例，这可能会丢失输入的信息
parse	静态工厂	解析输入字符串以产生目标类实例
format	实例	使用指定的格式来格式化时间对象的值，以产生一个字符串
get	实例	返回目标对象的部分状态
is	实例	查询目标对象的状态
with	实例	返回一个元素发生改变的目标对象的副本，等价于 JavaBean 上的 set 方法
plus	实例	返回时间增加了的目标对象的副本
minus	实例	返回时间减少了的目标对象的副本
to	实例	将对象转换为另一种类型
at	实例	组合两个对象

21.5 标准日历

日期/时间的核心 API 位于 `java.time`[⊖] 包。`java.time` 定义的类以 ISO 日历系统为基础，该系统是日期和时间的国际标准。ISO 日历遵循公历规则。公历于 1582 年推出，在公历系统中，日期从 1582 年开始，创建一致统一的时间轴并简化日期的计算。

21.6 日期/时间类概述

时间有两种基本的表示方法。一种表示方法是人类时间，如年、月、日、小时、分和秒。另一种表示方法是机器时间，测量时间轴上以纳秒为单位从源点开始的连续时间，称为时代或纪元。日期/时间程序包提供了丰富的类，以表示日期和时间。日期/时间 API 中有些类用于表示机器时间，其他类更适用于表示人类时间。

首先确定需要日期和时间的什么方面的性质，然后选择类或满足需求的类。选择基于时间的类时，首先要确定要表示的是人类时间，还是机器时间。然后确定待表示时间的性质。是否需要时区？日期和时间？只需要日期？如果需要日期，是否需要月、日，或年，或一个子集？

> **定义** 日期/时间 API 中捕获和处理日期/时间值的类，如 `Instant`、`LocalDateTime` 和 `ZonedDateTime`，本章称之为**基于时间的类**（或类型）。日期/时间 API 支持 `TemporalAdjuster` 接口或 `DayOfWeek` 枚举器等类型，但这个定义未包含这些类型。

例如，可以使用一个 `LocalDate` 对象表示出生日期，因为大多数人发现他们的生日是在同一天，无论他们是在自己的出生地还是世界上过几日期变更线的另一侧。跟踪占星时间时，出生日期和时间可以用 `LocalDateTime` 对象来表示，也可以用 `ZonedDateTime` 对象（也包含时区）来表示。创建时间戳时，很可能要用到 `Instant`，它可以比较时间轴上的实例点。

[⊖] 8/docs/api/java/time/package-summary.html

表 21-2 总结了 java.time 程序包中基于时间的类，它们可用于存储日期和（或）时间信息，或可用于计算时间量。"X"表示使用特定类型数据的类，"转换或字符串输出"列表示用 toString 方法打印的一个实例。讨论章节列表示本书对应的章节。

21.7 DayOfWeek 和 Month 枚举器

日期 / 时间 API 提供了一些枚举器，用以指定星期几和月份。

21.7.1 DayOfWeek 枚举器

DayOfWeek 枚举器包含七个常量（从 MONDAY 到 SUNDAY），用以描述每周七天。DayOfWeek[一]的整型值从 1（MONDAY）取到 7（SUNDAY）。使用这些常量（DayOfWeek.FRIDAY）可提高代码的可读性。

该枚举器还提供了一些方法，类似于基于时间的类提供的方法。例如，下面的代码将 MONDAY 增加了 3 天并打印结果。输出为 THURSDAY：

```
System.out.printf("%s%n", DayOfWeek.MONDAY.plus(3));
```

使用方法 getDisplayName(TextStyle,Locale)[二]可以检索字符串来识别用户所在地处于周几。TextStyle[三]枚举器用于指定字符串的显示方式：FULL、NARROW（通常也称为单个字母）或 SHORT（缩写）。STANDALONE TextStle 常量用于一些语言，用作日期的组成部分和用作本身时的输出不同。下述例子用 TextStyle 的三种主要形式打印 MONDAY：

```
DayOfWeek dow = DayOfWeek.MONDAY;
Locale locale = Locale.getDefault();
System.out.println(dow.getDisplayName(TextStyle.FULL, locale));
System.out.println(dow.getDisplayName(TextStyle.NARROW, locale));
System.out.println(dow.getDisplayName(TextStyle.SHORT, locale));
```

其本地输出如下：

```
Monday
M
Mon
```

21.7.2 Month 枚举器

Month[四]枚举器包含 12 个常量（从 JANUARY 到 DECEMBER），分别用以描述 12 个月。

与 DayOfWeek 枚举器一样，Month 枚举器是强类型的，常量的整型值分别对应 1（JANUARY）到 12（DECEMBER）的数值。使用这些常量（Month.SEPTEMBER）可提高代码的可读性。

Month 枚举器也包含一些方法。下述代码使用 maxLength 方法打印 2 月份最多可能的天数。输出为 29：

```
System.out.printf("%d%n", Month.FEBRUARY.maxLength());
```

[一] 8/docs/api/java/time/DayOfWeek.html
[二] 8/docs/api/java/time/DayOfWeek.html#getDisplayName-java.time.format.TextStyle-java.util.Locale-
[三] 8/docs/api/java/time/format/TextStyle.html
[四] 8/docs/api/java/time/Month.html

表 21-2 基于时间的日期/时间类

类或枚举器	年	月	日	小时	分	秒*	时区偏移量	时区 ID	转换成字符串输出	讨论章节
Instant						X			2013-08-20T15:16:26.355Z	Instant 类
LocalDate	X	X	X						2013-08-20	日期类
LocalDateTime	X	X	X	X	X	X			2013-08-20T08:16:26.937	日期和时间类
ZonedDateTime	X	X	X	X	X	X	X	X	2013-08-21T00:16:26.941+09:00[Asia/Tokyo]	时区和偏移量类
LocalTime				X	X	X			08:16:26.943	日期和时间类
MonthDay		X	X						--8-20	日期类
Year	X								2013	日期类
YearMonth	X	X							2013-08	日期类
Month		X							AUGUST	DayOfWeek 和 Month 枚举器
OffsetDateTime	X	X	X	X	X	X	X		2013-08-20T08:16:26.945-07:00	时区和偏移量类
OffsetTime				X	X	X	X		08:16:26.957-07:00	时区和偏移量类
Duration			**	**	**	X			PT2 0H(20 hours)	周期和持续时间
Period	X	X	X					***	P10D(10days)	周期和持续时间

* 秒是以纳秒的精度来捕获。

** 该类不存储这个信息，但有方法可以提供这些单元的时间。

*** 将 Period 添加到 ZonedDateTime 时，会发现夏令时或其他本地时间的区别。

Month 枚举器也实现了 getDisplayName(TextStyle,Locale)⊖方法，可用于检索字符串使用指定的 TextStyle 识别用户本地的月份。如果没有定义 TextStyle，会返回表示常数值的字符串。下述代码用 TextStyle 的三种主要形式打印 August：

```
Month month = Month.AUGUST;
Locale locale = Locale.getDefault();
System.out.println(month.getDisplayName(TextStyle.FULL, locale));
System.out.println(month.getDisplayName(TextStyle.NARROW, locale));
System.out.println(month.getDisplayName(TextStyle.SHORT, locale));
```

其本地输出如下：

```
August
A
Aug
```

21.8 日期类

日期／时间类提供了四个类来处理日期信息，不包括时间或时区等信息。这些类包括 LocalDate、YearMonth、MonthDay 和 Year。

21.8.1 LocalDate

LocalDate⊖描述 ISO 日历中的年、月、日，只需要表示日期、不需要表示时间时比较有用。可以用 LocalDate 记录重要事件，如生日或结婚日期等。下述例子使用 of 和 with 方法创建 LocalDate 的实例：

```
LocalDate date = LocalDate.of(2000, Month.NOVEMBER, 20);
LocalDate nextWed = date.with(TemporalAdjusters.next(DayOfWeek.WEDNESDAY));
```

关于 TemporalAdjuster 接口的详细信息，可参考 21.13.4 节。

除常用方法外，LocalDate 类提供了 get 方法，用以获取给定日期的信息。getDayOfWeek⊜方法会返回特定的日期是星期几。例如，下述代码会返回 MONDAY：

```
DayOfWeek dotw = LocalDate.of(2012, Month.JULY, 9).getDayOfWeek();
```

下述例子用 TemporalAdjuster 来检索某一日期之后的第一个星期三：

```
LocalDate date = LocalDate.of(2000, Month.NOVEMBER, 20);
TemporalAdjuster adj = TemporalAdjusters.next(DayOfWeek.WEDNESDAY);
LocalDate nextWed = date.with(adj);
System.out.printf("For the date of %s, the next Wednesday is %s.%n",
        date, nextWed);
```

运行该代码会输出如下结果：

```
For the date of 2000-11-20, the next Wednesday is 2000-11-22.
```

21.14 节也有例子使用 LocalDate 类。

21.8.2 YearMonth

YearMonth⑭类描述某一年的月份。下述例子使用 YearMonth.lengthOfMonth()

⊖ 8/docs/api/java/time/Month.html#getDisplayName-java.time.format.TextStyle-java.util.Locale-

⊜ 8/docs/api/java/time/LocalDate.html

⊜ 8/docs/api/java/time/LocalDate.html#getDayOfWeek--

⑭ 8/docs/api/java/time/YearMonth.html

方法来确定某年某月的天数：

```
YearMonth date = YearMonth.now();
System.out.printf("%s: %d%n", date, date.lengthOfMonth());

YearMonth date2 = YearMonth.of(2010, Month.FEBRUARY);
System.out.printf("%s: %d%n", date2, date2.lengthOfMonth());

YearMonth date3 = YearMonth.of(2012, Month.FEBRUARY);
System.out.printf("%s: %d%n", date3, date3.lengthOfMonth());
```

结果输出如下：

```
2013-06: 30
2010-02: 28
2012-02: 29
```

21.8.3 MonthDay

MonthDay[一]类描述某个月份的某个日子，如 1 月 1 日是新年。下述例子使用 Montn-Day.isValidYear[二]方法来判断 2010 年是否有 2 月 29 日这一天。结果返回 false，证明 2010 不是闰年：

```
MonthDay date = MonthDay.of(Month.FEBRUARY, 29);
boolean validLeapYear = date.isValidYear(2010);
```

21.8.4 Year

Year[三]类描述的是年。下述例子用 year.isleap[四]方法来判断给定的年份是不是闰年，结果返回 true，证明 2012 是闰年：

```
boolean validLeapYear = Year.of(2012).isLeap();
```

21.9 日期和时间类

21.9.1 LocalTime

LocalTime[五]与其他以 Local 为命名前缀的类类似，但它只处理时间。该类用于表示人类时间每天的时间，如电影时间、本地类库的开放和关闭时间。通常用于创建数字时钟，如下所示：

```
LocalTime thisSec;

for (;;) {
    thisSec = LocalTime.now();

    // implementation of display code is left to the reader
    display(thisSec.getHour(), thisSec.getMinute(), thisSec.getSecond());
}
```

LocalTime 类没有保存时区或夏令时信息。

[一] 8/docs/api/java/time/MonthDay.html
[二] 8/docs/api/java/time/Month.Day.html#isValidYear#isValidYear-int-
[三] 8/docs/api/java/time/Year.html
[四] 8/docs/api/java/time/Year.html#isLeap--
[五] 8/docs/api/java/time/LocalTime.html

21.9.2 LocalDateTime

LocalDateTime[⊖]是日期/时间 API 的核心类，主要用于处理日期和时间，不处理时区。该类用于表示日期（年、月、日）和时间（小时、分、秒、纳秒），效果等同于 LocalDate 和 LocalTime 的组合。该类可用于描述特殊事件，如美国杯挑战者系统的路易·威登杯决赛第一场比赛开始于 2013 年 8 月 17 日下午 1 点 10 分。注意这里的 1 点 10 分是美国当地时间。要包含时区信息，必须使用 ZonedDateTime 或 OffsetDateTime，将在 21.10 节介绍。

除了每个基于时间的类都包含的 now 方法外，LocalDateTime 有多种方法（或以 of 为命名前缀的方法）可创建实例。from 方法将其他时间格式的实例转换成 LocalDateTime 实例。也有方法用于增加或减少小时、分、天、周和月。下述例子给出了一些例子，黑体部分为日期/时间表达式：

```
System.out.printf("now: %s%n", LocalDateTime.now());

System.out.printf("Apr 15, 1994 @ 11:30am: %s%n",
                  LocalDateTime.of(1994, Month.APRIL, 15, 11, 30));

System.out.printf("now (from Instant): %s%n",
                  LocalDateTime.ofInstant(Instant.now(), ZoneId.systemDefault()));

System.out.printf("6 months from now: %s%n",
                  LocalDateTime.now().plusMonths(6));

System.out.printf("6 months ago: %s%n",
                  LocalDateTime.now().minusMonths(6));
```

输出结果类似如下：

```
now: 2013-07-24T17:13:59.985
Apr 15, 1994 @ 11:30am: 1994-04-15T11:30
now (from Instant): 2013-07-24T17:14:00.479
6 months from now: 2014-01-24T17:14:00.480
6 months ago: 2013-01-24T17:14:00.481
```

21.10 时区和时区偏移类

时区是地球上使用统一标准时间的地区。每个时区都用一个标识符描述，格式为地区/城市（如亚洲/东京）。每个时区还有一个从格林尼治/UTC 开始的偏移，如东京的偏移是 +9:00。

21.10.1 ZoneId 和 ZoneOffset

日期/时间 API 提供两个类来指定时区和偏移。

- ZoneId 指定时区标识符，提供 Instant 类和 LocalDateTime 类之间的转换规则。
- ZoneOffset 指定从格林尼治/UTC 时间开始的时区偏移。

从格林尼治/UTC 时间开始的偏移通常以整小时来定义，但也有例外。下述代码取自 TimeZoneId 实例代码，用以打印从格林尼治/UTC 时间开始的偏移不以整小时定义的所有时区：

[⊖] 8/docs/api/java/time/LocalDateTime.html

```
Set<String> allZones = ZoneId.getAvailableZoneIds();
LocalDateTime dt = LocalDateTime.now();

// Create a List using the set of zones and sort it.
List<String> zoneList = new ArrayList<String>(allZones);
Collections.sort(zoneList);

...

for (String s : zoneList) {
    ZoneId zone = ZoneId.of(s);
    ZonedDateTime zdt = dt.atZone(zone);
    ZoneOffset offset = zdt.getOffset();
    int secondsOfHour = offset.getTotalSeconds() % (60 * 60);
    String out = String.format("%35s %10s%n", zone, offset);

    // Write only time zones that do not have a whole hour offset
    // to standard out.
    if (secondsOfHour != 0) {
        System.out.printf(out);
    }
    ...
}
```

代码输出如下:

```
           America/Caracas    -04:30
          America/St_Johns    -02:30
             Asia/Calcutta    +05:30
              Asia/Colombo    +05:30
                Asia/Kabul    +04:30
            Asia/Kathmandu    +05:45
            Asia/Katmandu     +05:45
              Asia/Kolkata    +05:30
              Asia/Rangoon    +06:30
                Asia/Tehran    +04:30
         Australia/Adelaide   +09:30
       Australia/Broken_Hill  +09:30
           Australia/Darwin   +09:30
            Australia/Eucla   +08:45
              Australia/LHI   +10:30
         Australia/Lord_Howe  +10:30
            Australia/North   +09:30
            Australia/South   +09:30
        Australia/Yancowinna  +09:30
        Canada/Newfoundland   -02:30
              Indian/Cocos    +06:30
                      Iran    +04:30
                   NZ-CHAT    +12:45
            Pacific/Chatham   +12:45
         Pacific/Marquesas    -09:30
            Pacific/Norfolk   +11:30
```

TimeZoneId 例子将所有时区的标识列表打印到文件 timeZones 中。

21.10.2 日期/时间类

日期/时间 API 提供了三种基于时间的类来操作时区:

- **ZonedDateTime** 处理对应时区（带有从格林尼治/UTC 时间开始的时区偏移）的日期和时间。
- **OffsetDateTime** 处理从格林尼治/UTC 时间开始的对应时区偏移的日期和时间，不包括时区标识。
- **OffsetTime** 处理从格林尼治/UTC 时间开始的对应时区偏移的时间，不包括时区标识。

什么时候用OffsetDateTime而不是ZoneDateTime？如果要编写根据地理位置建模日期和时间的计算规则的复杂软件时，或者将跟踪的格林尼治/UTC时间开始的绝对偏移的时间戳存入数据库，就可以使用OffsetDateTime。同时也可以将XML和其他网络格式定义的日期/时间也可以转换成OffsetDateTime或OffsetTime。

尽管所有三个类都包含从格林尼治/UTC开始的时间偏移，但只有ZonedDateTime使用java.time.zone包中的ZoneRules[一]，来确定一个特定时区偏移的变化情况。例如，表调到夏令时时间，大部分时区都会有一个时间差（通常为1小时）；把表调回标准时间时，时间发生重叠，会重复过渡前的最后一小时。ZonedDateTime类适用这种情况，但那些不能访问ZoneRules的类OffsetDateTime和OffsetTime不适用这种情况。

1. ZonedDateTime

ZonedDateTime[二]类有效合成LocalDateTime[三]类和ZoneId[四]类。它用于描述带时区（地区/城市，如欧洲/巴黎）的完整日期（年、月、日）和时间（小时、分、秒、纳秒）。

下述代码取自Flight[五]例子，主要将从旧金山到东京的航班的离港时间作为美国洛杉矶时区的ZonedDateTime。withZoneSameInstant和plusMinutes方法用于创建一个ZonedDateTime实例，该实例表示650分钟后东京的预计到港时间。ZoneRules.isDaylightSavings方法确定航班抵达东京时是不是夏令时时间。

DateTimeFormatter对象用于格式化打印ZonedDateTime实例：

```
DateTimeFormatter format = DateTimeFormatter.ofPattern("MMM d yyyy hh:mm a");

// Leaving from San Francisco on July 20, 2013, at 7:30 p.m.
LocalDateTime leaving = LocalDateTime.of(2013, Month.JULY, 20, 19, 30);
ZoneId leavingZone = ZoneId.of("America/Los_Angeles");
ZonedDateTime departure = ZonedDateTime.of(leaving, leavingZone);

try {
    String out1 = departure.format(format);
    System.out.printf("LEAVING: %s (%s)%n", out1, leavingZone);
} catch (DateTimeException exc) {
    System.out.printf("%s can't be formatted!%n", departure);
    throw exc;
}

// Flight is 10 hours and 50 minutes, or 650 minutes
ZoneId arrivingZone = ZoneId.of("Asia/Tokyo");
ZonedDateTime arrival = departure.withZoneSameInstant(arrivingZone)
                                 .plusMinutes(650);

try {
    String out2 = arrival.format(format);
    System.out.printf("ARRIVING: %s (%s)%n", out2, arrivingZone);
} catch (DateTimeException exc) {
    System.out.printf("%s can't be formatted!%n", arrival);
    throw exc;
}

if (arrivingZone.getRules().isDaylightSavings(arrival.toInstant()))
```

[一] 8/docs/api/java/time/zone/ZoneRules.html
[二] 8/docs/api/java/time/zone/ZoneRules.html
[三] 8/docs/api/java/time/zone/ZonedDateTime.html
[四] 8/docs/api/java/time/zone/LocalDateTime.html
[五] tutorial/datetime/iso/exaples/Flight.java

```
            System.out.printf(" (%s daylight saving time will be in effect.)%n",
                        arrivingZone);
        else
            System.out.printf(" (%s standard time will be in effect.)%n",
                        arrivingZone);
```

程序运行结果如下：

```
LEAVING: Jul 20 2013 07:30 PM (America/Los_Angeles)
ARRIVING: Jul 21 2013 10:20 PM (Asia/Tokyo)
  (Asia/Tokyo standard time will be in effect.)
```

2. OffsetDateTime

OffsetDateTime[一]有效合成 LocalDateTime[二]类和 ZoneOffset[三]类。它用于描述带有从格林尼治 /UTC 时间开始的偏移（+/– 小时：分钟，如 +06:00 或 –08:00）的完整的日期（年、月、日）和时间（小时、分、秒、纳秒）。

下述例子用 OffsetDateTime 和 TemporalAdjuster.lastDay 方法查找 2013 年 7 月的最后一个星期四。

```
// Find the last Thursday in July 2013.
LocalDateTime localDate = LocalDateTime.of(2013, Month.JULY, 20, 19, 30);
ZoneOffset offset = ZoneOffset.of("-08:00");

OffsetDateTime offsetDate = OffsetDateTime.of(localDate, offset);
OffsetDateTime lastThursday =
        offsetDate.with(TemporalAdjusters.lastInMonth(DayOfWeek.THURSDAY));
System.out.printf("The last Thursday in July 2013 is the %sth.%n",
                lastThursday.getDayOfMonth());
```

代码输出结果如下：

```
The last Thursday in July 2013 is the 25th.
```

3. OffsetTime

OffsetTime[四]类有效合成 LocalTime[五]类和 ZoneOffset[六]类。它用于描述带有从格林尼治 /UTC 时间开始的偏移（+/– 小时：分钟，如 +06:00 或 –08:00）的时间（小时、分、秒、纳秒）。

OffsetTime 类与 OffsetDateTime 类不用日期时是一样的。

21.11 Instant 类

Instant[七]类是日期 / 时间 API 的核心类之一，它代表时间轴上纳秒的开始时间，通常用于生成一个时间戳来表示机器时间：

```
import java.time.Instant;

Instant timestamp = Instant.now();
```

Instant 类返回的值是从 1970 年 1 月 1 日（1970-01-01T00:00:00Z）的第一秒开始计

[一] 8/docs/api/java/time/OffsetDateTime.html
[二] 8/docs/api/java/time/LocalDateTime.html
[三] 8/docs/api/java/time/ZoneOffset.html
[四] 8/docs/api/java/time/OffsetTime.html
[五] 8/docs/api/java/time/LocalTime.html
[六] 8/docs/api/java/time/ZoneOffset.html
[七] 8/docs/api/java/time/Instant.html

算的，也称为 EPOCH[1]。发生在 EPOCH 之前的时刻是负值，发生在 EPOCH 之后的时刻是正值。

`Instant` 类提供了其他一些常量，如 `MIN`[2]和 `MAX`[3]，分别表示尽可能小（过去）的时刻和尽可能大（未来）的时刻。

调用 `Instant` 类的 `toString` 方法会输出类似如下结果：

`2013-05-30T23:38:23.085Z`

这种格式遵循日期和时间的 iso-8601 标准[4]。

`Instant` 类提供了多种方法来处理时刻。`plus` 方法和 `minus` 方法分别用于增加和减少时间。下述代码在当前时间上加 1 个小时：

`Instant oneHourLater = Instant.now().plusHours(1);`

有些方法可用于比较时刻，如 `isAfter`[5]和 `isBefore`[6]。`until`[7]方法返回两个 `Instant` 对象之间存在的时间。下述代码输出自 Java 时代开始后经历了多少秒：

```
long secondsFromEpoch = Instant.ofEpochSecond(0L).until(Instant.now(),
                        ChronoUnit.SECONDS);
```

`Istant` 类对人类时间单位（如年、月、日）无效。如果要对这些单元进行计算，就要通过绑定一个时区将 `Instant` 类转换成其他类，如 `LocalDateTime` 或 `ZonedDateTime`。然后访问单元的值。下述代码使用 `ofInstant`[8]方法和默认时区将一个 `Instant` 对象转换成 `LocalDateTime` 对象，然后以方便阅读的方式打印出日期和时间：

```
Instant timestamp;
...
LocalDateTime ldt = LocalDateTime.ofInstant(timestamp, ZoneId.systemDefault());
System.out.printf("%s %d %d at %d:%d%n", ldt.getMonth(), ldt.getDayOfMonth(),
                    ldt.getYear(), ldt.getHour(), ldt.getMinute());
```

输入类似如下：

`MAY 30 2013 at 18:21`

`ZonedDateTime` 和 `OffsetTimeZone` 对象都可以转换成 `Instant` 对象，就像在时间轴上映射一个确切的时刻。反之不成立。将 `Instant` 对象转换成 `ZonedDateTime` 或 `OffsetDateTime` 对象时需要时区或时区偏移信息。

21.12 解析和格式化

日期/时间 API 中基于时间的类提供 `parse` 方法来解析包含日期和时间信息的字符串。这些类也提供 `format` 方法来格式化待显示的基于时间的对象。两种方法的处理过程类似：向 `DateTimeFormatter` 提供模式创建格式器对象，然后将格式器对象传送给 `parse` 或 `format` 方法。

---

[1] 8/docs/api/java/time/Instant.html#EPOCH
[2] 8/docs/api/java/time/Instant.html#MIN
[3] 8/docs/api/java/time/Instant.html#MAX
[4] http://www.iso.org/iso/home/standards/iso8601.htm
[5] 8/docs/api/java/time/Istant.html#isAfter-java.time.Instant-
[6] 8/docs/api/java/time/Istant.html#isBefore-java.time.Instant-
[7] 8/docs/api/java/time/Istant.html#until-java.time.temporal.Temporal-java.time.temporal.TemporalUnit-
[8] 8/docs/api/java/time/LocalDateTime.html#ofInstant-java.time.Instant-java.time.ZoneId-

DateTimeFormatter[⊖]类提供了大量预定义的格式器,也可以自定义格式器。转换期间如果出现问题,parse 方法和 format 方法会抛出异常。因此,解析代码需要捕获 DateTimeParseException 错误,格式代码需要捕获 DateTimeException 错误。关于异常处理,详见 10.3 节。

DateTimeFormatter 类是不可变和线程安全的。如果合适,可以将其赋值给静态常量。

> **注意** 通过使用熟悉的基于模式的格式,可以直接用 java.util.Formatter 和 String.format 来表示 java.time 的日期/时间对象。遗留的 java.util.Date 和 java.util.Calendar 类都使用基于模式的格式。

21.12.1 解析

LocalDate 类的单参方法 parse(CharSequence)[⊖]使用 ISO_LOCAL_DATE 格式。指定不同的格式器时,可以使用双参方法 parse(CharSequence,DateTimeFormatter)[⊜]。下述例子使用预定义的 BASICS_ISO_DATE 格式器,它用 19590709 表示 1959 年 7 月 9 日:

```
String in = ...;
LocalDate date = LocalDate.parse(in, DateTimeFormatter.BASIC_ISO_DATE);
```

也可以使用自己的模式自定义一个格式器。下述代码取自 Parse 例子,它创建了一个 MMM d YYYY 格式的格式器。该格式指定三个字符表示月份,一位数来表示该月的一天,四位数字表示年份。使用这种模式的格式器能够识别 Jan 3 2003 或 Mar 23 1994 等字符串。但是,如果指定格式为 MMM DD YYYY,用两个数字来表示该月的一天,那就必须用两个字符,如果只有一位就必须在前面添加一个零,如 Jun 03 2003。

```
String input = ...;
try {
    DateTimeFormatter formatter =
                      DateTimeFormatter.ofPattern("MMM d yyyy");
    LocalDate date = LocalDate.parse(input, formatter);
    System.out.printf("%s%n", date);
}
catch (DateTimeParseException exc) {
    System.out.printf("%s is not parsable!%n", input);
    throw exc;        // Rethrow the exception.
}
// 'date' has been successfully parsed
```

DateTimeFormatter[⊛]类文档列出了可供使用的格式模式或解析模式的完整的符号列表。21.16 节的 StringConverter 例子给出了日期格式器的另一个例子。

21.12.2 格式化

format(DateTimeFormatter)[⊛]方法将基于时间的对象转换成指定格式的字符串。下述代码取自 Flight 例子,它使用格式"MMM d yyyy hh:mm a"转换了 Zoned-

---

⊖ 8/docs/api/java/time/format/DateTimeFormatter.html#predefined
⊜ 8/docs/api/java/time/LocalDate.html#parse-java.lang.CharSequence-
⊜ 8/docs/api/java/time/LocalDate.html#parse-java.lang.CharSequence-java.time.format.DateTimeFormatter-
⊛ 8/docs/api/java/time/DateTimeformatter.html#patterns
⊛ 8/docs/api/java/time/LocalDate.html#format-java.time.format.DateTimeFormatter-

DateTime 的一个实例。这种方式定义的日期可用于前述解析例子,但这种模式也包含了小时、分、上午和下午等组件。

```
ZoneId leavingZone = ...;
ZonedDateTime departure = ...;

try {
    DateTimeFormatter format = DateTimeFormatter.ofPattern("MMM d yyyy hh:mm a");
    String out = departure.format(format);
    System.out.printf("LEAVING: %s (%s)%n", out, leavingZone);
}
catch (DateTimeException exc) {
    System.out.printf("%s can't be formatted!%n", departure);
    throw exc;
}
```

例子输出到港和离港时间如下所示:

```
LEAVING: Jul 20 2013 07:30 PM (America/Los_Angeles)
ARRIVING: Jul 21 2013 10:20 PM (Asia/Tokyo)
```

21.13 时间程序包

java.time.temporal[一]程序包提供一批接口、类和枚举器,它们支持日期和时间代码,尤其是日期和时间的计算。这些接口在最底层使用。通常,应用程序应该声明具体类型(如 LocalDate 或 ZonedDateTime)的变量和参数,而不是 Temporal 接口。这跟声明 String 类型的变量而不声明 CharSequence 类型的做法一样。

21.13.1 Temporal 和 TemporalAccessor

Temporal[二]接口提供了基于时间的对象的访问框架,可供基于时间的类(如 Instant、LocalDateTime 和 ZonedDateTime 等)实现。该接口提供增加、减少时间单元的方法,使得不同日期和时间类之间的基于时间的运算更方便和一致。TemporalAccessor 接口提供只读版本的 Temporal 接口。

Temporal 和 TemporalAccessor[三]对象都要根据字段来定义,比如在 Temporal-Accessor 接口中指定。ChronoField[四]枚举器是 TemporalField[五]接口的具体实现,它定义了一系列常量,如 DAY_OF_WEEK、MINUTE_OF_HOUR 和 MONTH_OF_YEAR。

这些字段单元由 TemporalUnit 接口指定。ChronoUnit 枚举器实现 Temporal-Unit[六]接口。字段 ChronoField.DAY_OF_WEEK 是 ChronoUnit.DAYS 和 ChronoUnit.WEEKS 的组合版本。ChronoField 和 ChronoUnit 相关内容分别在 21.13.2 节和 21.13.3 节介绍。

Temporal 接口中基于算术的方法要求定义 TemporalAmount[七]类型的参数。Period 和 Duration 类(见 21.14 节)实现 TemporalAmount 接口。

㊀ 8/docs/api/java/time/temporal/package-summary.html
㊁ 8/docs/api/java/time/temporal/Temporal.html
㊂ 8/docs/api/java/time/temporal/TemporalAccessor.html
㊃ 8/docs/api/java/time/temporal/ChronoField.html
㊄ 8/docs/api/java/time/temporal/TemporalField.html
㊅ 8/docs/api/java/time/temporal/TemporalUnit.html
㊆ 8/docs/api/java/time/temporal/TemporalAmount.html

21.13.2 ChronoField 和 IsoFields

ChronoField[一]枚举器实现 TemporalField 接口,提供了一系列日期和时间值的访问常量,如 CLOCK_HOUR_OF_DAY、ANO_OF_DAY 和 DAY_OF_YEAR 等。该枚举器用于表达概念性的时间,如今年的第三个星期、今天的第十一个小时、本月的第一个星期一等。遇到未知类型的 Temporal 对象时,可以使用 TemporalAccessor.isSupported(TemporalField) 方法来确定该 Temporal 对象是否支持特定的字段[二]。下述代码返回 false,表明 LocalDate 不支持 ChronoField.CLOCK_HOUR_OF_DAY 字段:

```
boolean isSupported = LocalDate.now().isSupported(ChronoField.CLOCK_HOUR_OF_DAY);
```

IsoFields[三]类定义了 ISO-8601 日历系统的专用字段。下述例子说明如何使用 ChronoField 和 IsoFields 获取字段的值:

```
time.get(ChronoField.MILLI_OF_SECOND)
int qoy = date.get(IsoFields.QUARTER_OF_YEAR);
```

其他两个有用的字段定义的类是 WeekFields[四]和 JulianFields[五]。

21.13.3 ChronoUnit

ChronoUnit[六]枚举器实现 TemporalUnit 接口,提供从毫秒到千年的标准的日期和时间单元。注意,并不是所有的类都支持 ChronoUnit 对象。例如,Instant 类不支持 ChronoUnit.MONTHS 或 ChronoUnit.YEARS。日期/时间 API 包含方法 isSupported(TemporalUnit),该方法可用于验证类实例是否支持特定类型的时间单元。下述代码调用的 isSupported 返回 false,说明 Instant 类不支持 ChronoUnit.MONTHS:

```
Instant instant = Instant.now();
boolean isSupported = instant.isSupported(ChronoUnit.MONTHS);
```

21.13.4 时间调节器

TemporalAdjuster[七]接口位于 java.time.temporal 程序包,提供携带 Temporal 值并返回调节后的值的方法。调节器可以和基于时间的任意类型一起使用。如果调节器和 ZonedDateTime 一起使用,会给出保留原始时间和时区值的新日期。

1. 预定义调节器

TemporalAdjusters[八]类(注意是复数)预定义了一组调节器,用于查找今年的第一天或最后一天、本月的最后一个星期三、指定日期后的第一个星期二等。预定义调节器被定义成静态方法,并与 static import 语句合用。

下述例子使用 TemporalAdjusters 的几个方法和基于时间的类中定义的 with 方法

[一] 8/docs/api/java/time/temporal/ChronoField.html
[二] 8/docs/api/java/time/temporal/TemporalAccessor.html#isSupported-java.time.temporal.TemporalField-
[三] 8/docs/api/java/time/temporal/IsoFields.html
[四] 8/docs/api/java/time/temporal/WeekFields.html
[五] 8/docs/api/java/time/temporal/JulianFields.html
[六] 8/docs/api/java/time/temporal/ChronoUnit.html
[七] 8/docs/api/java/time/temporal/TemporalAdjuster.html
[八] 8/docs/api/java/time/temporal/TemporalAdjusters.html

来计算 2000 年 10 月 15 日之后的相应日期：

```
LocalDate date = LocalDate.of(2000, Month.OCTOBER, 15);
DayOfWeek dotw = date.getDayOfWeek();
System.out.printf("%s is on a %s%n", date, dotw);

System.out.printf("first day of Month: %s%n",
                  date.with(TemporalAdjusters.firstDayOfMonth()));
System.out.printf("first Monday of Month: %s%n",
                  date.with(TemporalAdjusters.firstInMonth(DayOfWeek.MONDAY)));
System.out.printf("last day of Month: %s%n",
                  date.with(TemporalAdjusters.lastDayOfMonth()));
System.out.printf("first day of next Month: %s%n",
                  date.with(TemporalAdjusters.firstDayOfNextMonth()));
System.out.printf("first day of next Year: %s%n",
                  date.with(TemporalAdjusters.firstDayOfNextYear()));
System.out.printf("first day of Year: %s%n",
    date.with(TemporalAdjusters.firstDayOfYear()));
```

结果输出如下：

```
2000-10-15 is on a SUNDAY
first day of Month: 2000-10-01
first Monday of Month: 2000-10-02
last day of Month: 2000-10-31
first day of next Month: 2000-11-01
first day of next Year: 2001-01-01
first day of Year: 2000-01-01
```

2. 自定义调节器

调节器也可以自定义。创建实现带 adjustInto(Temporal)[一]方法的 TemporalAdjuster 接口的类，就可以自定义一个调节器。NextPayday 例子中的 PaydayAdjuster 类就是一个自定义的调节器。PaydayAdjuster 会计算输入的日期，返回下一个发薪日。假定每个月发两次薪水：每个月的 15 日和最后一天。如果返回的发薪日是周末，则返回前面的周五作为发薪日。当然，要假设使用当前年历制：

```
/**
 * The adjustInto method accepts a Temporal instance
 * and returns an adjusted LocalDate. If the passed in
 * parameter is not a LocalDate, then a DateTimeException is thrown.
 */
public Temporal adjustInto(Temporal input) {
    LocalDate date = LocalDate.from(input);
    int day;
    if (date.getDayOfMonth() < 15) {
        day = 15;
    } else {
        day = date.with(TemporalAdjusters.lastDayOfMonth()).getDayOfMonth();
    }
    date = date.withDayOfMonth(day);
    if (date.getDayOfWeek() == DayOfWeek.SATURDAY ||
        date.getDayOfWeek() == DayOfWeek.SUNDAY) {
        date = date.with(TemporalAdjusters.previous(DayOfWeek.FRIDAY));
    }

    return input.with(date);
}
```

自定义调节器的调用方式和预定义调节器一样，都要使用 with 方法。下述代码取自 NextPayday 例子：

[一] 8/docs/api/java/time/temporal/TemporalAdjuster.html#adjustInto-java.time.temporal.Temporal-

```
LocalDate nextPayday = date.with(new PaydayAdjuster());
```

2013年6月15日和6月30日都是周末。输入日期为2013年6月3日和6月18日，则运行 NextPayday 例子可得以下结果：

```
Given the date: 2013 Jun 3
the next payday: 2013 Jun 14

Given the date: 2013 Jun 18
the next payday: 2013 Jun 28
```

21.13.5 时间查询

TemporalQuery[一]用于检索基于时间的对象的信息。

1. 预定义查询

TemporalQueries[二]类（注意是复数）定义了几个预定义查询方法，包含哪些应用程序无法识别基于时间的对象的类型时可以使用的方法。和预定义调节器一样，预定义查询也定义成静态方法，与 `static import` 语句合用。

例如，precision[三]查询返回基于时间的特定对象能返回的最小的 ChronoUnit。下述例子使用 precision 方法查询不同类型的基于时间的对象：

```
TemporalQueries query = TemporalQueries.precision();
System.out.printf("LocalDate precision is %s%n",
                  LocalDate.now().query(query));
System.out.printf("LocalDateTime precision is %s%n",
                  LocalDateTime.now().query(query));
System.out.printf("Year precision is %s%n",
                  Year.now().query(query));
System.out.printf("YearMonth precision is %s%n",
                  YearMonth.now().query(query));
System.out.printf("Instant precision is %s%n",
                  Instant.now().query(query));
```

结果输出如下：

```
LocalDate precision is Days
LocalDateTime precision is Nanos
Year precision is Years
YearMonth precision is Months
Instant precision is Nanos
```

2. 自定义查询

查询也可以自定义。自定义查询的方法之一，是创建实现带 queryFrom(TemporalAccessor)[四]方法的 TemporalQuery 接口的类。CheckDate 例子实现两个自定义查询。第一个自定义查询在 FamilyVacations 类中，该类实现 temporalQuery[五]接口。queryFrom 方法会比较输入的日期和预定假期日期，如果输入的日期在预定假期范围内，则返回 TRUE：

[一] 8/docs/api/java/time/temporal/TemporalQuery.html
[二] 8/docs/api/java/time/temporal/TemporalQueries.html
[三] 8/docs/api/java/time/temporal/TemporalQueries.html#precision--
[四] 8/docs/api/java/time/temporal/TemporalQuery.html#queryFrom-java.time.temporal.TemporalAccessor-
[五] 8/docs/api/java/time/temporal/TemporalQuery.html

```
// Returns true if the passed-in date occurs during one of the
// family vacations. Because the query compares the month and day only,
// the check succeeds even if the Temporal types are not the same.
public Boolean queryFrom(TemporalAccessor date) {
    int month = date.get(ChronoField.MONTH_OF_YEAR);
    int day = date.get(ChronoField.DAY_OF_MONTH);

    // Disneyland over Spring Break
    if ((month == Month.APRIL.getValue()) && ((day >= 3) && (day <= 8)))
        return Boolean.TRUE;

    // Smith family reunion on Lake Saugatuck
    if ((month == Month.AUGUST.getValue()) && ((day >= 8) && (day <= 14)))
        return Boolean.TRUE;

    return Boolean.FALSE;
}
```

第二个自定义查询在 `FamilyBirthdays` 类中实现。该类提供 `isFamilyBirthday` 方法比较输入的日期和家庭成员的生日，如果存在匹配，则返回 TRUE：

```
// Returns true if the passed-in date is the same as one of the
// family birthdays. Because the query compares the month and day only,
// the check succeeds even if the Temporal types are not the same.
public static Boolean isFamilyBirthday(TemporalAccessor date) {
    int month = date.get(ChronoField.MONTH_OF_YEAR);
    int day = date.get(ChronoField.DAY_OF_MONTH);

    // Angie's birthday is on April 3.
    if ((month == Month.APRIL.getValue()) && (day == 3))
        return Boolean.TRUE;

    // Sue's birthday is on June 18.
    if ((month == Month.JUNE.getValue()) && (day == 18))
        return Boolean.TRUE;

    // Joe's birthday is on May 29.
    if ((month == Month.MAY.getValue()) && (day == 29))
        return Boolean.TRUE;

    return Boolean.FALSE;
}
```

`FamilyBirthday` 类不实现 `TemporalQuery` 接口，但可用于构建 Lambda 表达式。下述代码取自 `CheckDate` 例子，显示了两种自定义查询的调用方法：

```
// Invoking the query without using a lambda expression.
Boolean isFamilyVacation = date.query(new FamilyVacations());

// Invoking the query using a lambda expression.
Boolean isFamilyBirthday = date.query(FamilyBirthdays::isFamilyBirthday);

if (isFamilyVacation.booleanValue() || isFamilyBirthday.booleanValue())
    System.out.printf("%s is an important date!%n", date);
else
    System.out.printf("%s is not an important date.%n", date);
```

21.14 周期和持续时间

编写指定时间量的代码时，Duration[⊖]类、Period[⊖]类或 ChronoUnit.between[⊜]方

[⊖] 8/docs/api/java/time/Duration.html

[⊖] 8/docs/api/java/time/Period.html

[⊜] 8/docs/api/java/time/temporal/ChronoUnit.html#between-java.time.temporal.Temporal-java.time.temporal.Temporal-

法能很好地满足需求。Duration 类使用秒、纳秒等基于时间的值来测量时间量。Period 类使用年、月、日等基于日期的值来测量时间量。

> **注意** 一天的持续时间是 24 小时。添加了 ZonedDateTime 后，一天的周期可能根据时区有所不同（例如，夏令时的第一天或最后一天）。

21.14.1 Duration

测量基于机器的时间用 Duration 是最合适的，如使用 Instant 对象的编码。Duration 对象以秒或纳秒来衡量，不能使用年、月、日等基于日期的构造来衡量，但该类提供了将时间量转换为日、小时和分的方法。如果终点在起点之前发生，则 Duration 为负值。

下述代码以纳秒为单位计算两个时刻之间的时间量：

```
Instant t1, t2;
...
long ns = Duration.between(t1, t2).toNanos();
```

下述代码在某个时刻后增加了 10 秒：

```
Instant start;
...
Duration gap = Duration.ofSeconds(10);
Instant later = start.plus(gap);
```

Duration 和时间轴无关，因此它不能跟踪时区或夏令时。不管夏令时和其他时间怎么不同，只要给 ZonedDateTime 增加一天的持续时间，就会增加 24 小时。

21.14.2 ChronoUnit

21.3 节讨论的 ChronoUnit 枚举器定义了时间的衡量单位。只使用单一的时间单位（如日或秒）来衡量时间量时，ChronoUnit.between 方法很有用。between 方法适用于所有的基于时间的对象，但它只返回单一单位的时间量。下述代码以毫秒为单位来计算两个时间戳之间的时间量：

```
import java.time.Instant;
import java.time.temporal.Temporal;
import java.time.temporal.ChronoUnit;

Instant previous, current, gap;
...
current = Instant.now();
if (previous != null) {
    gap = ChronoUnit.MILLIS.between(previous,current);
}
...
```

21.14.3 Period

定义基于日期的值（如年、月、日）的时间量要使用 Period[⊖] 类。Period 类提供多种

[⊖] 8/docs/api/java/time/Period.html

get 方法，如 getMonths[一]、getDays[二]和 getYears[三]，以抽取周期中的时间量。

完整的时间周期由三个单位（年、月、日）一起表示。要用单一单位（如日）衡量时间量时，可以使用 ChronoUnit.between 方法。

下述代码假定你出生于 1960 年 1 月 1 日，返回你的年龄。Period 类以年月日为单位确定时间。该周期内总的天数用 ChronoUnit.between 方法确定，并显示在括号内：

```
LocalDate today = LocalDate.now();
LocalDate birthday = LocalDate.of(1960, Month.JANUARY, 1);

Period p = Period.between(birthday, today);
long p2 = ChronoUnit.DAYS.between(birthday, today);
System.out.println("You are " + p.getYears() + " years, " + p.getMonths() +
                    " months, and " + p.getDays() +
                    " days old. (" + p2 + " days total)");
```

结果输出如下：

```
You are 53 years, 4 months, and 29 days old. (19508 days total)
```

要计算到下一个生日有多长时间，可以使用下述代码（见 Birthday 例子）。用 Period 以月和日为单位来确定值。ChronoUnit.between 方法返回以天为单位的值，并显示在括号内：

```
LocalDate birthday = LocalDate.of(1960, Month.JANUARY, 1);

LocalDate nextBDay = birthday.withYear(today.getYear());

//If your birthday has occurred this year already, add 1 to the year.
if (nextBDay.isBefore(today) || nextBDay.isEqual(today)) {
    nextBDay = nextBDay.plusYears(1);
}
Period p = Period.between(today, nextBDay);
long p2 = ChronoUnit.DAYS.between(today, nextBDay);
System.out.println("There are " + p.getMonths() + " months, and " +
                    p.getDays() + " days until your next birthday. (" +
                    p2 + " total)");
```

代码输出如下：

```
There are 7 months, and 2 days until your next birthday. (216 total)
```

这些计算没有考虑时区差异。例如，如果你出生在澳大利亚但现在生活在班加罗尔，这会轻微影响实际年龄的计算。在这种情形下，可以联合使用 Period 和 ZonedDateTime 类。将 Period 添加给 ZonedDateTime 时，可以观察到时间差异。

21.15 时钟

大多数基于时间的对象都提供无参方法 now()，该方法使用系统时钟和默认的时区提供当前日期和时间。基于时间的对象也提供了单参方法 now(Clock)，该方法可以传入其他的 Clock[四]。

Clock 类可用于访问当前时刻、日期和带时区的时间。因此 Clock 类是抽象的，所以不能创建它的实例。但可以使用 Clock 类的工厂方法，工厂方法包括：

[一] 8/docs/api/java/time/Period.html#getMonths--
[二] 8/docs/api/java/time/Period.html#getDays--
[三] 8/docs/api/java/time/Period.html#getYears--
[四] 8/docs/api/java/time/Clock.html

- Clock.offset(Clock,Duration)[一]返回一个指定时钟的偏移的持续时间。
- Clock.systemUTC()[二]返回代表格林尼治/UTC时区的时钟。
- Clock.fixed(Instant,ZoneId)[三]总是返回相同的时刻。对于这个时钟而言,时间是静止的。

如果只想获取当前日期和时间,不必使用Clock类。但是,如果要创建全球性的应用程序或测试代码在其他时区的运行情况,使用Clock类可确保创建的日期和时间是期望的时区的。固定的时钟(Clock.fixed方法获得的Clock)可用指定的日期和时间来测试代码。

21.16 非ISO日期的转换

本章没有详细介绍java.time.chrono[四]程序包。该包提供了几个预定义的非国际标准的日历,如Japanese、Hijrah、Minguo和Thai Buddhist。知道这些可能有用。也可以使用这个包创建自己的年历。本节介绍ISO日期和其他预定义日历的日期之间的转换方法。

21.16.1 转换成非ISO日期

使用form(TemporalAccessor)方法可以将ISO日期转换成其他日历的日期,如JapaneseDate.from(TemporalAccessor)[五]。如果该方法不能将日期转换成有效的实例,则会抛出DateTimeException。下述代码将一个LocalDateTime实例转换成几个预定义的非ISO日期:

```
LocalDateTime date = LocalDateTime.of(2013, Month.JULY, 20, 19, 30);
JapaneseDate jdate       = JapaneseDate.from(date);
HijrahDate hdate         = HijrahDate.from(date);
MinguoDate mdate         = MinguoDate.from(date);
ThaiBuddhistDate tdate   = ThaiBuddhistDate.from(date);
```

StringConverter例子将LocalDate转换成ChronoLocalDate,然后转换成字符串并返回。toString方法携带LocalDate的一个实例和Chronology,用Chronology返回转换得到的字符串。DateTimeFormatterBuilder用于构建字符串,该字符串用于打印日期:

```
/**
 * Converts a LocalDate (ISO) value to a ChronoLocalDate date
 * using the provided Chronology, and then formats the
 * ChronoLocalDate to a String using a DateTimeFormatter with a
 * SHORT pattern based on the Chronology and the current Locale.
 *
 * @param localDate - the ISO date to convert and format.
 * @param chrono - an optional Chronology. If null, then IsoChronology is used.
 */
public static String toString(LocalDate localDate, Chronology chrono) {
    if (localDate != null) {
        Locale locale = Locale.getDefault(Locale.Category.FORMAT);
        ChronoLocalDate cDate;
        if (chrono == null) {
            chrono = IsoChronology.INSTANCE;
```

[一] 8/docs/api/java/time/Clock.html#offset-java.time.Clock-java.time.Duration-

[二] 8/docs/api/java/time/Clock.html#systemUTC--

[三] 8/docs/api/java/time/Clock.html#fixed-java.time.Instant-java.time.ZoneIdpsn-

[四] 8/docs/api/java/time/chrono/package-summary.html

[五] 8/docs/api/java/time/chrono/JapaneseDate.html#from-java.time.temporal.TemporalAccessor-

```
            }
            try {
                cDate = chrono.date(localDate);
            } catch (DateTimeException ex) {
                System.err.println(ex);
                chrono = IsoChronology.INSTANCE;
                cDate = localDate;
            }
            DateTimeFormatter dateFormatter =
                DateTimeFormatter.ofLocalizedDate(FormatStyle.SHORT)
                            .withLocale(locale)
                            .withChronology(chrono)
                            .withDecimalStyle(DecimalStyle.of(locale));
            String pattern = "M/d/yyyy GGGGG";
            return dateFormatter.format(cDate);
        } else {
            return "";
        }
    }
}
```

调用的方法携带预定义年历的日期如下:

```
LocalDate date = LocalDate.of(1996, Month.OCTOBER, 29);
System.out.printf("%s%n",
    StringConverter.toString(date, JapaneseChronology.INSTANCE));
System.out.printf("%s%n",
    StringConverter.toString(date, MinguoChronology.INSTANCE));
System.out.printf("%s%n",
    StringConverter.toString(date, ThaiBuddhistChronology.INSTANCE));
System.out.printf("%s%n",
    StringConverter.toString(date, HijrahChronology.INSTANCE));
```

结果输出如下：

```
10/29/0008 H
10/29/0085 1
10/29/2539 B.E.
6/16/1417 1
```

21.16.2 转换成 ISO 日期

使用静态的 `LocalDate.from`[ⓐ] 方法可将非 ISO 日期转换成 `LocalDate` 实例，如下例所示：

```
LocalDate date = LocalDate.from(JapaneseDate.now());
```

其他基于时间的类也提供了这个方法，如果日期不能转换，该方法会抛出 `DateTimeException`。

`StringConverter` 例子中的 `fromString` 方法解析了包含非 ISO 日期的字符串，并返回一个 `LocalDate` 实例。

```
/**
 * Parses a String to a ChronoLocalDate using a DateTimeFormatter
 * with a short pattern based on the current Locale and the
 * provided Chronology, then converts this to a LocalDate (ISO)
 * value.
```

ⓐ 8/docs/api/java/time/LocalDate.html#from-java.time.temporal.TemporalAccessor-

```
 *
 * @param text - the input date text in the SHORT format expected
 *               for the Chronology and the current Locale.
 *
 * @param chrono - an optional Chronology. If null, then IsoChronology
 *                 is used.
 */
public static LocalDate fromString(String text, Chronology chrono) {
    if (text != null && !text.isEmpty()) {
        Locale locale = Locale.getDefault(Locale.Category.FORMAT);
        if (chrono == null) {
            chrono = IsoChronology.INSTANCE;
        }
        String pattern = "M/d/yyyy GGGGG";
        DateTimeFormatter df = new DateTimeFormatterBuilder().parseLenient()
                                .appendPattern(pattern)
                                .toFormatter()
                                .withChronology(chrono)
                                .withDecimalStyle(DecimalStyle.of(locale));
        TemporalAccessor temporal = df.parse(text);
        ChronoLocalDate cDate = chrono.date(temporal);
        return LocalDate.from(cDate);
    }
    return null;
}
```

调用该方法是携带以下字符串：

```
System.out.printf("%s%n", StringConverter.fromString("10/29/0008 H",
    JapaneseChronology.INSTANCE));
System.out.printf("%s%n", StringConverter.fromString("10/29/0085 1",
    MinguoChronology.INSTANCE));
System.out.printf("%s%n", StringConverter.fromString("10/29/2539 B.E.",
    ThaiBuddhistChronology.INSTANCE));
System.out.printf("%s%n", StringConverter.fromString("6/16/1417 1",
    HijrahChronology.INSTANCE));
```

打印出来的字符串都应该被转换成 1996 年 10 月 29 日：

```
1996-10-29
1996-10-29
1996-10-29
1996-10-29
```

21.17 遗留的日期 / 时间代码

Java SE 8 之前，Java 的日期和时间机制由 java.util.Date[一]、java.util.Calendar[二]、java.util.TimeZone[三] 以及它们的子类（如 java.util.GregorianCalendar[四]）提供。这些类有几个缺点，包括：

- Calender 类不是类型安全的。
- 这些类是易变的，因此不能用在多线程应用程序中。
- 每月天数的不规则和类型安全的缺乏，导致应用代码常犯错误。

21.17.1 与遗留代码的互操作

你可能使用了 java.util 日期和时间类的遗留代码，并希望以最小的改动来利用

[一] 8/docs/api/java/util/Date.html
[二] 8/docs/api/java/util/Calendar.html
[三] 8/docs/api/java/util/TimeZone.html
[四] 8/docs/api/java/util/GregorianCalendar.html

java.time 的功能。

JDK 8 增加了几个方法，以支持 java.util 对象和 java.time 对象之间的转换：

- Calender.toInstant()[一]将 Calenser 对象转换为一个 Instant 对象。
- GregorianCalender.toZineDateTime()[二]将 GregorianCalender 实例转换为 ZonedDateTime 对象。
- GregorianCalender.from(ZonedDateTime)[三]使用 ZonedDateTime 实例的默认地区创建一个 GregorianCalender 对象。
- Date.from(Instant)[四]从 Instant 创建 Date 对象。
- Date.toInstant()[五]将 Date 对象转换为 Instant 对象。
- TimeZone.toZoneId()[六]将 TimeZone 对象转换为 ZonedId 对象。

下述例子将 Calender 实例转换为 ZonedateTime 实例。注意，将 Calender 实例转换为 ZonedateTime 实例时，必须提供时区：

```
Calendar now = Calendar.getInstance();
ZonedDateTime zdt = ZonedDateTime.ofInstant(now.toInstant(),
ZoneId.systemDefault());
```

下述例子示例了 Date 和 Instant 之间的转换：

```
Instant inst = date.toInstant();

Date newDate = Date.from(inst);
```

下述例子将 GregorianCalendar 实例转换为 ZonedateTime 实例，然后反向转换。用 ZonedateTime 实例创建其他基于时间的类：

```
GregorianCalendar cal = ...;

TimeZone tz = cal.getTimeZone();
int tzoffset = cal.get(Calendar.ZONE_OFFSET);

ZonedDateTime zdt = cal.toZonedDateTime();

GregorianCalendar newCal = GregorianCalendar.from(zdt);

LocalDateTime ldt = zdt.toLocalDateTime();
LocalDate date = zdt.toLocalDate();
LocalTime time = zdt.toLocalTime();
```

21.17.2 将 java.util 日期和时间功能映射给 java.time

因为 Java SE 8 完全重新设计了 Java 的日期和时间实现，所以不能用一种方法替换另一种方法。如果要使用 Java.time 程序包提供的更多功能，最简单的方案就是使用前面介绍的 toInstant 方法或 toZonedDateTime 方法。但是，如果不想使用该方法或该方法不能满足需求，就必须重写日期/时间代码。

表 21-2 指出了哪些 java.time 类会满足需求。两个 API 之间没有一对一的映射关系，

[一] 8/docs/api/java/util/Calendar.html#toInstant--
[二] 8/docs/api/java/util/GregorianCalendar.html#toZonedDateTime--
[三] 8/docs/api/java/util/GregorianCalendar.html#from-java.time.ZonedDateTime-
[四] 8/docs/api/java/util/Date.html#from-java.time.Instant-
[五] 8/docs/api/java/util/Date.html#toInstant--
[六] 8/docs/api/java/util/TimeZone.html#toZoneId--

表 21-3 从整体上列出了 `java.util` 日期/时间类的 API 与 `java.time` API 的映射关系。

表 21-3 `java.util` 与 `java.time` 之间的映射关系

java.util API	java.time API	注释
`java.util.Date`	`java.time.Instant`	`Instant` 与 `Date` 类很相似，每个类的用法如下： 1）代表时间轴上的瞬时时间（UTC） 2）维护独立于时区的时间 3）以第二纪元（从 1970-01-01T00:00:00Z 开始）加纳秒来表示。`Date.from`(`Instant`) 和 `Date.toInstant()` 方法支持这些类之间的转换
`java.util.GregoranCalender`	`java.Time.ZoneDateTime`	`ZoneDateTime` 类替换 `GregorianCalender` 类，功能类似。人类时间表示如下： `LocalDate`：年、月、日 `LocalTime`：小时、分、秒、纳秒 `ZoneId`：时区 `ZoneOffset`：从 GMT 开始的当前偏移 方法 `GregorianCalender.from`(`ZoneDateTime`) 和 `GregorianCalender.to`(`ZoneDateTime`) 用于它们之间的转换
`java.util.Time-Zone`	`java.time.ZoneId` 或 `java.time.ZoneOffset`	`ZoneId` 类指定时区识别和允许访问每个时区使用的规则。`ZoneOffset` 只指定从格林尼治/UTC 开始的偏移。详情参考 21.10 节
`GregorianCalender`，起始日期设为 1970-01-01	`java.time.LocalDate`	`GregorianCalender` 实例代码将日期设成 1970-01-01，是为了用 `LocalDate` 实例替换时间组件
`GregrianCalender`，起始时间设为 00:00	`java.time.LocalTime`	`GregorianCalender` 实例代码讲时间设成 00:00，是为了用 `LocalTime` 实例替换时间组件

21.17.3 日期和时间的格式化

虽然 `java.time.format.DateTimeFormatter` 提供了格式化日期和时间值的强大机制，但也可以 `java.time` 中带有 `java.Formatter` 和 `String.format` 的基于时间的类，`java.Formatter` 和 `String.format` 使用与 `java.util` 日期和时间类相同的基于模式的格式。

21.18 小结

`java.time` 包含了许多用于表示日期和时间的类，功能很丰富。ISO 日期的关键知识点小结如下：

- `Instant` 类提供时间轴的机器视图。
- `LocalTime`、`LocalDate` 和 `LocalDateTime` 类提供了与时区无关的日期和时间的人类视图。
- `ZoneId`、`ZoneOffset` 和 `ZoneRules` 类分别描述时区，时区偏移和时区的规则。
- `ZoneDateTime` 表示带时区的日期和时间。`ZoneOffset` 和 `OffsetTime` 类分别表示日期和时间、时间。这些类会考虑时区偏移。
- `Duration` 类用秒和纳秒为单位度量时间量。
- `Period` 类用年、月、日度量时间量。

其他非 ISO 日历系统可以使用 `java.timme.chrono` 程序包表示。该程序包容超出本书范畴，但 21.16 节介绍了 ISO 日历系统和非 ISO 日历系统之间的转换方法。

日期 / 时间 API 是 Java 程序社区（JCP）的 JSR 310 部分的工作。详情参考《JSR 310: Date and Time API》。○

21.19 问题和练习：日期 / 时间 API

问题

1. 什么类可用于存储以年、月、日、秒和纳秒为单位的生日？
2. 给定随机时间，如何查找上周四的日期？
3. 描述 `ZoneId` 和 `ZoneOffset` 之间的区别？
4. 如何将 `Instant` 转换成 `ZonedDateTime`？如何将 `ZonedDateTime` 转化成 `Ins-tant`？

练习

1. 编写一个例子，列出给定年份每个月的天数。
2. 编写一个例子，列出今年给定月份所有的星期一。
3. 编写一个例子，测试给定日期是否是第 13 个星期五。

答案

> 相关答案参考
> http://docs.oracle.com/javase/tutorial/datetime/iso/QandE/answers.html。

○ http://jcp.org/en/jsT/detail?id=310

第 22 章

The Java Tutorial: A Short Course on the Basics, Sixth Edition

JavaFX 简介

　　JavaFX 是图形和媒体程序包集合，可用于设计、创建、测试和部署那些在不同平台上操作一致的富客户端应用程序。

　　JavaFX 可用于构建多类应用程序。通常都是网络敏感的应用程序，它们部署在多种平台上，而且需要通过音频、视频、图形和动画等高性能现代用户界面上显示信息。

　　因为 JavaFX 库被写成了 Java API，所以 JavaFX 应用程序代码可以引用任意 Java 库的 API。例如，JavaFX 应用程序可以使用 Java API 库访问本地系统和连接基于服务器的中间件应用程序。

　　JavaFX 应用程序可以用 CSS 自定义界面外观。CSS 将外观和实现类型分离，以便专注编码。图形设计人员使用 CSS 可以方便地自定义应用程序的外观和类型。如果设计人员具有 web 设计背景，或者想把用户接口和后端逻辑分离，则可以使用 FXML 脚本语言开发用户接口的展示部分，用 Java 代码实现应用程序逻辑。如果不想通过写代码来设计用户接口，则可以使用 JavaFX 场景构建器。设计用户接口时，场景构建器创建 FXML 标记，这些标记可以移植到集成开发环境，以便开发人员添加业务逻辑。

　　JavaFX API 完全集成了 JSE 和 JDK 的特性。因为 JDK 可用于所有主要的桌面平台（Windows、OS X 和 Linux），所以 JavaFX 应用程序可以编译成 JDK 8，然后在所有主要的桌面平台上运行。JavaFX 8y 也支持 ARM 平台。ARM 的 JDK 包括 JavaFX 的基础组件、图形组件和控制组件。

　　跨平台兼容性使 JavaFX 应用程序开发人员和用户具有一致的运行时体验。Oracle 会保证所有平台版本的同步发布和更新，并对运行关键任务的应用程序的公司的程序提供扩展支持。

　　Swing 应用程序开发人员可以通过添加 JavaFX 功能和在 JavaFX 应用程序中嵌入 Swing 组件来丰富 Swing 应用程序。

　　关于 JavaFX 的详细信息，可参考《Java SE 客户端技术文档》，包括教程和参考文档。[一]

[一] 8/javase-clienttechnologies.htm

| 附 录

The Java Tutorial: A Short Course on the Basics, Sixth Edition

Java 程序语言认证考试复习大纲

Oracle 为 Java SE 8 程序员提供三个级别的认证考试和两个级别的认证。本书为准备这些认证考试的程序员提供有价值的资料。

Oracle Java 认证和 Oracle Java 训练的更多信息参见 Oracle.com 上的 Training 标签，内容包括分类、考试和前提知识等信息。附录简要介绍三个级别的认证考试，并列出应考时本书的相关章节以及有价值的参考资料。

程序员 I 级考试

本节讨论 Java SE 8 程序员 I 级考试涉及的主题。该考试与 OCA（Oracle Certified Associate）Java SE 8 程序员认证相关，包含 9 个主题。

主题 1：Java 基础

1. 定义变量的作用域
   - 第 3 章：变量（3.1 节）
2. 定义 Java 类的结构
   - 第 1 章："Hello World！"实例程序剖析（1.3 节）
   - 第 4 章：类（4.1 节）
3. 创建带 main 方法的可执行 Java 应用程序
   - 第 1 章："Hello World！"实例程序剖析（1.3 节）
   - 第 1 章：在 Microsoft Windows 中开发"Hello World!"（1.2.2 节）
   - 第 1 章：用 NetBeans IDE 开发"Hello World!"（1.2.1 节）
   - 第 1 章：在 Solaris 和 Linux 中开发"Hello World!"（1.2.3 节）
4. 在程序中导入其他 Java 包供访问
   - 第 8 章：程序包的创建和命名（8.1.1 节、8.1.2 节）
   - 第 8 章：程序包成员的使用（8.1.3 节）
5. 理解 Java 的特性和组件，如平台独立、面向对象和封装
   - 第 1 章：关于 Java 技术（1.1 节）
   - 第 2 章：对象（2.1 节）

主题 2：Java 数据类型的使用

1. 声明和初始化变量（包括元数据类型的强制转换）
   - 第 3 章：变量（3.1 节）
   - 第 4 章：初始化字段（4.3.5 节）
2. 区分对象引用变量和元变量
   - 第 3 章：基本数据类型（3.1.2 节）

- 第 9 章：Number 类（9.1.1 节）
3. 如何读写对象字段
    - 第 4 章：声明成员变量（4.1.2 节）
    - 第 4 张：使用对象（4.2.2 节）
    - 第 6 章：继承（6.2 节）
4. 解释对象的生命周期
    - 第 4 章：创建对象（4.2.1 节）
    - 第 4 章：对象（4.2 节）
    - 第 4 章：使用对象（4.2.2 节）
5. 调用用户定义的封装类对象的方法
    - 第 4 章：使用对象（4.2.2 节）

主题 3：运算符和判定构造的使用

1. 使用 Java 运算符，包括使用圆括号重写运算符优先级
    - 第 3 章：赋值运算符、算术运算符和一元运算符（3.2.1 节）
    - 第 3 章：位运算符和移位运算符（3.2.3 节）
    - 第 3 章：等式运算符、关系运算符和条件运算符（3.2.2 节）
    - 第 3 章：表达式、语句和块（3.3 节）
    - 第 3 章：运算符（3.2 节）
2. 使用 == 和 equals() 测试字符串和其他对象间的等价关系
    - 第 6 章：将对象用作超类（6.2.11 节）
3. 创建和使用 if-else 构造
    - 第 3 章：if-then 语句和 if-then-else 语句（3.4.1 节）
4. 使用 switch 语句
    - 第 3 章：switch 语句（3.4.2 节）

主题 4：数组的创建和使用

1. 声明、实例化、初始化和使用一维数组
    - 第 3 章：数组（3.1.3 节）
2. 声明、实例化、初始化和使用多维数组
    - 第 3 章：数组（3.1.3 节）

主题 5：循环构造的使用

1. 创建和使用 while 循环
    - 第 3 章：while 语句和 do-while 语句（3.4.3 节）
2. 创建和使用 for 循环，包括加强版的 for 循环
    - 第 3 章：for 语句（3.4.4 节）
3. 创建和使用 do-while 循环
    - 第 3 章：while 语句和 do-while 语句（3.4.3 节）
4. 循环结构比较
    - 第 3 章：小结（3.4.6 节）

5. 使用 break 和 continue
   - 第 3 章：分支语句（3.4.5 节）

主题 6：方法和封装的使用

1. 创建带参数和返回值的方法，包括重载的方法
   - 第 4 章：从方法返回值（4.3.1 节）
2. 在方法和字段上应用 static 关键字
   - 第 3 章：变量（3.1 节）
   - 第 4 章：实例和类成员（4.3.4 节）
3. 创建和重载构造器，包括对默认构造器的影响
   - 第 4 章：定义方法（4.1.3 节）
4. 应用访问修饰符
   - 第 4 章：构建构造器（4.1.4 节）
5. 对类应用封装原则
   - 第 4 章：控制对类成员的访问（4.3.3 节）
6. 明确将对象引用和元值传递给修改这些值的方法时对象引用和元值的变化
   - 第 4 章：内部类实例（4.4.6 节）
   - 第 4 章：嵌套类（4.4 节）
   - 第 6 章：继承（6.2 节）

主题 7：继承的使用

1. 描述实现继承的层次结构
   - 第 6 章：继承（6.2 节）
   - 第 6 章：覆盖和屏蔽方法（6.2.7 节）
2. 开发具有多态性的代码，包括覆盖和对象类型与引用类型的比较
   - 第 6 章：多态性（6.2.8 节）
3. 明确什么时候必须进行类型转换
   - 第 6 章：继承（6.2 节）
4. 使用 super 和 this 访问对象和构造器
   - 第 4 章：使用 this 关键字（4.3.2 节）
   - 第 6 章：使用 super 关键字（6.2.10 节）
5. 使用抽象类和接口
   - 第 6 章：抽象方法和类（6.2.13 节）
   - 第 6 章：定义接口（6.1.3 节）
   - 第 6 章：实现接口（6.1.4 节）

主题 8：异常处理

1. 区分显式异常、运行时异常和错误
   - 第 10 章：捕获或指明规定（10.2 节）
2. 创建 try-catch 块，并确定一般程序流的异常警告方式
   - 第 10 章：捕获和处理异常（10.3 节）

- 第 10 章：try 块（10.3.1 节）
- 第 10 章：catch 块（10.3.2 节）

3. 描述 Java 异常处理的优点
- 第 10 章：异常的优点（10.7 节）
- 第 10 章：什么是异常（10.1 节）

4. 调用抛出异常的方法
- 第 11 章：捕获和处置异常（10.3 节）

5. 识别常见的异常类（如 NullPointerException、ArithmeticException、ArrayIndexOutOfBoundsException 和 ClassCastException）

主题 9：选用 Java API 的类

1. 用 StringBuilder 类及其方法处理数据
- 第 9 章：StringBuilder 类（9.3.8 节）

2. 创建和处理 String 对象
- 第 9 章：字符串（9.3 节）

3. 使用程序包 java.time 的 LocalDateTime、LocalDate、DateTimeFormater 和 Period 等类创建和处理日历数据
- 第 21 章：日期/时间 API 概述（21.1 节）
- 第 21 章：日期类（21.8 节）
- 第 21 章：日期和时间类（21.9 节）
- 第 21 章：Instant 类（21.11 节）
- 第 21 章：周期和持续时间（21.14 节）

4. 声明和使用指定类型的 ArrayList
- 第 12 章：List 接口（12.2.6 节）

5. 编写包括 Lambda 谓词表达式的 Lambda 表达式
- 第 4 章：Lambda 表达式（4.4.8 节）

程序员 II 级考试

Java SE 8 程序员 II 级考试与 OCP Java SE 8 程序员认证相关。本书出版时，相关考试细节还未发布，更多信息可参考网址 http://education.oracle.com。

Java SE 8 升级考试

本节讨论 Java SE 8 程序员升级考试涉及的主题。该考试与 OCP Java SE 7 程序员认证相关，包含 9 个主题。

主题 1：Lambda 表达式

1. 描述 Java 内部类，开发使用 Java 内部类（如嵌套类、静态类、局部类和匿名类）的代码
- 第 4 章：局部类和匿名类（4.4.7 节）
- 第 4 章：嵌套类（4.4 节）

2. 定义和编写功能接口
- 第 4 章：Lambda 表达式（4.4.8 节）

3. 描述 Lambda 表达式，包括类型推导和目标类型；将使用匿名内部类的代码重构为使用 Lambda 表达式的代码
- 第 4 章：Lambda 表达式。（4.4.8 节）

主题 2：使用内置 Lambda 类型

关于该主题，详细信息可参考第 4 章"Lambda 表达式"和"方法引用"。

1. 描述 Java SE 8 的程序包 `java.util.function`[一]包含的内置接口。
2. 开发使用 `Function`[二]接口的代码。
3. 开发使用 `Consumer`[三]接口的代码。
4. 开发使用 `Supplier`[四]接口的代码。
5. 开发使用 `UnaryOperator`[五]接口的代码。
6. 开发使用 `Predicate`[六]接口的代码。
7. 开发使用程序包 `java.util.function`[七]基础接口及其二进制变体。
8. 开发使用方法引用的代码，包括将使用 Lambda 表达式的代码重构成使用方法引用的代码。

主题 3：用 Lambda 表达式过滤集合

1. 开发使用 `forEach` 方法迭代集合的代码，包括方法链
- 第 12 章：聚合操作（12.3 节）

2. 描述 `Stream` 接口和管道
- 第 12 章：聚合操作（12.3 节）

3. 使用 Lambda 表达式过滤集合
- 第 12 章：聚合操作（12.3 节）

4. 识别懒惰的 Lambda 操作
- 第 12 章：并行（12.3.4 节）

主题 4：带 Lambda 表达式的集合操作

1. 开发用 `Map` 接口提取对象数据的代码
- 第 12 章：Map 接口（12.2.9 节）

2. 使用 `Stream`[八]接口的查找方法（包括 `findFirst`、`findAny`、`anyMatch`、`allMatch` 和 `noneMatch`）查找数据

[一] 8/docs/api/java/util/function/package-summary.html
[二] 8/docs/api/java/util/function/Function.html
[三] 8/docs/api/java/util/function/Consumer.html
[四] 8/docs/api/java/util/function/Supplier.html
[五] 8/docs/api/java/util/function/UnaryOperator.html
[六] 8/docs/api/java/util/function/Predicate.html
[七] 8/docs/api/java/util/function/package-summary.html
[八] 8/docs/api/java/util/stream/Stream.html

3. 描述 Optional[一]类的唯一特性
4. 使用 count、max、min、average 和 sum 等方法执行计算
   - 第 6 章：默认方法（6.1.7 节）
   - 第 12 章：归约（12.3.3 节）
5. 使用 Lambda 表达式对集合元素排序
   - 第 6 章：默认方法（6.1.7 节）
   - 第 12 章：并行（12.3.4 节）
6. 使用 Stream 类的 collect 方法和 Collector[二]类的 averagingDouble、groupingBy、joining 和 partitioningBy 等方法将结果存入集合。
   - 第 12 章：归约（12.3.3 节）

主题 5：并行流

1. 开发使用并行流的代码
   - 第 12 章：并行（12.3.4 节）
2. 实现流的分解和归约
   - 第 12 章：归约（12.3.3 节）

主题 6：Lambda 的使用方法

1. 开发使用 Java SE 8 集合的 Collection.removeIf[三]、ListreplaceAll[四]、Map.computeIfAbsent[五]与 computeIfPresent[六]，以及 Map.forEach[七]等方法的代码。
2. 使用 Files[八]类的 Lambda 方法（如 find、lines 和 walk）读取文件。
3. 使用 Map.merge 和 flatMap 方法（位于 Optional 和 Stream 类）操作集合。[九]
4. 描述其他流资源，如 Arrays.stream[十]和 IntStream.range[十一]。

主题 7：加强的方法

1. 在接口中添加静态方法
   - 第 6 章：默认方法（6.1.7 节）
2. 定义和使用接口的默认方法；描述默认方法的继承规则
   - 第 6 章：默认方法（6.1.7 节）

[一] 8/docs/api/java/util/Optional.html
[二] 8/docs/api/java/util/stream/Collector.html
[三] 8/docs/api/java/util/Collection.html#removeIf-java.util.function.Predicate-
[四] 8/docs/api/java/utill/List.html#replaceAll-java.util.function.UnaryOperator-
[五] 8/docs/api/java/util/Map.html#computeIfAbsent-K-java.util.function.Function-
[六] 8/docs/api/java/utilMap.html#computeIfPresent-K-java.util.function.BiFunction-
[七] 8/docs/api/java/util/Map.html#forEach-java.util.function.BiConsumer-
[八] 8/docs/api/java/nio/file/Files.html
[九] 8/docs/api/java/util/Map.html#merge-K-V-java.util.function.BiFunction-
[十] 8/docs/api/java/util/Arrays.html#stream-T:A-
[十一] 8/docs/api/java/util/stream/InStream.html#range-int-int-

主题 8：使用 Java SE 8 的日期/时间 API

1. 创建和管理基于日期的事件和基于时间的事件，包括使用 LocalDate、LocalTime、LocalDateTime、Instant、Period 和 Duration 类将日期和时间组合入一个对象。
   - 第 21 章：日期/时间 API 概述（21.1 节）
   - 第 21 章：日期类（21.8 节）
   - 第 21 章：日期和时间类（21.9 节）
   - 第 21 章：Instant 类（21.11 节）
   - 第 21 章：周期和持续时间（21.14 节）
2. 跨时区的日期和时间工作方式，以及管理夏令时引起的变化。
   - 时区[一]和偏移类（21.10 节）
3. 定义和创建时间戳、周期和持续时间；格式化本地和时区的日期和时间。
   - Instant[二] 类（21.11 节）
   - 解析和格式化[三]（21.12 节）

主题 9：JavaScript 脚本引擎 Nashorn

详细信息参考《Java 平台标准版本，Nashorn 用户指南[四]》。

1. 开发 JavaScript 代码，使它可以创建和使用 Java 对象、方法、JavaBeans、数组、集合和接口等 Java 成员。
2. 开发代码，使它可以评估 Java 中的 JavaScript、将 Java 对象传给 JavaScript、调用 JavaScript 功能和调用 JavaScript 对象上的方法。

[一] tutorial/datetime/iso/timezones.html
[二] tutorial/datetime/iso/instant.html
[三] tutorial/datetime/iso/format.html
[四] 8/docs/technotes/guides/scripting/nashorn/toc.html

推荐阅读

Java编程思想（第4版）
作者：Bruce Eckel 译者：陈昊鹏 ISBN：7-111-21382-6 定价：108.00元

Java程序设计教程（原书第3版）
作者：Stuart Reges 等 译者：陈志 等 ISBN：978-7-111-48990-0 定价：119.00元

Java语言程序设计（基础篇）
作者：Y. Daniel Liang 译者：戴开宇 ISBN：978-7-111-50690-4 定价：85.00元

Java核心技术 卷I 基础知识（原书第9版）
作者：Cay S. Horstmann 等 译者：周立新 等 ISBN：978-7-111-44514-2 定价：119.00元

Java核心技术 卷II 高级特性（原书第9版）
作者：Cay S. Horstmann 等 译者：陈昊鹏 等 ISBN：978-7-111-44250-9 定价：139.00元